SQL Server 数据库经典译丛

SQL Server 2016
报表设计与BI解决方案(第3版)

Reporting Services和Mobile Reports实战

[美] Paul Turley 著

薛山 卫琳 译

清华大学出版社

北 京

Paul Turley

Professional Microsoft SQL Server 2016 Reporting Services and Mobile Reports

EISBN：978-1119258353

Copyright © 2017 by John Wiley & Sons, Inc., Indianapolis, Indiana

All Rights Reserved. This translation published under license.

图书在版编目(CIP)数据

SQL Server 2016 报表设计与 BI 解决方案：第 3 版：Reporting Services 和 Mobile Reports 实战 /(美)保罗·特利(Paul Turley) 著；薛山，卫琳 译. —北京：清华大学出版社，2018

(SQL Server 数据库经典译丛)

书名原文：Professional Microsoft SQL Server 2016 Reporting Services and Mobile Reports

ISBN 978-7-302-49323-5

Ⅰ.①S… Ⅱ.①保… ②薛… ③卫… Ⅲ.①关系数据库系统 Ⅳ.①TP311.138

中国版本图书馆 CIP 数据核字(2018)第 004248 号

责任编辑：王　军　李维杰
装帧设计：孔祥峰
责任校对：成凤进
责任印制：杨　艳

出版发行：清华大学出版社
　　　　　网　　　址：http://www.tup.com.cn，http://www.wqbook.com
　　　　　地　　　址：北京清华大学学研大厦 A 座　　　邮　　编：100084
　　　　　社 总 机：010-62770175　　　　　　　　　邮　　购：010-62786544
　　　　　投稿与读者服务：010-62776969，c-service@tup.tsinghua.edu.cn
　　　　　质 量 反 馈：010-62772015，zhiliang@tup.tsinghua.edu.cn
印 装 者：清华大学印刷厂
经　　销：全国新华书店
开　　本：185mm×260mm　　　印　　张：40　　　字　　数：1073 千字
版　　次：2008 年 5 月第 1 版　　2018 年 2 月第 3 版　　印　　次：2018 年 2 月第 1 次印刷
印　　数：1～3000
定　　价：128.00 元

产品编号：075959-01

译 者 序

Microsoft SQL Server Reporting Services 是一种基于服务器的新型报表平台，可用于创建和管理包含来自关系数据源和多维数据源的数据的表格报表、矩阵报表、图形报表和自由格式报表。可以通过基于 Web 的连接来查看和管理已创建的报表。

Microsoft SQL Server Reporting Services 的报表设计比网络、桌面和门户解决方案更快、更容易、更强大。它与广泛的数据源兼容，使它成为全球组织的首选解决方案。由于在过去的几年中没有添加什么新功能，使得 Reporting Services 有点过时；而今天，Microsoft SQL Server Reporting Services 2016 版本在过去的 12~18 个月里发生了多年来最重大的变化。这些变化的深度和广度会给工作流程带来重大的改进。新的功能、重新设计的过程和不断变化的支持需要对现有知识进行大量更新。

这是关于 Reporting Services 的一本非常成功的书，目前已经是第 3 版，本书进行了全面更新，囊括了 SQL Server 2016 中的全部变化，包括对 Visual Studio 报表设计器(SQL Server 数据工具)和报表构建器、移动仪表板设计器、新的报表门户界面、HTML5 呈现、Power BI 集成、定制参数面板等的改进。

本书使用清晰、简明的方法来讲述，为商业智能(BI)、运营性报表和 Reporting Services 体系结构进行了全面介绍。读者将根据报表解决方案的多年成功经验，学习设计有效的报表解决方案，并使用高级的最佳实践设计、可用性高的查询设计和过滤技术改进自己的报表。本书的专家级作者阐明了常见的报表类型，解释了每种报表类型在哪些场合下可以提高效率，还为 Microsoft SQL Server 2016 提供了循序渐进的指令。

无论是从头开始，还是简单地升级，本书都是报表设计和商业智能解决方案的重要指南。本书是面向专业人士的清晰教程，是提高速度和生成成功报表的理想指南。本书非常全面，深入分析了 Reporting Services。这不是一本面向初学者的书，有些方面的内容比较少。本书专注于更高级的领域，报表专业人士能从本书中真正获得所需的信息。

在这里要感谢清华大学出版社的编辑，她们为本书的翻译投入了巨大的热情并付出了很多心血。没有你们的帮助和鼓励，本书不可能顺利付梓。本书全部章节由薛山、卫琳翻译，参与翻译的还有陈妍、何美英、陈宏波、熊晓磊、管兆昶、潘洪荣、曹汉鸣、高娟妮、王燕、谢李君、李珍珍、王璐、王华健、柳松洋、曹晓松、陈彬、洪妍、刘芸、邱培强、高维杰、张素英、颜灵佳、方峻、顾永湘、孔祥亮。

对于这本经典之作，译者本着"诚惶诚恐"的态度，在翻译过程中力求"信、达、雅"，但是鉴于译者水平有限，错误和失误在所难免，如有任何意见和建议，请不吝指正。

译 者

序言一

2010 年，在西雅图一个温和的日子里，我前往微软校园，开始新的工作：从事 SQL Server 报表服务产品开发。一到那儿我就知道，电脑需要再过几天才能到。没有电脑，这几天我应该干什么？经理递给我一本书，说："读这本书"。那是 Paul Turley 和 Robert Bruckner 合著的 *Microsoft SQL Server Reporting Services Recipes for Designing Expert Reports*。那几天，我什么都没干，只是认识了队友，仔细阅读了那本书。等到电脑到了，我就准备把我学的东西付诸实践。毫不夸张地说，从我第一天加入微软的 Reporting Services 团队开始，我就一直在通过 Paul 的书学习 Reporting Services。

在收到电脑以后的很长时间，我都把那本书放在桌子上，工作时经常参考，深化报表设计专业知识。无论是试图搞清楚设计多语言报表的最佳方式，还是将多值参数传递到存储过程中，那本书都提供了答案。许多人已经转而学习 Reporting Services，寻求报酬更高的职业，他们大都得到 Paul 关于这个主题的许多书的帮助，这些书熟练地引导读者从基础知识学习最先进的技术。本书延续了这个传统，是初学者和专家的必备图书，它涵盖了报表的一切内容，包括设置报表服务器、设计复杂的报表、编制企业解决方案、为今天的移动设备优化报表。

在微软商业智能产品的其他部门工作几年后，去年我有机会重返 Reporting Services 团队，振兴几年都没有更新过的这款产品。我们团队经过一年的努力工作后，SQL Server 2016 Reporting Services 成为雄心勃勃的改革的产物，提供了现代企业报表平台，包括一流的移动仪表板解决方案。Reporting Services 得到普遍采用，使该产品超越周围热闹的社区，这在很大程度上归功于 Paul 这样的领袖。阅读本书时，读者可以加入社区，从师于高手。如果你问我，应从哪里开始学习 Reporting Services，我一定会推荐本书。享受 Reporting Services 的学习乐趣吧！

Riccardo Muti
SQL Server 报表服务编程小组经理
Microsoft

序言二

"Reporting Services 已经消亡了吗？"

这个问题和我的否定回答通常是我和微软客户在谈到 SQL Server Reporting Services 时的对话深度。我在加入这支产品团队之前，隶属于微软的售前团队。我的主要工作是让客户对微软商业智能套件中最新的工具和产品感兴趣。这意味着我们一般都避免有关 SQL Server Reporting Services 的话题，Reporting Services 有点过时，在过去的几年中没有添加新功能。相反，我不是在谈论 Power PI，就是在谈论鲜为人知的微软合作伙伴 Datazen，它有一些惊人的移动仪表板，在每一台使用它的设备上都赏心悦目。

而今天，Reporting Services 在过去的 12~18 个月里发生了很大的变化。现在，客户得不到关于 SQL Server Reporting Services 新增功能的足够信息。事实上，这常常是客户谈到微软商业智能时首先想谈的内容。SQL Server 2016 版本带来了该产品的转变，它有了现代的外观和操作方式，还附带了以前在独立的 Datazen 产品中可用的所有移动功能。把这些与已经在微软 BI 路线图上提及的、计划好的改进结合，我成为 Reporting Services 产品小组的一员，就是一个令人难以置信的兴奋点。看到客户对所交付的东西和即将获得的东西非常兴奋，对于我们所有人来说都令人感觉到难以置信。

但是，这种兴奋也带来了全新的挑战——许多阅读本书的人由于前面提到的原因，以前可能从未接触过 Reporting Services。既然已经看到 SQL Server 投资中一部分可用的内容，就会设法解锁它，但不知道从哪里开始。也许你过去使用过 SSRS，但现在想创建第一份移动报表和 KPI。不管你现在为什么阅读本书，我都很高兴。很少有人能不阅读 Paul Turley 的这本书，就能使用 Reporting Services 完成手头的任务。

十多年来，Paul 关于 SQL Server Reporting Services 的书已经成为成千上万 SQL Server 报表开发人员每天的"SSRS 圣经"。他的写作风格便于所有人理解他所探讨的、范围广泛的话题，包括报表设计、服务器管理等。甚至在我们团队的房间里都有这本书。我知道，这是因为我选择了它，而且用了不止一次。我期待把这个版本也添加到我们的书架上。

感谢 Paul 和 Reporting Services 社区的所有人，并享受这本书！

Christopher Finlan
SQL Server Reporting Services 高级项目经理

作 者 简 介

Paul Turley 是一位商业智能首席顾问、SolidQ 讲师，同时也是一位微软数据平台 MVP。他为商业智能和报表解决方案提供咨询、撰写文章、演讲、授课和发表博客文章。他与许多组织合作，使用微软数据平台和业务分析工具，给数据建模，可视化数据，提供关键的信息，以帮助做出明智的商业决策。他是 Oregon SQL PASS 分会和用户组的主任，也是 15 本出版物的作者或主要作者。他拥有多项认证，包括数据平台与 BI 的 MCSE。他在自己的博客 SqlServerBiBlog.com 上发表文章，可以通过该博客与他联系。

技术编辑简介

    Nigel Peter Sammy 是一位微软数据平台 MVP，拥有超过 15 年的技术经验，包括 12 年的数据库和 SQL Server 经验。他目前在 SoftwareONE 担任数据平台的高级工程师，负责咨询、解决方案的设计和实施，以及实操培训和售前支持。除了在 SoftwareONE 工作外，他还是伦敦大学和格林威治大学商业和计算机科学学院的一位讲师，教授 Microsoft Certified Solutions Associate (MCSA)：SQL Server 认证以及其他 BSc 课程。

    Nigel 以前在微软工作，是一名 ATS(Account Technology Strategist)，负责为 200 多个机构的商业和公共部门提供售前技术/架构支持。作为一名 ATS，他使用 SQL Server、Azure、Power BI 和 Office 365 提供技术演示和概念证明。Nigel 也是 SolidQ 的一位数据平台架构师 (Data Platform Architect，DPA)，SolidQ 是一家为微软数据、商业智能、协作和开发平台提供高级咨询、指导和教育解决方案的全球供应商。微软和 SolidQ 让 Nigel 获得了至少五年的在国际大公司工作的经验。

    Nigel 在职业生涯中承担的其他角色包括应用程序开发人员、分析师、数据库管理员、数据库开发人员、项目经理、架构师、团队领导和经理。2010 年，Nigel 与他人一起成立了特立尼达和多巴哥的 SQL Server 用户组(Trinidad and Tobago SQL Server User Group，TTSSUG)，这是一个独立的非营利志愿组织，为微软 SQL Server 专业人士、业余爱好者和发烧友提供了一个社区。Nigel 与他人合著了 *Microsoft's SQL Server 2012 Upgrade Technical Guide*，还担任 Wrox 出版的 *Professional Microsoft SQL Server 2012 Reporting Services* 一书的技术编辑。在过去八年中，他一直在本地和国际会议上就数据平台主题发表讲话。业余时间，他会在 www.nigelpsammy.com 上发布博客文章。

致　谢

由衷地感激本书的合著者和过去 13 年里本书前几个版本的撰稿人。作为技术评审人员，Nigel Sammy 从 2016 版 SQL Server 报表产品准备发布开始，就不知疲倦地试验和研究，并确保本书的内容最新、最完整和最准确。这个产品仍在不断发展，Nigel 所做的远远超越任何合理的期望。

感谢本书 2012 版的合著者帮助将本书更新为新产品版本的内容。感谢 Grant Paisley、Thiago Silva、Robert Bruckner 对本书的修订和指导。感谢 Tom Dinse 对本书的耐心和坚持不懈的努力。感谢产品团队的 Riccardo Muti 和 Chris Finlan，他们把本书的内容集合在一起，再次给了它生命。特别感谢直接产品团队对这套神奇工具的访问和持续支持。

前　　言

十四年！我不得不大声说出来，以确保没错……是的，十四年。从我开始使用 Reporting Services 创建报表和报表解决方案以来，已经有这么长时间了。

咨询客户、参会人员和学生经常询问，他们应使用 BI 或报表工具中的哪一个来满足业务报表需求。我用过其他几个微软产品，包括 SQL Server、分析服务、集成服务、SharePoint、Access、Excel 和 Power BI，但 Reporting Services 是我不断回过头来使用的工具，因为它有那么多功能。

Reporting Services 自从 2003 年发布以来，我和同行们一直在追踪该产品的每一个版本；自那时以来，Wrox 出版社已经出版了 6 本关于 Reporting Services 的图书。我紧密配合微软产品团队的领导，与产品开发人员团结合作，继续创新，推动该产品向前发展。我已经学会了正确使用 SSRS，但偶尔使用不正确；这得益于在此过程中能做和不能做的一些惨痛教训。我的目标是分享这方面的经验，以及我们多年开发出来的最佳实践。

本书读者对象

本书是为满足广大读者的需求而编写的，包括针对报表设计人员、开发人员、管理人员和业务人员的特定解决方案。本书的目标是成为一本综合指南与参考文献，适用于报表设计新手，以及对学习使用高级功能感兴趣的专家。

本书内容

本书分为 7 大部分。

第 I 部分：入门

该部分将介绍 Reporting Services 及其使用方法。该部分的三章将帮助读者了解 Reporting Services 的功能和报表平台，讨论用于创建 KPI、分页报表和移动报表的服务器平台和报表设计工具，并介绍 SQL Server 2016 Reporting Services 中的新内容。

第 1 章涵盖 Reporting Services 用例，使用和创建仪表板，创建报表以及构建集成的应用程序。我们讨论如何根据业务需求选择合适的报表工具，以及优化报表的性能。

第 2 章介绍 SSRS 2016 的新增功能，了解报表设计器的增强功能，现代浏览器的渲染与参数布局管理。我们会介绍移动报表和 KPI，新的印刷和渲染选项，新的报表门户网站，以及 Power BI 仪表板的固定与整合。

第 3 章学习如何安装 Reporting Services，了解服务器架构。我们讨论 SQL Server 2016 体系结构的变化，以及如何安装和设置报表服务器。探讨如何构建企业报表服务器部署，以及如何使用工具管理报表生命周期，利用 Reporting Services 扩展功能。

第 II 部分：基本报表设计

该部分包括一系列动手练习，用于实践构建报表、查询以及各章中讨论的解决方案的过程。该部分提供所有报表和练习的完成副本，以供参考。这些章将引导读者完成对所有报表设计而言非常基本的构建块。我们将学习数据区域、组、报表项、页面中断、表、矩阵和图表背后的机制。

第 4 章包括报表布局和格式设置。学习使用数据集、数据区域和其他报表数据构建块。还将学习使用表和矩阵设计报表布局，并使用表达式设置分组和格式化属性。

第 5 章讲授数据库查询要领。学习理解关系数据库原理、概念和数据源管理，并使用查询设计工具建立简单和复杂的数据集。我们将使用 Report Builder 查询设计器、SSDT 报表设计器和 SQL Server Management Studio 完成查询的编辑。你将熟悉查询中的单个和多个选择参数。

第 6 章介绍 Visual Studio 中的 SQL Server 数据工具。在该章的练习中使用图形化查询设计器和带有参数及复杂查询逻辑的手写查询，构建更高级的报表。你将明白表连接和报表数据流中的查询分组，理解用于复杂分组、排序和可见性的报表组和表达式。

第 III 部分：高级和分析报表

这些章涉及高级和更复杂的报表场景，你将基于分组和表达式技巧，使更高级的查询包含参数、表达式和可编程逻辑。

第 7 章介绍高级报表设计。我们将管理分页和报表的页眉和页脚，给文本格式和布局属性、HTML 文本和样式、主/从报表、子报表和文档结构图使用条件逻辑。

第 8 章将学习图形化报表设计原则和标准。我们先回顾标准和先进的图表类型和设计方法，然后深入更复杂的图表特征，绘制多序列和多区域的图表。此外，还学习使用 KPI 指标、迷你图和数据条。

第 9 章介绍高级查询和参数，了解 T-SQL 查询和参数，以及 MDX 查询和参数。

第 10 章使用 SQL Server Analysis Services 作为报表的数据源，以使用多维表达式(Multidimensional Expressions，MDX)。我们将学习使用 MDX 查询设计器生成查询，以及手写带参数的 MDX。

第 11 章是一个关于报表解决方案的复杂例子，它充分利用了 MDX 语言和 Analysis Services 的强大功能。在这个多维数据集浏览器解决方案中，使用报表来枚举和提示用户进行参数选择，然后动态导航整个多维数据集结构。这个示例展示了一些非常有用、复杂的报表导航和设计技术。

第 12 章学习交互操作和报表导航。这里再次使用用于实现条件逻辑的表达式。我们要学习使用常用的功能，如基于决策的表达式和自定义代码中的 IIF 和 SWITCH，并使用递归关系以及在报表间导航的操作来学习报表技术。

第IV部分：解决方案模式

如果使用带有集成版本控制的 Visual Studio，并与团队一起构建解决方案，本书的这部分就十分值得一读。该部分将学习如何与其他报表和解决方案开发人员一起，使用正规的项目方法管理报表项目。

第 13 章介绍报表项目和报表合并。该章学习运用 SSDT 解决方案模式，了解如何考虑报表的规范和需求，并在项目开发各个阶段工作。我们将在项目和解决方案中创建报表模板并管理报表。你将学习如何计划自助式报表解决方案，如何支持非技术报表设计人员，使用 Report Builder 在托管的环境中创建自己的报表。

第 14 章学习报表解决方案、模式和要点。该章将多个报表合并到超级报表和业务仪表板上。设计 KPI 记分卡、带有缩放和导航功能的互动迷你式报表以及带有缩放和导航功能导航的地图报表。

第V部分：Reporting Services 自定义编程

该部分学习如何将 Reporting Services 集成到自定义应用程序中，并在使用 URL 访问和 Web 服务调用的 Web 门户环境之外使用报表。

第 15 章将报表集成到自定义应用程序中。该章将使用 URL 访问和 Web 服务来呈现报表，构建自定义 Windows 窗体或 Web 窗体应用程序，以输入参数，并在自定义界面中呈现报表。我们将学习如何创建用于 Reporting Services 报表的定制输入界面。

第 16 章将学习扩展 Reporting Services 并利用扩展选项。首先讨论扩展 SQL Server Reporting Services 和创建自定义扩展的原因。通常，这些选项很复杂，是针对标准报表场景之外的业务需求。你在该章将了解如何使用每种类型的 Reporting Services 扩展，提供报表的自定义呈现、安全性、数据访问和交付。

第VI部分：移动报表解决方案

本书的该部分介绍 SQL Server 2016 中引入的新的移动报表功能。该部分将学习使用 Mobile Report Publisher 和新的移动报表平台，以交付专门为平板电脑、智能手机和其他移动设备设计的报表。首先介绍基本的移动报表设计方法与技术，然后学习使用每个可视化控件、导航器和选择器、报表导航和样式选项。

第 17 章介绍 Reporting Services 移动报表。你将学习通过 Mobile Report Publisher 使用共享数据集，并为移动设备提供交互信息。还将学习基本的构建块，以及每个可视化控件类别中的组件如何用于导航和可视化。

第 18 章使用设计优先开发方式实现移动报表。使用设计器向移动报表添加可视化控件，模拟数据将自动生成以演示可视化控件的交互和报表导航。你将学习快速原型技术和有效的用户需求收集会话，学会使用 Time 导航器、选择器、数字仪表和图表。你将为不同的设备类型和颜色样式应用布局，然后部署并测试完整的移动报表。

第 19 章介绍高级报表场景中的移动报表设计模式。该章会使用控件创建用于时间序列、分段、性能、地理可视化与互动的移动报表。我们将配置服务器访问，发布可以用于网络和不同移动设备的报表。

第 20 章介绍高级移动报表解决方案，介绍图表数据网格可视化控件，并学习在控件中关联多个数据集。你将学习在移动报表中使用数据集和查询参数，用数据集参数钻取移动报表，用数据集参数钻取分页报表。此外，还将学习使用地图可视化、添加自定义地图，并管理用于地理报表的地图形状。

第Ⅶ部分：管理 Reporting Services

该部分将帮你管理内容，执行服务器的管理、配置、故障诊断和维护。

第 21 章介绍报表服务器的内容管理，学习如何使用 Web 门户作为管理工具，执行内容管理活动，其中包括安全管理，以及数据源、共享数据集和报表优化。还将学习如何管理、强制组和单个用户对文件夹和报表的安全访问。

第 22 章学习账号管理和系统级规则，实现表面区域的管理，规划用于灾难恢复的备份，管理应用程序数据库，管理密钥，并学会利用配置文件。还将学习执行报表服务器的审计和日志记录；并使用性能计数器和服务器管理报表。学习为报表服务器使用合适的内存和资源管理，配置 URL 保留项，管理电子邮件的交付，以及管理服务器上的自定义扩展。

本书要求

设计、运行 SQL Server 2016 和 Reporting Services 的软硬件要求是：在最新的业务级计算机上运行。自定义编程示例要求安装任何版本的 Visual Studio 2015 或更新版本。微软对 SQL Server 2016 的指定要求在 MSDN 库中，网址是 http://msdn.microsoft.com/en-us/library/ms143506.aspx。

- SQL Server 2016 开发版是免费的，用 Visual Studio Dev Essentials 账户运行，网址是 www.visualstudio.com/dev-essentials。也可以下载 SQL Server 2016 开发版或企业版，如果有 MSDN 订阅，还可以下载 Visual Studio。
- 使用分页 Reporting Services 报表的报表设计示例可用于 SQL Server 2016 的任何版本，能运行在满足最低要求的计算机上。移动报表和 KPI 报表需要 SQL Server 2016 开发版或企业版。
- 第 9~第 11 章需要在多维存储模式下安装 SQL Server Analysis Services。这是 SQL Server 安装的一个可选部分。
- 在报表设计器外部执行的自定义编程示例需要单独安装的 Visual Studio 2015 或更高版本。第 15 和第 16 章介绍了此项内容所需的材料。
- 在示例和练习中使用的示例数据库可以从 www.wrox.com 网站上随本书的示例项目一同下载。此外，还可以获得其他资源。
- 完整的示例源代码可以从 www.wrox.com 网站下载。针对编程示例，下载时提供 Visual Basic .NET 代码和 C#代码两个版本。

示例报表和项目

　　示例报表、Visual　Studio 项目、后续章节练习中产生的所有报表文件的完成副本都在本书附带的文件中提供。所有的示例和完成的练习文件都可从 www.wrox.com 网站下载。进入该网站，搜索本书的英文 ISBN(978-1-119-25835-3)，然后单击本书详细信息页面上的 Download Code 链接，就会获得本书的所有示例文件。读者也可通过网址 http://www.tupwk.com.cn/downpage 或用手机扫描封底二维码来获取这些资料

　　一旦下载文件存档，只需要使用 Windows 文件管理器或喜欢的压缩工具解压即可。

> **注意：**
> 可以进入 Wrox 代码下载主页面 http://www.wrox.com/dynamic/books/download.aspx，查看所有 Wrox 图书的可用代码。

勘误表

　　尽管我们已经努力来保证文章或代码中不出现错误，但错误总是难免的。如果在本书中找到错误，例如拼写错误或代码错误，请告诉我们，我们将非常感激。通过勘误表，可以让其他读者避免受挫，当然，这还有助于提供更高质量的信息。

　　要在网站上找到本书英文版的勘误表，可以登录 http://www.wrox.com，通过 Search 工具或书名列表查找本书，然后在本书的细目页面上，单击 Book Errata 链接。在这个页面上可以看到 Wrox 编辑已提交和粘贴的所有勘误。完整的图书列表还包括每本书的勘误表，网址是 www.wrox.com/misc-pages/booklist.shtml。

　　如果在 Book Errata 页面上没有找到自己的错误，就进入 www.wrox.com/contact/techsupport.shtml，完成上面的表单，给我们发送你找到的错误。我们会检查你的反馈信息，如果是正确的，我们将在本书的后续版本中采用。

p2p.wrox.com

　　要与作者和同行讨论，请加入 p2p.wrox.com 上的 P2P 论坛。这个论坛是一个基于 Web 的系统，便于你张贴与 Wrox 图书相关的消息和相关技术，与其他读者和技术用户交流心得。该论坛提供了订阅功能，当论坛上有新的消息时，它可以给你传送感兴趣的主题。Wrox 作者、编辑和其他业界专家和读者都会到这个论坛上来探讨问题。

　　在 http://p2p.wrox.com 上，有许多不同的论坛，它们不仅有助于阅读本书，还有助于开发自己的应用程序。要加入论坛，可以遵循下面的步骤：

　　(1) 进入 p2p.wrox.com，单击 Register 链接。

　　(2) 阅读使用协议，并单击 Agree 按钮。

　　(3) 填写加入该论坛所需要的信息和自己希望提供的其他信息，单击 Submit 按钮。

　　(4) 你会收到一封电子邮件，其中的信息描述了如何验证账户，完成加入过程。

> **注意:**
> 不加入 P2P 也可以阅读论坛上的消息,但要张贴自己的消息,就必须加入该论坛。

　　加入论坛后,就可以张贴新消息,响应其他用户张贴的消息。可以随时在 Web 上阅读消息。如果要让该网站给自己发送特定论坛中的消息,可以单击论坛列表中该论坛名旁边的 Subscribe to this Forum 图标。

　　关于使用 Wrox P2P 的更多信息,可阅读 P2P FAQ,了解论坛软件的工作情况以及 P2P 和 Wrox 图书的许多常见问题。要阅读 FAQ,可以在任意 P2P 页面上单击 FAQ 链接。

目 录

第 I 部分

入　　门

SQL Server Reporting Services(SSRS)究竟是什么？如何使用它？它的功能和界限是什么？这是一个产品、SQL Server 的一部分，还是一个开发平台？第 I 部分的三章将从较高的层次理解 Reporting Services 的功能。读者会熟悉整个 SSRS 平台、其中的组件及其功能。

你将了解 SQL Server 2016 引入的新特性：新 Web 门户、关键绩效指标(Key Performance Indicator, KPI)和移动报表。第 2 章介绍与微软业务分析平台和高级可视化的几个关键集成。你还可以看到如何安装并配置 Reporting Services 工具和服务器，以启动和运行它们。

第 1 章：Reporting Services 介绍

第 2 章：SQL Server 2016 Reporting Services 的新增功能

第 3 章：Reporting Services 安装和架构

第 **1** 章

Reporting Services 介绍

欢迎使用 SQL Server 2016 Reporting Services。本章不仅包括这个强大报表工具的概念和功能的高端概述，还包括微软数据分析平台的概念和功能。Reporting Services 拥有丰富的历史，是一个绝对可靠的报表工具。尽管许多功能在该产品中已经存在了超过 12 年，但一些功能是新的，或修订过了，或在后来的版本中引入。

这是本书的第 5 版。Reporting Services 在 2004 年初正式发布。从那时起，值得信任、经验丰富、撰写本书前几版的同事给我提供了很大帮助，这个版本就以这些专业知识为基础。在该产品已经成熟、继续向前发展的领域，我利用先进的功能和模式来解决新业务问题。本书包括的内容和技术将更有效地使用新的或现有的功能。

作为微软数据平台 MVP、专家和微软一位受人尊敬的承包商，我花了大量的时间与不同的组织合作，设计报表解决方案。多年来，我经常有机会与 Reporting Services 产品团队一起工作。尽管领导有变化、产品开发周期和行业趋势不断变化，但开发团队一直使用一个相关、持久、集中于现代商业需求的报表产品。继续阅读，你将对这个产品的深度赞叹不已。

2003 年，在该产品发布之前的几个月，我开始使用 Reporting Services 的预发布版本。当时，我正在做网络开发和数据库工作，发现对于需要添加到 Web 应用程序的报表，Reporting Services 是非常适合的。从那时起，SQL Server Reporting Services 就成为事实上的行业标准报表工具，并成为其他报表工具的衡量标准。SQL Server Reporting Services 是一个基础，在这个基础上，可以为业务用户构建完整的报表、记分卡和仪表板解决方案。今天，SQL Server Reporting Services 既可以完成简单的独立数据报表，也可以发布企业级基础报表，并将其集成到业务门户和自定义应用程序中。2016 年，该产品扩展了经典的"分页报告"，添加了移动报表、关键绩效指标(KPI)，集成了基于云计算的本地仪表板和自助分析工具。

一家大型金融服务公司的信息技术(IT)部门希望了解他们使用的报表工具是不是当时市场上最好的产品。他们决定雇用一家咨询公司来评估每一种主流的报表产品，并希望咨询公司向他们提交一份公正的分析报告。我有幸参加了这项工作。我们与客户一同工作，提出了 50 项评估标准。然后我与所有的主流产品生产商进行沟通，安装各个产品的评估版本，并研究各项功能。与其他客户交谈，和具体使用过不同产品的客户交流。这项工作帮助我们从更广阔的视角观察此行业，是一次有益的学习体验。市场上确实存在一些值得尊敬的产品，这些产品各有长处。但是我可以诚恳地指出，微软公司的产品是一个独一无二的特殊平台。

1.1 哪些人需要使用 Reporting Services

在不同的组织里，创建报表的人有不同的头衔，这是一个有趣的话题。多年来，我在不同的工作环境中观察到的现象更是加深了对这个角色的感知。在一些地方，写报告的人称为报告开发人员。在一些环境中，应用程序开发人员把创建报表的人称为报表用户。

通过观察业务用户使用报表的方式，可将业务用户划分为几个大类。某些用户仅仅是报表的消费者。他们乐于使用编写好的和发布的报表。其他用户偏好自行创建报表，但并不深究编程代码的内部机制和复杂的数据库查询。他们可能只想通过浏览信息来发现趋势，并了解业务是如何按照他们的目标不断提升的。近年来，新一代数据消费者改变了自助服务报表和业务数据分析的格局。这些数据科学家和数据分析师使用 Power BI 等报表分析工具和 Excel 的高级插件，收集、争论、雕刻、建模和探索数据。

传统角色已经发生了变化。新的报表和分析工具已经成熟，适应了商业环境。不久前，在大多数大型机构中，典型的信息技术部门的人员都包括三种：系统管理员、应用程序开发人员以及项目管理人员。那么，机构中的报表设计人员在哪里？设计业务报表的人员并不是来自同一个部门的 IT 专业人士。实际上，许多主要工作是创建报表的人来自业务团体的各个组成部分，不一定是典型的计算机天才。

业务类型的人士可能并不关心如何将自己的报表集成到自定义应用程序和 Web 网站中，也不关心如何编写复杂的程序逻辑，使报表更为丰富。对于一些人而言，工作就是为了业务。他们关心的可能是允许熟练的业务用户以可视化的方式查看重要的关键指标度量，以观察其销售的产品中，哪些产品销售情况良好。也许还希望业务领导能在移动设备上访问重要的指标和性能指示器。

在过去几年中，我研究了那些认为自己是报表设计者的人士。他们一般分为两大类，即业务类和技术类。对于技术天分比较差的人来说，报表工具必须具有更好的可用性，这是一个重要区别。下面的角色代表了报表工具的主要用户，描述了我们在行业内观察到的某些趋势，目前这种趋势仍然在不断演化。

1.1.1 业务信息工作者和数据分析员

属于这个角色的人员都具有比较强的计算机技能，但是他们并不花费时间来编写代码和使用编程工具。他们的主要兴趣是对信息进行探索并发现答案，而不是设计复杂的报表。信息工作者(Information Worker，IW)需要使用简便的工具来浏览数据，迅速创建简单的报表，而无须掌握过多的技术知识。一般情况下，IW 通过创建报表来回答具体问题，或满足某项特定的需求，然后删除这个报表，或者将报表保存到个人空间，以备重复使用。他们倾向于为每项任务创建一个单独的报表，可能会(也可能不会)与其他具有类似需求的人员共享报表。这是行业内规模最大、增长速度最快的报表工具用户群。

IW 社区一个快速增长的子集是自助服务分析师。这类人不仅具备使用数据和分析工具的天赋，还理解业务的一个特定领域和数据在业务术语中意味着什么。这类人可能在科学或统计学科方面有专业技能。数据分析师通常对数字非常敏感，也许对于用数据进行图形演示和讲故事有较强的艺术倾向。

在更进步的业务环境中发生了一个有趣的转变，但在更传统的地方还没有发生。Excel 一直是主要的数据分析工具，而前卫的业务数据分析师采用 Power Pivot、Power BI 和 Tableau Desktop 等工具，组织、深入分析、可视化数据，挖掘出深刻的见解和有价值的机会，以采取对应的措施。他们唯一需要从 IT 中获得的是允许他们获得可靠的数据，以便他们可以自己分析。新一代的分析师坚持认为，他们可以访问数据，允许使用自己的工具来管理他们的业务领域。前一代的领导坚持认为，IT 和报表"开发人员"应把类似电子表格的报表导出到 Excel 中，以便操作数据、执行电子表格功能(所有的计算公式都引用了工作表，进行更多的计算)，使所有数据对齐、平衡。

电子表格和电子表格风格的报表是许多财政组织的核心和灵魂，这有充分的理由。然而，有些人不以传统的二维观点观察世界，打破了常规，以另一种方式看待事物。

Report Builder 是为高级报表用户和以业务为中心的报告设计师设计的。其功能几乎与 SQL Server Data Tools(SSDT) for Visual Studio 相同，但它很简单、流畅，适用于高级用户而不是开发人员。

1.1.2 信息消费者

在运行或接收报表(也许通过 Web 门户或电子邮件)的传统用户角色中，信息消费者只查看信息。这个组中的人可能偶尔是报表用户和业务人员，或是使用报表执行具体任务的消费者，而不是与数据交互。

这个角色将永远存在。但是，随着人们对分析工具越来越有经验、越来越熟悉，许多消费者也偶尔会变成 IW 和业务数据分析师。

> **提示:**
> 有经验的报表开发人员(包括目前的公司)的一个共同诱惑是试图说服用户，他们需要高级报表功能。小心不要向用户出售在他们的报表中不需要的"酷"技巧和功能。

根据很多不同的报表情况，一定要识别出只需要运行或打印报表的用户，并提供对应的服务。使这一过程尽可能方便、顺利，可以对业务的简化产生巨大的影响。

1.1.3　业务管理者

业务管理者的主要兴趣是自己的业务领域。业务管理者需要使用报表来支持具体的过程,满足其分析需要,并帮助他们做出合理的决策。与信息工作者类似,业务管理者对报表执行的实现细节和技术不感兴趣,他们可能需要创建自己的报表来分析其团队或责任领域的生产效率。

业务管理者倾向于从两种不同的视角观察报表:

- 他们可能需要(或喜欢使用)准备好的操作性报表,这种报表可以在静态、可预测的格式下运行并查看结果。
- 他们可能提取数据,使其格式适用于分析和处理(如把数据提取到 Excel 工作簿中,或者可以用来进一步分析和可视化结果的工具)。

移动报表解决方案允许线上经理、商界领袖和 IW 访问触摸式优化移动设备上的信息。这些报表最适合带有关键指标和聚合结果的场景,而不是有多个页面的详细报告。

1.1.4　软件开发者

为了使用高级报表特性,软件开发者需要编写复杂的查询代码和自定义编程代码来处理业务规则,并定义报表的条件格式及行为。一般情况下,软件开发者熟悉报表设计环境,因为报表的设计环境与熟悉的编程工具是相似的。然而报表设计与应用程序开发不同。在某种程度上,与开发软件相比,设计报表更便捷。设计高级报表需要编写代码,甚至需要开发自定义组件。Reporting Services 提供了几个机会,可以把报表集成到定制开发的软件解决方案中。

软件开发者和严肃的报告设计人员通常更喜欢使用以开发者为中心的工具进行报表设计,如 SSDT for Visual Studio。

1.1.5　系统管理员

一般情况下,系统管理员最关心的是如何安装、维护服务器和基础设施,使报表解决方案能够正常工作与使用。系统管理员常常需要花费时间和精力来管理安全,优化系统,提高工作效率。Reporting Services 提供了一个管理组件,在大规模实现中,这个组件特别重要。

在较小的组织机构中,一个人可能身兼系统管理员、软件开发者和报表设计者的角色。报表也可以用来协助使用监视系统和维护统计数据,从而减轻系统管理员的工作负担。

1.2　仪表板、报表和应用程序

报表、仪表板和计分卡之间的区别到底是什么? 这取决于一些因素,但这些概念之间有一些重叠。

早在好几年前,应用程序出现了从基于客户端的处理模式快速转向基于 Web 服务器运行的趋势。网络技术是一种能够有效地为大量人群提供系统访问功能的方法。像 Web 应用程序一样,基于浏览器的报表并不总是提供与客户端应用程序相同的触觉和用户响应体验。现在,随着智能移动设备和应用程序的出现,趋势再次从客户端转向服务器,然后转向客户机/服务器技术的一种平衡,同时支持连接和断开连接的用户体验。

Reporting Services 第一次发布时,人们只能通过基于服务器的解决方案访问 Reporting Services,报表交付基本上只能通过 Web 服务器完成,而这也是目前 SQL Server Reporting Services(SSRS)的主要使用方式。然而 SSRS 的功能不仅限于此。Reporting Services 能够以多种模式运行，还可在多种应用程序中运行。如果观察过去 20 年来计算机系统是如何演化的，就将看到：集中式的基于服务器的解决方案和基于客户端的应用程序各具优势，在特性、功能、交互式用户体验和可扩展性等方面都达到了平衡。能在离线模式下操作，远远胜过纯粹的服务器端连接系统。

1.2.1　应用程序集成

利用 Reporting Services 可以将报表与应用程序集成在一起，从而使用户意识不到报表内容和应用程序界面之间的区别。为此只需要使用少许编程代码，即可对报表功能进行扩展，使其外观和行为都与应用程序相似。许多企业内部网的网站都运行在 Web 门户上，而不是运行在自定义编程的 Web 网站上。因此，Reporting Services 能够很自然地兼容任何 Web 门户环境。

如果报表设计需求很简单，则使用 Reporting Services 也可以设计简单的报表。如果软件开发者打算使用这项功能强大的框架来探索这项令人深刻印象的技术，则欢迎来到创建自定义报表的奇幻世界。

经过数年的产品体验，我得出一个重要的结论。有人说，对于锤子而言，世界上任何东西看起来都像是钉子。同样，对于程序员来说，许多挑战看起来都像是编程机会。在某些条件下，这种看法是正确的。但最有效的解决方案常常是直接使用产品中已有的功能，并按照这项功能的设计目的来使用这项功能。就这一点，我常常与花费几个小时给简单问题编写复杂解决方案的程序员交谈。

不仅仅是程序员(通常是一群非常聪明的人)，相同的概念也适用于任何单一学科的实践者。关键是，不同的工具和技术解决不同的问题。有时，看看某学科的外面，获得全新的视角，确保使用正确的工具来完成工作，也是很重要的。

1. 用户的交互

超链接和应用程序快捷方式可以很方便地添加到文档和自定义应用程序中。很多标准的报表查看环境都可以使用通过URL 传递给报表的参数进行控制。报表可以设计为提示用户输入参数值来筛选数据，修改报表格式及输出。报表元素(如文本标记、列名、图表数据点)都可以用导航来访问不同的报表章节和新的报表。因为导航链接可以由数据驱动，基于程序逻辑动态地创建，所以报表链接也可以用来导航到业务应用程序中。

汇总报表或仪表板不是填鸭式地把所有细节放到一个报表中，而是提供了高标准的信息和关键指标。如图 1-1 所示，用户可以单击图表或汇总值，导航到所选项的细节报表，揭示更多的细节和相关事实。使用报表导航操作、向下钻取等互动功能，报表可以被精心安排到完整的解决方案中，以支持数据的探索。

可以采用多种技术将报表集成到 Web 应用程序中，这些技术包括：
- 利用超链接将 Web 浏览器窗口导航到报表中。
- 利用超链接，在单独的 Web 浏览器窗口中打开报表，并控制报表的显示和浏览器功能。
- 使用框架、内联框架(<iframe>标记)或 Web 控件 ReportViewer，将报表嵌入页面中。
- 通过编程方式将报表写入文件，方便用户从 Web 网站上下载。
- 使用 Web 部件，将报表嵌入 SharePoint Web 门户中。
- 在 SharePoint 集成模式中，将报表与报表服务器完全集成在一起。

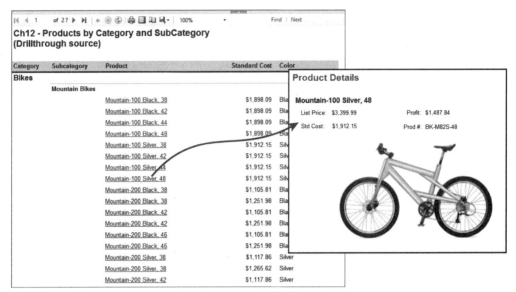

图 1-1　使用导航链接

注意:

　　与定制开发的解决方案相比，Reporting Services 提供了有用的功能和业务价值，而投资相对较少。注意，Reporting Services 提供了通过自定义编程扩展其功能的手段，但成本(时间和精力)高得多，而且在某些情况下，可能会比使用自定义编程组件更受限制。

　　为将报表集成到 Web 应用程序或桌面应用程序中，可以采用多种创造性的方法。这些技术既可以是仅使用少量 HTML 脚本的简单方法，也可以是复杂的自定义方法。如果这些方法仍不足以将报表嵌入自定义的 Web 页面中，还可以使用编程方式将附加的内容嵌入报表。

　　为了查看表单中基于服务器的报表，可以使用 Reporting Services 控件 ReportViewer。这些报表仍然在报表服务器中管理，维护由管理员定义的全部安全设置和配置选项。查询和数据访问仍然在服务器上执行。利用其他选项，可以将这些报表直接嵌入客户端应用程序中。Windows Forms ReportViewer 控件可以充当一个轻量级的报表呈现引擎。这意味着：嵌入自定义应用程序中的报表也可以在报表服务器上独立运行。

2. SharePoint 集成

　　Reporting Services 与 Microsoft SharePoint Server 在内部集成起来，它工作得很好。SharePoint 是一个丰富的文档协作平台，也用于管理文档工作流和审批流程。同时，它的管理非常复杂。

　　我已经在一些宝贵的课程中学习了如何使用 Reporting Services 和 SharePoint。如果八年前你问我，在报表和商业智能(BI)平台上是否包括 SharePoint，我可能以微软的建议回应，使用 SharePoint 作为大多数解决方案的支架。今天，我会更谨慎地提供建议，提出更多的问题。SharePoint 很贵，设置和支持它也很复杂。它增加了处理开销，这会影响性能和硬件需求。

　　如果你的组织在本地投资了 SharePoint，你正在享用许多服务的业务价值和该平台提供的功能，则添加 Reporting Services 是一个自然的选择。我曾经和几个大型组织把 SSRS、SQL Server Analysis Services (SSAS)、Power Pivot 和 Office 嵌入 SharePoint 平台，构建集成的业务报表和分析解决方案，获得了巨大的收益。

1.2.2　商业智能和分析解决方案

在此之前，报表与打印在一张纸上的事务记录没有什么区别，也称为分类账、日志与清单。随着人们越来越需要更有用的信息，报表的复杂性也不断提高。目前，报表不再仅仅是打印在纸张上的记录。用户需要了解其业务的趋势和内部信息。动态报表可以帮助用户研究和调查其业务环境的趋势，用户不再只满足于查看静态清单。随着业务用户的复杂性不断提高，数据和报表介质的复杂度也在提高。为了了解一般的趋势，我们需要从历史研究未来。利用比较精确可靠的数据(包括过去的数据和现在的数据)，利用合适的报表模型，就可以预报和预测趋势及未来的活动。

商业智能(BI)解决方案是构建功能强大的业务报表平台的基础。根据需求和业务环境的不同，可能需要设计新的数据库。但是，分析业务数据并不意味着必须构建一个完整规模的 BI 解决方案。然而，如果需要聚集大量数据才能根据关键度量和趋势来分析业务绩效，则针对事务处理而设计的关系数据库可能无法满足这项要求。在设计报表之前，充分理解这些核心概念并对 BI 进行投入，常常能够减少开销，并帮助创建一个可以为业务用户和上级领导长期使用的报表编写平台。大多数 BI 解决方案都集成了多个数据源中的数据，来衡量商业的成功和趋势。因此，这常常需要数据仓库、数据集市和/或语义数据模型，以及数据提取、转换和加载(Extract, Transform and Load，ETL)流程。最近对 SQL Server 数据库引擎的增强(如内存中的列存储索引)可以提高性能，且没有激进的数据库设计。

利用现代分析建模工具，可以用中等投资创建一个相对小规模的 BI 解决方案。复杂的分析解决方案往往需要用 SSAS 创建的表格或多维数据结构。微软开发的 SSAS 多维数据库技术，通常称为在线分析处理(Online Analytical Processing，OLAP)。这个技术使用多维数据集和维度，以预分组和预聚合格式将数据存储在磁盘上。这样，数据能迅速用于报表和浏览。

微软在 SQL Server 2012 中发布了一个"表格"，它是 Analysis Services 在内存中的实现，2016 年明显成熟起来。表格和多维语义模型都为高效的分析报表提供了独特的优势。在许多情况下，表格模型更容易设计、更有效率，能更快地进行报告和分析。但多维 SSAS 包括复杂、成熟的特性。Analysis Services 的两个风格可以在 SSRS 报表中使用 MDX 查询语言进行查询。

微软平台工具过去的版本需要投资 SharePoint 服务器才能全面实施 BI 解决方案。SharePoint(在线或本地)至今仍是一个重要的目标，但它不是做 BI 所必不可少的。

报表编写的工作量或 BI 解决方案的规模并不一定与业务规模成正比。某些情况下，小型业务需要管理大量数据；而在其他某些情况下，大型机构的需求却很简单。关键在于：随着数据量的增加，针对数据存储、管理和分析，必须提出一个最佳方案。

BI 解决方案可以帮助业务领导使用正确的工具，针对自己的业务积极地做出明智的决策。复杂的报表和分析结果可以使信息工作者和领导者具有更长远的眼光，能够看到历史业务数据之外的内容。通过审查过去和当前的数据，可以找到趋势和模式。通过可靠的业务分析，可以预测未来的趋势，规划改进业务过程，做出明智的决策。

在这样一个压力巨大的环境中，以前的静态报表应用程序必将被 BI 解决方案代替。BI 不仅仅具有"获取"数据的能力，它还以自助报表工具、仪表板和业务计分板的形式为领导者提供高级智能功能。当重要事件发生时，或者当某个指标被突破时，它能够主动提醒用户。

起先，简单报表应用程序可以使用来自一个或两个数据源的数据，但是最终报表应用程序可能基于多个数据源生成报表。可持续发展的 BI 解决方案是基于一致且可靠的数据源设计的，这些数据源专门为报表编写进行了工程化设计。为此需要用数据转换包将多个数据源的数据转换到一个集中式的数据仓库中，然后对其进行处理，生成语义模型(多维数据集或表格模型)。报表可以使用关系数据集市、数据仓库或语义模型。可以创建多种类型的报表为业务领导提供支持，并对其重要业务处理决策提供支持。这些决策支持报表可以表现为图表、详情汇总、动态下钻和钻取报表、仪表板和业务计分板等形式。

1.2.3 移动报表和 KPI

移动设备报表是与传统的桌面报表完全不同的模式，其目标是在简单的触屏介质上显示重要的信息。

所有的报表类型、分页报表和 KPI 都通过一个新的 Web 门户管理和访问。Web 门户(如图 1-2 所示)可以在 Web 浏览器中访问，在移动设备上使用 Power BI 移动应用进行访问。

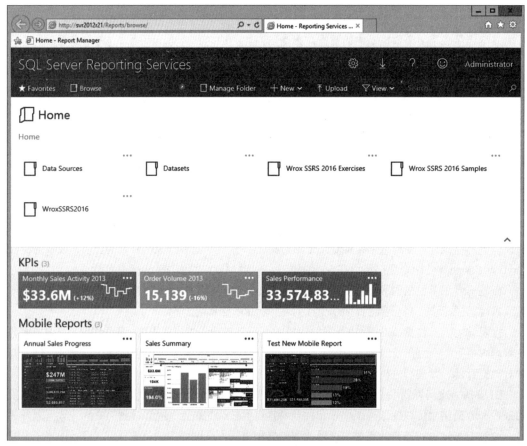

图 1-2 Web 门户

图 1-3 显示了 iPhone 的 Power BI 应用中的 Web 门户。

添加到 SQL Server 2016 Reporting Services 的移动报表是一个独特的新功能。它之所以与众不同，有几个原因。该功能由另一个组织用一个全新的视角开发，旨在提供与传统 SSRS 报表不同的用户体验。移动报表很简单，专注于用户体验。它们很容易设计，但是需要一些数据和查询准备。

移动报告是使用 Mobile Report Publisher 设计的，Mobile Report Publisher 是一个独立的工具，它

连接了预定义数据集中的结果。报表使用调色板的主题作为其风格，把不同的布局应用于台式机、平板电脑和手机设备的报表。报表与其他 Reporting Services 内容发布给报表服务器后，用户可以连接他们的移动设备。

　　用户使用在设备提供商的应用程序商店中安装的免费应用程序，与离线数据交互。离线报表缓存会按要求同步，或使用共享数据集在预定的时间间隔同步。这些都是标准 Reporting Services 服务器架构的一部分。

图 1-3　iPhone 上的 Web 门户

　　移动报表使用每个移动设备平台的 Power BI 移动应用程序和表单因素进行优化。针对用户设备的适当应用程序从 Windows、安卓或苹果应用商店中下载并安装。图 1- 4 显示了在 iPad 应用程序中针对纵向布局进行优化的移动报表。

　　KPI 是新 Web 门户的一个标准特性。它们还通过 SSRS 的共享数据集获取数据。准备好数据集后，KPI 的设计非常简单，通过 Web 界面来执行。关键指标使用颜色、文本和突出的图形来可视化，表示指标状态，比较它与目标，使用简单的波形图和可视化图表来表示趋势。

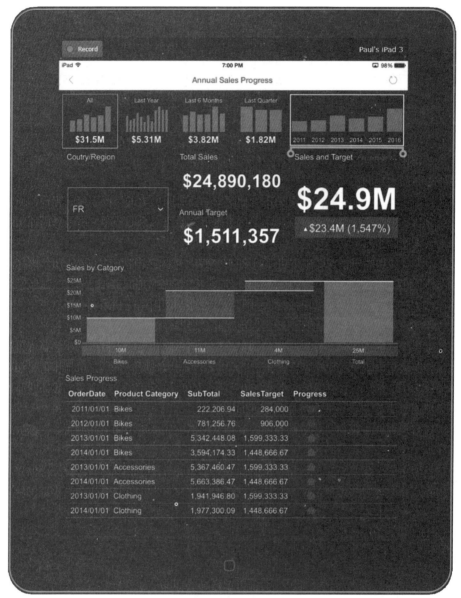

图 1-4 iPad 上的移动报表

1.3 报表工具的选择

宇宙在膨胀。软件供应商添加更多应用程序的速度远远超过他们添加旧应用程序的速度。同样，微软继续添加应用程序和功能，而它们之间没有明显的用例界限。结果，如果以前有两个不同的选项，现在就有三个或四个选项——这取决于哪个选项最满足我们的需求。无论是否喜欢它，这都是我们生活和工作的、技术饱和的世界的本质。我花了很多时间，根据不同报表工具的优缺点(优势和特性差距)提供建议。本书讨论了这一主题，提出了最佳实践方式，还描述了从各种项目和各领域的经验中学习到的、被证明有效的设计模式。

针对大多数机构实现的最新 Reporting Services 使用了事实上的、基于 Web 的 Web 门户界面，也可以将 Reporting Services 集成在一个公司的 SharePoint 网站中。为了满足其他具体业务需要，也可以将报表集成到自定义的应用程序或 Web 页面中，但是这种做法比较少见。实际上，将报表集成在多种自定义解决方案中是比较容易的。下面给出了一些可能需要集成报表的软件解决方案：

- 开箱即用、基于服务器的报表功能，这些功能使用报表设计人员创建的报表，并被部署到一台集中的 Web 服务器上。
- 集成在 Web 应用程序中的报表，在 Web 浏览器窗口中用 URL 链接打开。
- 使用 SharePoint Web 部件，将报表集成在 SharePoint Services 应用程序中。
- 自行构建的应用程序功能，可以使用程序代码呈现报表。报表可以在桌面应用程序或 Web 应用程序中打开，也可以保存到文件中，以备将来查看。
- 使用 Power View 可视化工具，以交互式数据可视化的方式查看通过表格语义模型显示的数据。

1.4.1　简单报表设计

如果需要通过创建常用的报表类型来汇总或输出数据库中的数据，Reporting Services 提供了一些非常棒的工具，使这项工作简单易行。例如，假定记录了客户和客户购买的产品，现在需要生成一个客户清单，其中包含了交易次数和客户消费总额。可以使用 Report Builder 生成简单的表格报表来包含上述信息。如果需要按日比较和按时间段比较针对每个客户的销售情况，就可以生成折线图报表，观察销售趋势。这种方法的主要优势在于：使用报表工具及其功能，很容易创建常用的报表类型，不需要用户了解过多的复杂信息，例如编写程序、编写查询以及构造表达式。

管理完整的公司级 BI 解决方案可能非常复杂、昂贵。幸运的是，如有必要，可行解决方案的全部组件都可以在一台服务器上运行。中小型报表解决方案可以使用一个多功能数据库充当运营 (operational)数据存储和报表数据结构。随着解决方案的不断成熟，这些数据库最终不可避免地要分离开来。定期填充运营数据库中的数据的小规模数据集市，可以为报表提供较简单的数据源，不会与用户和应用程序争夺系统资源。

就短期使用而言，可以设计和部署简单的报表。稍做规划和管理，就可以设计出满足未来需求的报表。如果进行合理的设计，报表还可以包含高级功能，这些高级功能不仅满足当前的简单需要，还可以满足未来更加复杂的需求。

1.4.2　IT 设计的报表

Reporting Services 首次发布时，报表设计体验主要是针对非常熟悉 Visual Studio 的程序员和应用程序开发人员进行优化的。基于 Visual Studio 的报表项目插件最初称为 Business Intelligence Development Studio(BIDS)，现在称为 SQL Server Data Tools(SSDT)，高级功能可以使用应用程序开发人员很熟悉的各种工具访问。与其他 Visual Studio 解决方案类似，报表定义文件都可以作为一个部署单元进行管理，把报表和相关的对象发布到报表服务器的对应文件夹中。

同样，在应用程序开发项目中，报表、数据源、共享数据集以及所有其他设计元素，都可以使用 SSDT 环境提供的集成版本控制功能进行管理。开发人员可以使用 Microsoft Team Foundation Server、GitHub 或其他源代码管理系统进行团队协作，从损失的文件中恢复。

1.4.3　用户设计的报表

为了满足创建完美易用的 BI 工具的需求，开发团队已经开发了多种不同的产品，每种产品都具有独特的功能。Reporting Services 旗下提供了两种自助式报表工具，可以满足不同的需求。当前出现的 Report Builder 基于成熟的报表定义架构。利用多种设计选项，Report Builder 不仅可以设计简单的报表，也能设计复杂的报表。

Report Builder 可以创建与 SSDT 交叉兼容的报表，还可以利用高级功能进行改进。针对过去各个版本所做的增量式产品改进，使 Report Builder 成为一种开箱即用的报表设计工具。用户不仅可以设计自己的查询，也可以使用公司 IT 部门为他们准备的数据源和数据集对象，这样他们只需要拖放数据项或使用设计向导即可生成报表。在 Report Builder 中，每个报表都管理为单独的文档，可以直接部署到报表服务器的某个文件夹或 SharePoint 文档库中。版本号已经从 Report Builder 名称中删除了。现在，仅通过安装它的 SQL Server 版本区分它与之前的版本。

表 1-1 总结了当前产品中可用的报表设计工具。

表 1-1　报表设计器和可视化选项

报表设计器	背　　景
SQL Server Data Tools (SSDT)	实现了 Visual Studio shell，典型用户是 IT 专业人士，通过项目团队设计报表。目前使用 Visual Studio 2010 shell
Report Builder	以前在 2005 年和 2008 年引入的工具的继任者，Report Builder 在 2012 年、2014 年和 2016 年都有所改善
Mobile Report Publisher	这是 2016 年产品的新增功能。移动报表是与分页报表分开设计的，被部署到公共报表服务器上。大多数移动设备(手机或平板电脑)都可以使用 Power BI 移动应用或 Datazen 移动应用查看报表。这些报告也可以在 Web 浏览器中通过 Web 门户查看
Web 门户 KPI Designer	KPI 模块(带有波形图趋势和缩略图对比图)使用 Web 门户在 Web 界面中设计。每个 KPI 元素的数据都使用存储在报表服务器文件夹中的数据集查询

1.4.4　基于服务器的报表

报表既可以在服务器上运行，也可以在客户端计算机的独立应用程序中运行。请注意，Reporting Services 首先是针对基于服务器的报表设计进行开发和优化的。客户端选项称为 Local Mode，只能在某些自定义编程的条件下使用，需要付出较多的努力和具有一定的专业水平。本章后续部分的讨论仅限于基于服务器的报表设计。

> **注意：**
> Local Mode 报表使用一种特殊的报表定义文件，以 RDLC 作为扩展名。这些报表在 Windows 或 Web 表单控件中运行，Windows 或 Web 表单控件使用托管应用程序部署。需要一些编程代码，它们通常最好用于低数据量的应用程序。

理解 SQL Server Reporting Services 和桌面报表工具(如 Microsoft Access)之间的区别是非常重要的。Reporting Services 并不是在任何桌面计算机上都能安装的应用程序。设计 Reporting Services 的目的是用于业务。Reporting Services 需要 Microsoft SQL Server 的支持，是一个专业的业务级关系数据库管理工具，通常运行在专用服务器上。同样，报表可以集成到 SharePoint Services 中，以便管理和提供安全保障，与其他共享的公司文档和资产一并管理。同时，Reporting Services 可以用在简单的独立部署中，管理开销相当小。

Reporting Services 有良好的可扩展性和适应性，可供少数用户和上千名用户使用，为存储在多个不同数据库平台上的大量数据完成报表编写工作。但是，尽管 Reporting Services 是一个业务级的产品，这并不意味着报表的设计非常复杂、困难。

报表用户需要连接到网络或互联网，从而与报表服务器相连。在报表服务器或 SharePoint 库中的某个文件夹下选中报表来查看它时，报表在用户的 Web 浏览器中显示为 Web 页面。另外，这个报表还可以用多种不同的格式显示，包括 Word、Excel、PowerPoint 和 Adobe PDF 等格式，或者显示为 PNG、JPEG、GIF 和 TIFF 等图像。可以将报表保存为上述格式或其他格式的文件，以便离线查看。报表服务器可以将报表以电子邮件的方式定时自动传递，或者保存为文件。这些功能都是标准的，只需要做简单配置和很少的用户交互。

1.4.5　报表数据源

每个报表至少有一个数据源和查询，或者引用返回数据值的实体，这个实体称为数据集(dataset)。运营数据存储常常最复杂的数据库。某些整体交付的系统所用的数据库常常包含上千张表。随着对数据库依赖程度的不断提高和数据驱动的计算机系统的不断增多，大多数机构在以下三个方面有所突破：

- 每个数据库的复杂性不断增长，可以容纳更复杂的处理过程。
- 数据容量不断增长。
- 不同数据库的数目不断增长，以处理不同的业务数据，满足管理要求。

> **注意：**
> 我使用 Reporting Services 来连接许多不同的数据源，包括在微软产品组合之外的产品。尽管 SSRS 可以有效地连接 Oracle、Teradata、IBM DB2、SyBase、MySQL、PostgreSQL、XML 文件和 SharePoint 列表，但有时更容易地将数据转换到 SQL Server 中，以无故障地连接。最优选择主要取决于数据的复杂性。

除了非常复杂，中等规模的公司也常常存储 TB 级的数据。与几年前同等性能的系统相比，目前存储空间的价格相当便宜。跟踪订单、货运、客户查询、案例和客户都是非常有价值的工作，但是这些工作需要花费时间。记录上述活动意味着必须保存大量数据来编写报表。将数据保存到数据库中是很简单的，但是从数据库中获得有用的智能数据是一项挑战！

最后，不同的系统使用不同的方式管理同一类型的数据。例如，在销售机构中用来跟踪销售趋势和潜在客户的客户关系管理系统与支持销售团队的订单管理系统是有区别的。在这两类系统中，都可以跟踪名为"客户"的对象，但是这个词的定义可能有所不同。"客户"一词可以表示消费者、合同，一个系统中的公司、领导者、供应商，或者另一个系统的分销商。大型公司保存的记录还可能在不同系统之间复制，例如企业资源计划、人力资源管理、利润、供货商管理、会计和应收应付管理系统等。

某些情况下，大多数解决方案设计者认为，为了从所有这些运营数据源中获得有价值的报表度量信息，必须将上述信息融入一个简化的集中式数据存储中，这个存储系统是专门设计用来支持业务报表需求的。数据仓库系统(data warehouse system)是一个集中式的数据存储，用来标准化从这些专用的复杂数据源中提取的数据。一般情况下，它使用与运营数据存储相同的关系数据库技术，但在受保护的只读环境中完成该任务，以简化报表编写过程。

利用来自数据仓库的大规模数据，可以很方便地执行数据聚集，但是深入分析需要特殊的数据存储技术、更强大的数据和报表统计引擎。

1.4.6 企业规模

向许多用户交付报告需要可伸缩的报告环境。Reporting Services处理查询，然后在报表服务器上呈现报告。因为它使用行业标准的 Windows 服务、基于共享服务器的组件和 HTTP Web 服务，所以所有的处理都在有效、安全的环境中进行。用于 SQL Server 和其他企业级数据库的标准数据源连接提供程序促进了对服务器资源的有效利用。简言之，许多用户可以同时运行报告，而使用最少的服务器资源。为了服务更多的用户，报表服务器可以使用负载平衡和分布式服务器集群进行扩展。

Reporting Services报告服务器提供其功能的方式与为用户提供的标准 ASP.NET 网站相同。报表可以从公司防火墙内部或外部的任何地方访问，目前只对选定的用户开放。在 SharePoint 集成模式中，报表可以通过文档库用于用户，并在 SharePoint 服务器环境中进行保护和管理。在本地或非集成的服务器模式中，报表通过使用 Reporting Services 安装的 Web 门户界面来管理和访问。在自定义开发的 Web 应用程序中，报表也可以使用几乎任何一组 Web 技术或开发工具来呈现。

1.4 优化性能

系统性能常常是高效 BI 解决方案最重要的指标之一。随着机构中的报表需求和数据越来越复杂，报表规模越来越大，费用常常首先是用性能来度量的。查询需要花费很长的时间执行，需要竞争报表和数据库服务器上的资源。在这种情况下，IT 专业人士会意识到简化数据库的价值和必要性。无论报表使用的是企业级数据仓库、部门级的数据集市，或者简单的"报表结构"，基本的概念通常相同——简化数据库设计，关注报表编写的需求。

前面提到，某些性能需求和高级分析需求推动了解决方案的成熟，使解决方案采用 OLAP 多维数据集。这并不一定意味着，必须更新所有基于其他数据源设计的报表。很多报表都可以使用运营数据源或关系型数据仓库工作。但其他更复杂的报表需要特殊的数据源(如 OLAP 多维数据集)才能很好地工作。

可以使用多种方式传递报表(而不只是用户实时浏览报表)。可以在服务器缓存中自动呈现报表，这样可以让报表迅速打开，不会对数据源造成负担。可以定期通过电子邮件和共享文件来传递报表。使用数据驱动的订阅技术，可以在用户非联机时段将报表传播给大量听众。每个用户都可以收到用不同的格式呈现或包含不同的筛选数据的报表副本。本书将学习如何规划、管理和配置这些功能。

我们还将学习如何优化、备份、恢复 Report Server 数据库、Web 服务和 Windows 服务。学习如何使用管理工具、配置文件和日志等定制服务器环境，并避免和诊断问题。

性能

我还记得在一项咨询任务中，我开发的报表使用了复杂的财务公式，并把原始数据库结构作为报表数据源。当时编写的 T-SQL 查询颇为复杂，难以调试。但是通过优化，其中一个更为复杂的报表仅花了 45 分钟就运行完毕，而这个报表原先执行一次查询就需要 90 分钟之久，这让客户大吃一惊。将同样的数据转换为简化的数据集市结构之后，运行同一个报表仅花了不到 3 分钟的时间。利用 Analysis Services 的 OLAP 多维数据集，同一个报表运行完毕仅需几秒钟。不必多言，一旦用户发现运行一个报表只需几秒钟，先前"可接受"的 45 分钟报表呈现时间就变得不可接受了！尽管这是一个很好的故事，但事实是，今天的人们期望更快得到结果。

用户通常不关心用于交付数据的数据库解决方案或技术的复杂性。他们只需要快速得到结果，这通常是他们所期望的。留给我们的任务是构建解决方案，交付结果，并对大量的业务数据执行计算和度量。使用 SQL Server 报表架构的几个创新特性可以实现最佳性能，创新特性示例包括内存存储和列存储索引、内存中的表格和多维语义建模、报表实例缓存和报表页面级渲染。移动报表还可以使用客户端数据缓存来优化报表性能，并提供离线观看功能。

1.5　小结

作为报告设计者或解决方案开发人员，应确定需要深入 Reporting Services 复杂性的深度。报表用户的需求有简单的，也有复杂的，投入的时间和精力可能从数小时到数月不等，这取决于解决方案的规模。

一些用户只需要简单地运行或打印报表。其他人需要或想要更多的自我满足——要么自己设计报表，要么使用自服务工具来完成设计和数据的探索。

商业智能(BI)报表解决方案包括仪表板、得分卡、KPI 和交互式移动报表，允许商业信息工作者和商业领袖深入了解数据。这些解决方案经常使用 SSAS 等数据建模技术、可视化报告和 BI 工具。在每个设备平台上，移动报表允许用户在移动设备、平板电脑和智能手机上与业务数据进行交互。相对而言，移动报表允许用户在触控设备上使用断开连接的数据。

报表使用 Web 服务组件、页面框架和表单控件，集成到应用程序和定制解决方案中。Reporting Services 使用各种选项集成了应用程序和企业级解决方案。集成选项的范围非常大。解决方案可能很简单，只使用了"开箱即用"功能，也可能与 SharePoint、定制应用程序、Power BI、微软整个报表生态系统紧密集成起来。

如果对 SSRS 很陌生，就从小处开始学习这个平台。有了一定的经验，就会发现使用哪些特性来满足业务和用户需求。如果使用了 SSRS 早期版本一段时间，本书将展示该产品是如何发展的，并通过最佳实践展示新的模式。

第 2 章介绍用于报表导航和管理的新 Web 门户，你将学习一些重要的报表渲染增强和现代化功能。

第 2 章

SQL Server 2016 Reporting Services 的新增功能

本章内容

- 报表设计器的改进
- 现代浏览器呈现
- 参数布局管理
- 介绍移动报表和 KPI
- 新的打印和呈现选项
- 新的 Web 门户
- Power BI 仪表板的固定和集成

SQL Server 2016 中对 Reporting Services 的增强既有细微点滴之处，也有显著改善的地方。几个值得注意的改进扩展了报表平台，并帮助完成了 Microsoft Business Intelligence (BI)产品工具带。第 2 章不包含实际操作练习，所以这一章没有要下载的内容，也没有练习。第 3 章将介绍实践练习和示例。下面了解 Reporting Services 得到了哪些改进和增强；在某些方面，它与过去的几个版本是相同的或类似的。

在了解 SQL Server 2016 中 Reporting Services 引入的几个新特性之前，先看看如图 2-1 所示的简史，它突出了该产品的起源。

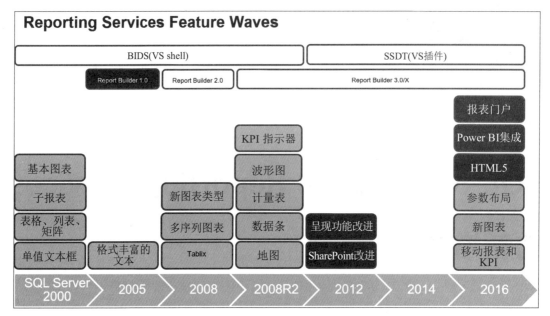

图 2-1 Reporting Services 的演变

2004 年初，Reporting Services 发布为 SQL Server 2000 的一个插件工具。与今天的产品相比，当时该特性集是轻型的，但是基础架构没有明显的改变。基本特征包括基本图表、子报表的数据区域以及单值文本框。

2005 年的第二个版本添加了一个自助报表编辑工具，称为报表构建器(稍后命名为 Report Builder 1.0)，在设计器中与语义建模工具配对。那时，最初的建模和临时报表工具已经被弃用，但是它激发人们开发更强大的替代技术，如 Power Pivot 和 Report Builder 的后续版本。为了不与最初的 Report Builder 工具相混淆，Report Builder 2.0 和 3.0 生成报表定义文件，该文件与 Visual Studio 集成的报表项目工具兼容，报表项目工具最初称为 Business Intelligence Development Studio(BIDS)。

后来的产品版本中出现了一些改进的、逐渐增强的功能。SQL Server 2008 R2 引入了许多先进的视觉元素，如仪表、波形图、数据条、关键绩效指标(KPI)和地图。在引入了这么多新功能之后，在 SQL Server 2012 和 2014 中，唯一细小的改进是，随着产品开发资源被重定向到新兴产品，例如 Power Pivot、Power View 和 Power BI，显著改变了添加特性的节奏。

2015 年，微软更换了领导，重组了产品团队，重申了将 Reporting Services 作为 Microsoft 报表和 BI 平台的核心功能的承诺。该产品现在从静止期进入到另一波积极发展和改进的阶段。许多核心功能保持不变，设计体验也相对不变。但如本章所述，一些新的改进正在推动 Reporting Services 的新发展。

2.1 报表构建器和设计器的改进

在过去的几个产品版本中，标准"分页"报表的报表设计体验并没有太大的改变，但有了一些渐进的增强。Report Builder 重新制定了样式，符合 Microsoft Office 2016 的标准。Report Builder 的安装过程改为"绿色"应用程序。这意味着微软会为频繁的下载维护更新，而不是以前在本地服务器上的"ClickOnce"安装。类似于之前的版本,用户可以从Web门户的菜单中选择安装Report Builder。

　　Report Builder 已经更新了,具有现代外观和操作方式,简单且圆滑,如图 2-2 所示。变化主要是表面上的,其基本特征是一样的。

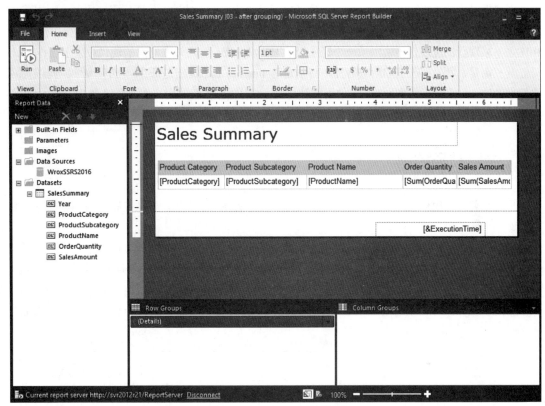

图 2-2　Report Builder 的新外观

　　Visual Studio 集成的 Report Designer 现在是 SQL Server Data Tools (SSDT)的一部分,是 Visual Studio 的一个可下载插件。虽然工具集没有明显的改变,但是 SSDT 的安装方式和交付更新的方式有一些细微的更改。首先,消除了名称"SSDT"带来的混淆,因为以前的"SSDT"(用于数据库项目的旧插件版本)和"用于 BI 的 SSDT"(用于 SQL Server Integration Services、SQL Server Analysis Services 和 SQL Server Reporting Services 项目的旧版本插件)现在是一个组合的包,简称为SSDT(它还包括 SQL Server 数据库项目的项目模板)。其次,可以简单地下载并安装 SSDT 的一个版本,该版本与 Visual Studio 的当前版本或几个旧版本一起工作。如果 Visual Studio 没有安装在计算机上,SSDT 安装包就安装 Visual Studio shell。SSDT 插件会频繁更新,也可以在 Visual Studio 内部按需安装更新包。

2.2　现代浏览器呈现

　　如果只是随意看看,则 2016 年最重要的产品改进之一可能是最不明显的。整个 HTML 呈现引擎已经在这个平台上彻底检修过了。用于导航和管理报表内容的 Web 门户,和实际报表的内容呈现为现代 HTML5 标准,所有现代 Web 浏览器都支持这一标准。向现代 HTML 输出的转移意味着,无论操作系统或 Web 浏览器是什么，Reporting Services 生成的 Web 内容在任何设备上都可以持续使用，因为它支持现代标准。不管品牌或操作系统是什么，当报表在任何类型的智能手机、平板电脑、笔记本电脑和台式计算机上工作时，好处就显而易见了。

在早期版本的 Reporting Services 中，为了确保报表输出的一致性，呈现代码使用多个版本和浏览器逻辑，为不同的浏览器和版本生成不同的内容 HTML，而这很快导致分支代码和逻辑的堆积。相比之下，现代的呈现代码输出了一个轻量级的 HTML5 流，它可以在所有的现代设备上工作。

其权衡是，牺牲了一些向后兼容性，特别是与 Internet Explorer(IE)旧版本的兼容性。向现代网络标准的这一转变的最不利影响是，使用旧计算机、过时操作系统的用户需要升级到 IE 或他们喜欢的 Web 浏览器的最新可用版本。

2.3 参数布局控制

你是否曾经向用户或项目股东解释，参数提示信息是固定不变的，无法控制它们的定位方式和位置？

可以改进对参数格式和位置的控制。12 年前 Reporting Services 面世以来，参数总是随意地安排在浏览器窗口顶部一个狭窄的范围内，先是从左到右，然后从上到下。如图 2-3 所示，Report Designer 有一个网格来管理参数的位置，参数可以在参数栏中、在任意配置中、在可定义的行和列中管理。

新的参数条在本机模式下应用 SSRS 部署，但不会改变参数在 SharePoint 集成模式下呈现的方式。

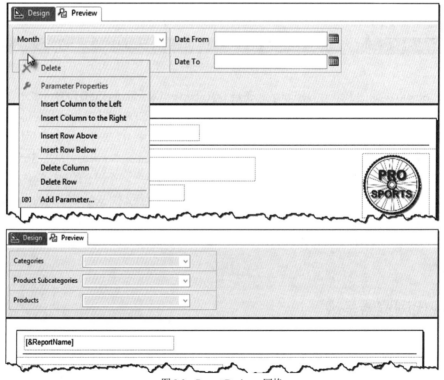

图 2-3 Report Designer 网格

2.4　更新 RDL 规范

与以前的 Reporting Services 升级一样，RDL 也在 2016 年修订。图 2-4 显示了 Visual Studio XML 查看器中的两个代码片段，在 RDL 文件的结尾，使用了 RDL 名称空间头和 ReportParametersLayout 元素。注意，reportdefinition 名称空间的 xmns 属性版本是 2016/01。

```
<Report
xmlns:rd="http://schemas.microsoft.com/SQLSer
ver/reporting/reportdesigner"
xmlns:cl="http://schemas.microsoft.com/sqlser
ver/reporting/2010/01/componentdefinition"
xmlns="http://schemas.microsoft.com/sqlserver
/reporting/2016/01/reportdefinition">

<ReportParametersLayout>
   <GridLayoutDefinition>
      <NumberOfColumns>1</NumberOfColumns>
      <NumberOfRows>3</NumberOfRows>
      <CellDefinitions>
         <CellDefinition>
...
```

图 2-4　RDL 文件片段

当 SSDT for SQL Server 2016 把报表部署到早期版本的报表服务器时，Report Designer 会在构建项目时，从报表定义文件中删除该元数据，提供向后版本兼容性。该版本的 RDL 文件被写入项目 bin 文件夹下的配置输出子文件夹(默认情况下是 bin\debug 文件夹)中，然后将这个文件部署到报表服务器上。

2.5　移动报表

将移动仪表板添加到 SSRS 平台是以微软的 Datazen 产品为基础的，该产品于 2015 年从 ComponentArt 公司收购得来。移动报表主要用来在由移动报表开发人员创建的仪表板样式报表中，支持数据交互活动。管理这个期望很重要，因为这个工具与传统的 Reporting Services 有很大的不同。

移动报表可以在浏览器中查看，但通过本地安装的应用程序，针对手机和平板设备进行了优化，该报表运行在所有主要的移动操作系统平台上。图 2-5 和图 2-6 在两个不同的移动设备上演示了相同的移动报表。它们不能替代高质量的分页报表，该报表是使用 Reporting Services 或 Power BI 中的自助服务分析功能创建的。它们的目的完全不同。

首先，移动仪表板体验似乎是 Datazen 产品的一个简单应用。但是很明显，它已经与 SSRS 体系结构进行了某些集成，可能会出现更多的适应性功能。第一个显著的区别是，Datazen 服务器完全由 SQL Server 报表服务器取代，查询现在作为 SSRS 共享数据集管理。

SQL Server Mobile Report Publisher 是单独下载的，从 Web 门户菜单中选择 Mobile Report 选项就可以获得。2015 年，我给 *SQL Server Pro Magazine* 写了一系列文章，讨论如何使用 Datazen 创建移动仪表板解决方案。Datazen 仍然可以作为独立的产品，免费提供给 SQL Server Enterprise 客户，但未来的任何增强都只在新的集成平台上实现。这一系列文章的网址是：http://sqlmag.com/business-intelligence/getting-starteddatazen-microsoft-s-new-mobile-dashboard-platform。

图 2-5　平板电脑上的移动报表

图 2-6　手机上的移动报表

移动报表的基本设计体验与我在该系列文章中描述的基本相同，但一些细节随着新集成内容的变化而变化。微软高级项目经理 Chris Finlan 在他的博客文章"How to create Mobile Reports and KPI's in SQL Server Reporting Services 2016-An end-to-end walkthrough"中提供了一个完整的循序渐进式教程。

2.6　KPI

与 Web 门户集成的新 KPI 也基于收购的 Datazen 产品。这些 KPI 视觉效果完全在 Web 门户中创建和管理。除了实际值与目标值采用标准的交通信号灯样式进行比较之外，KPI 还可以包括趋势线或段图。

图 2-7 中的 KPI 由一个或多个共享数据集中的数据驱动，这些共享数据集在 SSDT Report Designer 中创建。为了方便和简单，可以通过设计页面手动输入 KPI 的任何值。

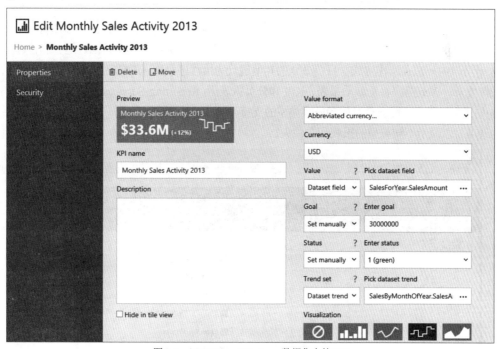

图 2-7　SSDT Report Designer 数据集中的 KPI

尽管它们在 Web 门户中是可视的，但是 KPI 通过目前在每个流行设备平台上都有的 Power BI 移动应用，交付给移动设备。

2.7　本地打印控制

以前 SSRS 上的打印功能依赖于 ActiveX 控件，而只有 Windows 桌面和某些 Web 浏览器支持该控件。即使在严格控制的 Windows 服务器环境中，系统管理员会取消 ActiveX 支持，并不允许在服务器上打印报表。现代的打印解决方案使用 PDF 渲染器生成可打印输出，然后使用 Adobe 文档查看器来执行实际的打印。

2.8　PowerPoint 渲染

对于 SSRS 的几个版本，用户可以选择把报表内容导出到 Excel 中再呈现出来。在 SQL Server 2008 中添加了输出到 Word 的功能，这两个呈现选项在 2008 R2 版本中都得到了改进和更新。现在，引入了 PowerPoint 文档呈现功能，所以支持第三个 Office 应用程序的格式。

在得到的 PowerPoint 演示文稿中，大多数报表项和数据区域都被转换为独立的图片对象，基于报表内容的大小和布局创建额外的幻灯片。文本框是为标题和报表文本创建的，它支持一些报表操作和文本框属性。

2.9　集成和改进的 Web 门户

SQL Server 2016 引入了一个新的 Web 门户 web 界面来替换 Report Manager。与 Report Manager 一样，该 Web 门户是一个 ASP.NET Web 应用程序，用于在 Web 浏览器中访问、运行和管理报表。新 Web 门户的外观和操作方式与目前微软的其他现代应用程序类似，其响应性设计对应于不同设备的表单要素。Web 门户将是移动报表、KPI 和分页报表(用 Reporting Services 编写的 RDL 报表的新名称)的主页。未来可能会有对更多内容类型的支持。图 2-8 显示了 Web 门户中的 Content 菜单，其中的选项可以显示不同类型的报表和文件夹。

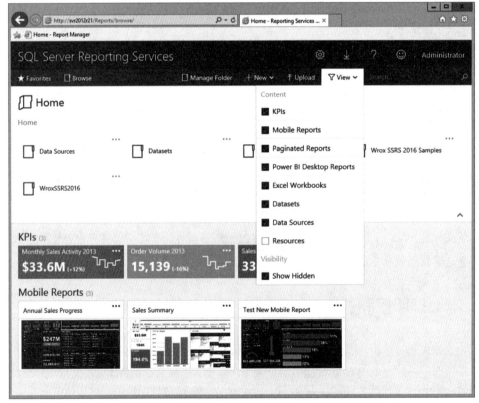

图 2-8　Web 门户中的 Content 菜单

Web 门户在所有现代 Web 浏览器中都支持发送响应性的 HTML5，并能适应不同的移动设备和屏幕朝向。

2.10　新图表和可视化改进

Reporting Services 增加了两种新的图表类型，推进了可视化的增强。图 2-9 中显示了新的 Sunburst 和 Treemap 图表，它们应用了多级字段组，在色彩和视觉边界上都有视觉效果。

虽然核心图表和标准组件基本没有变化，但是默认的样式属性在新的产品版本中进行了现代化。考虑到自助服务 BI 工具(如 Power BI)的成功，新的和更新的报表可能会作为未来 Reporting Services 增强的重点领域。设计界面与现有的图表类型是相同的，唯一的不同之处在于，行组是用这些独特的格式进行可视化的。Sunburst 图表还可以使用不平衡的层次结构，只在存在数据点的地方生成不同级别的切片。

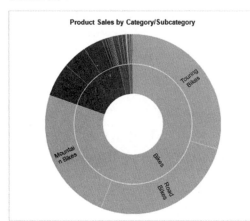
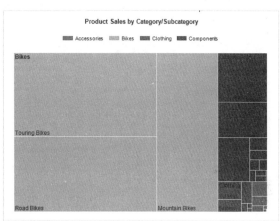

图 2-9　两种新的图表类型

2.11　标准化的现代浏览器呈现

首先，你可能不会注意与以前版本的显著不同，但是 HTML 渲染器已经彻底检修和更新了。现在，报表呈现为 HTML5 标准，在所有支持 HTML5 标准的现代浏览器(如 Microsoft Edge、IE 11 以及 Google Chrome、Safari 和 Firefox 的新版本)中，它们应该始终保持相同的外观和操作方式。这种变化是可喜的改进，解决了使用不同的 Web 浏览器和设备时出现的许多不一致和古怪的报表布局问题。出于同样的原因，这种变化意味着，过时的浏览器没有特殊的向后兼容性；因此，能在 Internet Explorer 旧版本中工作(或部分工作)的报表，在用户升级之前可能不再工作。

2.12　Power BI 仪表板的固定

对于投资了 Power BI 云服务的组织，Power BI 集成特性允许用户将图形化的 SSRS 报表的视觉效果钉在在线仪表板上。为了使用这个特性，管理员必须使用现有的 Power BI 订阅来注册报表服务器，报表用户必须能够访问 Power BI 订阅。

Reporting Services Configuration Manager(如图 2-10 所示)包含一个新页面来管理 Power BI Integration。在这里可以用 Power BI 订阅注册报表服务器实例。

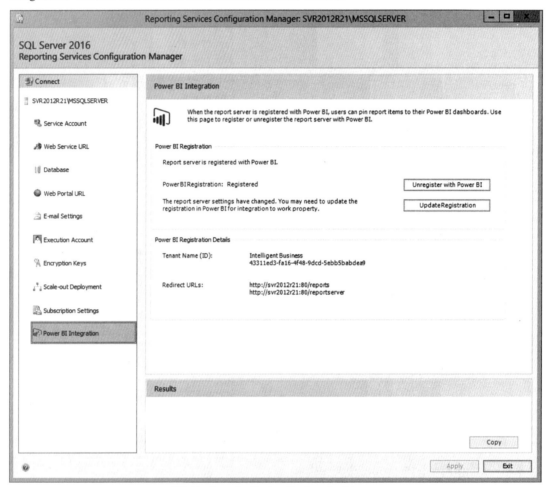

图 2-10 Reporting Services Configuration Manager

在 Web 门户中查看带有"可点"项(如图像、图表和量表)的报表时，Power BI 图标就显示在工具栏上，如图 2-11 所示。

图 2-11 添加到报表工具栏中的 Power BI 钉

图 2-12 在 Web 门户中突出显示了"可点"项。选择视觉信息时，会提示用户选择 Power BI 仪表板和刷新频率。这将在报表服务器上安排一项 Agent 作业，以指定的频率将更新的视觉信息推送到仪表板上。

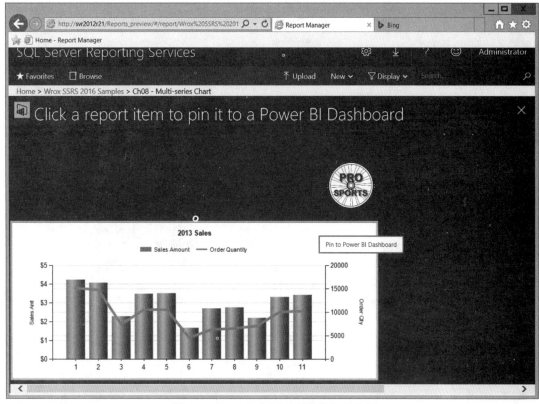

图 2-12　在 Web 门户中突出显示的"可点"项

　　"Select frequency of updates"选项(见图 2-13)利用 SSRS 的订阅体系结构,在带有报表服务器目录的数据库服务器上安排一项 SQL Server Agent 作业。该 Agent 作业重新查询报表数据,然后由一个报表服务器组件刷新 Power BI 上带有更新报表视觉信息的仪表板。

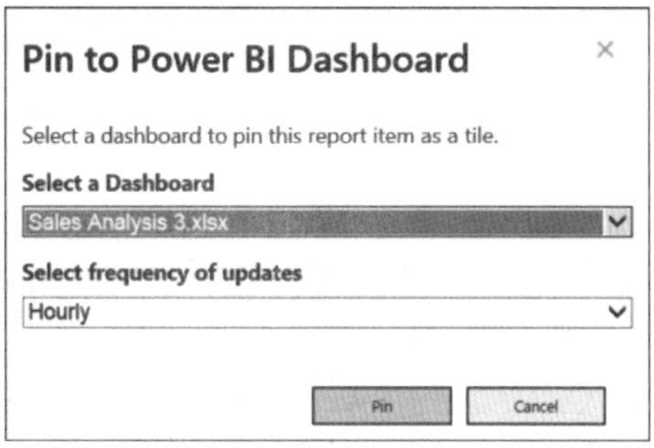

图 2-13　Power BI 仪表板和更新频率

　　在仪表板上出现了固定的报表视觉信息、Power BI 报表和 Excel 视觉效果,如图 2-14 所示。单击其中一个视觉信息,将在本地报表服务器上钻取报表。这给用户提供了在云托管的 Power BI 内容,与在自己的报表服务器上选择报表可视化元素之间的无缝导航体验。

　　集成的 Power BI 体验向前迈出了一大步,提供了完全集成的 IT 托管和自服务报表、BI 和分析解决方案。

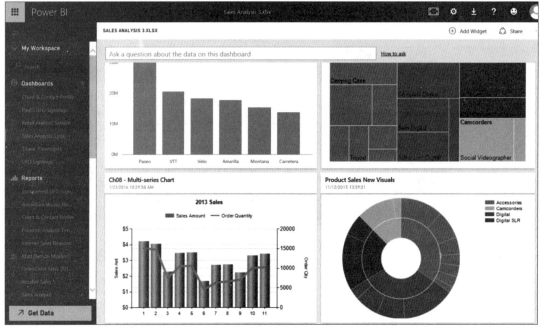

图 2-14　在仪表板上显示固定的报表视觉元素和 Power BI 视觉效果

2.13　小结

微软报表平台的组件继续交叉授粉(cross-pollinate)，额外的集成将通过 Web 门户交付给桌面用户，通过针对设备的应用程序交付给移动用户。

Report Builder 仍然是 SSRS 超级用户的工具，它以 Office 用户创建和更新文档的方式创建报表。基于 Visual Studio 的 SQL Server Data Tools (SSDT)是为开发人员和严肃的报表设计人员进行工程化的。现在，它在单一的"常绿"包中包含了数据库项目和 BI 插件，用于多个版本的 Visual Studio，可以独立于 SQL Server 进行维护和更新。SSDT 设计器为 SQL Server 2016 生成 RDL 报表，通过项目构建和部署过程生成向后兼容的报表。

移动报表和 KPI 是 Reporting Services 家族的新成员。它们的设计、响应、交互和优化都很简单，在针对设备的应用商店中安装的本地移动应用程序上运行。移动报表使用在 SSDT 中开发的共享数据集，与 Reporting Services 门户集成在一起。

对 SSRS 核心功能的一些增强包括原生的 Web 浏览器打印支持、PowerPoint 渲染以及新的图表视觉效果。可能最显著的(尽管最不明显的)改进是所有报表和 Web 门户界面的底层呈现与所有的现代 Web 浏览器完全兼容，应用了 HTML5 标准和响应式设计。这意味着整个报表体验可以在用户选择的设备和浏览器中进行。

第 3 章将介绍安装、配置 SQL Server Reporting Services 和相关组件的需求和步骤。我们会讨论如何构建基本的开发环境和企业服务器部署。学习报表服务器体系结构，这有助于全面了解 Reporting Services 的特性和功能。

第 3 章

Reporting Services 安装和架构

本章内容

- SQL Server 2016 中的变化
- 安装报表服务器
- 构建企业部署
- 使用工具管理报表生命周期
- 探索报表服务器架构
- 利用报表服务扩展

要使用示例并在本书中进行练习，需要报表服务器和访问它的管理权限。除非为此设置了服务器，否则建议在自己管理的机器上安装一个本地的 SQL Server 实例。学习机可以位于本地计算机、本地虚拟机或驻留在 Windows Azure 这样的云服务的虚拟服务器上。建议在 Windows 8 专业版或更高版本上，或者 Windows Server 2012 或更高版本上安装 SQL Server 2016 的开发版。

提示：

如果刚开始工作，或不熟悉 Reporting Services，那么在这个阶段，本章的一些技术信息可能不相关，也不必要。为了快速地运转起来，请执行本章中"安装 Reporting Services"一节的步骤，然后执行"安装 Reporting Services 示例、练习和 SQL Server 数据库"一节的步骤。为了使用本章的示例和练习，应该以本地模式安装 Reporting Services，以多维模式安装 Analysis Services。

本书的大多数示例和练习都需要使用 SQL Server 数据库引擎和 Reporting Services。在本书后面的一些可选的、专门化的主题中，需要在多维模式下运行 Analysis Services，以及完整的 Visual Studio 2015 或更新版本，具有 Visual Basic 或 C#语言支持。

提示：

SQL Server 开发版与企业版基本相同，只是价格与规模略小，适用于桌面使用。SQL Server 标准版对于大多数业务目标来说都是足够的，但是缺少后面小节中讨论的一些企业特性。

只需 4GB 的内存就可以运行 SQL Server，但建议至少有 8GB 的内存。应该在 64 位操作系统上安装 64 位版本的 SQL Server。

注意：

可以在较老的、功能较差的设备上安装 SQL Server，并进行一些额外的升级。如果使用的电脑满足这些推荐的专业需求，就在 https://msdn.microsoft.com/en-us/library/ms143506(v = sql.130).aspx 上检查产品系统需求的更多细节。请记住，所记录的最低需求足以在开始处理数据之前加载软件和运行服务。

SQL Server 设置和服务器架构的主题是一个鸡生蛋、蛋生鸡的问题。一方面，理解所有产品的细微差别有助于理解所有选项的含义。另一方面，本书想提供足够的指导，让读者在不了解不必要细节的情况下也可以开始学习。本章首先指导如何完成 SQL Server 2016 Reporting Services 的基本安装，然后回顾与企业部署有关的重要考虑事项。

尽管基本安装没有包括企业部署中的很多关键选项，但是基本安装仍然提供了一个探索 Reporting Services 功能和安装过程的环境。这个环境非常适合于执行本书中的练习和教程。

本章还将探讨如何实现和显示 Reporting Services 中的功能。对于管理员和开发者来说，这些显示的信息是非常关键的。这些概念是后续章节的基础。

报表生命周期给出了 Reporting Services 工作的语境。本章将探讨与 Reporting Services 相关的各种应用程序和工具软件。

然后将稍微深入地研究 Reporting Services 本身，为此将研究 Reporting Services Windows 服务架构、Reporting Services 组件以及支持数据库。在本章最后，你将牢固地掌握所有这些内容是如何作为一个整体来实现 Reporting Services 功能的。

本章包含以下内容：

- 基本安装
- 企业部署时需要考虑的事项
- 报表生命周期
- Reporting Services 工具
- Reporting Services Windows 服务
- Reporting Services 处理程序和扩展
- Reporting Services 应用程序数据库

3.1　SQL Server 2016 中的变化

对于使用过 Reporting Services 以前版本的用户，下面总结安装过程的一些小改动，以节省一些时间。这种改动是短暂的，所以很容易使其简单化。在以前的 SQL Server 版本中，通常会在 Setup Wizard 的 Feature Selection 页面上包括 Client Tools 选项。这将从 SQL Server 安装介质上安装 SQL Server Management Studio 和 Visual Studio 项目设计器插件(称为 Business Intelligence Development Studio 或 SQL Server Data Tools，这取决于产品的版本)。

SSMS 和 SSDT 客户端工具现在作为单独的下载来管理，因此它们可以频繁更新，与多个版本的 Visual Studio 集成。新的 Web 门户取代了 Reporting Services 的 Report Manager Web 界面。尽管

Web 门户有不同的视觉效果，但安装和配置没有什么不同。完成安装后，会看到一个不同的报表用户界面。有几个新的组件和增强功能被添加到 Reporting Services 特性集中，与以前的版本相比，这些功能不会影响标准安装体验。

3.2　基本安装

为理解 Reporting Services 的安装，必须理解 Reporting Services 的组件。在 SQL Server 2016 中，Reporting Services 具有两种模式：

- Native 模式
- SharePoint 集成模式

Reporting Services 的核心内容是一个 Windows 服务，该服务依赖于以 SQL Server 数据库引擎实例为宿主的两个数据库。请注意，在 SharePoint 集成模式中，SQL Server 2016 中的 Reporting Services 是作为 SharePoint 共享服务运行的。本章主要关注 Reporting Services 的 Native 模式安装。

与 Reporting Services 服务进行交互需要通过应用程序完成，例如 Web 门户或 SharePoint 插件，此外还有其他应用程序，如 SQL Server Data Tools。本章将介绍这些应用程序、SSRS 服务和报表类别数据库。

当使用 Native 模式的基本安装时，服务器端和客户端的组件都安装在一个系统中。Reporting Services 数据库也安装在 SQL Server 数据库引擎的本地实例中。在不依赖其他系统的情况下，基本安装也常常称为独立安装。

SQL Server Developer Edition 是评估、开发和测试环境的一个不错选择。这个版本提供了对 Reporting Services 完整功能的访问，没有许可成本，还比 SQL Server 其他生产版本支持更广泛的操作系统。支持的操作系统包括 Windows Server 2012、Windows 8 的各种版本，当然还有 Windows 的新版本。

> **提示：**
> 如本章开头所述，实际的开发机配置应该比规定的最低要求强大得多。作为基准，我的虚拟机配置为以最优的性能运行本书的所有示例，它有两个处理器核心，配置为使用动态内存，即通常使用 5GB~8GB 的 RAM。

最低系统需求包括 1GB 内存。如果将系统更新和 SQL Server 示例所需硬盘空间计入，基本安装还至少需要 6GB 硬盘空间。以 Hyper-V 角色运行的虚拟机环境也支持 SQL Server 2016。

3.2.1　安装 Reporting Services

在执行 Reporting Services 安装前，有必要确保系统已经使用最新的 Service Pack 进行了升级更新。用户还必须是待安装计算机的操作系统本地 Administrators 组的成员，否则必须使用属于本地 Administrators 组的成员账号的凭据运行安装程序。

> **提示：**
> 在示例中，我安装了 SQL Server 2016 开发版，如果使用本地的 SQL Server 和 Reporting Services 实例建立开发或评估机器，就推荐使用这个版本。这些指令也适用于标准和企业版本，但安装体验

可能有些许不同。SQL Server 开发版可以通过 Visual Studio Dev Essentials 程序免费获得。要注册并下载软件，应访问 https://www.visualstudio.com/en-us/products/visual-studio-dev-essentials-vs.aspx。

开始安装时，首先要访问 SQL Server 2016 的安装介质。可以运行 DVD 上的安装文件，或者把 ISO 文件配置为逻辑 DVD 驱动器，或者使用文件夹或文件共享。图 3-1 显示了安装为逻辑驱动器的 SQL Server 安装 DVD 映像。重要的是，介质应从打算安装 Reporting Services 软件的系统中访问。启动位于安装介质根目录的 setup.exe，启动应用程序的安装。

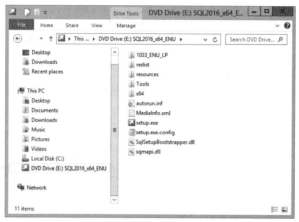

图 3-1　安装为逻辑驱动器的 SQL Server 安装 DVD 映像

首先，安装程序检查计算机上是否存在 Microsoft .NET Framework 3.5 SP1 和 Windows Installer。如果没有找到它们，那么安装程序将开始安装这两个软件。当安装程序完成安装.NET Framework 或 Windows Installer 之后，系统可能需要重新启动。系统重新启动后，还需要重新启动 SQL Server 2016 安装程序。

图 3-2 显示了安装程序的 SQL Server Installation Center。安装中心分为几个页面，每个页面所访问的文档和工具都对安装过程的不同方面提供了支持。

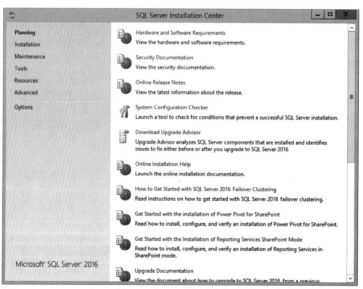

图 3-2　SQL Server 安装中心

为了完成基本安装，请单击 Installation Center 表单左方的对应链接。在图 3-3 所示的 Installation 页面中，请选中 New SQL Server stand-alone installation or add features to an existing installation 选项。这时将启动 SQL Server 安装向导。

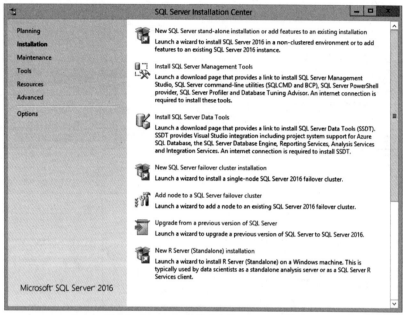

图 3-3　SQL Server 安装中心的 Installation 页面

SQL Server 安装向导执行的第一个步骤是将所用的系统与一组"安装支持"规则进行比较。这些规则检查系统配置是否满足安装要求。分析结束后，向导会显示汇总信息。如果出现不满足安装要求的情况，将会显示规则列表，指出需要注意的事项。如果没有不满足安装要求的情况发生，就可以单击 Show Details 按钮，此时可以看到如图 3-4 所示的列表。

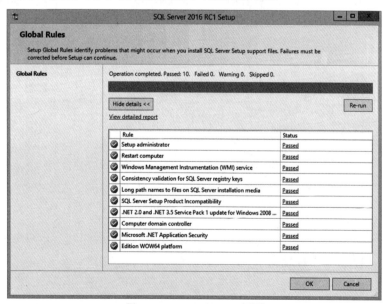

图 3-4　Setup Support Rules 页面

单击 Global Rules 页面上的“View detailed report”链接，此时将出现如图 3-5 所示的新窗口，这个窗口列出了详细检查结果，显示了全部警告和未能满足的规则。查看完毕后，可关闭此窗口。

Rule Name	Rule Description	Result	Message/Corrective Action
SCCCheckRules: SQL Server 2016 Setup configuration checks for rules group 'SCCCheckRules'			
NoRebootPackageDownLevel	This rule determines whether the computer has the required update package for .NET Framework 2.0 or .NET Framework 3.5 SP1 that is needed for a successful installation of Visual Studio components that are included in SQL Server.	Not applicable	This rule does not apply to your system configuration.
ServerCore64BitCheck	Checks if this version of SQL Server is 64bit.	Not applicable	This rule does not apply to your system configuration.
ServerCorePlatformCheck	Checks if this version of SQL is supported on the currently running Windows Server Core OS.	Not applicable	This rule does not apply to your system configuration.
AclPermissionsFacet	Checks if the SQL Server registry keys are consistent.	Passed	SQL Server registry keys are consistent and can support SQL Server installation or upgrade.
FacetDomainControllerCheck	Checks whether the computer is a domain controller. Installing SQL Server 2016 RC1 on a domain controller is not recommended.	Passed	This computer is not a domain controller.
FacetWOW64PlatformCheck	Determines whether SQL Server Setup is supported on this operating system platform.	Passed	SQL Server Setup is supported on this operating system platform.
MediaPathLength	Checks whether the SQL Server installation media is too long.	Passed	The SQL Server installation media is not too long.
NoRebootPackage	This rule determines whether the computer has the required update package for .NET Framework 2.0 or .NET Framework 3.5 SP1 that is needed for a successful installation of Visual Studio components that are included in SQL Server.	Passed	This computer has the required update package.
RebootRequiredCheck	Checks if a pending computer restart is required. A pending restart can cause Setup to fail.	Passed	The computer does not require a restart.
SetupCompatibilityCheck	Checks whether the current version of SQL Server is compatible with a later installed version.	Passed	Setup has not detected any incompatibilities.
SSMS_IsInternetConnected	Verifies that the computer is connected to the Internet. When a Microsoft .NET application like Microsoft Management Studio starts, there maybe be a slight delay while the .NET security check validates a certificate.	Passed	The computer is connected to the Internet and .NET security checks can be completed.

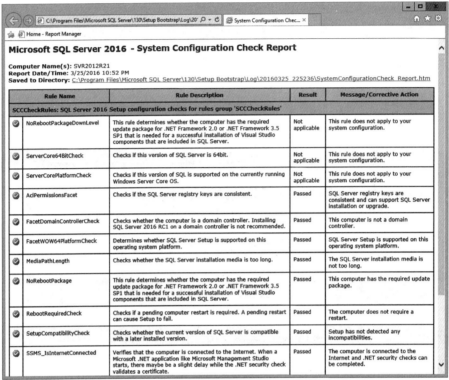

图 3-5　系统配置检查报表

在 SQL Server 安装向导的 Global Rules 页面上，单击 OK 按钮，转入如图 3-6 所示的 Product Key 页面。选择 SQL Server 免费版本，或者输入其他某个版本的序列号。选择 Evaluation 版本或输入 Developer 版本的序列号，继续下一步工作。

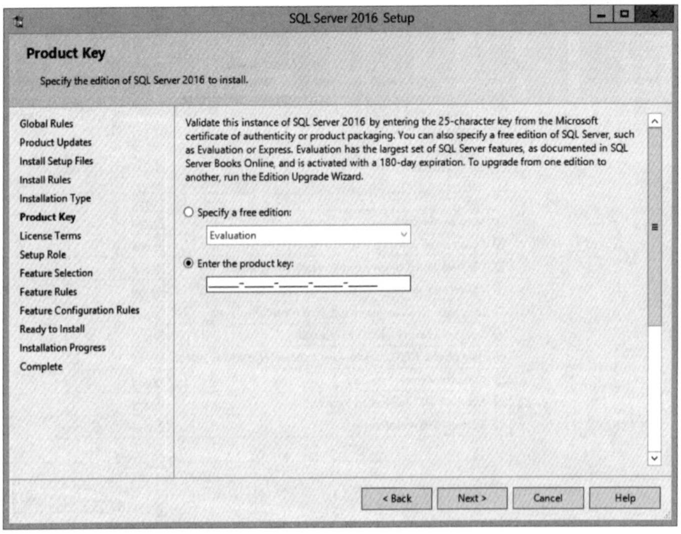

图 3-6　Product Key 页面

单击 Next 按钮，进入如图 3-7 所示的 License Terms 页面。

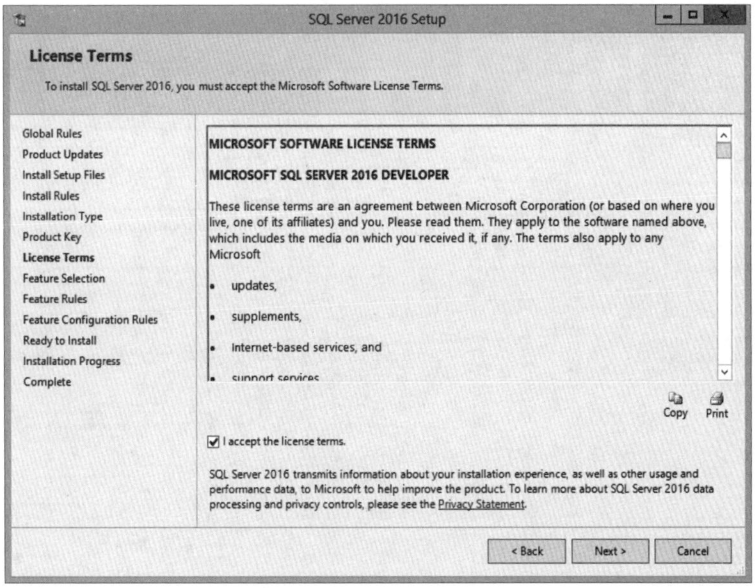

图 3-7　License Terms 页面

注意：

建议仔细阅读产品许可的各项内容，之后接受这些条款。如果愿意，请阅读印刷版。

为了继续安装，选中 I accept the license terms 复选框。这将允许把与硬件和 SQL Server 组件使用有关的高级信息发送给微软公司，以便帮助微软公司改进产品。单击超链接，可以查阅隐私声明。与功能使用情况有关的内容包括：Reporting Services 或其他服务是否安装，以及主机的操作系统。

注意：

多年来我一直与微软的 SQL Server 产品团队一起工作，可以肯定，只有得到客户的许可，才会收集产品的使用情况和遥测信息，并发送到微软。这些信息用于改进产品，并优先考虑功能开发。

与使用情况有关的数据收集量是非常小的，不再细分数据粒度，也不涉及某个功能区域的使用次数等信息，而是只收集某项功能是否曾经使用过。

单击 Next 按钮，进入如图 3-8 所示的 Install Setup Files 页面。这个页面提示安装文件即将安装到计算机中。安装过程结束后，向导将进入下一个页面。

单击 Next 按钮，进入 Setup Role 页面。在这个页面中，请选中“SQL Server Feature Installation”单选按钮，如图 3-9 所示。

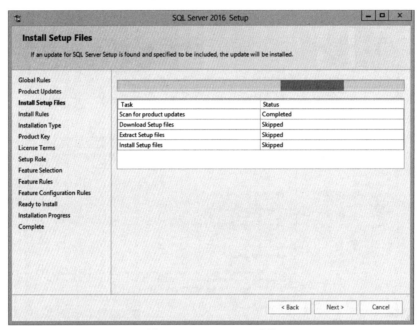

图 3-8　Install Setup Files 页面

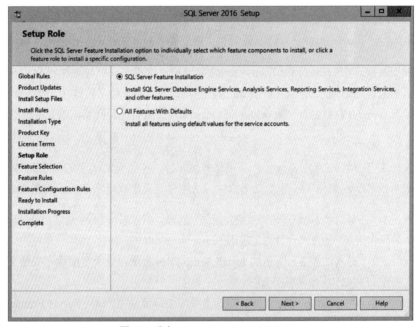

图 3-9　选中 SQL Server Feature Installation

　　单击 Next 按钮，进入 Feature Selection 页面，在这个页面中选中打算安装的 SQL Server 产品和功能，如图 3-10 所示。针对基本安装，请选中"Reporting Services-Native"和"Database Engine Services"。如果打算安装其他组件，例如 Analysis Services，那么还要选中这些组件。

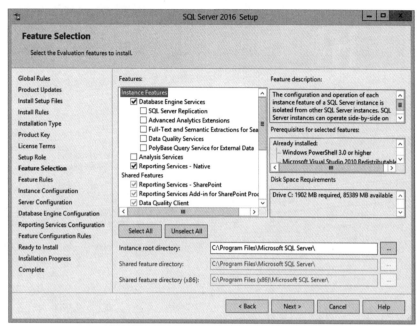

图 3-10　选择要安装的产品和功能

> **提示：**
> 为了支持所有章节的示例和练习，特别是第 9 章、第 10 章和第 11 章，应选择以多维模式安装 Analysis Services 的选项。

在 Feature Selection 页面中，可以修改安装共享组件的路径。基本安装一般使用默认安装路径。如果必须改变安装路径，那么请单击所显示路径旁边的按钮，然后选择一个合适的安装位置。

> **提示：**
> 默认实例和命名实例之间的区别在本章后面的"企业部署"一节中解释。为简单起见，如果是第一次在非生产服务器上安装 SQL Server 和 Reporting Services，用于开发和学习，就安装一个默认实例。

单击 Next 按钮，进入如图 3-11 所示的 Instance Configuration 页面。在此可以看到在前一页上选中的数据库引擎名称和 Reporting Services 实例。页面的下半部分列出了系统中已经安装的其他 SQL Server 实例。如果已经安装了默认实例，就可以在这个默认实例上完成当前安装；否则必须提供一个合适的实例名。

为实例命名时，必须牢记实例名是不区分大小写的，但在系统中必须唯一。实例名不得超过 16 个字符，可以包含字母、数字、下画线(_)和美元符号($)。第一个字符必须是字母，而且实例名不能是联机文档所给出的 174 个安装保留字中的内容。此外，建议不要用 235 个 ODBC 保留字中的内容给实例命名，联机文档给出了这 235 个 ODBC 保留字。

> **注意：**
> 在 Instance Configuration 页面中，除了可以输入实例名之外，还可以输入安装 ID。实例 ID 用来标识安装目录和 SQL Server 实例的注册表键。一般来说，除非有充分的理由，否则不需要修改实例 ID。

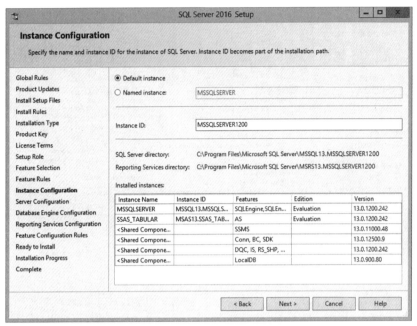

图 3-11 Instance Configuration 页面

单击 Next 按钮，进入 Disk Space Requirements 页面。在这个页面中，可以查看安装各个组件所需的磁盘空间。

可以选择改变服务账户和排序规则。在如图 3-12 所示的 Server Configuration 页面的 Service Accounts 选项卡中，可以选择用来安装每个服务的账户。针对本地开发安装，一般推荐接受默认设置，使用本地服务账户，或使用针对数据库引擎和 Reporting Services Windows 服务(生成的)的网络服务账户。在安装结束后，可以修改服务账户。

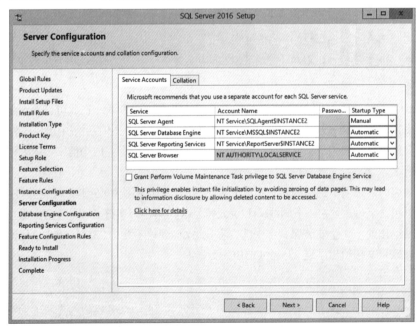

图 3-12 Server Configuration 页面

　　一般可以跳过 Collation 页面，因为默认选择取决于本地操作系统的区域配置。与其他选项一样，除非理由充分，否则不推荐修改其默认值。

　　单击Next按钮，进入Database Engine Configuration页面。在这个页面中，可以配置安装Reporting Services的SQL Server数据库引擎实例。这个页面包含4个选项卡：Server Configuration、Data Directories、FILESTREAM以及TempDB。

　　在图 3-13 所示的 Server Configuration 选项卡中，单击 Add Current User 按钮，这时当前用户就设置为数据库引擎实例的管理员。除非必要，否则这个选项卡中的其他选项均不需要修改。

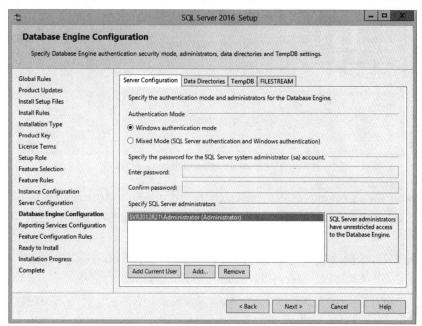

图 3-13　Database Engine Configuration 页面的 Server Configuration 选项卡

　　在 Data Directories 选项卡中，可以修改数据库引擎实例使用的多个路径。再次说明，除非确有必要，否则这个选项卡中的其他选项均使用默认值。本书的示例不使用 FILESTREAM 功能，所以除非有其他原因要使用该功能，否则接受默认设置。

> **注意：**
> 对于简单的开发，可以接受默认的 TempDB 选项。在真正的生产服务器上，这个页面上的配置选项对于在生产负载下实现良好性能至关重要。正确的设置取决于几个因素，包括数据存储、处理器核心的数量和内存。例如，在许多推荐的实践中，为每个 CPU 核心配置一个文件会提高并发性，缩短查询时间。

　　单击 Next 按钮，进入如图 3-14 所示的 Reporting Services Configuration 页面。在这个页面中，可以选择不同的 Reporting Services 安装选项。本章后半部分将详细讨论不同选项的含义。对于大多数基本安装来说，应该选择"Reporting Services Native Mode"下面的"Install and configure"选项。后面的安装与使用均假定已选中这个选项。

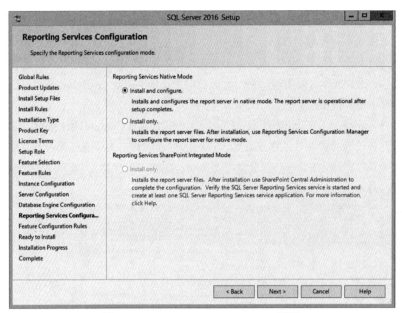

图 3-14　Reporting Services Configuration 页面

单击 Next 按钮，进入 Feature Configuration Rules 页面。这些规则用于在继续安装过程之前，根据当前选中的选项检查是否存在问题。与前面一样，单击 View detailed report 链接，将打开一个单独的报表。

单击 Next 按钮，进入如图 3-15 所示的 Ready to Install 页面。认真查看选中的选项。如果打算在其他系统中重复上述安装过程，那么可以复制页面底部列出的 INI 文件路径。

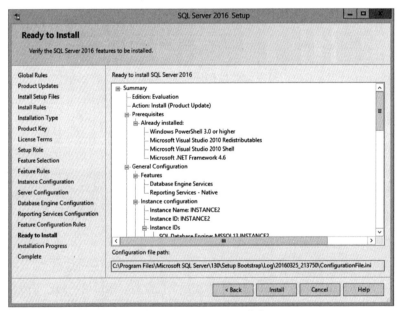

图 3-15　Ready to Install 页面

单击 Install 按钮，软件就开始执行安装过程。安装过程需要较长的时间。在这段时间里，会显示如图 3-16 所示的 Installation Progress 页面。安装过程结束后，可以看到安装过程的汇总信息。

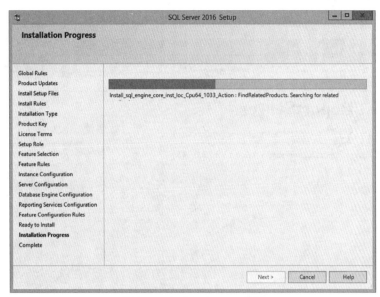

图 3-16　Installation Progress 页面

单击"关闭"按钮，结束向导并返回 Installation Center。现在可以关闭 Installation Center。

安装结束后，最后一步需要对安装进行验证。为此，打开 Internet Explorer 浏览器并输入以下 URL：

● 如果在本地计算机上安装了默认实例，那么输入 http://localhost/reports。

● 如果安装了命名实例，那么输入 http://localhost/reports_*instancename*，并用实例名替换 *instancename*。如果安装在另一台机器上，就用服务器名替代 localhost。

第一次使用时，URL 将花费一段时间才能完全解析，之后进入 Web 门户，如图 3-17 所示。

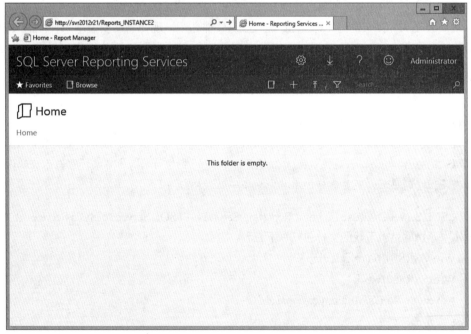

图 3-17　Web 门户

还可以在地址中用"ReportServer"替换"Reports",直接导航到报表服务器,如图 3-18 所示。

图 3-18 直接导航到报表服务器

当然,在 Web 门户或报表服务器的浏览器视图中没有可见的内容,因为没有部署任何东西,但一旦报表服务器用于管理内容,在这里就会看到文件夹、报告和其他项。

3.2.2 安装 Reporting Services 示例、练习和 SQL Server 数据库

成功安装 SQL Server 和 Reporting Services 软件之后,现在需要安装本书使用的 Reporting Services 示例和 SQL Server 示例数据库。本书示例包含的两个示例数据库可以在本书的网页 www.wrox.com 上获得。所有章节示例和练习项目都需要使用 SQL Server 数据库 WroxSSRS2016。 Analysis Services 多维数据库 Adventure Works Multidimensional 只用于第 9、第 10 和第 11 章。

> 注意:
> 所提供的两个示例数据库是专门为本书的报表示例和章节练习准备的。WroxSSRS2016 数据库包含从微软的 Adventure Works Cycles 数据仓库中构建的数据和数据库对象,它们已经简化和调整了,以满足报告的目标。不要尝试使用其他数据库来代替它们。

确保 SQL Server Database Engine、Reporting Services 和 SQL Server Analysis Services 正常运行。从本书示例网站上下载的文件包括以下三种:
- WroxSSRS2016 Projects.zip
- WroxSSRS2016.bak
- Adventure Works Multidimensional.abf

安装很简单:

(1) 把 WroxSSRS2016 Projects.zip 归档文件的内容提取到 C:驱动器或自己选择的位置。完成后,应该有一个名为 WroxSSRS2016 的文件夹。这个文件夹中的内容包含本书使用的所有示例和

练习项目。

(2) 使用 SQL Server Management Studio 将 WroxSSRS2016 数据库恢复到 SQL Server 实例。使用 SSMS 中的默认恢复选项，把数据库恢复到默认位置，并具有所需的所有功能。从 SSMS 中恢复数据库的额外信息可以在 https://msdn.microsoft.com/en-us/library/ms177429.aspx 上找到。

(3) 建议为第 9、第 10 和第 11 章的示例和练习恢复 Analysis Services 示例数据库。使用 SQL Server Management Studio 把 Adventure Works Multidimensional 数据库恢复到 SQL Server Analysis Services 实例。关于恢复 Analysis Services 数据库的附加信息可以从下述网址找到: https://msdn.microsoft.com/en-us/library/ms188098.aspx。

3.3　企业部署

基本安装忽略了 Reporting Services 企业部署中的许多重要内容。可以看出，默认选项适合于基本安装或本地开发安装，但是如果需要规划在企业环境中安装、配置和发布 Reporting Services，就必须认真考虑以下内容:

- SQL Server 版本
- 命名实例
- 拓扑结构
- 模式
- 安装选项
- 命令行安装
- 脚本和自动化

3.3.1　SQL Server 版本

SQL Server 2016 提供了多个版本，以下版本包含了 Reporting Services:

- Enterprise 版
- Standard 版
- Developer 版
- Web 版
- Express 版

Enterprise 版、Standard 版和 Web 版都可以支持生产环境。其中，Enterprise 版支持访问 Reporting Services 的全部功能。Standard 版和 Web 版只能访问一个受限的功能集。与 Enterprise 版相比，Standard 版和 Web 版费用较低，比较适合规模较小的安装环境。

Developer 版能够访问 Enterprise 版的全部功能。Developer 版是免费的，专门用作开发、评估和测试环境。

Web 版支持一个受限的功能集，甚至比 Standard 版支持的功能还要少，因此适合小规模部署或基于 Web 的部署。

最后，Express 版是一个功能高度受限的 SQL Server 版本，只能有限地支持 Reporting Services。这个版本是免费的，但是因为受限过多，因此除了少数非常特殊的场合，这个版本几乎不会使用。

3.3.2 默认实例和命名实例

实例规划是 SQL Server 部署的一个重要部分。SQL Server 实例是几乎自包含的、独立的 SQL Server 安装，包含了任何服务的组合。不同的实例隔离了数据库服务器和其他服务，以实现安全和管理目的。每个实例都可以用作测试和部署构建计划的沙箱。

实例中的组件作为共享某个系统资源的单独托管服务运行。每个实例都可以有任意的服务组合。例如，一个实例可能包括 SQL Server 关系引擎和 Analysis Services，另一个实例可能包括 SQL Server 关系引擎和 Reporting Services。

图 3-19 显示了由多个 SQL Server 实例创建的文件系统文件夹。每个文件夹的前缀都是缩写的服务名称，后缀都是实例名。带有 SQL Server 版本号的其他文件夹是为向后兼容而创建的。在这个例子中，在三个不同的时间安装了 SQL Server。默认的实例名为 MSSQLSERVER，其中包括所有关系引擎和 Reporting Services。实例 SSAS_TABULAR 包括 Analysis Services。另一个名为 INSTANCE2 的实例包括关系引擎和 Reporting Services。这两个 Reporting Services 实例显示在图 3-19 中。

图 3-19　两个 Reporting Services 实例

在一台服务器上可以安装多个 Reporting Services 实例。每个 Reporting Services 实例都可以独立于其他实例运行，同时可以具有不同的版本。每一个实例都拥有自己的 Windows 服务与代码库，以及与其交互的 Reporting Services 数据库对(pair)。这些数据库可以运行在单独的 SQL Server 数据库引擎实例或共享实例上，前提是每个数据库的名称是唯一的。

为了区分服务器上的不同 Reporting Services 实例,必须为每个实例指定在此系统中唯一的名称,称为实例名(instance name),而被命名的实例称为命名实例(named instance)。

在给定的服务器上,除了命名实例,还可以存在未命名的实例。这个实例也称为默认实例(default instance)。如果在服务器上只安装了一个实例,这个实例常常是默认实例。图 3-20 演示了如何将实例名转换为 Web 门户的地址。在本例中,Web 浏览器对默认实例 Web 门户是开放的,另一个浏览器窗口对 INSTANCE2 Web 门户开放。

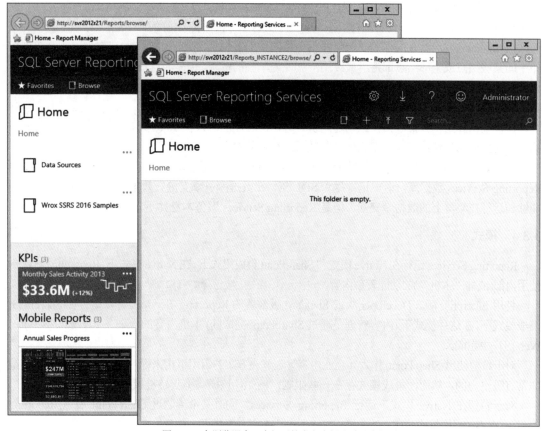

图 3-20 在浏览器窗口中打开的命名实例和默认实例

可以在单台服务器上运行多个实例,这些实例既可以全部是命名实例,也可以既有命名实例也有默认实例。在服务器硬件数量有限时,可以采用多实例方法将 Reporting Services 从 SQL Server 2008 或 SQL Server 2008 R2 迁移到 SQL Server 2016 中。多实例是最小化与某个部署相关的许可证数目的便利方法。也就是说,推荐将一个 Reporting Services 实例(命名实例或默认实例)部署到生产服务器上,以获得最优的资源分配和总体稳定性。

3.3.3 拓扑结构

拓扑结构(Topology)是指在为用户提供统一的服务功能访问权限界面的前提下,如何在服务器之间分配 Reporting Services 组件。拓扑结构关注的是 Reporting Services Windows 服务和 Reporting Services 数据库,而不是客户端工具。Reporting Services 支持两种广义的拓扑类型:标准(standard)拓扑结构和扩展(scale-outs)拓扑结构。

在标准拓扑中，Reporting Services Windows 服务安装在系统中。Reporting Services 与一对 Reporting Services 数据库进行交互，这两个 Reporting Services 数据库安装在本地系统或远程系统中，是这个 Reporting Services 实例的专用数据库。本章开头介绍的基本安装就是一个标准拓扑示例。

在 Native 模式下，当采用扩展拓扑时，Reporting Services Windows 服务的多个实例安装在多台服务器上。在 SharePoint 集成模式下，当采用扩展拓扑时，Reporting Services 服务作为共享服务运行在 SharePoint 场中的多个结点上。

对于两种类型的扩展拓扑结构来说，Reporting Services 实例共享一对 Reporting Services 数据库。通过共享数据库，扩展拓扑中每台运行 Reporting Services 服务的服务器(称为一个结点)都可以访问与其他结点相同的内容，具有同样的安全配置。如果网络上提供了负载平衡的硬件或软件，那么扩展拓扑中的某些结点或全部结点都将给最终用户展现为单独的资源，但是与标准部署相比，具有更强大、更灵活的处理能力。可以将扩展拓扑结构中的其他结点配置为专门用于根据计划处理报表，这就减轻了环境中其他结点的处理负担。

在标准拓扑结构和扩展拓扑结构之间抉择时，务必注意，只有 Enterprise 版才支持扩展拓扑结构。安装扩展拓扑结构需要在完成标准安装后进行额外的配置。

最后，如果是为了提高可用性而安装扩展拓扑结构，就必须考虑在失效转移集群上实现 Reporting Services 数据库。请牢记：尽管 SQL Server 数据库引擎支持失效集群，Reporting Services 能够与运行在集群上的数据库交互，但是 Reporting Services 服务本身并不具备任何集群功能。

3.3.4 模式

Reporting Services 运行在 Native 模式和 SharePoint 集成模式下。在 Native 模式下，Reporting Services 使用内部(或称"本机")的功能管理内容。

使用 Enterprise 版、Developer 版或 Standard 版部署的 Reporting Services 可以运行在 SharePoint 集成模式下。在这种模式下，内容管理是通过 SharePoint 完成的，本机内容的管理在 Reporting Services Web 门户中完成。

对于希望使用 SharePoint 作为其企业内容管理解决方案的组织机构来说，SharePoint 集成模式是非常有吸引力的。然而，集成模式存在一些限制，例如，该模式不支持链接报表。

对于希望在 Native 模式下运行 Reporting Services，同时又希望通过 SharePoint 展示 Reporting Services 内容的组织机构而言，Reporting Services Web 部件提供了一种替代 SharePoint 集成模式的解决方案。

3.3.5 安装选项

在安装过程中，可以看到三个 Reporting Services 配置选项。既可以在 Native 模式和 SharePoint 集成模式下使用默认配置安装 Reporting Services，也可以在名为 files only 的最小配置模式下安装 Reporting Services。

只有在安装过程中同时安装了 Reporting Services 和数据库引擎，才能在 Native 模式下使用默认配置安装 Reporting Services。在完成了安装工作之后，这些安装选项使 Reporting Services 处于工作状态。但是，不是 Reporting Services 的所有功能都在安装完毕时配置(例如，此时尚未配置执行账户和电子邮件发送选项)。如果使用 SharePoint 集成模式安装 Reporting Services，就有两个管理组件要安装和配置。集成的报表服务器组件只需要在 SQL 服务器安装中心安装。这部分很容易。在此之后，剩下的配置将在 SharePoint 管理中心进行。SharePoint 场和服务配置超出了本书的范围。

> **注意:**
> 本书选择不讨论 SharePoint 服务,这有几个重要的原因。在之前的版本中,对于 SSRS 2012,我们包括了 SharePoint 2013 企业服务器的基本安装和配置。在构建和配置 SharePoint 场时,需要考虑很多问题,无法在本书中做出公正的评判。特别是,配置安全性和数据源可能会非常复杂,有几种不同的选项。编写本章时,SharePoint 2016 仍是早期预览版,Reporting Service 集成仍在进行,且计划了集成的改进。

对于企业部署来说,Reporting Services Native 安装模式是最常用的选项。利用"仅安装"选项,安装 Reporting Services 的过程仅仅是安装了服务器组件,但是并未配置。安装结束后,为了使服务正常工作,需要使用 Reporting Services 配置工具来配置 Reporting Services 数据库,为 Reporting Services Web 服务配置 URL 和 Report Manager。

> **提示:**
> 如果没有特殊的需求来支持 Reporting Services 在 SharePoint 集成模式下运行,就建议使用 Native 模式选项。它更简单、更容易支持,通常会执行得更好。需要说明的是,Reporting Services 确实在 SharePoint 集成模式下工作,如果有现成的 SharePoint 环境,这就很有优势,但是配置可能相当复杂。

3.4　报表生命周期

一般认为,报表生命周期包括三个阶段:在编写阶段,设计和开发报表;在管理阶段,最终用户可以访问报表;在传递阶段,报表被传递到用户手中。

3.4.1　编写

报表生命周期的编写阶段(authoring phase)首先要通过正式和非正式的过程收集需求。这些需求决定了如何设计用于为报表提供数据的查询。数据与图表、表格、矩阵和其他表达元素集成在一起,构成了基本的报表。然后,通过格式化和布局调整,生成一个报表草稿。随后,根据需求,验证这个报表草稿的准确性和一致性。只有通过了验证,才能将报表发布到集中的管理系统中,以便最终用户使用。

报表编写是由以下两类工作人员进行处理的:

1) 最终用户作者把开发报表作为副业。在组织机构中,这些人往往属于非 IT 部门,他们倾向于使用技术水平要求不高、但用户友好程度较高的报表编写工具。这些工具能以便于解释的方式展示数据,并与报表设计相结合。这些作者用比较简单的方式,甚至使用自动化任务来设计报表布局和格式化。

2) 报表专家关注报表开发,这是他们的主要工作内容。这些专家通常在 IT 部门工作。报表专家需要精确控制查询和报表设计。他们使用的编写工具需要使用者具有比较好的技术背景,能够访问报表系统提供的全部功能。

当然,不是所有的报表编写人员都可以归纳为这两类人员。最终用户作者和报表专家代表了报表编写人群谱系的两端。许多报表编写人员都会倾向于向某一端发展。为了满足所有报表编写人员的广泛需求,必须实现多种报表开发工具。

3.4.2 管理

在报表生命周期的管理阶段(management phase)，需要对发布的报表进行组织和安全管理，并配置最终用户的访问。这个阶段还要配置多个报表和特殊功能所需的资源，例如订阅传递和缓存。这些活动统称为内容管理(content management)，常常需要由报表编写者和管理员共同完成。

报表管理系统需要配置和不断维护来确保持续运转。系统管理活动常常是管理员的专职工作领域。

3.4.3 传递

在报表生命周期的传递阶段(delivery phase)，完成了报表的部署和配置后，最终用户就可以使用报表。最终用户可以根据需要查看报表，或要求按照事先定义好的计划向他们传递报表。上述两种情况分别称为报表传递的拉(pull)方法和推(push)方法。报表传递成功的关键在于灵活性。

3.5 Reporting Services 工具

Reporting Services 支持完整的报表生命周期，使用两种不同的报表编写工具编写分页报表，使用现代桌面编写工具完成移动报表。

报表设计器提供了完整的报表开发功能，为报表专家精确控制报表提供了支持。这个应用程序可以通过 SQL Server Data Tools(SSDT)进行访问，SSDT 是一组专业设计工具，可在 Visual Studio 中使用。SSDT 是随 SQL Server 一同安装的，与已安装的 Visual Studio 2012 或更新版本集成在一起。新版 SSDT 是一个"绿色"应用程序，即它会频繁更新，继续与 Visual Studio 的更新版本一起工作。

报表设计器的界面中包含两个标签，即 Design 选项卡和 Preview 选项卡。这两个选项卡支持查询开发、报表布局和格式化，以及验证。通过使用报表设计器，可以访问一组向导和对话框，来支持高度定制化的复杂报表的开发。后续章节将深入研究这些功能。

3.5.1 报表生成器

报表生成器是一个报表设计器，实现的功能类似于 SSDT 报表设计器。但是报表生成器具有 Microsoft Office 的观感。报表生成器不像 SSDT 这样的端到端解决方案开发平台，而是以文档为中心的报告设计工具，是由自服务报告用户创建的。它可以作为一个独立的下载，用户第一次在 Web 门户的界面上使用时会自动启动。

3.5.2 Web 门户

Web 门户是以前报表管理器 Web 界面的现代替换，是内容管理和报告显示工具，通过直观的、基于文件夹的导航结构提供对报告和其他项的访问。它很安全，易于浏览，并且允许用户使用收藏夹和熟悉的内容浏览技术来定制其体验。

必须指出，只有当使用运行在 Native 模式下的 Reporting Services 实例时，才能使用 Web 门户。对于运行在 SharePoint 集成模式下的实例，内容管理和报表显示功能是通过 SharePoint 提供的。

3.5.3 SharePoint 库和 Web 部件

对于运行在 SharePoint 集成模式下的 Reporting Services 实例来说，报表和其他 Reporting Services

项显示为标准 SharePoint 库的组成部分，作为 SharePoint 内容管理。Report Viewer Web 部件是在 SharePoint 集成模式下安装 Reporting Services 的过程中安装的，可以通过 SharePoint 展示运行在这种模式下的 Reporting Services 实例中的报表。

当通过 SharePoint 访问 Reporting Services 内容时，不仅能够访问运行在 SharePoint 集成模式下的实例，还可以使用较旧版本的 Reporting Services SharePoint 2.0 Web 部件展示运行在 Native 模式下的实例。Report Explorer 2.0 和 Report Viewer 2.0 Web 部件允许在 SharePoint 网站中展示 Native 模式实例中的报表。

3.5.4　Reporting Services 配置管理器

Reporting Services 配置管理器允许访问关键的系统设置。此外，这个工具为某些管理任务提供了支持，例如创建 Reporting Services 应用程序数据库、备份与恢复密钥。第 22 章将讨论这些任务，还将介绍如何使用 Reporting Services 配置管理器执行这些任务。

3.5.5　SQL Server 管理程序

因为 Reporting Services 是 SQL Server 产品族的成员之一，所以能够通过标准的 SQL Server 管理程序来支持 Reporting Services。利用 SQL Server Management Studio，可以执行多种管理任务，包括管理共享计划和角色。为了配置 Reporting Services Windows 服务，需要使用 SQL Server 配置管理功能，其功能与 Reporting Services 配置管理器存在重叠之处。

3.5.6　命令行工具

为将管理任务自动化，Reporting Services 提供了一组命令行工具。表 3-1 描述了每种工具及其默认安装位置。

表 3-1　命令行工具

工　　具	说　　明	默认保存位置
Rs.exe	执行 VB.NET 脚本，将管理任务自动化。这个工具可以用于没有运行在 SharePoint 集成模式下的 Reporting Services	\<drive>:\Program Files\Microsoft SQL Server\110\Tools\Binn\rs.exe
Rsconfig.exe	修改 Reporting Services 数据库的连接信息，在没有提供凭据时，设置 Reporting Services 用来连接数据源的默认执行账户	\<drive>:\Program Files\Microsoft SQL Server\110\Tools\Binn\rsconfig.exe
Rskeymgmt.exe	管理 Reporting Services 使用的密钥。这个工具还可以用来将一个 Reporting Services 安装与其他 Reporting Services 安装连接起来，构成"扩展"(scale-out)部署	\<drive>:\Program Files\Microsoft SQL Server\110\Tools\Binn\rskeymgmt.exe

注意：

在撰写本书时，我们正在努力为 Reporting Services 创建一套完整的 PowerShell CmdLets，目前在 GitHub 上存在一个临时项目。读者阅读这篇文章时，这个位置很可能会改变，所以读者可以阅读我的一个博客帖子，我正在其中追踪这一项目的进展。这个博客帖子的网址是 https://sqlserverbiblog. wordpress.com/2016/07/29/reporting-services-2016-powershell-cmdlets/。

3.5.7 HTML Viewer

Reporting Services 把 Web 内容传递给兼容 HTML5 的浏览器，以提供一些交互功能，包括工具栏、文档地图、固定表格页眉以及表格排序等。总之，这些基于脚本的功能统称为 HTML Viewer。

为了保证与 HTML Viewer 兼容，建议使用最新版本的 Internet Explorer、Edge Browser 或 Google Chrome。Reporting Services 的以前版本和 Web 浏览器一起发布，不使用 Internet Explorer 的较新版本，但现在支持最流行的现代浏览器。Web 浏览器(如 Firefox、Chrome 和 Safari)也可以查看呈现为 HTML 的 Reporting Services 报表。要知道各种浏览器都为哪些功能提供了支持，请参阅联机文档。

3.5.8 Report Viewer 控件

Report Viewer 控件允许在自定义应用程序中显示 Reporting Services 报表。Report Viewer 控件实际上是两个控件：一个用于 Web 应用程序，另一个用于 Windows Forms 应用程序，它们具有同样的功能。

> **注意:**
> 请不要将 Report Viewer 与 SharePoint Report Viewer Web 部件相混淆。Report Viewer 2.0 Web 部件用于支持在 SharePoint 中显示 Reporting Services 的内容。

Report Viewer 控件在两种模式下运行。在默认的 Remote Processing 模式下，报表由 Reporting Services 实例呈现，并通过控件显示出来。这是优先选择的模式，因为这样既可以使用 Reporting Services 的完整功能集，还可以充分利用 Reporting Services 服务器的处理能力。

在无法使用 Reporting Services 服务器的情况下，或者数据必须直接通过客户系统进行检索时，Report Viewer 控件还可以在 Local Processing 模式下运行。在这种模式下，应用程序可以检索数据并将数据与报表定义进行配对，在无需 Reporting Services 服务器支持的情况下，在主机系统上生成一个呈现完毕的报表。Report Viewer 控件在 Local Processing 模式下执行时，无法使用 Reporting Services 的全部功能。

第 15 章介绍如何通过 Report Viewer 控件将报表与自定义应用程序集成在一起。

3.5.9 Reporting Services Web 服务

为了满足特定应用程序的集成需求，Report Viewer 提供了一个 Web 服务来管理和交付报表。如表 3-2 所示，这个 Web 服务提供了一些端点(endpoint)，以访问多种可编程类。

表 3-2 Web 服务端点

端　　点	说　　明
ReportExecution2005	支持以可编程方式访问 Reporting Services 报表处理和呈现功能。在 Native 模式和 SharePoint 集成模式下，这个端点均可使用，但是需要使用不同的 URL
ReportService2010	支持以可编程方式访问 Reporting Services 报表管理功能。在 Native 模式和 SharePoint 集成模式下，这个端点均可使用
ReportService Authentication	当 Reporting Services 运行在 SharePoint 集成模式下，并且 SharePoint 被配置为表单身份验证时，这个端点为用户身份认证提供支持

Reporting Services Web 服务的一项特殊功能是 URL 访问。利用这项功能,可以通过简单地调用 URL 来检索一个已呈现报表。在 URL 查询字符串中设置参数和呈现选项,可以获得不同内容的报表。

订阅

利用订阅,可以按照事先定义的计划将报表发送到用户手中,也可以在某个事件发生(如数据更新)时,将报表发送到用户手中。Reporting Services 支持两类订阅:

- **标准订阅**。标准订阅能够以某种具体的格式,使用事先定义的参数值呈现报表,然后将报表发送到一个预先设定的位置。这类订阅可以满足许多报表用户的需求,为报表用户就如何、何时与何处查看报表提供充分的自由。
- **数据驱动的订阅**。这种订阅方式更灵活,更适合将报表发送给大量具有不同需求的用户。为了建立这类订阅,需要引用一个自定义关系表,其中保存了每个报表接收者的记录。每个记录可以指定报表呈现和传递选项,以及报表参数值。利用数据驱动的订阅,可以根据报表使用者的具体需求来裁剪订阅。

默认情况下,订阅传递仅限于电子邮件发送或文件共享发送。通过集成自定义传递扩展,订阅还可以支持其他传递选项,参见第 16 章。

3.6 Reporting Services Windows 服务

前一节通过研究哪些作者、管理员及最终用户与 Reporting Services 交互,对应用程序进行了深入观察。本节将研究 Reporting Services 服务本身的基本架构。

在 Native 模式下,Reporting Services 是一个 Windows 服务。在 SharePoint 集成模式下,与以前的版本相比,SQL Server 2016 与 SharePoint 更深入地集成在一起。Reporting Services 服务作为 SharePoint 的组成部分,直接作为共享服务运行。

与服务的交互是通过 HTTP 和 WMI 接口完成的。HTTP 接口提供了对 Reporting Services 核心报表管理和交付功能的访问,WMI 接口提供了在 Native 模式下对服务管理功能的直接访问。在 SharePoint 集成模式下,SSRS 2016 将服务配置直接集成到 SharePoint 配置页面中。外部配置文件和应用程序数据库都支持该服务。图 3-21 描述了这些接口和功能。

后面各节将研究 Reporting Services Windows 服务中以下方面的内容:

- HTTP.SYS 和 HTTP 侦听器
- 安全子层
- Web 门户和 Web 服务
- 内核处理
- 服务管理
- 配置文件
- WMI 和 RPC 接口

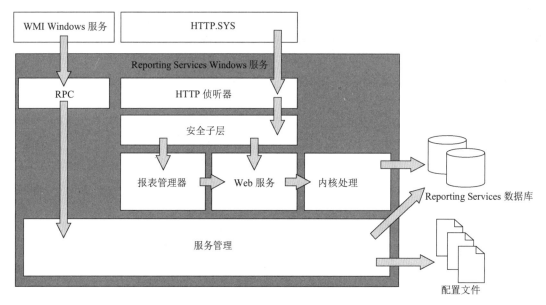

图 3-21 SSRS 服务和依赖关系

3.6.1 HTTP.SYS 和 HTTP 侦听器

当把 HTTP 请求发送到 Native 模式下的 Reporting Services 服务器时，请求首先由服务器操作系统通过 HTTP.SYS 驱动程序接收。HTTP.SYS 负责管理与请求的连接，并将 HTTP 通信路由到服务器上适当的应用程序中。

Reporting Services 注册表中记录的 URL 提供了 HTTP.SYS 与 Reporting Services 路由通信所需的指令。Reporting Services Windows 服务中的 HTTP 侦听器功能从 HTTP.SYS 中收到重新路由的请求后，由 Reporting Services Windows 服务中的 Web 门户或 Web 服务应用程序接手处理工作。

Native 模式下的 Reporting Services 不需要使用微软公司的 Web 服务程序 Internet 信息服务(Internet Information Service，IIS)。这样就简化了 Reporting Services 的安装和管理。

尽管 Reporting Services 并不依赖 IIS，也不与 IIS 交互，但是如果需要使用 IIS，仍然可以在 Reporting Services 服务器上运行 IIS。只要 Reporting Services 和 IIS 记录的 URL 保留项(URL reservation)不存在冲突，二者甚至可以通过同一个 TCP 端口通信。

> **注意:**
> 唯一例外是 IIS 5.1 和 Reporting Services 无法在 32 位 Windows XP 平台上共享 TCP 端口。如果正好使用了这个配置，就需要修改 URL 保留项才能使用不同的 TCP 端口号。可以按照第 22 章描述的方法，用 Reporting Services 配置管理器修改 Reporting Services 保留项。

3.6.2 安全子层

收到请求后，HTTP 侦听器将把请求转发给 Reporting Services 安全子层。安全子层负责确定请求者的身份，并且判断针对该请求，请求者是否具有适当的权限。这些步骤称为身份验证(authentication)和授权(authorization)。

SharePoint 集成模式下的 Reporting Services 使用 SharePoint 网站身份验证机制。

Reporting Services 安全子层是通过一个名为安全扩展(security extension)的组件实现的。这个扩展处理身份验证和授权机制，并且为Reporting Services提供了标准的接口集以便调用。Reporting Services可以使用多种安全扩展，但在部署 Reporting Services 时，一次只能配置使用一种安全扩展。

Native 模式下的 Reporting Services 预先配置了 Windows 集成的安全扩展。这个扩展可以基于用户的 Windows 凭据对用户进行身份验证，并且支持四种交换凭据的机制，称为身份验证类型。

- 如果域支持 Kerberos 功能，那么 Kerberos 是最佳身份验证机制。Kerberos 具有很高的安全性。如果启用了委派(delegation)和模拟(impersonation)，那么当最终用户查询外部数据源时，可以使用 Kerberos 让 Reporting Services 模拟最终用户。
- NTLM 使用质询-响应(challenge-response)机制对最终用户进行身份验证。这种机制也是安全的，但是仅限于在不支持模拟和委派的情况下使用。
- Negotiate 身份验证类型是 Windows 集成安全扩展的默认身份验证类型。使用此身份验证类型时，优先使用 Kerberos。如果无法使用 Kerberos，则使用 NTLM。
- Basic 身份验证是最不安全的身份验证方式。当使用 Basic 身份验证时，在客户端和 Reporting Services 之间会以明文方式传递用户凭据。如果使用了 Basic 身份验证，那么最好考虑实现安全套接字层(Secure Socket Layer，SSL)证书，用来加密 HTTP 通信。

无论使用的是默认安全扩展还是自定义安全扩展，一旦获得了用户标识，就必须马上验证用户是否拥有执行所请求操作的权限(实际事件过程序列是：用户通过了身份验证，请求则被直接或间接发送给 Web 服务，Web 服务随后回调安全扩展，完成授权)。与微软公司的其他产品类似，在 Reporting Services 中进行授权是基于角色的。创建角色时，需要将执行系统级和项级任务的权限分派给这个角色。随后需要为用户指派角色，从而确定用户是否被授权执行请求的任务。

3.6.3　Web 门户和 Web 服务

通过 HTTP 发送的所有请求最终都被发送到 Web 门户或 Web 服务应用程序。3.4 节讨论了这些应用程序的功能。

就当前讨论内容而言，关键是要理解这两个 ASP.NET 应用程序(也就是 Web 门户和 Reporting Services Web 服务)都是以 Reporting Services Windows 服务为宿主的(但是并不依赖于 IIS，前面已经讨论过)。这两个应用程序都是在自己的应用程序域中执行的，这就允许 Windows 服务将它们当作独立的应用程序进行管理(尽管 Web 门户的功能依赖于 Web 服务)。这样做的好处是：一个应用程序内部的问题可以被隔离在应用程序域的内部。在解决这个应用程序域中的问题实例时，Windows 服务可以重新启动新的应用程序域。

3.6.4　核心处理功能

Reporting Services 的核心处理功能(包括计划、订阅管理、传递和报表处理)都是由一组以 Reporting Services 服务为宿主的组件完成的。尽管这些组件并不依赖于 ASP.NET，但它们是作为服务内部的独立应用程序域进行管理的。3.6 节将更详细地探讨这些组件。

3.6.5　服务管理

我们已经详细地介绍过 Reporting Services。为了确保资源可用且服务正常工作，Reporting Services 还实现了一组内部服务管理功能。尽管这些功能并非单独的实体，但是在总体上可以将其视为一个服务管理子层。

这个子层的一项关键功能是应用程序域管理。前面提到，Web 门户、Web 服务和核心处理功能都是以 Reporting Services Windows 服务为宿主的，并且使用了三个单独的应用程序域。这些应用程序域偶尔也会出现问题。服务管理子层的应用程序域管理功能可以监视出现的问题，回收受影响的应用程序域。这样就确保了 Reporting Services Windows 服务的整体稳定性。

这个子层的另一项关键功能是内存管理。报表处理需要消耗大量内存。Reporting Services 服务监视内存使用情况，并在必要时做出适当的反应。此时，可以临时将大型请求从内存中移到硬盘上，而小型请求不受影响。这些任务主要通过动态内存分配来实现，在内存使用受限的情况下，则使用磁盘缓存。第 22 章将介绍 Reporting Services 的内存管理模型。

配置文件

Reporting Services 的内部功能和外部功能都是由一组保存在配置文件中的参数控制的。配置文件是一组事先定义好结构的 XML 文档，其中保存的信息规定了 Reporting Services Windows 服务中各个组件的行为。表 3-3 列出了最关键的配置文件。

表 3-3　SSRS 配置文件

配 置 文 件	说　　明	默 认 位 置
Reporting ServicesService.exe.config	这个配置文件中的信息影响了 Reporting Services Windows 服务的跟踪和日志	\<drive>:\Program Files\Microsoft SQL Server\MSRS13.\<instancename>\Reporting Services\ReportServer\Bin
RSReportServer.config	这个配置文件中的设置影响了 Reporting Services 的多个方面。对于 Reporting Services 功能来说，这是 Reporting Services 的主要配置文件	\<drive>:\Program Files\Microsoft SQL Server\MSRS13.\<instancename>\Reporting Services\ReportServer
RSSrvPolicy.config	这个配置文件中的设置为 Reporting Services 扩展规范了代码访问安全策略	\<drive>:\Program Files\Microsoft SQL Server\MSRS13.\<instancename>\Reporting Services\ReportServer
RSMgrPolicy.config	这个配置文件中的设置为报表管理器规定了代码访问安全策略	\<drive>:\Program Files\Microsoft SQL Server\MSRS13.\<instancename>\Reporting Services\ReportManager

3.6.6　WMI 和 RPC 接口

微软公司开发的 Windows Management Instrumentation(WMI)技术能够以始终一致的方法管理运行在 Windows 平台上的设备和应用程序。Reporting Services Windows 服务通过本地 WMI Windows 服务注册了两个类，从而向 WMI 开放服务。WMI 服务可以向用于管理的应用程序提供这些类的属性和方法。

Reporting Services 注册的第一个类是 MSReportServer_Instance，它提供了 Reporting Services 安装的基本信息，包括版本、版本号以及安装模式。

Reporting Services 注册的第二个类是 MSReportServer_ConfigurationSetting，它支持访问 RSReportServer.config 配置文件中的许多设置，提供了支持重要管理任务的一组方法。管理界面(如 Reporting Services 配置管理器工具)都可以利用这个类完成自己的任务。

注意:

开发人员也可以利用这些 WMI 接口和其他 WMI 接口, 主要的难点在于了解 WMI 内部命名空间的组织方式。微软公司的 Web 网站提供了 WMI Code Creator 工具。这是一个非常优秀的工具, 可以帮助开发人员探索 WMI 命名空间和 WMI 向外界提供的属性和方法。

远程过程调用(Remote Procedure Call, RPC)接口可以充当 WMI 和 Reporting Services 服务之间的一座桥梁。通过这座桥梁, WMI 服务接收到的所有针对注册类的调用, 都将转发给 Reporting Services。

3.7　Reporting Services 处理程序和扩展

在 3.4 节中, 我们了解到 Reporting Services Windows 服务的内部情况。服务的核心处理功能是作为应用程序域进行介绍的, 其功能是通过一组组件完成的。本节将研究这些组件, 以更深入地理解 Reporting Services 如何发布其主要功能以及如何扩展这些功能。

在开始研究具体组件之前, 必须知道扩展(extensions)和处理程序(processors)之间的区别。处理程序是 Reporting Services 组件架构中的协调器和促进器, 它们根据需要调用扩展, 为扩展提供数据交换机制(参见图 3-22)。尽管可以通过配置修改处理程序的行为, 但自定义代码是不能对处理程序进行扩展的。

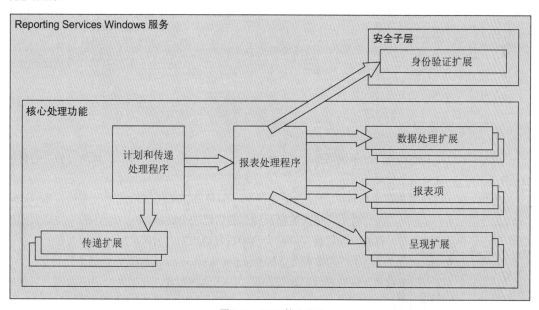

图 3-22　SSRS 核心处理

扩展是 Reporting Services 注册的组件, 提供了特定的功能。扩展可以提供标准的接口, 以完成 Reporting Services 指定的任务。

了解上述概念后, 我们再学习以下内容:

- 报表处理程序(Report Processor)
- 数据处理扩展
- 报表项

- 呈现扩展
- 计划和传递处理程序
- 传递扩展

安全扩展已经在本章 3.5.2 节中讨论过。

3.7.1 报表处理程序

报表处理程序可以通过组合数据和布局指令生成报表。当访问报表的请求到达之后，处理程序要完成以下工作：

(1) 调用安全扩展，对请求进行授权。

(2) 从 Reporting Services 数据库中提取报表定义。

(3) 将报表定义中的数据提取指令传递给数据处理扩展。

(4) 将数据处理扩展返回的数据与布局指令进行组合。如有必要，还要使用报表处理扩展，生成中间格式的报表。

(5) 将中间格式的报表传递给适当的呈现扩展，生成最终的报表。

(6) 将最终生成的报表返回给请求者。

最终用户不能查看中间格式的报表，但是中间格式的报表可以用 Reporting Services 支持的任何一种格式来呈现。为了减少生成最终报表所需的时间和资源，可以存储(缓存)中间格式的报表，以备复用。这样可以略过上面的步骤(2)、(3)、(4)，更快地返回报表，消耗的资源也比较少。Reporting Services 支持三种格式的缓存：

- 报表会话缓存
- 报表执行缓存
- 快照

1. 报表会话缓存

当最终用户与 Reporting Services 连接时，会建立一个会话。最终用户的请求都是在特定会话的语境中发出的，直到这个会话超时。

在会话中，用户常常请求将同一个报表呈现多次，但是每次呈现的格式可能不同。Reporting Services 预见到了这一点，因此将中间格式的报表保存在自己的会话缓存中。缓存的中间格式的报表副本记录了会话标识符，这样，当最终用户在会话中重复请求报表时，就可以利用缓存的这个报表。Reporting Services 的这项功能称为报表会话缓存(report session caching)，始终处于开启状态。

如果修改了报表的参数集，同时在数据集查询中使用了这些参数，在报表会话中就要为这些修改过的数据集创建附加缓存。

2. 报表执行缓存

为什么将缓存的报表与会话绑定在一起？为什么不能让请求同一个报表的所有用户共享缓存的报表？原因在于安全性。

报表是用获取自外部数据源的数据填充的。使用凭据连接这些数据源。使用哪个凭据则取决于报表配置或报表使用的共享数据源。

如果使用请求者的凭据获取数据，那么报表可能只包含仅对请求者才有效的数据。中间报表包含了这些数据，因此，如果缓存这些数据并对其他请求者开放这些数据，那么其他用户可能会看到他们本不应该看到的数据。

因此，只有那些不使用请求者凭据从外部数据源获取数据的报表，才能配置为使用报表执行缓存。利用报表执行缓存，从报表请求生成的中间报表只能缓存一段时间，直到缓存的内容过期前，都由其他用户呈现报表。

3. 快照

在同时使用报表会话和报表执行缓存的情况下，最终用户请求一个报表，报表处理程序检查是否存在该报表的缓存。如果不存在，报表处理程序必须组装中间格式的报表，保存到缓存中，供后续请求使用，然后呈现请求的最终报表。后面的请求可以利用缓存中的报表副本，但是第一个请求没有这个选项，导致不同的最终用户具有不同的用户体验。

为了解决这个问题，可以在最终用户发出请求之前，用快照来填充缓存。快照用同样的中间格式记录，可以满足与报表执行缓存一样的安全需求。

3.7.2　数据处理扩展

前面已经提到，报表处理程序从报表定义中读取数据检索指令，但是将与外部数据源建立连接并从外部数据源检索数据的工作交给了数据处理扩展。这些扩展向报表处理程序提供了一个数据读取接口，允许数据从这些扩展流向报表处理程序，然后进入中间格式的报表。

可以在报表服务器上使用多数据源扩展，甚至可以在一个报表中使用多数据源扩展。Reporting Services 包含了多个数据扩展，为以下数据源提供了支持：

- Microsoft SQL Server
- Microsoft SQL Server Analysis Services
- OLE DB 数据源
- ODBC 数据源
- Oracle
- XML 数据源
- SAP NetWeaver BI
- Hyperion Essbase
- Teradata

必须指出，SAP NetWeaver BI、Hyperion Essbase 和 Teradata 扩展需要单独安装客户端组件或.NET 数据提供程序。如果需要使用这些数据处理扩展，请参考联机文档中的详细内容。

如果需要访问其他数据源，那么可以实现自定义的数据处理扩展，并将其注册到 Reporting Services 中。另外，也许需要使用标准的.NET 或 OLE DB 数据提供程序来获取所需的数据。刚才已经提到，数据处理扩展提供了标准的数据读取接口。这个接口是基于.NET 规范的，所以这些接口与某些 OLE DB 提供程序提供的接口相差不大。因此，许多.NET 和 OLE DB 数据提供程序都可以注册到 Reporting Services，由 Reporting Services 用作正式的数据处理扩展。针对如何在 Reporting Services 中注册数据提供程序以便用户使用，联机文档提供了详细资料。

3.7.3 报表项

报表处理程序可以生成报表、矩阵和图表，以及各种其他报表项。这些标准报表项可以满足大多数报表作者的需要。但有时也需要使用其他报表项。在这些情况下，可以在 Reporting Services 中注册其他报表项。

一般情况下，这些报表项购自第三方提供商，例如条码控件和图表控件。也可以自行开发报表项。报表项无论是自行开发还是外购，都包含了设计组件和运行时组件，它们需要分别注册到报表设计器和 Reporting Services 中。组件必须提供标准接口，以方便报表设计器和报表处理程序与其交互。

3.7.4 呈现扩展

中间格式的报表由报表处理程序生成(或者从缓存中获取)之后，就被交付给一个呈现扩展，以转换为最终用户需要的格式。Reporting Services 提供了一系列标准的呈现扩展，见表 3-4。每种呈现扩展支持一种或多种报表格式。虽然 Reporting Services 支持自行开发的呈现扩展，但是微软公司并不鼓励自行开发呈现扩展。自行开发的呈现扩展一般需要很高的开发费用。

表 3-4　SSRS 包括的呈现扩展

呈 现 扩 展	支持的格式
HTML	HTML5(默认)
	HTML 4.0
	MHTML
CSV	Excel 优化的 CSV(默认)
	CSV 兼容的 CSV
XML	XML
Image	TIFF(默认)
	BMP
	EMF
	GIF
	JPEG
	PNG
	WMF
PDF	PDF 1.3
Excel	Excel(XLSX)
Word	Word(DOCX)
PowerPoint	PowerPoint(PPTX)
Atom	生成 Atom 数据种子元数据描述符文件(ATOMSVC)

影响各种呈现扩展生成最终报表的参数称为设备信息设置(device information settings)。每一种呈现扩展的默认设置是在 rsreportserver.config 文件中设置的。在具体的请求中，可以根据需要，用精确的格式传送报表，为此可以重写这些设置。

必须指出，报表处理程序并不是仅仅将中间格式的报表传送给呈现扩展。处理程序和呈现扩展一起工作，呈现扩展随后会通过报表处理程序提供的呈现对象模型(Rendering Object Model，ROM)

访问中间报表。

自从 Reporting Services 2008 发布以来，ROM 的基本结构就没有变过。这样做有很多优点，其中最重要的优点是可以在联机报表和打印报表之间保证一致性，减少呈现过程中的内存消耗。

1. HTML 呈现扩展

HTML 易于访问，对于交互式报表来说是一种很好的格式。因此，HTML5 是 Reporting Services 报表的默认呈现格式。在 SQL Server 2016 中引入的 HTML 呈现功能相比以前版本的 HTML 呈现有明显的改进，它主要针对微软的 IE 浏览器。HTML 标准已经取代了其他供应商的浏览器规范，HTML5 在所有现代浏览器中的呈现都始终如一，在较老的 Web 浏览器上也有有限的支持。

2. CSV 呈现扩展

CSV(Comma-Separated Values，逗号分隔值)呈现扩展可以将报表的数据部分呈现为用逗号分隔的文本文件格式，便于电子表格和其他应用程序访问。

CSV 呈现扩展在两种模式下工作。在默认的 Excel 优化模式下，报表中的每个数据域都呈现为一个单独的逗号分隔值块。在 CSV 兼容模式下，CSV 扩展将生成单独的、统一的数据块，很多应用程序都可以访问这个数据块。

3. XML 呈现扩展

XML 是另一种常用的报表呈现格式。XML 呈现扩展(XML-rendering extension)可以将数据和布局信息集成到生成的 XML 文件中。XML 呈现扩展提供的最强大的功能之一是处理 XSLT 文档。XSLT 文档提供的指令可以将 XML 文档转换为其他基于文本格式的文档，如 HTML、CSV、XML 以及自定义文件格式。Reporting Services 开发团队建议：在开发自定义的呈现扩展以满足某种特殊的呈现需求之前，可以尝试使用 XSLT 的 XML 呈现格式。

4. Image 呈现扩展

利用 Image 呈现扩展(image-rendering extension)，可以将报表发布为 7 种图像格式之一。标签图像文件格式(Tagged Image File Format，TIFF) 是默认格式。TIFF 广泛用于存储文档图像。许多传真程序都使用 TIFF 格式作为其传输标准，许多组织机构也使用它对文档归档。图像呈现程序也支持 BMP、GIF、JPG、PNG 和 EMF 图像文件。

5. PDF 呈现扩展

Reporting Services 为 Adobe 便携文档格式(Portable Document Format，PDF)提供了一个呈现扩展。PDF 是互联网上共享文档的最流行格式。它生成简洁、易读的文档，为打印提供良好的支持。此外，PDF 文档不易修改。

尽管与 HTML 报表相比，PDF 报表的交互性不佳(因为 HTML Viewer 可以处理 HTML 报表)，但是 PDF 报表支持文档地图。这项功能支持创建目录表，对于大型报表来说，这项功能极具价值。为了查看 Reporting Services 生成的 PDF 文档，Windows 10 内置了对 Adobe Acrobat Reader 8.0 或更高版本的支持。这个软件可以从 Adobe 网站上免费下载。

PDF 呈现扩展尽可能地将使用 PDF 显示报表所需的每种字体的子集嵌入报表中。报表中使用的每一种字体都必须事先安装在报表服务器上。当报表服务器生成 PDF 格式的报表时，使用保存在报表所引用字体中的信息，并在 PDF 文件中创建字符映射。如果引用的字体还没有安装在报表服务器上，那么生成的 PDF 文件可能就不包含正确的映射，因此在查看报表时，报表可能无法正常显示。

6. Excel 呈现扩展

将报表呈现为 Excel，是 Reporting Services 支持的另一种呈现方式。如果最终用户需要对数据执行进一步的分析，那么将报表呈现为 Excel 是非常有用的。

默认情况下，SQL Server 2016 中的 Reporting Services 生成 Excel Office Open XML(XLSX)格式。原先的 Excel 呈现器为 Excel 97 或更高版本生成基于 BIFF8 格式的报表，现在仍然可以使用。但它默认在 rsReportServer.config 文件中隐藏了。

并不是所有的报表元素都能很好地转换为 Excel 格式。矩形、子报表、报表体和数据区域都将呈现为一组 Excel 单元格。文本框、图像和图表必须呈现在 Excel 单元格中，根据报表其他部分的布局，可能被合并在一起。

因此，如果必须用 Excel 呈现报表，那么在向最终用户发布之前，最好检查一下报表。将报表呈现为 Excel 格式时如何处理每个报表功能的内容，详见 Reporting Services 联机文档。

7. Word 呈现扩展

这个扩展用 Microsoft Word 格式呈现报表，与使用 PDF 格式呈现报表有很多相同的优缺点。与 PDF 不同的是，Word 格式的报表便于最终用户编辑。

默认情况下，SQL Server 2016 中的 Reporting Services 生成 Word Office Open XML(DOCX)格式。原先的 Word 呈现器生成的 Word 97 格式的报表仍然可用，但默认在 rsReportServer. config 文件中隐藏了。

8. PowerPoint 呈现扩展

PowerPoint 呈现扩展在 SQL Server 2016 中引入。它将报表页面内容转换为 PowerPoint 演示文稿中的幻灯片，使用 PowerPoint Office Open XML(PPTX)格式。报表的所有视觉元素和数据区域都转换为图像形状。图表标题和文本显示为文本框。

3.7.5　计划和传递处理程序

计划和传递处理程序的主要功能是将订阅报表的请求发送给报表处理程序，接收返回的报表，并与传递扩展一起完成订阅传递的任务。这个处理程序还可以生成快照。

处理程序工作时，需要定期检查 Reporting Services 应用程序数据库中各个表的内容。为了填充这些表，可以在需求的事件发生时填充，或者编程执行 Reporting Services Web 服务的 FireEvent 方法，或者通过 Reporting Services 配置的计划。计划本身是由 Reporting Services 创建的作业，由 SQL Server SQL Agent Windows 服务执行。创建计划时，Reporting Services 处理与作业创建和设置有关的任务。但是，使用计划会产生对 SQL Server SQL Agent Windows 服务的依赖。

3.7.6　传递扩展

计划和传递处理程序调用传递扩展向订阅者发送报表。Reporting Services 为电子邮件和文件共享传递提供了传递扩展。如果在 SharePoint 集成模式下运行 Reporting Services，那么 Reporting Services 还支持 SharePoint 传递扩展，将内容传递给 SharePoint 网站。

与本章所讨论的其他扩展一样，也可以对自定义传递进行组装和注册，以便 Reporting Services 使用。联机文档提供了自定义传递扩展的代码，说明如何直接向打印机发送报表。

3.8　Reporting Services 应用程序数据库

Reporting Services 包括两个带有默认名称的应用程序数据库：ReportServer 和 ReportServerTempDB。这两个数据库保存了报表定义、快照、缓存和安全信息，还保存了其他很多内容。尽管我们强烈建议不要直接访问这些数据库，修改数据、但是理解其在 Reporting Services 架构中的基本结构和角色还是非常重要的。

> **注意：**
> 当 Reporting Services 运行在 SharePoint 集成模式下时，Reporting Services 在 SharePoint 内容和配置数据库中保存了内容和设置信息。这些数据库属于 SharePoint 应用程序的内容，所以在此不再讨论。与 Reporting Services 类似，建议不要直接访问这些数据库。

3.8.1　ReportServer

ReportServer 数据库保存了 Reporting Services 中的主要数据。这个数据库保存了全部报表定义、报表模型、数据源、计划、安全信息以及快照。因此，定期备份这个数据库是一项关键任务。

表 3-5 列出了 ReportServer 数据库中的一部分表，并描述了这些表的功能。

表 3-5　ReportServer 数据库中的表

功 能 范 围	表　名	表中保存的内容
资源	Catalog	报表定义、文件夹保存位置以及数据源信息
	DataSource	单个数据源信息
安全	Users	已授权用户的用户名和安全 ID(Security ID，SID)信息
	Policies	一个引用列表，每个引用针对一个不同的安全策略
	PolicyUserRole	用户/组、角色和策略的关联
	Roles	一个列表，列表中的每个元素定义了角色和角色可以执行的任务
快照	SnapshotData	用于运行一个快照的信息，包括查询参数和快照依赖
	ChunkData	报表快照
	History	存储的快照和保存快照日期之间的引用
计划	Schedule	不同的报表执行和订阅传递计划的信息
	ReportSchedule	给定报表、报表执行计划以及执行操作之间的关联
	Subscriptions	订阅列表，包括拥有者、参数以及传递扩展
	Notifications	订阅通知信息，如处理日期、最近一次运行时间以及传递扩展
	Event	事件通知的临时存储位置
	ActiveSubscriptions	订阅成功/失败信息
	RunningJobs	当前执行的计划处理程序

(续表)

功 能 范 围	表　　名	表中保存的内容
管理	ConfigurationInfo	Reporting Services 配置信息，该信息应该通过事先规定的接口进行管理，不要直接编辑该表中保存的数据
	Keys	用于数据加密的公钥和私钥列表
	ExecutionLogStorage	一个已执行的报表列表，以及与报表执行事件有关的关键元数据

3.8.2　ReportServerTempDB

ReportServerTempDB 数据库保存了临时的 Reporting Services 信息，包括会话和缓存数据。

没有 ReportServerTempDB 数据库，Reporting Services 就无法正常工作。但是，并不需要备份 ReportServerTempDB 数据库，因为其中保存的所有数据都是临时的。如果这个数据库丢失，只需要重新构建它。

表 3-6 列出了 ReportServerTempDB 数据库中的一部分表，并给出了表的描述信息。

表 3-6　ReportServerTempDB 数据库中的表

表　　名	说　　明
ChunkData	为会话缓存的报表和缓存的实例保存报表定义和数据
ExecutionCache	保存了执行信息，包括缓存实例的超时信息
PersistedStream	为单独的用户保存会话级呈现输出
SessionData	持久化单个用户的会话级信息，包括给定会话信息的报表路径和超时
SessionLock	临时存储，用来处理会话数据的锁定
SnapshotData	保存临时快照

3.9　小结

本章介绍了如何在 Native 模式下完成 Reporting Services 的基本安装，以及 Reporting Services 的运行。完成本章内容后，就可以通过示例数据库、项目文件和章节练习来学习本书内容，探索这个产品。

本章还探讨了 Reporting Services Native 模式的架构。除此之外，还有以下内容：

- 将报表生命周期划分为三个阶段。报表是由终端用户和报表专家编写的，并且作为集中式报表系统的组成部分进行管理，最终通过多种手段传递给最终用户。
- 为了支持报表生命周期，Reporting Services 提供了多种应用程序，包括报表生成器、SSDT 报表设计器、报表 Web 门户、Reporting Services 配置工具、HTML Viewer、Reporting Services Web 服务以及订阅。此外，还有其他工具也为报表生命周期提供了支持。
- Windows 服务的结构，以及 Windows 服务用来完成实际报表功能的组件，包括处理程序、扩展以及数据库。

本章介绍的知识将为用户开始熟悉报表服务器和报表设计环境提供坚实的基础。现在准备开始编写报告，学习高级报表设计的复杂内容。

第 2 部分从第 4 章开始，回到基础知识，开始设计基础报表。第 4 至第 6 章介绍报表设计的基本构建块，以理解要点，掌握必要的技能。从基本的布局和格式化开始，接着学习数据访问和查询，然后学会执行分组和汇总。

第 II 部分

基本报表设计

本书的前四个版本介绍了报表设计基础，Reporting Services 在过去 12 年里的四个以前版本也包含这些内容，所以我有几次机会采用"正确"的方式来教授报表设计。我为本书选择的方法既简单，又切中要害。读者使用本产品时，应明白有不同的方式来设计报表和解决问题，可能会得到相同或类似的结果。这里没有列举出每个选项，而是推荐我认为最好的方法，以避免读者迷失在细节里(顺便说一下，使用这个产品是很容易迷失在细节里的)。

有时，可能会略微解释为什么某个选项比另一个更好，但如果有更好的方法，就没有必要浪费时间来解释如何使用低效的技术。例如，创建新的报表时，经常会使用报表向导。它很不错，如果新手完全不知道报表向导的作用，就可以试着使用它。相反，更好的方法可能是跳过报表向导，学会用自己的方式设计报表，掌握工作的主动权。我很高兴你选择了本书，我会尽我所能，为你提供尽可能多的价值。

本部分的每一章都用一个实践练习来结束，引导读者构建本章讨论的报表、查询和解决方案。它们的完成版本也包含在其中，提供给没有耐心或习惯于在大学期终考试前一晚购买悬崖笔记的人。

第 II 部分包括三章，引导读者学习基本报表设计的构建块。第 4 章介绍报表布局和格式化。这一章将学习 Reporting Services 的内部机制，以及如何使用数据集、数据区域和报表项构建报表。第 5 章将讲述查询设计基础，学习如何使用共享和嵌入数据源，数据集如何处理查询和参数，筛选用于显示的一组数据。最后，第 6 章介绍分组的基本概念，这些概念用于报表设计，收集数据行，进行聚合、总结和汇总。论述如何使用表达式精化字段值和参数，进行分组、筛选，使用许多其他属性值来定制用户的报表体验。

第 4 章：报表布局和格式化

第 5 章：数据访问和查询基础

第 6 章：分组和总计

第 **4** 章

报表布局和格式化

本章将学习所有报表的基本构建块，以及最常见的报表类型的设计模式。首先解释标准报表的基本组件，接着的三个练习引导读者完成创建它们的过程。读者将学会：

- 创建嵌入式数据来源
- 定义数据集查询
- 设计简单的表格报表
- 添加细目组和多级行组
- 设计带有列组的简单矩阵报表
- 设计带有列表数据区域的报表

报表设计既是一门科学，也是一门艺术。它是一门科学，因为有肯定标准、可重复的方法来设计常见的报表类型。像其他形式的科学一样，报表设计是一个系统的、有时冗长乏味的过程，要重复相同的步骤和任务，在创建的每个报表中都有可预测的结果。相比之下，报表设计也是一种艺术，因为优秀的报表包含不同的组成和风格元素。经验丰富的报表设计师学习使用颜色、字体和样式选择、图形元素，以及阴影和空白来创建和谐、吸引人的演示文稿。关键是在报表设计的系统科学和富有表现力的艺术之间达到适当的平衡。

4.1   使用报表设计工具

有两种不同的工具用于设计报表,其中一个是独立的设计工具,称为 Report Builder,允许一次设计和部署报表,就像用 Word 或 Excel 编辑文档一样。第二个工具是 Visual Studio Report Designer,它是与 SQL Server 2016 客户端工具一起安装的 SQL Server Data Tools 的一部分。这个工具为开发人员和项目团队进行了优化,在协调一致的 IT 解决方案中创建和管理多个报表。在一个工具中学习到的大部分技能都可以转移到另一个工具。

图 4-1 显示了 Report Builder 与设计器的不同区域。

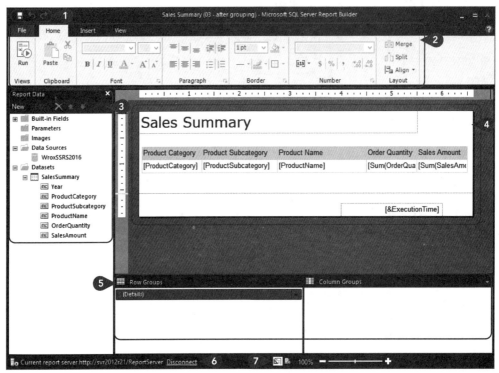

图 4-1   Report Builder 与设计器的不同区域

下面简要描述了每个数字标注的内容:

① 快速访问工具栏

类似于现代 Office 应用程序,其中包含快捷方式与常用命令。

② 标签和功能区

Report Builder 的所有命令都可以从 File、Home、Insert 或 View 选项卡上访问。命令按组安排,其标题放在功能区的底部,如"Font""Paragraph""Border""Number"和"Layout"。

③ 报表数据窗格

提供了对用于报表设计的数据、内置字段和其他项的访问。在这里可以创建和管理参数、图像、数据源和数据集。

④ 报表设计画布

这是设计报表的地方。使用 Insert 功能区在画布上添加数据区域和报表项,然后与这些项交互操作，完成报表设计。

⑤ 行组和列组

对于选择的数据区域，这里可以添加或修改各个组，用来巩固和聚合详细记录。

⑥ 报表服务器连接信息

当 Report Builder 从 Web 门户上启动时，就维护到报表服务器的连接。连接时，对报表的更改会保存到服务器上，而不是本地文件系统。

⑦ 设计、运行和缩放控制

Design 和 Run 图标与 Home 功能区的 Design/Run 切换图标有相同的功能。Report Builder 提供了缩放功能，而 SQL Server Data Tools 的 Report Designer 没有这种功能。有一些额外的窗口面板和功能默认不显示。这些选项可以在 View 功能区启用。详见后面的章节。

4.2　理解报表数据构建块

报表是由如图 4-2 所示的一些基本组件组成的。本章将介绍这些概念，以便读者可以开始学习，了解报表工作的必不可少的机制。接下来的几章会介绍更多的内容。

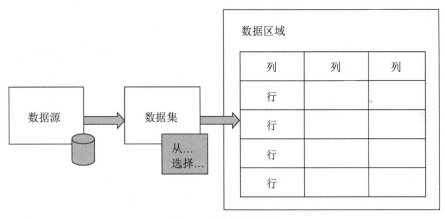

图 4-2　报表的基本组件

4.2.1　数据源

你在第 5 章会更多地了解数据源和数据集，讨论如何处理数据库和设计查询。每个报表都至少有一个数据源和一个或多个数据集。

数据源是一个简单的对象，它包含连接到数据源(通常是数据库)所需的信息。对于关系数据库产品，例如 Microsoft SQL Server，数据源包含连接到数据库服务器和具体数据库所需的地址和信息。它包括报表连接和运行查询时应该如何进行身份验证的信息。

数据源可以嵌入每一个报表里，一个数据源也可以在多个报表之间共享，这样连接信息可以保存在一个地方。如果报表管理员要用新的生产服务器地址更新共享数据源，每个报表就会查询新的服务器。一般来说，使用共享数据源是一种良好的实践方式，但有一些明显的例外，参见第 5 章。现在，让我们保持简单。

4.2.2　数据集

数据集是处理实际数据和字段、填充报表区域的报表对象。数据集不只是报表查询的容器，因为它们也管理用于筛选数据的字段元数据和参数。一些高级数据集属性也允许先筛选、操作数据，再把数据放入报表的数据区域。

4.2.3　数据区域

开始理解数据区域和报表项的最好方式是看看 Report Builder 的 Insert 功能区，如图 4-3 所示。

图 4-3　Report Builder 的 Insert 功能区

有三种不同的数据区域组件作为报表项的容器。Table、Matrix 和 List 数据区域提供了不同的分组和布局选项。数据区域的目的是根据详细数据行或一组数据字段值重复一个区域的数据绑定的报表项。

1. 表格

表格最简单的形式是网格，其中的细目行有一个单元格(或每个字段中的列)都来自相关的数据集。呈现报表时，都为数据集查询返回的每一行重复一次细目行。再次重申，这是表格的简单版本。细目行也可以按任意字段或字段组合来分组。这将汇总分组字段中的唯一值。此外，多个组和相关的标题和/或脚注行可以添加到表格中，形成分组值的层次结构。想象一下，销售订单按年份分组，然后按月份分组，每个组都有标题和总数。在每个月，每个订单日期都显示为细目行。

图 4-4 中的表格报表显示了按产品类别、产品子类别、产品名称分组的订单。所有属于 Accessories 类别的子类都被汇总到分组中。

Sales Summary

Product Category	Product Subcategory	Product Name	Order Quantity	Sales Amount
Accessories	Bike Racks	Hitch Rack- 4-Bike	2,838	$197,736.16
	Bottles and Cages	Water Bottle- 30 oz.	2,571	$7,476.60
	Cleaners	Bike Wash- Dissolver	2,411	$11,188.37
	Helmets	Sport-100 Helmet, Black	4,447	$87,915.37
		Sport-100 Helmet, Blue	4,618	$91,052.87
		Sport-100 Helmet, Red	4,036	$79,744.70
	Hydration Packs	Hydration Pack- 70 oz.	2,028	$65,518.75
	Locks	Cable Lock	1,086	$16,225.22
	Pumps	Minipump	1,130	$13,514.69
	Tires and Tubes	Patch Kit/8 Patches	674	$925.21
	Total		**25,839**	**$571,297.93**
Bikes	Mountain Bikes	Mountain-100 Black, 38	633	$1,174,622.74
		Mountain-100 Black, 42	589	$1,102,848.18
		Mountain-100 Black, 44	618	$1,163,352.98
		Mountain-100 Black, 48	559	$1,041,901.60
		Mountain-100 Silver, 38	584	$1,094,669.28
		Mountain-100 Silver, 42	551	$1,043,695.27

图 4-4　简单的多级表格报表

2. 矩阵

矩阵是表格的变体，其中数据按行和列分组。表格和矩阵有两个关键区别，一个是矩阵报表通常不包括明细单元格(表格以这种方式包含细目行)，因为最低级的值是行和列组的总计。另一个区别是，由于扩大了列组，矩阵报表往往不能放在一个打印页面中。这虽然有例外，但矩阵报表的主旨是提高设计的灵活性。

图 4-5 显示的矩阵报表给每年重复列，之后是列组总计。如果结果中出现多于一年的数据，矩阵就会多出两列。

Sales Summary

Product Category	Product Subcategory	Product Name	2012		2013		Total	
			Order Quantity	Sales Amount	Order Quantity	Sales Amount	Order Quantity	Sales Amount
Accessories	Bike Racks	Hitch Rack- 4-Bike	221.0	$14,905.27	2,617.0	$182,830.88	2,838.0	$197,736.16
	Bottles and Cages	Water Bottle- 30 oz.	235.0	$645.77	2,336.0	$6,830.84	2,571.0	$7,476.60
	Cleaners	Bike Wash- Dissolver	227.0	$1,016.99	2,184.0	$10,171.38	2,411.0	$11,188.37
	Helmets	Sport-100 Helmet, Black	1,706.0	$32,548.37	1,988.0	$40,952.52	3,694.0	$73,500.89
		Sport-100 Helmet, Blue	1,796.0	$34,247.28	1,984.0	$40,794.24	3,780.0	$75,041.53
		Sport-100 Helmet, Red	1,553.0	$29,549.86	1,757.0	$36,356.98	3,310.0	$65,906.85
	Hydration Packs	Hydration Pack- 70 oz.	168.0	$5,367.40	1,860.0	$60,151.35	2,028.0	$65,518.75
	Locks	Cable Lock	979.0	$14,637.60			979.0	$14,637.60
	Pumps	Minipump	1,008.0	$12,073.53			1,008.0	$12,073.53
	Tires and Tubes	Patch Kit/8 Patches	84.0	$115.42	590.0	$809.79	674.0	$925.21
	Total							
Bikes	Mountain Bikes	Mountain-200 Black, 38	1,177.0	$1,454,407.26	1,135.0	$1,549,274.31	2,312.0	$3,003,681.57
		Mountain-200 Black, 42	1,089.0	$1,344,786.04	879.0	$1,201,528.02	1,968.0	$2,546,314.06
		Mountain-200 Black, 46	733.0	$905,310.42	687.0	$943,601.66	1,420.0	$1,848,912.09

图 4-5　矩阵报表

3. 列表

数据区域可以包含报表项和其他数据区域。列表是一个灵活的容器，包含数据绑定的报表项和可以放在任何矩形列表区域的其他数据区域。作为一个数据区域，它只是一个矩形容器，绑定到数据集上，按一个字段值分组。

图 4-6 中的示例显示了一个按 Year 字段分组的列表的设计视图，其中包含一个文本框，显示前面示例中表格的简化副本。

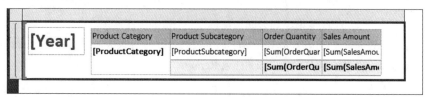

图 4-6　设计视图中的列表

图 4-7 所示为得到的报表。注意年份文本框与表格的大小和位置是完全独立的，但是每个表格实例中的数据仅按相应的年份筛选。

图 4-7　列表报表的预览效果

4.2.4　报表项

报表项是报表设计中使用的最简单的对象。一些报表项(如文本框或图片)可以绑定到数据集字段，而其他报表项(比如一条线或矩形)用于显示或格式化。

创建 Reporting Services 时，早期文档把文本框、图像、线条和矩形等对象引用为"控件"，因为它们类似于应用程序开发人员将视觉元素添加到表单时使用的对象。虽然概念非常相似，但报表和定制开发的应用程序是不同的。这一类对象的名字是"报表项"，因此不会与在 Visual Studio 其他类型的项目中使用的控件混淆。现在只使用文本框，其他报表项在以后的章节中介绍。

4.3　示例和练习

现在要运用刚才学到的概念了。本节包括的练习可以让读者熟悉使用 Report Builder 完成基本的报表设计。需要以 Native 模式安装 SQL Server 2016 和 Reporting Services。第 3 章的"安装和配置 SSRS"一节给出了详细说明。一定要恢复本书提供的 WroxSSRS2016 数据库，下载练习文件。

开始时，必须确保处在这里论述的页面上，以便执行下面的步骤：

(1) 首先打开 Web 浏览器，并导航到 Web 门户。如果全部使用默认设置安装了 Reporting Services 与 SQL Server 2016，则路径是 HTTP://LocalHost/Reports。

> **提示：**
> 报表服务器的名称在安装或配置 Reporting Services 时建立。如果报表服务器安装为 SQL Server 默认实例的一部分，Web 门户的地址就是 HTTP://servername/ Reports；在同一台计算机上也可以使用 HTTP://LocalHost/Reports。其他配置设置可以影响报表服务器的地址，例如安装命名实例或在 URL

中使用另一个端口号或主机标题。例如，如果安装了一个命名实例，地址就是 HTTP://servername/ Reports$instancename。在 Reporting Services 配置管理器的 Web Portal URL 页面中总是可以找到地址。

(2) 单击 Web 门户菜单栏中的 Browse 图标，导航到 Home 文件夹。

(3) 单击 "+" 图标，从菜单中选择 Folder。

(4) 输入新文件夹名称 WroxSSRS2016，单击 Create 按钮，如图 4-8 所示。

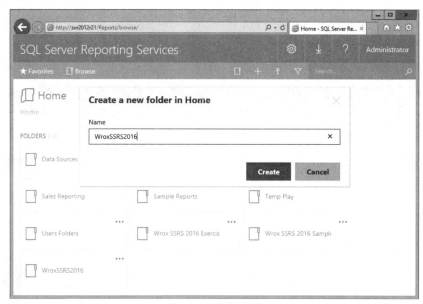

图 4-8　创建新文件夹

(5) 单击新文件夹图标，导航到 WroxSSRS2016 文件夹，如图 4-9 所示。

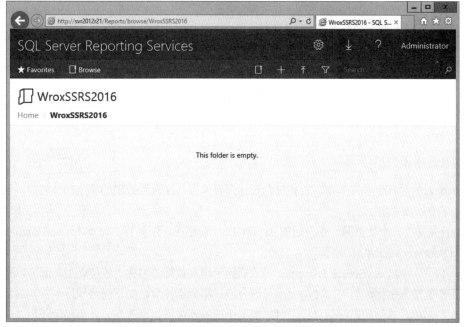

图 4-9　新的空文件夹

这会切换回 Web 门户的前一个视图。

(6) 单击工具栏上的 Report Builder 图标，等待 Report Builder 运行。

注意：

可以选择下载并安装 Report Builder 的当前版本。这很快速，易于安装。一旦安装完成，Report Builder 就会自动打开。一旦安装了应用程序，单击 Report Builder 按钮，就会启动应用程序。

Report Builder 打开如图 4-10 所示的 Getting Started 页面。向导对话框可以帮助自动执行前几步，如果以前没有创建过某种报表风格，这可能是有益的。不过，用户很快就会超越向导，这里不打算使用它们，这样读者就可以更熟悉几乎所有报表都使用的基本构建块。

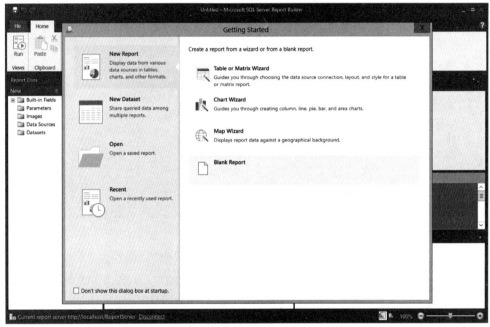

图 4-10　Getting Started 页面

(7) 单击右上角的×，关闭 Getting Started 页面。

Report Builder 的布局很像 Office 应用程序，选项卡和功能区在顶部，对象和工具在左边，交互式设计界面在中间。

4.3.1　准备报表数据

这个练习的前几步非常基本，所有报表设计都要执行。在设计报表的其余部分之前，创建一个数据源，再创建数据集。

(1) 首先需要一个数据源。在左边的 Report Data 窗格中，用鼠标右键单击 Data Sources，选择 Add Data Source，如图 4-11 所示。

图 4-12 所示的 Data Source Properties 对话框提示输入数据源名称、连接类型、服务器和数据库的信息。不能输入空格，但可以使用大小写混合形式和标点符号，如下画线和连字符。这里考虑使用数据库的名称。具体的连接信息提示可能根据所选的连接类型而改变。还会提示使用共享或嵌入式连接，详见第 5 章。为简单起见，在这个报表中使用嵌入式连接。

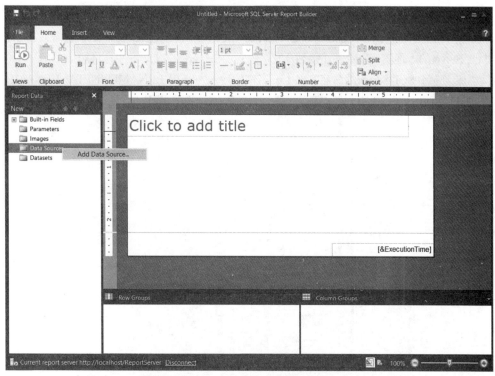

图 4-11　在 Report Data 窗格中选择 Add Data Source

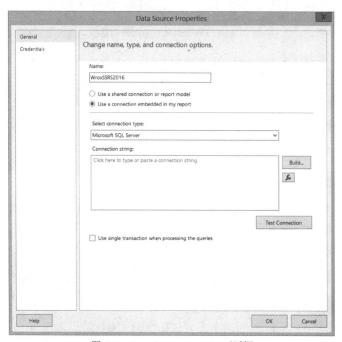

图 4-12　Data Source Properties 对话框

(2) 输入名称 WroxSSRS2016。

(3) 选中 Use a connection embedded in my report。

(4) 对于连接类型，选择或验证是否选择了 Microsoft SQL Server。

(5) 单击 Build...按钮，创建连接字符串。

这将打开如图4-13所示的Connection Properties对话框，并提示输入SQL Server的信息。因为这里使用SQL Server的本地实例，所以连接到开发机的SQL Server服务上。在生产环境中，应输入服务器名称。如果连接到SQL Server的命名实例上，名字应输入为SERVERNAME\ INSTANCENAME。

图 4-13　Connection Properties 对话框

注意，在大型生产环境中，如果知道服务器和实例的名称，就应避免使用 Server name 下拉列表，让 SQL Server Browser 服务搜索整个网络中的服务器，因为这可能很耗时。在本地安装 SQL Server 的默认实例时，为了方便起见，可以使用别名 LocalHost 或(local)代替服务器名称。

(6) 给服务器名称输入 LocalHost。

(7) 把 Log on to the server 选项设置为 Use Windows Authentication。

(8) 在 Connect to a database 下，打开下拉列表，选择 WroxSSRS2016 数据库。

(9) 在保存更改之前可以测试连接。此时应考虑设计这个报表的人是否有权从数据库中读取数据。如果 Windows 用户名或所在的 Windows 组用来创建登录，且被授予读取必要的表的许可，就应该没问题。

请注意，在 Connection Properties 对话框中选择的选项会构建以下连接字符串：

```
Data Source=LocalHost; Initial Catalog=WroxSSRS2016
```

(10) 单击 OK，关闭并保存更改。

(11) 用鼠标右键单击 Datasets 文件夹，并选择 Add Dataset...，如图 4-14 所示，打开 Dataset Properties 对话框。

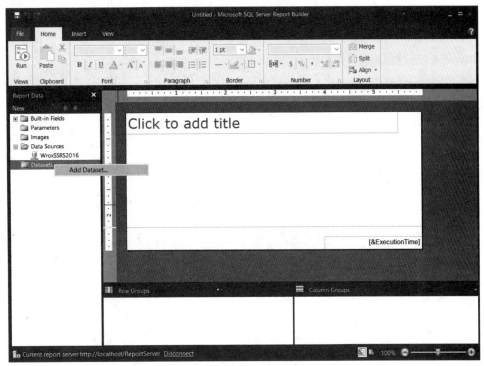

图 4-14 选择 Add Dataset...

(12) 在 Name 框中输入 SalesSummary。

(13) 选择前面创建的数据源。

(14) 单击 Query Designer...按钮，打开如图 4-15 所示的 Query Designer 对话框。

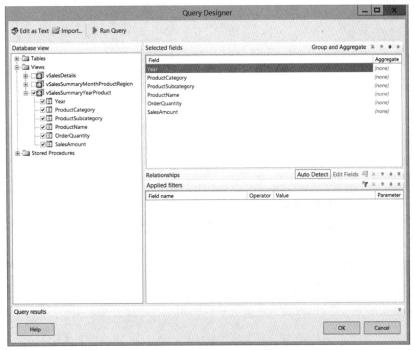

图 4-15 Query Designer 对话框

(15) 在左边的 Database 视图窗格中，展开 Views 文件夹，选中 vSalesSummaryYearProduct 视图旁边的复选框。

(16) 单击 OK 按钮，接受查询。

图 4-16 显示了 Query Designer 创建的数据集、数据源和 T-SQL 查询脚本。

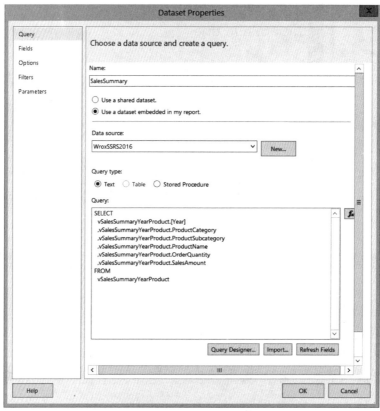

图 4-16 添加到 Report Data 窗格中的字段系列

(17) 单击 OK 按钮，关闭 Dataset Properties 对话框。

4.3.2 设计报表布局

表格是报表设计中最基本，但很有用的数据区域之一。这个练习使用一个包含 5 列的简单表格。总计、标题和页脚在后面的章节中介绍，但是现在，要定义一个细目组，为每个产品整合数据集的行。

看看左边 Report Data 窗格中的数据集，注意添加了一系列字段，如图 4-17 所示。

现在，有了数据源和数据集，就可以开始处理报表的其余部分。

(1) 将光标放在报表标题上，输入报表的名称，如 Sales Summary。

(2) 选择 Report Builder 窗口顶部的 Insert 选项卡，显示 Insert 功能区。

(3) 在 Data Regions 组的 Table 图标下面单击向下箭头，显示菜单选项。

(4) 从下拉菜单中选择 Insert Table，如图 4-17 所示。光标会变化，表明可以在报表界面上插入表格。

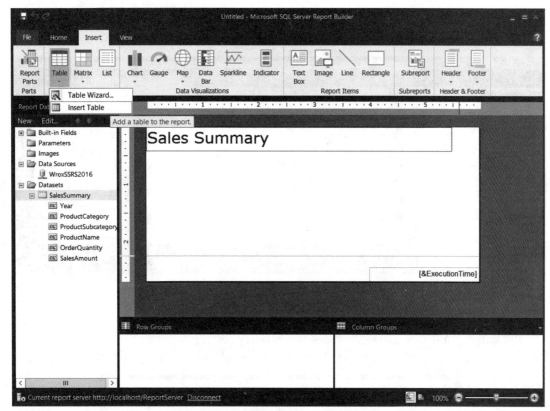

图 4-17　选择 Insert Table 选项

(5) 将光标移到空白报表界面的左上角区域、报表标题的文本框下面，然后单击以放置表格，如图 4-18 所示。

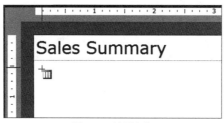

图 4-18　放置表格

这样就在报表中添加了一个新表格。

在新表格中添加字段有两种不同的方式。可以在 Report Data 窗格中拖放数据集中的字段，也可以在表格的明细单元格中使用字段选择列表。这个练习使用第二种方法。

只要有一点经验，就将习惯表格在设计器中的行为。在那之前，很容易摸索出经验。当没有选择表格时，单击任何单元格，都会在每一列的上面和每一行的左边显示一组灰框。这些称为列和行选择器或选择手柄。如果选中了一个单元格，在该单元格的周围就会显示较深的边框。单击单元格内部，但不要单击文本，就会选中该单元格。如果单击多次，光标就会放在所选单元格包含的文本框中。单击另一个单元格，就会取消选中文本框。

(6) 把光标悬停在第一个明细单元格(标记 Data 的单元格左边)中，显示该单元格右下角的字段选择图标。

(7) 单击该图标，弹出下拉字段列表，从中选择 ProductCategory 字段，如图 4-19 所示。

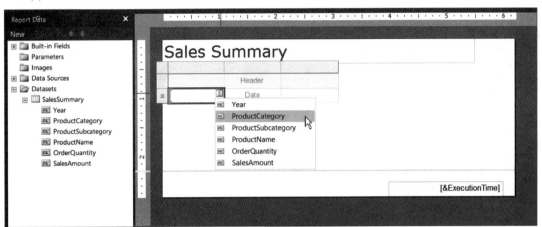

图 4-19　选择 ProductCategory 字段

(8) 向右移动一个单元格，并选择 ProductSubcategory 字段。

(9) 进入下一个单元格，选择 ProductName 字段。

(10) 右击第三列上面的灰色列选择手柄，选择 Insert Column ⇨ Right，如图 4-20 所示。

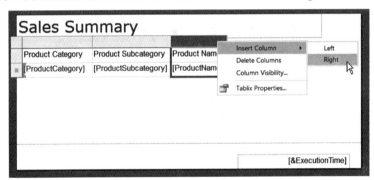

图 4-20　插入列

(11) 重复上一步，直到有 5 列为止。

(12) 使用字段列表，给最后两列添加 OrderQuantity 和 SalesAmount 字段。

选择表格，把光标悬停在分隔列标题的线条上，将显示水平的双箭头，指示可以调整列的大小。

(13) 调整每列的大小，使标题标签显示在一行上。

4.3.3　审查报表

看看前面完成的工作。可以在 Design 和 Run 视图之间切换，预览报表包含数据时的外观。这些选项都在 Home 功能区中和 Report Builder 底部状态栏的右边。

(1) 选择 Home 功能区。

(2) Home 功能区最左边的图标是 Run，如图 4-21 所示。单击这个图标，预览报表。

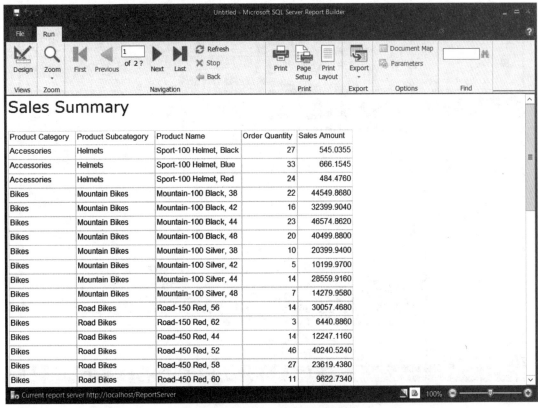

图 4-21　使用 Run 图标预览报表

4.3.4　设置格式化属性

注意，表格看起来很普通，Sales Amount 值没有格式化为货币，应该纠正一下。

(1) 确保选中 Home 功能区选项卡。

(2) 单击表格中的任何位置，显示列和行选择器。

(3) 单击表格标题行左边的灰色行选择器，它在顶部单元格 Product Category 的左边。单击这个灰色手柄，选择表格的标题行。

(4) 在 Border 功能区组中，使用油漆桶图标旁边的下拉箭头，改变标题行中单元格的背景色。

(5) 选择浅灰色作为背景色，如图 4-22 所示。

(6) 确保表格仍然处于选中状态。

(7) 单击 Sales Amount 列上面的灰色列选择器。这会选择该列，以设置该列的单元格属性。

(8) 在 Home 功能区的 Number 组中单击美元符号图标，把这个列的格式设置为货币，如图 4-23 所示。

> **注意：**
> 具体的格式功能，如区域和固定格式，参见第 8 章。

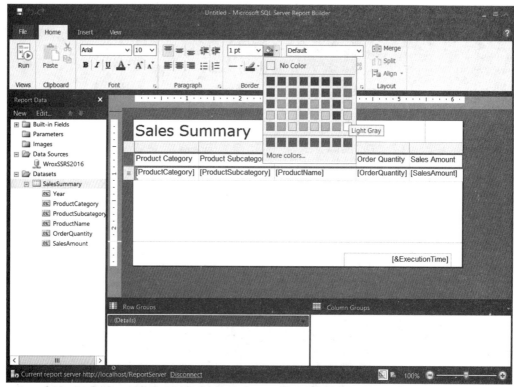

图 4-22　选择背景色

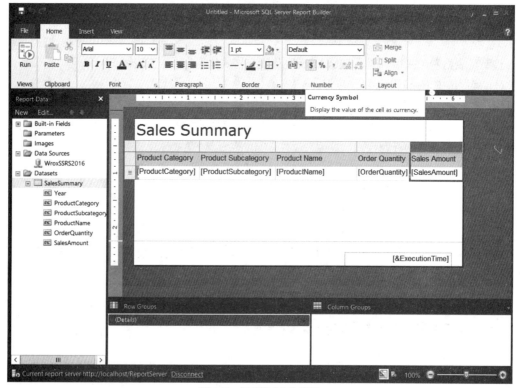

图 4-23　把列格式化为货币

(9) 再次预览报表，查看格式的变化。再次单击 Home 功能区上的 Run 图标，预览报表，如图 4-24 所示。

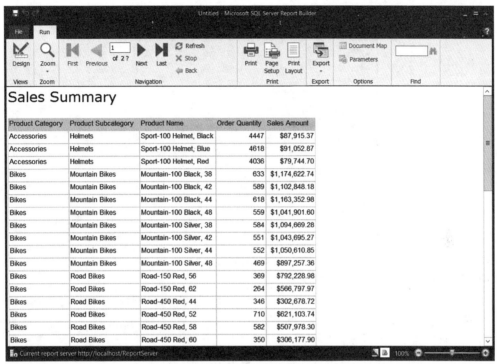

图 4-24　预览报表

(10) 现在需要做一项非常重要的工作——应该养成经常做这项工作的习惯。看到 Report Builder 标题栏显示的 "Untitled" 吗？这表示这份报表尚未保存。到目前为止所做的所有工作都放在内存中，没有存储在计算机上。如果火山爆发，小行星从太空中掉落，或者猫跳到键盘上，前面所做的工作就会丢失。下面解决这个问题。在快速访问工具栏上，通用符号 "软盘" 用于保存工作(因为今天的每个人都知道软盘的含义)。单击快速访问工具栏上的软盘图标。

(11) 出现提示时，输入 Sales Summary 作为报表的名称。

因为是从 Web 门户打开 Report Builder，所以报表保存在报表服务器上而不是文件系统中。

这里创建了一个表格报表来显示产品订单的摘要。现在报表已完成，继续前进，但正如哥伦布说的那样，还有一件事……

4.3.5　验证报表设计和分组数据

我为咨询客户和会议做了很多演示。演示通常需要准备和练习，以便去除所有瑕疵。但我不会为读者这么做。这个报表有一个应该去除的潜在错误。回想一下，前面为报表数据集使用了 vSalesSummaryYearProduct 视图。这个视图汇总了所有的销售订单，为 Year、Product Category、Subcategory 和 Product 的每个唯一组合返回一行。

我故意没有在报表中包括 Year 字段，以便演示这个常见的场景。报表中要显示多少数据？如果查看报表工具栏中的页数，会发现没有提供此信息。它显示 "1 of 2"，Reporting Service 实际上并不知道有多少页面，因为它只呈现了两个页面。

(1) 在 Run 功能区上，单击 Navigation 组中的 Last 图标，导航到报表的上一页。为此，Reporting Services 必须指定分页。如图 4-25 所示，共有 14 页(可能有一些变化)。

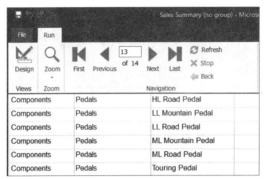

图 4-25 显示总页数

(2) 仔细查看前三列中的值，会看到一些产品名称是重复的。为什么？因为每一行代表一年的产品销售量。除非想添加 Year 列，或只筛选一年的数据，否则这将令人困惑。

(3) 单击功能区最左边的 Design 图标，切换回设计视图。

(4) 单击表格中的任何单元格。

(5) 在设计器窗口的底部、Row Groups 下，有一个标记为(Details)的行。在这一行的右边，会看到一个下拉箭头。

(6) 单击向下箭头，以显示菜单。

(7) 从下拉菜单中选择 Group Properties...，如图 4-26 所示。

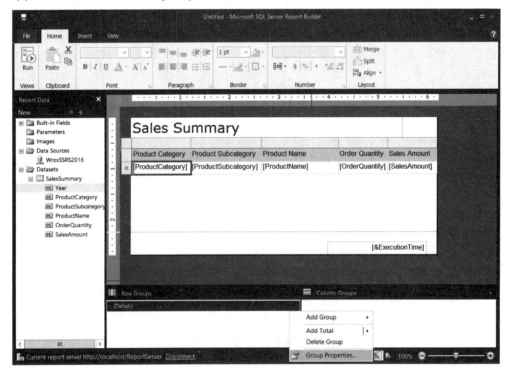

图 4-26 选择 Group Properties...

打开的 Group Properties 对话框有 7 个页面，可以使用左侧的页面列表访问它们。你在第 6 章将会更多地了解如何使用分组和这些高级功能。我们的目标是聚合重复的产品行。

(8) 在 Group expressions 下，单击 Add 按钮，添加一个新的组表达式。

注意：

即使只为分组选择一个字段，也会创建一个表达式。在这个简单的例子中，它只是一个字段引用。

(9) 打开下拉字段列表并选择[ProductName]，如图 4-27 所示。

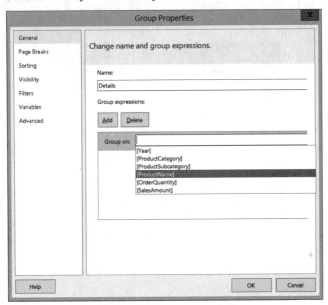

图 4-27　选择[ProductName]字段

(10) 单击 OK 按钮，接受这种变化。

前面为最后两列选择 OrderQuantity 和 SalesAmounts 字段时，创建了只引用字段值的表达式。现在一行可能包括多个分组的值，这些字段引用就必须替换为聚合多个值的表达式。只需要重新选择字段(与以前一样)，把 SUM 函数添加到字段表达式中。

(11) 把光标悬停在 Order Quantity 列中的明细单元格上，显示字段图标列表。

(12) 单击字段图标，显示字段列表，并选择[OrderQuantity]，如图 4-28 所示。

注意：

以这种方式选择字段时，要查找一个微妙但重要的行为。请注意，选择细目行中的 OrderQuantity 字段时，单元格会显示[OrderQuantity]，但是在分组的单元格中选择相同的字段时，单元格会显示(Sum(OrderQuantity))来表示要聚合的分组值。

(13) 重复相同的步骤，在 Sales Amount 列中选择[SalesAmount]字段。

(14) 单击 Save 图标(记住，这是一个好习惯，要经常这么做)。

(15) 单击 Run 按钮，预览报表。

(16) 使用导航按钮再次进入最后一页，如图 4-29 所示。

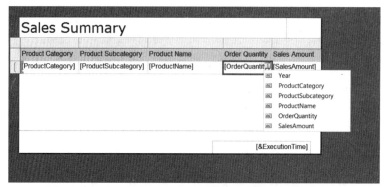

图 4-28　选择[OrderQuantity]字段

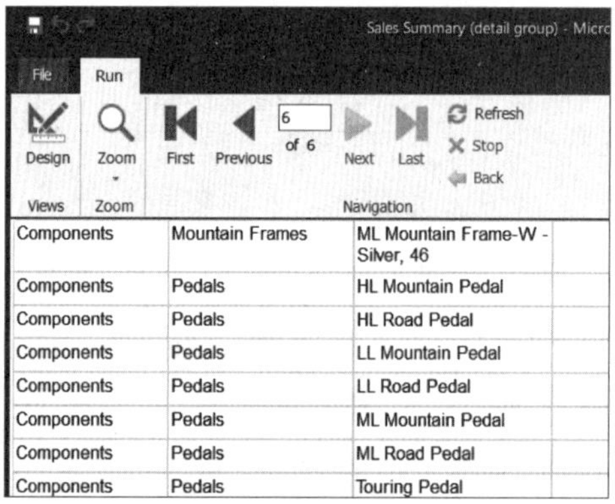

图 4-29　跳到报表的最后一页

在把记录按产品分组后，就应该看到总页码减少了，因为每个年份和产品的唯一组合不再有一行。现在每一行显示所有年份的总产品销售量。

(17) 关闭 Report Builder。

(18) 返回用于启动 Report Builder 的 Web 浏览器窗口。

(19) 刷新 Web 浏览器。应该在 Web 门户中看到新报表。

(20) 单击，在浏览器中打开报表。

完成了！新报表被部署到报表服务器上，它包括所有年份里按产品分组的销售订单。

4.4　小结

高效的报表都很简单。如果能把有用的信息放在用户面前，回答重要的问题，报表就会增加价值，提高业务。即使像这样简单的表格报表，也可以为业务用户提供巨大的价值。

本章使用 Report Builder 编写了第一个报表。稍后将使用 SQL Server Data Tools Report Designer (Visual Studio 的一个插件)，应用相同的设计技术，在这些技能的基础上构建报表。首先使用嵌入式 SQL Server 数据源，然后使用一个简单的视图来定义数据集，把数据填充到表格数据区域中。因为数据集为每年、每个产品返回数据行，所以按 ProductName 字段分组表格，整合细目行，聚合数值。

你在本章学习的技能有助于完成更复杂的设计。下一章将扩展这些概念，引入一些新概念，进入下一级。

第 5 章

数据访问和查询基础

本章内容

- 数据库和查询基础
- 理解关系数据库原理和概念
- 数据源管理
- 数据集和使用查询设计工具
- 使用 Report Builder 查询设计器编写查询
- 使用 SQL Server Management Studio 编写查询
- 使用单选和多选参数

数据源查询是报表的基础,编写有效的查询是设计的关键。如果报表使用 SQL Server 关系引擎,或为数据源使用 SQL Server Analysis Services,就可能更愿意使用熟悉、更复杂的查询设计工具,例如 SQL Server Management Studio(SSMS)。相反,报表设计器包括有用、简化的查询工具,还用更基本的查询设计选项支持许多其他数据源。本章介绍用于 SQL Server 的 T-SQL 查询设计。

> **注意:**
> 如果对 T-SQL 语言不熟悉,但要为 SQL Server 设计报表,可以阅读 Itzik Ben-Gan 编写的 *Microsoft SQL Server 2012 T-SQL Fundamentals* 一书。

Reporting Services 力求吸引两类用户,也就是说,分为两大阵营的大量用户。第一类是需要轻松创建报表的业务用户,第二类是经验丰富的开发人员或数据库专业人员,他们需要使用复杂的查询和错综的程序逻辑创建专业报表。历史证明,满足这两个需求并不容易。因此,有两个报表设计工具和无数的特性来满足初学者的需要,还有高级的报表设计器。Report Builder 适用于业务用户,对于那些使用公司 IT 人员准备的数据库对象的人而言,它是一个理想的选择。下面继续使用 Report Builder,还将使用 SQL Server Management Studio 和 SQL Server 关系数据库引擎设计 T-SQL 查询。

5.1 数据库基础

如前所述，使用 Report Builder 从数据库视图中获取数据是非常简单的。Report Builder 的查询设计器相对简单，但缺乏 SQL Server Data Tools (SSDT) Report Designer 支持的一些复杂功能。如果喜欢把查询逻辑封装到数据库对象中，如视图和存储过程，那么在理论上，应该不需要在报表中嵌入复杂的查询。在完美的情况下，用户有创建对象的许可，或数据库管理员积极参与报表项目，创建视图和存储过程，或许不需要在报表中嵌入复杂的查询，但这并不总是切合实际。

SSDT Report Designer 利用与 SQL Server 客户端一起安装的查询设计工具。这些工具给高级用户提供了通常适合应用程序开发人员和 IT 专业人员的大量功能。作为 IT 专业人士和享有终身职位的报表设计人员，我在许多情况下都经常喜欢使用 Report Builder。如果需要建立复杂的查询，就退出 Report Builder，而使用 SQL Server Management Studio(SSMS)查询设计工具。对于我来说，正好两全其美。无论是使用 Report Builder 还是 SSDT 创建报表，SSMS 都提供了更好的查询编辑体验。

5.1.1 关系数据库的概念

你听说过 5 分钟大学吗？要记住 Don Novello(艺名为 Father Guido Sarducci 的艺人)的一个经典喜剧节目说过，读完四年大学，通过所有的考试后，多年后记得的内容可以在 5 分钟内教完。这可能是真的，但基本知识是很简单的。下面是 T-SQL 的 5 分钟课程。

5.1.2 什么是 SQL

这是一个真实的故事。在早期的数据库技术中，今天使用的产品和语言还远不成熟，IBM 的数学天才开创了关系数据库原则和范式的规则。在历史上，随之而来的设计模式是很神圣的，很少遇到挑战。一些开发团队和公司遵守这些规则，他们自己的所有数据库产品也遵循相同的思路和语言构造。

1. SQL 缩略词之战

关系数据库的一个早期版本实际上名叫 SEQUEL，表示 Select English QUEry Language。这是创建易记忆的缩略词的许多尝试之一。"英语"这个词失宠，因为在社区里有许多使用其他语言的人，驱动概念是，语言是有"结构"的，除了"选择"之外，并没有那么多能力。委员会和社区达成共识，官方语言称为 SQL，代表"结构化查询语言"。人们处于不同的产品阵营，甚至对工具集有类似"宗教"的信仰，通常会限制名字的使用。SQL 的正确发音有点像一些美国城市的传统发音，例如 Louisville、Kentucky (发音"Lew-A-Vul")、Aloha、Oregon(发音"Ah-Low-Uh")或 New Orleans(不要尝试)。同样(要清晰)，微软数据库产品的语言是 SQL，发音是"See-Kwel"，而不是"Es-Kew-El"，也不是"Em Es Es Kew El"。

2. 品牌之战

SQL 有不少方言，使用不同的数据库产品。有的使用 MySQL(发音"My See-Kwel")，有的使用 PL/SQL(发音"Pee-El See-Kwel")，还有的使用普通的 SQL。我们使用 T-SQL。为什么？T-SQL

是端到端，SQL 数据操作语言的目的是执行数据库命令，管理事务完整性，确保所有数据库操作是一致的、可靠的、持久的。术语"事务"重申了 SQL Server 执行事务完整性的承诺，因此，产品名最终的缩写是 T-SQL。

5.2　数据源管理

数据源包含数据集的连接信息。可以为具体的报表数据集创建数据源，也可以在不同的报表中共享数据源。因为大多数报表都从公共数据源中获取数据，所以创建共享数据源是非常有意义的。使用共享数据源有几个优势。即使没有几个报表需要共享集中式数据源，创建一个共享数据源也不需要付出任何额外的努力。这么做还有另外一个好处：对于每个报表而言，数据源都是独立管理的，很容易在需要时更新。然后，添加新的报表时，共享数据源已经建立，并被部署到报表服务器上。

嵌入式和共享数据源

数据源可以嵌入到每个报表中，或部署到报表服务器上作为共享对象。后一种选择的优点是给用户或报表服务器管理员提供了一个地方，来管理几个报表的连接信息。使用共享的连接通常是推荐的做法，尤其是在大规模的环境中。第 6 章将介绍 SQL Server Data Tools，我们将使用这个工具来定义共享数据源。共享数据源也可以直接在服务器上使用 Web 门户创建，但是 Report Builder 只能使用以这种方式创建的共享数据源。

1. 查询设计工具

对于 SQL Server 数据源，有一些查询设计器选项可供选择。最好的选择取决于需求的复杂性和习惯使用的工具。

Visual Studio 的 Report Designer 插件(称为 SSDT)依赖于与 SQL Server 客户端工具一起安装的共享组件。如果开发人员以前具有 SQL Server 经验，且知道如何绕过 T-SQL 查询语言，则可能更愿意使用 SSMS 或 SSDT Report Designer 中的查询工具。如果使用的是 Report Builder，但没有安装 SQL Server 客户端工具，就无法获得 SSMS 查询设计器的访问权限。如果计划设计复杂的查询，建议安装和学习使用 SSMS。

有经验的开发人员常常选择 Report Builder 而不是 SSDT，来完成简单的报表设计工作，但可能不会非常喜欢 Report Builder Query Designer。这主要是因为他们更习惯于使用 SSMS，喜欢手工编写 T-SQL 查询。在后面的例子中，会发现实际上 Query Designer 生成了相当体面的 SQL 脚本，所以最终真的可以使用觉得最舒适的方法，只要它符合自己的需求就行。

2. 使用 Report Builder Query Designer

本节开始介绍最基本的查询工具。在接下来的练习中用 SSMS 编写类似的查询。首先使用 Report Builder 设计器，获得使用这两种工具的体验。先创建一个数据源。与第 4 章创建数据集的方式相同，选择创建新嵌入式数据集的选项，选择数据源，然后单击 Query Designer...按钮。

Query Designer 会显示数据库中的所有对象。在查询输出中添加多个表中的列，会扩大每个表，选中每一列旁边的复选框。列以选择它们的顺序添加到查询中。为了展开和收缩右边的三个部分——Selected fields、Relationships 和 Applied filters，可以使用该部分工具栏右侧的双箭头图标。

除非需要查询返回每个细目行，否则最好按非度量列对结果分组，然后聚合数字度量列。例如，图 5-1 表明选中了 MonthNumber、Year、Country、OrderQuantity 和 SalesAmount。最后两列是度量数字，这意味着如果按前三列对结果分组，就必须聚合这些列值。这很容易。首先，注意 MonthNumber 列在 Year 列之前被选中(这样做是为了演示)。分组之前，列应该按逻辑顺序列出，所以使用 Group and Aggregate 旁边的上下箭头，设置前三列的顺序是 Year、MonthNumber 和 Country。

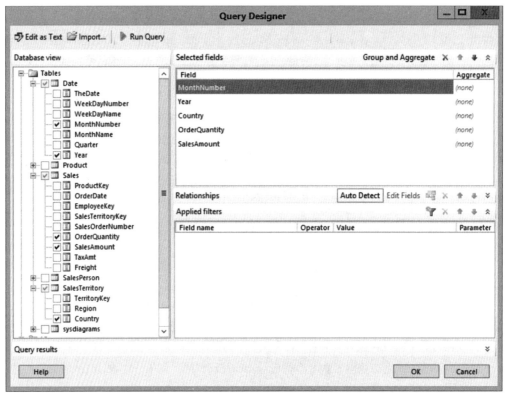

图 5-1　在 Query Designer 中选中列

在 Selected fields 列表的 Aggregate 列中，给前三列选择"Group by"，给两个度量数字选择"Sum"。因为所选的表在数据库中是彼此相关的，使用 Auto Detect 功能应通过适当的键列添加相应的连接。图 5-2 显示这个功能在默认情况下是启用的。应该经常仔细检查，以确保使用正确的表和列连接表。

展开 Relationships 部分，可以添加、删除和修改表之间的连接。使用"Applied filters"部分添加筛选器和参数。在图 5-3 中，添加了 Year 列。下拉 Value 列表，给筛选值输入 2013。选中 Parameter 复选框，就会使用字段名添加一个报表参数。

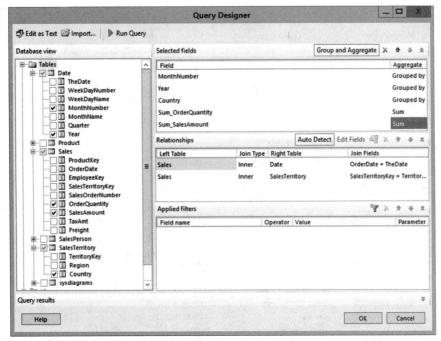

图 5-2 使用 Auto Detect 功能

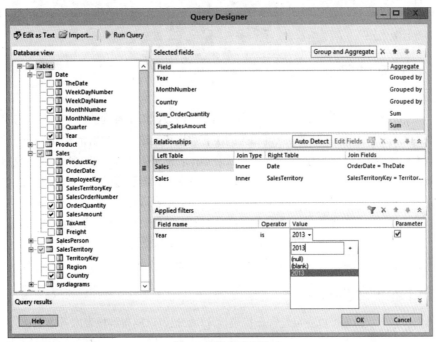

图 5-3 添加报表参数

Query Designer 生成一个 T-SQL 查询，可以使用"Edit as Text"按钮查看，如图 5-4 所示。

得到的 T-SQL 查询相当精彩。脚本很高效、格式良好、容易阅读。未来可以使用图形设计器来生成这个查询，切换到文本视图，手工编写查询脚本，或在 SSMS 中编写查询，然后把得到的查询脚本复制并粘贴到这个视图中。我的偏好是后者，本章后面的练习就使用这个技术。

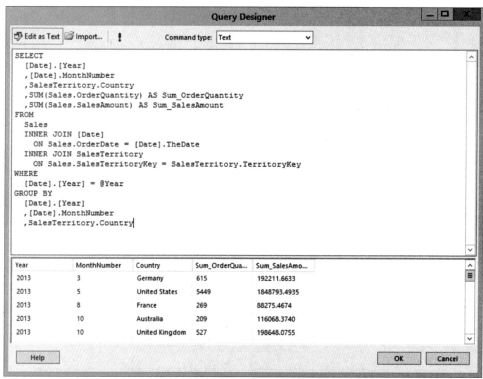

图 5-4　生成 T-SQL 查询

5.3　数据集和字段

产生一组报表数据的查询或命令语句称为数据集。但数据集比查询的内容更多。它实际上是一个相当复杂的对象，用于集中管理与查询相关的所有数据和元数据。数据集本质上是一种粘合剂，把报表参数映射为查询参数，把查询返回的列映射到报表使用的字段，也是查询返回数据后应用的可选筛选表达式。在简单的报表中，所有这些对象都是由设计器创建的，可能不受关注。在更高级的报表中，数据集可以提供复杂的功能来操作和管理动态报表数据。

对于本章的练习，需要使用单一查询参数编写 T-SQL 查询。查询设计器会把查询参数映射到报表参数，将查询返回的列映射到数据集字段上来填充一个矩阵数据区域。后面在学习高级报表设计时，要使用表达式，通过数据集来映射参数，应用条件筛选逻辑。

5.3.1　嵌入式和共享数据集

像数据源一样，数据集可以完全包含在报表设计中，也可以发布到报表服务器上作为共享对象，在多个报表中使用。这是一个创建高效报表解决方案的强大特性。共享数据集的设计与嵌入式数据集一样，也是使用 SSDT 或 Report Builder 查询设计器，而不是驻留在每个报表中，共享数据集部署并存储为报表服务器上的命名对象。

> **注意:**
> 在以前几个版本引入了共享数据集后，我开始使用它们，但不喜欢它们。直到我学会如何操作

缓存行为(在某些情况下可以关掉它)，才开始有使用共享数据集的经验。现在，这是使用移动报表的一个要求，所以学习使用这一特性是非常必要的。

使用共享数据集的一个优点是，它们以这种方式缓存结果集，在通过相同的参数值执行相同的查询(在可配置的时间内)时，会使用上一次执行查询而缓存的结果来提高性能，节省服务器资源。其代价是，用户可能看不到自上次执行查询以来数据发生的变化。现在，这可以在报表服务器上配置，但需要注意这些设置和缓存行为。

第 17 到第 20 章将使用共享数据集设计移动报表。由于移动报表不像分页报表那样支持嵌入式数据集，因此必须在使用报表中的数据之前，设计和部署共享数据集。

5.3.2 练习

下面的实践练习将指导读者在 SSMS 中完成查询的编写步骤，在 Report Designer 中创建数据集，构建一个简单的报表。然后使用一个参数筛选数据，改进查询和报表设计，再使用多值参数。

5.3.3 使用 SQL Server Management Studio 编写查询

这个练习把 SSMS 作为查询编写工具，与 Report Designer 一起使用，建立 T-SQL 查询和报表数据集。

(1) 从 SQL Server 2016 程序组中打开 SQL Server Management Studio。打开 Connect to Server 对话框，提示输入服务器类型和连接信息。

(2) 确保服务器类型设置为 Database Engine，输入服务器名称，如图 5-5 所示。

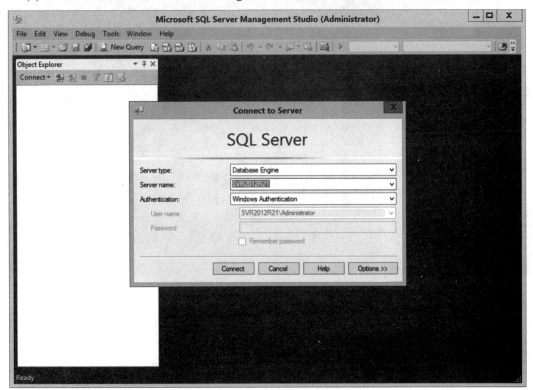

图 5-5　Connect to Server 对话框

这是在第 4 章的练习中使用的服务器连接信息。因为使用 SQL Server 的本地实例，所以连接到开发机器上的 SQL Server 服务。如果连接不是本地的，就输入服务器名称；如果连接到 SQL Server 的命名实例，输入的名称就是 SERVERNAME \ INSTANCENAME。

(3) 单击 Connect 按钮，打开连接。在屏幕的左边，SSMS 显示 Object Explorer，其中包含数据库服务器上组织到分层树视图中的所有对象。这个列表中的每个对象(或节点)都可以扩展，显示所有相关的对象。这棵树上有成千上万的对象，其中的大多数都不需要关注。需要关注的对象包括服务器、数据库、表和列。以后要关注视图和存储过程。

> **提示：**
> 如果在 SSMS 窗口的左边没有看到 Object Explorer，它可能在前一个会话中关闭了。按 F8 功能键或从 View 菜单中选择 Object Explorer，就可以显示它。

(4) 展开 Databases 结点。

(5) 右键单击 WroxSSRS2016 数据库，如图 5-6 所示。

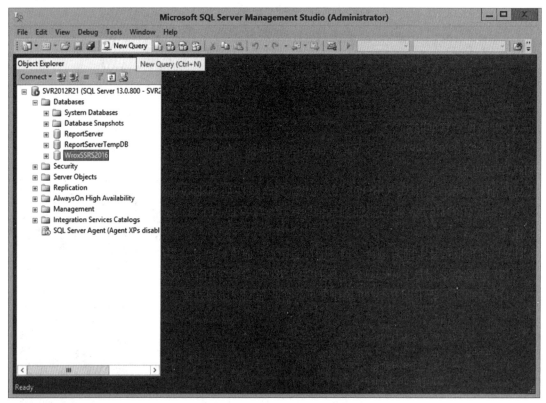

图 5-6　右键单击 WroxSSRS2016 数据库

(6) 在工具栏上，单击 New Query 按钮。

(7) 展开 WroxSSRS2016 数据库。

显示 Tables and Columns 会给出对象引用列表，协助完成查询设计工作。

(8) 展开 Tables。

(9) 为后面的每个表展开 Columns 文件夹。

> **注意:**
> 在查询窗口中输入以下查询时，可以拖放 Object Explorer 中的对象，或者只是输入到查询窗口中。不要关心额外的括号或对象前缀，它们会自动添加，以正确引用对象。

(10) 把下面的代码输入到查询窗口中:

```
SELECT
    YEAR(s.OrderDate) AS OrderYear,
    MONTH(s.OrderDate) AS OrderMonth,
    t.Country,
    s.SalesAmount
FROM
    [dbo].[Sales] AS s
        INNER JOIN [dbo].[SalesTerritory] AS t
        ON s.SalesTerritoryKey = t.TerritoryKey
WHERE
    YEAR(s.OrderDate) = 2013
;
```

(11) 单击工具栏上的 Execute 按钮，查看显示在网格中的结果。

(12) 注意状态栏右下角的行数。查询返回 28000 多行，因为这个查询返回 2013 年的每笔交易。我们的目标是报表各个国家每年、每月的摘要信息，所以可以合并查询，聚合结果。这需要进行两处更改。

(13) 把 GROUP BY 子句添加到查询的结尾。这包括 SELECT 列列表中相同的表达式，但没有列的别名(AS...)。不在 GROUP BY 列列表中的任何列都必须聚合。在这个查询中，只有 SalesAmount 列。

(14) 修改 SalesAmount 列表达式，使用 SUM 函数，添加别名 AS SalesAmountSum。

(15) 验证对查询的更改:

```
SELECT
    YEAR(s.OrderDate) AS OrderYear,
    MONTH(s.OrderDate) AS OrderMonth,
    t.Country,
    SUM(s.SalesAmount) AS SalesAmountSum
FROM
    [dbo].[Sales] AS s
        INNER JOIN [dbo].[SalesTerritory] AS t
        ON s.SalesTerritoryKey = t.TerritoryKey
WHERE
    YEAR(s.OrderDate) = 2013
GROUP BY
    YEAR(s.OrderDate),
    MONTH(s.OrderDate),
    t.Country
;
```

(16) 再次执行查询。注意状态栏中的行数。这次查询只返回 66 行。

(17) 选择查询文本，复制到剪贴板上。

5.3.4 在报表数据集中添加查询

前面在 SSMS 中编写了一个查询，下面将它添加到使用 Report Builder 设计的新报表中。

(1) 在 Web 门户中，使用 Report Builder 添加一个新的分页报表，如第 4 章的练习所示，再给 WroxSSRS2016 数据库创建一个嵌入式数据源。

(2) 在报表体顶部的标题文本框中输入文本 Sales Summary by Country。

(3) 创建一个新的嵌入式数据集 SalesSummaryCountry。

(4) 选择数据源，如图 5-7 所示。

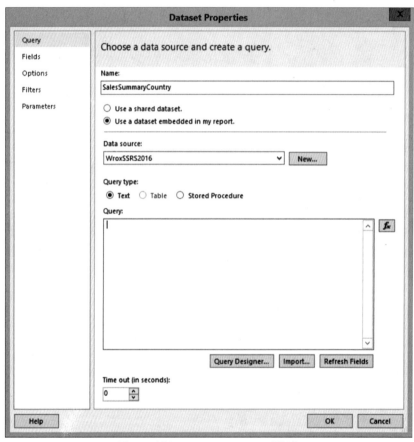

图 5-7　选择 SalesSummaryCountry 数据集

(5) 单击 Query Designer...按钮。

(6) 单击 Query Designer 窗口中的 "Edit as text" 按钮。

(7) 将从 SSMS 复制的查询粘贴到 Query Designer 窗口中，如图 5-8 所示。

(8) 把文本 2013 改为@Year，添加 Year 参数。

(9) 单击工具栏上的红色感叹号图标来执行查询。这会导致 Query Designer 将一个参数添加到报表和数据集定义中。Define Query Parameters 对话框被打开。

(10) 给 Parameter Value 输入 2013，如图 5-9 所示，然后单击 OK 按钮。

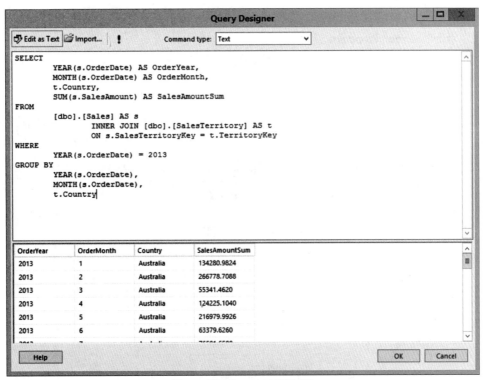

图 5-8　粘贴从 SSMS 复制的查询

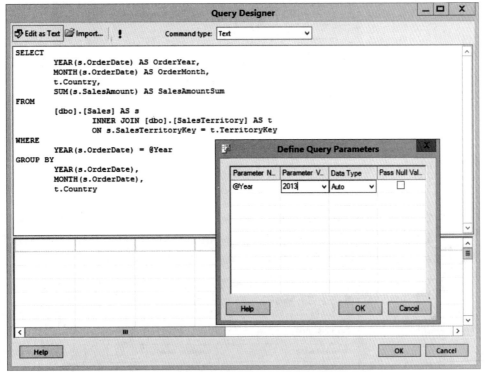

图 5-9　给 Parameter Value 输入年份

(11) 在 Query Designer 窗口中单击 OK，接受对查询所做的更改，并关闭对话框。图 5-10 显示了添加了查询的 Dataset Properties 对话框。

(12) 在 Dataset Properties 对话框中，从左侧的列表中选择 Parameters 选项。注意，右边的 Parameter Value 框没有引用参数，因为报表参数尚未创建。

(13) 在 Dataset Properties 对话框中单击 OK 按钮。

(14) 在左边的 Report Data 窗格中，双击新数据集，再次打开 Dataset Properties 对话框。

(15) 再次选择 Parameters 选项。注意，添加了一个报表参数，如图 5-10 所示。

图 5-10　包含查询的 Dataset Properties 对话框

注意：

尽管这两个对象的名称相同，但查询参数和报表参数是不同的。注意 Parameter Name 是输入到查询文本中的查询参数，如图 5-11 所示。"Parameter Value"实际上指的是设计器刚刚生成的相应报表参数。这表明执行查询时，报表参数将其值发送给查询参数。

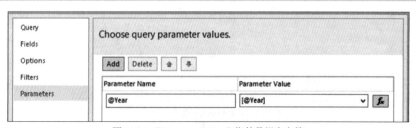

图 5-11　"Parameter Value"指的是报表参数

(16) 在 Report Builder 左侧的 Report Data 窗格中，展开树中的 Parameters 结点，找到 Year 参数。

(17) 注意四个字段属于数据集，如图 5-12 所示。

图 5-12　四个字段属于数据集

5.3.5　设计报表体

这个练习的目的是开发数据集和查询设计技能。记住这一目标，创建一个简单的报表来查看数据集的结果。

(1) 选择 Insert 功能区选项卡。

(2) 单击功能区上 Matrix 按钮下面的向下箭头。选择 Insert Matrix 选项，如图 5-13 所示。

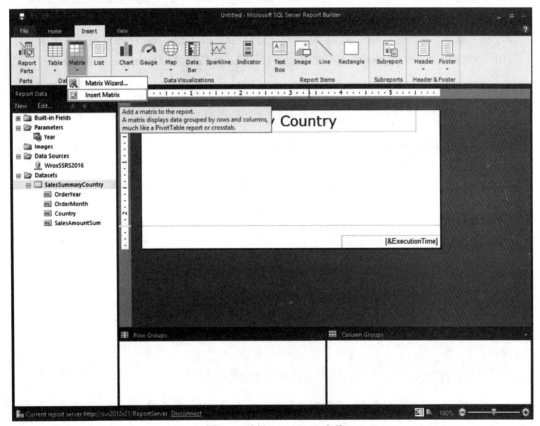

图 5-13　选择 Insert Matrix 选项

(3) 把矩阵拖放到报表体中，与第 4 章练习中的表格一样，放在顶部标题文本框的下方，如图 5-14 所示。

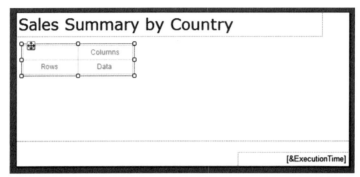

图 5-14　把矩阵拖放到报表体中

(4) 矩阵显示三个字段拖放区域，标记为 Columns、Rows 和 Data。

(5) 把 OrderYear 字段拖放到 Rows 单元格。

(6) 把 Country 字段拖放到 Columns 单元格。

(7) 把 SalesAmountSum 字段拖放到 Data 单元格。

(8) 把 OrderMonth 字段拖放到与 OrderYear 相同的单元格中，但不要释放鼠标按钮。在这个单元格上悬停光标，注意 I 字光标处在单元格边框的位置。

(9) 向右移动光标，使光标位于该行标题单元格的右边缘，OrderYear 字段就被拖放到这里。

(10) 当光标在正确的位置(单元格的右边缘)时，释放鼠标按钮，在 OrderYear 后创建第二个行组。

注意：
如果需要撤销和重复某个步骤，可以使用快速访问工具栏中的 Undo 和 Redo 按钮。

(11) 选择显示[SUM(SalesAmountSum)]的 Data 单元格，如图 5-15 所示。使用 Home 功能区上的 Number 组，把其格式设置为货币。

图 5-15　选择[SUM(SalesAmountSum)]数据单元格

(12) 单击 Home 功能区上的 Run 图标，预览报表。

(13) 给 Year 参数输入 2013，如图 5-16 所示，然后单击右边的 View Report 图标。

注意：
也可以按下回车键来运行报表。这个报表用提供的参数值运行。

应该注意第 4 章创建的表格样式的报表和这个矩阵报表之间的差异，在矩阵报表中，Country 字段值在列中是重复的，如图 5-17 所示。

图 5-16　给 Year 参数输入 2013

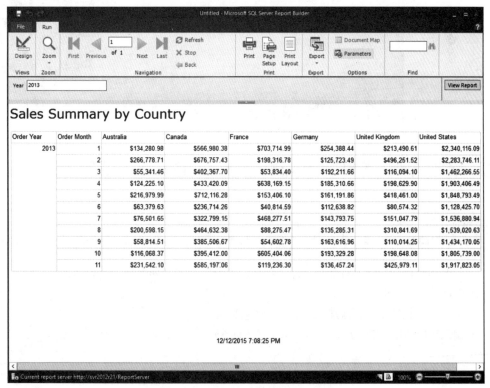

图 5-17　Country 字段值在列中是重复的

5.3.6　改进参数

这个练习的目的是演示实验参数和查询选项，不过分装饰报表。

到目前为止，有一个参数允许把一个值输入到文本框中，并用筛选器的一个值运行报表查询。这很有效，但它不漂亮。下面进行一点改进。

(1) 切换到设计视图，在 Report Builder 窗口左侧的 Report Data 窗格中，双击或右击，打开 Report Parameter Properties 对话框。下面一次一个地添加一系列特性。

(2) 把数据类型从 Text 改为 Integer，如图 5-18 所示。

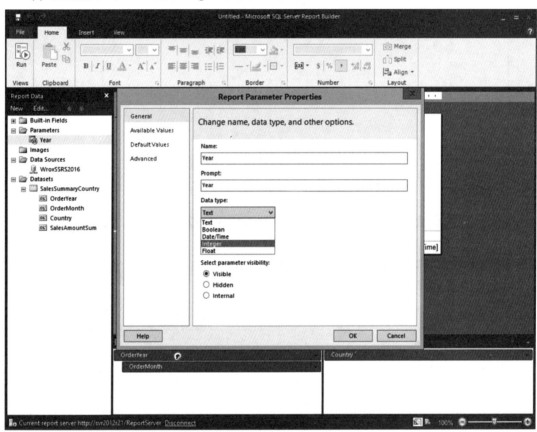

图 5-18　Report Parameter Properties 对话框

> **注意:**
> 参数通常对数据类型非常宽容，除非需要在特定的表达式(例如多值参数列表)中使用它们。

(3) 在 Report Parameter Properties 对话框的第二页中，选择 Available Values 页面。

(4) 把选项改为"Specify values"。

(5) 单击 Add 按钮三次，添加三对 Label 和 Value 框。

(6) 输入年份 2011、2012 和 2013，每次输入两个(一个是 Label，另一个是 Value)，如图 5-19 所示。

(7) 进入 Default Value 页面。

(8) 在这个页面中，选中"Specify values"。

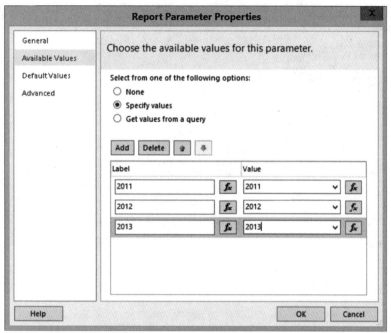

图 5-19 输入报表参数

(9) 单击 Add 按钮，然后在文本框中输入文本 2013，把它提供为参数的默认值，如图 5-20 所示。

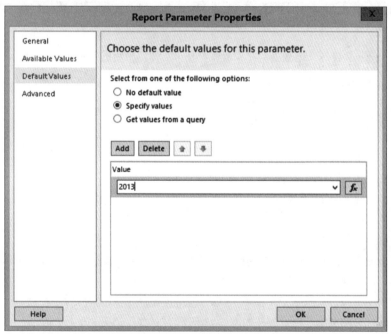

图 5-20 为参数提供默认值

(10) 单击 OK 保存，关闭窗口。

(11) 单击 Run 按钮，预览报表，其中包含默认年份 2013 的查询结果，如图 5-21 所示。

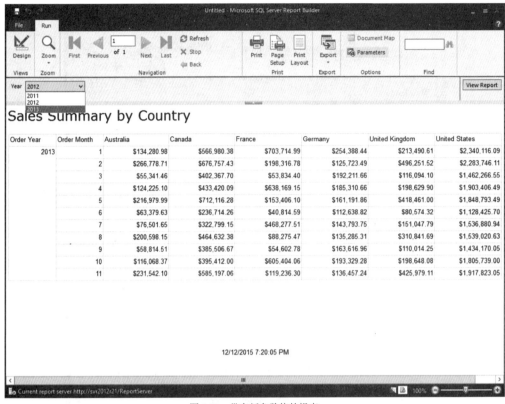

图 5-21　带有新参数值的报表

(12) 使用 Year 参数列表选择另一年，然后按 Enter 键，用新的参数值运行报表。

5.3.7　使用多个参数值

多值参数允许用户从值列表中选择各个项的任意组合。数据集将在报表参数中选择的值数组转换为查询参数中用逗号分隔的列表，该列表可用于筛选查询中的记录。

(1) 切换回设计视图。

(2) 在左边的 Report Data 窗格中，展开 Parameters。

(3) 双击 Year 参数，打开 Report Parameter Properties 对话框，如图 5-22 所示。

(4) 选中"Allow multiple values"复选框。

(5) 单击 OK，保存并关闭窗口。

(6) 右击 SalesSummaryCountry 数据集，选择 Dataset Properties，这将打开 Dataset Properties 对话框。

不需要打开 Query Designer，而可以在 Query 页面中进行简单的查询修改。

(7) 在查询的 WHERE 子句中，把如图 5-23 所示的文本 = @Year 改为 IN(@Year)。

> **注意：**
> T-SQL 的 IN 函数接受一个以逗号分隔的值列表。因为 YEAR 函数在查询中用于将 OrderDate 列转换为年份值，是一个数值，所以 Year 参数也必须是数字。在将多值数字参数转换为以逗号分隔的值列表时，每个值都没有加引号，在这个查询中是比较合适的格式。

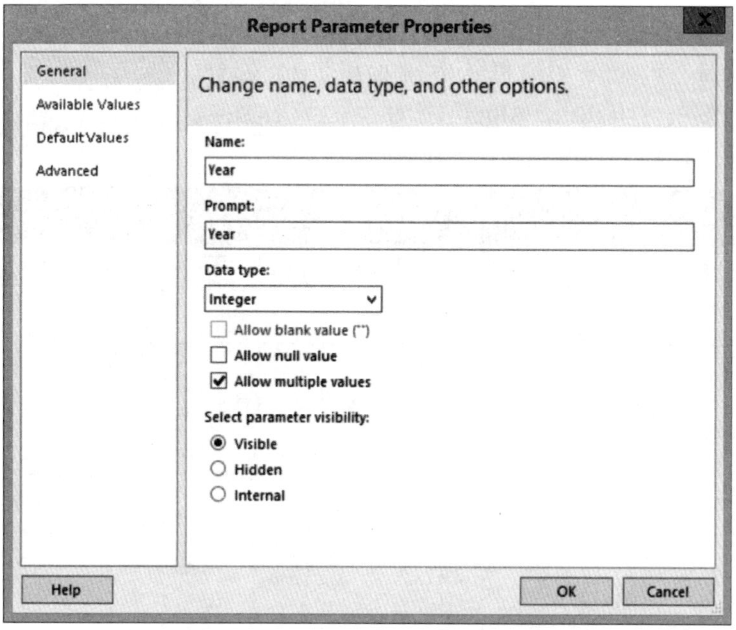

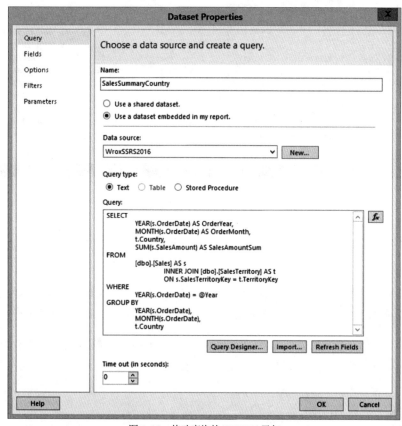

图 5-22　Report Parameter Properties 对话框

图 5 -23　修改查询的 WHERE 子句

(8) 单击 OK 按钮，接受修改，并关闭 Dataset Properties 对话框。

(9) 再次运行报表。

(10) 下拉 Year 参数列表，注意每个年份前面都有一个复选框。

(11) 注意列表第一行的(Select All)框的行为。

(12) 选中值 2012 和 2013，如图 5-24 所示。

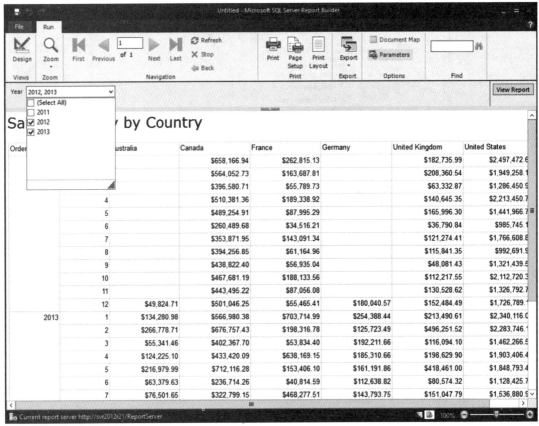

图 5-24　选中值 2012 和 2013

(13) 单击 Save 图标，确保保存对报表所做的修改。

(14) 按 Enter 键运行报表。注意选中的两个年份显示在报表最左列的行组标题中。

> **注意：**
> 尝试在没有选择参数值的情况下运行报表。因为 Year 参数是必需的，所以可以看到，报表并没有运行。这说明在运行报表之前，需要设置默认参数值，或至少指导用户选择参数。

这是一个只有单个参数的简单报表。用户可能会用更复杂的查询和多个参数创建报表，但应用相同的模式，可以在真正的生产报表中使用这些技能。

5.4　小结

现在读者有一些经验，使用工具来创建数据集查询，通过单选和多选参数，应用基本的筛选功能。使用 Report Builder 与 SQL Server，可以拥有简单的查询设计选择。Query Designer 提供了图形化的工具来组装 T-SQL 查询。使用完工具后，得到的查询只是文本，其中包括需要指示数据库引擎的命令、关键字和子句。对于重要的查询，我们知道如何使用 SSMS，然后把有效的查询粘贴到设计器中，添加参数，建立报表。

你在第 6 章将使用 SSDT Query Designer，然后学习如何扩展这些技术，创建更复杂、功能更强大的报表。

第 **6** 章

分组和总计

本章内容

- 介绍 Visual Studio 的 SQL Server Data Tools
- 示例报表项目和练习
- 使用图形化的 Query Designer
- 理解查询组和表连接
- 理解报表数据流
- 理解报表组
- 把握表达式基础
- 利用组排序和可见性

本章介绍并解释 SSRS 报表设计中最基本和关键的概念之一。所有的数据区域——表格、矩阵、列表和视觉控件(如图表)——都依赖于组。本章首先介绍 SSDT 中的示例报表项目,其中包含几个完整的例子。你将学习在查询的行上分组和聚合,以及在报表区域内对数据集进行分组之间的区别。本章还将解释报表的数据流,以及在这条路径上的多个点上值的筛选、分组和聚合。我们将添加组,给组添加相关的标题块和页脚总计,先在表格中添加,然后在矩阵中添加。接着探讨对分组结果建立层次结构,这样的多个分组构成了有效的报表。

另一个重要主题对于高效的报表设计也很关键,即使用表达式来定义分组和属性。我们介绍聚合函数和聚合范围,这些内容详见第 7 章。最后,你将学习设计一个表格报表,它带有多层下钻导航功能,用户可以根据需要探索汇总组内的细节。

6.1 SQL Server Data Tools

前面一直在使用 Report Builder,它是两个报表设计工具中比较简单的一个。在进入下一个报表设计主题之前,应该熟悉另一个报表设计器:SQL Server Data Tools(SSDT) for Visual Studio。这个报表工具在创建时主要是为 IT 专业人员考虑的。早期版本的 Visual Studio 报表设计工具曾经称为

Business Intelligence Development Studio (BIDS)。

　　老实说，Report Builder 和 SSDT 的大部分报表设计功能是相同的。SSDT 中的一些功能在 Report Builder 中是不存在的。选择使用哪个工具完成日常的报表设计工作，可能取决于用户在组织中的角色和报表设计解决方案的复杂性。在做出最终决策之前，应该学会使用这两个工具，然后决定哪一个工具适合自己和项目。

> **注意：**
> 有了数年经验后，我改变了教授人们使用两个设计工具的方法。即便如此，教师和作者在开发最佳的教学方法时仍旧不断陷入窘境。在本书的早期版本中，我提供了使用一个工具的指令，然后给出了两个工具的一些差异。因为有太多的微妙差异，这种方法令新用户非常困惑。因此，如果真的想学习严肃的报表设计，就自学两个工具，一次学习一个，然后选择最适合自己的工具。

6.1.1　入门

　　在开始使用 SSDT 之前，要决定在哪里存储项目文件。如后面所述，创建新项目时，默认项目文件路径是在 Windows 的"文档"库中。如果对 Visual Studio 很陌生，推荐给这个快速入门使用默认的项目路径。我喜欢使用 OneDrive 中的 Projects 文件夹，或主存储驱动器的根目录下的 Projects 文件夹。无论选择什么路径，现在就决定，并在首选的存储位置创建一个名为 Projects 的文件夹。

　　以下步骤并不是一个完整的练习，而是一些帮助创建新项目的简单指令。在这个小练习中使用的项目和报表名称并不重要，只要使用对读者有意义的名称即可。我们会很快退出这个练习，在未来的练习中不再使用这个项目和报表。

　　(1) 首先打开 SQL Server Data Tools 2015。根据 Windows 的版本，使用 SQL Server 2016 程序组，或者输入程序的名称，直到在搜索结果中看到它。

> **提示：**
> 因为 SQL Server Data Tools 现在从 SQL Server 安装中心提供的链接中安装为一个独立的安装包，所以它可能没有出现在 SQL Server 2016 程序组中。在后续的版本升级中，如果是从先前版本的 SQL Server 升级过来，这可能会随时间变化。在 Windows Server 2012 开发服务器上有一个新的安装，SQL Server Data Tools 2015 出现在应用程序列表的字母"S"下。

　　(2) 运行 SQL Server Data Tools 2015。

> **注意：**
> 运行 Visual Studio 2015 与运行 SQL Server Data Tools 2015 一样。请记住，Visual Studio 2015 是当前发布的 Visual Studio 版本。新版本的 Visual Studio 与适当更新的 SSDT 插件一起使用。

　　(3) 在 Visual Studio shell 打开后，从 File 菜单中选择 New ⇨ Project...。

　　(4) 打开 New Project 对话框。在左侧的 Templates 面板上，展开 Business Intelligence，选择 Reporting Services，如图 6-1 所示。

　　(5) 在对话框中部的项目模板列表里，选择 Report Server Project。

　　(6) 在窗口底部，输入项目名称 My first report project。

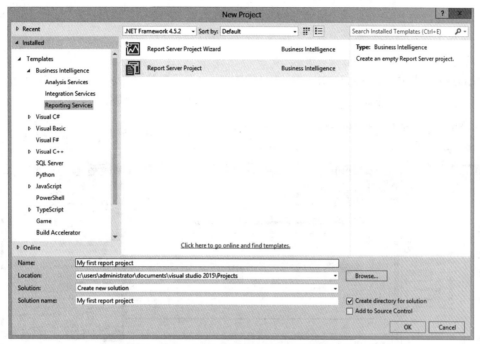

图 6-1 从 New Project 对话框中选择 Reporting Services

注意：

这应该是一个包括空格和描述性文本的短名称，它会创建一个文件夹和文件名。我通常用这个名称简短地描述这个项目的目的，以便以后识别出该项目。刚才推荐的项目名称只是让读者对新项目的建立有一些体验。如前所述，我们很快就会退出这个项目，然后打开一个已经准备好的项目。

(7) 注意默认项目文件夹的路径。如果愿意，可以使用 Browse 按钮导航到刚才创建的 Projects 文件夹，在 Location 框中完成路径。

解决方案名称与项目名称相同，除非特意改变。在较大的、包括多个项目的全面解决方案中，可能会把解决方案命名为 Sales Analysis Solution，把报表项目命名为 Sales Analysis Reports。这就允许添加相关的项目。在这个例子中，可以在解决方案中添加一个名为 Sales Analysis ETLI 的 Integration Services 项目，然后添加一个名为 Sales Analysis Data Warehouse 的数据库项目和一个名为 Sales Analysis Data Model 的 Analysis Service 项目。这个解决方案可以使用 Team Foundation Services(TFS) 置于版本控制之下，从而使开发团队协作和共享这些项目文件。

(8) 如果项目不作为更大解决方案的一部分来管理，就让它们的名称相同。完成更改后，单击 OK 按钮。

(9) 打开报表项目，使 Solution Explorer 在 SSDT /Visual Studio 主窗口的右侧可见，右击 Reports 文件夹，选择 Add ⇨ Existing Item...。

(10) 在 Add New 对话框中，选择 Report，然后给报表文件指定名称。这通常应该是一个包含空格和大小写的友好名称。准备好后，单击 Add 按钮。

打开 Report Designer 时，注意在主窗口的两边停靠着包含控件和属性的不同窗口面板。这些在图 6-2 中做了标记，下面解释了标记的内容。用于报表设计的四个工具窗口包括：左边的 Report Data 和 Toolbox 窗口安排为选项卡，右边的 Solution Explorer 和 Properties 窗口安排为停靠窗口，一个窗口在另一个窗口的上面，用一个滑动的隔离栏分开。还有更多的窗口，如果愿意，可以忽略或隐藏它们。

1) Report Formatting 工具栏

在 Design 视图中，为 Report Designer 中当前选择的对象设置属性。标准属性包括字体名称、字体大小、权重、斜体、下画线、前景色、背景色、对齐、列表样式和缩进。

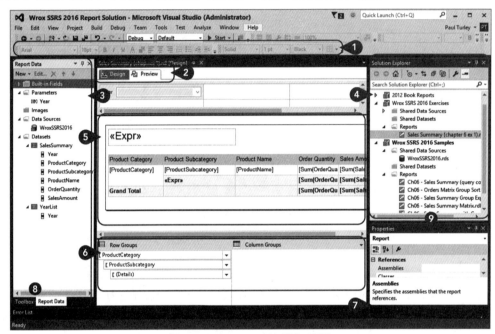

图 6-2　Report Designer 中的窗口面板

2) Report Designer 中的视图选择选项卡

在 Design 和 Preview 视图之间切换。

3) Report Data 窗口

Toolbox 窗口也显示在这一区域。使用窗口面板底部的选择选项卡切换窗口。

4) Solution Explorer 窗口

导航解决方案、项目和项目文件。右击可以设置项目属性，添加新项，执行操作。

5) Report Designer 窗口

这是主设计区域，用于设计报表，为数据区域和报表项设置属性。

6) Grouping 窗口

为行和列组添加、删除和设置属性。

7) Properties 窗口

为所选对象或一组选定的对象显示并管理所有属性。

8) 选项卡式文档选择

在默认的视图中，这个面板中的窗口使用这些标签来选择。Report Data 和 Toolbox 用于报表设计，还有其他可用的窗口。窗口可以用 View 菜单添加。使用窗口面板工具栏可以隐藏、移动、固定、自动隐藏窗口。

9) 滑动窗口分隔符

在默认视图中,这个面板中的窗口使用可移动的隔离栏停靠。Solution Explorer 和 Properties 窗口用于报表设计和解决方案的管理。使用窗口面板工具栏可以隐藏、移动、固定、自动隐藏窗口。

开始使用 Visual Studio 的最佳方法是创建一个测试项目,花些时间来熟悉界面。可以停靠、隐藏和显示窗口,这样我们手中就有需要使用的所有工具,并删除不需要的工具。如果是 Visual Studio 新手,不要疯狂地移动窗口,关闭窗口,除非熟悉了这些工具,足以把窗口调回来。

每个窗口都有一个熟悉的图钉图标,用于"钉住"窗口,或允许它在鼠标离开时自动隐藏。使用自动隐藏功能,调整需要的工具窗口的大小,而不是关闭窗口。如果使用右击菜单或窗口标题的下拉箭头关闭或隐藏了窗口,就可以使用 View 菜单打开它。只有在设计界面上选中了某些项后,其中一些窗口在 View 菜单中才是可用的。例如,如果要关闭 Report Data 窗口,那么只有在设计器中把焦点设置在报表上,再次显示 Report Data 窗口的选项才列在 View 菜单中。

下一节将使用一个示例解决方案,其中包含一组已提供的现有项目。如果提示保存对这个新项目的更改,就回答"Yes",但实际上以后不再使用这个项目。

6.1.2 开始使用示例报表项目

如第 3 章所述,本书使用的所有报表副本都在本书的支持网站 www.wrox.com 上提供。它们组织成两个项目,包含在一个 Visual Studio 解决方案中,放在提取本书下载示例文件的文件夹中。

(1) 在 File 菜单中选择 Open ➪ Project / Solution…。

(2) 使用 Open File 对话框导航到提取本书下载示例文件的位置,找到并打开文件夹 Wrox SSRS 2016 Report Solution。

(3) 打开文件 Wrox SSRS 2016 Report Solution.sln。SSDT 打开的解决方案和相关的项目列在报表设计界面右侧的 Object Explorer 中。图 6-3 显示了在 Design 视图中打开的 SSDT 和一个报表。

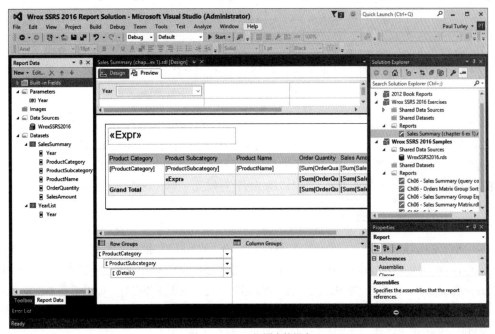

图 6-3　Design 视图中的报表

解决方案包含多个项目。使用主窗口右边的 Solution Explorer 窗口展开和折叠每个项目，以访问它所包含的文件。报表和共享数据源也被添加到 Solution Explorer 中。

通常，应该使用共享数据资源，作为最佳实践方式。通常，不使用它们的唯一原因是，希望报表是自包含的。但除此之外，当这些对象都被发送到报表服务器上，使重要的事情在业务用户的领地发生时，在一个地方管理数据源连接信息是非常合理的。

共享数据集在非常特殊的情况下是有优势的，在设计移动报表时是必不可少的。因此，第 17 至第 20 章将使用它们。对于大多数分页报表，通常建议使用嵌入式数据集作为默认选择。

Wrox SSRS 2016 Exercises 项目包含每一章章末所有练习的已完成副本。Wrox SSRS 2016 Samples 项目包括许多特定主题的例子，每个例子都用章号作为前缀。一定要知道，对于各章的示例，没有给每一个单击和菜单选择提供明确的说明。因为读者现在已经掌握了创建新报表、数据源和数据集的要点，所以不需要重复这些步骤。一些未完成的报表和完成该任务或主题的步骤一起提供。本章会指示读者打开哪个报表。在一些情况下，可以查看完整的报表，看看它是如何工作的。

跟随下面的步骤，打开示例报表的一个副本，而不是更改原始的报表，因此必要时可以回过头重新开始。最好的方法是在 Solution Explorer 中复制和粘贴报表。

> **提示：**
> 只要使用复制/粘贴方法备份报表，就要确保先保存更改，因为这种技术实际上制作了上次保存的文件的副本，而不是在内存中修改可能未保存的报表版本。

这一步很简单，但初看起来不完全直观。首选方法是在 Solution Explorer 中选择报表(不是像重命名文件时选中报表文件名，而是单击一次，选择报表)，然后使用 Ctrl + C(复制)和 Ctrl + V(粘贴)。如果右击 Copy，就必须右击要粘贴的项目。通常删除文件前缀 Copy of，然后在文件名末尾的括号中描述备份状态。可以在示例项目中看到这种模式。

> **提示：**
> 定期备份可以使人保持平和的心态，因为工作没有丢失。报表有三种常见的备份方法：使用版本控制系统(如 TFS)，把项目文件夹中报表文件的常规副本放在另一个存储位置，以及在解决方案中保存第二个报表项目。后者允许使用前面提到的复制/粘贴备份方法。

如果严格使用集成的版本控制，它就可以提供一个安全网，防止灾难性损失。然而，它对保持报表设计的典型节奏没有帮助。在处理具有挑战性的报表时，我经常给当前处理的报表创建并保存一个或多个备份副本。这提供了一种方法来体验不同的技术，而不会弄乱有效的设计。如果出现问题，不用试图解决它，而可以使用一个早期的副本。测试以确保设计有效后，就可以删除备份副本。

1. 图形化的 Query Designer

有不同查询工具的原因是，报表开发人员使用 T-SQL 的经验不同。因此，每个人都发展出不同的偏好。我开始数据库职业生涯时，首先依赖的是图形查询设计工具。现在我发现手写查询比使用图形化的 Query Designer 更容易。这些辅助工具有很好的存在理由，它们工作很好。如果不是 T-SQL 的狂热爱好者，就应该学习如何使用图形化的查询设计工具，但不应总是使用它。稍加练习，许多人就会发现手工编写简单的查询更容易，而不是依靠 Query Designer。

使用 SQL Server 作为数据源时，Query Designer 中的数据集比 Report Builder 中的更复杂。这个图

形化的 Query Designer 实际上借用了 SQL Server 客户端工具，也可以在 SQL Server Management Studio(SSMS)中使用。

2. 打开示例报表

如果没有在 SSDT 中打开 Wrox SSRS 2016 Report Solution，现在打开它。

(1) 在 Object Explorer 中，展开 Wrox SSRS 2016 Samples 项目。

(2) 展开 Reports 文件夹。

(3) 在 Object Explorer 中，单击一次选择 Ch06-Sales Summary (query completed)报表。

> **提示：**
> 选择对象和选择对象的名称存在微妙的区别。例如，在 Object Explorer 中选择报表时，整行都会突出显示。如果再单击一次，然后再次单击，就会选中报表的名字。同样的行为也适用于设计器中的文本框，在其中单击两次，就会选中对象内的文本而不是对象本身。如果发生这种情况，单击对象外部，然后单击一次。

(4) 按 Ctrl + C，然后按 Ctrl + V，制作报表的一个副本。新报表应该显示在 Object Explorer 中，在文件名的前面有 Copy of 前缀。

(5) 双击新报表副本，在设计器中打开它。

(6) 在 Report Data 窗口中展开 Datasets 结点。

(7) 右击 SalesSummaryMonthProductRegion 数据集，选择 Query...，打开图形化的 Query Designer。

(8) 使用这个完成的查询，在阅读下面使用此工具设计查询的描述时，熟悉查询设计界面。完成后，退出 Query Designer，不保存更改。

(9) 也可以在这个报表中创建一个新的数据集，按照以下步骤重复查询。保存更改，然后切换回原来的查询，检查结果。

为了在 SSDT 中设计查询，像以前那样使用 Report Builder 创建一个数据集。单击 Query Designer... 按钮，打开图形化的 Query Designer。使用工具栏最右边的图标，将表格添加到查询中。在图 6-4 所示的示例中，是完成以下步骤后的最终结果。请注意，以下 6 个步骤仅供参考，在随后的步骤中会更详细地加以解释。

(1) 添加 Date、Sales 和 Product 表。

(2) 确认查询设计器添加了连接线。

(3) 使用复选框选择要在本例中看到的字段：MonthNumber、MonthName、ProductCategory、ProductSubcategory、ProductName、OrderQuantity 和 SalesAmount。

(4) 单击工具栏上的 Group By 按钮。

(5) 对于 OrderQuantity 和 SalesAmount 字段，使用下拉列表把选中的 Group By 列改为 Sum。

(6) 对于 OrderQuantity 和 SalesAmount 字段，把字段名(在 "Column" 列中)复制并粘贴到 Alias 列。

设计器有四个垂直分隔的面板。顶部面板显示了添加到查询、连接和选定列中的表格。第二个面板允许重命名列，分组、聚合、筛选结果，并应用参数。查询文本面板显示设计器生成的 T-SQL 脚本，结果面板显示了执行查询返回的行数。通过单击工具栏上的红色感叹号图标，测试和运行查询。

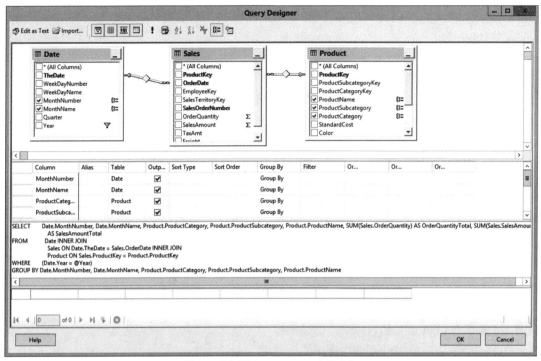

图 6-4　添加到 Query Designer 中的表格

3. 分组查询结果

图 6-4 展示了工具栏上的 Group By 按钮(右二)。这个选项把每一列添加到查询的 GROUP BY 子句中，并在字段列表面板的第 7 列显示文本 "Group By"。

任何应该聚合(而非在查询中分组)的数字列都必须改变 Group By 选项。图 6-5 显示了 OrderQuantity 和 SalesAmount 列从 Group By 改为 Sum。此时，会为每个使用占位符名称(如 Expr1)的聚合列创建列的别名。它们应该改为更有意义的名称。实际上可以给别名使用原始的列名。为了区分别名和原来的列名，原来的名字已经附加了 Total 这个词，所以别名是 OrderQuantityTotal 和 SalesAmountTotal。

Column	Alias	Table	Output	Sort Type	Sort Order	Group By	Filter	Or...	Or...
▶ MonthNumber		Date	☑			Group By			
MonthName		Date	☑			Group By			
ProductCateg...		Product	☑			Group By			
ProductSubca...		Product	☑			Group By			
ProductName		Product	☑			Group By			
OrderQuantity	OrderQuantityTotal	Sales	☑			Sum			
SalesAmount	SalesAmountTotal	Sales	☑			Sum			
Year		Date	☐			Where	= @Year		
			▣						

图 6-5　修改的列名

尽管我们希望按 Year 筛选数据，但这一列不需要返回到查询结果中。可以看出，Year 列已经从 Date 表格中剔除出去，Output 复选框也被取消选中。为了添加参数，在 Filter 单元格中输入要使用的参数名，前面加上等号(=)和符号(@)。在图形化的查询设计器中，仅用于筛选的列的选项改为 Where，排除在 GROUP BY 列表之外。在这种情况下，设计器在 HAVING 子句中引用 Year 列来执行筛选操作。

4. 查询连接和连接类型

因为这些表的关系在数据库中定义，所以表会自动在键列上连接。在这个例子中，Sales 表使用 Date 表中的键列 TheDate 和 Sales 表中的 OrderDate 列连接到 Date 表。同样，Sales 和 Product 表在各自的 ProductKey 列上连接起来。

设计器在默认情况下应用内连接，这意味着在连接的两端必须有匹配的记录。Date 表给 2005 年到 2014 年的每一天包含一条记录，但不是每天都有订单，所以内连接只为现有的订单返回日期信息。外连接会返回连接一端的指定表中的所有记录，然后返回连接另一端的表中的所有匹配记录。

更改连接类型是很简单的。右击两个表之间线条上的菱形，选择外端的表中的所有行。在这个例子中，右击 Date 和 Sales 表之间的连接，然后选择 Select All rows from Date。连接会被指定为 LEFT OUTER 或 RIGHT OUTER，这取决于它们在 Query Designer 中添加的顺序。

单击工具栏中的感叹号图标，执行查询。提示输入 Year 参数时，输入 2013，然后单击 OK。注意，在结果面板中，2013 年 12 月的一行没有订单。这是外连接的效果。

5. 报表数据流

注意，Report Designer 中的大多数对象都有许多属性和特征，其中很多属性和特征都只在必要时使用。报表中总是使用的标准对象具有的属性，可能不会在大多数报表中使用，但它们为使用创意设计技术解决独特的业务需求，提供了巨大的灵活性和机会。

其中一些属性如图 6-6 所示。可以看出(从左到右)，在数据集查询中处理查询的结果后，应用了一个可选的筛选器，以生成结果。同样，在把数据输入任何数据区域时，可以应用条件筛选器。之后，结果可以排序，再提交给第一个分组表达式。每个数据区域处理分组的方式都稍有不同，但核心概念是相同的。一些数据区域支持多级分组。

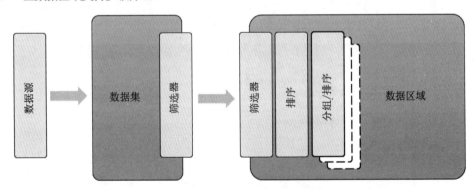

图 6-6　使用 Report Designer 属性和特性

6.2　报表分组

报表分组是基本报表设计中最重要的概念之一。无论报表是否可视化表、矩阵或任何类型的图表中的数据，都要定义分组表达式。隐式方法是在设计器中拖放字段，显式方法是编写表达式。表格和列表报表不需要定义分组，但没有任何分组，使用效果有限。下面从表格开始，看看分组如何工作。

(1) 在 SSDT 中，如果有任何未保存的工作，就保存报表。

(2) 从右边的 Object Explorer 中，打开报表 Ch06-Sales Summary with Groups。

(3) 可以看出，表格被绑定到数据集 SalesSummaryMonthProductRegion 上。

(4) 在设计器窗口下面的 Row Groups 列表中，用 ProductCategory 组旁边的向下箭头按钮选择 Group Properties...，打开该组的属性对话框，如图 6-7 所示。

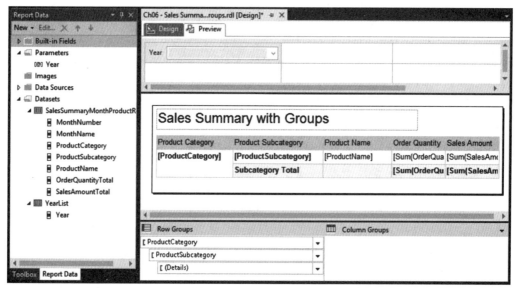

图 6-7　Group Properties 对话框

Group expression 指的是 ProductCategory 字段，这也许不足为奇(见图 6-8)，但该组有几个可选的属性和特性。例如，可以为每组管理分页符，这样在分组的字段值变化时，就会在分页符之前或之后插入新页面。

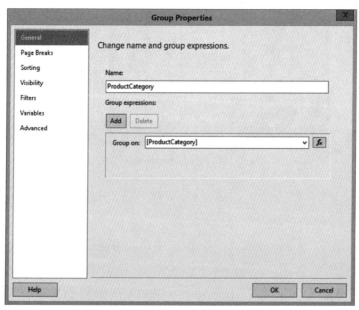

图 6-8　ProductCategory 字段是一个组表达式

(5) 在 Group Properties 对话框中，使用左边的页面列表，切换到 Page Breaks 页面，如图 6-9 所示。

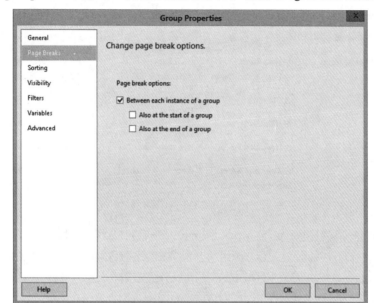

图 6-9　管理分页符

(6) 选中第一个复选框，在组的每个实例之间设置一个分页符。

(7) 其他复选框都不选中。

(8) 单击 OK 按钮，接受分组的更改，并关闭 Group Properties 对话框。

没有必要检查 ProductSubcategory 组，因为它设置为按 ProductSubcategory 字段分组。但是，(Details) 组怎么办？这个组默认情况下通常不设置为按字段对记录分组，所以下面看看是否有人会改变它。

(9) 编辑(Details)组的属性，打开 Group Properties 对话框。

看看这个！(Details)组已经改变，设置为按 ProductName 字段分组。为什么在查询返回的细目行中，如果该字段已经分组，这个改变会有差别？明确按查询结果返回的最低级值分组似乎毫无意义。

(10) 现在检查 Table Designer 中的行为。悬停光标，在 Order Quantity 和 Sales Amount 列的明细单元格中重新选择两个数字字段。设计器会应用 SUM 函数。这是因为在(Details)组上定义了分组。

建立前两个分组，是为了向下钻取导航，方法是隐藏用切换项展开的级别。折叠了所有级别后，重要的是，显示在这一行的值应是代表所有隐藏细节的聚合总计。只有在细目行的每个表达式中应用了聚合函数(比如 SUM)后，才会出现这种情况。

6.2.1　给表格或矩阵报表添加总计

表格、矩阵和数据列表区域都基于一个共同的对象 Tablix，许多设计技术对于这些数据区域都是相似的。这些对象提供不同的布局选项，但分组的基本概念是相同的。

在表格中，给行组添加总计，就是添加一个新行，该行把聚合函数(例如 SUM)应用于该组的所有成员。这也适用于添加到一个矩阵列组的总计。添加一个总计行或列，实际上所添加的总计应用于该组的上一级。考虑下面的例子。假设列按季度分组，然后按年份分组。如果想给 Quarter 列组添加总计，这个总计就被应用于添加到该年份中的所有季度。这意味着，应用于最高分组的总计将始终返回数据区域中所有记录的全总计。这在图 6-10 所示的例子中非常明显，其中表格数据区域按 Subcategory 分组和总计。

Product Category	Product Subcategory	Product Name	Order Quantity Total	Sales Amount Total
⊟ Accessories	⊞ Bike Racks	Hitch Rack - 4-Bike	2,617	$182,830.88
	⊞ Bottles and Cages	Water Bottle - 30 oz.	2,336	$6,830.84
	⊞ Cleaners	Bike Wash - Dissolver	2,184	$10,171.38
	⊞ Helmets	Sport-100 Helmet, Black	5,729	$118,103.74
	⊟ Hydration Packs	Hydration Pack - 70 oz.	1,860	$60,151.35
	⊞ Tires and Tubes	Patch Kit/8 Patches	590	$809.79
	Subcategory Total		15,316	$378,897.98

图 6-10 分组的表格数据区域和总计

在较低的级别上定义分组的总计将创建一个小计。总计值可以放在分组值之前或之后。在行组之前添加总计，就会在标题行中把总计显示在分组的上面，在行组之后添加总计，就会在页脚中把总计显示在分组的下面。随后，对于矩阵数据区域中的列组，在分组之前插入总计，会把总计放在分组的左边。在分组之后插入总计，会把总计放在分组的右边。

分组、页眉、页脚和总计是所有相关的设计元素，它们可以使简单的报表进入下一级，明显提高价值。分组是一个重要的设计理念，在 Reporting Services 通过发布新版本而演化的过程中，添加了许多更高级的功能。在分组层面，现在可以有条件地控制换页符和页数等。

继续审查已完成的 Ch06-Sales Summary (query completed)报表，使用下面的步骤，看看这份报表是如何设计的。

(1) 切换回 Design 视图。

(2) 看看 SalesAmount 列。标题标签从原来的字段改名为 Sales Total，使其更具可读性。

(3) 右击列标题，选择添加一个新的空白列，添加最后一列。列标签改为 Avg Sales。

(4) 在细目行上，右击 Avg Sales 文本框，并选择 Expression...。

(5) 检查添加的表达式=AVG(Fields!SalesAmount.Value)。在单击 OK 完成表达式之前，选择并复制这个文本到剪贴板。

(6) 在新列的 Total 行中右击文本框，选择 Expression...。

(7) 检查这个表达式，它是从明细单元格中复制并粘贴出来的。单击 OK 按钮。

(8) 预览并测试报表。

6.2.2 表达式基础

看着刚才的一些例子，在设计器中，通过拖放操作或从字段列表中选择来创建一个字段引用时，会看到方括号中有一个字段或表达式占位符，如[ProductCategory]或[SUM(OrderQuantity)]。在设计器中看到的实际上是存储在报表定义中的表达式的简化版本。要查看实际的表达式，右击占位符文本并选择 Expression...。这将打开 Expression Editor，其中显示了整个表达式。表达式总是以一个等号开始，包含一个完整的对象引用。表 6-1 显示了这两个例子。

表 6-1 表达式占位符

占位符	表达式
[ProductCategory]	=Fields!ProductCategory.Value
[SUM(OrderQuantity)]	=SUM(Fields!OrderQuantity.Value)

在本章的练习中，表达式可以包含多个函数和对象。在绑定到数据集的数据区域中使用时，表达式不仅引用该数据集中的字段，也可以引用不同的数据集，在后续章节的更高级的例子中会看到这种情况。表达式是简单和复杂的报表设计背后真正的魔法师。本章介绍了几种特性和功能，在接下来的各章中会详细介绍它们。

6.2.3 聚合函数和总计

把数值字段放到一个分组或表格的页脚单元格中时，会添加一个应用 SUM 聚合函数的表达式。设计器假设用户想要对这些值求和，但是这个函数可以替换为其他几个函数之一。Reporting Services 支持几个聚合函数，类似于 T-SQL 查询语言支持的函数。现在，只考虑使用 SUM 函数的基本聚合概念。

> **注意:**
> 第 7 章会介绍所有的函数。

在分组细目、页面或页脚行中使用聚合函数表达式时，就假定使用当前数据区域或分组的范围。例如，假设一个表包含基于 Category 和 Subcategory 字段的两个嵌套组。如果把 SalesAmount 字段拖放到 Subcategory 分组页脚，SUM(SalesAmount)表达式将返回每个不同的 Subcategory 分组范围内所有 SalesAmount 值的总和。

6.2.4 排序

对报表中的数据排序有几个选项，最佳选项取决于几个因素。其他功能(如分组)需要排好序的数据，可能不允许在分组后排序数据。注意，对于很大的结果集，排序是一项昂贵的操作，会增加报表的总执行时间。选项包括：

- 排序查询中的记录：通常，如果记录按特定的顺序显示，那么最有效的方法是先对查询中的数据排序，再放到报表中。这将有助于尽可能有效地分组。如果在报表中使用了其他排序选项，在查询中预排序可能会浪费时间。
- 表格的交互排序：一般用于未排序的表格报表，这个特性适用于表格的任何列或所有列。交互式排序应用于表格中每个列标题的文本框。单击显示在列标题上的排序图标，会重新排序显示在表格中的记录行。再次单击，会在升序和降序排序之间切换。在带有分组的表格或矩阵数据区域中，交互式排序应用于分组中的行。
- 分组排序：每个分组都有一个可选的排序表达式。有时可能需要根据一组字段值分组，根据另外一组相应的值排序。只有当分组和排序字段是不同的，但在相同值域内时，这才是有意义的。

在示例报表 Ch06-Orders Matrix Group Sort 中有一个分组排序的例子。这个报表的设计非常简单，图 6-11 在 SSDT 设计器中显示了这个报表。

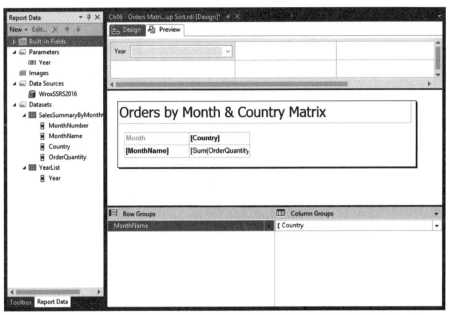

图 6-11 示例报表的设计

这份报表始于两个数据集。主查询返回MonthNumber、MonthName、Country和OrderQuantity列。看看Year参数属性，会发现YearList数据集查询用于填充参数列表。编辑SalesSummaryByMonthCountry数据集，会发现Year参数在查询的WHERE子句中用于筛选结果。矩阵被添加到报表体中。MonthName字段被拖放到行标题上，Country字段被拖放到列标题上，OrderQuantity字段被拖放到Values单元格中，用于创建表达式=SUM(Fields!OrderQuantity.Value)。

如果在设计过程的这一刻预览报表，结果如图6-12所示。该报表可以开箱即用，行和列组按自然的字母顺序排序。

Month	Australia	Canada	France	Germany	U
April	224	1,704	1,664	836	
August	509	1,278	269	279	
February	1,235	2,816	714	607	
January	415	2,526	2,388	1,184	
July	110	960	1,050	503	
June	103	699	217	359	
March	110	1,213	357	615	
May	901	2,108	467	482	
November	893	2,018	445	431	
October	209	1,660	1,623	785	
September	115	1,214	349	543	

图 6-12 预览报表

这可能适合于国家名称，但显然不适用于月份，它目前按字母升序排序，而不是按照时间顺序排序。这是 MonthNumber 列包括在查询中的原因。为了修改分组排序，切换到 Design 视图，编辑行组。

图 6-13 显示了行组的 Group Properties 对话框的 Sorting 页面。

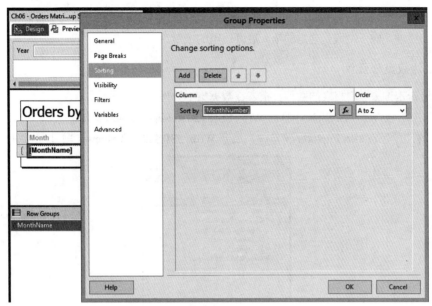

图 6-13　Group Properties 对话框的 Sorting 页面

改变"Sort by"表达式，允许先按一个字段显示，再按另一个字段排序，报表的预览结果如图 6-14 所示。

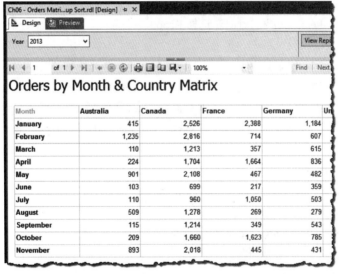

图 6-14　按一个字段显示，再按另一个字段排序

6.3　练习

在这个场景中，销售经理需要通过报表查看当年的销售订单。订单应该按产品类别、子类别和每个产品来汇总。销售经理希望比较产品类别和子类别订单总额，然后在需要的时候查看更详细的信息。

我们要基于 Database 视图设计一个表格报表，创建表格中的行组。产品细节被隐藏，所以用户可以使用切换项，向下钻取到选定的项，展开该组的细节。

6.3.1 设计数据集查询

首先设计查询来获取报表的数据，报表在数据集中管理。

(1) 在 SQL Server Data Tools 中打开 Wrox SSRS 2016 Report Solution。

(2) 在右边的 Solution Explorer 窗口中，展开 Wrox SSRS 2016 Exercises 项目，如图 6-15 所示。

图 6-15　展开 Wrox SSRS 2016 Exercises 项目

(3) 右击 Reports 文件夹，并选择 Add ➪ New Item。

(4) 在 Add New Item 对话框打开时，选择 Report，并输入文件名 Chapter 06 Sales Summary。

(5) 单击 Add 按钮。

(6) 使用大头针图标来确保固定 Report Data 窗口，这样当光标移开时，它不会自动隐藏。自动隐藏是节省屏幕空间的一种良好方式，但当设计器窗口被挡住时，很难拖放报表项。

(7) 在左边的 Report Data 窗口中，右击 Data Sources 文件夹，并选择 Add New Data Source...。

(8) 在 Data Source Properties 对话框中，选择"Use shared data source reference"，选择现有的数据源 WroxSSRS2016。

(9) 把这个数据源名称复制并粘贴到对话框顶部的 Name 框中，单击 OK 按钮。

(10) 右击 Datasets 文件夹，并选择 Add New Dataset...。

(11) 给名称输入 SalesSummary。

(12) 选择"Use dataset embedded in my report"。

(13) 选择 WroxSSRS2016 数据源。

(14) 单击 Query Designer...按钮。

(15) 在工具栏中，单击右边的 Add 按钮。

(16) 选择 Views 选项卡，并选择 vSalesSummaryYearProduct 视图，如图 6-16 所示

(17) 单击 Add 按钮，在查询中添加视图，并关闭 Add Table 对话框。

(18) 在顶部窗格为视图显示的字段列表中，选择每一个字段，但是不要选择列表中标记为*(All Columns)的第一项。

(19) 在第二个窗格中，给 Year 列输入文本 IN(@Year)，作为筛选器。

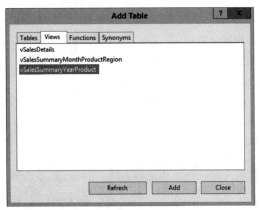

图 6-16　选择 vSalesSummaryYearProduct 视图

(20) 仔细检查，以确保筛选文本是正确的，如图 6-17 所示。

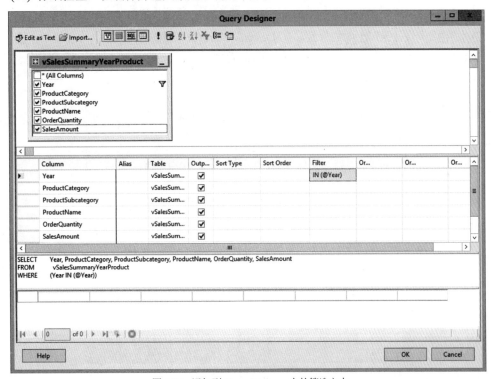

图 6-17　添加到 Query Designer 中的筛选文本

(21) 单击 OK 按钮，接受查询，关闭 Query Designer 窗口。

(22) 单击 OK 按钮，关闭 Dataset Source Properties 对话框。

6.3.2　设计、布局表格报表

接下来设计、布局表格报表。

(1) 从 Toolbox 窗口中添加一个文本框和一个表格，其位置与前面的练习相同。

(2) 在文本框中输入标题 Sales Summary by Year。

(3) 指定文本框的样式，使报表类似于前面在 Report Builder 中创建的报表。选择文本框后，使用工具栏把字体大小更改为 18 点，调整文本框的大小，使其适合文本。

(4) 在 Report Data 窗口中展开数据集，显示字段。不是直接把前两个字段添加到表格中，而是把 ProductCategory 字段拖动到 Row Groups 列表(位于左侧、设计器的下面)中，然后将其放在(Details)项的上面。放置字段后，你会看到它被添加到表格的第一列中。

(5) 把 ProductSubcategory 字段拖放到 Row Groups 列表中 ProductCategory 和(Details)之间，它会被添加到第二个表列中。

> **注意:**
> 如第 4 章的练习所述，把光标悬停在单元格上时，可以使用显示的字段列表添加一个对明细单元格的字段引用。也可以在 Report Data 窗口中拖放来自数据集字段列表的字段。

(6) 拖动 ProductName 字段到第三列的细目行，然后，为了演示不同，使用其他技术添加另外两个字段。把光标悬停在第四列的明细单元格上，选择 OrderQuantity 字段。使用相同的技术给第 5 列添加 SalesAmount 字段。

(7) 使用报表设计窗口上面的标签，在 Design 和 Preview 视图之间切换。在 Preview 视图中，给 Year 参数输入 2013，并单击 View Report。可以看到，报表为每个产品返回一行，因为这是查询的详细级别，如图 6-18 所示。

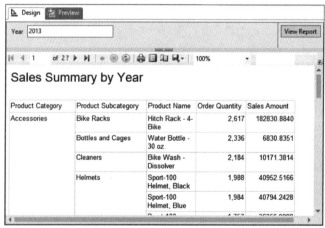

图 6-18　报表预览，每个产品显示一行

(8) 切换回 Design 视图。

(9) 单击表格中的任何单元格，显示灰色的列和行选择手柄。

(10) 单击 Order Quantity 列上方的列选择手柄，如图 6-19 所示。

(11) 在右边的 Properties 窗口中，滚动到 Number 组的 Format 属性。

(12) 为 Format 属性输入 N0。这指定数字没有小数位。

(13) 使用相同的方法选择 Sales Amount 列。

(14) 给 Format 属性输入 C2。这指定了带两位小数的货币格式。

(15) 使用行选择手柄选择表格顶部的标题行。这应该选择所有的列标题单元格。

(16) 选定项的背景色使用左边第 5 个图标设置(在两个下拉列表的后面)，如图 6-20 所示。使用 Choose Color 对话框，选择一个浅色背景，如 LightGrey。

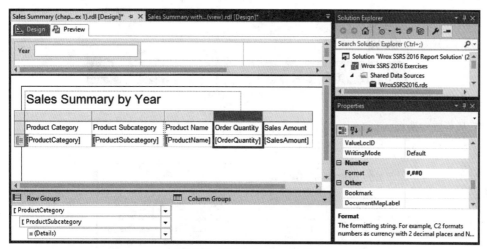

图 6-19　选择 Order Quantity 列

图 6-20　选择背景颜色图标

(17) 每次改变后，都切换到 Preview 视图查看工作，如图 6-21 所示，然后切换回 Design 视图。

图 6-21　预览报表

6.3.3　添加总计和下钻功能

本节将使用学过的知识处理分组、表达式和总计。在分组上指定一个切换项，把细目行折叠到分组标题中，创建向下钻取效果。

下面使用与 ProductSubcategory 和 ProductCategory 分组相同的步骤添加总计：

(1) 返回 Design 视图，单击 ProductSubcategory 行组旁边的向下箭头图标。

(2) 从菜单中选择 Add Total ➪ After。

(3) 返回 Design 视图，单击 ProductCategory 行组旁边的向下箭头图标，如图 6-22 所示。

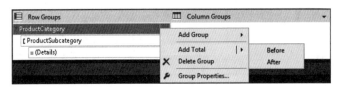

图 6-22　单击向下箭头图标

(4) 从菜单中选择 Add Total ⇨ After。

(5) 切换回 Preview 视图，如图 6-23 所示。

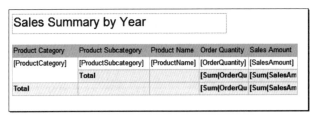

图 6-23　预览报表

(6) 导航到最后一个非空页面，并滚动到底部。注意最后一个类别的小计和总计，如图 6-24 所示。

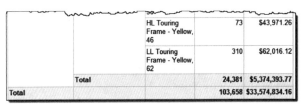

图 6-24　最后一个类别的小计和总计

在这个视图中，小计与各自组的对应关系和这份报表分总计并不是特别容易理解。用户需要上下滚动，匹配类别标题与总计，如果分组跨越多个页面，匹配将更困难。为了使之简单一些，可以在分组页脚中添加包含小计值的类别值。

(7) 切换回 Design 视图。

(8) 右击 ProductSubcategory 列中的 Total 单元格，并选择 "Expression..."。这会打开 Expression 编辑器，如图 6-25 所示。这是一个使用广泛的工具。

(9) 为了构建表达式，在窗口顶部的大框中，把光标放在要插入函数或对象引用的地方。使用下面的三个框选择类别、项和值，然后双击，插入文本。

(10) 先输入一个等号(=)。

(11) 选择标签为 Fields(SalesSummary)的项。

(12) 在 Values 列表框中，双击 ProductCategory 字段，插入完整的字段引用。

(13) 添加一个空格，后跟一个&符号和一个空格，然后是文本" Total" (包括引号)，完成表达式。

(14) 用图 6-25 检查表达式，进行任何必要的更改。

(15) 单击 OK 按钮，接受表达式，并关闭 Expression 编辑器。

(16) 在表格的最后一行，把文本 Total 改为 Grand Total，如图 6-26 所示。

(17) 预览报表，并检查分组页脚行。

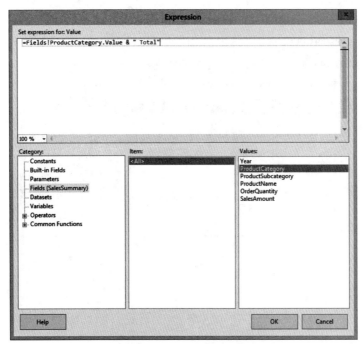

图 6-25　Expression 编辑器窗口

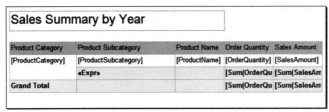

图 6-26　将文本改为 Grand Total

(18) 在每个子类别的分组末端，Order Quantity 和 Sales Amount 列的类别名称显示在类别总计的左边，如图 6-27 所示。

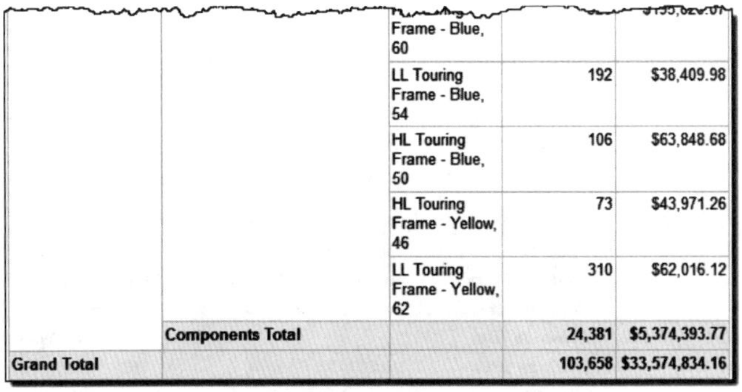

	Frame - Blue, 60			$155,825.61
	LL Touring Frame - Blue, 54		192	$38,409.98
	HL Touring Frame - Blue, 50		106	$63,848.68
	HL Touring Frame - Yellow, 46		73	$43,971.26
	LL Touring Frame - Yellow, 62		310	$62,016.12
	Components Total		24,381	$5,374,393.77
Grand Total			103,658	$33,574,834.16

图 6-27　类别名称和类别小计

(19) 切换回 Design 视图。

(20) 选择 Row Groups 列表中的(Details)组。

(21) 单击(Details)组行右边的向下箭头，并选择 Group Properties。

(22) 在 Group Properties 对话框中，选择 Visibility 页面。

(23) 在 Change display options 下，选中 When the report is initially run 下面的 Hide 选项。

(24) 选中 Display can be toggled by this report item 复选框。

(25) 打开下拉列表并选择 ProductSubcategory，如图 6-28 所示。

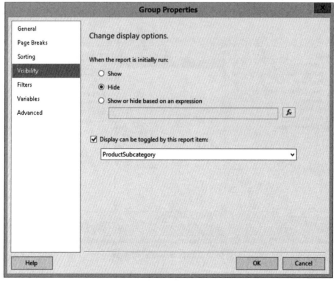

图 6-28　选择 ProductSubcategory

(26) 单击 OK，关闭 Group Properties 对话框。

(27) 单击工具栏上的 Save All 按钮。

(28) 切换到 Preview 视图，查看报表。

(29) 有一个问题。隐藏了(Detail)组，显示在每一行的值就表示每个产品子类别，但表格没有足够的信息聚合细目行。

(30) 单击+图标，展开 Helmets 子类别，显然，有三个产品今年有销售额，如图 6-29 所示。

Sales Summary by Year

Product Category	Product Subcategory	Product Name	Order Quantity	Sales Amount
Accessories	⊞ Bike Racks	Hitch Rack - 4-Bike	2,617	$182,830.88
	⊞ Bottles and Cages	Water Bottle - 30 oz.	2,336	$6,830.84
	⊞ Cleaners	Bike Wash - Dissolver	2,184	$10,171.38
	⊟ Helmets	Sport-100 Helmet, Black	1,988	$40,952.52
		Sport-100 Helmet, Blue	1,984	$40,794.24
		Sport-100 Helmet, Red	1,757	$36,356.98
	⊞ Hydration Packs	Hydration Pack - 70 oz.	1,860	$60,151.35
	⊞ Tires and Tubes	Patch Kit/8 Patches	590	$809.79
	Accessories Total		**15,316**	**$378,897.98**
Bikes	⊞ Mountain Bikes	Mountain-500 Silver, 44	318	$92,341.97
	⊞ Road Bikes	Road-750 Black, 48	1,075	$344,805.48
	⊞ Touring Bikes	Touring-3000 Blue, 58	400	$161,533.51
	Bikes Total		**31,625**	**$26,942,691.15**
Clothing	⊞ Caps	AWC Logo Cap	2,573	$13,483.71
	⊞ Gloves	Half-Finger Gloves, M	1,716	$24,763.77
	⊞ Jerseys	Short-Sleeve Classic Jersey, L	2,247	$71,237.82

图 6-29　在 Helmets 子类中显示了三个产品

6.3.4 聚合细目行的总计

注意，显示在折叠行中的值与第一行一样。如果没有在字段表达式中使用聚合函数，像这样折叠分组，报表就使用第一行的值。可以改变这种情形。

(1) 切换回 Design 视图。

(2) 右击并编辑 OrderQuantity 字段的明细单元格，添加 SUM 函数。修改后的表达式应该调整如下：

```
=SUM(Fields!OrderQuantity.Value)
```

(3) 对 SalesAmount 进行相同的改变，使之匹配下面的例子：

```
=SUM(Fields!SalesAmount.Value)
```

(4) 切换回 Preview 视图。

(5) 再次检查子类别总计和下钻细节。

(6) 现在每个子类的 OrderQuantity 和 SalesAmout 值是每个产品的总和。

6.3.5 创建参数列表

Year 参数需要报表用户的输入。为了方便起见，下面创建一个可用 Year 值的数据驱动列表，供用户选择。

(1) 添加另一个数据集，并将其命名为 YearList。

(2) 选择数据源。

(3) 使用图 6-30 作为指导，添加简单的查询脚本，从 Date 表中返回 Year 值的一个不同列表。

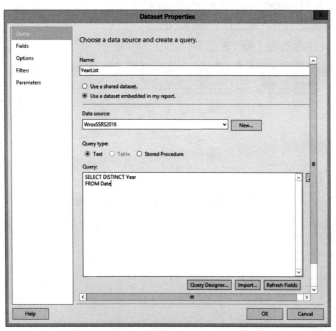

图 6-30　添加查询脚本，返回一个不同的列表

(4) 单击 OK，接受新的数据集设置。

(5) 在 Report Data 窗口中编辑 Year 参数。

(6) 在 Available Values 页面上，选中"Get values from a query"（参见图 6-31）。下拉 Dataset 列表，并选择新的 YearList 数据集。

(7) 给"Value field"和"Label fi eld"属性选择 Year 字段。

(8) 在 Default Values 页面上，选中"Specific values"，并单击 OK 按钮。

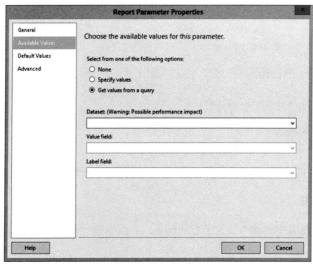

图 6-31　选择 Available Values 和查询选项

(9) 为默认值输入 2013。

(10) 单击 OK，关闭 Report Parameter Properties 对话框。

(11) 右击报表标题文本框，并选择 Expression...。

(12) 使用图 6-32 作为指南，修改表达式。

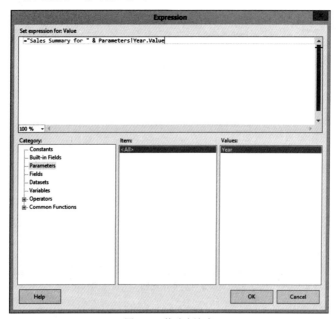

图 6-32　修改表达式

(13) 输入文本后，使用 Category 列表选择 Parameters。

(14) 在 Values 列表上双击 Year 参数，在表达式中插入以下对象引用：

```
="Sales Summary for " &
```

(15) 单击 OK 按钮，关闭 Expression 对话框。

(16) 预览报表。

(17) 图 6-33 展示了默认视图中的整个报表，其中折叠了所有产品子类。

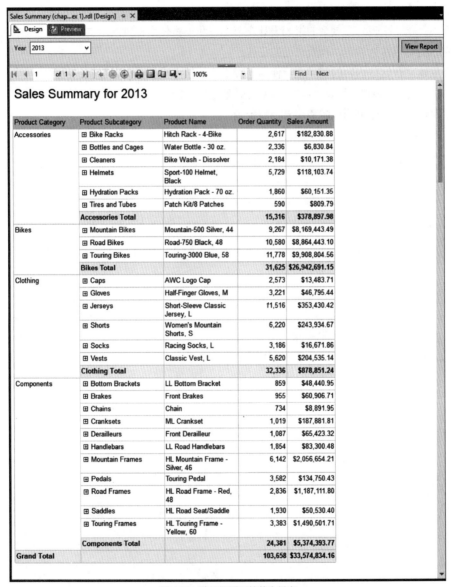

图 6-33　默认视图下的整个报表

(18) 请注意，Helmets 子类的 Order Quantity 和 Sales Amount 是该年份所有产品订单的总和。

(19) 展开 Helmets 子类，查看细节。

6.4 　小结

本章介绍的几个重要概念将在随后的课程中进行更深层次的应用。分组是几乎所有报表设计的一个基本、重要的组件。本章介绍了分组基础，探索了最重要的基本特性，如聚合、排序和可见性。使用切换项控制分组的可见性，允许创建向下钻取报表。我们还学会了如何使用参数、字段和聚合函数建立表达式的基础知识。

从 Report Builder 转而使用 SQL Server Data Tools for Visual Studio 时，可以考虑设计整体报表解决方案而不是单个报表。在剩余的报表设计章节中，我们将使用提供的示例报表来完成示例。也可以使用完成的练习作为参考，检查自己的工作。

第 7 章建立在这些内容的基础上，使用已经学会的技术来扩展报表功能。我们将使用表达式管理报表分页、页眉、页脚，为表格和矩阵数据区域、多区报表、主/明细报表和子报表设置扩展属性。你还将学习使用、管理页面标题和聚合函数范围。

第Ⅲ部分

高级和分析报表

这是一组"研究级别"的章，将引导读者从初学者进阶为高级用户。通过本书第Ⅱ部分，你了解了报表的基本设计和组成报表的核心构件。现在准备把这些技能应用到更先进、功能更强大的报表设计上，提供更多的商业价值和功能。下一组报表设计技巧包括分组和表达式，你将学习把更高级的查询与参数、表达式和编程逻辑结合起来。

图形化报表用于可视化数据，以帮助你了解数据的关系和趋势。我们会学习使用 Reporting Services 支持的所有图表类型，其中包括 SQL Server 2016 引入的新图表类型。还将学习使用 KPI 指标、波形图和地图创建带有导航和互动功能的仪表板和报表解决方案。使用 SQL Server Analysis Services、MDX 查询语言和 Reporting Services，对聚合和高性能查询中的业务数据进行浏览和分析。

第 7 章：高级报表设计
第 8 章：图形化报表设计
第 9 章：高级查询和参数
第 10 章：使用 Analysis Services 编写报表
第 11 章：SSAS 报表高级技术
第 12 章：表达式和操作

第 **7** 章

高级报表设计

本章内容

- 分页、页眉和页脚
- 报表页眉和页脚
- 文本格式化和文本框属性
- 嵌入式的格式化和 HTML 文本样式
- 主/明细报表
- 处理子报表
- 创建文档地图

本章的 wrox.com 代码下载

本章的示例和练习包含在第 3 章介绍的 SSDT 解决方案中。如果没有安装本书的示例和练习，回到第 3 章，完成这些任务。

Reporting Services 真正的威力不仅在于支持创造性地使用数据分组，还在于支持将报表项和数据区域组合在一起。可以利用简单的程序代码添加计算和条件格式化功能。所谓编程代码，是指从一行代码到整个库的所有代码。无论是应用程序开发人员还是业务报表设计人员，都应该阅读本章内容，本章内容包含的重要信息可以帮助设计报表来满足用户需求，并学会使用报表的高级功能来提升报表质量。

7.1 分页和流程控制

关于页面布局，报表有两种大小调整模式：交互式和可打印。当用户在 Web 浏览器中运行报表，并交互式地使用它时，通常不太关心页面大小。这一点尤其适用于内容很宽的报表，如水平方向可以随数据动态增长的矩阵区域。当报表用 PDF 或 Word 文件这样的格式打印或呈现时，就需要注意使内容适合页面。

报表设计人员并没有使页面大小和维度特别明显，因此这是很容易忽视的。幸运的是，调整页面尺寸的机制很简单。页面维度属性被分组到可以在设计器中选择的两个对象中，如图 7-1 所示。使 Properties 窗口可见，单击报表体外部，以显示报表的属性。在这里会看到 InteractiveSize 和 PageSize 属性。展开它们，观察每个组的 Width 和 Height 属性。

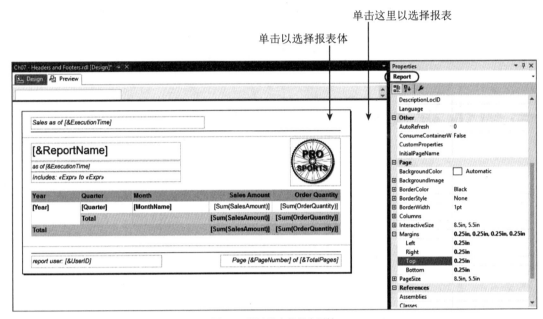

图 7-1　设计器中的报表属性

如果不使用这个默认的纸张大小，右击报表区域，选择显示 Report Properties 对话框的选项，就可以得到更多的选项，如图 7-2 所示。无论使用什么方式，都会设置相同的属性。

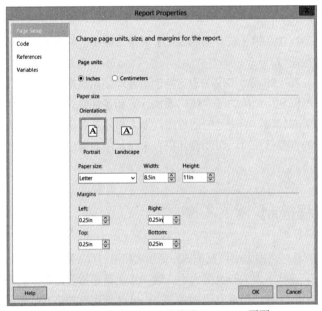

图 7-2　Report Properties 对话框的 Page Setup 页面

除了这里所示的默认 US 纸张尺寸(因为我的机器是用英语/US 区域设置的)之外，也可以从公制尺寸或几个专业布局中选择。页边距默认设置为 1 英寸，这意味着每个页面失去了两英寸的可打印空间。把页边距改为 1/4 英寸，可以最大化页面空间，用于大多数现代打印机。

> **提示：**
> 1/4 英寸的页边距(约 0.64 厘米)可用于大多数现代打印机。一些老的激光打印机需要页面的顶部有半英寸的"夹持空间"。这是在打印期间，打印机夹持并附着在硒鼓上的纸张区域。如果想最大化打印区域，应在每个打印机上测试报表，或给页边距设置使用更保守的值。

单击报表体(设计器报表边界内的区域)，检查 Size 属性，如图 7-3 所示。为了把内容放在可打印页面内，报表体的 Width 属性值必须小于报表宽度加上左右页边距的值。

图 7-3 Properties 窗口的 Size 属性组

> **提示：**
> 为了防止空白页，报表体宽度+左页边距+右页边距必须小于报表宽度。否则，页面就会溢出到第二页。如果没有可打印的内容，就只有空白，打印机就会在报表内容的每一页之间提供空白纸。可以通过保存到 PDF 文件中来测试这个效果，查看备用页面是否为空。

7.2 页眉和页脚

"页眉"和"页脚"可以表示报表的三个不同区域：报表标题和页脚、页眉和页脚，以及报表中任何数据区域的页眉和页脚区域。表格和矩阵区域可能有与区域中分组相关的页眉和页脚。

> **注意：**
> 这里指的是"有效的"报表页眉和页脚。一定要理解这个术语的用法，因为 Reporting Services 并没有指定具体的页眉或页脚区域。表格或其他重复数据区域上面的报表体区域就是"有效的"页眉。

报表页眉和页脚只出现一次：报表第一页顶部的是页眉，报表末尾最后一页的底部是页脚。在 Reporting Services 中，没有指定的报表页眉和页脚区域。有效的报表页眉只是空白区域，其中包含位于报表体任何数据区域之上的文本框和其他报表项。同样，有效的报表页脚是任何数据区域之下的空间。如果要在报表体顶部的两厘米处放置一个表，报表页眉就有两厘米高。这很简单，因为在报表中添加数据区域或其他项的数量没有限制(可以在任何位置指定分页)，所以这些项上面、下面和之间的所有空间就可以作为添加页眉和页脚的位置。

接下来，打开 Wrox SSRS 2016 Sample 项目中已完成的 Ch07-Headers and Footers 报表。

页眉和页脚内容的显示具有极大的灵活性。除了标准的报表、页面的页眉和页脚，每一页还可以重复放置多个数据区域，并创建额外的页眉和页脚内容。图 7-4 显示了一个表格报表，对所有的表头和页脚区域进行了标记。

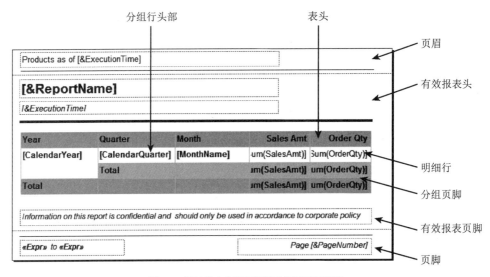

图 7-4　设计器中典型表格报表的页眉和页脚

图 7-5 显示了这个报表的第一个呈现页面。比较图 7-4 中报表的设计视图和图 7-5 中的第一页，请注意报表的名称以粗体文本显示，放在页眉区域，其后是执行日期，以及报表中包括的年份和月份摘要。第一页省略了页眉。在表格的下面，可以看到页脚显示了报表用户的网络 ID 和页码摘要。

Ch07 - Headers and Footers

as of 2/3/2016 4:50:55 PM

Includes: January, 2011 to November, 2013

Year	Quarter	Month	Sales Amount	Order Quantity
2011	1	January	$1,538,408.31	2,053
		March	$2,010,618.07	2,754
	2	May	$4,027,080.34	5,208
	3	July	$713,116.69	852
		August	$3,356,069.34	3,774
		September	$882,899.94	1,260
	4	October	$2,269,116.71	2,965
		November	$1,001,803.77	2,204
		December	$2,393,689.53	7,502
	Total		$18,192,802.71	28,572
2012	1	January	$3,601,190.71	11,044
		February	$2,885,359.20	8,868
		March	$1,802,154.21	5,355
	2	April	$3,053,816.33	8,075
		May	$2,185,213.21	6,342
		June	$1,317,541.83	3,288

report user: SVR2012R21\Administrator　　　　Page 1 of 2

图 7-5　带有页眉和页脚的表格报表

图 7-6 从页眉开始显示了第二页。特别注意，数据的汇总用"电话簿"或"字典"样式显示在这个页面中，其中页面上第一项和最后一项的年份和月份在页眉中汇总。还要注意，即使 2012 的分组在页 1 和页 2 之间分隔开，表格标题也显示在页面顶部，给季度 3 重复了年份。在表格中的四个季度之后，一个分组页脚显示年份的汇总，然后三年的总计显示在表格的末尾。

Sales as of 2/3/2016　　　　　　　　　　　　　　　　　　　　*July, 2012 to November, 2013*

Year	Quarter	Month	Sales Amount	Order Quantity
2012	3	July	$2,384,846.59	5,159
		August	$1,563,955.08	3,860
		September	$1,865,278.43	5,400
	4	October	$2,880,752.68	7,943
		November	$1,987,872.71	6,123
		December	$2,665,650.54	9,871
	Total		$28,193,631.53	81,328
2013	1	January	$4,212,971.51	15,139
		February	$4,047,574.04	14,774
		March	$2,282,115.88	7,457
	2	April	$3,483,161.40	10,584
		May	$3,510,948.73	10,574
		June	$1,662,547.32	4,637
	3	July	$2,699,300.79	6,370
		August	$2,738,653.62	6,594
		September	$2,206,725.22	7,136
	4	October	$3,314,600.78	10,129
		November	$3,416,234.85	10,264
	Total		$33,574,834.16	103,658
Total			$79,961,268.40	213,558

Information in this report is confidential and should only be used in accordance with corporate policy

report user: SVR2012R21\Administrator　　　　　　　　　　　　　　　　　*Page 2 of 2*

图 7-6　第二页上显示的页眉

页眉的一个共同目标是在报表头显示缩写形式的信息。自然，我们不想在第一页中显示冗余信息，所以隐藏页眉是有意义的。右击报表体，添加页眉，然后右击页眉，显示 Page Header Properties 对话框，用于设置许多相关的属性。

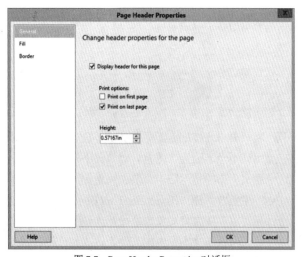

图 7-7　Page Header Properties 对话框

取消选中 Print options 下的"Print on first page"属性。

> **提示：**
> 记住，像这样在属性页对话框中显示的任何属性也可以在 SSDT 的报表设计器右边的 Properties 窗口中使用。在 View 功能区启用 Properties 窗口，该窗口也可以在 Report Builder 中查看。

7.2.1 Tablix 头和明细单元格

这个小金块有助于使继承自其他开发人员的表格报表和矩阵报表更有意义，或者重新开始处理很长一段时间没有碰过的报表。回顾为读者创建的示例报表时，怎么知道报表中的哪个单元格作为组标头，哪个单元格是聚合值的明细单元格？图 7-8 显示了这个秘密。这个特性很微妙，但非常有用。

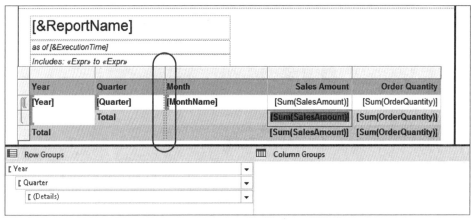

图 7-8　行组表头边界

在设计表格报表时，拖放到行组列表中的字段创建了带有行头单元格的组。拖放到表列中的字段成为未分组的明细单元格。垂直双虚点线(在图 7-8 中被圈出)用于区分左边的组头和该线右边的明细单元格。很明显，在这个报表中，行先按年度分组，再按季度分组。显示 Row Groups 列表中的(Details)组没有组标头，所以 MonthName 单元格在双虚点线的右边。因为数据集已经按月份对销售信息分组，且每一行只返回一个月的数据，所以表格中不需要月份级别的分组。

在矩阵中，列组头单元格也用水平双虚点线与明细单元格分开。

7.2.2 设计页眉

> **注意：**
> 描述这些步骤时，没有考虑之后的内容。本章章末的练习将完成这个过程。

Report Data 窗口可见，展开 Built-in Fields 后，就完成了创建页眉的过程。可以直接把字段拖放到报表体中。这实际上有点用词不当，因为"内置"对象并不是字段，而是全局对象。

"字段"这个词在这个意义上指的是返回一个值。无论如何，它都是有用的信息，可以添加到报表页眉或页脚区域。如果把内置的字段(如[ExecutionTime])拖放到报表体上，在拖放的位置就会添加一个文本框，用来引用目标对象。如果将对象或字段拖放到现有的文本框中，插入的值就成为表达式的一个占位符。这个表达式可以与文本框内的其他表达式占位符、各种格式的文字文本共存。

下面开始处理 Execution Time 字段，将该字段拖到页眉区域左上角的现有文本框中。文本框中已经包含斜体格式的文本"Sales as of:"。

接下来将 Execution Time 字段/对象拖放到现有文本的右边,创建如下复合信息:Sales as of: [Execution Time]。这就挺好。

其他字段的处理是相似的。在左下角,将 UserID 字段拖到文本框中文本 report user 的右侧。

在页脚右下角的文本框中,添加这些内置字段,组装出下列短语:Page [&PageNumber] of [&TotalPages],如图 7-9 所示。

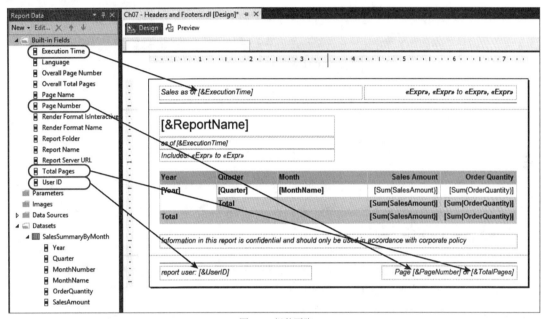

图 7-9　组装页脚

可以看出,页眉和页脚的装饰几乎是完整的。我们的目标是在页面上显示第一和最后一组月/年值。因为页面已经被页面渲染引擎分页了,所以不需要做这项工作。

不需要使用"字段"引用来获得这些值,而可以对报表中已经返回值的报表项使用聚合函数 FIRST 和 LAST。在文本框中右击,创建一个占位符,然后编辑占位符,以添加一个值表达式。使用图 7-10 中的标注按顺序添加这些表达式;首先,使用 FIRST 函数在范围"From"组中引用 Month 和 Year 报表项。然后,是对于范围"To"组,LAST 聚合函数返回该页面的最后一个 Month 和 Year 值。

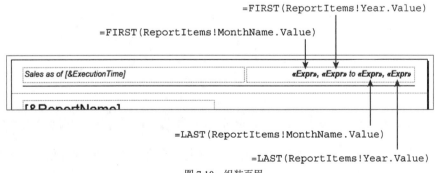

图 7-10　组装页眉

大报表标题下面的文本框包含两个带有表达式的占位符，如图 7-11 所示。文本框包含静态文本 "Includes:"，后面是第一个占位符中的表达式，该表达式在数据集的结果中连接了第一个月份和年份。静态文本 "to" 将第二个占位符与表达式分隔开，该表达式连接数据集中的最后一个月份和年份。

```
=First(Fields!MonthName.Value, "SalesSummaryByMonth") & ", " & First(Fields!Year.Value, "SalesSummaryByMonth")
```

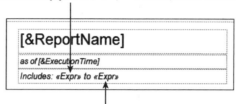

```
=Last(Fields!MonthName.Value, "SalesSummaryByMonth") & ", " & Last(Fields!Year.Value, "SalesSummaryByMonth")
```

图 7-11　组装报表头

这个例子演示了如何从超出数据区域(如表、列表或矩阵)边界的数据集中获取值。在数据区域之外，必须使用聚合函数将多个字段行减少到一个值，并把数据集传递给第二个函数变元。

1. 文本框表达式和占位符

组合文本框中的值时，实际上有两个选择。前面的例子演示了如何在文本框中使用多个占位符。可以将占位符想象成文本框中嵌在文本中的一个单独的文本框。在文本框中使用多个文本占位符的优点是，每个占位符都可以用样式化特性的不同属性进行样式化，比如字体、重量和颜色。

在内部，文本框包含两个层次的对象：段落和 textrun，可视化设计器把它们称为占位符。在文本框中使用多个占位符时，如前面的例子，这实际上是一个包含多个 textrun 元素的段落。如果输入不正确的表达式，导致错误，这就是很明显的。如果显示了文本#Error，请使用 Output 窗口查看错误文本，它可能如下所示：

```
[rsRuntimeErrorInExpression] The Value expression for the textrun
'Textbox4.Paragraphs[0].TextRuns[3]' contains an error: The expression references
an item 'TotalPages_', which does not exist in the Globals collection. Letters in
the names of Globals collection items must use the correct case.
Preview complete -- 0 errors, 1 warnings
```

在文本框中组合值的另一种方法是使用单个表达式把所有值连接到单个文本值中。下面的表达式不是用于显示页码的复合占位符文本，而是显示相同的文本，不能在文本中使用混合的样式特性：

```
="Page " & Globals!PageNumber & " of " & Globals!TotalPages
```

2. 重复表头

注意，表列标题在第二页上重复，这是一种明智的设计模式。如果查看 Tablix Properties 对话框 (见图 7-12)，将看到在每个页面上重复列和行标题的设置。似乎很简单，对吧？

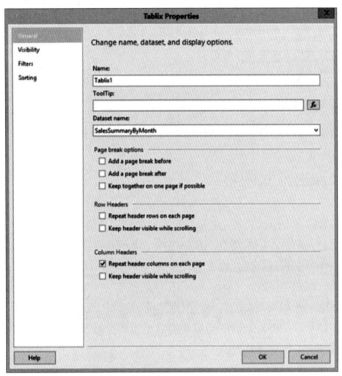

图 7-12　Tablix Properties 对话框

在产品发展的某个阶段，当表格和矩阵数据区域发展为 Tablix 时(大约在 2008 年)，这个功能不再有效，但是很容易更正。这里没有解释为什么必须这么做，但显然，这个功能似乎过分复杂，但至少可以说明如何让它发挥作用。

选择了表格后，在 Grouping Window 的 Column Groups 右侧单击显示的小箭头图标，切换到 Advanced Mode(参见图 7-13)。Advanced Mode 显示了 Tablix 数据区域中的几个隐藏对象，它们在内部用于管理页面、分组和单元格特性。可以看出，Tablix 的内部工作非常复杂。

警告:
根据经验，如果不知道自己在做什么，Tablix 的高级属性就是个潘多拉盒子。如果打算试验这些属性，建议在继续之前，制作 Tablix 或报表的备份。

做出这样的改变是很容易的。只需要在 Row Groups 列表中选择显示的第一个"静态" Tablix 成员。

在 Properties 窗口中，将 RepeatOnNewPage 属性从 False 更改为 True。

使用向下箭头图标关闭 Advanced Mode。

测试报表，你会看到在每个页面上都重复了表头。

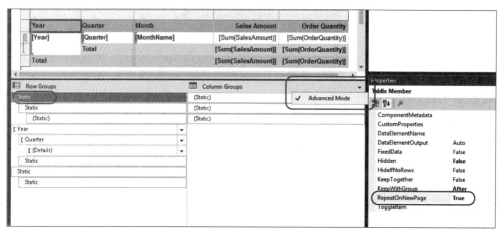

图 7-13　在 Advanced Mode 下设置表头重复

7.3　组合报表和嵌入式内容

除了常见的、基本的报表设计之外，更复杂的报表是使用更高级的、不常用的设计技术创建的。一般来说，这些技术分为两种不同的类别，其中包括使用不同报表项组件的高级属性，以及结合多个数据区域来创建组合报表设计。复合报表设计模式是有趣的，因为允许一个分组的数据区域重复另一个报表项或数据区域的实例时，实际上有无限多的选择。

在了解复合数据区域的令人兴奋的各种可能性之前，先深入探索一些基本的报表项构建块。"令人兴奋的"功能可能是一种扩展，而一些最基本的报表项具有相当大的功能，特别是在用作构造良好的解决方案的组成部分时，更是如此。

7.4　剖析文本框

文本框是最基本、最常用的报表项之一。一般来说，所有的文本和数据值都用文本框显示。表格和矩阵的单元格都包含单独的文本框。除了显示的文本之外，文本框还提供了多种属性来管理数据的位置、样式以及展示方式。

Font、Color、BackGroundColor 和 BackGroundImage 等属性能够以极大的灵活性装点报表数据。

文本框的 BorderStyle 属性与其他报表项(如矩形、列表、表格和矩阵)的 BorderStyle 属性类似。如果掌握了文本框的属性，就能以相同的方式使用其他报表项。对于表格，可以为页眉和页脚行的文本框设置边框属性，创建分组分隔线(一般是选中整行，然后将其作为分组来设置文本框的属性)。

边框使用了三个属性分组。在 Properties 窗口中，可以使用加号(+)展开这些分组，查看各个属性。分组摘要文本的操作无须展开属性。但展开属性通常更便于处理具体的属性值。BorderColor、BorderStyle 和 BorderWidth 属性均给出了默认值,如果没有设置这些属性值,就使用默认值(Left、Right、Top 和Bottom 中的一个)。这样可以先设置常用属性，然后设置一些特殊属性。默认情况下，文本框将 BorderColor 设置为黑色，将 BorderWidth 设置为 1 点，将 BoderStyle 设置为 None。为了给文本框四周添加边框，只需要将 BorderStyle 设置为 Solid。除此之外，还可以使用各个属性，添加更有创造性的边框效果。

7.4.1 边距和缩进

大多数报表项都支持边距(padding)属性，它用来移动文本及其他相关内容在报表项中的位置。边距以点为单位。"点"是印刷行业使用的一个度量单位，PostScript 点是 1/72 英寸，约为一厘米的 1/28。

图 7-14 显示了 Properties 面板中 Padding 分组的四个边距属性，它们被应用于所有的文本框。Padding 属性在文本框的边框和文本内容之间设置了一个偏移距离。这个偏移距离可以用于缩进文本，为文本框周边提供合适的空白区域。

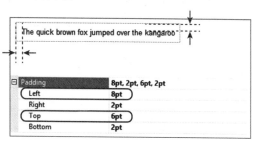

图 7-14 文本框的 Padding 属性

三个相似的属性为文本的缩进提供了更大的灵活性。利用 HangingIndent、LeftIndent 和 RightIndent 属性提供的丰富格式化效果，可以控制文本框中文本的段落样式。这些属性也允许使用新的 Word 呈现扩展，应用悬空静态文本的缩进显示。

7.4.2 嵌入式的格式化

这项功能可以设置文本框中的文本结构和格式，与文档或 Web 页面类似。文本框支持两种模式：一种是单值表达式，另一种是包含多个表达式占位符的文本范围。

为了格式化文本范围，只需要在文本框中选中文本，然后使用工具栏或 Properties 窗口为选中的文本设置属性。图 7-15 显示了一个选中的文本范围，把它的 HangingIndent 属性和 LeftIndent 属性分别设置为 18 点和 12 点。请注意，文本中的某些关键字和单词也设置为加粗和斜体。某些标题文本显示为加粗和较大的字体。

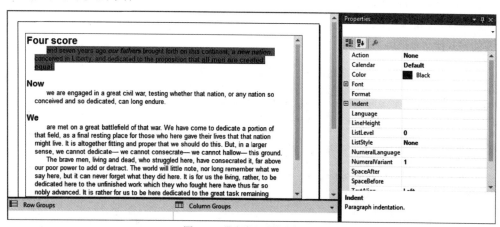

图 7-15 带有嵌入式格式的文本

1. 嵌入式的 HTML 格式化

另一种方法是在文本中嵌入简单的 HTML 标记,为使用表达式或自定义代码返回格式化文本提供了极大的灵活性。表 7-1 列出了所有支持的 HTML 标记。

表 7-1 嵌入式格式支持的 HTML 标记

标 记	说 明
<A>	定位标记,例如<A href="http://www.somesite.com"> Click Here</A>
<FONT>	为一组文本设置字体属性,可以设置 color、face、point size、size 和 weight 等属性,例如<FONT color="Blue" face="Arial" size="6">Hello</FONT>
<H1>、<H2>、<H3>、<H4>、...	标题
<SPAN>	为段落中的一组文本设置文本属性
<DIV>	为文本块设置文本属性
<P>	分段
 	换行
<LI>	每一行是一个列表项
<B>	加粗
<I>	斜体
<U>	下画线
<S>	删除线
<OL>	定义有序列表
<UL>	定义无序列表

嵌入式标记可以直接输入文本框,也可以从数据集中读取。如果使用的是静态文本,而不是来自数据集的文本,就必须为文本占位符设置 Markup Type 属性。为此,选中包含嵌入式 HTML 标记的文本,右击,然后选中 Text Properties。在 Text Properties 对话框的 General 页面中,将 Markup 类型属性设置为 "HTML-Interpret HTML tags as styles",如图 7-16 所示。在处理数据绑定的文本时,差异是微妙的;在文本框中高亮显示字段占位符,右击,然后选择 Placeholder Properties...。

Text Properties 和 Placeholder Properties 对话框具有相同的 Markup 类型选项,如图 7-16 所示。

在示例报表 Ch07-Sales Order Notes 中提供了一个示例。SalesOrderNote 表包含了带有 HTML 标记标签的格式化文本:

```
<h2>Check This Order Before Shipping</h2>
Customer specifically needs 10 <b>RED</b> helmets.<br>She is <i>unhappy</i> that an
earlier order was placed for <b>RED</b> helmets but helmets were <b>MAROON</b>
colored.<br>If product is not bright red color, please:
<ol>
<li>Cancel and <b>do not ship</b> the order</li>
<li>Call the sales person</li>
<li>Do not charge the standard re-stocking fee</li>
</ol>
```

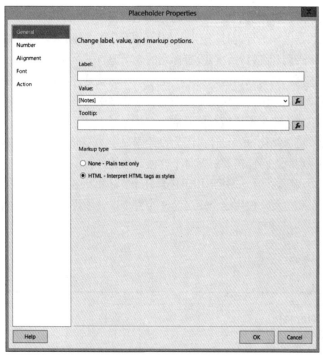

图 7-16　Placeholder Properties 对话框

解释这个文本时，就会应用格式化标签，如图 7-17 所示。

图 7-17　带有数据绑定嵌入式格式的预览报表

2. 使用矩形作为容器

我喜欢容器。老实说，我有点痴迷于收集盒子、包、背包和箱子。把东西放在合适的容器里，会给人一种有序和安全感。在 Reporting Services 中，容器用于封装、重复和管理内容的集合。

矩形报表项远远不止显示在报表上的简单的框。它包含可以作为单个单元处理和管理的多个项。矩形也有几个属性，用于管理信息在报表页面上的流动和位置。例如，将一组文本框和其他项放在矩形中，确保它们都在相同的页面上。可以设置矩形，强制在其内容之前或之后放置分页符。默认情况下，矩形的边界不显示出来，因此矩形的功能比把它作为视觉控件更多。设置一些属性，就可以使用矩形来显示背景图像、填充颜色和边框。它也可以设置为与相邻的 Tablix 组在每一页上重复显示，表格、列表或矩阵在多个页面上可以分隔开。

比较表格与列表数据区域的行为时，矩形的效用就很明显。这两个数据区域都基于 Tablix 对象。在功能上，列表类似于带列和细目行、但没有标题的表，但有一个明显的区别。表和矩阵中的每个单元格都包含一个文本框。列表数据区域实际上是矩形，这就是任何拖放到该区域的报表项都保持放置它们时的大小和位置的原因。如果将矩形拖到表单元格中，它就用矩形替换单元格文本框。然后，拖进同一区域的组成元素将不再填充单元格。

保守地使用矩形，可以简化报表设计。因为设计器显示的矩形具有与文本框相似的灰色边框，所以返回之前设计的报表时，可能需要解释每个容器对象的位置。

图 7-18 显示了一个矩形示例，该矩形用于包含几个文本框来显示报表参数。在设计过程中，可能需要调整元素的大小和位置，使用这个矩形允许将整个报表项块作为一个组来移动。

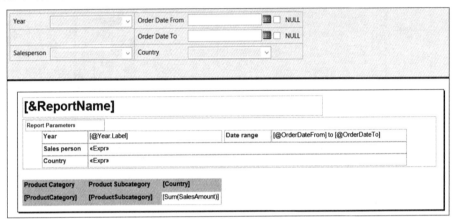

图 7-18　包含在矩形中的报表头内容

随着需求的发展，很容易将矩形作为一个对象进行剪切和粘贴，并将其放入页眉(见图 7-19)，或者放在矩阵下面。

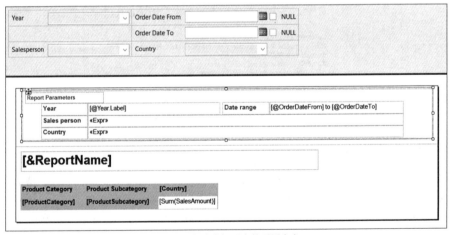

图 7-19　包含在矩形中的页眉内容

下面的例子展示了如何使用矩形报表项容器来管理页面流。在图 7-20 中，分页符设置为 BreakLocation=End。这会强制在矩形的后面显示分页符，这样，矩阵内容就会出现在报表的下一页。

图 7-20　在矩形属性中设置分页符

示例报表使用了很长的参数列表，占用大量的页面空间。最近有一位咨询客户询问，像这样的报表在交互模式下使用时，报表标题像往常一样显示，如图 7-21 所示，但是当报表呈现在 Excel 中时，参数只显示在一张工作表上。

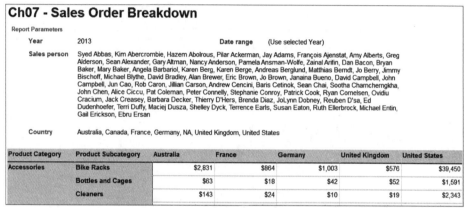

图 7-21　页眉中的长参数文本

在 Disabled 属性上使用一个表达式，就很容易使用矩形来控制页面名称和条件分页符。图 7-22 显示了基于内置的 RenderFormat.Name 属性有条件地切换 Disabled 属性的表达式。报表没有呈现在 Excel 中时，这会有效地禁用分页符。

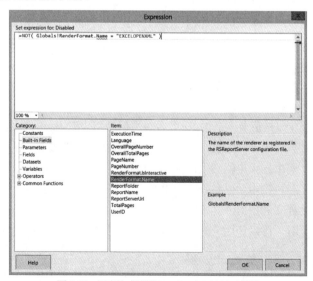

图 7-22　用表达式设置 PageBreak Disabled 属性

生成的 Excel 工作簿(如图 7-23 所示)包含两个工作表，每个工作表的名称都是矩形的 PageName 属性，用于管理参数和矩阵。Excel 渲染器将报表中任何显式的分页符转换为新的工作表选项卡。

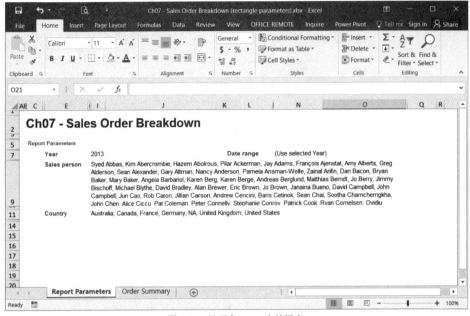

图 7-23　显示在 Excel 中的报表

7.5　设计主/明细报表

大多数数据都可以表示为一种层次结构。数据无论是保存在关系数据库的关联表中，还是保存在多维数据集或表格式结构的维度层次结构中，甚至是保存在单独的电子表格或文件中，结构化数据一般都可以组织为不同的层次。在报表中，这是一种很自然的信息表达方式。常见的主/明细数据包括：票据和详单、客户和订单、地区和销售信息、分类和产品、颜色和尺码、经理和雇员。

在主/明细报表(master/detail report)中组织这些数据的最好方法，很大程度上取决于用户如何查看数据。对于每条主记录，对应的详细信息可以显示为规范的表格结构、类似电子表格的表单，或者自由布局，其中不同大小和形状的元素放在报表某部分的不同位置。当然，也可以使用图表、图标和仪表等可视化地显示明细。

针对主/明细报表设计，最后要考虑的是：能否将主记录和明细记录的数据源组合为一个数据流。如果记录来自同一个数据库中不同的表，就可以使用查询将表连接起来。如果记录无法在查询或视图中组合在一起，那么两个结果集就必须提供连接它们所需的字段，还可以使用子报表。本节在介绍复合报表时，介绍了一种技术，这种技术可以组合数据范围(data range)，筛选出一个数据集，然后使用子报表组合两个独立的数据源。

当构建层次化报表时，可以使用一些不同的技术，包括使用表、矩阵、列表或子报表。

7.5.1　重复数据区域：表、矩阵和列表

你从第 6 章了解到，数据区域的目的是为每个组或详细记录的实例重复行和列，你在前面看到

了几个使用表格和矩阵的例子。数据区域的目的是重复报表项。实际上可以添加任何内容，以代替设计器在明细单元格中创建的默认文本框或矩形容器。

1. 表作为主/明细容器

默认情况下，表中的所有单元格都是文本框，除非将另一种类型的项拖到单元格中。任何嵌入的内容都将扩展到单元格的尺寸，如果任何列中的文本换行都会导致这一行增大，那么该单元格会垂直增大。为了防止报表项增大，可以先在单元格中放置一个矩形，然后将新报表项添加到矩形中。

> **提示：**
> 为了防止相邻的文本框换行时，嵌入表细节行中的项垂直增大，应先将一个矩形放在单元格中，然后向矩形添加新报表项。

在细节行中嵌入的区域和项都是垂直重复的，每个唯一的细目组只重复一次。表中的细目行可以用作所有其他报表项和数据区域的容器。可以放到表、矩阵或列表中的嵌入项的数量或级别没有限制。表中包含的所有区域和报表项必须绑定到相同的数据集。

> **注意：**
> 在表、矩阵或列表中使用嵌入式数据区域和报表项时，包含的数据区域和项只能通过DatasetName 属性绑定到包含数据集。使用范围和聚合的字段表达式(例如 FIRST、SUM 等)，可以引用另一个数据集。还可以使用 LOOKUP 和 LOOKUPSET 函数或自定义代码来引用另一个数据集。

Ch07-Product Category Sales Profile by Year 示例报表包含一个表格数据区域，其中带有第一级组(Year)上的向下钻取内容。细节行包含一个嵌入的列图表，显示了按产品类别值分组的销售量，如图 7-24 所示。

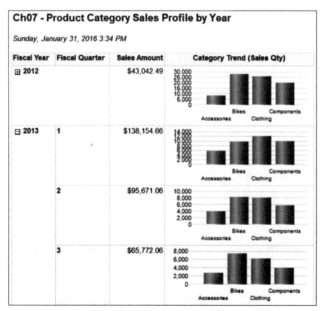

图 7-24　带有向下钻取和重复图表的多级表格报表

2. 把矩阵作为容器

就像使用表作为主/明细容器一样，矩阵也可以包含任何数据区域或报表项的组合，并在行和列上重复这些项的实例。在默认情况下，矩阵的明细单元格是文本框，但可以替换为大多数类型的报表项。

作为前一节所呈现的主题的一个变体，示例报表 Product Category Sales Profi le by Year and Country(如图 7-25 所示)有一个基于数据集的矩阵，它包含一个附加的字段，用来按国家给列分组。前一示例中使用的柱状图在行(每个季度)和列(每个国家)中重复出现。

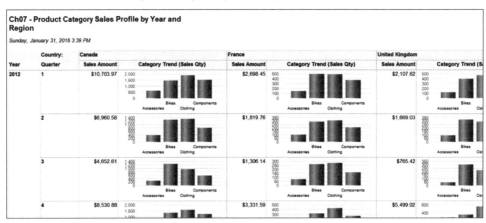

图 7-25　带有重复图表的矩阵报表

3. 把列表数据作为容器

列表实际上是单行单列、没有标题的表。列表的细目"单元格"默认不包含文本框，而是包含矩形。任何放在列表区域里的项将保持原来的大小和位置，而不是延伸，填充设计器中的区域，就好像用矩形来替换表格明细单元格中的文本框，并删除页眉和页脚行。

列表非常适合在层次结构中用每组的上一级值重复格式化的报表项区域。因为列表基于 Tablix 对象，与表和矩阵一样，所以有同样的行为准则。列表区域中重复的数据区域和报表项被绑定到与容器相同的数据集。

下面的示例报表在数据区域的单元格或重复的细节区域中包含一个或多个报表项。示例报表 Ch07-Product Cost and List Price-Embedded Chart 如图 7-26 所示。列表数据区域包含几个文本框和一张饼图。

示例报表 Ch07-Product Cost and List Price-Embedded Table and Chart 如图 7-27 所示。该报表中的列表数据区域包含文本框、饼状图和一个表，显示了每个产品的订单详细历史。

> **注意:**
> 使用多个嵌入式数据区域时，一个重要的设计考虑是所有报表项都基于一个数据集。数据集必须包括字段，对包含区域进行分组，还必须包含其中数据区域的详细信息。

因为在本例中，只有一个数据集可以用于两个数据区域(列表和表)，所以需要所有必要的字段和详细信息。数据集用于驱动按产品分组的列表，并且数据集必须包含嵌入表的订单细节。

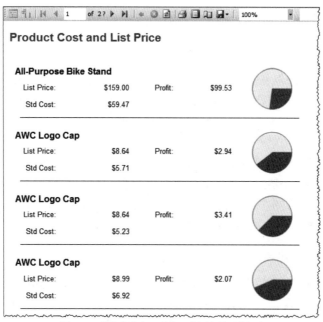

图 7-26　带有自由布局和嵌入式图表的列表报表

图 7-27　带有列表、嵌入式表格和图表的组合报表

4. 子报表

子报表是另一个报表的容器，被可视化地嵌入主报表中。作为一种对象重用方法，子报表可以减少冗余的工作，绕过其他的障碍，但是它们在某些呈现格式上强加了一些兼容性问题。要小心、全面地测试设计。一般来说，除非有必要，否则不要使用子报表。

作为主/详细设计模式，子报表允许数据区域包含来自另一个数据集的详细记录，甚至是完全不同的数据源。本章后面的"设计子报表"一节将演示如何使用它们。

5. 钻取导航

第 12 章将讨论操作和报表导航。这里包含这个主题，是因为报表导航通常可以有效地替代复杂的多级层次结构报表。它可以是对摘要报表的有效补充，使报表用户能够通过浏览细节，获得更多的信息，而不是将它们包含在单一的、全面的报表中。正确使用导航操作可以帮助构建报表解决方案，而不是庞大的、笨重的单一报表。

假设一个报表有四个级别的钻取组，必须执行一个大查询，返回细节级的所有记录，这样用户就可以选择钻到细节的某个特定分支。与其在同一个报表中扩展该钻取分支，不如将其放在一个组项中，显示一个链接，允许用户导航到另一个报表。在有序的解决方案中，用户的感觉是，他们只是在报表仪表板解决方案中移动，而不是在报表之间移动。

7.5.2 分组和数据集作用域

复合报表能够正常工作且相当容易构造的原因之一是数据集作用域(dataset scope)原理。作用域(scope)一词是指在数据集中，在分组内可以访问的数据部分。呈现数据区域(如表、列表或矩阵)时，数据将根据分组定义划分为不同的子区域。任何放在分组区域、页眉或页脚中的报表项或数据区域项仅对当前处于作用域内的数据有效。以表格为例，这意味着如果一个表格根据 ProductCategory 字段分组，而另一个表格放在分组头，那么第一个表格针对每个不同的 ProductCategory 值呈现。每个表格实例都可以"看到"按这个分组值筛选的一组详细信息记录。这项功能十分强大，因为在分组中嵌入多少个项是没有限制的；分组层次和嵌套的嵌入数据区域数目也没有任何限制。尽管如此，通过嵌入多个数据区域来创建过分复杂的报表其实并不实用。

本节给每个数据区域容器应用嵌入数据区域的这条分组原则，包括列表、表格以及矩阵。

7.5.3 聚集函数和总计

前面介绍了如何在细节分组和分组总计行上使用 SUM 和 AVG 函数。Reporting Services 支持多种聚集函数，每种聚集函数都接收一或两个在括号中传递的参数。第一个参数是待聚集的字段引用或表达式。第二个可选参数是数据集名称、报表项名称或分组名称，用于指出聚集范围。如果没有提供第二个参数，那么当前数据区域或分组的范围就是聚集范围。例如，假定一个表包含了两个分别基于 Category 字段和 Subcategory 字段的嵌套分组。如果将 SalesAmount 字段拖放到 Subcategory 分组页脚中，设计器就会创建如下表达式：=SUM(Fields!SalesAmount.Value)。记住，字段表达式在报表设计中显示为占位符。例如，占位符文本[SUM(SalesAmount)]会显示完整的表达式：=SUM(Fields!SalesAmount.Value)。右击并选择 Expression，会显示完整的表达式。

这个表达式针对每个不同的 Subcategory 分组范围，返回所有 SalesAmount 字段值的总计。表7-2显示了 Reporting Services 支持的所有聚合函数及其简要描述。

表 7-2 报表函数支持的聚合函数

函　　数	说　　明
AVG	所有非空值的平均值
COUNT	所有值的计数
COUNTDISTINCT	不同值的计数

(续表)

函　数	说　明
COUNTROWS	所有行的计数
FIRST	返回一组值中的第一个值
LAST	返回一组值中的最后一个值
MAX	返回一组值中的最大值
MIN	返回一组值中的最小值
STDEV	返回标准差
STDEVP	返回总体标准差
SUM	返回所有值的总和
VAR	返回所有值的方差
VARP	返回所有值的总体方差

除了聚合函数，一些具有特殊用途的函数与聚合函数具有相似的行为，可以为报表提供特殊的功能，如表 7-3 所示。

表 7-3　具有特殊用途的数据集行函数

函　数	说　明
LEVEL	在递归的层次结构中为分组级别返回一个整数值，需要为这个函数提供分组名称
ROWNUMBER	返回分组或范围的行号
RUNNINGVALUE	返回该行的累积聚集

为了演示有范围的聚合，从示例报表 Ch06-Sales Summary with Groups 的一个副本开始。作为复习，图 7-28 显示了报表的第一页，其中包含了最后两列的聚合表达式。

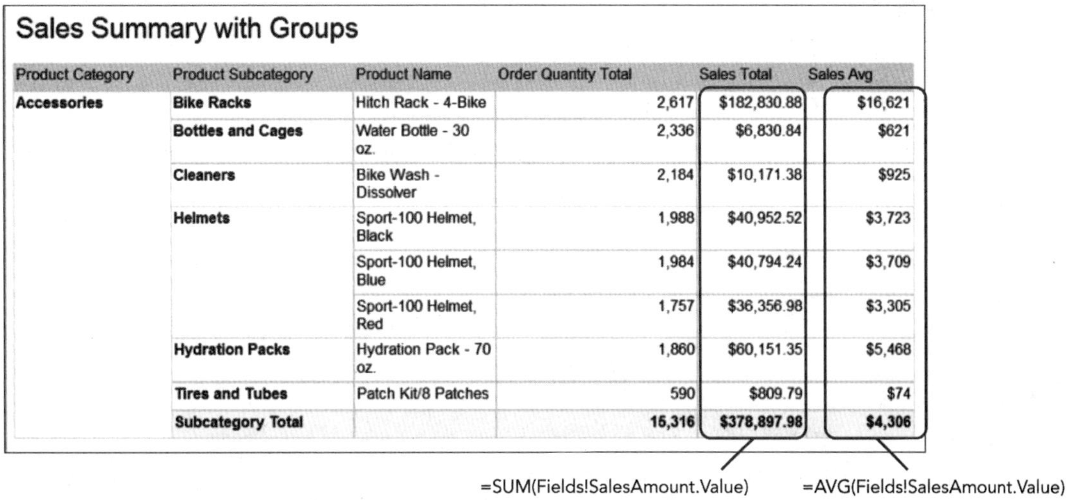

图 7-28　在总计上使用的不同聚合函数

这两列的表达式对于细节行和 ProductCategory 组页脚行是相同的。只把字段名传递给聚合函数，本例中是 SUM 和 AVG，当前的分组级别是隐含的。对于细节组，结果是相同的：

```
=Sum(Fields!SalesAmount.Value, "Details")
```

对于 ProductCategory 组，隐含的聚合值是相同的：

```
=Sum(Fields!SalesAmount.Value, "ProductCategory")
```

在第二个函数参数中指定了组名，表达式始终应用于这个组级别。为了便于演示，删除了最后一列，然后在细节行中使用这个表达式添加了一个新列。图 7-29 显示了结果。正如预期的那样，类别总数被应用于每个计算。

Sales Summary with Groups

Product Category	Product Subcategory	Product Name	Order Quantity Total	Sales Total	Sales Amount
⊟ Accessories	⊞ Bike Racks	Hitch Rack - 4-Bike	2,617	$182,830.88	$378,898
	⊞ Bottles and Cages	Water Bottle - 30 oz.	2,336	$6,830.84	$378,898
	⊞ Cleaners	Bike Wash - Dissolver	2,184	$10,171.38	$378,898
	⊞ Helmets	Sport-100 Helmet, Black	5,729	$118,103.74	$378,898
	⊞ Hydration Packs	Hydration Pack - 70 oz.	1,860	$60,151.35	$378,898
	⊞ Tires and Tubes	Patch Kit/8 Patches	590	$809.79	$378,898
	Subcategory Total		15,316	$378,897.98	

=SUM(Fields!SalesAmount.Value, "ProductCategory")

图 7-29　使用有范围的聚合

现在可以访问组层次中任何级别的聚合值，也可以计算对底线的贡献百分比。现在就来看看。最终的表达式很简单：

```
=Sum(Fields!SalesAmount.Value)/Sum(Fields!SalesAmount.Value, "ProductCategory")
```

为了组装图 7-30 中的解决方案，把同样的表达式应用于最后一列中的细节和组总数页脚单元格。还修改了这些单元格的格式属性，以显示百分值。

Sales Summary with Groups

Product Category	Product Subcategory	Product Name	Order Quantity Total	Sales Total	% Contribution
Accessories	Bike Racks	Hitch Rack - 4-Bike	2,617	$182,830.88	48.25 %
	Bottles and Cages	Water Bottle - 30 oz.	2,336	$6,830.84	1.80 %
	Cleaners	Bike Wash - Dissolver	2,184	$10,171.38	2.68 %
	Helmets	Sport-100 Helmet, Black	1,988	$40,952.52	10.81 %
		Sport-100 Helmet, Blue	1,984	$40,794.24	10.77 %
		Sport-100 Helmet, Red	1,757	$36,356.98	9.60 %
	Hydration Packs	Hydration Pack - 70 oz.	1,860	$60,151.35	15.88 %
	Tires and Tubes	Patch Kit/8 Patches	590	$809.79	0.21 %
	Category Total		15,316	$378,897.98	100.00 %

图 7-30　在有意义的解决方案中把计算放在一起

7.6　设计子报表

开始使用 Reporting Services 设计带有嵌套分组和数据区域的报表时，我的第一个想法就是尽可能使用子报表。子报表似乎是最佳方案，因为可以先设计简单的模块化报表，然后将它们组织在一起。这么做有点像编程领域提出的可重用对象。然而，这种方法的不利之处在于：子报表会对报表呈现引擎提出一些挑战，导致格式化问题和糟糕的报表性能。在 SQL Server 2000 和 2005 中，无法将子报表呈现为 Excel 格式。针对将子报表呈现为 Excel 格式的问题，虽然现在已经有了改进，但是对于子报表来说，使所有报表呈现格式都一致有一些固有的挑战，特别是在 Excel 中。使用子报表时，要小心测试报表，以确保它以目标格式呈现。

> **注意：**
> 子报表可用于实现各种设计模式，但它们不是万能的。与使用子报表相比，如果可以在列表、表格和矩阵中使用嵌入式数据区域完成报表设计，就可能会获得更好的设计效果。

子报表(subreport)是一个嵌入其他报表的独立报表。子报表可以是独立的，拥有自己的数据集，也可以使用参数将子报表的内容与主报表中的数据链接起来。

> **注意：**
> 子报表属于 SSRS 特性的一个小类别，有一些已经改变的限制，很可能会随着产品的变化而继续改变。所以在使用它的场合，测试设计的所有呈现格式是很重要的。

可以在子报表中呈现的内容和格式有一些限制。例如，多列报表无法放在子报表中(取决于所使用的呈现格式)。如果打算在子报表中使用多个列，就必须针对打算使用的呈现格式测试报表。

子报表一般有两种用途。第一种用途是将一个独立的报表实例嵌入到另一个报表体中，这两个报表的数据源并不相关。在另一种使用场合下，子报表作为主报表中的自定义数据区域，显示重复的主记录和明细记录。从设计的角度来看，这种设计方式相当合理。利用子报表，可以将两个关联的数据集甚至数据源分隔开来，而这些数据集或数据源原本在 SQL 查询中连接表时链接起来。子报表还有助于重用已有的报表，这样就无须重新设计已经实现的功能。然而子报表也存在严重的不足。如果主报表使用大量记录，子报表就必须多次执行查询，多次呈现报表内容。对于大规模数据而言，这是一种效率很低的解决方案。在结果数据集比较庞大的情况下，必须认真考虑子报表的使用。与多次执行一个查询相比，构建大型报表，使用比较复杂的查询和多级分组可能效率更高。

> **注意：**
> 在标准的场合下，很少使用子报表生成主/明细报表。即使使用了子报表，主报表也只包含几行记录。

使用关联参数和字段引用可以将子报表和主报表链接起来，这样子报表就可以像数据区域那样使用，但这并不是最关键的内容。可以使用子报表显示与分组或报表中其余内容不相关的聚合值。

创建子报表与创建其他报表是类似的。为此，只需要创建一个报表，然后将这个报表作为子报表，添加到其他报表中即可。如果打算将主报表和子报表作为关联数据的 Master/Detail 视图，子报表应提供一个参数，这个参数可以链接到主报表中的字段。下面将详细介绍如何构建一个简单的报表，这个报表列出了产品信息，提供了一个子分类参数。主报表列出了分类和子分类，而产品信息报表用作数据区域，就像前面示例中的表格或列表一样。

利用子报表将数据联合在一起

当主数据区域的数据源不同于明细记录的数据源时，可以使用子报表来解决创建主/明细报表的问题。下面的示例组合了来自两个不同数据源的报表数据。

示例项目包含了两个报表 Ch07-Product Orders Subreport 和 Ch07-Product Details(子报表容器)。"容器"报表包含了一个列表，其数据源是示例关系数据库 WroxSSRS2016。另一个报表包含了一个表格，数据源基于 Adventure Works Multidimensional SSAS 数据库。

这意味着我们将使用两种不同的语言 T-SQL 和 MDX，参数化的表达式将提供两者之间的一些转换。Product 表中的记录位于 WroxSSRS2016 数据库中，可以使用 ProductKey 列进行关联。这个列包含 WroxSSRS2016 数据库中 Product 表的值。

图 7-31 显示了主报表 Ch07-Product Details(子报表容器)。这个报表包含的列表数据区域被绑定到以下查询，其数据源是 WroxSSRS2016 数据仓库数据库。

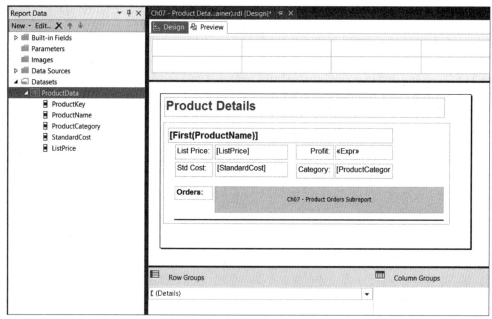

图 7-31　把子报表添加到主报表中

这个报表的数据集非常简单，只返回一组有成本和价格信息的产品。ProductKey 列是存在的，因此可以将它作为参数传递给子报表：

```
SELECT
    ProductKey,
    ProductName,
    ProductCategory,
    StandardCost,
    ListPrice
FROM
    Product
```

```
WHERE      (StandardCost IS NOT NULL) AND (ListPrice IS NOT NULL)
ORDER BY ProductName
```

图7-32显示了设计器中的子报表Ch07-Product Orders Subreport。这个报表只是一个绑定到MDX查询的表。这个数据集的数据源是 Adventure Works Multidimensional SSAS 数据库。已在图 7-32 中添加了一个标注，以显示所使用的表达式，它将报表参数转换为 MDX 成员引用，传递到查询参数ProductUniqueName 中。

在数据集查询表达式中，在 WHERE 子句中通过 MDX 函数 STRTOMEMBER 使用了ProductUniqueName 参数。这是一种标准的筛选约定，通常用于 MDX 查询。

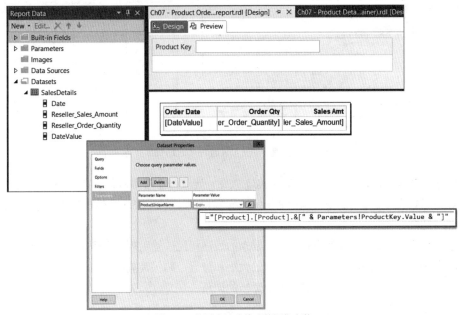

图 7-32　使用表达式修改数据集参数

> **注意：**
> 在 MDX 查询中参数传递的更多示例可参见第 10 章。

```
SELECT
    {
    [Measures].[Reseller Sales Amount],
    [Measures].[Reseller Order Quantity]
    } on Columns,
    NON EMPTY
    [Date].[Date].[Date].Members
    DIMENSION PROPERTIES MEMBER_CAPTION, MEMBER_UNIQUE_NAME, MEMBER_VALUE
    on Rows
FROM [Adventure Works]
WHERE
    (
     STRTOMEMBER( @ProductUniqueName ),
     [Date].[Calendar].[Calendar Year].&[2013]
    )
;
```

对列表的明细进行分组时，使用了 ProductName 字段。这样就满足了以下需求：为了使数据区域包含嵌套数据范围对象，必须定义一个分组。为了创建子报表，可以将 Ch07-Product Orders Subreport 报表从 Solution Explorer 拖放到列表区域中。

右击子报表，选中 Subreport Properties，可以设置参数/字段映射，如图 7-33 所示。图 7-33 中显示的 Subreport Properties 对话框用来将容器报表中的字段映射为子报表中的参数。

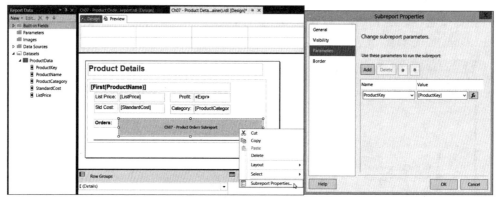

图 7-33　设计器中带子报表的 Product Details 报表

导航进入 Parameters 页面，然后单击 Add 按钮，定义一个参数映射。在 Name 列的下方选中 ProductKey 参数。在 Value 列的下方选中 ProductKey 字段。单击 OK 按钮保存修改结果，关闭 Subreport Properties 对话框。

这就完成了报表设计。与使用具有严格要求的表格相比，使用列表和子报表可以使报表设计过程更独立，也更有技巧性。回头检查报表项的大小和位置，确保其能够整洁地显示在子报表中。报表设计常常需要重复预览报表和布局，做出适当的调整。

此时应该可以预览报表，看到嵌套的表格/子报表，如图 7-34 所示。

Bike Wash - Dissolver

List Price:	$7.95		Profit:	$4.98
Std Cost:	$2.97		Category:	Accessories

Orders:

Order Date	Order Qty	Sales Amt
1/28/2013	337	$1,530.67
2/28/2013	276	$1,289.72
3/30/2013	168	$760.28
4/30/2013	228	$1,071.23
5/30/2013	225	$1,064.21
6/30/2013	118	$562.86
7/31/2013	108	$515.16
8/29/2013	105	$498.09
9/29/2013	181	$827.27
10/29/2013	200	$941.94
11/29/2013	238	$1,109.96

Cable Lock

List Price:	$25.00		Profit:	$14.69
Std Cost:	$10.31		Category:	Accessories

图 7-34　预览 Product Details 报表

7.7　在报表之间导航

以前的报表是静态的，用于打印，最多也只能在屏幕上预览。为了获取重要信息，用户必须浏览每一页内容，直到找到需要的信息为止。现在，用户可以采用多种方法，动态导航，找到所需的重要信息。这些重要信息可能在同一个报表中，在另一个报表中，甚至在外部资源中。

创建文档结构图

文档结构图(document map)是一种简单的导航功能，利用显示在报表左侧的树型结构，可以帮助用户在报表中找到分组标记或项值。文档结构图类似于报表项的目录表，可以用来迅速找到大型报表中的特定区域。一般情况下，文档结构图只需要包含分组级的字段，而不包含所有的明细行。

注意：
文档结构图仅限于 HTML、Excel 和 PDF 呈现格式。当使用 HTML 和 Excel 格式时，如果将报表文件保存为旧文档格式(如旧 Windows Mobile 设备使用的 Pocket Excel 格式)，就可能无法生成文档结构图。

示例报表 Ch07-Products by Category and SubCategory (Doc Map)演示了这个功能。在文档结构图中添加了 ProductCategory 和 ProductSubcategory 分组。在 Category 行组的 Group Properties 对话框的 Advanced 页面中，使用下拉列表中的 ProductCategoryName 字段来设置 Document map 属性。

警告：
只为需要包含在文档结构图中的项指定文档结构图标记属性。例如，假设为一个分组指定了这个属性，就不要对包含相同值的文本框执行该操作。否则，在文档结构图中，同一个值会出现两次。

图 7-35 显示了一个带有文档结构图的报表。报表名称是文档结构图的顶级项，然后是产品分类和子分类的名称。

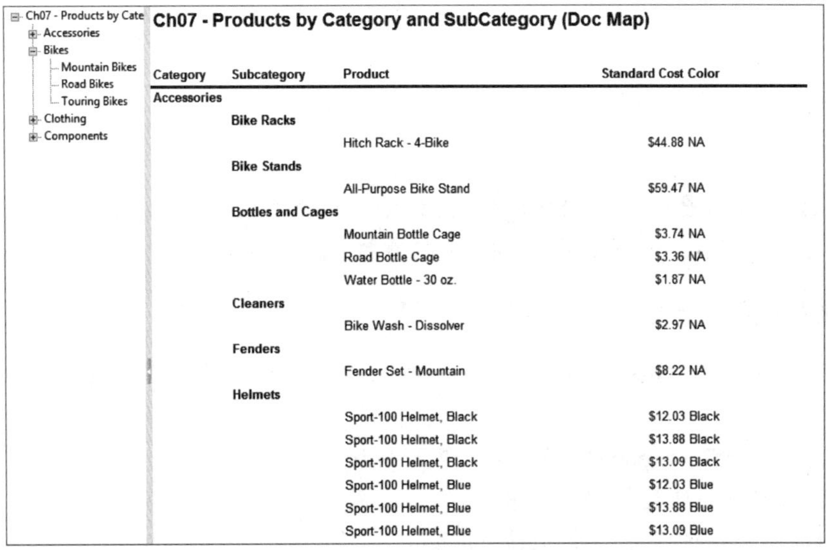

Category	Subcategory	Product	Standard Cost	Color
Accessories				
	Bike Racks			
		Hitch Rack - 4-Bike	$44.88	NA
	Bike Stands			
		All-Purpose Bike Stand	$59.47	NA
	Bottles and Cages			
		Mountain Bottle Cage	$3.74	NA
		Road Bottle Cage	$3.36	NA
		Water Bottle - 30 oz.	$1.87	NA
	Cleaners			
		Bike Wash - Dissolver	$2.97	NA
	Fenders			
		Fender Set - Mountain	$8.22	NA
	Helmets			
		Sport-100 Helmet, Black	$12.03	Black
		Sport-100 Helmet, Black	$13.88	Black
		Sport-100 Helmet, Black	$13.09	Black
		Sport-100 Helmet, Blue	$12.03	Blue
		Sport-100 Helmet, Blue	$13.88	Blue
		Sport-100 Helmet, Blue	$13.09	Blue

图 7-35　带文档结构图的多分组表格报表

将报表部署到服务器上之后，使用Report Designer中 Preview视图最左边的图标、Report Manager 中的Report View工具栏或SharePoint Report Viewer Web部件，可以显示或隐藏文档结构图。

> **注意：**
> 我的经验是：下钻和文档结构图功能常常无法一起正常工作，因为两者存在重叠的功能。可以使用文档结构图导航到报表中的可见区域。

7.8　练习

为了应用在本章学到的知识，下面完成两项练习。在练习 1 中，要在报表和页面中组合表达式和标题，并将得到的报表保存为一个模板，以后可以用它来构建新的报表。

7.8.1　练习 1：创建报表模板

报表模板是一种标准化的报表，可以作为新报表的起点。它可以简单地保存为项目或文件夹中的报表，作为起点。报表文件可以保存到 project items 文件夹中，这样 Visual Studio 就可以将其管理为报表模板。

1. 添加新的报表并设置报表体

设计良好的报表通常要命名，可以用标准的品牌特征来装饰，比如公司徽标图像。

(1) 在 SQL Server Data Tools 中打开 Wrox SSRS 2016 Exercises 项目。

(2) 在 Solution Explorer 的 Reports 文件夹上，使用右键菜单中的 Add ➪ New Item...，给项目添加一个新报表。

(3) 将新报表命名为 ProSports Report。

(4) 添加页眉和页脚，将它们的大小调整为 0.5 英寸(1.25 厘米)高。

(5) 将报表体的大小调整为 7.5 英寸(约 19 厘米)宽或更窄。

(6) 右击报表体外部的报表背景，编辑报表属性。

(7) 确认 Paper size 是 Portrait，大小是 Letter 或 A4，如图 7-36 所示。

(8) 把所有的页边距减少为 0.25 英寸(约 64 厘米)，然后单击 OK 按钮。

> **注意：**
> 为了在这个练习中使用 US 和公制标准，使用 A4 纸的宽度，这种纸比 US 信纸略小一点。屏幕上的例子用 US 尺寸显示，但是这两个纸张大小标准都是有效的。

2. 设置报表头

下面添加页码范围，并设置页眉，使第一页不显示页眉，这样页眉信息在报表标题中就不是多余的。

(1) 在设计器左侧的 Report Data 窗口中，展开 Built-in Items 节点。

(2) 将 ReportName 拖放到页眉的左侧。

(3) 将 PageNumber 内置字段放到页眉的右侧。

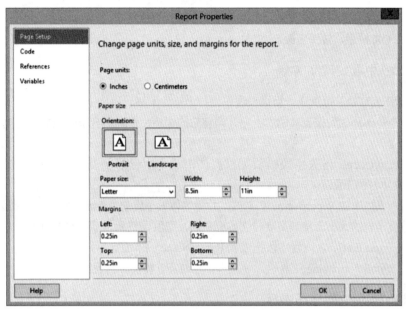

图 7-36 Report Properties 对话框

(4) 将这个新文本框的大小调整为 3 英寸(7.5 厘米)宽。

(5) 将光标放在[&PageNumber]文本之前,并键入"Page",后跟一个空格。

(6) 将光标放在这个文本框的末尾,然后输入一个空格,后跟单词"to"和一个空格。

(7) 在这个文本框中,将 TotalPages 内置字段拖放到文本的末尾。

(8) 单击以选择[&PageNumber]占位符,并使用 Report Formatting 工具栏,将它设置为粗体。

(9) 单击以选择[&TotalPages]占位符,并使用 Report Formatting 工具栏,将它设置为粗体。

(10) 在新文本框外单击,然后单击一次以选择文本框而不是文本框中的文本。

(11) 使用 Report Formatting 工具栏将文本设置为右对齐。

(12) 右击页眉的背景,并选择 Header Properties..,打开如图 7-37 所示的对话框。

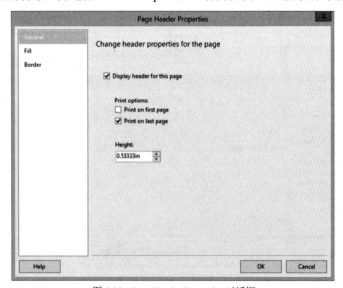

图 7-37 Page Header Properties 对话框

(13) 在 Print options 中取消选中"Print on first page"复选框。

(14) 单击 OK 按钮，接受更改。

3. 在报表头中添加标题和徽标

使用矩形作为容器，可以让一组报表项作为一个单元来移动和定位。

(1) 将一个矩形添加到报表体的右上角。调整它的大小，使之适合报表正文的宽度，约 0.85 英寸(2.2 厘米)高。

(2) 将 ReportName 内置字段拖放到报表体中这个矩形的左上角，处在添加到页眉中的 ReportName 文本框的下面。

(3) 选择报表体中的 ReportName 文本框，并将字体大小更改为 14pt，将字体更改为粗体。

(4) 调整文本框的大小，使其高度与文本框相同，宽度调整到 5 英寸(12 厘米)。在报表体包含的矩形中，将 ExecutionTime 内置字段拖放到 ReportName 的下面。

(5) 使用 Report Formatting 工具栏，使文本框左对齐，将文本设置为斜体。

4. 在报表头矩形中添加公司徽标

下面为徽标使用一副嵌入式图像，在页脚使用一个文本框来显示公司政策信息。

(1) 在矩形的右边添加一个图像项。打开 Image Properties 对话框。

(2) 单击 Import...按钮。

(3) 浏览到 Wrox SSRS 2016 报表解决方案文件夹下的 Images 文件夹。

(4) 在 Open 对话框的右下角，下拉文件类型列表，选择"All files (*.*)"(参见图 7-38)。

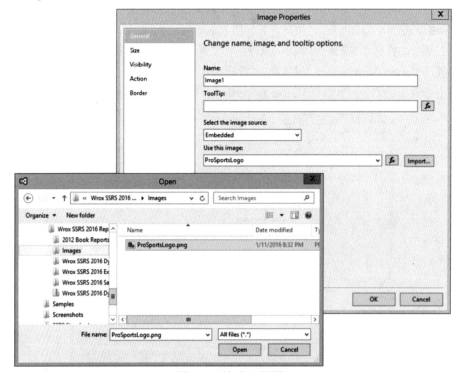

图 7-38 添加嵌入式图像

(5) 选择 ProSportsLogo.png 文件，单击 Open。

(6) 单击 OK，接受选中的图像文件和默认图像属性。

(7) 将图像的大小调整为正方形，并放在矩形的右侧。

在报表页脚添加保密声明，并保存报表模板文件。

(8) 在报表页脚的左侧添加一个新的文本框，并将其扩展到报表的宽度范围内。

(9) 在页眉底部、两个文本框的下面添加一行。

(10) 在文本框中输入以下文本：information on this report is confidential according to corporate privacy policy。

(11) 选择文本框，并使用 Report Formatting 工具栏，把文本设置为斜体。

(12) 在页脚的新文本框的上方添加一行。

(13) 使用图 7-39 检查报表布局，并进行必要的更改。

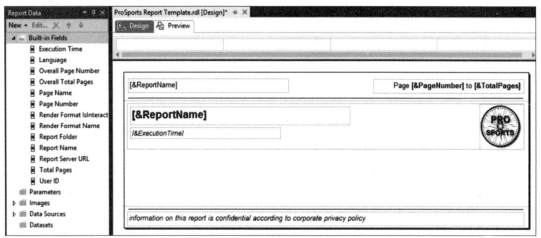

图 7-39　完成的模板报表

(14) 保存并关闭报表。

(15) 打开 Windows 资源管理器或文件资源管理器。

(16) 定位模板报表定义文件 ProSports Report.RDL。

(17) 将 RDL 文件复制到 ReportProject 项目项模板文件夹中。如果 Visual Studio 被安装到默认路径，该文件夹就位于：C:\Program Files (x86)\Microsoft Visual Studio 14.0\Common7\IDE\PrivateAssemblies\ProjectItems\ReportProject。

7.8.2　练习 2：在模板中使用动态表达式创建报表

将模板报表保存到 Visual Studio 报表项目模板文件夹中后，就可以用它作为新报表的模板。

1. 创建矩阵报表

从模板中创建新的报表。

(1) 在 Wrox SSRS 2016 Exercises 项目中，右击 Solution Explorer 中的 Reports 文件夹，并选择 Add ➪ New Item。

(2) 在 Add New Item 对话框中，列出了新的报表模板。选择 ProSports Report 项，将报表名称更改为 Profit by Country and Subcategory (参见图 7-40)。

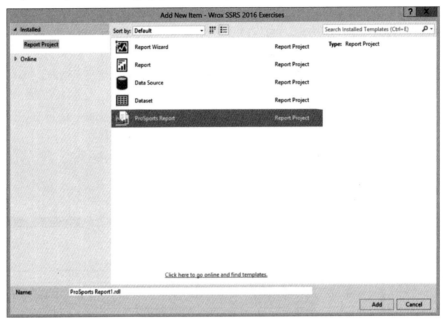

图 7-40　从 Add New item 对话框中选择一项

(3) 单击 Add，从模板中创建新报表。

(4) 当在设计器中打开新报表时，在项目中添加一个新的引用 WroxSSRS2016 共享数据源的数据源。

(5) 添加一个新的嵌入式数据集。使用查询设计器创建如图 7-41 所示的查询。

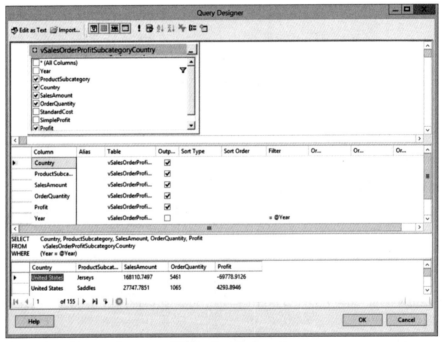

图 7-41　Query Designer

该查询的文本如下面的脚本所示。某些文本和布局略有不同，这取决于使用图形化的查询构建器的方式。回车和选项卡是可选的，添加它们是为了提高可读性。

```
SELECT
    Country,
    ProductSubcategory,
    SalesAmount,
    OrderQuantity,
    Profit
FROM vSalesOrderProfitSubcategoryCountry
WHERE (Year = @Year)
```

(6) 编辑 Year 报表参数，并将默认值设置为 2013，如图 7-42 所示。

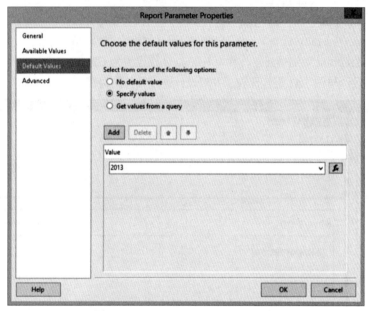

图 7-42　Report Parameter Properties 对话框

(7) 在标题文本框的下面，给报表体添加一个矩阵数据区域。

(8) 在 Report Data 窗口中，展开新的数据集。

(9) 根据表 7-4 中的信息，将以下字段拖放到矩阵目标单元格中。

表 7-4　矩阵单元格字段映射

字　　段	目标单元格
Country	Columns
ProductSubcategory	Rows
SalesAmount	Values
OrderQuantity	Values
Profit	Values

(10) 要添加列标题，请单击矩阵，显示灰色的列和行选择器手柄。

(11) 右击顶部行左边的选择手柄(包含 Product Subcategory 和[Country]标题)，并选择 Insert ⇨

Inside Group-Below。这会添加一行，其中的三列被合并成一个单元格。

(12) 右击[Country]标题下的单元格，并选择 Split Cells，单元格被分隔成三个。

(13) 确保 Properties 窗口显示在报表设计器的右边。

(14) 为 Sales Amt、Order Qty 和 Profit 输入如图 7-43 所示的列标题文本。

> **提示：**
> 根据执行这些步骤的顺序，设计器的行为有点不同，因为有了一些经验，这会变得很直观。例如，如果要在步骤(9)的添加字段操作之前执行第(11)步，即添加行，设计器会自动添加列标题。最好在完成了这个练习之后，实验这个过程。

(15) 使用 Report Formatting 工具栏对标题进行右对齐。

(16) 选择 Sales Amount 明细单元格，并将 Format 属性设置为 C2。

(17) 选择 Order Quantity 明细单元格，并将 Format 属性设置为 N0。

(18) 选择 Sales Profit 明细单元格，并将 Format 属性设置为 C2。

(19) 将报表设计与图 7-43 进行比较，并对设计进行必要的调整。

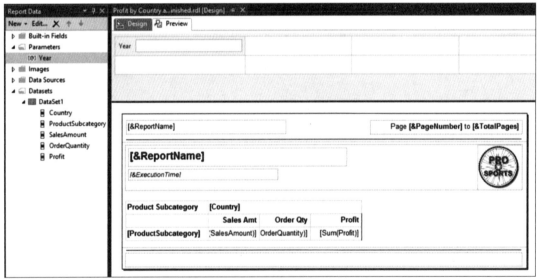

图 7-43　在这里添加图的标题

2. 添加交替行阴影和阈值警告颜色

当相邻的行有不同的背景阴影时，较长的表格和矩阵样式的报表更容易阅读。下面添加这种效果，并将负值的前景色更改为红色。

(1) 按住 Shift 键，单击并拖动 SalesAmount、OrderQuantity 和 Profit 明细单元格，选择它们作为一组。

(2) 在 Properties 窗口中，对于 BackgroundColor 属性，选择 Expression...。

(3) 在 Expression editor 窗口中，输入下面的 VB.NET 代码：

```
=IIF(ROWNUMBER("Country") MOD 2 = 1, "Gainsboro", "White")
```

(4) 单击 OK 按钮，接受表达式。

(5) 检查图 7-44，并进行必要的更改。

图 7-44　矩阵设计视图和 BackgroundColor 属性表达式

(6) 预览报表。矩阵中的相邻明细行应交替显示灰色背景。

(7) 回到 Design 视图。

(8) 选择 Profit 明细单元格。

(9) 在 Properties 窗口中，选择 Color 属性并选择 Expression...。

(10) 在 Expression editor 窗口中，输入下面的 VB.NET 代码：

```
=IIF(Fields!Profit.Value>=0, "Black", "Red")
```

(11) 再次预览报表。这一次，所有负的 Profit 值都应用红色显示。

最终的报表如图 7-45 所示。

Product Subcategory	Australia			Canada			France
	Sales Amt	Order Qty	Profit	Sales Amt	Order Qty	Profit	Sale
Bike Racks	$12,406.70	173	$3,339.76	$36,343.67	519	$9,234.86	$19,!
Bottles and Cages	$362.27	121	$98.41	$1,266.27	437	$317.74	$6
Bottom Brackets	$3,928.08	70	$608.85	$6,754.67	121	$1,046.97	$4,!
Brakes	$5,495.40	86	$851.79	$8,397.78	132	$1,274.26	$7,(
Caps	$1,016.99	195	($439.64)	$2,693.68	520	($1,188.75)	$1,(
Chains	$825.79	68	$128.00	$1,020.10	84	$158.11	$1,2
Cleaners	$577.17	121	$156.80	$1,984.81	420	$527.62	$5
Cranksets	$15,899.80	83	$2,464.47	$24,104.81	132	$3,736.24	$24,(
Derailleurs	$6,743.43	114	$1,045.23	$9,776.44	165	$1,461.86	$8,(
Gloves	$1,934.95	133	$513.60	$9,745.59	673	$2,558.10	$4,!

图 7-45　已完成报表的预览效果

7.9　小结

在所有运行的报表中，报表页眉和页脚结构通常是可以标准化的。将这些平凡的工作分解成有组织的报表模板，报表设计师在未来的报表中就不需要重复做这一工作。在报表模板中定义报表的页眉和页脚，可以在所有的新报表中重用该设计。可以向页眉和页脚添加内置字段和摘要信息，以显示和打印有用的信息，例如报表名、执行日期和时间、页码和报表用户。在打印或归档报表时，这些信息可以提供重要的上下文信息。

　　复合报表的基本设计模式包括使用嵌入式数据区域和子报表。报表元素(包括复杂的数据区域)可以嵌套在列表、表格或矩阵中，创建更复杂的界面范型。如果主/明细报表必须对来自不同数据源的相关信息进行协作，那么子报表可以提供同样的功能。报表导航功能使报表不再是静态的、被动的数据浏览工具。文档结构图、下钻和钻取技术，都可以帮助用户与报表进行交互，提供动态的信息分析和信息发现的使用体验。

　　第8章将把你在前面章节中学到的许多技巧和设计原则应用到图形化的报表上。使用不同的图表类型，可视化地聚合和分析数据，然后创建不同类型的组合图表，其中具有多个区域和系列轴。我们将学习使用在SQL Server 2016中引入的新图表类型，第14章则将其设置为构建仪表板报表解决方案。

图形化报表设计

本章内容

- 理解可视化设计规则和可视化方式
- 了解图表类型和设计方法
- 剖析图表
- 创建多序列图表
- 使用多分区图表
- 学习有用的属性和设置

本章的 wrox.com 代码下载

本章的示例和练习包含在第 3 章介绍的 SSDT 解决方案中。如果没有安装本书的示例和练习，回到第 3 章完成这些任务。

据估计，60%～70%的人是视觉思考者。这意味着，即使在文本中使用数字和信息，大多数人也会在头脑中生成这些信息的视觉表示。我们已经习惯于以视觉形式显示的数据。事实上，我们希望重要的数据能可视化，特别是当这种显示方式提供了比较和趋势信息时。

当使用正确时，图表能更有效地回答问题，允许消费者对一组数据(而不是一个充满数字的网格)采取措施。相反，包含详细信息的表格可能会提供必要的上下文，并与详细表的完整性保持平衡。财务控制人员或会计不会对书籍与图表进行平衡，但是对于 CEO 来说，图表可能是一种很好的方式，基于与资产负债表同样的细节，可以看出增强的盈利趋势。

本章从可视化报表设计的指导原则开始，讨论图表在分析报表中的用法。然后介绍检查 Reporting Services 中提供的不同图表类型，为不同业务目的和数据场景选择正确类型的图表的标准。用简单的术语解释最有用、最流行的图表的基本组成部分，然后论述一些用于创建高级图表报表的许多详细属性和特性。本章的两个练习包括使用折线图和柱状图的时间序列图，先创建一个包含两个独立纵轴的多序列图表，然后创建具有同步水平轴的多分区图表。

8.1　可视化设计规则

可视化报表通常称为分析报表或仪表板组件。实际上，"仪表板"这个词在不同的产品中由不同的供应商用来描述任何对象，例如简单的仪表图形，以及充满视觉部件的巨大屏幕。那么，"可视化报表"和"仪表板"之间到底有什么区别？笔者认为，这个行业不能提供"仪表板"的精确定义，在这两个术语之间设置边界的原因是，术语"仪表板"是我们所有人使用的有形事物的隐喻，而隐喻是要解释的主体。

无论仪表板或可视化报表的定义是什么，意义都是明确的。仪表板或可视化报表的目的是总结和显示信息，以便快速、方便地利用它们，让用户在不转移注意力的情况下了解业务状况。

笔者在惠普的一支产品工程团队工作时，针对职业生涯中一直陪伴着本人的成功设计有了一些有价值的经验。我们设计的一切都包括以下三个和平共存的元素，在设计的所有对象中都应该考虑这些元素：

- 形式：它的外观，用户对它的感觉如何？它吸引人、引人注目、有趣吗？人们喜欢使用熟悉的、令人感到舒适的东西。

- 适合：它是如何适应需要或解决问题的？先从定义好的、支持设计的问题陈述开始，然后创建一个有用的工具来解决问题，或者完成一个重要的任务。

- 功能：易于使用、直观、实用吗？它是否适用于所有环境以及需要的场景？在报表或用户界面中，报表可以在带有触摸界面、远离办公室的移动设备上工作，还是只能在桌面上工作？它是交互式的还是静态的？用于打印还是显示？

8.1.1　保持图表简单

如果默认的图表样式符合需求，基本的图表设计就可以非常简单。将图表放在报表体中之后，便可以从数据集窗口中将字段直接拖放到图表设计界面中。在图表中，至少有一个针对值的聚集字段和一个针对类别的分组字段。类别和序列的分组代表了条形图、柱状图、折线图、分区图和点图中的 x 轴和 y 轴。

在事情变得复杂之前，让我们简单一点。首先不要在图表样式上费太多心思。使图表简单明了，使用可视化属性(而不是图形)来强调数据。过重的边框、背景、阴影和三维(3D)效果会使人们的注意力远离重要的消息。

> **注意：**
> 可视化的经验法则是，图形中使用的"墨水"数量应与信息的重要性相对应。一般来说，暗色、过重的边框和大字体应该用来强调重要的信息。浅而细的边框、背景和字体应该用于支撑组合。不必要的样式应该去除。

视觉设计既是艺术，也是科学，因此很难为视觉表达指定硬性规则。有时，只需要看起来正确即可。避免杂乱，使用白色空间来提供平衡。从已建立的设计模式的例子中工作。实验并找到适合自己和观众的展示风格，然后在这个主题中工作。在完成重要的设计工作时，可以随时调整，在这个过程中改进其美学设计。

Nathan Yao 在他的书和网站 FlowingData. Com 上提供了几个很好的例子。Stephen Few 在他的书和网站 PercetualEdge.com 上为高效、简单的视觉设计原则及概念提供了杰出的指导，在那里有一些要避免的坏例子，以及应参考的好例子。

8.1.2　属性

Reporting Services 提供了大约 60 种不同的图表样式，包括所有的变体。对于每一个样式，可以通过详细的属性控制边框样式、填充、颜色和大小等所有特性。这种灵活性也可能带来很高的复杂性。总之，图表数据区域及其组成对象支持近 200 个属性。其中一些属性只适用于特定的图表类型。但是无论如何，为了使用图表，就不得不深入研究并跟踪大量属性。

自从微软公司购买了 Dundas Software 公司的.NET 图表组件库的代码，添加了新的版本功能之后，微软公司已经在利用图表简化设计界面方面完成了令人瞩目的工作。可以按照需要进行图表设计。图表设计既可以非常简单，也可以非常复杂。根据我在这方面的长期经验，我认为首先要熟悉图表设计的基本内容，然后根据具体的目标开展图表设计工作，否则很可能会迷失在大量的界面中。

8.1.3　可视化潮流

完美的数据可视化是分析报表的圣杯。我读过很多书，参加了许多关于“正确”和“错误”数据可视化实践的讲座。目前存在大量的仪表板、记分卡以及可视化产品，所有这些产品都承诺要填补其他供应商在本行业留下的一个巨大空白，但根据竞争对手的说法，所有这些产品似乎都无法得到正确的数据可视化。

在编写本章时，几天前传出了传奇人物 David Bowie 去世的消息。Bowie 是时尚界的代名词(当然，他也为此写了一首歌)。过去几十年的时尚潮流——发型、短发、长发、喇叭裤、直筒裤、霓虹灯、彩笔、格子和乏味的东西。有趣的是，回顾前一代人的时尚时，觉得他们似乎太荒谬了，很难相信人们会把这些时尚当真。但不知为何，一些明星和名人可以让极端事物看起来很酷、很时尚。图表也是如此。

我在 2003 年开始使用 Reporting Services 时，3D 图表风靡一时。可视化报表使用大而圆的边框，带有阴影、斜切边缘、渐变填充的背景。现在要这么做，报表将立即贴上“风靡”和“养眼”的标签。十年后，“现代”外观的图表应是平面的，使用白色背景、浅色的条状。以前我们是怎么想的？再过几年，也许我们可能会穿着喇叭裤，设计三维图表。

8.1.4　可视化的故事板

使用图表的目的在于强调重要的信息，并且将这些重要信息传递给用户。虽然各种报表类型都可以传递比较信息和趋势信息，但是针对不同的数据应该使用不同的图表。在进一步学习图表之前，需要澄清一个观点。在工作领域，如果某种特殊的可视化效果(visualization)特别有用，并且非常适合这个领域，在这个领域使用更为抽象的专用图表就更有意义。但是日常业务报表常常使用多种传统图表对业务度量进行可视化展示。因此，虽然极坐标图、股价图和漏斗图看起来更酷，可是它们未必能够有效地传递信息。在业务工作中，99%的行业仅使用 5%的图表类型，即条形图、柱状图、折线图，以及这些类型的一些变体。

8.1.5 视角和倾斜

前面说过，应使用 3D 图表作为练习，但适合使用 3D 图表的情况很少。考虑如下情况：准备一个演示文稿。数据是静态的，数字就摆在面前。现在，要选择最有效、最有冲击力的可视化表示，也许大胆的三维图能正确地传递信息。可以扭曲它、旋转它、调整它，使数据点都可见，而且位于正确的位置。与为变化的数据设计报表相比，这是一次非常不同的经历。只要值改变了，三维透视图表中最后一行的列就可能不再可见。

图 8-1 显示的两个结果使用了相同的图表和数据，但样式不同。哪个更容易阅读？这是一个极端的例子，但它说明把屏幕空间浪费在视觉样式上是不必要的(更不用提打印时浪费的油墨或墨粉了)。

营销的目的通常是利用心理学和情感，放大和强调某些信息，说服消费者采取行动。精心设计的信息表达方式可以改变用户的感知，以及他/她对某些事实的信念。在分析(这是一种科学的工具)中，信息以统一、标准的格式呈现，所以消费者可以做出诚实、公正的评估。

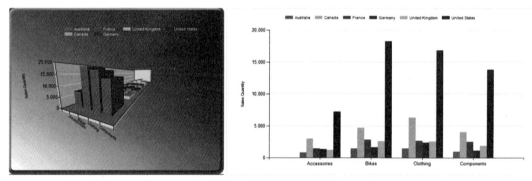

图 8-1 相同图表的两种结果

8.2 图表类型

某些更常见的图表类型(如柱状图、条形图、折线图和分区图)可以为同一组数据展示不同的视图。饼图提供了一种更简单的视图，在分类值较少的情况下能够很好地工作。其他的图表类型则更专业，可能更适合展示多值数据点、范围值和方差等内容。所有的图表类型都支持动态特性，如操作和内容提示。在报表设计中使用这些特性，图表用户只需将鼠标悬停在某个范围、点或区域的上方，或者单击某个范围、点或区域，就可以获得更多的信息和细节。

8.2.1 图表类型总结

表 8-1 描述了 12 种常用的图表类型。

表 8-1　图表类型

图表类型	说　　明	最佳使用场合
柱状图	一种经典的垂直条状图，每个柱子都沿 y 轴方向表示一个值。在 x 轴上具有相似值的项可以沿 x 轴方向进行分组，每一个在 x 轴上具有相同值的分组所对应的数据条具有相同的颜色和模式。可以对序列值分组，甚至可以对序列值的分组再次分组。可以对数据柱添加点标签，带有颜色的数据条可以使用图例进行标记。每个柱形条既可以沿着 x 轴紧密排列，也可以沿着 z 轴前后排列。可以将数据条设置为矩形或圆柱形外观，使之具有突出的立体显示效果	适用于在分类轴(也就是 x 轴)上具有离散分组值的数据。对于具有线性时间序列周期(如日、周和月)的离散值也比较合适
条形图	条形图在功能上与柱状图是相同的，只不过是翻转了 90° 而已。条形图有助于更精确地描述值与值之间的比较结果，这是因为在条形图的布局下可以获得更多的水平空间	仅可以用于离散分组值，不适用于线性序列分组
折线图	与分区图表类似，但是不填充绘图区域。如果需要沿着 z 轴比较多个序列以便查看一个序列的内部趋势，那么这类图表非常有用	适用于时间序列和线性间隔分类分组，如时间、日期和递增数值
分区图	与柱状图类似，分区图同样基于序列提供各个点之间的趋势。如果需要描述一组相对平缓发展的趋势数据，并且希望从中看出"平缓"、"上升"和"下降"等趋势，那么这类图表是非常适合的。但是这类图表不适用于描述跳跃性比较大的序列值。绘图区域的阴影部分描述了数据值的规模	适用于时间序列和线性间隔分类分组
饼图	传统意义上的饼图在比较相对值方面是一种非常优秀的工具。与条形图、柱状图、折线图和分区图不同，饼图没有量化聚集值。用户很容易理解饼图，因为他们只要看一眼饼图的概要情况，就能够得到比例关系，从而迅速做出决策。在根据视觉对饼图中的各个切片进行区分时，饼图可能会过于琐碎。如果要进行精确的比较，那么还是应该使用柱状图或条形图	仅用于离散分类分组，无法应用于线性序列值。然而，饼图也可以用于描述离散的成块数据值。一般情况下，饼图不宜超过 6 到 10 个切片
圆环图	圆环图是中空的饼图，在进行市场信息展示时更为有效。与饼图相比，3D 的圆环图可以显示更小的切片，因为每个切片都提供了四个面而不是三个面	使用 3D 效果可以提供更好的表达效果，但是不适用于描述精确的业务度量信息。典型情况下，切片数量不超过 6 个或 10 个
散点图	在一个范围内绘制多个点(包括 x 轴和 y 轴方向)，可以显示数据值的变化趋势和分布情况。其显示结果更像是由点组成的云带，而不是聚集的点或线	当用于分析一般趋势时，散点图可以用于显示几十个甚至上百个数据点。特别适用于用户对数据趋势感兴趣，同时对具体数据值并没有什么兴趣的情况
气泡图	一种用三维方式绘制数据点的技术。每一个数据值都是用不同大小的点绘制的，每个点就是一个气泡。气泡绘制是在一个二维(2D)网格中完成的。气泡的大小表明在 z 轴上的值	如果需要沿着两个不同的线性方向对两个不同的序列值进行度量，而且大小代表一个值，位置代表另一个值，那么就可以使用气泡图
范围图 (Gantt 图)	范围图和 Gantt 图常常用来对项目过程进行可视化，项目中的每一个阶段都是沿着一个线性序列向前推进的	在每个数据项(项目、产品和工作单元)沿着一个线性轴提供一个起始值和一个终止值的情况下使用

(续表)

图表类型	说　　明	最佳使用场合
股价图	这类图表有时也称为烛台图或箱线图,可以在垂直方向绘图,就像柱状图一样,但是可以绘制变化的起点和终点。针对每个沿着 y 轴序列的项,使用一条垂直线指明范围的起点和终点。在直线上绘制的一个标签要么表示这个范围内一个重要的值,要么表示这个范围内的一个聚集值。如果需要显示股票交易情况,如开盘价、收盘价、交易价,或者要显示采购过程中所用的批发价、零售价、折扣价等,那么这类图表非常合适	一类特殊的可视化图表,用于描述离散数据项,这些数据项沿着一个线性轴描述了多个事件,一般情况下包含多个值,如起点值和终点值
Shape 图	Shape 图就像漏斗或金字塔,可以有效地描述单独的堆叠柱状图。可以用于对基于目标的销售和生产以及销售机会管道进行建模 Tree Map 图和 Sunburst 图表是 2016 版 SQL Server 新添加的。很多可视化专家都认为,Tree Map 图可作为饼图的更通用替代品,因为它对值进行了更准确的比较,可以处理更大量的数据点	可以用于特殊的业务场景,其中各个数据项按照分级的步骤发生移动
极坐标图 (雷达图)	极坐标图和雷达图可以沿着中心轴,基于不同的角度和距离向不同方向,以放射状绘制各个点。这类图可以应用于某些应用程序,但是传统上用来绘制非线性图表,如非线性的柱状图和条形图	一种特殊的图表,可以用于描述离散、非线性的关联分类。最适合表达范围的起点或终点均不存在分类的情况

8.2.2　柱状图和堆积图

由于这种图表类型有非常多的变体,因此正确的选择取决于使用此类图表的目标。比如,使用某种图表,是否足以说明一个数据点小于或大于另一个数据点?数据点是否需要精确度量?艺术图表可能有助于产生视觉效果,但更普通的视图通常更适合保持准确性。

堆积图能有效地显示每个类别组内序列值的比例。图 8-2 所示的堆积柱状图展示了每个序列值都按比例增加了该列的高度,但这个视觉效果的缺点是,更难比较每个类别的序列值。

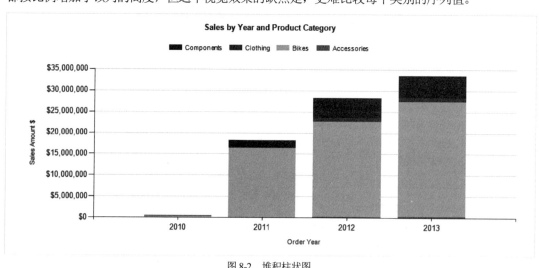

图 8-2　堆积柱状图

为了强调相似值之间的比例关系，在不关注累积值的情况下，可以使用百分比堆积视图。这种视图将所有的数据条都显示为同样的长度，而不是根据数据的总和值显示数据条的长度。

8.2.3　分区图和折线图

如图 8-3 所示，分区图(area chart)会画出每个点，然后用线段将各个点依次连接起来，显示各个值沿着序列的变化情况。分区图是分析趋势的一种有效方法，查看值在序列中的上升、下降和平稳趋势时，分区图尤其有效。如果 x 轴上的所有分类值均存在数据，这类图表就比较精确；但它不能很好地表达一组不具有统一度量基础的值。

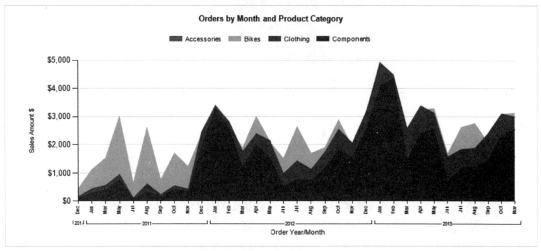

图 8-3　分区图

折线图(line chart)是分区图的一个变种，它使用一条折线或线条代替填充的区域。比较序列值中的多个分类时，折线图比分区图更好。因为在分区视图中，一层可能会遮挡另一层。在前面的示例中，分区图比较好，因为数据已排好序。较大的值位于后端，较小的值位于前端，因此趋势是从前向后递增的。

8.2.4　饼图和圆环图

分类数比较少，每个分组处于容易比较的范围时，饼图(pie chart)是比较各个值之间比例关系的优秀工具。如果目标是有效地使用屏幕，可从几何上证明这不是最好的视觉效果。简单地说，圆形的图表放在矩形的页面中，会浪费大量的屏幕或页面空间。饼图受到很坏的影响，因为一些著名的数据可视化专家提出了一些很好的理由。不管对错，有些人根本就不再看重这个视觉效果。尽管如此，它仍然是在整洁的视图或公开演讲中表示值的简单比例的最有效方法之一。底线是，应确保这是符合目标的正确视觉效果，如果有疑问，可以考虑其他选择。

近年来，饼图已经不再流行，因为它们可视化相对近似值的能力有限。通常，在处理类别较少、数据值截然不同的数据样本集时，会选择饼图，但在实际报表数据不适合这种类型的图表时，饼图却成了糟糕的选择。需要进行更精确的比较时，考虑使用树图、条形图或柱状图。

下面做快速实验。打开 Wrox SSRS 2016 Samples 项目中的 C08 - Pie and Column Chart 报表。预览报表，并尝试快速确定 2013 年的三个自行车产品类别的销售排名。图 8-4 在饼图中显示了这些数据。这很难，是吧？

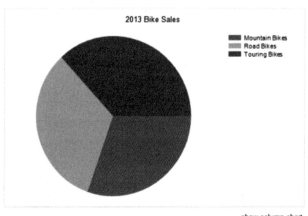

图 8-4　自行车产品类别的饼图

可以看出，在文本框中添加了一个报表操作来显示/隐藏报表中的一个柱状图。这里没有给出答案，所以读者必须使用示例报表，自己找出答案，但你可能会感到惊讶。

在很多情况下，饼图也是非常糟糕的选择，而柱状图和条形图提供了更精确的表达方式。

使用图表的目的在于完整地诠释数据，因此一定要为图表添加清晰的标签，说明每个数据分组代表了哪些内容。分组值可以使用点标签、外部显示标签或图例来说明。

圆环图(doughnut chart)是中心带有洞的饼图。是的，真的很简单。饼图和圆环图的变体允许分离切片，当然也可以用 3D 效果来扭曲和弯曲它们。另外，在适当的条件下，对于小的管理结果集可能要谨慎一些，但是在选择这个类型之前，总是要三思而行。

当分组值的数量超过个位数时，这种图表样式的局限性就很明显了。考虑下面的例子。打开示例报表 Ch08 - Pie and Bar Chart with Many Values。注意，其中添加了一个可见的参数，它允许指定在这个销售摘要中显示的产品数量。如图 8-5 所示，很难区分 25 种不同的值。饼图的下面是一个显示相同结果的条形图。在这个例子中，条形图是更好的选择。比较许多值时，文本沿纵轴排列是很理想的。

在这个场景中，与圆环图相比，条形图的优点是：在多个页面报表中，垂直的页面空间几乎是无限的。

更多内容

在几个产品版本之前，引入了一个很好的技巧，允许柱状图和条形图动态增长。不过，这一功能并不仅仅是打开它那么简单。与 Reporting Services 中大多数很酷的功能一样，必须编写一些代码。在 Design 视图中查看条形图的 DynamicHeight 属性，就将看到它是如何工作的。

```
=(COUNT(Fields!ProductName.Value, "ProductSalesSummary") / 5) & " in"
```

Top 25 Product Sales

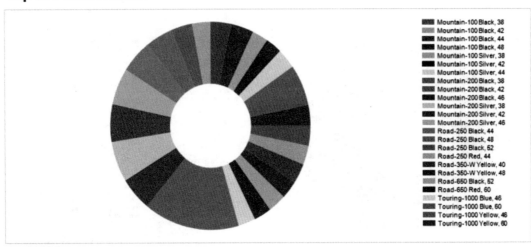

show data labels

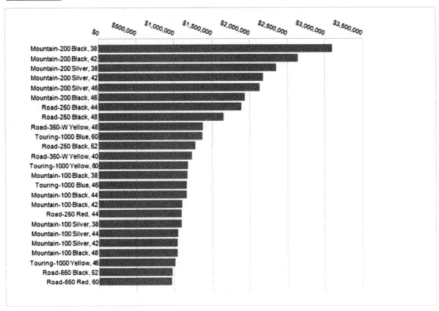

图 8-5　圆环图和条形图

该表达式得出了计算中使用的数据集所返回的行数，再连接一个字符串值，它解析为图表高度的英寸数。结果是 1 加上行数，再除以 5。加 1 可以避免除零错误。图表提供的空间是每 5 行约占 1 英寸。需要在不同的报表中调整这个算式，以避免增加额外的空白。

与前面的示例一样，添加一个带有钻取操作的文本框，但这一项控制了饼图上的图表系列标签。启用数据标签，可以看到每个切片表示的值，但是，这只适用于有限数量的轴值。了解了工作原理后，再一次预览报表。现在，为 Top Products 参数列表选择 200，并按 Enter 键。单击饼图下面的"Show data labels"链接，如图 8-6 所示。很明显，条形图是更好的选择。

Top 200 Product Sales

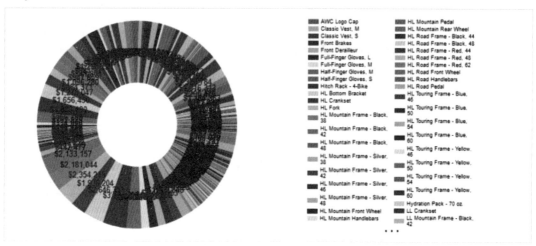

图 8-6　Top 200 Product Sales 报表

8.2.5　气泡图和股价图

气泡图(bubble chart)在本质上是在表示三维的网格中绘制的点状图,其 z 轴的值即为每个气泡的大小。设想在一个 3D 平面中,气泡离你越近,就显得越大。实际上,气泡可以是圆形、方形、三角形、菱形或十字形。这也意味着:在同一个图表空间中,可以使用组合形状显示不同的数据元素。图 8-7 中的示例包含在示例项目中,其名称是 Ch08 - Bubble Chart Product Subcategory Profit Analysis。

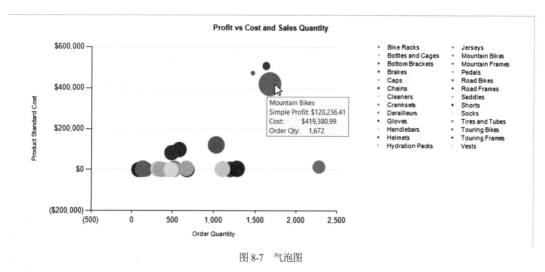

图 8-7　气泡图

对于按子类别分组的销售订单、选定的年份和国家,在纵轴上绘制产品成本,在横轴上绘制订单量。气泡大小代表在查询中计算的简单利润。图 8-7 中的示例揭示了山地车在加拿大的销售是非常赚钱的,从而有助于找到有价值的信息。

气泡图的属性最容易在图 8-8 所示的 Series Properties 对话框中设置。在 Design 视图中打开示例报表，单击图表以显示 Chart Data 窗口。然后，在 Values 字段列表中使用这个序列的 call_out 菜单。
在这里，将 StandardCost、SimpleProfit 和 OrderQuantity 分别分配给 Bubble、"Bubble size"和 Category
字段。

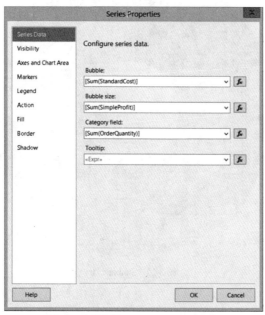

图 8-8　气泡图的 Series Properties 对话框

8.2.6　新图表类型

在 SQL Server 2016 Reporting Services 中引入的两种新图表类型是 Tree Map 图和 Sunburst 图表。
在图 8-9 和图 8-10 中你会看到示例报表的这两个图表。

注意，图表设计器通常用于管理每个图表类型的设置。因此，Category 和 Series 组用于在每个
图表类型中以不同的方式对字段进行可视化，这种分配可能是非常随意的，可能需要一些解释。

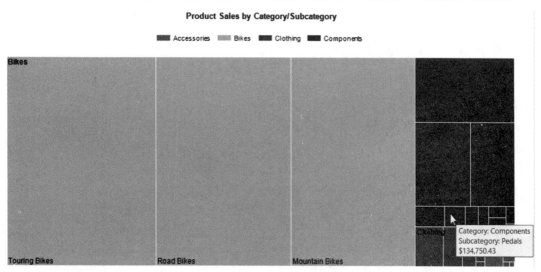

图 8-9　Tree Map 图

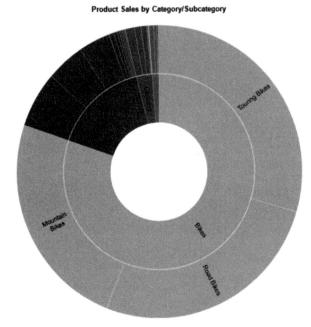

图 8-10 Sunburst 图

8.2.7 解剖图表

学习如何在 Reporting Services 中使用图表的最好方法是实践几个例子和练习。对所有属性和设置的详细回顾(其中一些显示在图 8-11 中)通常会导致迷失和困惑。就像学习开车一样,从基本过程和规则开始,然后学习开车。在这个过程中本章会详细说明细节。

图表对象可以按照如图 8-12 所示的层次结构进行组织。理解这些对象之间的结构和关系可以节省大量时间和精力。

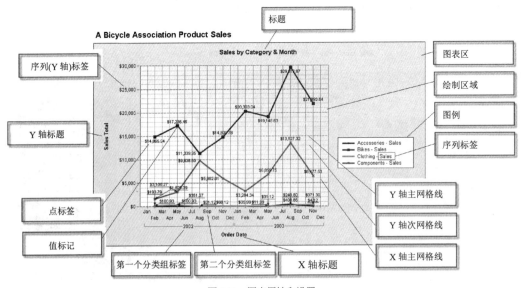

图 8-11 图表属性和设置

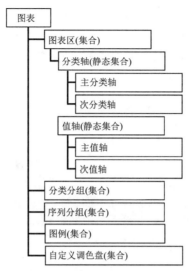

图 8-12 图表对象的层次结构

  图表对象仅仅是一个容器。图表区则完成大部分工作,包含大部分有用的属性。建议花些时间在设计界面中研究一下图表对象,因为不同的对象很多,第一步就能够选择正确的对象是不容易的,但是有了一点经验之后,就能够很好地使用这个界面了。

  在设计器中打开图表,显示 Properties 窗口,再单击图表的不同区域,选中并查看每一个对象的名称。单击不同区域以选中不同对象时,以图表对象层次结构作为参考查看选中的对象。还可以右击对象,打开菜单选项,查看下一级对象和集合。例如,如果右击图表对象,那么 Properties 窗口和右键菜单可以帮助找到图表区。现在花费一些时间熟悉这些内容,可以在学习后面练习的过程中节省大量时间和精力。

  请注意,这些对象大多被组织到不同的集合中,因此能够简洁地显示在标准 Properties 窗口和设计界面中。一般来说,选中对象后,可以用两种方法设置对象属性。

  如果在图表设计器中右击对象,会显示一个菜单项,用于编辑对象的属性。这个菜单还包含可编辑的关联对象。选中这个菜单项,会打开这个对象的自定义属性页面。在自定义属性页面中选中一个选项,开始编辑另一个对象时,将打开另一个自定义属性页面。这些自定义属性页面按照打开的顺序堆叠在一起。某些属性实际上是对象集合。单击这个集合的省略号(...)按钮,可以打开一个对话框,其中包含对象集合和关联的属性。

  除了每个图表关联对象的自定义属性页面,还可以在标准 Properties 窗口中编辑属性。

8.2.8 多个序列、轴和区域

  序列是聚合并沿着一组类别值绘制的单个数字字段。可以添加到同一图表的序列数量是没有限制的。每个序列都可以可视化为不同的图表类型,只要它们是兼容的类型即可。兼容的图表类型是可以在相同的垂直或水平空间中沿着轴向可视化的。例如,柱状图、折线图和分区图是兼容的,但不能与条形图或饼图混合起来。

  Reporting Services 图表支持多个图表区。这种强大的功能允许在同一个图表容器中放置多个不同类型、具有不同特性的图表。这些图表区都基于同一个数据集,可以采用多种方法将这些并列的图表对齐,并关联在一起。下面给出了一个简单的示例。

在图表报表中，可以将两个数据字段划分到垂直排列的两个图表区中。对齐 Category 轴时，数据发生的任何变化都会一致地反映到两个图表区中。

为了给第二个图表区留出空间，需要通过垂直拉伸操作来增加图表高度。右击这个图表，选中 Add New Chart Area，如图 8-13 所示。

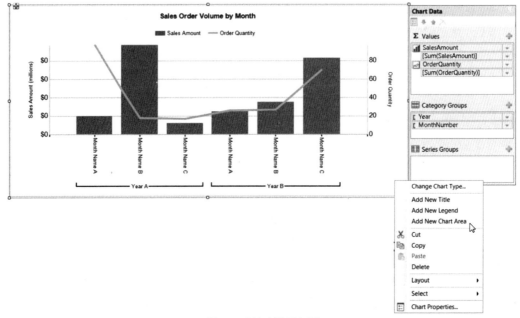

图 8-13　添加新的图表区

新的图表区位于原图表的下方，显示为一片空白，直到为新的图表区指派一个序列轴为止。右击 Chart Data Values 面板内的 OrderQuantity 字段，选中 Series Properties，如图 8-14 所示。

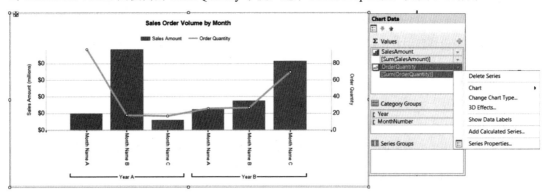

图 8-14　Series Properties 选项

在相应的 Series Properties 对话框的 Axes and Chart Area 页面中，使用 Change chart area 下拉列表选中新的图表区。确保使用的设置与图 8-15 相同，然后单击 OK 按钮，关闭 Series Properties 对话框。

图 8-16 显示了最终完成的报表，这个报表与先前的示例非常相似。然而，折线图及其轴都被移到了第二个图表区中。

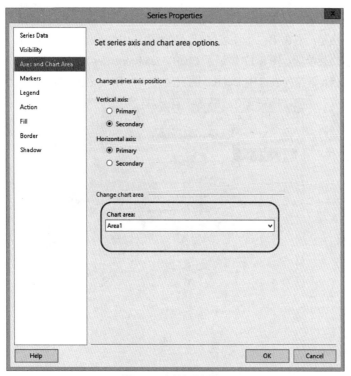

图 8-15 选择新的图表区

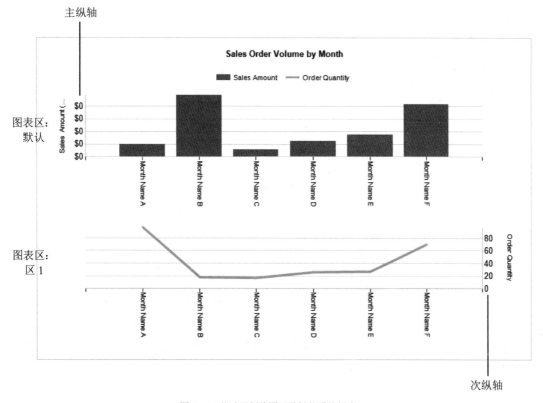

图 8-16 移动了折线图及其轴的最终报表

为了设置图表区的属性，右击设计器中的图表，选中 Chart Area Properties。选取图表需要一点技巧。最方便的方法是：右击第二个图表区时，先不要选中这个图表区。右击时，设计器会选中图表区，并显示适当的菜单项。图 8-17 显示了 Chart Area Properties 对话框。在 Alignment 页面中，使用 Align with chart area 下拉列表选中 Default 图表区。单击 OK 按钮接受修改，然后预览报表。

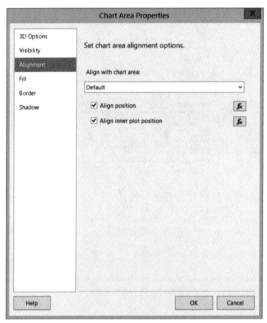

图 8-17　Chart Area Properties 对话框

最后一步修改操作用于确保水平轴的标尺始终对齐。尽管两个图表区显示了分别属于不同图表类型的独立图表，但是它们使用了相同的标尺，因此这两个图表区中的数据可以用来进行比较。

8.3　练习

下面的两个练习将构建包含多序列图表的两个报表。这两个练习演示了在两个不同的刻度上可视化两个不同序列值的技术。首先使用一个带有主轴和次轴的图表区域。在第二个练习中，把这两个序列分成不同的图表区域。

8.3.1　练习 1：创建和设计简单的图表

这个练习使用一个图表，在相同的图表区中使用柱状图和折线图。用主轴和次轴可视化两个不同的测量值，它们有不同的范围。

(1) 使用 Add ➪ New Item…右键菜单给 Wrox SSRS 2016 Exercises 项目添加一个新的报表，命名为 Sales Order Volume by Month。

(2) 在 Report Data 窗口中，使用共享数据来源 WroxSSRS2016 添加一个数据源。给新的数据源指定相同的名称。

(3) 在 Report Data 窗口中，使用刚添加的数据源添加一个嵌入式数据集。将数据集命名为 SalesByMonth。

(4) 使用以下查询脚本:

```
SELECT
    Year,
    MonthNumber,
    MonthName,
    OrderQuantity,
    SalesAmount
FROM vSalesSummaryMonth
WHERE Year IN ( @Year )
```

(5) 单击 OK，关闭 Dataset Properties 对话框。

(6) 编辑 Year 报表参数，并将 Data type 更改为 Integer。

(7) 选中 Allow multiple values 复选框。

(8) 在 Report Data 窗口中编辑 Year 属性。

(9) 使用 Available Values 页面添加 2011、2012 和 2013。

(10) 使用 Default Values 页面将 2012 和 2013 添加为默认值。

(11) 使用 Toolbox 窗口向报表体添加一个图表。

(12) 在 Select Chart Type 对话框中，选择显示的第一个柱状图类型，然后单击 OK，关闭对话框。

(13) 调整新图表的大小，以拥有一些工作空间。

(14) 单击图表，以显示 Chart Data 窗口。

(15) 使用 Chart Data 窗口将 SalesAmount 和 OrderQuantity 字段添加为值。

(16) 将 Year 和 MonthNumber 添加为类别组。

(17) 预览这份报表，以确保图表显示了 2012 年和 2013 年每个月的销售值。

1. 轴的标题和格式

注重细节对视觉设计有很大的影响。完成基本的图表设计后，使用下面的步骤为标题和布局细节使用细调属性(fine-tune properties)。

(1) 回到 Design 视图。

(2) 单击以选择垂直轴标题，并将文本更改为 Sales Amount (millions)。

(3) 单击以选择垂直轴的刻度值。

(4) 右击所选的垂直轴刻度，选择 Vertical Axis Properties...。

(5) 在 Vertical Axis Properties 对话框中，选择 Number 页面。

(6) 将 Category 更改为 Currency，如图 8-18 所示。

(7) 将 Decimal places 设为 0。

(8) 选中 Use 1000 separator 复选框。

(9) 选中 Show values in，并从下拉列表中选择 Millions。

(10) 在 Major Tick Marks 页面上，选中 Hide major tick marks。

(11) 在 Line 页面上，将 Line color 更改为 Light Gray。

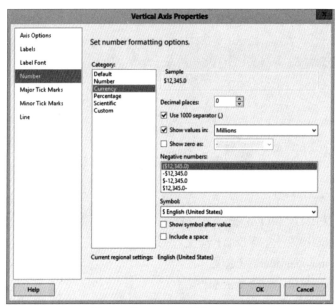

图 8-18 将 Category 更改为 Currency

(12) 单击 OK，关闭 Vertical Axis Properties 对话框。

(13) 预览和检查报表。

(14) 在 Design 视图中，右击 Horizontal Axis...，并选择 Horizontal Axis Properties...。

(15) 在 Horizontal Axis Properties 对话框的 Axis Options 页面上，把 Interval 改为 1(如图 8-19 所示)。这将在每个类别值上显示一个值，而不管标签的可用空间多大。

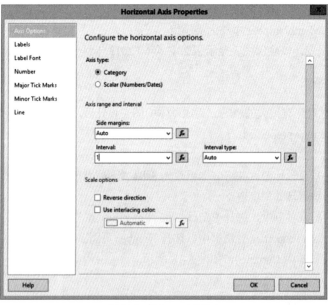

图 8-19 把 Interval 改为 1

(16) 在 Labels 页面上，选择 Disable auto-fit radio button。

(17) 设置 Label rotation angle 为 90°。

(18) 在 Major Tick Marks 页面上，选中 Hide major tick marks。

(19) 在 Line 页面上，将 Line color 更改为 Light Gray。

(20) 单击 OK，关闭 Horizontal Axis Properties 对话框。

(21) 预览和检查报表。

2. 改变轴标签

横轴是按 Year 分组，然后按 MonthNumber 分组。即使图表的值按 MonthNumber 分组和排序，也希望显示月的名称。为了去掉空格，可以将月名缩写为三个字符。

(1) 在 Design 视图中，单击图表以显示 Chart Data 窗口。

(2) 在 Category Groups 列表中，右击或使用 MonthNumber 字段的向下箭头图标，并选择 Category Group Properties...。

(3) 找到 Label 属性并单击右边的 Expression 按钮(fx)。

(4) 使用 Expression Builder，用如下表达式替换默认的字段表达式：

=Fields!MonthName.Value.Substring(0, 3)

> **提示：**
> 如果熟悉在 Office 宏中使用的 Visual Basic for Applications (VBA)，就会发现 Visual Basic .NET 中的 SubString 方法类似于 LEFT、RIGHT 和 MID 函数。在 Reporting Services 表达式中可以使用 VBA 或 .NET 风格的 VB 代码。

> **警告：**
> 如果对象方法或属性不包含在对象引用库中，如 SubString 方法，Expression Builder 的代码完成特性就不能使用。在接受任何更改之前，要仔细检查最终的代码。

(5) 重复检查代码是否正确，然后单击 OK，关闭 Expression 窗口。

(6) 单击 OK，以关闭 Category Group Properties 对话框。

(7) 选择水平轴标题，也就是文本 "Axis Title"，并按 Delete 键。很明显，图表的值是按 Year 和 Month 分组的。

3. 最后的格式

(1) 在 Chart Data 窗口中，选择 Values 标题下的 SalesAmount 图表序列。

(2) 在设计器右边的 Properties 窗口中，定位 ToolTip 属性。

> **提示：**
> Properties 窗口中列出的属性可以按类别分组或按字母顺序列出。知道属性的名字时，有时使用停靠窗口的排序工具栏按钮，以字母顺序列出属性会更容易。

(3) 使用下拉列表来选择<Expression...>，打开 Expression Builder 窗口。

(4) 手工或使用 Expression Builder 工具构建以下表达式：

```
=Fields!MonthName.Value & ", " & Fields!Year.Value & " Sales Amount: " &
FORMAT(SUM(Fields!SalesAmount.Value), "C2")
```

(5) 单击 OK，关闭 Expression 窗口。

(6) 将 Chart Title 文本更改为 Sales Order Volume by Month。

(7) 选择包含 Sales Amount 字段的图例，并拖放到图表的顶部中心。

(8) 保存所做工作。

(9) 预览报表。

(10) 将鼠标指针悬停在一列上，以查看工具提示，如图 8-20 所示。

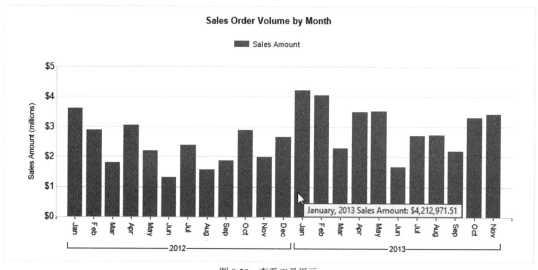

图 8-20　查看工具提示

8.3.2　练习 2：创建多序列图表

图表可以使用不同的轴和标尺对多个数据值进行可视化。下面的练习设计了一个包含两个不同序列轴的图表报表，每个序列轴都对应一种常用的分类轴。其中，一个序列使用一种标尺显示销售值，另一个序列则在同一个图表区中用不同的标尺显示订单数量。本节还将使用不同的图表类型，以不同的可视化效果区分两个序列。

(1) 为前面练习完成的 Sales Order Volume by Month 图表报表制作一个副本，命名为 Sales Order Volume and Quantity by Month。

> **提示：**
> 记住，对于 Visual Studi 设计人员而言，在 SSDT 中制作报表副本最简单的方法是在 Solution Explorer 中选择报表，然后使用组合键 Ctrl+C 和 Ctrl+V。这个报表副本的文件名会加上前缀 Copy Of。

(2) 将报表命名为 Sales and Order Quantity by Month。

(3) 预览报表(参见图 8-21)。

新的图表序列是使用一个带有 Sum 函数的字段表达式添加的。默认情况下，新序列被添加到主轴上，这意味着 SalesAmount 和 OrderQuantity 用同样的刻度衡量。因为 OrderQuantity 值比 SalesAmount 货币值小得多，所以这些列几乎是不可见的。左轴的刻度对于 OrderQuantity 而言是不合适的。这应该矫正过来。

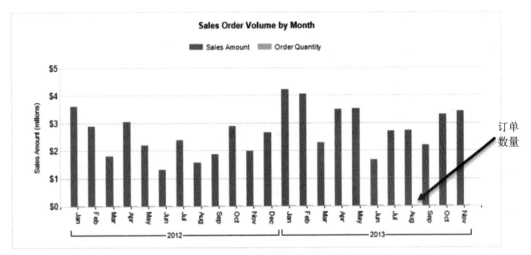

图 8-21　预览报表

(1) 在 Design 视图中，单击任何金黄色的 OrderQuantity 序列。

(2) 再次右击 OrderQuantity 序列，选择 Change Chart Type...，把图表类型改为折线图。在 Select Chart Type 对话框中，选择 Line 类别下面的第一个图表选项。

(3) 右击并选择 Series Properties...。

(4) 在 Series Properties 对话框的 Axis and Chart Area 页面上，把 Vertical axis 改为 Secondary，如图 8-22 所示。

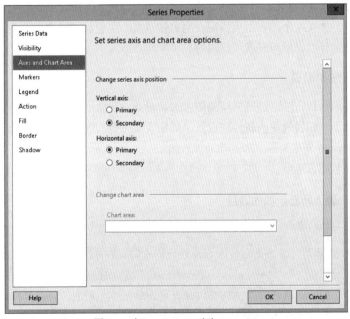

图 8-22　把 Vertical axis 改为 Secondary

(5) 在 Border 页面上，将 Line width 更改为 3pt。

(6) 单击 OK，关闭对话框，并保存属性。

(7) 把右边辅助轴的 Axis Title 改为 Order Quantity。

(8) 右击辅助轴的刻度，选择 Secondary Vertical Axis Properties。

(9) 设置序列的边界宽度、序列轴号格式和轴标题，对轴进行样式化，使它和主轴相似。不是格式化为 Currency，轴号格式应该是没有小数的非货币整数。

(10) 完成后，单击 OK，关闭 Secondary Vertical Axis Properties 对话框。

(11) 预览该报表，如图 8-23 所示。

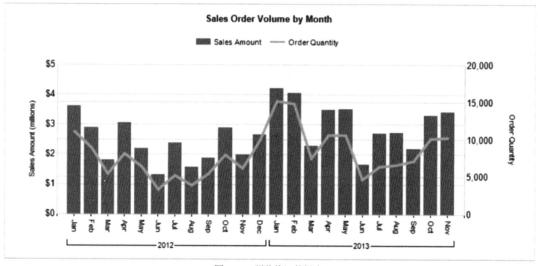

图 8-23　预览修订的报表

这两个练习涵盖了基础知识。一些细微的调整可以改善演示文稿。图表和视觉设计总是一种时间和优先权的平衡。如果这个图表由大量观众用来做重要的决定，就要进行一些更直观的调整，但最后，重要的是决定什么时候报表就"足够好"了，然后继续下一个设计任务。

8.3.3　有用的属性和设置

图表设计存在上百种方法。经过多年的图表报表设计，我总结出了一些最令人喜欢的功能和设置。下面各节描述了一些我收集的属性和设置。如果需要完整的图表样式设计指南或高级报表设计方法，请参考 *Microsoft SQL Server Reporting Services Recipes: For Designing Expert Reports* 一书的内容及该书作者的著名博客地址。

1. 控制在一个轴上所显示项的数目

> **提示：**
> 选择 Axis 属性最简单的方法是当报表在设计视图中时，右击图表的轴刻度。右键菜单将显示为所选对象编辑属性的选项（如"Vertical Axis Properties…"或"Horizontal Axis Properties…"）。显示的菜单将验证是否选择了正确的对象。例如，轴标题、轴刻度和图表区域在相同的位置，所以很容易选择相邻的一个。如果选择了错误的对象，只需要用鼠标右击，并再次尝试。

打开 Vertical Axis Properties 或 Horizontal Axis Properties。

把 Interval 属性设置为-1 时，会显示每个值。在呈现轴标签时无须考虑文本是否放得下。

2. 对轴上的文本放置方式和旋转角度进行管理

打开 Vertical Axis Properties 或 Horizontal Axis Properties ⇨ Labels group/page。
禁用自动调整，设置旋转角度。既可以设置为 45°，也可以使用其他的角度值。

3. 管理轴上的值的格式

打开 Vertical Axis Properties 或 Horizontal Axis Properties ⇨Number group/page。
可以选择一个格式选项，或使用自定义格式字符串，如"#,##0"或"$#,##0.00"。

4. 改变一组折线的颜色和宽度

在折线图中单击一组折线，或者在 Chart Data 窗口选取数据序列值。修改 Color 和 BorderWidth
属性。

5. 为一个图表值设置提示信息

在图表设计器中单击一个序列值，或者在 Chart Data 窗口的 Values 面板中单击某个项。
使用表达式设置 ToolTip 属性。
利用 Expression Builder，引用字段，并连接一个包含格式化文本和换行字符的字符串值。例如：

```
=Fields!FirstName.Value & " " Fields!LastName.Value & vbCrLf & "Income: "
& Format(Fields!Income.Value, "$#,##0")
```

6. 控制柱状图和条形图中柱形条之间的宽度和间隔

在图表设计器中单击一个序列值，或者在 Chart Data 窗口的 Values 面板中单击某个项。在图表
序列的属性中，选中 CustomAttributes 属性中的 PointWidth。
柱形条之间的间隔值为 1。减小这个值，柱形条的间隔会变大；增加这个值，柱形条会发生
重叠。

7. 对于包含多个图表区的图表，控制每个图表区的精确位置

默认情况下，图表区的大小和位置是自动管理的。为了重新定义这个行为，可以编辑图表区的
属性。将 CustomPosition 属性的 Enabled 值设置为 True，然后设置 Height、Width、Left 和 Top 等属
性。为了控制图表区的内容绘制位置，可以为 CustomInnerPlotPosition 属性组重复这些步骤。

8. 动态增加一个图表的大小

编辑 Chart 属性。
设置 DynamicWidth 属性，增加柱状图、分区图和折线图的大小。根据记录的数量或者不同的
分组值，可以使用表达式增加报表宽度。例如：

```
=(1 + COUNT(Fields!Country.Value, "Chart1")) & " in"
```

8.4　小结

随着新版本的不断发展，Reporting Services 提供的图表功能也在不断改进。为了以可视化方式向信息工作者展示业务数据，新的图表类型提供了更多的选项。高级图表提供了更灵活的机制来传递可操作的信息，包括多序列图表和多分区图表等引人入胜的功能。

基于相同的属性和功能，本章学习的图表设计技巧可以进一步扩展，应用于特殊的图表类型和更高级的图表报表样式。在设计器中看到的大多数附加属性都用来管理图表的美学特征，可以使用这些属性对图表报表的样式进行定制和微调。

下一章将从基础知识过渡到高级设计概念。第 9 章介绍的技术使用单值和多值选择参数，实现复杂的查询逻辑、分组和筛选。

高级查询和参数

本章内容

- 理解 T-SQL 查询和参数
- 理解 MDX 查询、参数和表达式
- 理解 DAX 查询、参数和表达式
- 管理报表参数
- 使用参数表达式

第 5 章介绍了查询和报表参数。本章介绍参数化查询的一些简单方法。本章将逐步介绍每个示例报表的设计,然后深入探讨更少见、更高级的设计模式。

Reporting Services 中的参数体系结构自该产品发布以来一直保持不变。但是,SQL Server 2016 的最新增强功能能够控制参数在浏览器顶部显示的参数栏中的位置。本章将讨论如何定义使用专门的参数项,通过单个参数项来返回所有(或一系列)数据集记录。许多相同的技术都可以用于 SQL Server Analysis Services (SSAS)的 MDX 查询。然而,必须理解 MDX 语言和查询对象的独特需求和功能。

> **注意:**
> 与前几章不同,本章没有列出所包含练习的每一步,只是提供必要的指导来运用前几章学到的技能。

9.1 T-SQL 查询和参数

作为 Microsoft SQL Server 的原生查询语言,Transact-SQL(T-SQL)提供了极大的灵活性,并有许多创造性的方法,通过参数动态地筛选数据集。另外,本章将利用几个示例报表和说明来演示不同的参数技术(例如使用参数列表、单选和多选参数、相互依赖的级联参数等)。

9.1.1　参数列表和多选参数

Ch09-Parameter In List 报表有两个数据集：一个用于填充参数列表，另一个用于主报表查询。ProductList 数据集使用以下查询：

```
SELECT
    ProductKey, ProductName
FROM Product
ORDER BY
    ProductName
;
```

另一个数据集 ReportDate 使用以下查询：

```
SELECT
    s.OrderDate,
    s.SalesOrderNumber,
    p.ProductCategory,
    p.ProductSubcategory,
    p.ProductName,
    p.ProductKey,
    p.StandardCost,
    p.ListPrice,
    s.OrderQuantity,
    s.SalesAmount
FROM
    vSales2013 s
    inner join dbo.Product p on s.ProductKey = p.ProductKey
WHERE
    p.ProductKey IN ( @ProductKeys )
;
```

这个查询在设计器中执行时，ProductKeys 参数被添加到报表中，并创建一个相应的数据集参数。这两个对象有相同的名字，所以它们很容易混淆，但理解两者的区别是很重要的。从数据集开始，下面由内而外地学习。图 9-1 显示了 Dataset Properties 对话框的 Parameters 页面，其中报表参数 ProductKeys 被映射到同名的数据集参数。

在 Report Data 窗口中检查报表参数，并注意以下属性(如图 9-2 所示)：

- 应该将"Data type"设置为 Integer 而不是默认的 Text：设置"Data type"来匹配筛选的字段可以更有效。某些数据类型(比如 Date 和 Boolean)会更改参数栏中显示的输入控件。日期类型的参数使用日历选择器控件，布尔类型的参数显示一对单选按钮，以便于选择 True 或 False。所有其他类型都使用纯输入框，除非值在 Available Values 页面中提供。此时，会显示一个下拉列表。

- 选中 Allow multiple values 复选框：下拉列表(其中包含待选的参数值)在每个条目前显示一个复选框。这会把一个逗号分隔的待选值列表发送给查询参数，并转换为一个文本字符串。多选报表参数是一个名为 Value 和 Label 的键/值对数组。

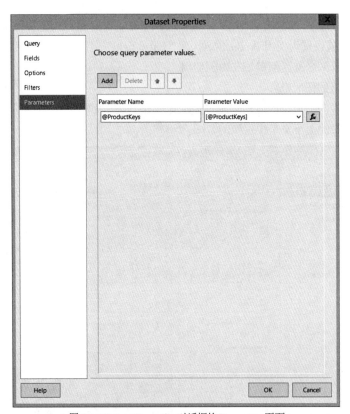

图 9-1 Dataset Properties 对话框的 Parameters 页面

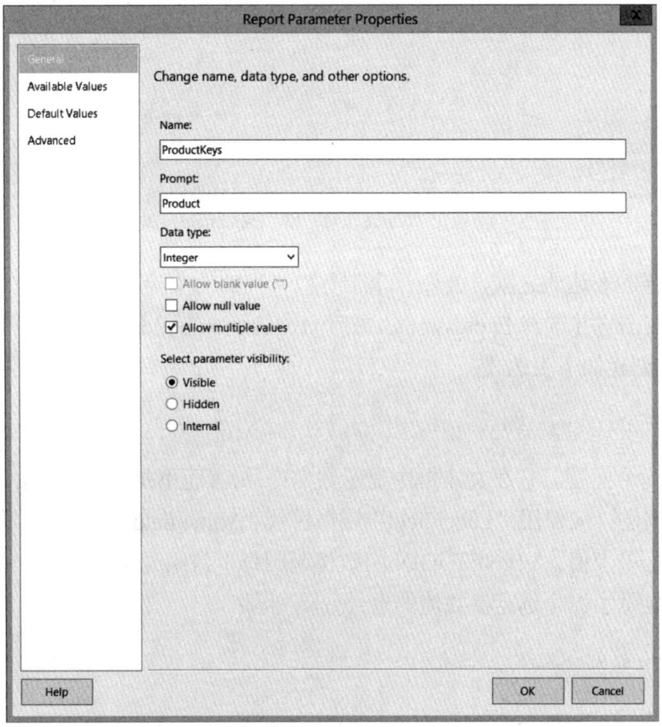

图 9-2 Report Data 窗口的 Report Parameter Properties 页面

在图 9-3 所示的 Available Values 页面上，可以使用 ProductList 数据集来提供基于查询的产品值。"Value field"属性被设置为使用 ProductKey，而"Label field"属性被设置为使用 ProductName。这意味着报表用户会看到名称，但键值在内部使用。

可以选择参数值的任何组合。

如何在报表头中向用户显示他们选择的参数值？当打印报表时，如图 9-4 所示，获取所选的参数，使读者理解报表的上下文是很重要的。

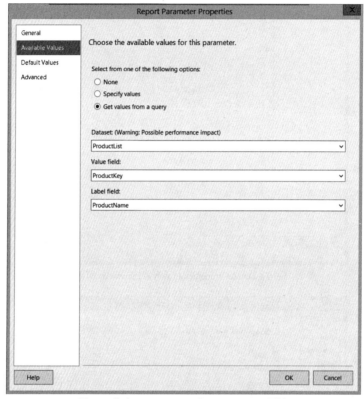

图 9-3　指定"Value field"和"Label field"属性

在查看这个增强的表达式之前，先做一个带有教育目的的实验。在表上方的报表标题区域添加一个新的文本框。右击它并选择 Expression...，打开 Expression builder 对话框。使用参数列表并双击 ProductKeys 参数，创建如下表达式：

```
=Parameters!ProductKeys.Value(0)
```

这个表达式有两个问题。它在文本框中显示数字产品键(而不是产品名称)，它只显示所选的第一项。要修正这个问题，应使用"Label field"属性替代"Value field"属性。多值参数存储为数组，因此不能将其显示为单个值。VB.NET JOIN 函数将遍历每个数组元素，为每个选中项表示键/值对。下面有效的表达式显示了每个选定参数值的逗号分隔列表：

```
=JOIN(Parameters!ProductKeys.Label, ", ")
```

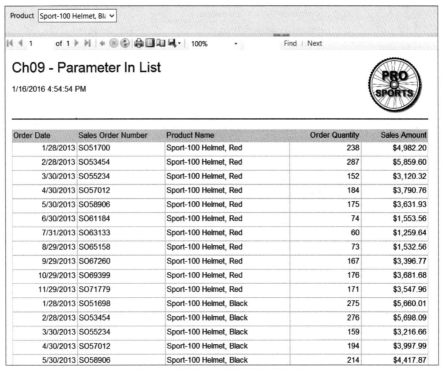

图 9-4　弄明白打印出来的报表的上下文

图 9-5 显示了完成的报表，在标题上显示了参数列表。

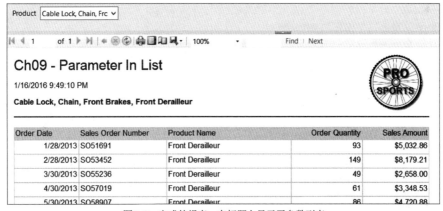

图 9-5　完成的报表，在标题上显示了参数列表

9.1.2　级联参数

在前面的示例中，参数列表有点长，不方便。有这么多可供选择的值，可以使用多个参数将列表分解为可管理的层次结构。一个参数可以依赖另一个参数，因此可用的值列表是基于另一个参数选择来筛选的。例如，如果向用户提供产品类别列表和另一个产品子类别列表，子类别列表只为选定的类别显示子类别。图 9-6 显示了一个例子。Categories 参数中的一个选项用于筛选产品子类别，该选项筛选的是产品列表。

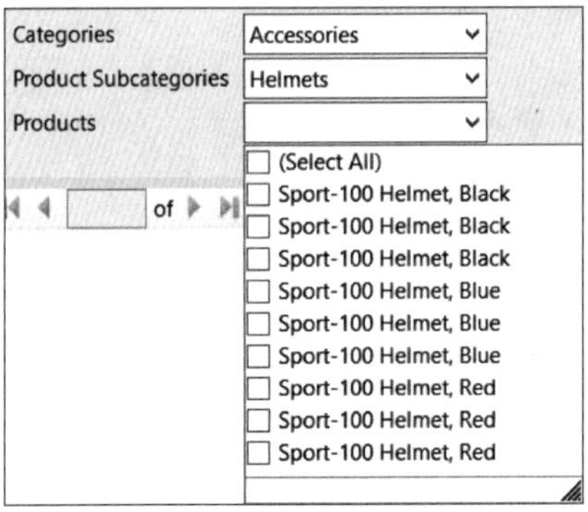

图 9-6　筛选产品子类别

　　示例报表 Ch09-Cascading Parameters 展示了如何构建这个表达式。首先使用三个独立的数据集来填充参数列表。数据集名称在查询之前列出。注意每个查询之间的逻辑依赖关系是有序的。

➤ CategoryList:
```
SELECT DISTINCT ProductCategory
FROM Product
;
```

➤ SubcategoryList:
```
SELECT DISTINCT ProductSubcategory
FROM Product
WHERE ProductCategory IN ( @Categories )
;
```

➤ ProductList:
```
SELECT ProductKey, ProductName
FROM Product
WHERE ProductSubcategory IN ( @ProductSubcategories )
;
```

主报表数据集(示例报表中的 ReportData)仅使用 ProductKeys 参数作为谓词来筛选销售记录。

```
SELECT
    s.OrderDate,
    s.SalesOrderNumber,
    p.ProductCategory,
    p.ProductSubcategory,
    p.ProductName,
    p.ProductKey,
    p.StandardCost,
    p.ListPrice,
    s.OrderQuantity,
    s.SalesAmount
FROM
    vSales2013 s
    inner join dbo.Product p on s.ProductKey = p.ProductKey
WHERE
    p.ProductKey IN ( @ProductKeys )
;
```

回想一下前面的例子，ProductKeys 参数为产品键值和标签使用两个不同的字段。相反，对于 Category 和 Product 子类别参数，没有必要使用不同的字段。图 9-7 显示了 Categories 参数的 Available Values 设置，其中 ProductCategory 用于"Value field"和"Label field"属性。使用名称而不是键值来筛选参数一般是有效的，只要值是唯一的，而且是相对较短的列表。

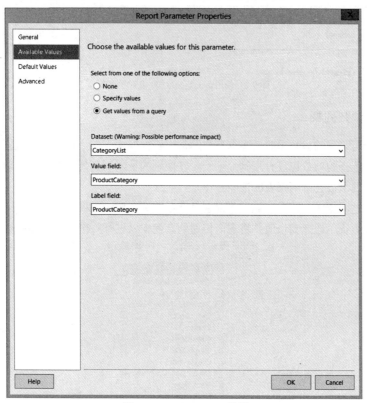

图 9-7　Available Values 设置

ProductSubcategory 参数设置类似于 Category，以及用于"Field value"和"Label value"属性的 ProductCategory。ProductKeys 参数在本质上与前面的报表示例相同，其中 ProductKey 用于"Value field"，ProductName 用于"Label field"。级联参数必须按依赖顺序排列，在本例中的顺序是 Category、ProductSubcategory 以及 Product。如果需要，在 Report Data 工具栏标题中使用上下箭头来改变顺序。

9.1.3　在参数栏中安排参数

SQL Server 2016 引入了一个新的报表设计特性，它可以控制报表参数在呈现的报表上方的参数栏中的位置。注意，在配置为本地模式的报表服务器中显示了报表的参数栏。

> **注意：**
> 在 SharePoint 集成模式下，在浏览器窗口右侧的面板中，参数仍然是垂直排列的。

参数栏是可定制的。如图 9-8 所示，使用右键菜单在网格中添加、删除列和行，然后将这些参数拖放到任意单元格中。右击并删除不必要的行和列。

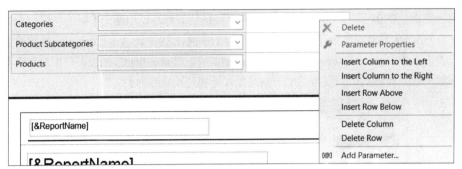

图 9-8　使用右击菜单添加、删除列和行

9.1.4　管理长参数列表

当用户选择可管理的参数项时，多选参数通常可以很好地工作。包含在参数列表中的项数是没有限制的，可以选择的项数也没有限制。唯一可以控制的是限制在列表中显示的项。这个列表上值的个数和所选项的个数会影响报表的性能。

示例数据库返回 397 个产品，这些产品包括在参数列表中，如图 9-9 所示。超过这个数字，报表呈现时间明显更长。选择多个值并将它们传递到查询中以进行筛选，时间会更长。

图 9-9　参数列表中的产品

多选参数总是在列表的顶部显示 "(Select All)" 选项。选择这一项会选中列表中每一项前面的复选框，不选中它，会取消选中所有列出的项。

> **警告：**
> 长参数列表会影响报表的性能。多选参数在列表顶部包含 "(Select All)" 选项。选择这一项会选中列表中的每一项，并把所有这些值传递给报表查询。不能禁用该特性，也不能限制所选项的数量。应该将参数列表限制为几百项。

如果在这个示例报表中使用 "(Select All)" 选项，会发生什么情况？以下查询是在解析参数值之后执行的，它显式地包含了所有可用的 ProductKey：

```
SELECT
    s.OrderDate,
```

```
        s.SalesOrderNumber,
        p.ProductCategory,
        p.ProductSubcategory,
        p.ProductName,
        p.ProductKey,
        s.OrderQuantity,
        s.SalesAmount
FROM
        vSales2013 s
        inner join dbo.Product p on s.ProductKey = p.ProductKey
WHERE
        p.ProductKey IN ( 486,223,224,225,484,447,559,473,472,471,
        485,555,552,470,469,468,466,467,464,465,462,463,451,452,
        483,603,558,393,396,304,305,306,296,297,298,299,301,302,
        303,300,307,308,309,288,289,290,291,293,294,295,292,412,
        401,402,544,421,517,537,439,440,441,442,443,444,210,437,
        438,241,242,243,244,245,246,247,248,249,250,251,252,211,
        238,239,240,415,407,408,547,424,520,540,497,498,499,500,
        494,495,496,492,554,523,487,601,556,391,394,550,531,532,
        533,534,551,524,525,526,527,410,397,398,542,419,515,535,
        279,280,281,282,283,284,285,286,287,253,254,255,256,257,
        258,259,260,261,262,263,264,265,266,267,268,269,270,271,
        272,273,413,403,404,545,422,518,538,510,502,503,504,505,
        506,507,508,509,493,553,521,232,233,234,229,230,231,226,
        227,228,235,236,237,461,460,459,454,453,445,455,448,602,
        557,392,395,409,426,427,428,549,511,512,513,411,399,400,
        543,420,516,536,274,275,276,277,278,417,418,429,430,431,
        432,433,434,435,436,414,405,406,546,423,519,539,522,219,
        218,478,449,528,348,349,350,351,344,345,346,347,358,359,
        360,361,362,363,352,353,354,355,356,357,364,365,366,367,
        587,588,589,590,596,597,598,599,600,591,592,593,594,595,
        480,482,481,514,501,479,529,311,312,313,314,310,373,374,
        375,376,377,378,379,380,368,369,370,371,372,580,581,582,
        583,317,318,319,315,316,381,382,383,384,385,386,387,388,
        389,390,338,339,340,341,342,343,332,333,334,335,336,337,
        326,327,328,329,330,331,320,321,322,323,324,325,604,605,
        606,584,490,489,488,491,215,216,217,220,221,222,212,213,
        214,450,416,548,425,541,530,573,574,575,576,561,562,563,
        564,577,578,579,560,585,586,565,566,567,568,569,570,571,
        572,446,477,476,475,474,458,457,456 )
;
```

这个查询在有和没有 FROM 子句的情况下进行了测试，结果是返回相同的结果集。令人惊讶的是，性能的差异是可以忽略的，而详细查询只需要几毫秒的时间。如果产品键的数量翻倍，或有更大的数据量，或者查询在生产服务器上与其他竞争性操作一起运行，则影响可能比较大。关键是，在某些条件下，像这样的查询可能会导致性能问题。所以应该采取措施来管理它们。使用级联参数可能有帮助，因为用户无法一次选择所有产品。下面的技巧也可能是有益的。

9.1.5　选择所有值

如果用户不想排除任何数据，就需要禁止他们选择所有的参数项，而是在列表中添加一个定制项，以帮助更有效地管理查询逻辑。在示例报表 **Ch09-All Parameter Selection 1** 演示的下一个场景中，目的是为用户提供选项，选择单个国家，或为所有国家返回结果。图 9-10 中的参数列表显示了一个标记为 "(All Countries)" 的项。

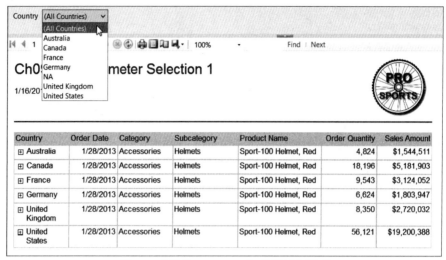

图 9-10　使用 "(All Countries)" 为用户提供选项

用于 CountryList 数据集的查询如下所示。注意，这实际上是两个 SELECT 语句。

```
SELECT
    '(All Countries)' AS Country
UNION
SELECT DISTINCT
    Country
FROM SalesTerritory
;
```

在 T-SQL 中，返回同一组列的两个查询可以使用 UNION 语句连接起来。这就在列表顶部增加了 "(All Countries)" 行，排在 SalesTerritory 表中国家名的前面。

在以下主报表查询中，逻辑决策在 WHERE 子句中执行：

```
SELECT
    s.OrderDate,
    s.SalesOrderNumber,
    p.ProductCategory,
    p.ProductSubcategory,
    p.ProductName,
    p.ProductKey,
    p.StandardCost,
    p.ListPrice,
    s.OrderQuantity,
    s.SalesAmount
FROM
    vSales2013 s
    inner join dbo.Product p on s.ProductKey = p.ProductKey
    inner join dbo.SalesTerritory t on s.SalesTerritoryKey = t.TerritoryKey
WHERE
    t.Country = @Country OR @Country = '(All Countries)'
;
```

对于在该查询中要输出的给定行，使用 OR 操作符必须满足两个条件之一。从 OR 的左侧开始，Country 列值必须与所选的@Country 参数值匹配。如果使用此分支，则只输出所选国家的订单。但 OR 操作符右边的表达式呢？这条语句指出，如果选中的@Country 参数值是“(All Countries)”，就输出每一行。OR 运算符忽略另一条语句，返回所有内容。

下面的例子与第一个例子非常相似，但它使用的是数字键而不是文本。在这个场景中，参数显示，把销售国家和区域值连接在一起，用于“Label field”(见图 9-11)，并给“Value field”返回 TerritoryKey。

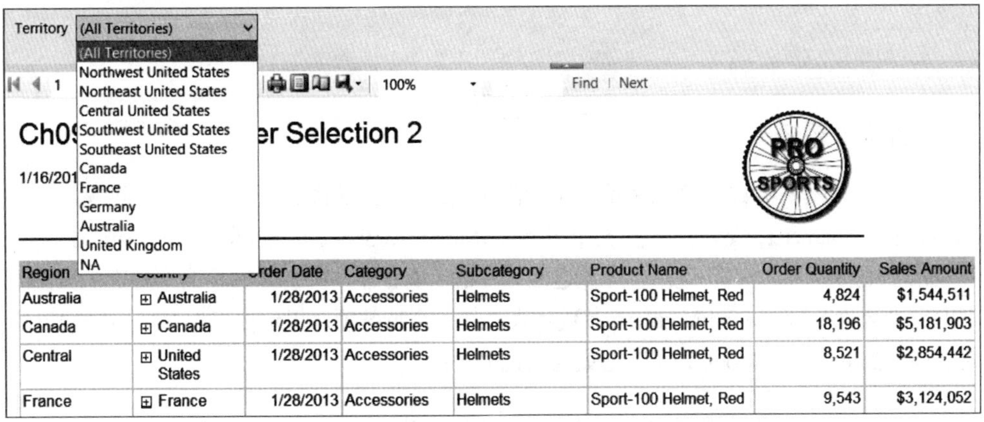

图 9-11　使用数字键替代文本

Ch09-All Parameter Selection 2 示例报表的设计使用略有不同的方法。

如上所示，与前面的示例一样，TerritoryList 数据集在生成一个额外的行时，给 TerritoryKey 指定-1，并使用文本(All Territories)。这一行在查询中使用 UNION 操作符被附加到所有的表值上。

```
SELECT
    -1 AS TerritoryKey,
    '(All Territories)' AS TerritoryName
UNION
SELECT
    TerritoryKey,
    CASE WHEN Country = Region THEN Region ELSE Region + ' ' + Country
        END AS TerritoryName
FROM SalesTerritory
;
```

> **提示：**
> 向参数列表查询添加特殊目的的项时，键使用负值可以确保不会复制实际记录的键值。

下面是主报表查询，该查询使用 WHERE 子句中的表达式来测试 TerritoryKey 查询参数。如果其值为-1，则表示用户选择了“(All Territories)”选项。在本例中，OR 操作符有效地忽略了第一个筛选子句，返回所有行。

```
SELECT
    s.OrderDate,
    s.SalesOrderNumber,
    p.ProductCategory,
    p.ProductSubcategory,
    p.ProductName,
```

```
    p.ProductKey,
    p.StandardCost,
    p.ListPrice,
    s.OrderQuantity,
    s.SalesAmount
FROM
    vSales2013 s
    inner join dbo.Product p on s.ProductKey = p.ProductKey
    inner join dbo.SalesTerritory t on s.SalesTerritoryKey = t.TerritoryKey
WHERE
    s.SalesTerritoryKey = @TerritoryKey OR @TerritoryKey = -1
;
```

9.1.6 处理条件逻辑

一旦掌握这些基本参数技术，就可以将它们组合到一起，解决真正的商业报表问题。示例报表 Ch09-And Or Parameter Logic 包含三个参数：MonthNumber、DateFrom 和 DateTo。如果为 MonthNumber 选择了一个实际值，就应该返回该月的所有记录，并忽略其他两个参数的日期范围。与前面的示例类似，给 MonthNumber 参数列表添加一个特殊项，提示报表用户使用日期范围参数 DateFrom 和 DateTo。对 MonthList 数据集的查询如下：

```
SELECT    -1 AS MonthNumber, '(Select Date Range)' AS MonthName
UNION
SELECT DISTINCT MonthNumber, MonthName
FROM Date
ORDER BY MonthNumber
;
```

主报表查询中的 WHERE 子句通过 OR 操作符包含两个逻辑分支。

> **提示：**
> 在查询中实现具有多个逻辑操作符的条件逻辑时，请记住，要对每个候选行执行谓词(WHERE 子句)。如果谓词表达式是 True，就返回该行。

第一个条件使用括号来控制操作的顺序。可以看出，如果 MonthNumber 参数值为-1(表示用户选择了日期范围)，就返回满足日期范围条件的行。如果选择了其他 MonthNumber，就执行表达式的第二个分支(OR 之后的部分)，而忽略第一个分支，因为它逻辑解析为 False。

```
SELECT
    s.OrderDate,
    s.SalesOrderNumber,
    SUM(s.SalesAmount) AS SalesAmount,
    SUM(s.OrderQuantity) AS OrderQuantity
FROM
    vSales2013 s inner join Date d on s.OrderDate = d.TheDate
WHERE
    (@MonthNumber = -1 AND s.OrderDate BETWEEN @DateFrom AND @DateTo)
    OR
    d.MonthNumber = @MonthNumber
GROUP BY
    s.OrderDate,
    s.SalesOrderNumber
;
```

参数 MonthNumber 的数据类型被设置为 Integer，以匹配 MonthNumber 列的类型。给 Available Values 属性使用 MonthList 数据集，会导致该参数显示为下拉列表。对于 DateFrom 和 DateTo 参数，将它们设置为 Date 数据类型，通过日期选择器控件提示报表用户。用户可以选择输入日期，也可以选择日期。

所有三个参数都被安排在设计器的参数栏网格中，如图 9-12 所示。

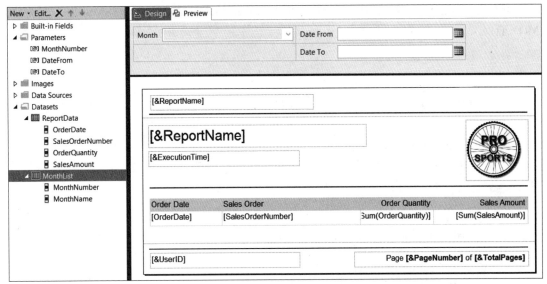

图 9-12　设计器的参数栏网格

预览报表时，如图 9-13 所示，选中 7 月份时，不管数据范围如何，都只返回 7 月份的记录。

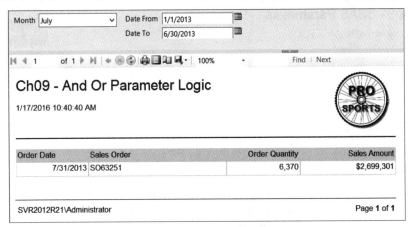

图 9-13　显示 7 月份的预览

9.2　MDX 查询和参数

第 10 章使用 SSAS 作为数据源，提供了报表设计的端到端检查。如果不熟悉 SSAS，第 10 章有助于掌握使用 Analysis Services 和 Reporting Services 的基础知识，了解参数是如何用于传递成员键值的。

　　一旦完成 SSAS 多维数据集和表格模型的许多报表设计工作，就会在使用 MDX 查询时，逐渐习惯查询设计的怪异而独特的模式(详见第 10 章)。使用图形查询构建器来创建 SSAS 查询，会自动完成大量的工作，但在许多情况下，还有严格的限制，不会产生可管理的理想代码。在本章的讨论中，应该回顾所提供的示例报表，以查看以下解决方案。要自己动手构建它们，可以回顾第 10 章，手动编写 MDX 查询。

　　下面从一个基线查询开始。你应该使用 SQL Server Management Studio(SSMS)来编写和测试 MDX 查询。

```
SELECT
    {
        [Reseller Sales Amount],
        [Measures].[Internet Sales Amount]
    } ON Columns,
    (
        [Product].[Category].Members,
        [Sales Territory].[Sales Territory Country].Members
    ) ON Rows
FROM [Adventure Works]
WHERE
    (
        [Date].[Calendar Year].&[2013]
    )
;
```

　　这个查询的结果在矩阵报表中可视化，如图 9-14 所示。Ch09 SSAS Parameters 报表的两种变体被包含在示例报表项目中。

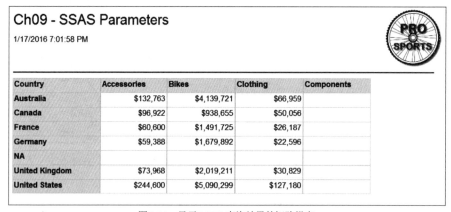

图 9-14　显示 MDX 查询结果的矩阵报表

　　从一个简单的单选参数开始，**WHERE** 子句中使用的年份可以用两种不同的方式动态地替换。参数化这个查询的最常用方法是构建一个简单的参数列表数据集，如下所示：

```
WITH
MEMBER Measures.YearUniqueName   AS [Date].[Calendar Year].CurrentMember.UniqueName
MEMBER Measures.YearLabel        AS [Date].[Calendar Year].CurrentMember.Name

SELECT
    { Measures.YearUniqueName, Measures.YearLabel } On Columns,
```

```
    [Date].[Calendar Year].Members On Rows
FROM [Adventure Works]
    ;
```

在 Year 参数的属性中，YearList 数据集提供了可用的值。YearUniqueName 被映射到"Value field"属性，YearLabel 被映射到"Label field"属性，如图 9-15 所示。

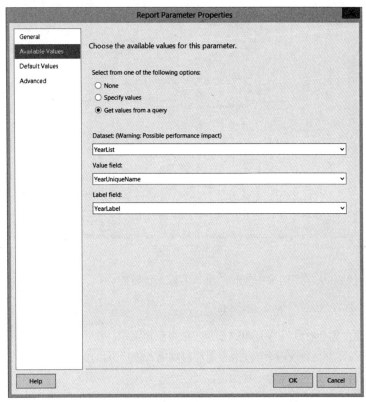

图 9-15 映射到"Value field"和"Label field"属性

Analysis Services 不像在典型的 SQL 查询中那样使用整数值作为参数键，而是为每个键值使用完全限定的唯一名称引用，类似于图 9-16 中的 YearUniqueName 列。注意，这个查询返回所有成员(在本例中是"All Periods")，还给每年返回一行。

	YearUniqueName	YearLabel
All Periods	[Date].[Calendar Year].[All Periods]	All Periods
CY 2005	[Date].[Calendar Year].&[2005]	CY 2005
CY 2006	[Date].[Calendar Year].&[2006]	CY 2006
CY 2007	[Date].[Calendar Year].&[2007]	CY 2007
CY 2008	[Date].[Calendar Year].&[2008]	CY 2008
CY 2009	[Date].[Calendar Year].&[2009]	CY 2009
CY 2010	[Date].[Calendar Year].&[2010]	CY 2010
CY 2011	[Date].[Calendar Year].&[2011]	CY 2011
CY 2012	[Date].[Calendar Year].&[2012]	CY 2012
CY 2013	[Date].[Calendar Year].&[2013]	CY 2013
CY 2014	[Date].[Calendar Year].&[2014]	CY 2014

图 9-16 为每个键值使用完全限定的唯一名称引用

在 SSMS 中，值可以从结果窗格中的单元格或单元格范围内复制。如图 9-17 所示，选择 All Periods 成员的唯一名称值，并复制到剪贴板上来设置参数默认值。

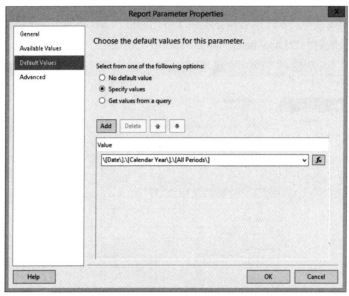

图 9-17　复制值

默认值是通过粘贴从早期结果中复制的唯一名称来设置的。

```
[Date].[Calendar Year].[All Periods]
```

返回这个页面，你会看到一些有趣的东西。在报表定义中，这个属性存储的格式要求某些字符用反斜杠"转义"，而反斜杠在每个方括号之前自动插入(如下面的例子所示)。现在不要考虑这些，因为这只是报表设计器进行处理的一种约定。

```
\[Date\].\[Calendar Year\].\[All Periods\]
```

参数值总是作为文本值传递到查询中。这些值必须使用以下 MDX 函数之一来转换，使用什么 MDX 函数取决于对象类型，以使 Analysis Services 把它看作正确的对象类型：

```
STRTOMEMBER
STRTOSET
STRTOTUPLE
STRTOVALUE
```

前两个函数是最常用的，可以满足大多数参数的需求。STRTOMEMBER 函数把文本成员解析为成员对象，STRTOSET 函数将任何有效的文本表达式解析为一组成员。

9.2.1　单值参数

在以下示例使用的查询中，年份是成员，因此参数被传递给 STRTOMEMBER 函数，如下所示：

```
SELECT
    {
        [Reseller Sales Amount],
        [Measures].[Internet Sales Amount]
```

```
    } ON Columns,
    (
        [Product].[Category].Members,
        [Sales Territory].[Sales Territory Country].Members
    ) ON Rows
FROM [Adventure Works]
WHERE
    (
        STRTOMEMBER( @Year )
    )
;
```

9.2.2 多值参数

为多值参数选择修改这个解决方案，只需要做两个简单的更改。第一个是选中"Allow multiple values"选项，转换为多值参数。第二个改变是使用 STRTOSET 函数，如下所示：

```
SELECT
    {
        [Reseller Sales Amount],
        [Measures].[Internet Sales Amount]
    } ON Columns,
    (
        [Product].[Category].Members,
        [Sales Territory].[Sales Territory Country].Members
    ) ON Rows
FROM [Adventure Works]
WHERE
    (
        STRTOSET( @Year )
    )
;
```

现在，用户可以从参数列表中选择任意组合项，从而将逗号分隔的唯一名称引用集传递到查询中。STRTOSET 函数解析列表，将其转换为一个集合对象，该集合对象用于对多维数据集进行切片，并有效地筛选结果。

9.2.3 日期值范围

在某些情况下，最好使用本机数据类型处理参数值，或使用一个简单的值，而不是 MDX 风格的唯一成员名。日期类型的参数是一个很好的例子，因为它更自然地使用日期选择器日历控件提示用户输入日期。因为 MDX 参数是作为文本和成员引用处理的，所以使用表达式将报表参数转换为正确格式的报表参数。

下面再次在 SSMS 中从一个完成的查询开始。注意范围表示法用于在 WHERE 子句中创建一组日期成员。

```
SELECT
    {
        [Reseller Sales Amount],
        [Measures].[Reseller Order Count]
    } ON Columns,
    (
```

```
        [Product].[Category].Members,
        [Sales Territory].[Sales Territory Country].Members
    ) ON Rows
FROM [Adventure Works]
WHERE
    (
        { [Date].[Date].&[20130101] : [Date].[Date].&[20130131] }
    )
;
```

实际上使用这个解决方案有几种不同的技术，下面演示其中的两种。这两种技术都不太好，但通过学习其工作原理，可以更好地了解查询引擎的机制以及参数是如何工作的。

1. 成员的范围

添加两个报表参数 DateFrom 和 DateTo，与之前的例子使用的参数完全相同。这两个参数都是日期类型，都有一个有效的默认值。

在数据集属性的 Parameters 页面上，定义两个查询参数，其名称与两个现有的报表参数不同。名称实际上可以任意，如图 9-18 所示的选项仅仅演示了报表和查询参数名称不必相同。

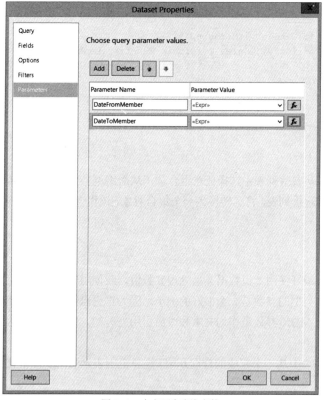

图9-18　命名两个查询参数

这里的技巧在于表达式构建了两个成员引用值。因为原始的表达式是从原来的对象引用中复制过来的，所以其余内容很容易理解。

要创建示例报表，请遵循以下步骤：

(1) 和平常一样，用=符号开始表达式。

(2) 添加一个双引号。所有 MDX 参数都以文本形式传递，因此必须连接一个字面成员引用。

(3) 将整个成员引用粘贴到剪贴板中，并在末尾添加一个双引号。这个表达式会正常工作，因此，为了进行故障排除，当前我们处在一个已知的状态。

(4) 删除最后一对开闭方括号之间的所有内容。在其中添加参数日期。到目前为止，表达式应如下所示：

```
="[Date].[Date].&[]"
```

(5) 删除开闭括号中的内容(包括双引号)，然后添加几个&符号和两个空格，为更多的内容腾出空间。其结果应该如下所示：

```
="[Date].[Date].&[" & & "]"
```

(6) 将光标放在&符号之间，两边都有一个空格，然后使用 Expression 编辑器添加包含在 FORMAT 函数中的参数。因为数据必须以非标准字符串格式进行格式化，所以需要使用 FORMAT 函数和格式字符串自定义输出，以匹配 Date 成员键。

(7) 使用以下两个示例来验证两个查询参数 DateFrom 和 DateTo 的表达式是否正确：

DateToMember 参数：

```
="[Date].[Date].&[" & FORMAT(Parameters!DateFrom.Value, "yyyyMMdd") & "]"
```

DateTo 参数：

```
="[Date].[Date].&[" & FORMAT(Parameters!DateTo.Value, "yyyyMMdd") & "]"
```

(8) 在查询中，两个参数都被替换为范围中的成员引用，放在 STRTOMEMBER 函数中。生成的查询现在如下：

```
SELECT
    {
        [Reseller Sales Amount],
        [Measures].[Reseller Order Count]
    } ON Columns,
    (
        [Product].[Category].Members,
        [Sales Territory].[Sales Territory Country].Members
    ) ON Rows
FROM [Adventure Works]
WHERE
    (
        { STRTOMEMBER( @DateFromMember ) : STRTOMEMBER( @DateToMember ) }
    )
;
```

2. 将范围表达式作为集合

另一种技术是构建整个范围表达式，然后将其作为一个查询参数，传递给 STRTOSET 函数。因为报表参数和查询参数是单独的对象，所以可以使用另一种方法来管理这个问题。

> **提示:**
> 在删除两个现有参数之前，先将其中一个表达式复制到剪贴板，以节省时间。在原型设计和开发报表的表达式代码时，应该考虑使用记事本，以保存、重用表达式，直到找到理想的解决方案为止。

(1) 返回到 Dataset Properties 对话框中的 Parameters 页面(见图 9-19)，并删除两个查询参数。

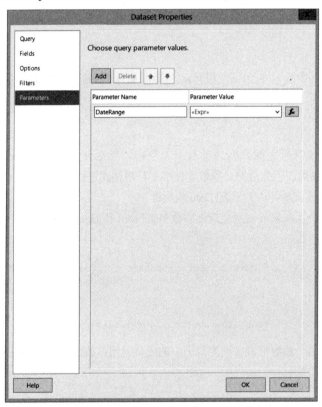

图 9-19　Dataset Properties 对话框的 parameters 页面

(2) 先将这两个表达式中的一个复制到剪贴板，以减少一些工作。

(3) 创建一个新的查询参数 DateRange，给参数值使用以下表达式：

```
="[Date].[Date].&[" & FORMAT(Parameters!DateFrom.Value, "yyyyMMdd")
& "] : [Date].[Date].&[" & FORMAT(Parameters!DateTo.Value, "yyyyMMdd") & "]"
```

(4) 修改后的数据集查询使用带有新参数的 STRTOSET 函数。

```
SELECT
   {
     [Reseller Sales Amount],
     [Measures].[Reseller Order Count]
   } ON Columns,
   (
     [Product].[Category].[Category].Members,
     [Sales Territory].[Sales Territory Country].[Sales Territory
Country].Members
```

```
    ) ON Rows
FROM [Adventure Works]
WHERE
    (
        { STRTOSET( @DateRange ) }
    )
;
```

整个查询的结果文本与原始的、非参数化的查询完全相同，但关键的一点是，这个 MDX 表达式产生了一个集合对象，这个集合对象由 STRTOSET 函数处理：

```
[Date].[Date].&[20130101] : [Date].[Date].&[20130131]
```

9.3　小结

本章的目的是在标准设计技术包中添加一套生存技能和一系列有用的技术。使用参数，并知道如何以创造性的方式使用它们，在准备设计整个报表解决方案时至关重要。

这些内容建立在第 5 章创建查询时使用的设计技术基础之上。后面将扩展这些技能，并开始把报表不仅仅作为业务信息的交付工具，还要作为精心策划的解决方案的一部分。

第 10 章将从头开始，全面介绍用于构建 Analysis Services 报表的所有特性，利用前几个部分使用的一些参数传递技术，还将讨论如何在表达式中使用参数来管理可见性、分组、排序等。参数是动作和报表导航的重要元素。

第 10 章

使用 Analysis Services 编写报表

本章内容

- 使用 Analysis Services 编写报表
- 使用多维表达式(MDX)
- 使用 MDX Query Designer 构建查询
- 手工构建查询
- 添加非附加性(nonadditional)度量
- 何时使用聚集函数
- 使用 MDX 和钻取报表

SQL Server Analysis Services(SSAS)是行业领先的语义建模、计算和分析报表平台。今天，SSAS 在相同的服务器平台上有两种不同的实现。多维版本使用了优化的存储、数据缓存以及预聚合的计算，以实现高性能和近 20 年来已经成熟的丰富分析功能。为了获得优异的性能，SSAS 表格模型使用了一种现代的、流线型的技术，它使用内存中的列压缩和计算技术。对于查询或数据浏览工具，表格模型就像多维数据集一样。

> **注意：**
> SSAS 中使用的表格内存技术有多个实现，也包括 Power Pivot 和 Power BI。这些扩展选项强调了 Microsoft BI 平台的多功能性和这个令人印象深刻的技术。

现在，可以使用为每种技术开发的专门语言来查询 SSAS 表格和多维模型。这两种语言是用于表格的 DAX(Data Analysis Expressions)和用于多维模型的 MDX(Multidimensional Expressions)。在创建出查询设计工具，以更好地支持 DAX 查询语言和参数传递之前，MDX 一直是 SSAS 两个版本的查询语言选项。为了讨论这个问题，任何形式的 SSAS 都可以称为语义数据模型或多维数据集。如果不讨论细微差别，从查询和报表的角度来看，它们在本质上是相同的。所以，从现在开始，表格和多维模型统称为多维数据集或在线分析处理(Online Analytical Processing，OLAP)数据库。

多维数据集数据很容易导航，也很容易为业务领导和信息工作者生成复杂的业务相关结果。本章介绍 OLAP 和多维存储系统的一些基本概念。在有或没有 MDX Graphical Query Builder 的情况下，使用 Report Designer 来创建 MDX 语言查询。本章还将学习如何在表格或矩阵报表中使用参数、透视表和 KPI 指标生成引人入胜的效果。

最后学习如何在使用 Analysis Services 作为数据源的报表解决方案中使用多维数据集操作，应用最佳实践和安全检查。

第 11 章将根据这些知识，通过修改报表的参数值，创建能够改变自身内容(包括行、列和度量)的高级报表。

10.1 在报表中使用 Analysis Services

关系数据库不再是管理用于分析和报表的数据的唯一可行选择。确实，大多数通用数据库都使用传统的关系数据库管理系统(Relational Database Management System，RDBMS)平台，如 SQL Server。但专门的数据管理系统比这种传统平台更快、更容易、更节省成本。在这个新的业务数据分析和数据科学时代，自助分析工具(如 Power Pivot 和 Power BI)更强大、更容易实现。这些工具基于与 Analysis Services 相同的技术，在企业级服务中提供了高性能和易于使用的优点。在付出一定的努力，构建和填充数据仓库之后，下一步是在这些数据之上创建多维或表格式的 SSAS 数据模型，这项工作相对容易。

在没有复杂报表需求的小型业务机构中，从运营数据存储跨越到关系数据仓库就足够了。然而，对于中等规模的业务环境，在解决方案中提供 Analysis Services 的支持也大有裨益。一般来说，应用 SSAS 解决方案能够改进以下四个方面的能力：

- 无须编写复杂查询，SSAS 模型中的数据就是"可浏览"的。这些信息按照维度层次结构组织，因此报表设计人员可以很方便地通过拖放方式来设计报表数据集。
- 信息工作者可以设计自己的报表，无须理解底层数据结构。无须具备查询编写技巧，用户只需要从预先定义的度量和层次结构中选择，就可以创建查询，设计报表。
- 使用计算成员，可以在多维数据集中内置复杂的计算。用户和报表设计人员可以很方便地检索计算成员，就像检索标准度量和其他多维数据集成员一样。
- 一般来说，即使数据模型是从大型数据集导出的，查询的运行速度也仍然会很快。之所以有所改进，主要是由于数据已全部预先聚集或加载到内存中。

如果拥有一个设计合理的关系数据仓库，则使用 Analysis Services 构建 SSAS 模型通常很容易。与关系数据库相比，导航 SSAS 模型要容易得多。多维数据集支持自助式报表编写，能有效地支持数据浏览。最重要的是：与其他数据源和报表解决方案相比，多维数据集的执行速度非常快。

如果在小公司工作，或者数据规模较容易管理，就可能发现多维数据集的主要优势。因为 SQL Server 产品许可中已经包含 Analysis Services，所以几乎不用什么开销就可以构建多维数据集，并享受多维数据集带来的好处。

如果在大公司工作，要处理较大规模的复杂业务数据，可能无须劝说就会认识到使用多维数据集解决这些挑战所带来的好处。迁移到 SSAS 模型可以将报表水平提高一个层次，同时解决查询设计和性能的问题。

> **注意:**
> 针对维度建模, 必须指出的是: 务必简单。设计工具很容易为 Analysis Server 多维数据集添加大量属性。开发人员或超级用户可能会以为这么做是帮助客户。不要这么做, 认真思考一下哪些属性是需要添加的, 尽量减少维度的数目, 维度的数目最好在 7 到 10 个之间。总体上要保证多维数据集的简单性, 使之易于使用。

10.2　使用 Reporting Services 和 Analysis Services 数据

Reporting Services 在内部使用了几个 Analysis Services 功能:

- **对非附加性度量和计算的内置支持。** Reporting Services 可以使用 Analysis Services 数据模型内置的功能, 因此不需要在报表中生成复杂的表达式和计算逻辑。
- **Analysis Services 和 MDX 查询语言支持为多维数据集度量定义的自定义格式化方法。** 设计报表时, 可以使用这些格式化方法, 而无须在报表设计过程中重复设计它们。
- **钻取报表可以在 MDX 数据集上使用。** 只要基本了解 MDX 成员引用、格式化和用于 MDX 报表的 Reporting Services 中的特殊字段属性, 就可以使用钻取报表。
- **可以通过基于用户角色的安全性保护数据。** 如果使用 Windows 身份验证为数据源提供用户凭据, 就不需要提供特殊的报表功能支持。
- **常常需要聚集大量数据的汇总报表在处理多维数据集时执行速度非常快。** 可以在设计带有钻取更低层次详情报表的汇总报表和仪表板时利用这项功能。

大多数使用 Analysis Services 作为数据源的报表都相当容易设计, 有两个原因:

- **SSAS 的任务是使数据容易使用。** 设计合理的多维数据集可以简化业务数据, 将业务数据组织为预先定义的层次结构, 预先聚合业务事实, 使之能够拖放到 MDX Query Designer 中, 以便于使用。
- **使用基于 MDX 的数据集, 使 Report Designer 更友好。** Report Designer 可以自动生成参数列表、级联参数和筛选逻辑。在很多方面, 为 SSAS 设计报表都比为关系数据库设计报表容易, 因为多维数据集已经进行了简化, Report Designer 也提供了更强大的支持。

大多数 SSAS 报表的设计一般都比较容易, 这是由多维数据集的特性决定的。使用预先定义的下钻路径和多个多级层次结构, 可以很自然地在矩阵或多轴图中可视化报表信息。现在, 业务领导希望看到以标准格式展示的数据, 还希望在仪表板和业务计分板中利用仪表和图表化的图形指标, 利用关键性能指标来展示业务度量。在下面的练习中, 可以看到如何使用 SSAS 数据源, 并利用维度层次结构、度量、KPI、计算成员以及相关的多维数据集元素, 使业务报表设计简单而又可控。

10.3　使用多维表达式语言

MDX 查询语言是微软公司 OLEDB for OLAP 规范的组成部分。MDX 查询语言可以在来自不同厂商的产品(如 IBM Cognos、Hyperion EssBase、Business Objects)中使用, 当然还包括 Microsoft SQL Server Analysis Services。与 SQL 一样, 在不同产品中, 语言有所不同, 但概念和核心功能是一样的, 至少在某些分类上是非常类似的。

10.3.1　MDX：简单还是复杂

大多数打算学习 MDX 的 IT 专业人士都或多或少地了解一点 SQL 知识。他们拥有使用事务数据库编写报表的经验，后来迁移到数据仓库，并且基于关系/维度模型来生成查询。他们现在意识到在解决复杂业务问题时使用真正的维度存储引擎的好处。

对于大多数这样的用户来说，这是一项有趣的挑战。MDX 是一种简单的查询语言，完全是以多维 OLAP 技术为基础的，这些技术存在的唯一理由就是简化业务数据。但是如果 SSAS 和 MDX 真的如此简单，为什么业界却认为它们难以学习？答案很简单。

MDX 与 SQL 很不一样，但是在表面上，二者却颇为相似。这表明，如果需要在二者之间进行转换，就必须经历思维方式的痛苦转换。也就是说，从二维的基于行集(row set)的思考方式转换为多维的基于轴的单元集(cell set)思考方式。稍加努力，这种思维转换并不困难，但是如果不持之以恒地练习，就很容易回到 SQL 的思维方式上来。MDX 并不比 SQL 更难，二者之间的差别就好像过程式语言和面向对象语言之间的差别。有趣的是，如果已经熟练掌握所有很酷的多维概念，就可以把得到的输出转换为二维结果，在屏幕上显示这些结果，或者在一张纸上打印这些结果。

如果没有足够的背景知识和充分的练习，MDX 是很难讲解的。因此，本章并不需要学习所有与 MDX 有关的内容。这里的目的是提供一些使用这种强大的查询语言操作 SSAS 所需的知识。对于大多数报表工作来说，除了一些基本的命令和函数，并不需要掌握更多的内容。购买书籍和参加培训时，注意该语言和查询技术自从 SQL Server 2008 以来，并没有太大的改变。从那时起就有一些好书，但是语言并没有真正改变过。

10.3.2　使用 MDX Query Designer 生成查询

如果定义报表数据源时选择 SQL Server Analysis Services 数据处理提供程序，就会自动调用 MDX Query Designer 来处理新的数据集。本章首先学习如何使用 MDX Query Designer 生成的查询所返回的数据集。学习这项功能之后，就可以在没有 Query Designer 帮助的情况下，自行编写 MDX 查询。

一种常见的方法是在 SQL Server Management Studio 中手工编写 MDX 查询，然后复制并粘贴到文本查询编辑器中。这主要是由于 MDX 的样式和查询设计模式不同，就像 T-SQL 专家坚持手工编写查询，而不是使用查询构建器。但这并不意味着读者也必须这么做。

图形化的 MDX Query Designer 会生成结构良好、高效的 MDX 脚本。如果将所有需要的计算成员都设计在模型中，就无须修改报表查询。如果确实需要编写高级 MDX 查询，就可能并不需要使用图形化的设计器。与 T-SQL 相比，MDX 查询一般比较简单，也没有那么冗长，因为业务规则都已经融入多维数据集，而不是存在于查询中。尽管如此，MDX Query Designer 仍然有自己的工作方式，设计高级报表时也有一些怪癖。在使用 MDX Query Designer 时，必须充分利用其功能，满足自己的需要。如果基于 SSAS 的报表过于复杂，就应摈弃 Query Designer。

1. 创建数据源

首先为 Adventure Works Multidimensional 数据库创建一个共享数据源：

> **注意：**
>
> 这是需要 Visual Studio SSDT 设计器(而不是 Report Builder)的任务之一。如果业务用户使用 Report Builder 设计自己的报表，开发人员就需要使用 SSDT 或基于 Web 的 Report Portal 创建和部署共享数据源。共享数据源不能在 Report Builder 中设计和部署。

(1) 在 SSDT 中，打开 Wrox SSRS 2016 Exercises 项目。

(1) 在报表项目的 Solution Explorer 中，右击 Shared Data Sources，选中 Add New Data Source，如图 10-1 所示。

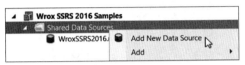

图 10-1　添加新数据源

(3) 此时将出现如图 10-2 所示的 Shared Data Source Properties 对话框。从 Type 下拉列表中选中 Microsoft SQL Server Analysis Services 数据提供程序。

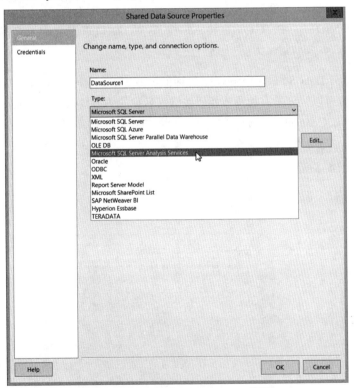

图 10-2　Shared Data Source Properties 对话框

(4) 单击 Connection string 右侧的 Edit 按钮，打开 Connection Properties 对话框，如图 10-3 所示。

(5) 在 Server name 文本框中输入 LocalHost 或 Analysis Services 服务器名称。在 Connect to a database 部分显示的下拉列表中，选中 SSAS 数据库 Adventure Works Multidimensional。单击 OK 按钮，接受对连接设置的修改。

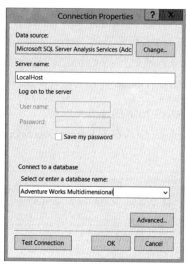

图 10-3　Connection Properties 对话框

提示:

第 3 章介绍了 SSDT、示例数据库(包括 Adventure Works Multidimensional)和 Analysis Services
的设置和配置。

(6) 返回 Shared Data Source Properties 对话框，将 Name 改为 AdventureWorksSSAS，如图
10-4 所示。这么做可以区分具有相同或相似数据库名称的关系数据源和 Analysis Services 数据
源。现在可以看到在 Connection string 文本框中已经生成了连接字符串。

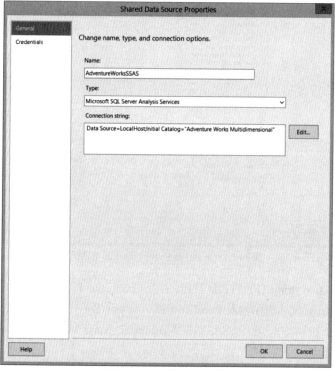

图 10-4　改变数据源的名称

(7) 单击 OK 按钮，保存新的共享数据源，然后右击这个共享数据源，选中 Deploy。

本章的全部示例都使用这个共享数据源。因为该数据源使用了 Analysis Services 数据提供程序，所以 Report Designer 生成的是 MDX 查询而非 T-SQL 查询。在先前使用 SQL Server 数据提供程序的示例中，生成的是 T-SQL 查询。

2. 生成数据集查询

前一章的练习一直使用 Visual Studio SSDT Report Designer。使用 Analysis Services 的一个目标是使有能力的业务用户能够自我满足。启用自助服务报表设计是 Report Builder 的最初目标。坦率地说，还没有哪个工具在任何地方都受到每个人的欢迎。在本书前面的版本中，作者实际上让读者转而使用报表构建器。在培训课程中，我们通常提前决定使用哪个工具，然后提供适当的指令。

在比较 SSDT 和 Report Builder 时，大多数报表设计任务都是相同的。然而，其差异是很微妙的，所以很难为这两种工具提供并行的指导。本章示例中描述的步骤适用于 SQL Server Data Tools for Visual Studio。有差异的地方会在"注意"段落中指出。

下面使用在 Adventure Works 多维数据集中定义的 KPI 设计报表。KPI 是一种标准化的关系成员集合，用来反映业务度量的状态。在这个示例中，需要对选中的日历年和产品分类，显示 Channel Revenue 的当前值、目标以及状态。本节不打算讲解每一个步骤，因为读者已经知道如何设计报表。本节将讲解特定于 MDX 的功能，然后讲解如何使用前面练习中学到的报表设计技巧。

(1) 添加一个新报表 Channel Revenue by Territory。

(2) 添加一个嵌入式数据源，并为其提供与 AdventureWorksSSAS 共享数据源相同的名称。

> **注意:**
> 若使用 Report Builder，就浏览到服务器，选中共享数据源，然后单击 Create 按钮。请注意，如果数据集还无法使用，就单击 Browse other data sources 选项，然后导航到 http://localhost/ReportServer/Data Sources 并打开它。

(3) 添加新数据集 ChannelRevenueByTerritory，选择 AdventureWorksSSAS。

(4) 单击 Query Designer...按钮。

现在可以看到如图 10-5 所示的 MDX Query Designer，它将以拖放方式构建查询。图 10-5 中的标记指明了每个组件的名称。首先使用 Cube Metadata 面板来选择多维数据集成员，然后将其拖放到多维数据集的成员放置区域(或 Data 面板中)。在使用这个工具的过程中，还将使用图 10-5 中的其他区域。

> **注意:**
> 我习惯于从内向外生成报表元素，首先拖放度量，然后是维度成员。这种方法比较符合逻辑。

(5) 使用多维数据集元数据(Cube Metadata)面板，展开 KPIs 结点，再展开 Channel Revenue KPI。将 Value、Goal 和 Status 成员拖放到 Data 面板中。请注意，此时一个大分栏条(I-beam bar)指明了当前成员的放置位置。使用分栏条可以确定这些成员的放置顺序。

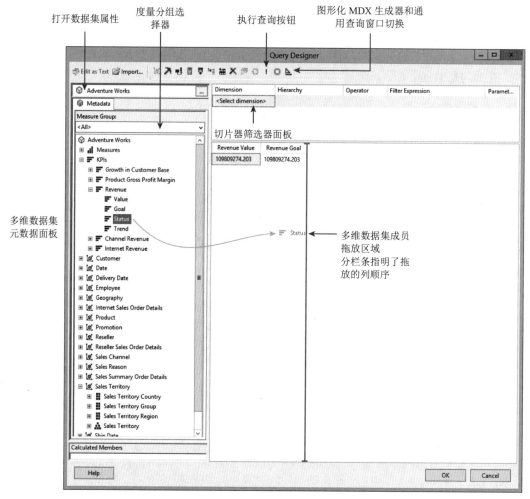

图 10-5   MDX 查询设计器

在多维数据集元数据面板中可以浏览和选择多维数据集结构中的任何成员。图 10-6 显示了 Adventure Works 示例多维数据集中的各个成员。总而言之，度量、计算成员和 KPI 都代表了报表中的数字值。所有其他成员都用来对这些值进行分组和筛选，提供导航路径。多维数据集元数据面板中的结点已经展开了，以显示每个元素的示例。

另一项有用的技术是从 Measure Group 选择器中选择特定的选项。这会将信息限制为仅与这个度量分组相关的度量和维度。例如，可以选中 Reseller Sales，只查看该分组的度量和维度。

所有的多维数据集属性都根据主题组织为不同的维度。维度有两类层次结构：属性和用户。属性层次结构(attribute hierarchy)是一个简单的维度成员集，是从特定的数据属性导出的。用户层次结构(user hierarchy)具有多级属性，被组织到一个逻辑的下钻结构中。在大多场合下，针对所有的下钻和结构化报表，都需要使用用户层次结构。作为约定，层次结构包括了级别(level)和成员。成员只是一个级别(如 Years、Quarters 或 Months)中的单个属性值。请注意，属性层次结构的级别一般与层次结构同名(如[Date].[CalendarYear].[CalendarYear])，但用户层次结构不是这样。一般来说，用户层次结构更为直接，如[Date].[Calendar].[CalendarYear]。除非特意在多维数据集设计中隐藏了用户层次结构，否则每个用户层次结构级别的成员都会对应于属性层次结构中的成员。

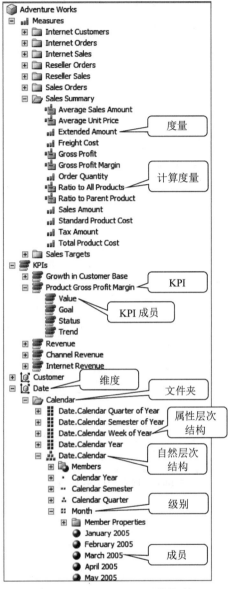

图 10-6　Analysis Services 元数据对象

(6) 将 KPI 成员拖放到 Data 面板中后，展开 Sales Territory 维度。

(7) 将 Sales Territory 层次结构拖放到 Data 面板中放置区域的最左方。

(8) 比较 Query Designer 和图 10-7。根据需要进行修改。

查询设计器对层次结构级别进行了解析，为每个级别生成了列。查询运行后显示了查询结果，结果根据属性成员进行分组，按照各个列的放置顺序显示。

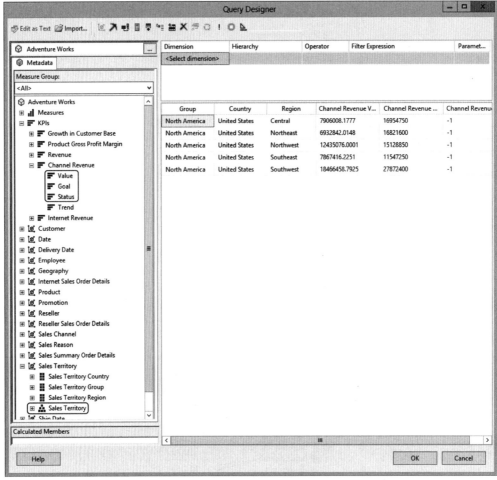

图 10-7　填充了的 Query Designer

3. 使用参数化查询

上述步骤创建的查询是完整且可用的，但是返回了多维数据集的所有数据。为了从多维数据集中筛选数据，可以对多维数据集进行"切片"，将查询范围限制为一个层次结构中的特定成员。为此，可以使用 MDX Query Designer 的 Filtering 面板。执行以下步骤，为刚才创建的查询添加参数化的筛选器：

(1) 展开 Date 维度和 Calendar 文件夹。

(2) 将 Date 维度中的 Calendar Year 属性拖放到 Filter 面板中。

(3) 打开 Filter Expression 下拉列表，选中复选框以选择 CY 2012，如图 10-8 所示。请注意，选择不同的年份时，Data 窗格中的值会发生变化。

使用 Filter Expression 下拉列表设置默认的筛选器成员。请注意，每个层次结构都有 All 成员，它用来包含层次结构中的全体成员。

(4) 在 Filter Expression 下拉列表中，取消选中所有选项，再选中 All Periods，令筛选器包含全部成员。如果没有执行其他选择，包含全部成员将导致筛选无效。

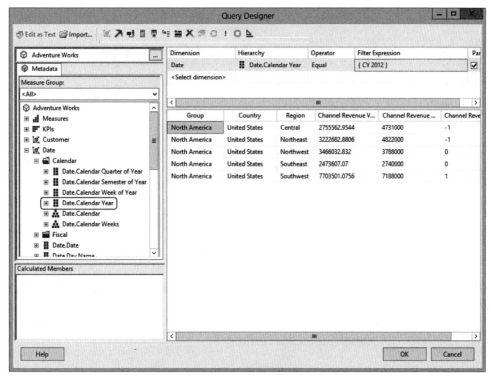

图 10-8　定义 Filter Expression

(5) 如果窗口大小不够，就有可能看不到最右方的列。为了找到最右方的列，滚动并调整窗口，找到并选中 Parameter 列，为这个筛选器生成一个关联的报表参数。

(6) 单击 OK，关闭 Query Designer。

4. 对多维数据集进行切片

筛选的概念与 SSAS 的工作方式实际上是对立的。术语"筛选"很常用，是因为大多数人都能够根据他们对关系数据库技术的经验理解这个术语。然而，更准确地说，这里定义的实际上是"切片器"一词。为了对 SSAS 数据集的结果进行限制，不要让查询引擎扫描每个记录行以查找匹配特定准则的值，而是让查询引擎"切下"多维数据集的一个部分，多维数据集是按照预定义的属性分组进行组织并排序的。

筛选和切片之间的一个重要区别在于：切片不会丢弃多维数据集中不满足 WHERE 子句标准的内容，而筛选会完全抛弃它们。切片器为指定的层次结构设置了上下文，也就是 CurrentMember 属性。对于可能在查询中使用的函数和运算符来说，在这个范围之外的层次结构成员仍然是可以访问的。将图 10-9 所示的默认切片器设置为使用 All 成员，返回所有日历年份成员的数据。当然，用户在运行报表时，可以改变这项参数的选择值。

Value 和 Goal 等 KPI 一般用来返回一个度量或计算值。Status 和 Trend 成员用来基于某些脚本逻辑简化 KPI 绩效的状态，生成某种类型的图形化仪表板指示器。在 Channel Revenue 的例子中，Status KPI 成员返回一个三值整数：如果返回值为-1，那么表示绩效不佳；如果返回值为 0，表示绩效一般；返回 1 则表示可接受绩效或极好的绩效。

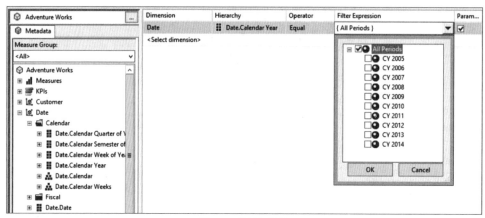

图 10-9　默认切片器

5. 查看完成的示例报表

在创建数据集之后，设计使用 Analysis Services 的报表(在大多数情况下)与设计其他报表没有什么不同。图 10-10 显示了为该数据集设计的表格报表。

Ch10 - Channel Sales by Territory

For　CY 2012

Group	Country	Region	Channel Revenue Value	Goal	Status
North America	United States	Central	$2,755,563	$4,731,000	◆
		Northeast	$3,222,683	$4,822,000	◆
		Northwest	$3,466,033	$3,788,000	▲
		Southeast	$2,473,607	$2,740,000	▲
		Southwest	$7,703,501	$7,188,000	●
Total			**$19,621,387**	**$23,269,000**	

图 10-10　表格报表

这是示例项目中的 Ch10-Channel Revenue by Territory 报表。这涉及在销售区域的层次上定义分组，并使用来自于表的细节行中的 Value 和 Goal KPI 成员。

可视化 KPI

对于 KPI 指示器，先把 Channel_Revenue_Status 列添加到表中。将 Indicator 项从 Toolbox 拖放到现有的 Status 列明细单元格中时，设计器将使用原始文本框设置 Value 表达式。指示器有 3 个、4 个或 5 个状态。这个三状态指示器的默认逻辑是：如果当前值是最大值的 0～33%，它将显示红色图标；如果当前值是最大值的 33%～66%，则显示黄色图标；如果当前值是最大值的 66%～100%，则显示绿色图标。在某些情况下，这可能是正确的，但是正确的状态已经在多维数据集设计中编码了。要编辑指示器属性，请在 Design 视图中单击它，然后使用 Gauge Data 窗口来查看 Indicator1 的 Indicator Properties 对话框，如图 10-11 所示。

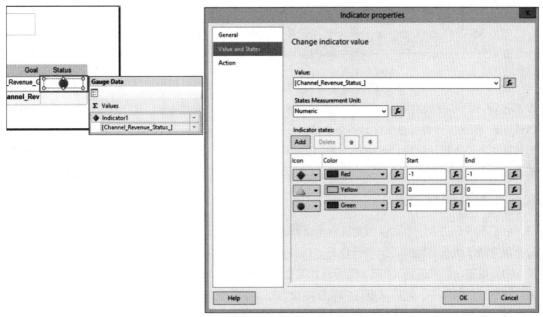

图 10-11　Indicator Properties 对话框

在第 19 章有关仪表板的讨论中，将了解更多关于仪表和指示器的信息。在这个简短的概述中，要了解这个指示符如何从 SSAS 多维数据集或模型的 KPI 定义中获得离散的整数值。其中-1 表示红色，0 表示黄色，1 表示绿色。为了使其工作，必须将 States Measurement Unit 设置为 Numeric 而不是 Percentage。图标指示符状态也必须映射到适当的状态值。

把 KPI 指示符放在最后一列，在 Country 分组的后面添加一个总计行，会给 Channel Revenue Value 和 Goal 列添加适当的 SUM 表达式，但没有给 Status 列添加 SUM 表达式。Status 值不能聚合。应根据业务决定度量值如何在更高的级别上进行聚合(或者是否应该这样做)。在本例中，KPI 状态只应用于 Region 级别。一种选择是取叶级状态值的平均值，然后应用一个数值范围，从总计中导出状态。这可能导致统计数据异常，最好在 SSAS 中计算每个层次结构的正确值。

某些使用 MDX Query Designer 添加的标准功能是很值得研究的。Parameter 下拉列表用隐藏的日历年份数据集来完全配置和填充。对列表中 All 成员下方的项都进行了缩进。如果使用用户层次结构，那么所有的级别都会根据该级别在层次结构中的位置，适当地缩进。所有的参数列表都自动生成为多值选择列表。

> **提示：**
> 图形 MDX Query Designer 为每个创建的参数生成一个隐藏的数据集。要查看它们，右击 Report Data 窗口中的 Datasets 节点，选择 Show Hidden Datasets。

使用 Analysis Services 数据源创建的大多数报表都是这类简单的报表。因为计算和 KPI 业务逻辑都被设计到多维数据集中，所以在设计报表时，不需要完成过多的工作。利用 Report Builder Designer，信息工作者可以在仅具备很少(甚至完全不具备)多维数据集设计知识或 MDX 查询脚本编写技能的条件下设计报表。实际上，使用任何基于 MDX 的数据集，都可以基于表格、矩阵和图表，或者基于数据范围和其他报表项的组合，以最适合的格式对业务信息进行可视化，成功地设计报表。

10.3.3　修改 MDX 查询

我们现在正进入一个比以前更复杂和微妙的环境，Reporting Services 帮助使用 MDX 和 SSAS 数据源完成了大量有趣的工作，但 Query Designer 并不是用来开发高级 MDX 查询的。我编写了大量 MDX 报表，常常遇到试图实现复杂 MDX 查询的客户端项目，然而这些项目都失败了。

在最近的几年中，通过从事这些项目，我们知道了哪些方法行得通，哪些方法行不通，还开发了能够得到满意结果的技术。我们获得的最重要的经验之一，就是使用这个产品的功能，不要强制将它用于其他目的。就这个问题，我曾经无数次与 Reporting Services 产品团队进行讨论，我常听到的建议是："我们不打算按照你的想法编写 MDX 查询，我们也不打算支持这项专门的技术。你可以按照某种方法得到同样的结果。"下面就是这些技术。

我没有什么机会将自己的参数逻辑添加到一个手工编写的 MDX 查询中。虽然这项技术可以实现，但是 Query Designer 主要用于脚本修改，只有在最不便的情况下才需要用到。我建议这么做：

- 使用 MDX Query Designer，利用内置的参数逻辑和支持数据集，完成原始查询的设计。然后修改查询逻辑，参数逻辑不变。
- 在 SSMS 中使用硬编码的切片器和筛选逻辑手工编写 MDX 查询。粘贴并执行查询，定义数据集字段，然后在 Dataset expression 窗口(而不是查询窗口)中添加参数。

第二个建议是作者的标准方法。需要注意的是，如果更改查询，就不能执行修改后包括参数的查询，并让设计器给数据集添加新字段。在了解了查询编辑器的机制之后，就可以编写更复杂的查询，自己处理参数逻辑。

> **注意：**
> 高级 MDX 是一种大多数临时报表设计人员不需要学习的技能。第 11 章将提供一些使用嵌入式参数的、手工编码的高级 MDX 查询示例。

使用 MDX 设计器生成查询

首先使用刚才完成的数据集。目的在于基于使用的同一组 KPI 成员，定义三个计算成员。这些计算成员在多维数据集中并不存在。假定没有修改多维数据集结构的权限，因此无法将这些计算成员添加到多维数据集设计中。除了作为 Channel Revenue 的 KPI，也就是 Value、Goal 和 Status，还要看看这些成员在前一年的值是什么。

(1) 制作 Channel Sales by Territory 报表的一份副本，以便参考。

(2) 在 SSDT 报表的新副本中，打开数据集查询 ChannelRevenueByTerritory。

(3) 使用 Design Mode 图标切换到查询编辑器的文本查询视图(Query Designer 工具栏最右边的图标)。在文本视图中，查询应该如图 10-12 所示。

切换到文本查询视图，
这里显示了查询

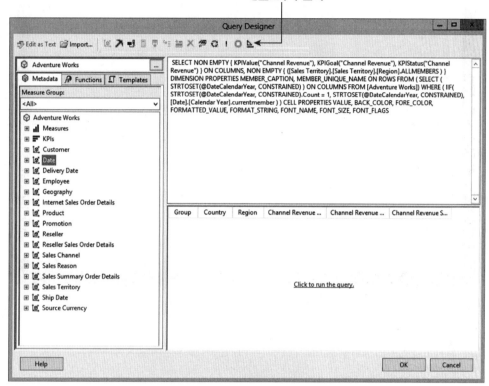

图 10-12　切换到文本查询视图

(4) 选中 MDX 查询，复制到剪贴板上。

(5) 打开 SQL Server Management Studio，连接 Analysis Services，然后单击工具栏上的 New Query 按钮，打开一个新的 MDX 查询。

(6) 将查询从报表设计器粘贴到查询窗口中。

(7) 使用图 10-13 中的示例，添加回车和制表符，格式化查询，以提高可读性。

所有 MDX 专家都有自己的样式偏好。就像 T-SQL 一样，MDX 没有回车、制表符和空格，所以请重新设计查询，使它们更易于阅读和理解。阅读书籍并寻找例子时，可能会看到很多变体。作者更容易找到一个查询，其中的每个子句(SELECT、FROM、WHERE)都从左边缘开始，单独行上的后续操作在容器符号(如圆括号和大括号)上缩进，匹配制表符位置，使它读起来像编程代码。

(8) 在 SSMS 中，嵌套的参数引用是无法工作的，因此可以简化这个查询，使之运行时不带嵌套的参数引用。为此，最简单的方法就是将脚本的第一部分内容从其他部分分离出来，直到 ON ROWS 表达式为止。这个示例仅使用第一部分作为测试。为了完成测试查询，需要添加一个 FROM 子句，后跟一个多维数据集名称。屏幕如图 10-13 所示。

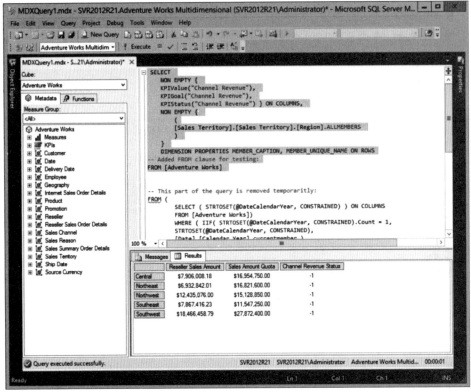

图 10-13　显示在查询窗口中的查询

(9) 仅选中第一个查询，然后单击工具栏上的 Execute 按钮。

(10) 为了在查询中添加计算成员，在查询窗口的已有脚本之前输入以下内容：

```
WITH
  MEMBER Measures.[Last Year Value] AS
    (
      [Date].[Calendar Year].CurrentMember.PrevMember
     ,KPIValue("Channel Revenue")
    )
   ,FORMAT_STRING = "$#,##0.00"
  MEMBER Measures.[Last Year Goal] AS
    (
      [Date].[Calendar Year].CurrentMember.PrevMember
     ,KPIGoal("Channel Revenue")
    )
   ,FORMAT_STRING = "$#,##0.00"
  MEMBER Measures.[Last Year Status] AS
    (
      [Date].[Calendar Year].CurrentMember.PrevMember
     ,KPIStatus("Channel Revenue")
    )
```

> **提示：**
> 　　记住，从文档或在线文章中复制和粘贴查询脚本时，引号和双引号字符经常被软件改变。如果遇到错误，请尝试重新输入引号和标点符号。

为了说明计算成员的逻辑，下面解释第一个计算成员。在 Measures 集合中添加了一个名为 Last Year Value 的新成员，并应用在以下表达式中：

```
MEMBER Measures.[Last Year Value] AS
  (
    [Date].[Calendar Year].CurrentMember.PrevMember
   ,KPIValue("Channel Revenue")
  )
 ,FORMAT_STRING = "$#,##0.00"
```

基于 Calendar Year 层次结构的当前成员，这个新成员针对前一个 Calendar Year 返回了 Channel Revenue 的 KPI 值。如果用户选择 2013 作为参数 DateCalendarYear 的值，那么 WHERE 子句将使用这个参数值作为当前成员。PREVMEMBER 函数使表达式返回的 Channel Revenue KPI 值 Calendar Year 为 2012。因为最后的报表查询是参数化的，所以这个函数是完全动态的。

(11) 现在需要为查询的 COLUMNS 轴添加这三个新的成员，这被解释为报表中的三个新字段。删除 SELECT 子句后面的 NON EMPTY 命令，以确保返回全部列，即使某个列中没有数据。为了向查询中添加新的计算成员，需要进行以下修改：

```
WITH
  MEMBER Measures.[Last Year Value] AS
    (
     [Date].[Calendar Year].CurrentMember.PrevMember
     ,KPIValue("Channel Revenue")
    )
   ,FORMAT_STRING = "$#,##0.00"
  MEMBER Measures.[Last Year Goal] AS
    (
      [Date].[Calendar Year].CurrentMember.PrevMember
     ,KPIGoal("Channel Revenue")
    )
   ,FORMAT_STRING = "$#,##0.00"
  MEMBER Measures.[Last Year Status] AS
    (
      [Date].[Calendar Year].CurrentMember.PrevMember
     ,KPIStatus("Channel Revenue")
    )
SELECT
  {
   KPIValue("Channel Revenue")
   ,KPIGoal("Channel Revenue")
   ,KPIStatus("Channel Revenue")
   ,[Last Year Value]
   ,[Last Year Goal]
   ,[Last Year Status]
  } ON COLUMNS
  ,
    {
      [Sales Territory].[Sales Territory].[Region].ALLMEMBERS
    }
  DIMENSION PROPERTIES
    MEMBER_CAPTION
   ,MEMBER_UNIQUE_NAME
```

```
  ON ROWS
-- Added FROM clause for testing:
FROM [Adventure Works]
```

(12) 运行查询，确保修改能够正确执行。现在应该看到结果中出现了六列。新的成员并没有返回一个值，原因是还没有设置当前 Calendar Year 的成员。为此，需要添加一个 WHERE 子句，基于 Calendar Year 2004 对多维数据集进行切片：

```
WITH
  MEMBER Measures.[Last Year Value] AS
    (
      [Date].[Calendar Year].CurrentMember.PrevMember
      ,KPIValue("Channel Revenue")
    )
    ,FORMAT_STRING = "$#,##0.00"
  MEMBER Measures.[Last Year Goal] AS
    (
      [Date].[Calendar Year].CurrentMember.PrevMember
      ,KPIGoal("Channel Revenue")
    )
    ,FORMAT_STRING = "$#,##0.00"
  MEMBER Measures.[Last Year Status] AS
    (
      [Date].[Calendar Year].CurrentMember.PrevMember
      ,KPIStatus("Channel Revenue")
    )
SELECT
  {
    KPIValue("Channel Revenue")
    ,KPIGoal("Channel Revenue")
    ,KPIStatus("Channel Revenue")
    ,[Last Year Value]
    ,[Last Year Goal]
    ,[Last Year Status]
  } ON COLUMNS
  ,
    {
      [Sales Territory].[Sales Territory].[Region].ALLMEMBERS
    }
  DIMENSION PROPERTIES
    MEMBER_CAPTION
    ,MEMBER_UNIQUE_NAME
  ON ROWS
-- Added FROM clause for testing:
FROM [Adventure Works]
-- Added WHERE clause for testing:
WHERE
  [Date].[Calendar Year].&[2013];
```

(13) 应用修改，基于以下脚本对查询进行检查，然后运行查询。现在可以看到新的计算成员值为 2013。记下这个值，在 WHERE 子句中用 2013 替换 2014，然后再次运行查询，这样就可以检查修改是否成功。

(14) 为了准备报表使用的查询，需要添加原始查询中的全部参数逻辑。在新查询中注释掉 FROM

和 WHERE 代码行，然后合并这两部分代码，最终得到的查询应该为：

```
WITH
  MEMBER Measures.[Last Year Value] AS
    (
      [Date].[Calendar Year].CurrentMember.PrevMember
     ,KPIValue("Channel Revenue")
    )
   ,FORMAT_STRING = "$#,##0.00"
  MEMBER Measures.[Last Year Goal] AS
    (
      [Date].[Calendar Year].CurrentMember.PrevMember
     ,KPIGoal("Channel Revenue")
    )
   ,FORMAT_STRING = "$#,##0.00"
  MEMBER Measures.[Last Year Status] AS
    (
      [Date].[Calendar Year].CurrentMember.PrevMember
     ,KPIStatus("Channel Revenue")
    )
SELECT
  {
    KPIValue("Channel Revenue")
   ,KPIGoal("Channel Revenue")
   ,KPIStatus("Channel Revenue")
   ,[Last Year Value]
   ,[Last Year Goal]
   ,[Last Year Status]
  } ON COLUMNS
 ,
    {[Sales Territory].[Sales Territory].[Region].ALLMEMBERS}
  DIMENSION PROPERTIES
    MEMBER_CAPTION
   ,MEMBER_UNIQUE_NAME
  ON ROWS
-- Added FROM clause for testing:
-- FROM [Adventure Works]
-- Added WHERE clause for testing:
-- WHERE
--  [Date].[Calendar Year].&[2013]


FROM
(
  SELECT
    StrToSet
    (@DateCalendarYear
    ,CONSTRAINED
    ) ON COLUMNS
  FROM [Adventure Works]
)
WHERE
  IIF
  (
    StrToSet(@DateCalendarYear,CONSTRAINED).Count = 1
```

```
,StrToSet
 (@DateCalendarYear
  ,CONSTRAINED
  )
 ,[Date].[Calendar Year].CurrentMember
 )
CELL PROPERTIES
 VALUE
,BACK_COLOR
,FORE_COLOR
,FORMATTED_VALUE
,FORMAT_STRING
,FONT_NAME
,FONT_SIZE
,FONT_FLAGS;
```

(15) 现在准备更新报表中的查询。将查询代码从 Management Studio 的查询窗口中复制并粘贴到 Report Designer 的查询窗口中，覆盖原有的脚本代码。如果格式丢失，请将查询代码复制到 Microsoft Word 或 WordPad 中，然后重新复制到剪贴板上。

(16) 单击 Query Parameters 工具栏按钮，将 DateCalendarYear 的参数值修改为 CY 2013，单击 OK 按钮返回。

(17) 单击 Execute 按钮，测试查询，并刷新字段集，如图 10-14 所示。

(18) 单击 OK，接受修改，保存数据集。

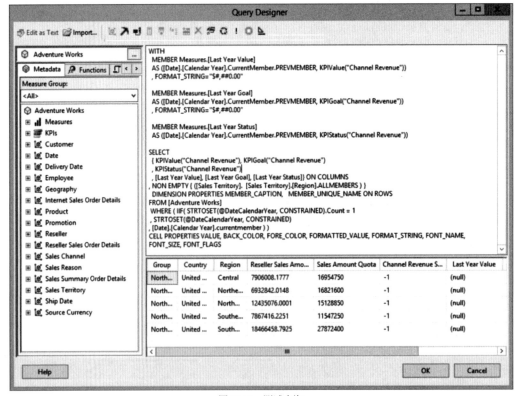

图 10-14　测试查询

基于这个新的数据集进行报表设计相当容易。在数据集字段集合中添加了三个新的计算成员。使用前面用过的拖放技术，就可以用这些成员向表格中添加列。

图 10-15 显示了 Select Indicator Type 对话框，把指示符报表项从 Toolbox 中拖到 Last Year Status 列的详细单元格中时，会显示该对话框。这里选择了带不同图标形状的三态指示器。当使用默认的红色、黄色和绿色时，这是很好的选择，因为不同的形状在单色打印报表上是可以区分的，色盲用户也可以区分。第 19 章将讨论如何适当地使用颜色。

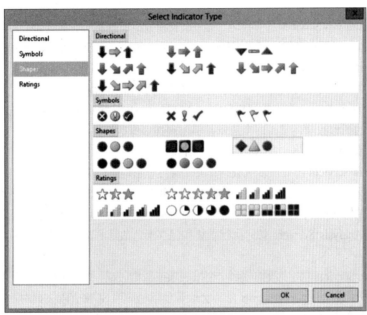

图 10-15　数据集字段集合中的 3 个新计算成员

图 10-16 显示了完成的报表，其中带有附加的度量列和 Last Year KPI 状态指示器。

Ch10 - Channel Revenue by Territory (manual MDX query)

For　CY 2012

Group	Country	Region	Channel Revenue Value	Goal	Status	Last Yr Value	Last Yr Goal	Last Yr Status
North America	United States	Central	$2,755,563	$4,731,000	◆	$2,276,760	$4,270,000	◆
		Northeast	$3,222,683	$4,822,000	◆	$1,481,367	$3,037,000	◆
		Northwest	$3,466,033	$3,788,000	▲	$3,466,303	$2,627,000	●
		Southeast	$2,473,607	$2,740,000	▲	$2,902,228	$3,233,000	▲
		Southwest	$7,703,501	$7,188,000	●	$4,285,401	$5,989,000	◆
	Total		**$19,621,387**	**$23,269,000**		**$14,412,059**	**$19,156,000**	

图 10-16　完成的报表

还可以从原始 Status 列中复制和粘贴这些仪表。在新的仪表上，单击该指针，然后使用智能标记更新字段绑定，以使用 Last_Year_Status 字段。

10.4　添加非附加性度量

常常存在这种情况：需要在报表上查看的值应使用比较复杂的逻辑来计算，而不能仅使用简单的汇总。度量值可以基于统计函数、卷积或加权平均，甚至特定于某个行业的标准算法。常见的度量常常需要使用特殊的逻辑来计算，如库存数量、利润和利润率等。但是，并不是所有的报表都必须使用这些计算。

SQL Server Analysis Services 的优点之一是：报表和分析所需要的业务逻辑都可以设计到多维数据集中。这意味着：只要在多维数据集设计中考虑了业务规则，仅使用度量、计算成员和 KPI 就可以确保结果的准确性和可靠性。

下面用一个计算平均销售数量的简单示例来解释。可以根据需要，将这个例子扩展到其他业务领域。假定 Adventure Works 多维数据集包含一个度量 Reseller Average Sales Amount。这个计算需要使用每个交易的销售数量，然而这个数量并不出现在多维数据集中。实际上，除非检查原始数据源保存的销售记录，否则根本计算不出这个值。

幸好 Analysis Services 在处理多维数据集并聚集度量值时，可以执行一些奇妙的操作。它可以确定哪些值必须保存在多维数据集中，而哪些值只需要在查询时导出即可。对于平均值度量来说，必须在维度层次结构的每个级别上保存平均值，因为某个级别的平均值无法从更低层次的平均值中导出。虽然了解 Analysis Services 如何执行聚集和保存所选值是非常有意思的，但是不知道也没有任何问题。

回到 Analysis Services。将字段拖放到一个报表项或数据区域，而这个报表项或数据区域又处于明细行上一级的分组级，Report Designer 始终会给数值默认应用 SUM 函数。此时，它假定需要将单个值上卷为总计。在大多数情况下，这种假设都是有益的，但是当度量字段不需要汇总，或者打算用度量字段完成其他任务时，这个特性就毫无意义。如果度量是一种标准的导出值或加权的上卷平均值，该怎么办？如何才能将其上卷为分组汇总值？

这正是 Analysis Services 要完成的任务，丝毫不必为此担心。下面将给出一个简单示例来解释这个简单的解决方案。

图 10-17 显示了一个基本的矩阵报表，在第 10 章的示例中，这个报表名为 AS Avg Sales。明细和汇总单元是通过将 Sales_Amount_Quota 字段和 Reseller_Average_Sales_ Amount 字段拖放到矩阵的明细区域完成设计的。需要加大列宽，才能看到表达式。可以看到，设计器在四个单元中都应用了 SUM 函数。

图 10-18 显示了报表的预览效果。试着指出其中的计算错误。仔细看看 Reseller Avg Sales 字段的 Total 列。

何时使用聚集函数

针对这个问题，解决方案是 Reporting Services 不试图聚集任何值。每个级别的度量值都是对下一级的上卷结果。这是通过将 SUM 函数替换为 AGGREGATE 函数完成的。

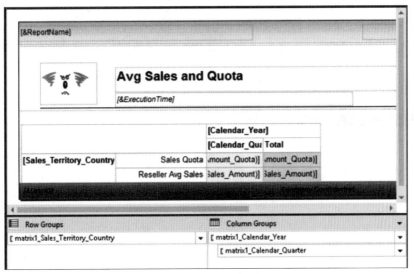

图 10-17　基本的矩阵报表

图 10-18　预览中的报表

图 10-19显示了修改后的报表。编辑每个表达式,将所有的SUM函数引用替换为AGGREGATE。再次预览报表,观察结果。请注意,所有的 Sales_Amount_Quota 汇总值都没有变化,因为这是一个附加性度量,这些值都使用多维数据集中的 SUM 函数。来自多维数据集的汇总值(如图 10-18 所示)和报表中的汇总值是相同的。

然而 Reseller_Average_Sales_Amount 的总和是不同的。这是因为在正确的报表中,从多维数据集返回的计算结果是计算出来的平均数,而非先前示例中的平均值汇总——即使计算逻辑需要在 SSAS 模型或多维数据集中更新,也是如此。

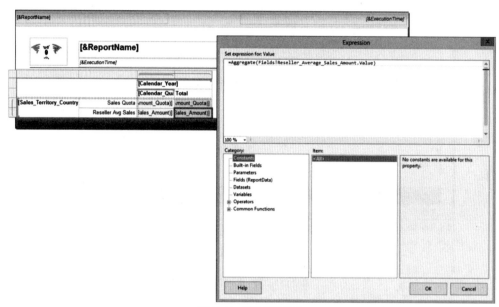

图 10-19　修改后的报表

　　为了便于讨论，假定需要的是中值而不是平均值。使用 AGGREGATE 函数，报表只显示正确值，不需要修改设计。图 10-20 并列显示了最初计算错误的报表和新的更正报表，这样就能看到区别了。

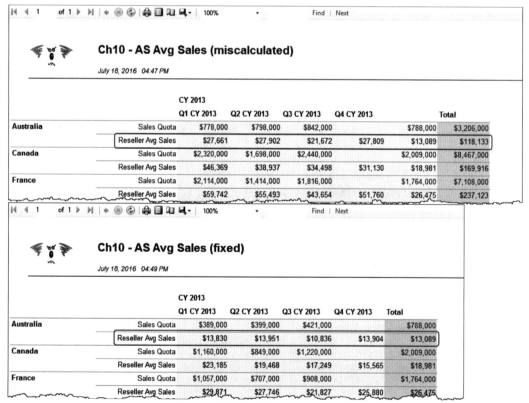

图 10-20　计算错误的报表和更正后的报表

10.5　MDX 属性和多维数据集格式化

针对由 MDX Query Designer 生成的 MDX 查询，注意在 MDX 脚本中，几项属性引用出现在 CELL PROPERTIES、DIMENSION PROPERTIES 和 CUBE PROPERTIES 标题的下方。这就是 Analysis Services 与 SQL Server 2016 等关系数据库产品之间存在巨大差别的一个佐证。给 SQL Server 数据库执行 T-SQL 查询时，除了返回的列名和值之外，结果集中包含的其他信息极少。数据提供程序和客户端组件使用了一些元数据，如数据类型、数值精度和字符串长度。查询结果的格式完全由消费数据的客户端应用程序控制。

基于 MDX 的查询提供了一种机制，针对 MDX 查询返回的不同对象，可以返回这些对象的多种有用信息。在多维数据集设计中，可以对每种度量进行格式化，每一个计算成员都可以拥有字体、颜色和其他相关的样式特性。在多维数据集中定义的动态表达式可以基于阈值或其他逻辑修改这些属性。这样，与利润有关的度量可以用绿色显示，亏损可以用红色加粗的文本行显示。这些属性作为与每个单元格和维度成员关联的元数据标记，随查询结果而返回。查询脚本可以显式地请求返回特定属性。

为了使用这些属性，Reporting Services 需要为每个从 MDX 查询导出的字段对象生成对应的属性。可以在 Report Designer 报表设计器的 Expression 对话框中访问这些字段属性。选中一个字段时，默认引用的是 Value 属性。为了查看所有可用的字段属性，只需要令光标回退到字段名后面的句号位置即可。图 10-21 给出了一个示例，说明如何设置用来显示 Sales_Amount_Quota 的文本框的 Color 属性。

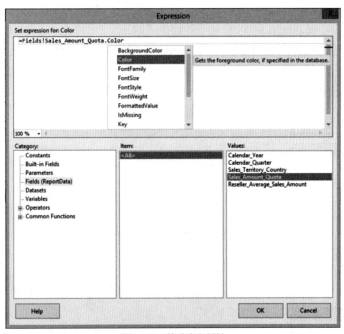

图 10-21　修改字段属性

上述概念的功能非常强大。我曾经遇到一位客户，他坚持要求为某种货币显示特定的颜色。使用动态逻辑有条件地设置多维数据集中计算度量的颜色，Reporting Services 报表就可以使用这项信息。

10.6 钻取报表

钻取操作是 Reporting Services 最有用的功能之一。如前所述,当用户单击包含某种引用值的报表项(常常是文本框)时,钻取报表就会把报表操作导航到第二个报表。钻取报表的典型场景是高级汇总报表在表格或矩阵的数据区域列出了维度成员。使用表格报表显示产品的销售汇总信息时,如果用户单击了某个产品名,就可以看到该产品的销售详情。如果使用基于关系表的报表进行钻取,就需要将键值(如 ProductID)从源报表传递给目标报表中的参数,然后使用这个键值筛选记录。

与其他数据源一样,基于 MDX 的报表也可以完成这项任务。二者的区别在于如何在多维数据集中定义键和唯一标识符。每个维度属性都有一个键值,但它未必对应关系数据源中的主键。因为属性组织为层次结构,用于描述属性的唯一值,通过使用 UniqueName 属性保持整个层次结构的顺序。这正是传递给由 MDX Query Designer 生成的参数的值。最好对钻取报表使用同样的技术。默认情况下,维度成员的值从 MDX 的 Name 属性导出。对于产品来说,这个值就是其显示在报表中的产品名称。UniqueName 属性值是从 DimProduct 表的 ProductKey 字段导出的,其内容如下:

```
[Product].[Product].&[470]
```

在第 10 章的示例项目中给出的示例包括源报表和目标报表,可以使用这些报表展示钻取功能。报表 Top 10 Product Internet Sales by Year 包含一个表格,并在 Product 文本框中配置了一项操作。Product Sales by Year 报表包含 Product 参数,可以对绑定图表的 MDX 查询进行筛选。源报表包含一项定义在 Product 文本框中的操作,这项操作可以使用以下表达式向目标报表传送一个值:

```
=Fields!Product.UniqueName
```

目标报表为 Product Sales by Year(MDX 钻取目标表),它包含一个名为 ProductProduct 的查询参数,这个参数是在设计报表时由 MDX 查询设计器生成的。

图 10-22 显示了源报表中 Product 文本框的 Action 表达式设置。请注意用于参数映射的 Value 列中使用的表达式。还应该注意,设计界面的 Product 文本框字体为蓝色。这是为用户提供的可视化提示,告诉用户可以单击某个产品,因为它在 Web 页面上显示为链接。

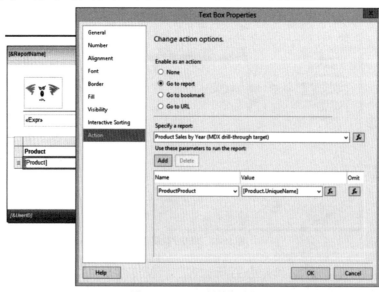

图 10-22　Action 表达式设置

参数安全预防措施

如果将钻取报表、URL 或多维数据集报表操作放在互联网或不受控制的网络环境中，就必须采取预防措施来避免脚本注入攻击。向 MDX 查询传递参数时，必须使用两项常见的安全预防措施。

默认情况下，第一项措施是在 MDX 查询设计器生成的脚本中实现的。使用 CONSTRAINED 可选参数标志把参数传递给 STRTOSET 或 STRTOMEMBER 函数。这个标志通知 MDX 查询处理引擎，在参数文本中禁用所有的动态脚本或函数调用。

另一项防范措施是可以自行实现的 URLEscapeFragment 函数。向这个函数传递任何 MDX 对象引用，都需要用 MIME 编码所有用来嵌入脚本的字符。在接收端，查询处理器在确认接收到的内容未被修改的情况下，对收到的有效字符进行解码。下面的代码示例以适当的转义格式返回维度成员的引用：

```
UrlEscapeFragment(SetTostr({[Dim].[MyHierarchy].CurrentMember}))
```

10.7　最佳实践和规则

针对为 Analysis Services 设计的报表，下面给出了一些重要的考虑因素。创建报表时，务必注意这些考虑因素：

- **利用多维数据集**。将业务规则和计算设计到多维数据集中。使用综合的多维数据集设计报表和查询，只需要将成员拖放到 Query Designer 中。
- **允许出现空行**。默认情况下，MDX Query Designer 删除了单元格均为空的行，这会影响某些报表，如图表和矩阵。如果需要包含所有行，而不考虑某行是否所有单元格均为空，可以删除行轴上的 NON EMPTY 命令。
- **让多维数据集管理聚集**。用 AGGREGATE 函数替换 Report Designer 生成的 SUM 或 FIRST 聚集函数。这样就要求 Reporting Services 让 Analysis Services 查询引擎管理聚集值。
- **对月份排序**。使用 Report Wizard 创建表格或矩阵报表时，分组是根据同一个字段排序的，比如 Months 这样的字段按照字母顺序排序。因为在多维数据集维度中，成员已经正确排序，所以删除分组的排序表达式就可以解决这个问题。
- **级联参数**。自动生成的 MDX 查询可以使用独立的参数创建多个数据集。删除没用的参数是富有挑战性的。检查每一个隐藏数据集查询的参数引用，删除没有用的参数引用，甚至删除数据集，然后在不使用参数的情况下重新构建数据集。
- **使用查询设计器创建参数**。使用 MDX Query Designer 创建参数和筛选逻辑，在备份生成的查询之后，修改查询的内容。

10.8　小结

SQL Server Analysis Services 是一种强大的工具，可以存储和管理关键业务信息，支持业务决策和分析。如果正确使用 SSAS，使用 Reporting Services 可以创建极具吸引力的报表。业务用户在使用 Report Builder 设计日常报表时，不需要理解 MDX 语言。但是，如果具备一些基本的 MDX 知识，

BI 解决方案开发人员就能创建高级可视化效果和功能强大的业务仪表板。如果使用关系数据源，这种仪表板不仅难以设计，而且执行速度很慢。

　　SSAS 和 MAX 查询引擎的优点非常多，包括：查询执行速度非常快，数据得到了简化并易于访问，可以在一个中心位置管理特定业务的计算。使用 Reporting Services 为 Analysis Services 数据设计报表，可以创建快速、安全、可靠的 BI 解决方案，并且这个 BI 解决方案能够在业务企业中得到统一的结果。

　　第 11 章将深入介绍使用 Analysis Services 和 MDX 的真实报表解决方案。学习使用高级技术，如表达式和报表导航，以了解如何使用多个报表构建完整的多维数据集浏览器解决方案。

第11章

SSAS 报表高级技术

本章内容

- 通过修改报表参数，动态改变报表内容和导航层次结构
- 使用参数限制行数
- 显示多维数据集元数据并帮助用户探索多维数据集元数据
- 在 Reporting Services 中创建自己的多维数据集浏览器

2005 年，我在 PASS Global Summit 上出席了一个关于报表设计的会议。会议结束后，一个非常独特的人物出现了，并自我介绍。他是一位有澳洲口音的高大绅士，戴着一项皮帽和永久的微笑。从那以后，Grant Paisley 和我就一直是好朋友。我们有很多共同之处，包括把 Reporting Services 技术运用到极致的激情。Grant 是一位现成的思想家，他用 SSRS 完成的事情是难以想象的。多年来，他一直在改进多维数据集浏览器解决方案，这让我很惊讶。这是天才地把 Reporting Services 与 Analysis Services 相结合并提供灵活性的一个显著例子。

Grant 在本书的最新版中编写本章的内容，还使用操作、表达式和参数把报表集缝合在一起。与 SSRS 2012 一样，这些在 SSRS 2016 中是有效的，只是对示例项目 Wrox SSRS 2016 Dynamic Cube Browser 进行了很小的调整。我在许多项目中使用了这些以及相似的模式，鼓励读者们回顾这些技术，并收集可能在自己的解决方案中有用的相关部分。

> **注意：**
> 只要做少量修改或不修改，就应该能够更改数据源，并使用此解决方案来浏览任何多维或表格模型。需要更改 Cube Browser 报表和最初载入的报表的默认参数值。鉴于这种方法的复杂性和先进性，我不能提供这个解决方案的任何保证或技术支持。在回顾了解决方案之后，查看本章末尾的总结笔记。

使用 SSRS 建立动态多维数据集浏览器

几年前我参加在波士顿召开的 Tech Ed(这是微软公司为开发者和 IT 专家组织的年度会议)，我

发现 Blue Man Group 也在城里。我忍不住观看了他们的演出，因为他们在舞台上实在是太吸引人了。这件事提醒我们，当人们在浏览器(或报表)中看到蓝色的文本时，总是会忍不住去单击这些文本。本章讨论如何使用这些"蓝色单击冲动"来创建灵活的动态报表，单击报表中的蓝色内容，就可以在报表内容之间导航。

　　本章描述了一组报表，这些报表展示在 SSRS 中构建 OLAP 客户端时使用的技术。在讲述过程中，学习以下内容:

- 使用自调用的钻取报表，在内容中导航
- 使用其他报表来收集参数
- 对报表进行格式化，使之易于导航
- 使用多维数据集元数据来驱动报表内容(这项技术可以在任何多维数据集中使用)

11.1　Cube Dynamic Rows 报表

　　为客户创建报表时，常常发现客户对报表的要求非常相似。报表列往往是静态的，包含诸如 Amount、Amount Last Year、Growth、Growth Percentage 和 Gross Profit 等数据值。唯一的区别就在于行中显示的数据。因此两个报表可能具有同样的列，但是一个报表显示的是 Products，另一个报表显示的是 Regions。

　　Analysis Services 的一个优点在于，它可以帮助在层次结构中上下移动，以选择感兴趣的内容。例如，在 Product 维度，可以选择 Product Category: Bikes 或 Product Sub-Category: Mountain Bikes，甚至可以选中一个 Product Model。

　　Cube Dynamic Rows 报表使用参数来修改层次结构在行中显示的内容，在层次结构中进行上钻或下钻。这个报表还使用参数来显示度量。图 11-1 显示了最终报表的界面。只要单击某个层次结构成员，就可以一层一层地下钻到各级明细，也可以逐级地执行上钻。

图 11-1　最终报表的行为

　　Cube Browser 报表(这个概念的延伸)会调用改进版本的 Cube Metadata 报表。它可以帮助用户动态地修改在行中显示的度量和层次结构，而无须为参数输入值。

11.1.1　解剖 Cube Dynamic Rows 报表

　　这个报表使用了自定义的 MDX，主要用于计算度量，并为 Reporting Services 提供一致的列名。因此，只需要简单地改变参数，就可以动态地修改行和度量。

　　在 SQL Server Data Tools(SSDT)中，打开 Cube Dynamic Rows 报表，图 11-2 显示了 Cube Dynamic Rows 报表的 Report Data 面板。

1. 参数

首先看看参数。

字符串报表参数 pMeasure 的默认值为：

```
[Measures].[Gross Profit]
```

还有下面这些可用的表达式值(标记/值)：

```
Gross Profit / = "[Measures].[Gross Profit]"
Sales Amount / = "[Measures].[Sales Amount]"
Amount / = "[Measures].[Amount]"
```

因此，这些参数决定了显示在报表中的度量值。

字符串报表参数 pRowMbr 的默认值为：

```
[Product].[Product Categories].[Subcategory].&[1]
```

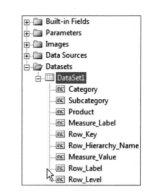

图 11-2   Cube Dynamic Rows 报表数据

这就是报表的"焦点"成员。在本例中就是 Product 维度、Product Categories 层次结构和 Subcategory 级别的 Mountain Bikes。

2. 数据集

在 Query Designer 中打开 DataSet1，如图 11-3 所示。

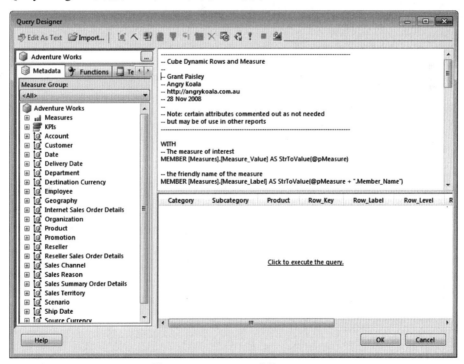

图 11-3   Query Designer 中的 DataSet1

以下为 MDX 查询:

```
-------------------------------------------------------------------------------
-- Cube Dynamic Rows and Measure
--
-- Grant Paisley
-- Angry Koala
-- http://angrykoala.com.au
-- Nov 2011
--
-- Note: certain attributes commented out as not needed
-- but may be of use in other reports
-------------------------------------------------------------------------------

WITH
-- The measure of interest
MEMBER [Measures].[Measure_Value] AS StrToValue(@pMeasure)

-- the friendly name of the measure
MEMBER [Measures].[Measure_Label] AS StrToValue(@pMeasure + ".Member_Name")

MEMBER [Measures].[Row_Key]
    AS StrToValue( @pRowMbr + ".Hierarchy.Currentmember.Uniquename" )
MEMBER [Measures].[Row_Label]
    AS StrToValue( @pRowMbr + ".Hierarchy.CurrentMember.Member_Caption" )

MEMBER [Measures].[Row_Level]
    AS StrToValue( @pRowMbr + ".Hierarchy.CurrentMember.Level.Ordinal" )

--MEMBER [Measures].[Row_Level_Name]
--   AS StrToValue( @pRowMbr + ".Hierarchy.Level.Name" )

MEMBER [Measures].[Row_Hierarchy_Name]
    AS StrToValue( @pRowMbr + ".Hierarchy.Name" )

--MEMBER [Measures].[Row_Hierarchy_UniqueName]
--   AS StrToValue( @pRowMbr + ".Hierarchy.UniqueName" )

MEMBER [Measures].[Row_Dimension_Name]
    AS StrToValue( @pRowMbr + ".Dimension.Name" )

--MEMBER [Measures].[Row_Dimension_UniqueName]
--    AS StrToValue(@pRowMbr + ".Dimension_Unique_Name" )

SELECT NON EMPTY {
 -- display the measure and rowmbr attributes on columns

 [Measures].[Row_Key],
 [Measures].[Row_Label],
 [Measures].[Row_Level],
 --[Measures].[Row_Level_Name],
 [Measures].[Row_Hierarchy_Name],
 --[Measures].[Row_Hierarchy_UniqueName],
 --[Measures].[Row_Dimension_Name],
 --[Measures].[Row_Dimension_UniqueName],
```

```
[Measures].[Measure_Label] ,
[Measures].[Measure_Value]

} ON COLUMNS,

NON EMPTY
    -- if want to display row member parent, self and children
    -- un-comment following code
    --STRTOSET("{" + @pRowMbr + ".parent, "
    --          + @pRowMbr + ", "
    --          + @pRowMbr + ".children}" )

    -- show the current hierarchy member with its ascendants
    -- together with its children on rows
    STRTOSET(
       "{Ascendants(" + @pRowMbr + " ), "
       + @pRowMbr + ".children}"
    )

ON ROWS

FROM [Adventure Works] -- must hard code the cube :(
-- the cube name, together with the parameter default values are the only
-- things required to point this report at a different cube
```

在效果上，查询为每个感兴趣的行成员属性创建了一个计算度量，并将其显示在列中：

```
[Measures].[Row_Key],
 [Measures].[Row_Label],
 [Measures].[Row_Level],
 --[Measures].[Row_Level_Name],
 [Measures].[Row_Hierarchy_Name],
 --[Measures].[Row_Hierarchy_UniqueName],
 --[Measures].[Row_Dimension_Name],
 --[Measures].[Row_Dimension_UniqueName],
```

此外，还有当前度量的标记和值：

```
[Measures].[Measure_Label],
[Measures].[Measure_Value]
```

在行中，只需要显示当前成员的上级和子级：

```
STRTOSET(
   "{Ascendants(" + @pRowMbr + " ), "
   + @pRowMbr + ".children}"
)
```

如果在工具栏上选中了 Query Parameters 图标，就可以看到如图 11-4 所示的内容：

- 默认值为[Measures].[Gross Profit]的 pMeasure
- 默认值为[Product].[Product Categories].[Subcategory].&[1]的 pRowMbr

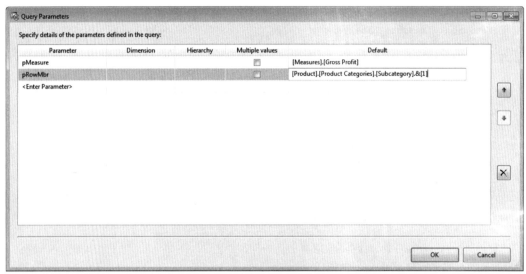

图 11-4　Query Parameters 对话框

> **注意:**
> 需要输入如图 11-4 所示的参数信息。继续之前，确保这是完整的。

执行查询，可以看到如图 11-5 所示的结果:

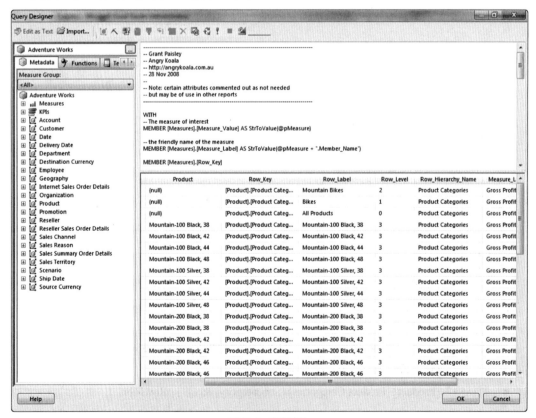

图 11-5　查询结果

3. 矩阵内容

在已经得到数据的基础上，下面看看如何对 tablix 进行格式化，包括学习更好地显示数字的新技巧。

这个表格带有明细记录行，显示了 Row_Label 和 Measure_Value 数据字段。

第一列的标题设置为[Row_Hierarchy_Name]，显示了当前层次结构的名称。

第二列的标题设置为[Measure_Label]，显示了当前度量的名称。

如果右击 Row Groups 面板中的 Details 分组，选中 Group Properties，就可以看到基于[Row_Key]进行分组的表达式，如图 11-6 所示。

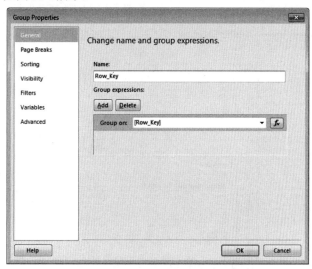

图 11-6　基于[Row_Key]进行分组的表达式

在如图 11-7 所示的 Sorting 选项卡中，各行先基于 Row_Level 数据字段进行排序，然后基于 Measure_Value 数据字段进行排序。这样可以确保成员按照其在层次结构中的级别顺序(升序)和值(降序)显示。

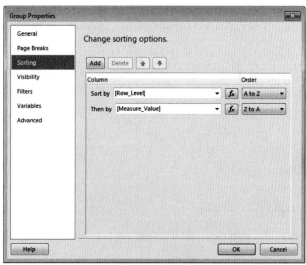

图 11-7　查看行的排序

4. 格式化行的标记

右击 Row_Label 文本框，选中 Text Box Properties，然后选中 Alignment 选项，最后单击 Padding Options 区域中的 f_x 按钮，如图 11-8 所示。可以看到用于设置单元左对齐的表达式。这个表达式使层次结构中的每个级别缩进四个字符：

```
=str( (Fields!Row_Level.Value * 4) + 2 ) + "pt"
```

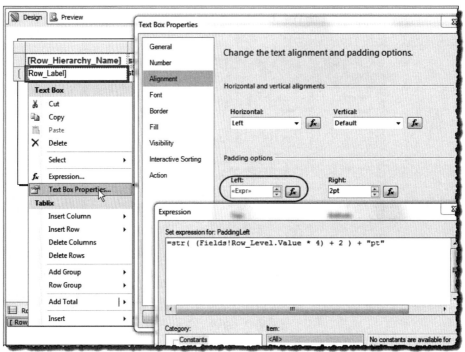

图 11-8　改变文本对齐方式和填充属性

5. 高亮显示当前行

高亮显示当前选中行，可以将选中的行设置为蓝色，告知用户已经选中一行。请记住，用户始终难以克制单击蓝色内容的冲动。

对于明细行中的 Row_Label 和 Measure_Value 单元格，将其 BackgroundColor 属性设置为以下表达式：

```
=iif(Fields!Row_Key.Value=Parameters!pRowMbr.Value,
  "LemonChiffon",
  Nothing
  )
```

如图 11-9 所示。

还需要将字体颜色设置为以下表达式：

```
=iif(Fields!Row_Key.Value=Parameters!pRowMbr.Value,
"DimGray",
"Blue")
```

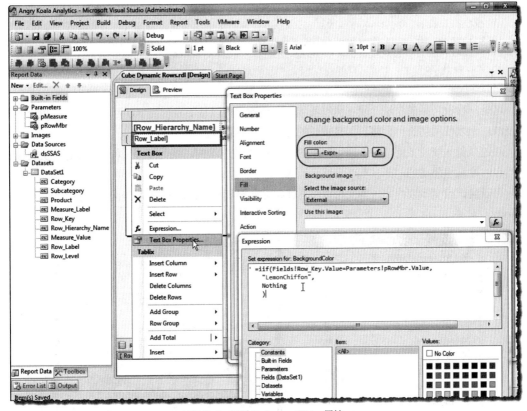

图 11-9　设置 BackgroundColor 属性

注意，单元格属性 BorderColor = LightGray，将 BorderStyle 的默认值从 Solid 修改为 None，如图 11-10 所示。

图 11-10　当前单元格的属性

这种格式化方法可以为报表提供整洁的外观。报表并不需要使用竖线，因为列中的数据/值已经排列整齐。

6. 动态数字格式化

最后一项技巧是为度量值创建动态格式化。选中 Measure_Value 文本框的属性，可以看到，这个文本框用以下表达式进行格式化：

```
=iif(last(abs(Fields!Measure_Value.Value)) > 10000000, "#,, m;(#,, m)",
 iif(last(abs(Fields!Measure_Value.Value)) > 1000000,  "#,,.0 m;(#,,.0 m)",
 iif(last(abs(Fields!Measure_Value.Value)) > 10000,    "#, k;(#, k)",
 iif(last(abs(Fields!Measure_Value.Value)) > 1000,     "#,.0 k;(#,.0 k)",
   "#,#;(#,#)"
))))
```

这是一种很巧妙的做法。现在可以看到，即使数字可以从 1 显示到 100 万，显示效果也仍然非常整洁，无须使用超长单元格，而且较长的数字也不难阅读。

通过预览来查看效果。现在，行是由 pRowMbr 参数驱动的。对于每一行来说，则是用 pMeasure 中指定的度量值驱动的。

可以尝试改变报表内容，为此可以将 pMeasures 参数组合框内的值从 Gross Profit 修改为 Sales Amount，如图 11-11 所示。

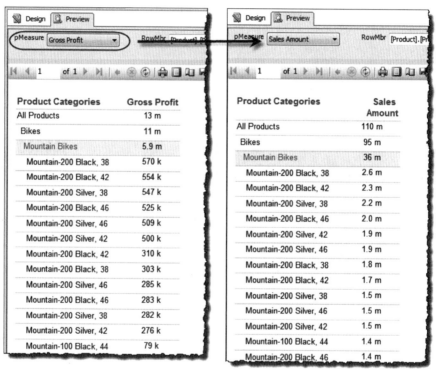

图 11-11　测试报表的修改

7. 自调用钻取操作

为了将焦点改变到另一行，需要创建一个自调用钻取操作。具体来说，就是要创建一个操作，调用同一个报表，传递被单击的行成员的唯一名称。

修改 Row_Label 文本框的属性。在如图 11-12 所示的 Action 选项卡中，"Go to report"单选按钮处于启用状态，将"Specify a report"设置为内置的全局值[&ReportName]。两个参数的名称/值为：

- pRowMbr / [Row_Key]
- pMeasure / [@pMeasure]

选中 Preview 选项卡，如图 11-13 所示，然后试着在产品层次结构中进行上钻和下钻。

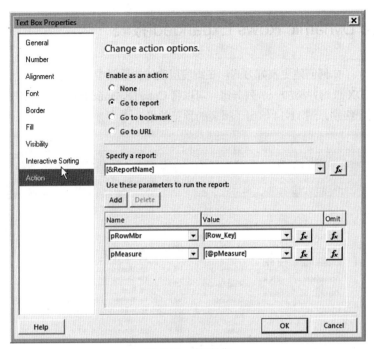

图 11-12　修改操作

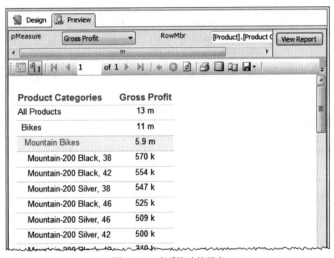

图 11-13　查看修改的报表

11.1.2　Cube Dynamic Rows Summary 报表

这个报表演示了 Angry Koala Analytics 报表使用的基本报表内容的展示方法和导航技术。这种技术可以在行上显示任何维度层次结构，并在这个层次结构中向上和向下导航。

在 Cube Browser 报表中，我们将添加多个列、一个筛选器和一个日期。然后将其与 Cube Metadata 报表的一个修改版挂接起来，以允许用户修改报表中显示的内容。

现在，我们初步得到一个在 SSRS 中构建的小型 OLAP 浏览器。通过不同的参数创建链接报表，就可以为用户提供各种各样的报表，包括 Profit and Loss 报表、Salesperson Profitability 报表等。

11.2　Cube Dynamic Rows Expanded 报表

这个报表展示了如何创建更友好方式，在维度层次结构数据中进行导航。

快速修改 MDX 查询并添加一个列分组，可以将 Cube Dynamic Rows 报表修改为在新的列中显示层次结构的每个级别。图 11-14 给出了报表的预览效果。

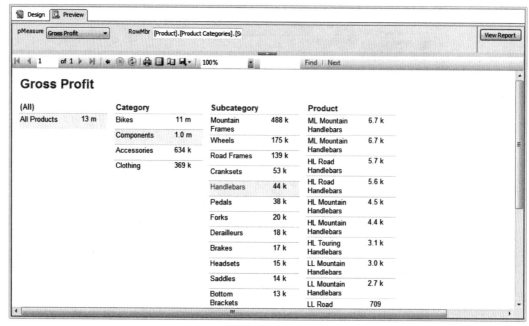

图 11-14　在新列中查看层次结构的每个级别

11.2.1　修改 MDX 查询

可以添加度量 MbrIsAncestor 来高亮显示所有的祖先成员(参见本章 11.2.2 节)。

```
MEMBER [Measures].[MbrIsAncestor] AS
    StrToValue(
       "IsAncestor( " +@pRowMbr + ".hierarchy.currentmember, "
              +@pRowMbr + " )"
       + " or ( " + @pRowMbr + ".hierarchy.currentmember is " +@pRowMbr + " )"
    )
```

修改查询的核心内容，显示当前成员(pRowMbr)的上级。对于每个上级成员，还要返回其同级成员:

```
-- for each ascendant member
-- generate its siblings

STRTOSET(
  "{" +
  GENERATE(
    Ascendants(StrToMember( @pRowMbr) )
    ,StrToValue(@pRowMbr + ".Hierarchy.CurrentMember.Uniquename")
```

```
      ,".siblings, "
    )
    + ".siblings,"

    -- and add the children

    + @pRowMbr + ".children"
    + "}"
  )
```

11.2.2　修改设计界面

现在对设计界面进行修改，使之显示多个列，指明导航路径。

1. tablix

首先要创建一个新的 1×1 表格(也就是 tablix)，表格基于 Row_Level 进行单列分组，如图 11-15 所示。这样就为层次结构中的每一行级创建了一个数据列。

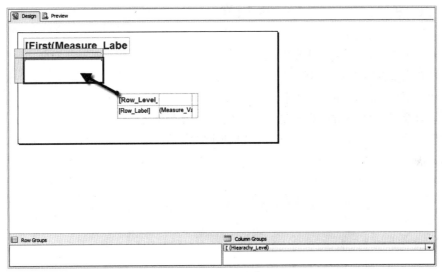

图 11-15　创建新的表格/tablix

将已有的 tablix(基于 Row_Key 对行进行分组)粘贴到这个单元格中。换言之，我们得到了一个表格中的表格。这就为每个层次结构级别添加了一列，还在行中列出了该级别的所有成员，并根据当前的度量值排序。

2. 可视化调整

首先删除用来缩进 RowLabel 文本框的表达式(现在，每个级别都显示在一个新列中，而不是在同一列中)：

```
=2pt
```

在两个表格的上方，插入一个标题文本框，用于显示当前度量的名称：

```
=Fields!Row_Level_Name.Value
```

在页眉中显示当前行的层次结构级别的名称：

```
=Fields!Row_Level_Name.Value
```

不仅要高亮显示维度层次结构中的当前成员，还要高亮显示当前成员在层次结构中的所有上级成员。这样就会显示在层次结构的每个级别选中的路径。按如下设置 BackgroundColor 属性：

```
=iif(Fields!MbrIsAncestor.Value,
"LemonChiffon",
Nothing
)
```

3. 总结

使用这种报表样式可以在层次结构中选出感兴趣的成员。另一个好处是：针对当前度量，只显示有数据的成员。

11.3　Cube Restricting Rows 报表

本节将基于 SSRS 工具进一步完成 Cube Browser 报表，这个报表是在 11.1 节中开始设计的。

在创建动态报表的过程中，挑战之一是用户可能偶尔请求大量的数据。在实现这个报表的过程中，要简单了解如何添加功能以限制报表中返回的行数。

为此，只要使用 MDX 的 TOPCOUNT 函数和一个参数就可以限制查询返回的行数。为此，可以在报表中创建一个表格，用户只需要单击需要返回的行数即可，而无须要求用户在参数选项框中选择参数。图 11-16 显示了完成的报表。

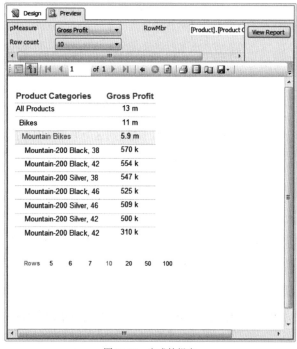

图 11-16　完成的报表

设计报表

这个报表使用自定义的 MDX 和 TOPCOUNT 函数来限制查询返回的行数。任何基于 MDX 的查询都可以使用这项技术。在这个示例中，使用上一节设计的 Cube Dynamic Rows 报表。

针对此报表，只需要执行以下三项修改：

● 添加一个参数，用于确定待显示的行数。

● 修改 MDX 查询，使用 TOPCOUNT 函数限制显示的行数。

● 修改自调用钻取操作。

前面的图 11-16 显示了最终得到的报表。

1. pRowCount 参数

首先需要使用新的数据集，为 pRowCount 参数提供一个取值列表。

如图 11-17 所示，下面的 SQL 查询用于创建一个基于共享数据源 dsAnySQLDB 的新数据集 CellCount：

```
Select 5 as CellCount union all
select 6 union all
select 7 union all
select 10 union all
select 20 union all
select 50 union all
select 100
```

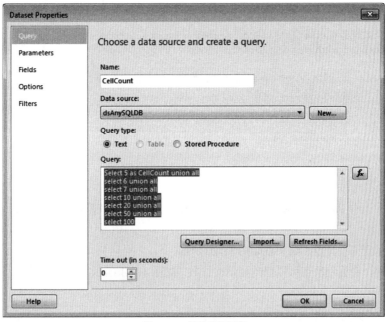

图 11-17　创建新数据集

在 pRowCount 参数的属性中，Value field 和 Label field 都被设置为 CellCount，如图 11-18 所示。

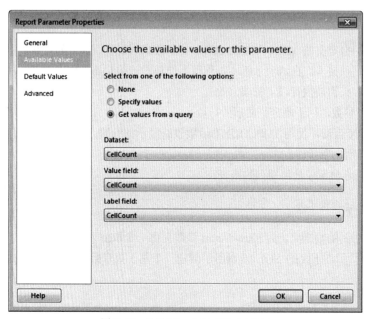

图 11-18　设置 Value field 和 Label field

2. 在 MDX 查询中限制行数

右击 DataSet1，打开 Query Editor。注意，MDX 查询包含在 TOPCOUNT 函数中。

```
-- returns the top n number of rows based on current measure
TOPCOUNT(
  -- show the current hierarchy member with its ascendants
  -- together with its children on rows
  STRTOSET(
    "{Ascendants(" + @pRowMbr + " ), "
    + @pRowMbr + ".children}"
  )
  ,StrToValue(@pRowCount)
  ,[Measures].[Measure_Value]
)
```

```
ON ROWS
```

从工具栏中选中 Parameter 图标，你会看到 pRowCount 参数的默认值被设置为 6，如图 11-19 所示。

如果执行了查询设计器，结果就如图 11-20 所示。

预览报表时，会看到现在可以修改显示的行数，如图 11-21 所示。

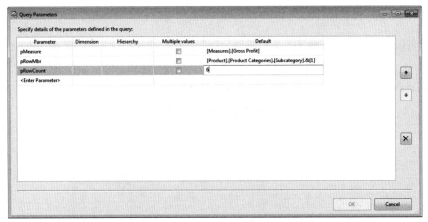

图 11-19 pRowCount 参数的默认值

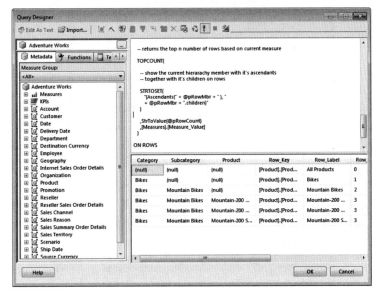

图 11-20 执行结果

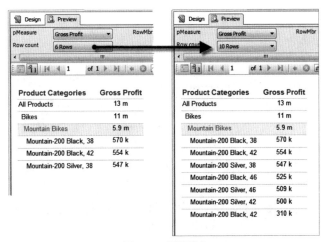

图 11-21 预览报表

3. 为自调用钻取报表操作添加 pRowCount 参数

现在就可以控制返回的行数了。下面需要为行层次结构自调用钻取操作添加 pRowCount 参数。

打开 Row_Label 文本框属性。可以看到 pRowCount 参数已添加到已有的操作中，参数值设置为[@pRowCount]，如图 11-22 所示。

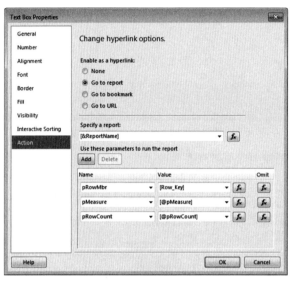

图 11-22 添加 pRowCount

4. 一种与报表参数交互的更好方法

这个报表还使用一个表格来显示可用的 pRowCount 参数值。当前选中的行数高亮显示为灰色。如图 11-23 所示，对 CellCount 文本框的自调用钻取操作现在包含 pRowCount 参数，参数值设置为用户所单击的列值，即 CellCount 的值。

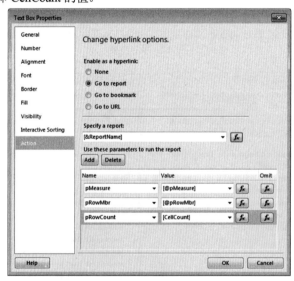

图 11-23 与报表参数交互

5. 总结

简单的 SSRS OLAP 浏览器又前进了一步。现在，用户可以修改行和度量(至少可以手动修改)，可以对多维数据集层次结构进行上钻和下钻，还可以控制返回的行数。

下一步需要找到一种直接与多维数据集结构打交道的方法。我们用 Cube Metadata 报表完成这项工作。

11.4　Cube Metadata 报表

如果所有的多维数据集文档都能及时更新，供用户使用，是不是非常美好呢? 先创建通用的报表，在 Report Manager 中创建一个链接报表，然后修改少量参数，生成一个全新的报表，是不是更好呢?

如何做到这一点? 为了创建本章讨论的报表，需要组合使用几项技术，但是首先需要访问 Analysis Services 元数据。

11.4.1　设计报表

这个解决方案需要 Reporting Services 和 Analysis Services 协调工作，并使用 SQL Server 2012 中的动态管理视图(Dynamic Management View，DMV)。本节需要使用以下 DMV:

- MDSCHEMA_CUBES
- MDSCHEMA_MEASUREGROUPS
- MDSCHEMA_MEASURES
- MDSCHEMA_MEASUREGROUP_DIMENSIONS
- MDSCHEMA_HIERARCHIES
- MDSCHEMA_LEVELS

可能还想研究其他 DMV(在这个报表中不需要使用):

- DBSCHEMA_CATALOGS
- DBSCHEMA_DIMENSIONS

为了获得完整的 DMV 清单，请运行以下命令:

```
SELECT * FROM $SYSTEM.DBSCHEMA_TABLES
```

图 11-24 显示了最终完成的报表。

下面给出了列出多维数据集/透视(Cubes/Perspectives)的步骤，选中多维数据集/透视之后，可以显示关联的度量分组列表:

按照以下步骤操作，添加多维数据集元数据 DMV 数据集信息:

(1) 添加一个数据集，输入以下 DMV 脚本作为表达式，然后单击 Refresh Fields 按钮:

```
SELECT * FROM $System.MDSCHEMA_CUBES WHERE CUBE_SOURCE =1
```

(2) 将数据集命名为 Cubes。数据集属性应该如图 11-25 所示。

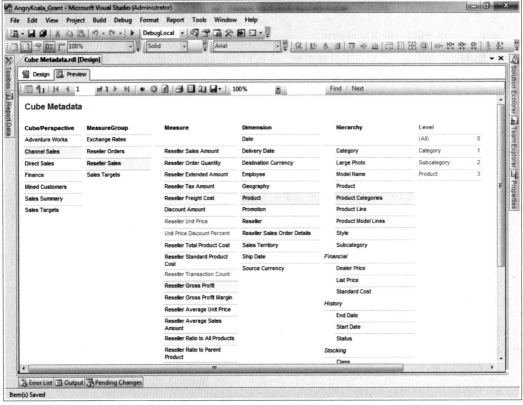

图 11-24　完成的报表

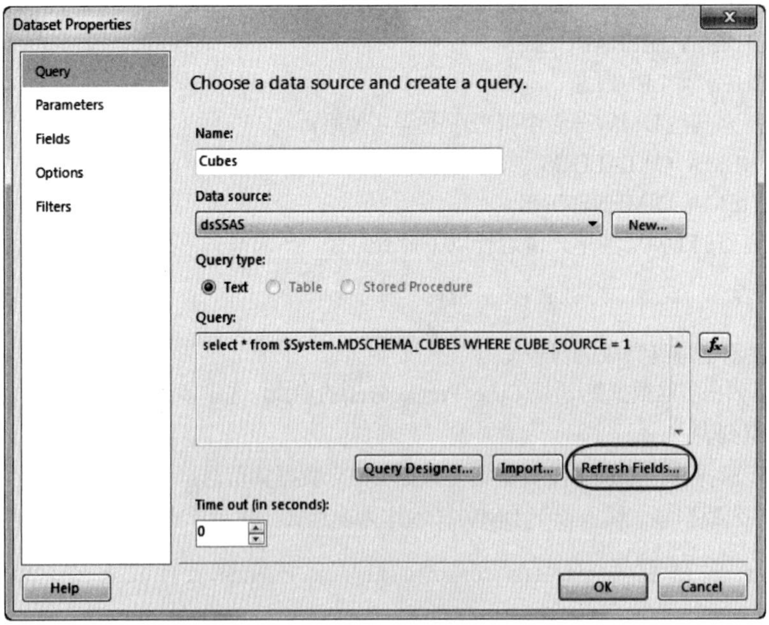

图 11-25　数据集属性

(3) 在设计界面中插入一个表格，然后将 CUBE_NAME 列拖放到其中，列出多维数据集/透视预览时可以看到多维数据集元数据，如图 11-26 所示。

图 11-26　多维数据集元数据

MeasureGroups

执行以下步骤，插入另一个表格来显示 MeasureGroups。使用一个自调用钻取操作，根据在第一个表格中选中的 CUBE_NAME(或透视)进行筛选。

(1) 创建一个名为 pCube 的报表参数，将其默认值设置为 Channel Sales。

(2) 创建一个名为 MeasureGroups 的新数据集，将查询设置为：

```
SELECT * FROM $System.MDSCHEMA_MEASUREGROUPS
```

(3) 添加一个参数并设置其默认值：

```
[CUBE_NAME] = [@pCube]
```

(4) 添加筛选器[CUBE_NAME] = [@pCube]。图 11-27 显示的 Dataset Properties 对话框显示了筛选条件。

最后还要高亮显示当前选中的多维数据集和 MeasureGroup，并添加自调用钻取操作。

(5) 针对 Dataset Properties 对话框中的 CUBE_NAME 文本框，将 BackgroundColor 表达式设置为：

```
=iif(Fields!CUBE_NAME.Value=Parameters!pCube.Value,"LemonChiffon","White")
```

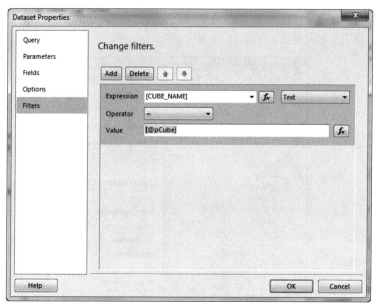

图 11-27　Dataset Properties 对话框中显示的筛选条件

(6) 打开 CUBE_NAME 的 Text Box Properties 对话框。在 Action 选项卡中，将"Enable action as a hyperlink"单选按钮设置为 "Go to report"，将"Specify a report"设置为[&ReportName]。添加表 11-1 所示的报表参数名称和值，如图 11-28 所示。

表 11-1

参 数 名 称	值
pCube	[CUBE_NAME]

图 11-28　Text Box Properties 对话框

(7) 在设计界面中插入一个表格，拖动 MEASUREGROUP_NAME 列，列出与选中多维数据集(或 Measure Group)关联的 MeasureGroups，然后像以前那样，添加筛选器[CUBE_NAME] = [@pCube]。

预览报表。当单击并选中多维数据集(或透视)时，报表会显示关联的 MeasureGroups，如图 11-29 所示。

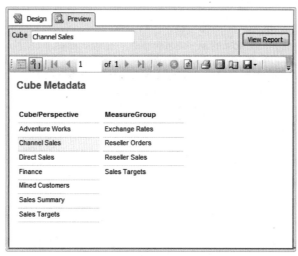

图 11-29　单击多维数据集，显示关联的 MeasureGroup

11.4.2　添加其他多维数据集元数据

同样，还可以为度量、维度、层次结构和级别添加元数据，步骤如下：

(1) 添加表 11-2 所示的报表参数，并设置相应的默认值。

表 11-2　要添加的报表参数

参　数　名　称	值
pMeasure	[Measures].[Reseller Gross Profit]
pMeasureGroup	Reseller Sales
pDimension	="[Product]" 这个参数的值必须是一个表达式，因为在 SSRS 中，"[ ]"具有特殊的含义。[Product]是一个 DataSet 列值的简写(如 Product.Value)，其中包含维度的唯一名称[Product]
pHierarchy	[Product].[Product Categories]

(2) 输入以下代码，添加数据集。

针对以下各种情况输入示例查询，然后单击 Refresh Fields，查询将填充各列。然后，用表达式替换查询。保存数据集之后，仍然会收到一条消息，告知无法填充字段，但是在单击 OK 按钮之后，字段实际上已经填充。

Measures

```
="SELECT * FROM $System.MDSCHEMA_MEASURES"
+ " WHERE CUBE_NAME = '" & Parameters!pCube.Value & "'"
+ " AND ( MEASUREGROUP_NAME = '" & Parameters!pMeasureGroup.Value & "'"
+ " OR MEASURE_DISPLAY_FOLDER = '" & Parameters!pMeasureGroup.Value & "' )"
```

示例：

```
SELECT * FROM $System.MDSCHEMA_MEASURES
WHERE CUBE_NAME = 'Channel Sales'
AND ( MEASUREGROUP_NAME = 'Reseller Sales'
OR MEASURE_DISPLAY_FOLDER = 'Reseller Sales' )
```

MeasureGroupDimensions

```
="SELECT * FROM $System.MDSCHEMA_MEASUREGROUP_DIMENSIONS "
+ " WHERE CUBE_NAME = '" & Parameters!pCube.Value & "'"
+ " AND MEASUREGROUP_NAME = '" & Parameters!pMeasureGroup.Value & "'"
```

示例：

```
SELECT * FROM $System.MDSCHEMA_MEASUREGROUP_DIMENSIONS
WHERE CUBE_NAME = 'Channel Sales'
AND MEASUREGROUP_NAME = 'Reseller Sales'
```

Hierarchies

```
="SELECT * FROM $System.MDSCHEMA_HIERARCHIES"
+ " WHERE CUBE_NAME = '" & Parameters!pCube.Value & "'"
+ " AND [DIMENSION_UNIQUE_NAME] = '" & Parameters!pDimension.Value & "'"
```

示例：

```
SELECT * FROM $System.MDSCHEMA_HIERARCHIES
WHERE CUBE_NAME = 'Channel Sales'
AND [DIMENSION_UNIQUE_NAME] = '[Product]'
```

Levels

```
="SELECT * FROM $System.MDSCHEMA_LEVELS "
+ " WHERE CUBE_NAME = '" & Parameters!pCube.Value & "'"
+ " AND [DIMENSION_UNIQUE_NAME] = '" & Parameters!pDimension.Value & "'"
+ " AND [HIERARCHY_UNIQUE_NAME] = '" & Parameters!pHierarchy.Value & "'"
```

示例：

```
SELECT * FROM $System.MDSCHEMA_LEVELS
WHERE CUBE_NAME = 'Channel Sales'
AND [DIMENSION_UNIQUE_NAME] = '[Product]'
AND [HIERARCHY_UNIQUE_NAME] = '[Product].[Product Categories]'
```

现在应该看到如图 11-30 所示的报表数据。

(3) 基于每个数据集，在设计界面中插入一个表格，添加一个表达式，使字段在选中时高亮显示，并创建一个自调用钻取操作。

(4) 针对 Action 页面中的 CUBE_NAME 文本框属性，将 "Enable action as a hyperlink" 单选按钮设置为 "Go to report"，将 "Specify a report" 设置为[&ReportName]，并添加表 11-3 所示的报表参数名称和值：

表 11-3　要添加的报表参数

参 数 名 称	值
pCube	= [@pCube]
pMeasureGroup	= [MEASUREGROUP_NAME]
pMeasure	= [@pMeasure]

图 11-30　完成报表数据

(5) 现在成功添加了附加参数，回到 CUBE_NAME 文本框属性，在 Action 页面中添加如表 11-4 所示的参数名称和值报表。

表 11-4　要继续添加的报表参数

参 数 名 称	值
pCube	= [@pMeasureGroup]
pMeasure	= [@pMeasure]

Measures

(6) 如果元数据不可见，就将 Measure 文本框设置为 Gray，可以使用工具提示来显示附加信息。另外，也可以添加列来显示其他元数据。

(7) 在 MEASURE_NAME 的文本框属性中，添加一个自调用钻取操作(将“Specify a report”设置为[&ReportName])，这个操作拥有表 11-5 所示的参数名称和值。

表 11-5　自调用钻取操作拥有的参数

参 数 名 称	值
pCube	= [@pCube]
PMeasureGroup	= [@pMeasureGroup]
pMeasure	= [MEASURE_UNIQUE_NAME]

设计界面如图 11-31 所示，预览效果如图 11-32 所示。

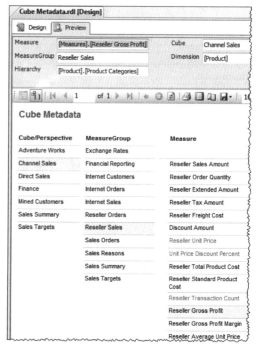

图 11-32 预览效果

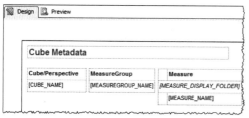

图 11-31 设计界面

Dimensions

列出所选 MeasureGroup 的维度，并高亮显示当前的维度。

(8) 用表 11-6 中的参数和值添加另一个自调用钻取操作。

表 11-6 另一个自调用钻取操作的参数

参 数 名 称	值
pCube	= [@pCube]
pMeasureGroup	= [@pMeasureGroup]
pMeasure	= [MEASURE_UNIQUE_NAME]

Hierarchies

(9) 使用表 11-7 中的参数名称和值添加第三个自调用(报表为[&ReportName])钻取操作：

表 11-7 第三个自调用钻取操作的参数

参 数 名 称	值
pCube	= [@pCube]
pDimension	= [@pDimension]

Levels

(10) 为了提供完整的信息，还要显示所选层次结构的级别名称和级别对应的层数。

图 11-33 和图 11-34 显示了 Dimension、Hierarchy 和 Level 的设计界面和预览效果。

Dimension
Hierarchy
Level
Hea der
«Expr»
[HIERARCHY_DISPLAY_FOLDER]
[LEVEL_NAME]
[LEVI
[HIERARCHY_NAME]

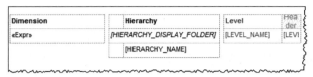

图 11-33　设计界面

Dimension
Hierarchy
Level
Date
(All) 0
Delivery Date
Category
Category 1
Destination Currency
Large Photo
Subcategory 2
Employee
Model Name
Product 3
Geography
Product
Product
Product Categories
Promotion
Product Line
Reseller
Product Model Lines
Reseller Sales Order Details
Style
Sales Territory
Subcategory
Ship Date
Financial
Source Currency
Dealer Price
List Price
Standard Cost
History
End Date
Start Date

图 11-34　预览效果

最后的思考

现在，已经找到了一种方法来发现与多维数据集结构有关的信息。如果在 Analysis Server 中填充描述字段，就可以为用户提供最新的文档，如度量的含义。此外，还可以让用户根据名称搜索度量，也可以在标准报表中添加帮助按钮，以显示维度或度量的详细信息。

本书的 Cube Browser 报表和 Angry Koala Cube Browser 报表都使用了这个报表。对这个报表稍加修改，就可以让用户动态修改 Cube Browser 报表中的行、列和筛选器。

11.5　Cube Browser 报表

使用本章先前描述的一些高级报表技术，可以在 Reporting Services 中构建简单、可用的 OLAP 浏览器：

(1) 扩展 Cube Dynamic Rows 报表，使之包含动态列。

(2) 添加日期筛选器。

(3) 添加动态筛选器。

(4) 允许用户改变度量。

(5) 将修改版本的 Cube Metadata 报表链接到新报表，允许用户执行以下操作：

- 选择要显示的度量
- 改变行和列的内容
- 改变筛选器

利用这些功能，开发人员或高级用户可以创建链接报表，并适当地设置参数，对行、列、筛选

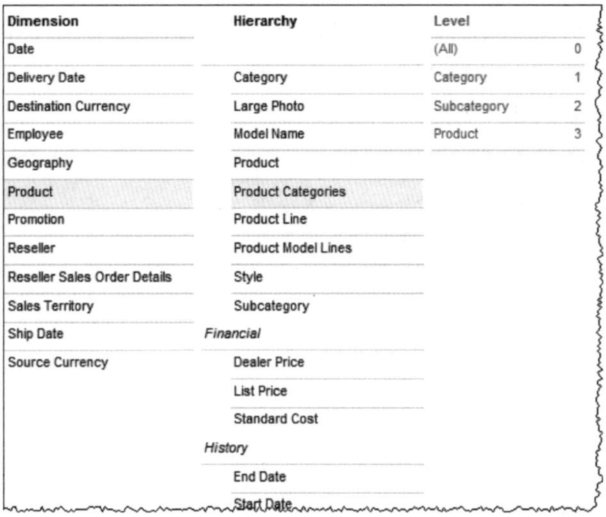

器、日期和度量进行任意组合，创建报表。此外，一旦报表开始运行，用户就可以对数据进行各种处理。如果用户使用的是本机 Reporting Services 管理器，还可以创建自己的报表版本，为此用户只需要在 Internet Explorer 的收藏夹中保存当前报表。

这个多维数据集浏览器报表的运行速度也很快，在传统报表中，在 MDX 查询窗口中添加参数时，实际上是为每个参数生成一个 MDX 查询。这意味着当报表运行时，在报表呈现之前，需要运行 10 到 20 个 MDX 查询。Cube Browser 报表只需要执行 MDX 查询，给表格提供数据(还包括一条基本的 SQL UNION 语句，为行数和列数生成一组数值)。可以查看其他支持报表来收集参数。最终得到的报表在执行上钻和下钻时，响应时间是相当惊人的。

图 11-35 显示了 Sales 报表，图 11-36 显示了 Profit and Loss 报表，这两个报表都是 Cube Browser 报表的示例，只是使用了不同的参数。

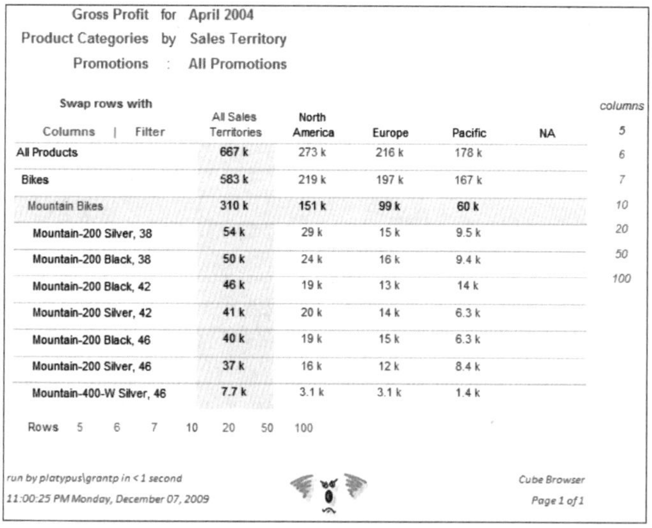

Gross Profit for April 2004
Product Categories by Sales Territory
Promotions : All Promotions

Swap rows with

Columns | Filter	All Sales Territories	North America	Europe	Pacific	NA	columns
						5
All Products	667 k	273 k	216 k	178 k		6
Bikes	583 k	219 k	197 k	167 k		7
Mountain Bikes	310 k	151 k	99 k	60 k		10
Mountain-200 Silver, 38	54 k	29 k	15 k	9.5 k		20
Mountain-200 Black, 38	50 k	24 k	16 k	9.4 k		50
Mountain-200 Black, 42	46 k	19 k	13 k	14 k		100
Mountain-200 Silver, 42	41 k	20 k	14 k	6.3 k		
Mountain-200 Black, 46	40 k	19 k	15 k	6.3 k		
Mountain-200 Silver, 46	37 k	16 k	12 k	8.4 k		
Mountain-400-W Silver, 46	7.7 k	3.1 k	3.1 k	1.4 k		

Rows 5 6 7 10 20 50 100

run by platypus\grantp in < 1 second
11:00:25 PM Monday, December 07, 2009
Cube Browser
Page 1 of 1

图 11-35　Sales 报表

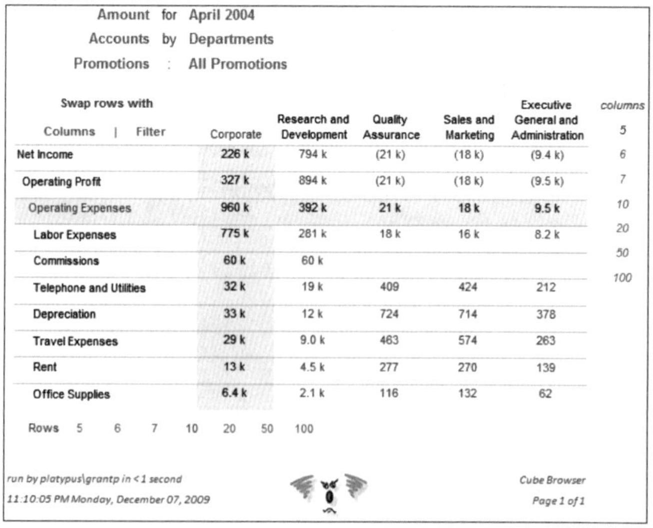

Amount for April 2004
Accounts by Departments
Promotions : All Promotions

Swap rows with

Columns | Filter	Corporate	Research and Development	Quality Assurance	Sales and Marketing	Executive General and Administration	columns
						5
Net Income	226 k	794 k	(21 k)	(18 k)	(9.4 k)	6
Operating Profit	327 k	894 k	(21 k)	(18 k)	(9.5 k)	7
Operating Expenses	960 k	392 k	21 k	18 k	9.5 k	10
Labor Expenses	775 k	281 k	18 k	16 k	8.2 k	20
Commissions	60 k	60 k				50
Telephone and Utilities	32 k	19 k	409	424	212	100
Depreciation	33 k	12 k	724	714	378	
Travel Expenses	29 k	9.0 k	463	574	263	
Rent	13 k	4.5 k	277	270	139	
Office Supplies	6.4 k	2.1 k	116	132	62	

Rows 5 6 7 10 20 50 100

run by platypus\grantp in < 1 second
11:10:05 PM Monday, December 07, 2009
Cube Browser
Page 1 of 1

图 11-36　Profit and Loss 报表

11.5.1　对报表的剖析

本节不再一步步地构建报表,而是探索报表的架构,然后探索在每个报表中必须使用的技术。涉及的报表有:

- Cube Browser 报表
- Cube Browser Metadata 报表
- Cube Browser Member 报表

首先看看这些报表的作用。

1. Cube Browser 报表

Cube Browser 是主报表,也是报表用户唯一直接可见的报表。基于这个物理报表,可以使用多个链接报表,在行、列和筛选器中显示不同的数据。为此,只需要创建一个链接报表,并改变参数。

下面列出的内容解释了用户在这个报表和任何链接报表中可以完成的工作,解释了如何完成这些工作。下面列出了每一项的关键操作,以及支持的参数设置:

- **修改要显示的度量**。单击标题中的 Measure Name,钻取 Cube Browser Metadata 报表。

  ```
  driver = Measure
  ```

- **修改层次结构在行中显示的内容**。单击标题中的 Hierarchy Name,钻取 Cube Browser Metadata 报表。

  ```
  driver = Rows
  ```

- **修改层次结构在列中显示的内容**。单击标题中的 Column Hierarchy Name,钻取 Cube Browser Metadata 报表。

  ```
  driver = Columns
  ```

- **修改层次结构使用筛选器的方式**。单击 Filter Hierarchy Name,钻取 Cube Browser Metadata 报表。

  ```
  driver = Filter
  ```

- **修改筛选器的值(成员)**。单击 Filter Member Name,钻取 Cube Browser Metadata 报表。

  ```
  driver = Filter
  ```

- **修改日期周期(可以是年、季度、月和日)**。单击标题中的 Date Member,钻取 Cube Browser Member 报表。

  ```
  driver = Date
  ```

- **对显示在行或列中的层次结构进行上钻和下钻**。单击行成员,使用新的选择结果进行自钻取。

- **修改显示的行数或列数**。单击行数，使用新的选择结果进行自钻取。
- **交换行和筛选器**。单击 Swap Filter 文本框，使用交换后的 Row 参数和 Filter 参数进行自钻取。
- **交换行和列**。单击 Swap Column 文本框，使用交换后的 Row 参数和 Column 参数进行自钻取。

图 11-37 显示了从 Cube Browser 报表到 Cube Browser Metadata 报表和 Cube Browser Member 报表的关键导航路径。

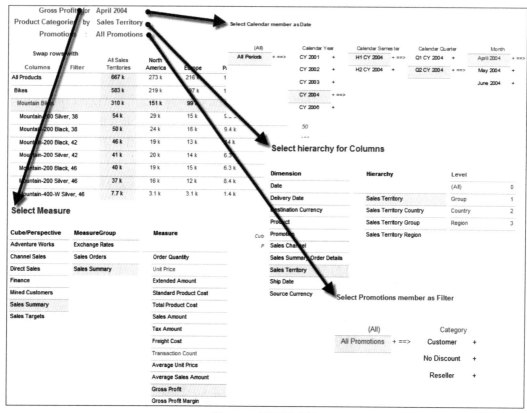

图 11-37　关键导航路径

2. Cube Browser Metadata 报表

Cube Browser Metadata 报表是从 Cube Browser 报表中调用的，返回度量或层次结构。Cube Browser Metadata 报表的设计基于 Cube Metadata 报表，当用户执行以下操作时，就会调用它：

- 修改度量
- 选择层次结构在行或列中显示的内容
- 选择层次结构筛选标准

因此，Cube Browser Metadata 报表具有两项独特的行为。下面列出了驱动参数值为 Measure 时，用户可以完成的操作，并说明了如何完成这些操作：

- **选中多维数据集/透视**。单击 MeasureLabel，初始化自钻取操作，显示所选多维数据集中的可用度量。

- **从多维数据集/透视中选择度量**。单击度量,传递选中的度量,为 Cube Browser 报表激发逆钻取操作。

当驱动参数为 Row、Column 或 Filter 时,下面列出了用户在这个报表中可以完成的工作,解释了如何完成这些工作。下面列出每个项的关键操作和支持参数的设置:

- **选中维度**。执行自钻取以显示层次结构。
- **为选中的维度选择层次结构**。使用选中的层次结构逆钻取到 Cube Browser 报表。

```
driver = Rows、Columns 或 Filter
```

请注意,并不需要对逆钻取(drill back)的报表进行硬编码。参数之一是调用报表,它允许这个报表从不同的链接报表中调用。

3. Cube Browser Member 报表

Cube Browser Member 报表是从 Cube Browser 报表中调用的,返回一个层次结构成员。当用户执行以下任务时,就调用 Cube Browser Member 报表:

- **选中一个时间周期作为报表筛选依据**。时间周期可以是年、季度、月或日。
- **选中一个成员作为报表筛选依据**。

11.5.2 内幕

下面研究 Cube Browser 报表的详细内容及其使用的报表。

1. Cube Browser 报表

Cube Browser 报表是基于 Cube Dynamic Rows 报表设计的。它们使用的基本概念是相同的,但是 Cube Browser 报表将设计思路扩展到列,还添加了日期和动态筛选器。为了添加日期和动态筛选器,需要使用以下参数(包含一个默认值作为示例):

- pCube = Sales Summary(多维数据集或透视的名称)
- pMeasureGroup = Sales Summary(MeasureGroup 的名称)
- pMeasure = [Measures].[Gross Profit](度量的唯一名称)
- pDateMbr = [Date].[Calendar].[Month].&[2004]&[4](Date 成员的唯一名称)
- pRowMbr = [Product].[Product Categories].[Subcategory].&[1](需要在行中显示上级和子级成员的唯一名称)
- pRowCount = 10(显示的行数)
- pColMbr = [Sales Territory].[Sales Territory].[All Sales Territories](需要在列中显示上级和子级成员的唯一名称)
- pColCount = 5(需要显示的列数)
- pFilterMbr = [Promotion].[Promotions].[All Promotions](作为筛选器的成员的唯一名称)

如果打开 DataSet1 查询,并从查询设计器的工具栏上选中参数图标,就会看到参数列表及其默认值,如图 11-38 所示。

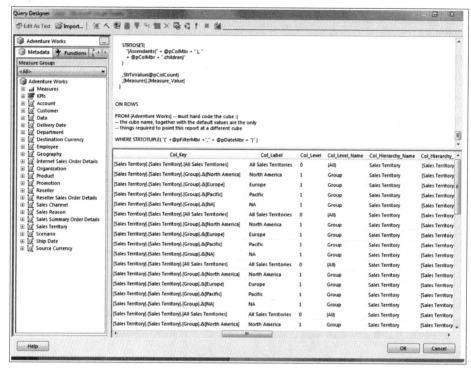

图 11-38　参数列表及其默认值

下面是需要执行的 MDX 查询，其中包含执行额外功能需要扩展的内容：

```
----------------------------------------------------------------
-- Cube Browser
--
-- Grant Paisley
-- Angry Koala
-- http://angrykoala.com.au
-- 14 Nov 2011
--
--
-- Note: certain attributes commented out as not needed
-- but may be of use in other reports
----------------------------------------------------------------


WITH
-- The measure of interest
MEMBER [Measures].[Measure_Value]
  AS StrToValue(@pMeasure)

-- the friendly name of the measure
MEMBER [Measures].[Measure_Label]
  AS StrToValue(@pMeasure + ".Member_Name")

-- Row metadata
MEMBER [Measures].[Row_Key]
  AS StrToValue( @pRowMbr + ".Hierarchy.Currentmember.Uniquename" )
MEMBER [Measures].[Row_Label]
```

```
  AS StrToValue( @pRowMbr + ".Hierarchy.CurrentMember.Member_Caption" )
MEMBER [Measures].[Row_Level]
  AS StrToValue( @pRowMbr + ".Hierarchy.CurrentMember.Level.Ordinal" )
MEMBER [Measures].[Row_Level_Name]
  AS StrToValue( @pRowMbr + ".Hierarchy.Level.Name" )
MEMBER [Measures].[Row_Hierarchy_Name]
  AS StrToValue( @pRowMbr + ".Hierarchy.Name" )
MEMBER [Measures].[Row_Hierarchy_UniqueName]
  AS StrToValue( @pRowMbr + ".Hierarchy.UniqueName" )
MEMBER [Measures].[Row_Dimension_Name]
  AS StrToValue( @pRowMbr + ".Dimension.Name" )
MEMBER [Measures].[Row_Dimension_UniqueName]
  AS StrToValue(@pRowMbr + ".Dimension_Unique_Name" )

-- Column metadata
MEMBER [Measures].[Col_Key]
  AS StrToValue( @pColMbr + ".Hierarchy.Currentmember.Uniquename" )
MEMBER [Measures].[Col_Label]
  AS StrToValue( @pColMbr + ".Hierarchy.CurrentMember.Member_Caption" )
MEMBER [Measures].[Col_Level]
  AS StrToValue( @pColMbr + ".Hierarchy.CurrentMember.Level.Ordinal" )
MEMBER [Measures].[Col_Level_Name]
  AS StrToValue( @pColMbr + ".Hierarchy.Level.Name" )
MEMBER [Measures].[Col_Hierarchy_Name]
  AS StrToValue( @pColMbr + ".Hierarchy.Name" )
MEMBER [Measures].[Col_Hierarchy_UniqueName]
  AS StrToValue( @pColMbr + ".Hierarchy.UniqueName" )
MEMBER [Measures].[Col_Dimension_Name]
  AS StrToValue( @pColMbr + ".Dimension.Name" )
MEMBER [Measures].[Col_Dimension_UniqueName]
  AS StrToValue(@pColMbr + ".Dimension_Unique_Name" )

-- Filter metadata
MEMBER [Measures].[Filter_Key]
  AS StrToValue( @pFilterMbr + ".Hierarchy.Currentmember.Uniquename" )
MEMBER [Measures].[Filter_Label]
  AS StrToValue( @pFilterMbr + ".Hierarchy.CurrentMember.Member_Caption" )
MEMBER [Measures].[Filter_Level]
  AS StrToValue( @pFilterMbr + ".Hierarchy.CurrentMember.Level.Ordinal" )
MEMBER [Measures].[Filter_Level_Name]
  AS StrToValue( @pFilterMbr + ".Hierarchy.Level.Name" )
MEMBER [Measures].[Filter_Hierarchy_Name]
  AS StrToValue( @pFilterMbr + ".Hierarchy.Name" )
MEMBER [Measures].[Filter_Hierarchy_UniqueName]
  AS StrToValue( @pFilterMbr + ".Hierarchy.UniqueName" )
MEMBER [Measures].[Filter_Dimension_Name]
  AS StrToValue( @pFilterMbr + ".Dimension.Name" )
MEMBER [Measures].[Filter_Dimension_UniqueName]
  AS StrToValue(@pFilterMbr + ".Dimension_Unique_Name" )

-- Date metadata
MEMBER [Measures].[Date_Key]
  AS StrToValue( @pDateMbr + ".Hierarchy.Currentmember.Uniquename" )
MEMBER [Measures].[Date_Label]
  AS StrToValue( @pDateMbr + ".Hierarchy.CurrentMember.Member_Caption" )
```

279

```
MEMBER [Measures].[Date_Level]
  AS StrToValue( @pDateMbr + ".Hierarchy.CurrentMember.Level.Ordinal" )
MEMBER [Measures].[Date_Level_Name]
  AS StrToValue( @pDateMbr + ".Hierarchy.Level.Name" )
MEMBER [Measures].[Date_Hierarchy_Name]
  AS StrToValue( @pDateMbr + ".Hierarchy.Name" )
MEMBER [Measures].[Date_Hierarchy_UniqueName]
  AS StrToValue( @pDateMbr + ".Hierarchy.UniqueName" )
MEMBER [Measures].[Date_Dimension_Name]
  AS StrToValue( @pDateMbr + ".Dimension.Name" )
MEMBER [Measures].[Date_Dimension_UniqueName]
  AS StrToValue(@pDateMbr + ".Dimension_Unique_Name" )

SELECT NON EMPTY {
-- display the measure and rowmbr attributes on columns

[Measures].[Row_Key],
[Measures].[Row_Label],
[Measures].[Row_Level],
[Measures].[Row_Level_Name],
[Measures].[Row_Hierarchy_Name],
[Measures].[Row_Hierarchy_UniqueName],
[Measures].[Row_Dimension_Name],
[Measures].[Row_Dimension_UniqueName],

[Measures].[Col_Key],
[Measures].[Col_Label],
[Measures].[Col_Level],
[Measures].[Col_Level_Name],
[Measures].[Col_Hierarchy_Name],
[Measures].[Col_Hierarchy_UniqueName],
[Measures].[Col_Dimension_Name],
[Measures].[Col_Dimension_UniqueName],

[Measures].[Filter_Key],
[Measures].[Filter_Label],
[Measures].[Filter_Level],
[Measures].[Filter_Level_Name],
[Measures].[Filter_Hierarchy_Name],
[Measures].[Filter_Hierarchy_UniqueName],
[Measures].[Filter_Dimension_Name],
[Measures].[Filter_Dimension_UniqueName],

[Measures].[Date_Key],
[Measures].[Date_Label],
[Measures].[Date_Level],
[Measures].[Date_Level_Name],
[Measures].[Date_Hierarchy_Name],
[Measures].[Date_Hierarchy_UniqueName],
[Measures].[Date_Dimension_Name],
[Measures].[Date_Dimension_UniqueName],

[Measures].[Measure_Value],
[Measures].[Measure_Label]
```

```
} ON COLUMNS,

-- returns the top n number of rows based on current measure

TOPCOUNT(
-- show the current hierarchy member with its ascendants
-- together with its children on rows

STRTOSET(
"{Ascendants(" + @pRowMbr + " ), "
+ @pRowMbr + ".children}"
)

,StrToValue(@pRowCount)
,[Measures].[Measure_Value]
)

* -- cross product

-- returns the top n number of Columns based on current measure

TOPCOUNT(

-- show the current hierarchy member with its ascendants
-- together with its children on Columns

STRTOSET(
"{Ascendants(" + @pColMbr + " ), "
+ @pColMbr + ".children}"
)

,StrToValue(@pColCount)
,[Measures].[Measure_Value]
)


ON ROWS

FROM [Adventure Works] -- must hard code the cube :(
-- the cube name, together with the default values are the only
-- things required to point this report at a different cube

WHERE STRTOTUPLE( "(" +@pFilterMbr +"," + @pDateMbr + ")" )
```

与在行中为元数据创建计算成员类似，现在需要为 Date、Filter 和 Column 成员创建相同的元数据。针对每一个成员，需要收集以下元数据：

- Key
- Label
- Level
- Level_Name
- Hierarchy_Name
- Hierarchy_UniqueName

- Dimension_Name
- Dimension_UniqueName

请注意，现在已经完成了以下任务：

- 添加额外的度量，为列、日期和筛选器显示元数据。
- 创建行和列的叉积。
- 基于 Date 成员和 Filter 成员，在 WHERE 子句中添加一个元组。

如图 11-39 所示，运行 MDX 查询时，会看到要显示的 Measure 值和所有的元数据，即后面给出的 Measure_Value。

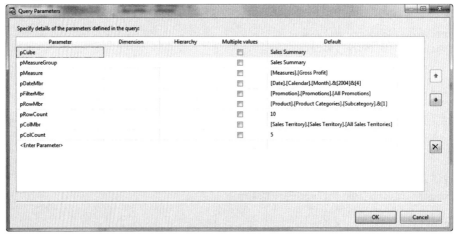

图 11-39　元数据和度量值

2. 报表体

图 11-40 显示的主 tablix 是一个包含以下内容的矩阵：

- 根据 Col_Key 进行分组的列，显示 Col_Label。
- 根据 Row_Key 进行分组的行，显示 Row_Label。
- 在明细单元格中显示的 Measure_Value。

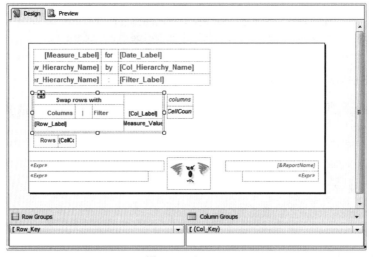

图 11-40　主 tablix

与行类似，在列中，分组是基于 Col_Key 完成的，而排序是基于 Col_Level 完成的(Col_Level 是层次结构中的级别)。在级别中，则是根据 Measure_Value 进行降序排序。为了增强报表的功能，可以添加一个参数来控制排序方式，如图 11-41 所示。

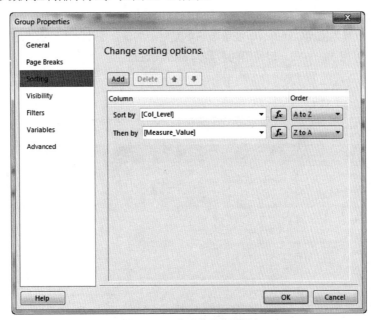

图 11-41　添加升序或降序控制

调整 Measure_Value 文本框，在行和列中高亮显示当前成员(LemonChiffon)。

将 BackgroundColor 设置为下面的表达式：

```
=iif(Fields!Row_Key.Value=Parameters!pRowMbr.Value, "LemonChiffon",
 iif(Fields!Col_Key.Value=Parameters!pColMbr.Value, "LemonChiffon",
 Nothing
 ))
```

同样，如果这个单元格显示的是当前成员，就将其字体设置为 Black，否则设置为 DimGray：

```
=iif(Fields!Row_Key.Value=Parameters!pRowMbr.Value, "Black",
 iif(Fields!Col_Key.Value=Parameters!pColMbr.Value, "Black",
 "DimGray"
 ))
```

将行和列的标题设置为同样的背景色(LemonChiffon)，但是假如文本对应于当前成员，则文本颜色为 DimGray，否则为 Blue。这意味着可以单击这个文本，在层次结构中进行上钻或下钻：

```
=iif(Fields!Row_Key.Value=Parameters!pRowMbr.Value,
"DimGray",
"Blue")
```

3. 限制行数和列数

参数 pColCount 限制在这个报表中显示的列数。

在由 pColCount 参数驱动的 MDX 查询中，可以在 MDX 中使用 TOPCOUNT 函数来限制查询返回的列成员数目。然而，用户并不需要使用复杂选项按钮来选择参数，只需要单击希望显示的列数即可。TablixColCount 表格显示了 CellCount 数据集中可以选择的列数。可以单击的值都用蓝色显示，但与当前参数值相等的数值显示为 DimGray。

单击需要显示的列数之后，报表会执行一个自调用钻取操作，且所有的参数都使用其当前值。但 pColCount 被设置为[CellCount]，即被单击的单元格中的值。图 11-42 显示了这个操作的参数值。

限制行数采用相同的方式，但使用的参数为 pRowCount。

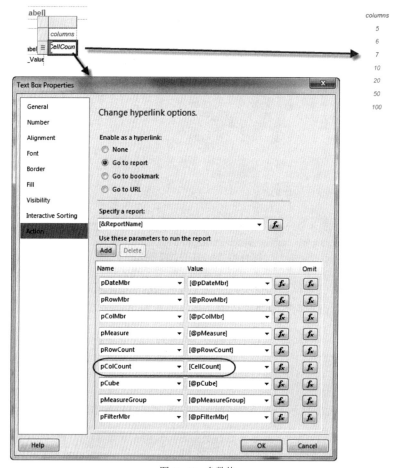

图 11-42　参数值

4. 交换操作

主 tablix 左上角的单元格是 TablixSwap。它包含两个蓝色的单元格，允许用户交换行和列，或者交换行和筛选器。同样，这都是通过执行自调用钻取操作完成的。例如，针对行和列的交换，可以设置一条提示信息：

```
="Swap rows ("
+ Fields!Row_Hierarchy_Name.Value
+ ") with columns ("
+ Fields!Col_Hierarchy_Name.Value
+ ")"
```

我们还要设置一个自调用钻取操作。请注意在图 11-43 中交换了行和列参数。

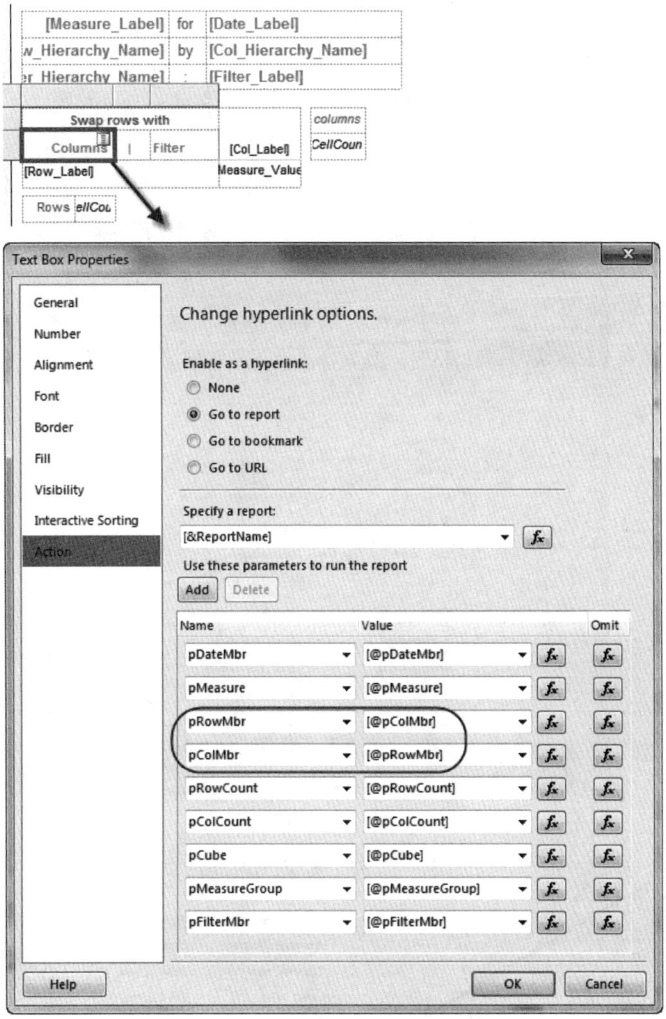

图 11-43　交换行和列参数

5. 标题

报表中的标题不仅具有标题的作用，还可以通过修改标题来改变用户在报表中看到的内容。

1) 修改度量(TextboxMeasureName)

Titles 表格的第一个文本框包含在报表中显示的度量。用户单击这个文本框时，将进入 Cube Browser Metadata 报表，从同一个多维数据集中选择另一个度量，甚至为另一个多维数据集选择度量。将所有的参数都传递给 Cube Browser Metadata 报表，此外还传递了以下内容：

- pCallingReport＝由调用这个报表的报表进行设置。这允许钻取文本框的操作返回到调用报表。
- pDriver＝Measure 表明用户希望选择多维数据集和度量，其他可选值为 Rows、Columns、Date 以及 Filter。

图 11-44 显示了操作，图 11-45 显示了如何选择度量。

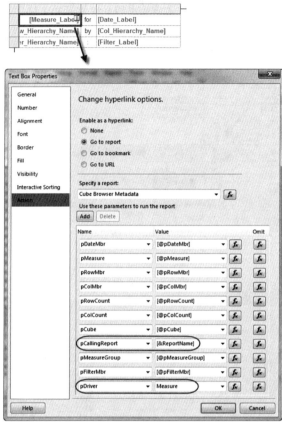

图 11-44　操作

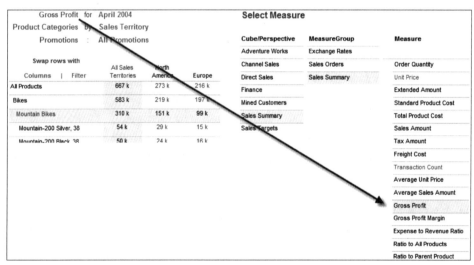

图 11-45　选择度量

2) 修改层次结构在行中显示的内容(TextboxRowHierarchyName)

同样，如果要修改行中显示的内容，请单击 TextboxRowHierarchyName。这个操作调用了同一个 Cube Browser Metadata 报表，但是这次传递的是 pDriver = Rows。现在，报表为对应于当前度量的 Measure Group 显示了 Dimensions 和 Hierarchies。图 11-46 显示了设计界面中的 Textbox-RowHierarchy，还显示了 Text Box Properties 对话框中 Action 选项卡的内容，以及调用 Cube Browser Metadata 报表所需的参数值。图 11-47 显示了预览结果。

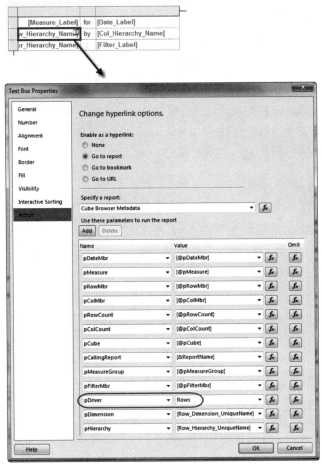

图 11-46　Action 选项卡的设计界面

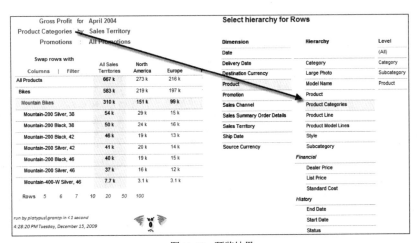

图 11-47　预览结果

3) 修改层次结构在列中显示的内容(TextboxColHierarchyName)

修改列的过程与 TextBoxRowHierarchyName 一样，但把 pDriver 设置为 Columns，这样 Cube Browser Metadata 报表就知道应该显示并随后返回 pColMbr 参数。

4) 修改层次结构的筛选器(TextboxFilterHierarchyName)

修改筛选器的过程与 TextBoxRowHierarchyName 一样。但把 pDriver 设置为 Filter，这样 Cube Browser Metadata 报表就知道应该显示并随后返回 pFilterMbr 参数。

5) 修改 Date 成员(TextboxDateLabel)

单击 TextboxDateLabel，用户就可以修改报表的时间周期。这个操作会钻取到 Cube Browser Member 报表，在该报表中，用户可以选择层次结构中的另一个 Date 成员，它可以是年、季度、月，甚至一天。图 11-48 显示了操作参数。这次把 pDriver 设置为 Date。图 11-49 显示了用户看到的内容。

注意：

新示例数据库中的日期范围比这里显示的新。把 pDateMbr 参数默认设置为 2013 或 2014 年的一个日期成员，就可以使用提供的 SSAS 数据库。

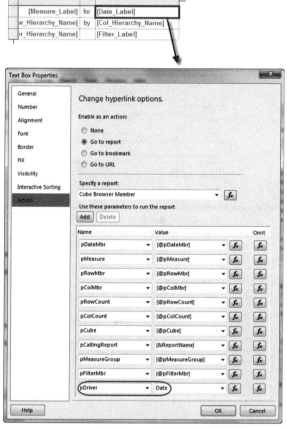

图 11-48 Action 参数

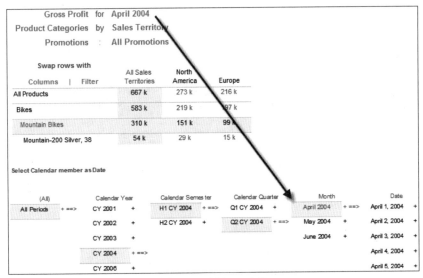

图 11-49   选择 Date 参数

6. 页脚信息

为了完善报表，在页脚中添加一些有趣的信息：

- 哪些人运行这个报表
- 执行这个报表需要用多长时间
- 以 1 of n 格式显示页码
- 报表名称

在生产报表中，始终用以下格式对报表编页码：

pnnn-体现其意义的名称

例如：p012 - Channel Sales

因此，在页脚中，显示报表的完整页号和名称，但是在标题中，去掉页号，只留下报表名称。

图 11-50 显示了格式化的页脚。

图 11-50   格式化的页脚

下面是第一个文本框的代码，它显示了哪些人运行了报表，以及运行报表的时长：

```
="run by " & User!UserID + " in " +

IIf(
 System.DateTime.Now.Subtract(Globals!ExecutionTime).TotalSeconds<1,
    "< 1 second",
(

IIf(System.DateTime.Now.Subtract(Globals!ExecutionTime).Hours >0,
    System.DateTime.Now.Subtract(Globals!ExecutionTime).Hours
    & " hour(s), ", "") +
```

```
IIf(System.DateTime.Now.Subtract(Globals!ExecutionTime).Minutes >0,
    System.DateTime.Now.Subtract(Globals!ExecutionTime).Minutes
    & " minute(s), ", "") +

IIf(System.DateTime.Now.Subtract(Globals!ExecutionTime).Seconds >0,
    System.DateTime.Now.Subtract(Globals!ExecutionTime).Seconds
    & " second(s)", ""))

)
```

下面的文本框显示了报表是何时运行的：

```
= FormatDateTime(Globals!ExecutionTime,3)
& " "
& FormatDateTime(Globals!ExecutionTime,1)
```

随后，在页脚的右方显示了报表名称：

```
=Globals!ReportName
```

最后一个文本框是页码和总页数：

```
= "Page "
& Globals!PageNumber
& " of "
& Globals!TotalPages
```

现在已经完成一个简单的 OLAP 浏览器。可以用不同的参数创建链接报表，来创建用户报表。有趣的是，用户也可以根据个人喜好来配置报表，将其保存在 Internet Explorer 浏览器的收藏夹中。

> **注意：**
>
> Paul 在这里再次提到"最后的思考"。再次感谢 Grant Paisley 为本书前一版做出的贡献。我做了几个非常小的修改，以确保所有内容都符合数据源的更新副本。
>
> 选择包含这一章，是因为 Cube Browser(多维数据集浏览器)解决方案是纯粹的天才，是一个精心设计的复杂解决方案的好例子，作为练习，我们不可能从头开始建立这个例子。因为很容易迷失在细节中，所以我提供了这个改进：首先运行 Cube Browser 报表，然后查看操作如何利用其他报表收集参数；之后，运行 Angry Koala Cube Browser 报表，完成同样的工作。希望这对读者有教育意义和价值。
>
> 可以对不同的数据源使用这个解决方案，但要确保每个参数都有有效的默认值。如果没有本书的示例 SSAS 数据库，确保日期参数(如 pDateMbr)在正确的范围内，默认设置为 2013 或 2014。

11.5.3 最后的思考

这是创建 OLAP Cube Browser 的变体的起点。例如，图 11-51 中的 Angry Koala Cube Surfer 报表使用了与 Cube Browser 报表相同的基本概念，但是 Angry Koala Cube Surfer 报表没有在每个数据单元格中显示度量，而是显示了以下内容：

- 当前周期的度量(加粗显示)
- 在一个比较周期中，使用同一个周期的度量(由一个延迟数字驱动，例如 12 表示 12 个月，因此表示上一年的同一个月)

● 一幅澳大利亚的迷你图(下方有一条线)

图 11-51 显示了 Cube Surfer 报表，对比了前一个周期和最近的 3 个周期(6、5 和 4)(lag=3)。

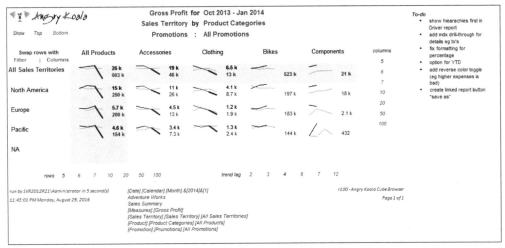

图 11-51　Angry Koala Cube Surfer 报表

图 11-52 显示了同一个报表，但延迟为 12，实现了年度之间的比较。

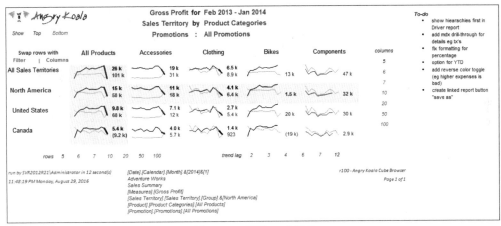

图 11-52　延迟为 12 的报表

11.6　小结

本章利用 Analysis Services 提供的强大功能，创建了具有动态内容的令人瞩目的报表。你在本章学习了如何使用自调用的钻取报表来导航多维数据集层次结构，如何利用 DMV 在 Analysis Services 元数据的基础上创建辅助报表，进而收集参数。完成本章的学习任务后，可以很好地满足业务用户的需求，甚至在很多方面超出业务用户的期望。

第 12 章的内容是建立解决方案，而不仅仅是报表。后面将应用条件表达式、参数和计算字段等技术来扩展报表功能，探索在报表中使用嵌入式.NET 代码处理复杂的业务逻辑，编写编程逻辑来控制报表的输出和行为。

表达式和操作

本章内容

- 回顾表达式
- 理解计算字段
- 使用条件表达式
- 了解 IIF 和 SWITCH 函数
- 使用自定义代码
- 报表递归关系
- 使用操作来导航报表

Reporting Services 的强大之处是它创造性地使用数据组和组合报表项的能力。使用简单的表达式和更高级的编程代码可以添加计算和条件格式。无论是应用程序开发人员还是报表设计人员，这一章包含的重要信息都有助于设计报表，以满足用户的需求，并以引人注目的报表功能来提高标准。

结合表达式和参数，报表操作用于将报表解决方案提升到下一个层次，建立全面的仪表盘和报表导航体验。

12.1 基本表达式回顾

之前的章节使用表达式完成各种各样的任务，但这仅是冰山一角。可以用一些代码和一些创造性的设计来做很多工作。回想一下，我们使用表达式创建标准化报表和页眉内容。记住，任何绑定到数据集字段或内置字段的文本框实际上都包含一个表达式。

你应该还记得，可以在文本框中把 Report Data 窗格中的项拖到文本框中，以构建简单的复合值。例如，如果想在报表页脚显示页码和报表页面总数，可以将一个文本框插入报表页脚，并把 PageNumber 内置字段从 Report Data 窗格拖到文本框中。然后，将光标放在文本的结尾，按下空格键，输入单词 of，按空格键，然后把 TotalPages 内置字段拖到文本的结尾。这会在 Report Designer 中产生如下表达式：

```
[&PageNumber] of [&TotalPages]
```

如果使用过 Reporting Services 2012 之前的版本，就会注意到用户体验有了改进。在光标离开文本框之后，Report Designer 不再显示下面灰色的非描述性标签:

```
<<Expr>>
```

在这个文本框中存储了什么值?如果表达式是使用设计器(而不是 Expression Builder)创建的，就不能再右击并选择 Expression。相反，这类表达式在为文本框定义的段落中构建为"文本运行"。为了看到幕后的情况，需要使用文本编辑器(如记事本)打开 RDL 文件。XML 代码片段如下:

```
< Paragraphs>
    <Paragraph>
        <TextRuns>
            <TextRun>
                <Value>=Globals!TotalPages</Value>
                <Style />
            </TextRun>
            <TextRun>
                <Value> of </Value>
                <Style />
            </TextRun>
            <TextRun>
                <Value>=Globals!PageNumber</Value>
                <Style />
            </TextRun>
        </TextRuns>
        <Style />
    </Paragraph>
</Paragraphs>
```

但是，如果喜欢用更"编程"的方式构建表达式，则可以使用 Expression Builder 对话框，输入如下代码:

```
=Globals!PageNumber & " of " & Globals!TotalPages
```

不要担心;下一节将解释完成此任务的详细步骤。这类表达式是在 Expression Builder 中通过手工编码构建的，在 RDL 文件中存储的方式略有不同:

```
<Paragraphs>
    <Paragraph>
        <TextRuns>
            <TextRun>
                <Value>
                    =Globals!PageNumber &amp; " of " &amp; Globals!TotalPages
                </Value>
                <Style />
            </TextRun>
        </TextRuns>
        <Style />
    </Paragraph>
</Paragraphs>
```

请注意，生成的 RDL 内容略显冗长，其实它只包含一个 TextRun 元素，该元素包含在 Expression Builder 中输入的表达式。如果使用过 Reporting Services 2012 之前的版本，它看起来就很熟悉。它是 Reporting Services 一直都在使用的 Visual Basic 表达式代码。

Reporting Services 最初被设计为一个以开发人员为中心的工具，由微软 Visual Studio 的程序员使用。随着时间的推移，产品逐渐成熟，微软对 Reporting Services 的功能进行了认真的研究，意识到这个行业需要更多以信息为中心的报表工具。几个渐进的步骤帮助 Reporting Services 成为一种双重身份的产品，能同时吸引程序员和业务用户。

缺点是，在某些方面，该产品可能有点精神分裂。除了设计器的拖放表达式和 Expression Editor 的表达式语法差异之外，Report Data 窗格中的内置字段在真正的报表表达式中引用为 Globals 集合中的成员。内置字段只是一个友好的术语而不是语法惯例。

12.2　使用 Expression Builder

前面已经在基本报表设计工作中使用了一些表达式。任何字段引用都是表达式。在 Group Properties 对话框中，使用了一个字段表达式。在前面的例子中，使用表达式来显示页码和总页数，这样报表在呈现时，它就读作"X of Y"。表达式根据各种内置字段、数据集字段和编程函数创建动态值。表达式可以用来基于各种条件、参数、字段值和计算，设置大多数属性值。下面来快速了解构建简单表达式的常用方法。我们会解释之前的例子，只不过这次是在 Expression Builder 中解释。

> **提示：**
> 在 Wrox SSRS 2016 示例项目的 Product Details 报表中，你会找到这些表达式的完成示例。为了跟随本章的步骤，只需要在完成的文本框旁边创建一个新的文本框。

要显示页码和页面计数，右击文本框并选择 Expression，然后使用 Expression 对话框来创建表达式。可以使用两种方法在表达式文本区域添加表达式。一种方法是从类别树和成员列表中选择项，然后双击一个条目，添加到表达式中。另一种方法是简单地将文本输入到表达式文本区域。这会使用 IntelliSense Auto List Members 特性，为已知的项和属性提供下拉列表。下面是第一种方法：

(1) 先在 Expression 框中输入="Page" &，然后单击对象树视图中的 Built-in Fields 项，所有相关的成员都列在相邻的列表框中。

(2) 双击列表框中的 PageNumber 项。

(3) 将光标放在文本的末尾，并键入文本**& " of " &**。然后选择并插入 TotalPages 字段。

完成的表达式应该如下：

```
="Page " & Globals!PageNumber & " of " & Globals!TotalPages
```

Expression 对话框(也称为 Expression Builder)应该出现，如图 12-1 所示。

在前面的章节中，论述了如何将参数值传递给查询，以限制或修改结果集。在报表中也可以使用参数，通过动态地改变条目属性来修改显示特性。例如，可以基于参数变量的值，为数据区域创建分组表达式。报表的参数集可以在 Expression 对话框中公开访问，可以包含为表达式的一部分。

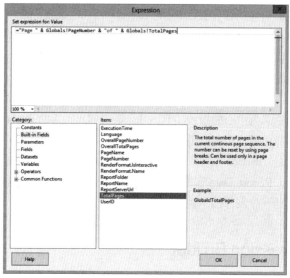

图 12-1 Expression 对话框

12.3 计算字段

定制的字段可以被添加到任何报表中，并且它们可以包含表达式、计算和文本操作。其功能可能与查询或视图中的别名列类似，但计算或表达式是在数据从数据库中检索出来后，在报表服务器上执行的。计算字段表达式还可以使用 Reporting Services 全局变量、定制代码和 SQL 表达式中不可用的函数。

下面从一个显示产品详细信息的基本报表开始。同样，要看到完整的步骤，请在 Wrox SSRS 2016 示例项目中查看 Product Details 报表。我们要用一个计算字段替换以前在文本框中使用的简单表达式。图 12-2 显示的文本框用于计算每种产品的边际利润，即从 ListPrice 中减去 StandardCost 字段。Expression 对话框显示了这个文本框。

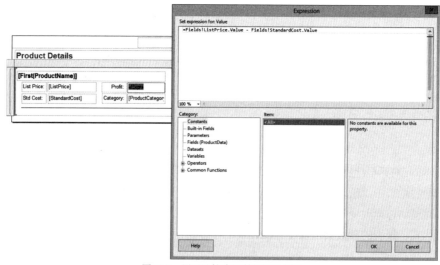

图 12-2 用于计算边际利润的文本框

不是在文本框中执行计算，而是向数据集定义中添加一个计算字段。因此，该计算可以被报表中的其他对象重用。

使用 Report Designer 中的 Report Data 窗格，选择要使用的数据集。右击数据集，并选择 Add Calculated Field，如图 12-3 所示。

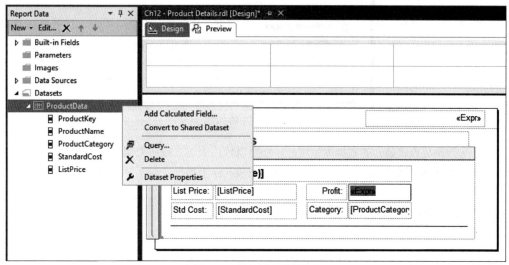

图 12-3　选择要使用的数据集

打开 Dataset Properties 对话框，如图 12-4 所示。在 Fields 页面上，单击 Add 按钮，将新项添加到 Fields 集合中。输入新的字段名，然后在这个新行上单击 Field Source 框旁边的表达式按钮(f_x)。

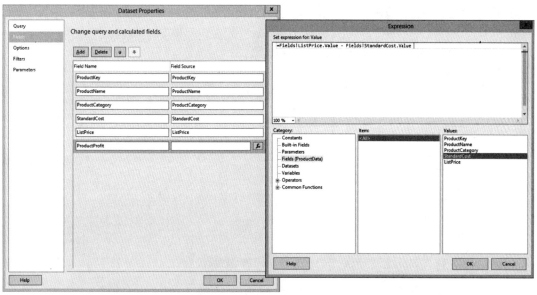

图 12-4　Dataset Properties 对话框

当 Expression 对话框打开时，只需要输入或构建与之前相同的表达式。用图 12-4 验证结果，然后在这两个对话框中单击 OK，在数据集中保存新计算的结果。

使用计算字段与使用从数据集查询中派生的任何其他字段没有什么不同。只需要从 Report Data

窗格中把新字段拖放到报表的文本框中。注意文本框中的 Profit 字段引用,如图 12-5 所示。

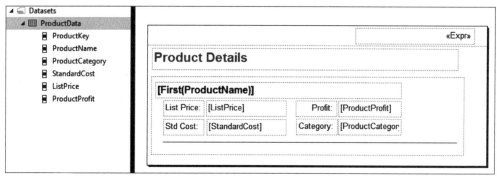

图 12-5　文本框中的字段引用

　　除了由数据集查询公开的数据库字段外,还可以使用表达式按钮来调用 Expression Builder,使用设计环境中任何可用的功能。这些计算在 Report Server 上执行,而不是在数据库服务器上执行。

12.4　条件表达式

　　前面的一些简单示例使用表达式来设置项值和属性。下面是一个条件表达式的例子,然后讨论如何使用程序代码处理更复杂的情况。我们将创建一个使用条件格式的简单 Product Inventory 报表。该报表中的表返回具有当前库存值的产品列表。WroxSSRS2016 数据库中的 Product 表包含 ReorderPoint 值,用于通知库存经理何时需要重新订购产品。如果库存数低于这个值,就可以设置库存数量,使之在名称旁边显示为红色。以这种方式使用条件表达式,类似于在 Excel 中使用条件格式。

　　下面的示例使用带有这个 SQL 查询的数据集:

```
SELECT
    l.LastInventoryDate,
    l.ProductNumber,
    l.ProductName,
    i.[ReorderPoint],
    i.[Quantity],
    i.[ListPrice]
FROM
    ProductInventory i
    INNER JOIN
    (
        SELECT
          MAX(i.InventoryDate) AS LastInventoryDate,
          p.ProductNumber,
          p.ProductName
        FROM
          Product p
          INNER JOIN ProductInventory i on p.ProductNumber = i.ProductNumber
        GROUP BY
          p.ProductNumber,
          p.ProductName
```

```
        ) l on i.ProductNumber = l. ProductNumber
;
```

绑定到这个数据集的表有四列：Name、ReorderPoint、Quantity 和 ListPrice。在表的细节行中，将 Quantity 文本框的 Color 属性设置为一个包含条件逻辑的表达式，而不是设置为一个值。可以使用 Expression Builder 或者将这个表达式输入到 Color 属性下面的 Properties 窗口中：

```
=IIF(Fields!Quantity.Value < Fields!ReorderPoint.Value, "Red", "Black")
```

对文本框的 Font > FontWeight 属性执行相同的操作，这样，如果产品的库存数量低于重新排序的点值，数量就会显示为红色粗体字：

```
=IIF( Fields!Quantity.Value < Fields!ReorderPoint.Value OR Fields!ListPrice.Value >
100, "Heavy", "Normal" )
```

12.5　IIF( )函数

即使不是程序员，也要学习一些简单的 Visual Basic 命令和函数，它们很有价值，很可能满足大部分需求。在简单的表达式中，最常用和最有用的函数是使用 IIF(Immediate IF 的首字母缩写)。如前面的例子所示，IIF( )函数接受三个参数。第一个参数是一个布尔表达式，它返回 True 或 False。如果这个布尔表达式为 True，则返回传递给第二个参数的值；否则(如果这个布尔表达式为 False)，则返回第三个参数的值。再看一下前面例子中使用的表达式：

```
=IIF(Fields!Quantity.Value < Fields!ReorderPoint.Value, "Red", "Black")
```

如果表达式 Fields!Quantity.Value < Fields!ReorderPoint.Value 的结果为 True(Quantity 小于 ReorderPoint)，则返回值"Red"；否则，返回值"Black"。

如果表达式可能返回两个以上状态，IIF( )函数就可以嵌套，形成逻辑的多个分支。在下面这个示例中，测试了三个不同的条件：

```
=IIF( Fields!Quantity.Value < Fields!ReorderPoint.Value, "Red",
IIF(Fields!ListPrice.Value > 100, "Blue", "Black" )
)
```

预览报表，检查结果；结果应该如图 12-6 所示。

> **注意：**
> 因为本书是黑白印刷，所以在图 12-6 的右边添加了一些标注，从而表示 Quantity 列中的彩色文本。本列中的非粗体文本是黑色的。

下面分析逻辑。如果 Quantity 不小于 ReorderPoint，就调用 IIF( )函数的第三个参数。它包含第二个 IIF( )函数，该函数测试 ListPrice 字段值。如果它的值大于 100，返回的值就为"Blue"；否则，返回的值是"Black"。根据这个函数的定义，第二个参数是 TruePart 值，第三个参数是 FalsePart 值。这意味着如果表达式的值为 True，就返回第二个位置的值；如果表达式的值为 False，就返回第三个位置的值。

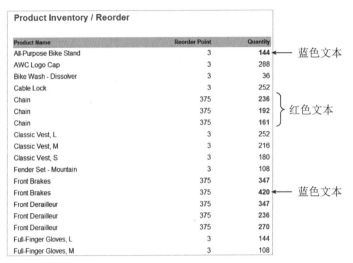

图 12-6　报表结果

除了最简单的嵌套函数外,表达式很难编写和维护。除了决策结构之外,还可以使用常用函数
来格式化输出、解析字符串和转换数据类型。计算开闭括号的数量,以确保它们匹配。下面的例子
在 Visual Basic 类库或表单项目中编写代码,使用内置的代码完成和集成调试工具,所以是有帮助
的。考虑使用其他函数代替嵌套 IIF( )函数。

SWITCH( )函数接受数量不限的表达式和值对。最后一个参数接受一个值,如果没有一个表达
式解析为 True,则返回最后一个参数接受的值。可以使用这个函数代替之前的嵌套 IIF( )示例:

```
=SWITCH(
    Fields!Quantity.Value < Fields!ReorderPoint.Value, "Red",
    Fields!ListPrice.Value > 100, "Blue",
    TRUE, "Black"
)
```

示例项目中包含这个报表的两个版本,一个版本使用嵌套 IIF( )函数,另一个版本使用 SWITCH
表达式。与 IIF( )函数不同,SWITCH( )函数没有 FalsePart 值。每个表达式和返回值作为一对进行传
递。在这个列表中,计算结果为 True 的第一个表达式会导致函数停止处理,并返回一个值。最后一
个表达式永远是 True,因为它本来就是 True。因为这个表达式总是 True,如果其他表达式都不为
True,catchall 表达式就返回"Black"。

Visual Basic 支持许多老式的 VBScript 和 VB 6.0 函数,以及更新的重载方法调用。简言之,这
意味着可能有不止一种方式来执行相同的操作。表 12-1 描述了一些在基本报表表达式中可能有用的
Visual Basic 函数。

表 12-1 用于报表表达式的 Visual Basic 函数

函数	说明	示例
FORMAT( )	返回一个字符串值,其格式使用正则表达式格式代码或模式来指定。类似于Format属性,但可以连接其他字符串值	=FORMAT(Fields!TheDate .Value, "mm/d/yy")
MID( ) LEFT( ) RIGHT( )	从指定位置(如果使用 MID( )的话)返回指定数量的字符和指定的长度。也可以使用.SUBSTRING( )方法	=MID(Fields!TheString.Value, 3, 5) =LEFT(Fields!TheString.Value, 5) = Fields!TheString.Value.SUBSTRING(2, 5)
INSTR( )	在一个字符串中返回另一个字符串中表示第一个字符位置的整数。经常与 MID( )或 SUBSTRING( )一起用于解析字符串	=INSTR(Fields!TheString.Value, ",")
CSTR( )	将任何值转换为字符串类型。考虑使用新的 ToString( )方法	=CSTR(Fields!TheNumber.Value) = Fields!TheNumber.Value.ToString()
CDATE( ) CINT( ) CDEC( ) …	类似于 CSTR( )的类型转换函数。将任何兼容的值转换为显式数据类型。考虑使用较新的 CTYPE( )函数转换为显式的类型	=CDATE(Fields!TheString.Value) =CTYPE(Fields!TheString.Value, Date)
ISNOTHING( )	测试表达式是否为 null 值。可以嵌套在 IIF( )中,将 null 转换为另一个值	=ISNOTHING(Fields!TheDate.Value) =IIF(ISNOTHING(Fields!TheDate .Value), "n/a", Fields!TheDate.Value)
CHOOSE( )	基于提供的整数索引值(1、2、3,等等)返回一个值列表	=CHOOSE(Parameters!FontSize .Value, "8pt", "10pt", "12pt", "14pt")

可以以某种形式使用数以百计的 Visual Basic 函数,因此这个列表只是一个起点。为了获得额外的帮助,可以在 Visual Studio 中查看 Functions [Visual Basic]下的在线帮助索引。这些信息也可以在公共 MSDN 库(http://msdn.microsoft.com)中找到。

12.6 使用自定义代码

需要处理更复杂的表达式时,将所有的逻辑构建到一个表达式中是非常困难的。在这种情况下,可以编写自己的函数来处理不同的条件,从属性表达式中调用它。

可以使用两种方法来管理自定义代码。一种方法是编写一个代码块,来定义嵌入报表的函数。这项技术很简单,但是代码只能用于那份报表。第二种方法是编写一个定制类库,编译为外部的.NET程序集,在Report Server上的任何报表中引用它。这种方法的优点是共享一个中央代码库,使代码的更新更容易管理。它也允许自由使用任何.NET语言(C#、VB)。这种方法的缺点是:配置和初始部署有点麻烦。

12.6.1 在报表中使用自定义代码

报表可以包含嵌入的 Visual Basic .NET 代码,这些代码定义了可以在属性表达式中调用的函数。Code Editor 窗口很简单,没有 IntelliSense、编辑或格式化功能。因此,用户可能希望在单独的、临时"VB 类库"的 Visual Studio 项目中编写代码,进行测试和调试,随后再将其放入报表。准备添加代码时，打开 Report Properties 对话框。可以在 Report 菜单中打开该对话框。另一种方法是使用 Report Designer 右击菜单。在报表主体的外部右击 Report Designer，并选择 Properties。在 Properties 窗口中，切换到 Code 选项卡，在 Custom Code 框中编写或粘贴代码。

下面的例子从一个新的报表开始。下面是代码，以及创建简单示例报表所需的表达式。下面的 Visual Basic 函数接受各种格式的电话号码或社会安全号码(Social Security Number, SSN)，并输出标准的美国电话号码和正确格式化的 SSN。Value 参数接受该值，Format 参数接受值 Phone 或 SSN。在这里，该函数只用于电话号码，所以如果愿意，可以省略 SSN 分支。

```vb
'*****************************************************************
'   Returns properly formatted Phone Number or SSN
'   based on format arg & length of text arg
'   2/20/2016 - Paul Turley
'*****************************************************************
Public Function CustomFormat(ByVal text as String, ByVal format as String) as String
     Dim sCleanedInput as String = Replace(text, "-", "")
     '** Remove all spaces and punctuation **
     sCleanedInput = Replace(sCleanedInput, " ", "")
            sCleanedInput = Replace(sCleanedInput, "(", "")
            sCleanedInput = Replace(sCleanedInput, ")", "")


     Select Case format
     Case "Phone"
          '** Remove US international prefix **
          If sCleanedInput.Length = 13
            And sCleanedInput.SubString(0, 3) = "111" Then
               sCleanedInput = sCleanedInput.SubString(3, 10)
          End If
          Select Case sCleanedInput.Length
          Case 7 '** No area code **
               Return sCleanedInput.SubString(0, 3) & "-" _
                    & sCleanedInput.SubString(3, 4)
          Case 10  '** Area code **
               Return "(" & sCleanedInput.SubString(0, 3) & ") " _
                    sCleanedInput.SubString(3, 3) _
                    & "-" & sCleanedInput.SubString(6, 4)
          Case Else  '** Non-std phone number or non-US intl. prefix **
               Return text
          End Select
     Case "SSN"
          If sCleanedInput.Length = 9 Then
               Return sCleanedInput.SubString(0, 3) & "-" _
                    & sCleanedInput.SubString(3, 2) & "-" _
                    & sCleanedInput.SubString(5, 4)
          Else
               Return text
          End If
     Case Else
          Return text
     End Select
End Function
```

该报表中的数据集从 WroxSSRS2016 数据库的 Vendor 和相关表中获取数据，并返回三列：FirstName、LastName 和 Phone。用于检索这些信息的 SQL 表达式如下：

```
SELECT
    FirstName + ' ' + LastName AS FullName,
    Phone
FROM SalesPerson
ORDER BY Phone
```

图 12-7 中的三列在绑定到数据集的表中使用。Phone 列的 Value 属性使用一个表达式调用加上了 Code 对象引用前缀的定制函数：

```
=Code.CustomFormat(Fields!PhoneNumber.Value, "Phone")
```

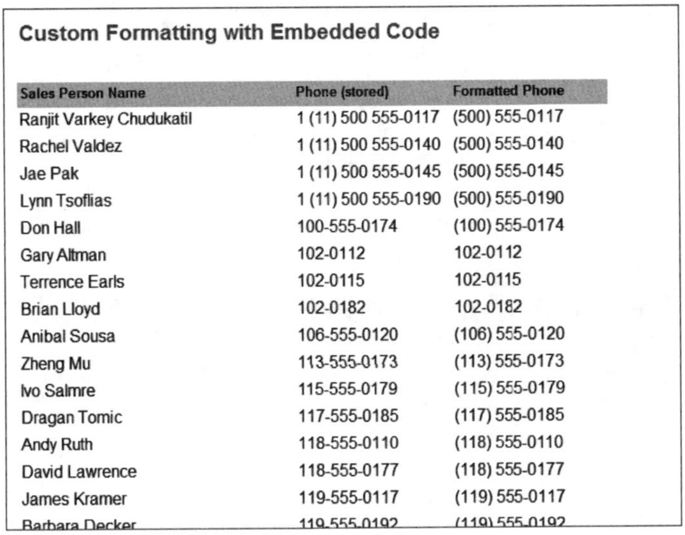

Custom Formatting with Embedded Code

Sales Person Name	Phone (stored)	Formatted Phone
Ranjit Varkey Chudukatil	1 (11) 500 555-0117	(500) 555-0117
Rachel Valdez	1 (11) 500 555-0140	(500) 555-0140
Jae Pak	1 (11) 500 555-0145	(500) 555-0145
Lynn Tsoflias	1 (11) 500 555-0190	(500) 555-0190
Don Hall	100-555-0174	(100) 555-0174
Gary Altman	102-0112	102-0112
Terrence Earls	102-0115	102-0115
Brian Lloyd	102-0182	102-0182
Anibal Sousa	106-555-0120	(106) 555-0120
Zheng Mu	113-555-0173	(113) 555-0173
Ivo Salmre	115-555-0179	(115) 555-0179
Dragan Tomic	117-555-0185	(117) 555-0185
Andy Ruth	118-555-0110	(118) 555-0110
David Lawrence	118-555-0177	(118) 555-0177
James Kramer	119-555-0117	(119) 555-0117
Barbara Decker	119-555-0192	(119) 555-0192

图 12-7　完成的报表

12.6.2　链接和钻取报表

链接和钻取报表都是非常强大的功能，可以向目标报表传递参数值，从而将文本框或图像当作到其他报表的链接。目标报表可以根据传递来的参数，包含一条记录或多条记录。下面的示例使用了示例项目中的 Products by Category 报表和 SubCategory(钻取源)报表。Product Name 文本框用来链接到一个报表，这个报表显示单条产品记录的明细。图 12-8 显示的 Product Details 报表很简单，它包含了文本框和一幅图像，这幅图像根据 Products 表与数据集中的字段绑定在一起。这个报表接收 ProductID 参数来筛选记录，缩小请求的记录范围。

文本框和图像可以用于在报表内和报表间导航，导航到外部资源(如 Web 页面和文档)，甚至发送电子邮件。可以使用在 Text Box Properties 对话框或 Image Properties 对话框中指定的导航属性启用这些功能。首先右击文本框，选中 Properties，打开 Text Box Properties 对话框，然后使用 Actions 页面设置钻取目标和要传递的参数。

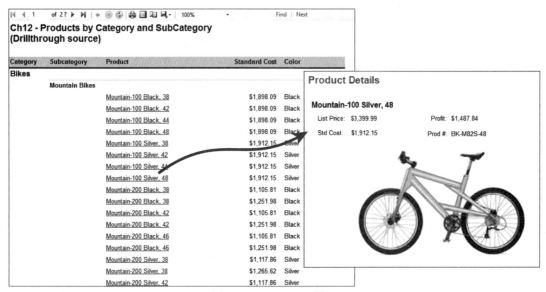

图 12-8　Product Details 报表

图 12-9 显示了示例项目的 Ch12 - Products by Category 报表和 SubCategory(钻取源)报表的 Text Box Properties 对话框的 Actions 页面。

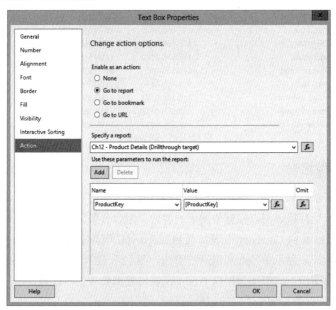

图 12-9　Text Box Properties 对话框的 Actions 页面

请注意为"Enable as an action"单选按钮列表下方的导航目标选择文本框。如果选中了"Go to report"，就打开"Specify a report"下拉列表，列出项目中的所有报表。在这个下拉列表中选中的报表必须部署在 Report Server 上，并与源报表位于同一个文件夹中。一般情况下，钻取报表可以用来打开显示筛选记录的报表，也可以显示根据这个文本框中的值得到的结果集(用户单击这个文本框时，可以打开目标报表)。典型模式是在文本框中显示用户友好的标题(在这个示例中就是产品名称)，然后向报表参数传递一个键值，唯一地标识要在目标报表中筛选的记录。在这个示例中，传递的是

ProductID 值。

为了执行这项操作，添加一个参数引用，用来在目标报表中筛选数据集记录。Name 列给出了目标报表中的全部参数。在 Value 列中，选中源报表中的一个字段来映射参数。最右方一列中的按钮提供了一项新功能，可以使用表达式来指定不将参数传递给目标报表的条件。表达式是较短的 VB.NET 代码段，可以用来调用自定义代码函数，甚至调用引用为.NET 程序集的代码库。

默认情况下，钻取报表与源报表在同一个浏览器窗口中显示。为了在第二个窗口中打开钻取报表，可以采用几项技术，但是这些技术都不是开箱即用的。我最喜欢使用的技术是利用 Go to URL 导航选项，使用 URL 请求打开目标报表。尽管这种方式有些麻烦，但提供了极大的灵活性。

为了在单独的 Web 浏览器窗口中导航到报表上，可以调用 JavaScript 函数，使用自己喜欢的任何浏览器窗口改动来创建一个弹出式窗口。函数调用脚本、报表文件夹路径、报表名称和筛选参数用一个表达式连接在一起。下面给出了两个示例，第一个示例比较简单，在浏览器窗口中用默认视图打开报表，如下所示：

```
="JavaScript:void window.open('http://localhost/reportserver?/Sales Reports/
Product Sales Report');"
```

第二个示例比较详细，添加了报表参数，隐藏了报表查看器工具栏，对浏览器窗口大小和功能进行了定制，如下所示：

```
="JavaScript:void window.open('http://localhost/reportserver?/Sales Reports/
Product Sales Report&rc:Toolbar=False&ProductID=" & Fields!ProductID.Value &
"', '_blank', 'toolbar=0,scrollbars=0,status=0,location=0,menubar=0,resizable=0,
directories=0,width=600,height=500,left=550,top=550');"
```

可以使用自定义表达式将报表名称参数化，并进行修改。上述简短示例展示了使用自定义代码和表达式能够完成的工作。

1. 导航到 URL

使用"Go to URL"选项，可以导航到 Report Server 中的任何报表或文档内容，包括内部网络环境中的文件、文件夹、应用程序甚至是万维网。只要稍加创新，这就可以成为一种功能强大的交互式导航功能。可以将 URL 设置为表达式，使用保存在数据库、自定义代码或任何其他值中的链接。更准确地说，这个选项可以使用任何 URI(Uniform Resource Identifier，统一资源标识符)，因为 Web 请求不限于访问 Web 页面或文档。利用某些具有创造性的编程、查询和表达式，就可以设计自己的报表，导航到 Web 页面、文档，电子邮件地址、Web 服务请求或自定义 Web 应用程序，这一切都是在数据或自定义表达式的帮助下完成的。

> **警告：**
> Reporting Services 不会验证表达式中传递的 URL。如果 URL 存在格式错误，Report Server 就返回一个错误。既没有捕获这类错误的简便方法，也无法防止这类错误发生。为了处理这类问题，最有效的方法就是在将 URL 字符串传递给 Go to URL 属性之前，对其进行验证。

2. 导航到书签

书签(bookmark)是报表中的文本框或图像，可以用作导航链接。如果打算允许用户单击一个项后导航到另一项，就可以为每个目标项指派书签值。为了导航到书签，需要将 Go to bookmark 属性设置为目标书签。

使用书签在报表内导航是非常容易的。每个报表项都有 BookMark 属性，可以为这个属性指定一个唯一值。为目标项添加书签后，在属性窗口中使用 Go to bookmark 选择列表为源项选中目标书签，这样用户就可以导航到同一个报表中的项。

12.7 为递归关系编写报表

对于编写报表来说，展示递归层次结构始终是一项难以完成的任务。在关系数据库系统中对递归层次结构建模也是一项挑战。WroxSSRS2016 数据库中的 DimEmployee 表就是这类关系的一个示例(这类关系常常通过自联接产生)。大多数报表工具的设计初衷都是处理用传统的多表关系组织起来的数据。然而，微软公司的朋友们在报表引擎中为递归提供了支持，以应付这种常见的挑战。在递归关系中，子记录与同一个表中的父记录产生了关联。递归关系的经典例子就是雇员/管理者关系。Employee 表包含一个主键 EmployeeID，它唯一地标识每条雇员记录。ManagerID 则是外键，依赖同一个表中的 EmployeeID 属性。ManagerID 保存了该雇员所对应管理者的 EmployeeID。唯一一条没有 ManagerID 的记录就是公司总裁的记录，或是没有上司的记录。

通过查询来表示层次结构是很困难的。然而，为这类报表定义数据集却很简单，只需要提供主键、外键、雇员姓名以及其他需要在报表中展示的值即可。

为了掌握其过程，请按照以下步骤进行：

(1) 创建一个新报表，然后使用 WroxSSRS2016 共享数据源定义一个数据集。数据集查询很简单，它同时包含主键和一个递归外键。每个雇员的 ParentEmployeeKey 值都保存了这个雇员上级或管理者的 EmployeeKey 值：

```
SELECT
    EmployeeKey,
    ParentEmployeeKey,
    LastName,
    Title
FROM SalesPerson
;
```

(2) 在报表体中添加一个表格数据区域，然后将 LastName 和 Title 字段拖放到明细行中。为了方便说明，还将 EmployeeKey 和 ParentEmployeeKey 字段拖放到明细行中。

(3) 在表格中插入一个名为 Org Level 的列。稍后再执行这一步。

(4) 在Row Group面板中，单击(Details)旁边的下拉按钮，编辑(Details)组属性，如图12-10所示。

此时将打开 Group Properties 对话框，如图 12-11 所示。为了定义递归分组，必须设置两个属性。首先，分组必须基于子记录的唯一标识符。这个唯一标识符一般是一个键值，而且必须与父记录的唯一标识符关联——通常是表中的父键列。其次，递归父级(Recursive parent)属性用来将父键与表的主键相关联。

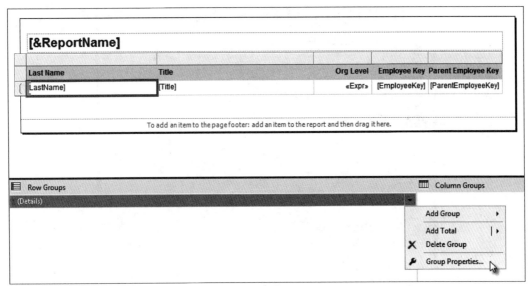

图 12-10 Row Groups 面板

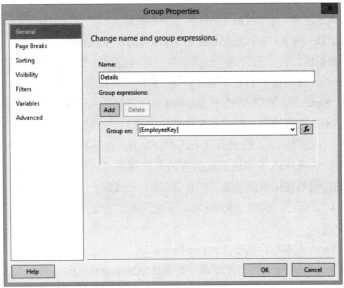

图 12-11 Group Properties 对话框

(5) 在 General 页面中，将 Group expressions 设置为 EmployeeKey 字段。

(6) 在 Advanced 页面中，将 Recursive parent 属性设置为 ParentEmployeeKey 字段，如图 12-12 所示。

(7) 预览报表。尽管记录是根据雇员在公司中的职位顺序排列的，但是我们还不知道这种递归层次结构报表是否正确。所以必须对其进行修改，使报表能够以可视化方式反映正确的职务层次关系(雇员之间的汇报关系)。

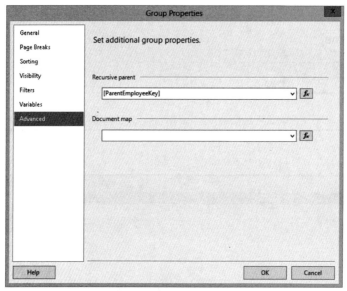

图 12-12　设置 Recursive parent 属性

(8) 切换到 Design 视图。右击 Org Level 列中的明细单元格，选中 Expression。在 Expression 对话框中输入=LEVEL("Details")。这个表达式调用 LEVEL 函数，向 LEVEL 函数传入 Details 分组名称。这个函数返回一个整数值，表示在为这个分组定义的递归层次结构中，一行记录所处的位置。

(9) 单击 Expression 对话框中的 OK 按钮。然后再次预览报表。这次可以在 Org Level 列中看到编号。CEO 是 Ken Sanchez，也就是雇员记录中唯一一条没有 ParentEmployeeKey 值的记录，其层次级别为 0。向 Sanchez 汇报的雇员都位于层次结构中的下一个层次，其层次级别为 1。

现在，我们的工作还没完成。报表看起来还不够吸引人。下面要根据雇员所处的层次级别，缩进每个雇员的姓名。完成这项工作最简单的方法是使用算术方法为 LastName 文本框设置 Left Padding 属性。首先，仍然使用前面的表达式计算边距。Padding 使用 PostScript 中的"点"作为单位。一个点大约是 1/72 英寸，大约 2.83 毫米。因为点这个单位实在是太小了，所以我们为每一个层次级别缩进 20 个点。

(10) 右击 LastName 文本框，选中 Textbox Properties。

(11) 在打开的 Text Box Properties 对话框中，选中 Alignment 页面。在 Padding 选项下方，单击 Left 属性框右方的 Expression 按钮(即标记有 f_x 字样的按钮)。

(12) 在 Expression 对话框中，输入以下文本：

```
=((LEVEL("Details") * 20) + 2).ToString & "pt"
```

(13) 确保得到的设计环境界面如图 12-13 所示。

(14) 在 Expression Editor 窗口中单击 OK 按钮，然后单击 OK 按钮关闭 Text Box Properties 对话框。

(15) 预览报表。在图 12-14 中，每个雇员的名字都根据其在机构中的职位进行了缩进。可以根据 Org Level 列显示的值、EmployeeKey 列值和 ParentEmployeeKey 列值之间的对应关系来验证缩进的正确性。这个练习的目的在于查看不同雇员记录之间的层次结构关系。

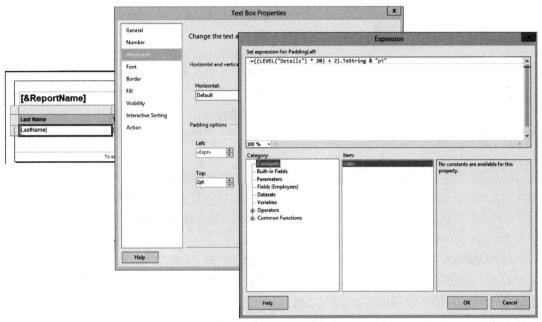

图 12-13　正确的设计环境

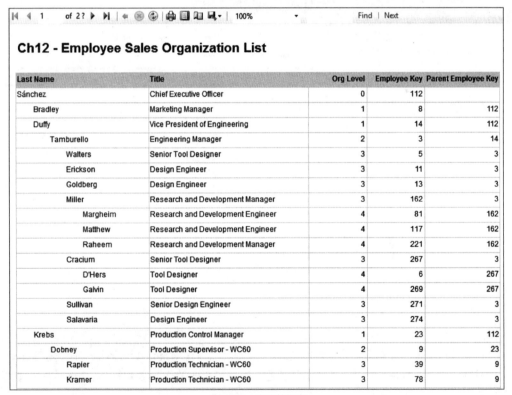

图 12-14　完成的报表

12.8 操作和报表导航

进行交互、导航和探索时，数据就会活跃起来。报表可以是数据的平面静态列表，也可以让用户使用支持导航的操作来探索细节，了解报表中信息的上下文。你在第 6 章学习了如何创建下钻报表，允许通过隐藏和显示组来探索细节。相反，钻取报表(用简单的术语来说)使用一个操作，把参数值传递到目标报表，导航到另一个报表。这种模式有巨大的能量和灵活性，允许用户查看所选项的上下文中的详细信息。

用不那么简单的术语来说，报表操作有两种不同的应用，能够钻取回同一个报表，并动态地更改表示方式。这是到目前为止我最喜欢的报表设计模式。只需要发挥一点创造性，报表操作就可以用来收集多个参数值，然后用可视仪表板样式的演示方式完成一些非常棒的工作。第 11 章在多维数据集浏览器 Grant 中展示了这种模式的一个极端示例。

读者已经掌握了基本的报表设计方法，所以下面提供的例子是真实的。这个例子在一个真实的场景中演示了这些技术。这个解决方案如图 12-15 所示，由两个报表组成，参见第 12 章的示例。注意，有几个报表参数用于筛选这些报表使用的所有数据集。

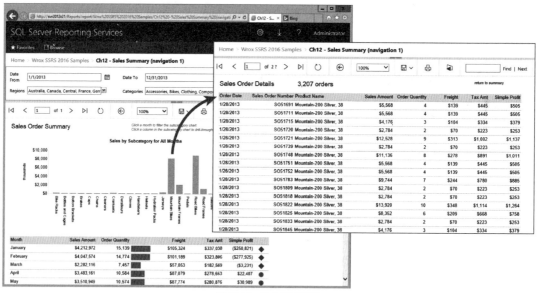

图 12-15　两个示例报表

Sales Summary 报表有两个钻取操作。

> **提示：**
> 操作中使用的任何文本都应该作为链接呈现给用户；然而，Reporting Services 不会像 Web 浏览器处理网页上的链接那样，自动改变文本的颜色。如果文本框包含导航操作，就应该明确地使文本颜色变为蓝色，以使用户将其识别为链接。

图 12-16 所示的柱状图和表基于两个独立的数据集。表在月份名称上执行一个钻取操作，该操作将选定的月份作为参数，用于筛选图表中的数据，再将这个选中的月份返回原来的报表。图 12-16

显示了在第一列上执行钻取操作的表。

Month	Sales Amount	Order Quantity		Freight	Tax Amt	Simple Profit	
January	$528,841	998		$13,221	$42,307	($33,458)	◆
February	$641,433	1,403		$16,036	$51,315	($56,292)	◆
March	$390,561	764		$9,764	$31,245	$11,067	●
April	$404,086	652		$10,102	$32,327	($7,130)	◆
May	$685,905	1,116		$17,148	$54,872	$9,418	●
June	$229,271	439		$5,732	$18,342	$6,242	●

图 12-16　在第一列上执行钻取操作的表

　　SalesSummaryMonth 数据集是这个表的源，下面列出了查询脚本。除了这个操作之外，这个报表的设计与为生产而构建的分析报表没有什么不同，也使用已经学过的技能，以及分组的 T-SQL 查询和多选参数。

　　注意，这个查询中的 MonthNumber 列用于两个目的：对表的 Details 行组进行排序，并作为参数传入钻取操作。WHERE 子句中引用的四个查询参数与大多数标准报表中使用的参数没有什么不同，这里把它们都包括进来，让这个场景很真实：

```
-- Navigation Report (Month):
-- SalesSummaryMonth
SELECT
    d.MonthNumber,
    d.MonthName,
    SUM(SalesAmount)    AS SalesAmount,
    SUM(OrderQuantity)  AS OrderQuantity,
    SUM(p.StandardCost) AS StandardCost,
    SUM(Freight)        AS Freight,
    SUM(TaxAmt)         AS TaxAmt,
    SUM(SimpleProfit)   AS SimpleProfit
FROM
    [dbo].[vProductOrderSalesProfit] s
    INNER JOIN [dbo].[SalesTerritory] t ON s.SalesTerritoryKey = t.[TerritoryKey]
    INNER JOIN [dbo].[Product] p ON s.[ProductKey] = p.[ProductKey]
    INNER JOIN Date d ON s.OrderDate = d.TheDate
WHERE
    t.TerritoryKey IN( @RegionKeys )
    AND
    p.ProductCategoryKey IN( @CategoryKeys )
    AND
    ( OrderDate BETWEEN @DateFrom AND @DateTo )
GROUP BY
    d.MonthNumber,
    d.MonthName
;
```

　　下面的脚本是 SalesSummarySubcategory 数据集的查询，它为表上方的柱状图提供了记录。注意 @selectedMonth 参数。它用于将选定的月份从表钻取操作传递到这个查询，并为柱状图筛选出数据集。默认情况下，该参数的值是-1，返回该月份的所有数据。这样设计的目的是便于选择一个值，该值能有效地清除筛选器，并返回所有的月份：

```
-- Navigation Report (category):
```

```
-- SalesSummarySubcategory
SELECT
    p.[ProductCategory],
    p.[ProductSubcategoryKey],
    p.[ProductSubcategory],
    SUM(SalesAmount)    AS SalesAmount,
    SUM(OrderQuantity)  AS OrderQuantity
FROM
    [dbo].[vProductOrderSalesProfit] s
    INNER JOIN [dbo].[SalesTerritory] t ON s.SalesTerritoryKey = t.[TerritoryKey]
    INNER JOIN [dbo].[Product] p ON s.[ProductKey] = p.[ProductKey]
WHERE
    t.TerritoryKey IN( @RegionKeys )
    AND
    p.ProductCategoryKey IN( @CategoryKeys )
    AND
    OrderDate BETWEEN @DateFrom AND @DateTo
    AND
    ( MONTH( s.OrderDate ) = @SelectedMonth OR @SelectedMonth = -1 )
GROUP BY
    p.[ProductCategory],
    p.[ProductSubcategoryKey],
    p.[ProductSubcategory]
;
```

图 12-17 显示了 Design 视图中这个报表的 Report Data 窗口。所有的报表参数都是在查询中自动生成的。对参数应用第 6 和第 7 章使用的模式，使用适当的数据类型、默认值和简单的数据集进行修改，提供通常会在参数化的报表中选择的列表选项。请仔细看看示例报表，了解这些参数是如何设置的。

现在执行 Month 钻取操作。在 Design 视图中，在包含 MonthName 字段的表中选择明细单元格(即带蓝色文字的那个单元格)。右击，然后选择 Textbox Properties...

打开的 Text Box Properties 对话框如图 12-18 所示，包含 Action 页面，其中包含目标报表(碰巧是当前操作的报表)的操作和大量的报表参数。除了一个参数之外，每个参数都简单地将该参数的当前值返回给自己。这是一个简单的状态管理系统，允许报表跟踪在报表执行之间的所有参数值。坦率地说，维护起来有点痛苦，因为每个操作都必须传递每个参数，但它工作得很好。用户可以通过使用标准参数工具栏或前面创建的自定义操作之一来修改参数值。

图 12-17　Report Data 窗口

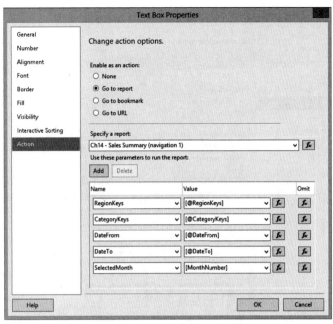

图 12-18　Text Box Properties 对话框

　　此时停下来，看看我们做了什么？切换到 Preview 视图。所有的参数都在默认视图中，所以会看到许多未筛选数据的汇总值。取消一些 Territory Region 项，单击 View Report，可以缩小数据的范围。也可以尝试只选择一两个产品类别。在找到符合要求的参数选项之后，单击表中一个蓝色的月份名称。这会仅使用该月份的数据——同时应用所选的所有其他参数筛选器，重新绘制柱状图，因为这些选择保存在钻取操作参数列表中。

　　目前在最感兴趣的对象上有了一组筛选的数据，下面查找包含该数据的所有低层细节，以及所选择的产品子类别。为此，只需要在柱状图上单击感兴趣的一列(参见图 12-19)。

　　该操作将导航到详细报表，传递选择的子类别和所有其他选择的参数。效果是详细报表包含了摘要报表的上下文。

　　在 Design 视图中，图 12-20 显示了 SalesAmount 柱状图序列的报表动作属性。

　　注意Value列。每个参数表达式的占位符前面有一个"@"字符。查看@DateFrom的实际表达式，如下所示：

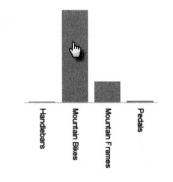

图 12-19　在柱状图上单击感兴趣的一列

```
=Parameters!DateFrom.Value
```

　　使用 Expression Builder 添加一个多值参数，该表达式默认只引用第一项。例如，如果要添加 RegionKeys 参数，初始表达式如下所示：

```
=Parameters!RegionKeys.Value(0)
```

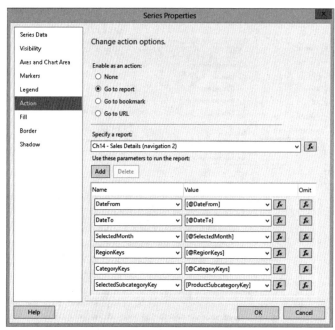

图 12-20　报表动作属性

修改这个表达式，这样在参数传递所有选定的值时，只需要删除结尾的括号和序数。得到的表达式应该类似于单值参数表达式，如下所示：

```
=Parameters!RegionKeys.Value
```

此操作的接收端是详细报表。图 12-21 显示了 Design 视图中的报表。该报表包含与摘要报表相同的参数。

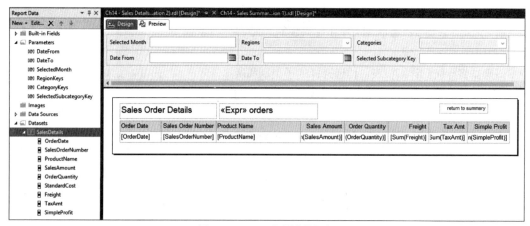

图 12-21　Design 视图中的报表

> 注意：
> 创建这些仪表板样式的报表导航解决方案时，经常创建第一个报表，在使用它作为其他报表的模板之前，确保所有参数都已就绪。

可以看出，这个报表的查询脚本仅基于参数来应用筛选器，返回一个详细的结果集：

```sql
-- Navigation Report detail:
-- SalesDetails
SELECT
    [OrderDate],
    [SalesOrderNumber],
    p.ProductName,
    SalesAmount,
    OrderQuantity,
    p.StandardCost,
    Freight,
    TaxAmt,
    SimpleProfit
FROM
    [dbo].[vProductOrderSalesProfit] s
    INNER JOIN [dbo].[SalesTerritory] t ON s.SalesTerritoryKey = t.[TerritoryKey]
    INNER JOIN [dbo].[Product] p ON s.[ProductKey] = p.[ProductKey]
    INNER JOIN Date d ON s.OrderDate = d.TheDate
WHERE
    t.TerritoryKey IN( @RegionKeys )
    AND
    p.ProductSubcategoryKey = @SelectedSubcategoryKey
    AND
    OrderDate BETWEEN @DateFrom AND @DateTo
    AND
    ( MONTH( s.OrderDate ) = @SelectedMonth OR @SelectedMonth = -1 )
;
```

还有一个操作。在细节报表的右上角，被标记为 "return to summary" 的文本框使用一个操作来导航到摘要报表。图 12-22 显示了如何通过传递字面值-1，将 SelectedMonth 参数重置为默认状态。

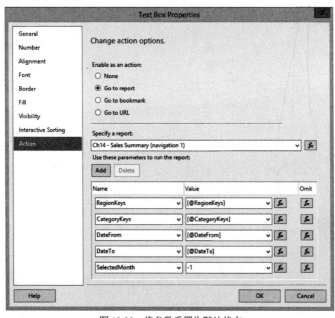

图 12-22　将参数重置为默认状态

最后的解决方案是使用简单而有效的两份报表，它们可以无缝地工作在一起。这两个报表向业务用户提供高级摘要信息和低级别的销售订单信息。大多数用户甚至不知道他们使用的是两个报表。进行一些计划，就可以从仪表板和计分卡摘要，直到事务细节的各种信息中构建完整的多报表导航解决方案。

12.9　小结

你在本章学习的技巧可以为强大、动态的报表解决方案奠定基础。使用报表导航操作，用户可以从摘要报表开始，然后在为筛选的参数值的上下文中钻取细节。这个模式可以应用于不同风格和业务场景的报表；无论是图形仪表板还是财政分类账。

表达式和编程代码是高级报表的核心。可以使用简单的表达式动态地改变内容，使用样式和颜色来吸引人们对重要信息的注意。可以使用.NET代码编写定制函数，封装更复杂的逻辑。Reporting Services支持几个专门的特性，以解决特殊的业务需求和报表布局，例如文档结构图和递归层次结构。

第 13 章将讨论管理团队和高级报表用户的报表项目，学习如何在 SQL Server Data Tools for Visual Studio 中管理解决方案，如何部署、管理共享数据源和数据集。我将分享多年来从几个报表项目中得到的经验；定义规范和需求，并与用户和业务股东一起工作，提供成功的报表解决方案。我们还将讨论如何有效地使用 Report Builder 构建自服务和用户驱动报表。

第Ⅳ部分
解决方案模式

本部分的两章将带你远离错综复杂的报表功能，转而开始设计完整的解决方案。你已学习如何使用不同的数据区域和可视化报表项创建几乎各种风格的报表。在此部分中，你将了解如何应用这些技能来打造解决方案，聚集不同的报表构件以形成出色的报表、记分卡和仪表板。通过遵循解决方案开发规程并设计最佳实践，你和协作开发团队的成员就可以构建出整体的报表解决方案。

第 13 章：报表项目和报表合并

第 14 章：报表解决方案、模式和要点

第13章

报表项目和报表合并

本章内容

- 了解 SSDT 解决方案模式
- 初识报表规范和要求
- 使用报表模板
- 理解开发阶段
- 使用版本控制
- 规划自助式报表设计
- 探究 Report Builder 解决方案
- 迁移自助式报表

构建报表时，报表解决方案开发人员面对的第一个问题是如何才能完美地实现逻辑性和一致性的统一。对于项目团队来说，这一点尤其重要，因为团队中的每一个成员都只负责交付解决方案的一个组成部分。

本章将研究如何组织报表开发以支持整个开发生命周期，报表开发生命周期涵盖了从需求到产品实现的整个过程。

Reporting Services 产品已得到扩展，现在包括不同类别的报表，可更好地支持诸多不同类型的报表设计场景。但是，对于构建和管理解决方案以及支持报表用户的人员来说，如何选择合适的解决方案设计方法现在无疑容易产生混淆。简而言之，Reporting Services 涵盖了如下报表设计场景：

- **分页报表**：传统的 SQL Server Reporting Services (SSRS)报表由 IT 机构设计并交付给商业用户群体。这些报表通常使用类似于软件开发项目的模式进行设计，即首先分析业务和功能需求。接下来创建报表规范，以便报表设计人员/开发人员提出技术需求。创建的报表需要经历质量保障(Quality Assurance，QA)测试，然后通过生成和部署过程投入生产。在 SQL Server Data Tools (SSDT) for Visual Studio 中，通常将报表放在项目和解决方案内进行设计和管理。

- **自助报表**：这些报表由商业用户创建，并且其数据源由机构进行管理。用户可使用自助报表创建工具(如 Report Builder)设计这些报表。创建的报表被直接保存到报表服务器上指定的文件夹中，而不必经历严格的开发、质量保障和部署过程。
- **移动报表**：作为正式解决方案的一部分，移动报表的设计、测试和交付方式类似于分页报表。所使用的工具集稍有不同，这是因为 Microsoft 从不同的开发公司获取此项技术。随着报表设计平台的不断演变，这些报表的设计方式在未来可能有所变化。在编写本书期间，通过单独的工具设计移动报表。

13.1　SSDT 解决方案和项目

什么是解决方案？从最基本的形式来说，可以将一个解决方案看成一组相关的项目。在 Visual Studio 环境中使用 File 菜单创建一个新的项目时，在 New Project 对话框指定的位置就自动创建了一个解决方案，如图 13-1 所示。第一次创建一个项目时，可以在个人计算机或网络硬盘上创建一个目录，这个目录包含了解决方案和创建的项目。创建解决方案时，还可以将解决方案保存到源代码控制系统中。本章后面将进一步介绍与此有关的内容。

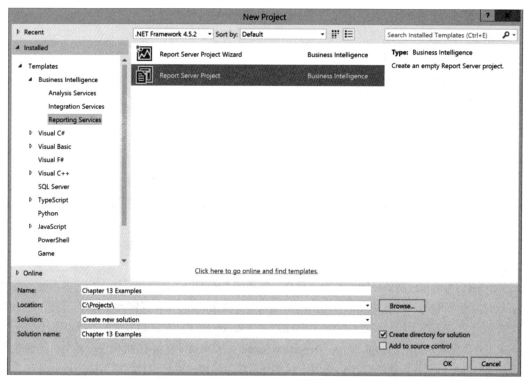

图 13-1　New Project 对话框

借助 SSDT，可以创建 SQL Server Integration Services(SSIS)、Analysis Services、Reporting Services 或数据库项目。然而，在开始开发一个 Reporting Services 解决方案之前，必须解决以下几个重要问题：

- 创建一个 Reporting Services 项目时，既可以在一个新的解决方案中创建项目，也可以将项目添加到包含了其他项目类型的已有解决方案中。将 Reporting Services 项目添加到一个已有项目中的优势在于提供了一种无缝的开发环境，便于将针对某个开发单元的修改反映到其他开发单元中。不利之处在于：将多个项目保存在一个解决方案中，容易使解决方案过于笨重，打开速度过慢。如果需要多人修改解决方案，那么这么做还容易影响版本控制(具体请参见 13.2 节的内容)。
- 如何将已经部署到生产环境中的报表与当前处理并且已部署到测试环境中的报表区分开来？

出于多种原因，项目和解决方案可帮助管理和组织文件。根据你所处理工作的规模和范围来选择最佳的项目类型和解决方案，而不考虑你是否在团队中工作，也不考虑在组织内部署何种程度的项目管理程序。

13.1.1 项目结构和开发阶段

与所有其他软件开发项目一样，每一个组件或报表都必须经历一系列设计和开发阶段。这些阶段可能包括原型或概念验证、设计、测试以及部署。可以采用多种不同方法来组织报表，如针对各个阶段使用多环境、多逻辑文件夹和/或项目等。

1. 多报表环境

多环境方法包括维护多个报表编写环境，各个编写环境反映了设计和开发的不同阶段。最为常见的场景是：使用一台开发报表服务器、一台测试/QA(质量保障)服务器，此外最终还需要生产环境。这种方法比较复杂，需要一条进行了良好定义的报表改进和开发路线。这种方法还需要设置多服务器环境。

这种方法的主要思路就是在沙箱环境中完成报表开发工作。报表开发工作完成后，报表才能部署到测试环境中。在测试/质量保障(QA)环境中，分析人员可以验证报表的完整性，确认报表数据和布局。只有报表通过了测试和验证，才能够进入生产阶段，并执行正式的改进过程，如变更控制。可以使用集成了版本控制解决方案(如 Team Foundation Server 或多种第三方版本管理应用程序)的 Visual Studio/SSDT 来管理开发产品的拥有权，还可以管理报表项目文件的归档和签入/签出过程。

在这些正式的项目设置中，尽管 SSDT 是 IT 开发人员最常使用的工具，但是通过使用 SharePoint，报表生成器也可以完成类似的任务。如果已经建立了严格的项目管理流程，能够通过 SharePoint 很好地管理项目资产的签入/签出和版本化，那么报表生成器就是一种可行的替代方案。通过使用配置为 SharePoint 集成模式的 Reporting Services，可以指定不同的文档库来管理报表集。然后就可以使用 SharePoint 的版本化和工作流功能来管理报表定义文件。

> **警告：**
> 实现 SharePoint 不仅是在成本和工作方面的重要投资，也需要在调整组织内的企业工作文化方面进行投资。如果已采纳 SharePoint 且已习惯于使用库和工作流来管理文档，那么使用集成模式的 SSRS 就非常合适。然而，仅仅出于管理报表项目或商业智能(Business Intelligence，BI)内容的目的就加入 SharePoint，则是一项非常烦琐的任务。

如果没有使用 SharePoint 集成模式下的 SSRS，但是又必须通过适当的开发、QA 和产品生命周期来管理多个报表，那么就必须使用 SSDT 进行报表设计。通过使用 Visual Studio Configuration Manager，可以为每个部署目标定义一个配置。例如，可以将一个部署目标定义为开发报表服务器和数据源，将另一个部署目标定义为 QA 服务器，而将其他部署目标定义为生产服务器。通过选中开发配置，就可以使用项目属性来设置报表服务器部署。

2. 多个逻辑文件夹和项目

使用多文件夹组织解决方案的方法有利于创建单独的项目和文件夹。当报表通过验证和测试标准时，可以将报表从一个项目升级到另一个项目。针对每一个 Visual Studio 项目，在主解决方案中可以通过复制来创建多个共享数据源。可以从一个项目中将报表拖放到另一个项目中。请注意，拖放报表时，报表定义并没有实际从源文件夹中删除，因此可能还需要使用 Windows 资源管理器清除报表定义文件。

对于每一个报表项目来说，可以将一个部署文件夹的 TargetFolder 属性设置为一个对应了项目名的名称(如 Prototype Phase、Design Phase、Test Phase 和 Completed Reports 等)。

最后要牢记的一件事几乎在所有报表项目中都实际发生过。在开始阶段，项目出资人会告诉你他们需要的报表和功能是什么，然后你需要通过工作获得所有详细的需求。一开始，工作一般会进展得相当顺利，直到进入测试阶段并且设置了完成期限，问题就开始出现了。在第 11 个小时左右，用户会开始询问一些情况，同时项目出资人会提出修改的请求。

此时你将发现：与早期需求相比，现在的需求存在一些很小的差异，但是这些差异会导致更多的修改工作。在任何项目中，最后一刻才出现的修改是不可避免的，但是当用户提出修改请求时，必须以书面形式提出修改内容。无论修改请求是以手写方式，还是以文档方式，甚至是以电子邮件的方式提出，都必须保存这些请求。必须能够跟踪回溯每一个新请求，以便确定这个请求是原先已经提出的请求还是一个全新的请求。如果用户请求修改，必须让项目出资人同意用户的修改意见。最终，为了确保报表项目的成功，必须花力气对这些修改进行管理。

3. 报表命名规则

对于报表解决方案开发人员来说，最为重要的决策之一是如何对其编写的报表进行命名。许多开发人员发现，在报表名称中包含一个数字作为引用报表的快捷手段是非常有用的。例如，这样可以让报表用户针对"报表四"提出问题，而不需要针对"提高收入减少支出"报表提出问题。

还需要考虑一下是否在报表头包含报表名称，这样就不会混淆报表名称和报表标题。使用"=Replace(Globals!ReportName, ".rdl", " ")"表达式作为报表标题，可以确保报表标题和报表名称一致。

13.1.2　共享数据集和数据源

报表开发人员面临的另一项重大挑战是：应该创建和部署一个共享数据集，还是在每个报表中嵌入一个数据集？共享数据集在如图 13-2 所示的 Solution Explorer 中进行管理。与开发项目中遇到的其他问题一样，这个问题并不存在正确或错误的答案。

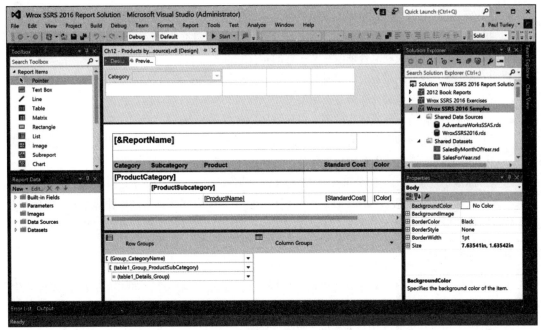

图 13-2　SSDT 中的共享数据集

共享数据集具有以下多种优势：

- 共享数据集允许报表编写人员关注处理报表需求，这样就无须花费过多时间探索从数据存储中进行数据检索的最佳方法。数据检索查询可以由那些懂得如何以最高效的方式进行数据访问的专业人士来编写。
- 可以在检索数据的查询中使用增强功能，从而为多个报表提供数据，同时无须修改报表定义。

共享数据集也存在一些不利因素：

- 可能导致检索返回的数据超过运行一个报表所需的数据。
- 如果修改用于检索数据的查询，可能会导致一个给定报表无法运行，或者返回的数据不属于报表定义的范围。

如果考虑扩大共享数据集的使用范围，那么需要遵循一定的最佳实践：

- 确保所用系统能够对报表及/或共享数据集所做的修改进行回滚。可能还必须使用某种部署方法来部署同一数据集的多个版本，这样可以消除因对那些无须升级的报表进行修改而产生的不必要后果。
- 确保制订了严格的测试方案，在部署一个修改后的数据集之前，确保所有报表都得到了测试。

13.1.3　成功的关键因素

如果很好地定义了业务需求，并且能够保持良好的沟通，那么报表项目成功的可能性是很大的。特别是：

- 报表规范必须使用一种对所有报表都有效的标准格式进行归档。
- 报表规范是一种"活生生"的文档，会随着报表生命周期不断演化。

- 应该在规范中包含报表布局的模拟效果，以吸引项目出资人的眼球。
- 报表设计人员必须理解源数据。为了防止设计人员不熟悉数据库设计和业务数据，必须在报表设计之前完成规范查询或存储过程的定义和准备工作。
- 只要可能，数据库对象的细节及其关联都应该被抽象为存储对象或语义视图。
- 在工作开始之前，必须冻结数据库架构。
- 必须拥有精确的示例或真实数据，以便支持所有报表的设计和测试工作。
- 报表设计人员应该更新报表规范以反映布局、数据和业务规则在开发过程中可能发生的变化，并且还应该包括更多的相关细节，这样有助于未来的维护工作。

这些目标似乎过于远大，但是事实上常常无法控制所有这些因素。在不是很理想的环境和形势下，经验可以帮助你找到解决办法。在这些环境和形势下，应该坚持到这些条件得到满足之后才开始工作。在任何情况下，针对你所关心的内容和相关风险，必须保持清晰有效的沟通。

解决方案作用域

在报表工作之前，应该理解解决方案的作用域。如果无法清晰地理解与解决方案有关的全部组件，那么项目很有可能会失去控制，麻烦事会越来越多。

下面给出了与解决方案作用域有关的一些常见问题：

- 报表性能问题。可能需要对数据库架构进行修改，还可能需要对事实表的结构进行非规范化处理，使之包含重复的数据。
- 事务性数据的修改并不适用于报表设计场景，在生产环境中要重新设计数据库。
- 需要随时添加数据库和报表功能，无法根据预先制定的计划完成工作，这会导致报表产生不同的行为，具有不同的特性。
- 在报表开发和随后定义报表需求的过程中，报表设计人员和用户需要一起思考需要哪些新的功能。

在一个报表项目的范围之外，如果无法使用数据仓库、数据集市或语义模型，那么可能需要考虑使用运营数据存储(Operational Data Store，ODS)。ODS反映了最为接近实时数据的事务数据，但并不是保存在数据仓库中的历史数据。ODS已经通过了数据清洗和数据完整性检查，可以用来创建更为精确的报表。

如果这类问题没有得到解决，也没有进行有效的管理，那么即使是很简单的项目，一开始也将注定其必然失败的命运。理想情况下，报表设计人员应该主动获取业务需求，帮助澄清细节，而不是随着项目的进展解决新需求。在大多数情况下，报表设计人员应该依赖业务分析人员和信息工作者，将他们当作与上下文数据有关的业务专家，分析报表关注的事物，更好地定义报表的任务。

13.1.4　报表规范

图13-3显示了我用于许多报表项目的需求文档模板。根据一些因素，需求文档模板可能有所不同，从简单模板(例如此模板)到更加详细和复杂的模板。实际上，不存在完美的报表需求模板。如果尝试创建通用的、包罗万象的模板来涵盖每一种可能的报表设计场景，只会导致过度设计并使问题复杂化。一个模板应涵盖基础内容：数据源、数据结构、分组、聚集度量和总计。业务和功能需求描述的是行为或报表和用例，而没有描述具体的实施；实施方案在技术需求中给出。

Dashboard & Reporting Requirements

[client, project]

Prepared by:

[name] [email address]

Date:

[date]

Dashboard & Reporting Requirements

This document will capture the visualization requirements, including reports and dashboards, for the [... project]. It is organized by user role with a brief description of each.

Role 1

(Explanation of Role)

Report Title

If a report has multiple sections based on different queries or data selections, complete a specification for each section.

Report Specification for	(Full Report Name)		
Description			
Report Category or Group	(Reports are often grouped by business function, features or user audience.)		
Priority	(1=High, 2=Medium, 3=Low - relative to other reports in the solution)		
Line Code from Solutions Framework			
Business Problems/Questions Answered			
Data Source	(data mart or data model name)		
Fields (Table columns, dimension attribute members & measures are collectively called fields in Reporting Services. List all fields by name with the related report column title & data format.)	**Schema Field Name** (actual table column or member name)	**Column Title** (report column heading title)	**Format** (currency, percent, date - short/long, decimal places, etc.)
Row Heading(s)	(If report format and data is not all *self described*, some sections of table row headings may require labels)		
Filtering	(How is data filtered? - i.e. static filters, parameter-based filters, at database server, at report server) List filtered fields and criteria.		
Grouping	(How is data grouped? Static, dynamic based on parameter field selection, subgroups, are groups indented, formatted differently, etc.? If pivot/matrix reports then there may be groups on rows and columns.) List the groups and the field(s) for each group.		
Sorting	(How is data sorted? - static, parameter-based, sub-sorting within groups, clickable column headers, etc.) List the sort field(s)		
Parameters (For each parameter, specify if it should support single-value or multi-value selections. Each parameter prompt may be a textbox, radio buttons or drop-down list [with checkboxes for multi-select values]. Parameters may be used to filter, group, sort, show and hide fields, items, rows or columns)	**Parameter** (Parameter Name)	**Source** (Source of value – i.e. single value, static list, dataset query)	**Default** (Default value)

Calculations (What calculations are performed in the report. Indicate operational order of precedence and conditions - i.e. if one or more values are 0 or null, what to do if divided by 0, negative results, etc.)	(Calculations may be performed in the database, semantic model, dataset query, on custom report fields or in report items.)
Notes	
Visual Mockups & Diagrams (For visual reports and dashboard components, provide an example; sketch or visual mockup of each visual element)	

Report X

Role X

(Explanation of role)

◢ Report Y

Report Z

图 13-3　需求文档模板

完美、通用的报表需求模板并不存在。因为在不同的情况下，业务环境、数据源和报表场景各有不同。当我为一家大型咨询公司工作时，针对项目方法学开发团队的请求，我编写过一个报表规范模板。这个模板简单而又灵活，但是内容编写者把这个模板搞成一个严格的模板，因此也就无法使用了。在我们试图完善一项事物并规定其内容的过程中，过程的演化经过往往如此。

人们常常问我，对于 Reporting Services 来说，最好的模型范型(diagram)或原型工具是什么？说到底，一个报表需求模型可以充当一个用来定义这个报表的检查表，它应该包含报表的范型，指明

报表中每个功能区或数据区的布局和功能，并且涵盖以下内容:

- 数据源(服务器、身份验证方法和主体)
- 数据库对象和字段(表、联接、视图、存储过程、多维数据集、维度、属性、度量和 KPI)
- 数据区(表格、矩阵和列表)
- 分组和分组级别
- 字段和聚集函数(SUM、AVERAGE、COUNT 和 DISTINCT COUNT)
- 可视化效果(图表、仪表、地图、计分板、迷你图、指示器和条形图)
- 交互和操作(下钻、钻取、动态隐藏/显示和筛选的区域)
- 访问报表和底层数据源的安全等级和权限

与用户和项目出资人共同设计报表规范模板，关注独特的业务需求。某些出资人可能会要求从多个表查询数据，有的用户可能对那些与用于指定联接的列名和键有关的数据结构还不够熟悉。在这种情况下，可能需要请一位数据库专家帮助你实现这些需求。其他报表可能需要从已有的视图或存储过程中获取数据，因此这部分过程要容易得多。

报表规范的正式性和详细程度

规范文档是你本人、报表设计人员和利益相关方之间签订的契约。该文档传达业务需求以及功能(或许还有技术)需求，同时提供测试和验证最终产品交付的基础。报表规范的正式性和详细程度应取决于企业文化以及与利益相关方之间的关系。

> **提示:**
> 在与利益相关方保持密切合作的前提下，可以不借助设计文档设计报表。只要能够与利益相关方保持沟通，并使其致力于测试和提供反馈，就可以这样设计报表。但如果情况并非如此，并且所面对的是更加正式的场合，则绝对有必要获得报表规范文档。

收集需求是一项需要反复执行的任务。在第一轮工作中，主要收集业务目标和用户体验。企业用户总是会描述他们使用过的系统或产品。如果规范中给出了过于详细的报表设计内容，就可能限制你以最高效的方式处理业务目标。例如，熟悉 Excel 的用户希望报表的行为完全类似于 Excel，移动应用程序用户可能倾向于获得类似于 iPad 的用户体验。Reporting Services 确实可以模拟部分行为和诸多功能，但可能与用户设想的结果并不相同。

有时，设想正确设计的最高效方式是脱离诸多技术，转而采用白板和画板。我曾经看到有人在鸡尾酒餐巾上构思了出色的报表模型。这一获得灵感和概念的初步工作应得到包含技术详情和可验证测试案例的报表规范。

图 13-4 是我在笔记本电脑上使用 OneNote 创建的仪表板报表解决方案草图，我借助这一草图来设计报表解决方案。这些图片只是粗略的设计，其作用是形象地传达设计概念和完成设计的途径。这样就可有效地演示我们的设计灵感，以便快速得到反馈并进行必要的修改。

报表模型提供了一种视觉参照。请记住，模型或原型决不应演化为生产报表。如果你设计了一个"快速、简便"的报表，并且不打算将其用于生产，则请确保这是"可丢弃"的设计，并特别注意在清晰了解需求之后重新开始设计。为此，可命名该文件，并将一个注解用的文本框添加到报表体中。这并不是说每个报表都需要先制作模型或原型，然后才开始设计。只要确保在开始设计时目标明确:要么最终会丢弃此设计，要么可使其顺利进入生产流程。

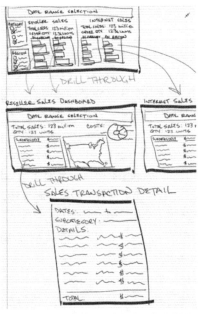

图 13-4　一个仪表板报表解决方案的草图

> **注意:**
> 我偶然被问到这样的问题: 快速设计报表模型以获得用户反馈的最佳工具是什么? 我想你心中已经有了答案: 就是 Reporting Services。相比于使用 Visio 或其他"模型"工具, 在报表设计器中创建简单的演示报表无疑更加快速和高效。

13.1.5　报表模板

开发的模板一旦能够满足业务需求, 就可以将其部署到本地开发环境中。为此需要将.rdl 文件复制到以下位置:

```
C:\Program Files (x86)\Microsoft Visual Studio 13.0\Common7\IDE
\PrivateAssemblies\ProjectItems\ReportProject
```

> **注意:**
> 可以尝试将模板文件的属性设置为只读, 这样可以避免因偶然因素而覆盖模板文件。

> **注意:**
> 请注意, 此处引用的目录名称包含一个版本号, 这个版本号与当前使用的Reporting Services 版本有关。因为将来版本号可能会发生变更, 所以必须找到与当前所用版本对应的文件夹。

你可能会发现, 如果项目出资人和用户对数据结构并不熟悉, 那么就必须自己猜测表与表之间是如何联接和查询的。在这种情况下, 报表规范就不仅仅是一个检查清单, 它还是一个用于验证假设和回答问题的论坛。这也延长了报表的开发周期, 因为你必须掌握数据模型的细节。请记住, 成功的关键在于有效的交流。对于大型项目和比较复杂的数据库来说, 可能需要将报表的业务需求与技术规范区分开来, 为此可能需要使用两种不同的文档, 分别收集不同的需求。无论如何, 关键在于让用户和业务出资人参与决策和结果验证。

13.2　版本控制

一支团队中的成员在工作时，必须确保不覆写其他开发人员所做的修改，同时要保证一个成员所做的修改不要被其他成员覆写。这是团队工作中必须强调的一项关键因素。

本节的目的在于列出报表开发项目中版本控制的主要特性，并且说明在 SSDT 环境中如何实现这些功能。

Team Foundation Server 是完整的解决方案管理框架，开发团队可使用该框架计划和管理软件解决方案的日常生成和交付工作。Team Foundation Serve 整合了版本控制和生成管理功能，其必须在服务器上进行许可、安装和配置。还有一些第三方的版本控制系统，它们要么与 Visual Studio 整合，要么直接管理文件系统内的源文件版本控制。类似于 GitHub 和 Subversion 这样的流行免费服务可轻松设置。大多数版本控制解决方案的核心概念都是相同的，但需要通过一些实践和提升，方可有效使用这些解决方案。

对于大多数开发项目来说，使用版本控制的原因是：版本控制是确保多个开发人员在开发同一个项目的过程中不会相互覆写其他人所做工作的唯一方法。值得指出的是，许多管理和过程费用都与维护版本控制系统有关，因此考虑一下我们从这些费用中能够得到些什么回报是值得的。

下面是版本控制系统能够带来的一些好处：

- 可以确保仅当每个对象已被签入服务器的情况下才进行备份。这意味着任何由开发人员的代码错误导致的数据丢失都仅限于开发人员当前所使用的版本。如果需要确保将签入策略设置为所有的代码都必须在当前业务日期结束之前完成签入，那么一旦失效发生，就可以极大地减少重复劳动所须付出的代价。
- 这样可以将变更与一个用文档记录下来的任务或缺陷进行关联，因此可以鼓励开发人员确保在工作开始前将这些问题记录下来。
- 如果在报表构建过程中同时使用了版本控制系统，那么可以确保只有经过了测试的代码版本才会被部署到生产环境中。
- 版本控制系统提供了代码的变更历史，有助于将稳定的报表和易变的报表区分开来，可以对开发费用进行度量。

13.2.1　设置版本控制

为了正常工作，版本控制系统一般需要在 Visual Studio/SSDT 环境中引入一个新的菜单结构，这样就可以在项目和版本控制服务器之间建立关联。例如，Team Foundation Server 在 Tools 菜单中提供了 Connect to Team Foundation Server 选项。如果知道项目服务器的 URL，就可以使用这个菜单与保存在服务器上的项目代码库建立连接。

一旦打开项目，就能够与版本控制服务器建立一个连接。打开项目时，可能需要重新输入用户名和/或密码。如果打开项目时服务器不可用，那么一般应该选择 Go offline 或 Disable source control for this session 选项。此时，下一次连接到服务器的时候，这次所做的全部修改都可以与服务器中的内容进行同步。

注意：

请注意，Visual Studio/SSDT 环境一般能够记住曾经脱机打开过项目，并且在没有连接到服务器的情况下进行开发工作，直到重新依次选中 File | Source Control | Go online 为止。

13.2.2　获得最新版本

在版本控制环境中工作时，头等大事就是确保对报表进行任何修改之前，在本地空间中保存的必须是最新版本的报表。许多版本控制系统都允许多位开发人员同时处理同一个对象。因此可能会出现这样的情况：当需要将一个报表签回服务器时，却发现其他人已经对报表进行了修改。如果发生了这种情况，那么至少可以在三项措施中选择一项措施，既可以保存本地报表版本，也可以使用在服务器中保存的报表版本，还可以对二者进行合并。如果出现了这种情况，那么除非已经修改了报表的开发人员同意放弃自己修改对内容，否则不要覆写服务器上保存的报表版本，这是一种良好的协作方式。

13.2.3　查看报表历史

通过用鼠标右击一个报表并选中 View change history，可以获得这个报表的变更历史。此时会显示一个窗口，针对每个变更，该窗口中显示了以下信息：

- 修改日期
- 修改人
- 签入报表时，开发人员所做的注释
- 一个与变更关联的工作项(缺陷报表、任务)清单，通过双击变更即可看到这个清单

13.2.4　恢复一个报表的先前版本

通过单击一个报表并选中 Get Specific Version，可以恢复这个报表的先前版本。默认版本始终是最新的版本，但是也可以使用日期、变更号或标记来搜索某个版本。请注意，这么做只能将指定的版本复制到本地工作空间。因此，如果希望当前选中报表的版本成为最新的版本，就必须再次签入选中的报表。

13.2.5　设置签入/签出策略

大多数版本控制系统允许用户指定报表或代码的签入/签出策略。例如，可能希望设置这样一项策略：不允许两位开发人员同时操作同一个项目，或者在签入报表之前，报表必须由另一位开发人员评审。

例如，为了防止两个开发人员在 Team Foundation Server 环境中签出同一个报表，可以依次选中 Team | Team Project Settings | Source Control，并且取消选中 Enable Multiple check out 复选框。

13.2.6　应用标签

如果需要使用自己提供的标签来查找某个报表，那么可以为报表的某个版本应用标签功能。用鼠标右击报表项目并选中 Apply Label，就可以为报表添加标签。然后，针对需要应用标签的报表和版本组合，提供标记值和可选的注释，并单击 OK。单击 Add 可以为一个标签添加多个报表。

13.3 对内容进行同步

报表开发完成后，下一项挑战就是如何在服务器环境中部署报表，成功部署报表后，同事或业务用户才能看到和/或评审这个报表。本节将讨论如何在服务器环境中构建和部署一个或一组报表。

13.3.1 部署一个报表

部署一个单独的报表非常简单，只需要用鼠标右击报表并选中 Deploy 即可。请注意，报表会经历一个生成过程，这个过程将在部署报表之前检查报表是否有效。如果没有出现生成错误或部署错误(请参见 13.3.3 节的内容)，那么在输出窗口中会出现一条消息，通知报表已经成功地部署完毕。

13.3.2 部署一组报表

为了节省时间，可以不必在项目中单独部署每一个报表，而是选择一次性部署全部报表。为此可以采用以下两种方法：

- 用鼠标右击项目名称并选中 Deploy。
- 单击需要部署的第一个报表，按下 Shift 键，单击需要部署的最后一个报表，然后单击鼠标右键并选中 Deploy。

每一个选中的报表都会经历同样的生成和部署过程，但是在输出窗口中这次将会显示一条消息，指出已经成功生成并部署了多少个报表。

13.3.3 检查生成错误

预览报表时，报表中的大多数常见错误都会显示在报表预览面板中。然而，在 SSDT 环境的 Error 标签中可能还会看到错误通知或报警通知。如果 Error 标签没有出现，那么可以依次选中 View | Error List 来打开错误列表标签。

13.3.4 从部署中排除报表

前面已经提到，可以从部署中删除一个报表，为此只需要在选中 Deploy 选项之前不要选中这个报表即可。也可以在选中并高亮显示需要部署的报表之后，在按下 Ctrl 键的同时，单击需要从部署中排除的报表。

然而，如果需要从一个更为永久性的部署中删除一个报表，应该怎么做呢？当然可以直接删除这个报表，但是这样会将所有与此报表有关的记录删除，而且还会删除这个报表的历史。

另一种替代方法是：用鼠标右击一个待删除报表，选中 Exclude From Project。这样就可以从项目中删除这个报表，但是并没有从本地工作空间或报表控制服务器中删除这个报表。如果将来需要重新包含这个报表，那么还可以将其添加到项目中。添加时，可以用鼠标右击项目，然后依次选中 Add | Existing item，然后导航到保存在本地工作空间的报表定义文件(.rdl)。

13.4 管理服务器内容

本节讨论如何管理报表服务器上的报表内容(报表、数据集和数据源)，报表服务器既可以在本机模式下安装，也可以在 SharePoint 配置下安装。在开发环境中，可能并不需要掌握大量与管理服务器中的报表有关的知识，因为可以使用 Visual Studio/SSDT 直接修改报表内容。然而，有可能必须在测试环境或生产环境中直接部署报表，因此可能需要了解如何在服务器上管理上述内容。此外，可能还需要检查报表在 Visual Studio/SSDT 环境中的配置方法，目的在于确保与其在服务器上的配置方法一致。

13.4.1　检查部署位置

在管理 Reporting Services 服务器上的内容之前，首先必须知道服务器的位置。为此只需要在 Visual Studio/SSDT 环境中依次选中 Project | Properties。此时可以看到如图 13-5 所示的窗口。

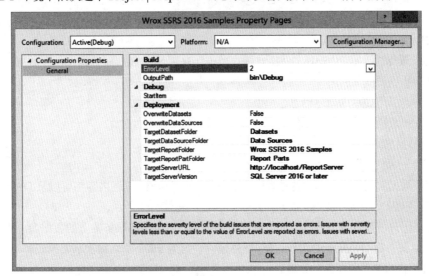

图 13-5　示例服务器的 Property Pages

需要在这个窗口中检查以下内容：

- 决定了其他设置的配置项。在图 13-5 中，可以看到使用了 Debug 配置。报表开发人员可以为每一种环境(如开发环境、测试环境和生产环境)设置一个配置。可以自动修改这些设置，为此只需要从这个下拉菜单中选中所需配置即可。

- 如果将 OverwriteDatasets 或 OverwriteDataSources 设置为 true，那么在显示一个使用了这个设置的报表时，服务器上的数据集/数据源将会被覆写。如果将 OverwriteDatasets 或 OverwriteDataSources 设置为 false，那么将会在输出窗口中看到一条报警信息，通知不会修改服务器上的数据集/数据源。

- 可以看到 TargetDatasetFolder、TargetDataSourceFolder、TargetReportFolder 和 TargetReportPartFolder 对象类型。为了在服务器上对上述对象类型进行组织以便访问，并且为了确保上述对象类型的安全，可以为上述每一种对象类型创建一个文件夹，这是一种比较好的组织方式。图 13-5 给出了这些设置的默认值。请注意，默认情况下，报表文件夹名称就是项目名称。

13.4.2　管理本机模式下的内容

安装报表服务器之后，需要确定是否需要将报表部署到一个 SharePoint 环境中。Reporting Services 在发布的时候，为那些没有(或者不愿意使用)SharePoint 网站的客户提供了一种"本机"模式部署选项，本节介绍 Reporting Services 在默认(也就是本机)模式下的内容管理选项。

1. 管理共享数据源

在本机模式下，数据源存储在一个文件夹中，可以通过报表 URL 查看这个文件夹。这个文件夹一般为 http://ServerName/Reports，但最好还是检查一下数据源到底部署在环境中的哪个位置。为此可以检查设置，此时只需要在 SSDT 的菜单中依次选中 Project | Properties。文件夹名称保存在这个窗口中的 TargetDataSourceFolder 一行内容内。

可以在服务器上管理以下内容：

- 是否允许报表网站的访问者以图块模式查看报表，这是本机模式下的 Reporting Services 使用的默认视图。另一种视图是详细信息视图，详细信息视图将报表显示为一个列表。
- 启用/禁用数据源。
- 数据源类型，如以 XML 文件格式保存数据还是用 SQL Server 数据库保存数据。
- 保存数据源的文件夹。
- 数据源旁边显示的描述信息。
- 运行报表所用的凭据。
- 用于连接数据源的连接字符串。
- 应用于这个数据源的数据驱动订阅。
- 依赖数据源的报表清单、数据集和数据模型。如果需要，上述内容均可以从 Dependent Items 标签中删除。
- 哪些用户可以查看服务器上的数据源，哪些用户可以覆写服务器上的数据源。

请注意，如果将 OverwriteDataSources 项目属性设置为 true，那么每次部署报表时，项目设置都会重新定义你在服务器上所做的修改。

为了管理一个数据源，需要从 Reports URL 中选中这个数据源，将鼠标光标悬停在数据源上方，然后单击数据源名称右方的下拉箭头。修改数据源之后，一定要确保单击了 Apply 按钮。如果在应用修改过程中出现了问题，那么可能必须使用本地管理员权限来运行浏览器，为此只需要用鼠标右击图标并选中"以管理员身份运行"。

在管理服务器时，另一件有趣的事情是从数据源创建一个数据模型。可以在指定的文件夹中创建这个数据模型。可以从 SSDT 环境下载并打开这个模型，为此需要依次选中 Open | Existing Project，然后选中需要下载的项目。

2. 管理共享数据集

在本机模式下，数据集也存储在一个文件夹中，可以通过 Reports URL 查看这个文件夹。可以按照查看数据源的方式，在属性页面的 TargetDataSetFolder 行中查找这个位置。

针对数据集，可以在服务器上执行除禁用数据集之外的全部管理任务。

针对一个访问报表的请求，可以以秒为单位设置超时时间，还可以设置和管理数据集缓存。数据集缓存是一种提高报表性能的方法，这种方法利用数据集的一个缓存副本提高了报表的性能，因为无须从数据源查找数据。可以按照预定的时间间隔或者按照一定的时间计划对缓存进行刷新。如果决定根据一个时间计划对缓存进行刷新，那么当单击 Apply on the Caching 选项时，服务器可以自动创建一个 SQL Agent 作业。

值得指出的是，如果将 OverwriteDataSets 项目属性设置为 true，那么每次部署一个报表时，在服务器上所做的任何修改都将会被项目设置所覆盖。

3. 管理报表

在本机模式下，报表或者存储在一个文件夹中，或者存储在 Reports URL 的主界面上。在服务器上执行的管理任务包括了大多数数据集管理任务。此外，还可以管理以下额外内容：

- 使用一个预先定义的参数集，创建一个链接报表。
- 为报表创建一个计划的和/或数据驱动的订阅。通过文件系统或电子邮件，这个订阅可以用来自动向预先定义的接收者分发报表的副本。
- 以手动方式或按照预设的时间间隔创建报表的快照。

13.4.3 管理 SharePoint 中的内容

在本机模式下可以完成的管理任务同样也可以在 SharePoint 网站中完成。访问 SharePoint 报表管理菜单的方式与访问本机模式菜单的方式是一样的，如图 13-6 所示。但是需要选中蓝色的下拉箭头，而不要选中黄色的箭头。

下面给出了一些对附加选项的描述：

- "在报表生成器中编辑"。报表生成器是一种用户友好的工具，与一般报表不同，使用报表生成器可以开发出类似于 Office 产品的报表。如果使用 Visual Studio/SSDT 环境，那么只能使用环境提供的一个功能子集。但是在许多情况下，这些功能也已经够用。如果还没有在自己的本地计算机上安装报表生成器，那么可以自动从服务器下载一个副本。
- 如果开发的报表使用了默认参数值，但是又需要知道这些参数的默认值，那么可以使用"管理参数"选项。不能想当然地认为所使用的开发环境中的参数值与 SharePoint 中的参数值是一样的，即使是刚刚部署的报表，也不要这样想当然。最好还是回头检查一下。
- "发送到"选项可以用来下载报表的一份副本，既可以将副本保存到一个新的位置，也可以将其作为一个链接通过电子邮件发送给其他人。

> **警告：**
> 如果直接在自己的报表服务器上进行修改，那么要确保这些修改能够在本地的报表开发空间中生效。如果做不到这一点，那么在下一次部署项目或报表的时候，有可能导致所有的修改都被覆写。

13.5 Report Builder 和自助报表设计策略

从 Reporting Services 2008 开始，Report Builder 就已成为报表设计人员创建基于 RDL 标准报表时采用的主要方法。如你所知，这两种报表设计工具面向不同的报表设计受众，但是它们具有许多相同的功能和能力。简而言之，SSDT 主要面向 IT 专业人员和开发人员团队，帮助他们彼此合作设计报表解决方案。而 Report Builder 则面向关注业务的报表设计人员，帮助他们使用在服务器上发布的资源创建每个报表。这两种工具均支持基本和高级报表设计功能，但是不能彼此替代，也不能说其中一种工具一定好于另一种，这取决于具体的需求和执行任务的人员。

图 13-6 显示了 Report Builder 和 SSDT 设计工具之间主要功能的区别所在和相似性。

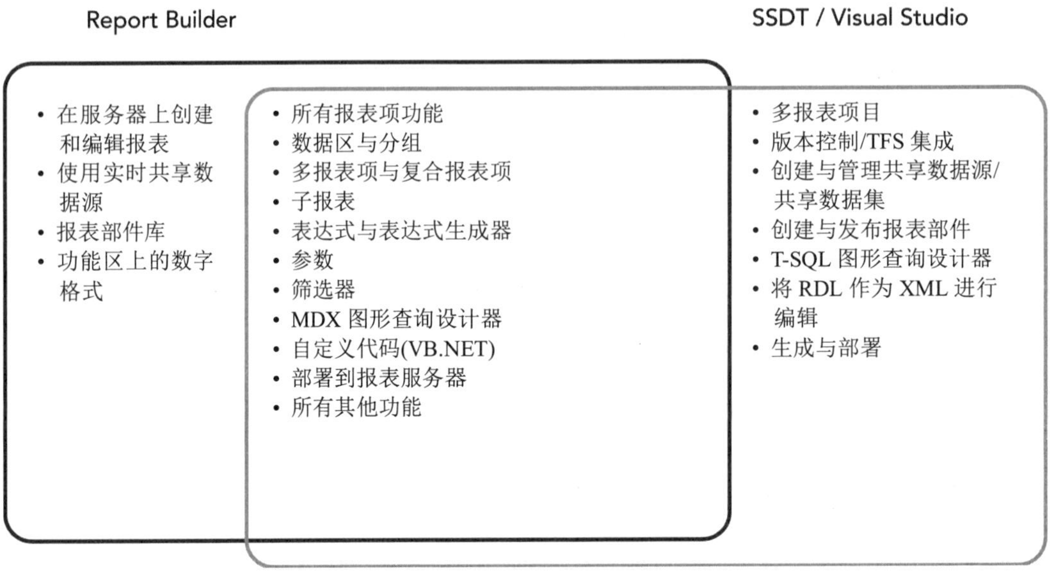

Report Builder　　　　　　　　　　　　　　　　　　　　SSDT / Visual Studio

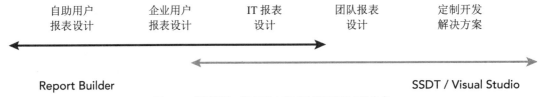

- 在服务器上创建
  和编辑报表
- 使用实时共享数据源
- 报表部件库
- 功能区上的数字
  格式

- 所有报表项功能
- 数据区与分组
- 多报表项与复合报表项
- 子报表
- 表达式与表达式生成器
- 参数
- 筛选器
- MDX 图形查询设计器
- 自定义代码(VB.NET)
- 部署到报表服务器
- 所有其他功能

- 多报表项目
- 版本控制/TFS 集成
- 创建与管理共享数据源/
  共享数据集
- 创建与发布报表部件
- T-SQL 图形查询设计器
- 将 RDL 作为 XML 进行
  编辑
- 生成与部署

图 13-6　Report Builder 和 SSDT 设计工具之间主要功能的区别所在和相似性

从图 13-6 中可以看到,这些设计工具有着相同的核心功能,因此均适合于进行主流的报表设计。许多专业设计人员并不偏好使用某种工具,但也有部分设计人员倾向于使用他们习惯的工具。图 13-7 显示了每种设计工具最适合完成的任务和担任的角色。

自助用户 报表设计	企业用户 报表设计	IT 报表 设计	团队报表 设计	定制开发 解决方案

Report Builder　　　　　　　　　　　　　　　　　　　SSDT / Visual Studio

图 13-7　每种设计工具最适合完成的任务和担任的角色

对于完全临时的自助用户报表设计,Report Builder 无疑是更加合适的工具,因为其具有简单而直观的界面。经验证明,作为一种企业用户工具,非技术用户会完全迷失于 Visual Studio 外壳的复杂性中。在 SSDT 中管理解决方案和项目的概念非常烦琐,对于仅需要创建报表的用户来说,这一概念看起来并没有必要性。Report Builder 得到简化,有效避免了一些"报表开发"任务。例如,为了使用共享数据源,并不需要定义单独的嵌入式命名数据源来引用外部的命名数据源。我的一些学生在一整周的课程中均致力于处理在 SSDT 中管理解决方案和项目的概念。与之相对的是,Report Builder 带来了简单而顺畅的设计体验。

从另一个角度来说,对于团队开发,基于 Visual Studio 的 SSDT 提供了集成的版本控制和报表项目管理功能。IT 专业人员可使用 SSDT 设计和部署共享对象,企业用户在自助报表设计过程中可使用这些对象。这些对象包括共享数据源、共享数据集和报表部件。

13.6　报表生成器和语义模型历史

如果曾经使用过早期版本的 Reporting Services,或者假如你和我一样伴着该产品一同成长,那么你很可能知道该产品迄今为止的演化过程。是否了解详情已经不重要，但是有些关键点还是值得一提。2005 版的 Reporting Services 包括一个名为 Report Builder 的自助报表编写和数据浏览工具。但是请不要将这个工具与目前具有相同名称的第一代报表设计器混淆，第一代报表设计器名为 Report Builder 2.0，而现在这个版本的报表生成器名为 Report Builder 3.0。我们将全新的工具简称为 Report Builder。

> **注意：**
>
> 对于现在被称为 Report Builder 1.0 的应用程序来说，当它消费数据时，需要通过一个名为 Report Model 的语义对象层，而 Report Model 已不再得到支持。这个语义对象层提供了一些有用的功能，但是也存在一些限制。按照大多数标准来看，这个语义对象层也不是一个企业级的类。但是这毕竟是向着一个更好的解决方案迈出了第一步，更何况很多业务人员发现对于功能有限的独立报表来说，这个对象层也具有一些价值。最新版本的 SQL Server 产品平台成为 Report Model 和 Report Builder 1.0 的替代者，受到了广泛欢迎。

13.7　计划自助报表环境

机构中的信息技术和业务领导者不能随便为用户群体提供一组设计工具，至于用户如何使用则放任自流，这么做是不合适的。我们已经观察到在缺乏数据治理的情况下业务运行会发生什么情况。我曾经遇到一个机构，在网络文件系统中使用了上千个 Access 数据库、Excel 工作簿和报表，然而这个机构却不知道数据的拥有者是谁，也不知道哪些数据是可靠的。这种做法显然是不可行的。

13.7.1　必须进行计划

一个可管理的自助报表解决方案首先要有简洁的计划和良好定义的流程，并且清晰地理解报表由谁拥有、报表包括了哪些内容以及报表保存的位置。这个计划的一部分还应该包括跟踪每个报表的拥有权和不断变化的状态。新报表或处于演化状态报表的状态必须按照固定的时间间隔(如一个月或一个季度)进行更新。某些用户报表可能还要考虑迁移为由 IT 部门支持的业务报表。某些报表则需要改进，或者需要将其功能添加到一个已有的报表中。其他报表可以作为一次性的未受支持报表被抛弃，有的遗留报表则会被删除或归档。

如果定期执行上述审查工作，就不会出现严重的问题。信息技术部门清楚地知道他们应该为哪些报表提供支持，也知道业务单位、领导者和报表用户都应该承担哪些责任。

13.7.2　设计方法和使用场合

在工程化解决方案之前，必须理解业务用户如何使用他们自己创建的报表。如果我们曾经从长期为许多不同公司提供咨询的经历中得到一些经验，那么建立 IT 资产(包括报表和 BI 仪表板)管理的过程可能就是最为重要的经验。过于烦琐的过程也是完成业务工作和执行其他重要任务的障碍。针对如何对过程和工作进行平衡，不同的机构有不同的方法，但是不同的方法仍然需要遵循一些放诸四海而皆准的原则。首先应该理解用户使用自己开发的报表解决方案的目的。

从用户报表的角度出发，上述工作包括以下内容：

- 针对个人使用所创建的报表。这样的报表可以由报表的创建者在某个将来的时刻使用，也可能只使用一次。因为这个报表是由用户拥有的，所以机构中的其他用户不会使用这个报表所展示的信息来进行关键的业务决策。

- 由业务部门或业务小组使用的一个或一组报表。这些报表是用来帮助业务小组的用户执行某项任务的，他们知道这些报表是由自己拥有的，也知道他们要为报表中提供的信息负责。

- 由业务用户创建的报表，这个报表将被迁移到生产中。当 IT 专家完成设计评审之后，这个报表可能就通过了验证，可以迁移到一个生产报表中；当然，这个报表也可能需要重新设计，提供给整个机构使用，并由整个机构提供支持。这些报表常常被视为原型或概念证明，并可以按照公司的 IT 标准重新生成。

- IT 部门设计和创建的生产报表，由公司使用。这是构建 IT 解决方案的传统方法。用户或业务部门的领导者提出需求，业务分析人员收集并记录需求，然后 IT 开发人员创建解决方案，并在将解决方案部署到生产环境中之前，对解决方案进行严格的测试。某些关键报表就属于这类报表，但是对于大多数机构来说，这样的报表无法提供足够的安全性和灵活性。

如果允许业务用户自行完成某些日常报表的创建工作，就可以解放 IT 开发人员资源，使这些人员能够构建更为复杂和更为关键的报表解决方案。因为许多有经验的业务用户可能比 IT 专家更了解业务数据，所以最好是让这些报表使用者完成初始设计和原型开发工作。复杂的任务关键解决方案应该严格按照 IT 项目标准和开发方法学进行开发。使用原型方法，受过训练和教育的用户可以设计概念证明报表，通过对这些报表进行评审和分析，可以帮助确立业务需求和技术需求。IT 开发人员随后就可以根据原型和达成一致的需求协议来重新设计报表。

13.7.3　定义拥有者

在大多数业务环境中，一个经典问题是：信息总是趋于从一个位置移动到另一个位置，从一个人流动到另一个人。在没有建立一套治理规则的情况下，人们收集他们需要的信息，完成相应的任务，同时也可以将他们得到的信息以最适合其工作的形式予以保存。随着时间的推移，人们可能会共享自己的 Excel 工作簿或其他文档，其中的某些还会成为事实上的标准数据源。问题是最新的版本可能只是存在于某个人的本地文件夹或收件箱中。在很多情况下，很多副本都是随着新的信息不断加入而改变和更新的。本地报表的工作方式都是一样的，如果某个报表没有拥有者或权威版本，那么人们会继续生成自己的报表副本。

在缺乏管理的业务报表环境中，最严重的问题在于：管理者并不知道某些报表是由哪些人创建的，也不知道他们手中的报表应该由谁负责。多年以后，随着报表数量不断增长，已经无法再跟踪最初是由谁要求创建报表的，也无法跟踪是谁设计了报表，更无法了解是谁最后更新了报表。利用 Reporting Services 的报表目录日志，这个问题可以得到部分解决。但是原先部署报表用户的网络 ID 可能并不能提供一个完整的解决方案，因为这个人可能已经不再拥有这个报表，甚至可能已经不在这家公司工作。

如果需要改进一组报表，我们的 IT 项目业主常常会说，"我们不知道这些报表属于哪些用户，也不知道这些报表是如何使用的。我们该怎么办？"我的反应是："进行备份，然后将报表从服务器上删除。我想你们肯定最后能够知道谁是报表的拥有者。"这可能不是最佳解决方案，但是我保证这么做能够行得通。

报表拥有者包含两个要素。第一个要素是谁创建了报表，或者报表是由谁负责维护的。第二个要素是使用报表的业务实体，这个业务实体可能会负责不断发展的业务需求和数据需求。

对于第一个要素来说，拥有者可能就是创建报表或消费报表的业务实体。下面是一些可能的情况：

- 一个独立用户创建了一个报表，并对报表所展示的信息完全负责。
- 一个业务部门或业务单位拥有这个报表。这个业务实体中的用户使用这个报表是为了满足自己的需求，这个报表不会在这个业务实体之外分享。
- 业务企业拥有报表。报表设计是由 IT 部门根据业务标准完成的。数据访问方法、查询以及数据都是由 IT 和业务部门验证和批准的。

理想情况下，我们希望所有的报表都是设计良好的，并且是可靠的。但是如果我们打算允许业务用户创建自己的报表，那么除非 IT 部门对这些报表进行了正式验证，甚至重新设计这些报表，否则这些报表都很难得到信任。这些难以信任的报表应该部署在一个与外界隔绝的地方，并且加上标记，这样任何用户都可以知道这些报表的拥有者是谁，以及使用这些报表的前提条件。如果 CEO 拿到了某人的个人报表副本，此人应该知道，在基于此报表进行关键决策之前，必须对报表中的所有信息进行验证。如果这个人看到了一份 IT 部门确认的报表，他会对此报表充满信心，因为这个报表中的数据都是准确且可靠的。

每个报表都应该清楚地定义报表的拥有者和负责人。如果 IT 部门拥有报表服务器，那么针对每一个报表，IT 部门都应该有清晰且具体的相关记录，记录中包括以下内容：

- 是谁要求创建这个报表并定义业务需求？
- 是谁设计和开发这个报表？
- 是谁对设计进行测试和验证？
- 查询和数据访问方法是否得到了验证，并确认了正确性和执行效率？
- 报表满足公司的安全要求吗？
- 谁可以运行报表并从报表中获取数据？
- 通过这个报表，Active Directory 组的特定用户或成员应该获得哪些数据？不应该获得哪些数据？

13.7.4　数据治理

如果人们不明白他们到底要做些什么，也不知道如何才能完成他们的工作，那么随意设置规则往往不会产生什么好结果。因此，针对重要信息，治理数据源和存储介质的第一步就是提供一种方便合理的数据访问方法。企业数据应该保存在企业数据库中，部门级文档和报表应该保存在指定的位置，以便部门成员访问。只有存在协作的基础，我们才能让规则为大家提供服务。

与所有报表一样，当用户设计自己的报表时，也必须使用同样的方法连接到同样的数据源，使用标准的方法来消费数据。业务数据项(如产品目录、客户合同表和雇员目录)，都需要从一个集中的位置进行访问。数据的副本可以从集中存储的数据派生出来，然后定期进行更新。只有当报表数据来自权威的数据源时，报表才是可靠的和一致的。为此，可以通过企业数据仓库、OLAP 多维数据集和语义数据模型提取合适的数据。

13.7.5　数据源访问和安全性

所有自己编写报表的用户都必须能够连接企业的数据源。但这并不是说所有的用户都可以访问敏感信息。通过使用用户级访问控制和管理 Active Directory 组成员资格，可以授权用户只能访问那些允许他们读取的数据。

某些报表功能(如订阅和提醒)需要在用户无法联机进行身份验证的情况下访问报表数据。在这些场合下，可以创建存储了身份凭据的共享数据源，并且为一组用户授予数据记录访问的最低权限。当以事先规定的时间周期执行报表和查询时，这些数据结果可以通过电子邮件或文件共享发送给用户，也可以通过缓存结果集提供给用户。

在 Reporting Services 解决方案中，使用保存了身份凭据的共享数据是很常见的，而且这样能够提供适当的安全性。唯一需要注意的就是必须仅为报表返回必要的数据。除了保证数据库访问的安全，还必须确保报表访问的安全。在某些情况下，有必要管理两组共享数据源。一组共享数据源为交互式用户提供针对特定数据的细粒度访问，另一组共享数据源则能够支持在无人参与的情况下提供报表数据。

可以在报表服务器或 SharePoint 网站的中心位置创建并部署这些共享数据源。默认情况下，需要在报表服务器上创建一个名为 Data Sources 的文件夹。在一个 SharePoint 集成的网站中，需要专门为共享数据源添加或使用一个文档库集合。因为可能要使用 SharePoint 网站来存放其他 BI 报表和内容(如 Excel Services 报表、Performance Point 报表以及 Power View 报表)，所以可以为所有不同的数据源内容类型指定一个数据源库。如果网站是用商业智能中心网站模板创建的，那么针对这项功能，网站同时将创建一个名为 Data Connections 的库。

13.7.6　用户培训

如果准备了报表基础设施，并且制定了机构自助报表策略的计划，下面就要开始培训用户。首先要建立一个试点用户小组，协助消除该小组面临的所有障碍，然后指导试点用户如何启动 Report Builder，如何搜索报表库，以及如何添加报表部件。然后告诉用户如何使用共享数据集，并选择使用一个共享数据源。用户培训的基本顺序就是如此。

通过一些准备工作和计划，许多业务用户都可以在无须具备编写查询语言技巧或拥有高级报表设计技能的情况下完成报表设计工作。根据所需报表的复杂程度，用户只需要具备基本的技能。通过使用报表部件，用户只需要向报表体中拖放可插入的报表部件并运行报表。通过使用共享数据集，用户无须编写查询，他们只需要添加数据区、绑定字段并对字段进行分组，即可完成报表编写工作。

1. 优化 Report Builder 的用户体验

如果让用户自己考虑如何设计报表，那么用户很可能会失败。作为一种直接使用的商品软件，Reporting Services 并不提供自我研究的机制，因为 Reporting Services 包含的功能和特性实在太多，用户如果自己学习使用就会发生混淆。但是只要为用户提供少量指导，用户就能够很顺利地完成报表设计工作。在提供指导的情况下，用户可以首先学习基本报表设计，然后就可以学习更为高级的报表功能。

2. 用户训练指导

开始学习时，要确保从较小、较简单的例子开始学习，帮助用户理解设计简单报表过程中的基本关键任务。不要让这些用户学习编写查询和使用表达式。对于高级用户来说，如果已经掌握基本技巧，就可以准备更高一级的训练课程。在第一组训练课程中，需要指导用户完成以下任务：

- 在 Report Manager 或 SharePoint 网站中导航
- 启动 Report Builder
- 选择创建的报表类型
- 选择数据源
- 从报表部件库组装一个仪表板，或者使用向导和拖放工具设计报表
- 在报表中浏览数据
- 将报表保存到一个文件夹或库中

3. 文件夹和库管理

如果需要对用户报表与企业报表进行隔离，最简单的方法之一就是为不同报表指定不同的保存位置。可以为用户和 IT 报表设计人员授权，将报表部署到适当的库或文件夹中。在大规模环境中，可以部署到不同的服务器中。在小型解决方案中，可以部署到同一台服务器或同一个网站的不同文件夹或文档库中。

4. 为报表添加标识

成功打印报表后，或者成功地将报表导出到一个文件中之后，现在需要为报表增加标识。利用模板，可以为报表加上标识，这样就可以识别出这个报表是由一个用户创建的报表还是企业标准报表。为此，既可以简单地在报表页眉上添加一个简短的文本框，也可以专门为报表制作一幅图像或一个徽标。

正规的报表还可以加上"批准标志"徽标，人们只需要用眼一瞥，就可以知道这是一个测试中的报表还是一个内容可信的报表。我有一位客户采纳了这个建议，创建了三种报表模板来满足自己的业务需要。每个报表模板都在报表的页眉位置添加一幅图像，每幅图像都可以指出在公司内部该报表属于哪一类报表。这个用户使用的方法可以总结如下：

- Level 1——来源于公司 BI 数据，但是报表内容没有得到 IT 部门的认可。
- Level 2——来源于 BI 数据，查询/报表逻辑已经通过一位 BI 团队成员的审查。
- Level 3——来源于 BI 数据，查询/报表逻辑已经通过一位 BI 团队成员的审查，而且报表数据还通过了业务数据管理人员的验证或批准。

13.7.7　数据源和查询选项

Reporting Services 能够灵活地连接到多种数据源，可以使用不同的数据库对象。但是过多的选项也容易造成混淆。因此需要对数据访问方法进行标准化，并且培训用户如何使用一组数据库对象。大多数 IT 部门都为用户连接数据库建立标准，同时也为通过不同的对象来访问数据建立标准。为了避免用户随意使用公司数据，建立并强制推行这些标准是非常重要的。简而言之，应该采用以下对象来封装数据：

- 关系数据库视图
- 关系数据库存储过程
- OLAP 数据库多维数据集和透视
- 语义数据模型

如果用户直接基于一个关系数据库中的数据编写报表(更好的方法可能是使用一个数据仓库而非一个运营事务性架构),就可以通过视图、存储过程或语义模型支持用户访问数据库。

如果通过一个视图为用户提供数据访问,就可以通过为多表关联和联接操作提供一个抽象层来简化数据访问。视图并不提供参数。用户必须能够编写 SELECT 和 WHERE 子句来查询数据。

利用存储过程,可以从多个表中检索数据。设计存储过程时,可以使用参数。为了在一个报表中使用存储过程,用户只需要从报表数据源所指定数据库提供的一组存储过程中选中这个存储过程。这样,用户无须使用 SELECT 子句,而且存储过程中的参数可以自动用来生成报表设计人员使用的报表参数。这种方法存在一些限制,如多值参数的处理方式等。但是对于一个关系数据源来说,存储过程可以简化用户报表设计过程,为在数据源中查询数据提供简单而又高效的方法。

1. 使用共享数据源

部署报表时,Report Builder 要求使用共享数据源。为此,需要为每一个数据库或语义模型创建一个数据源,然后将其部署到共享数据源文件夹中或服务器的库中。对于所有的交互式报表来说,当用户登录到自己的桌面计算机时,这种方法是可行的。可以使用 Windows 集成安全性,传递用户的安全凭据。通过配置数据库和数据库服务器,可以允许角色、Windows 组或 Active Directory 组访问数据库和数据库服务器。当然,所有报表用户必须是相关角色、Windows 组或 Active Directory 组的成员。

网络管理员可以为报表用户创建一个组,然后将每个用户添加到这个组中。对于 SQL Server 来说,可以为这个组创建一个登录,然后将保存报表数据的数据库的 SQL Server 登录映射到 db_datareader 角色。对于 Analysis Services 来说,可以为 OLAP 数据库创建一个角色,然后为这个角色添加多维数据集、维度和成员的读取权限,并将创建的用户组添加到这个角色中。

2. 使用 Analysis Services 简化数据访问

对于报表分析来说,配套使用 Report Builder 和 SQL Server Analysis Services (SSAS)可以进一步简化用户报表设计。在 SQL Server 2012 版本中,SSAS 引入了简化的内存中表格技术,这一技术称为 BI 语义模型(BI Semantic Model,BISM)。而在最新的 SQL Server 2016 版本中,直接将此技术称为 SSAS,其包含 SSAS OLAP(多维数据集)数据库和 SSAS Tabular,后者是在 Power Pivot 和 Power BI 中使用的数据存储和聚集技术的企业实施版本。无论是 OLAP/多维数据库还是表格模型,都是使用 Analysis Services 存储引擎来管理的,而且二者的安全模型是一样的。

为了授予对一个 Analysis Services 表格模型的用户访问权限,需要在数据库中定义一个具有一组权限的角色,然后为这个角色添加一个或多个适当的 Windows 用户或组。若要授予对 Analysis Services 数据库的访问权限,可定义一个有读取权限的角色,然后为这个角色添加适当的 Windows 或 Active Directory 组。

3. 设计和部署报表部件

报表部件是报表的片段,具有完整的数据源、数据集和参数,可以在另一个报表中使用。一个报表部件可以是一个单独的数据区(如一个表格或图表),也可以是报表项和数据区的组合(如一个完整的仪表板)。使用 SSDT 可以将一个报表中的报表部件发布到一个文件夹中,或者发布到报表服务器的一个库中。这个过程应该被视为一项 IT 活动,并且应该是支持用户报表设计的一项组成工作。

> **注意:**
> 报表部件是按其最初设计意图工作的功能,但自从在 SQL Server 2008 R2 中引入该功能之后,其吸收了行业中大量的使用经验。在适当的场景中,此功能可实现对现有报表的部分重用。你应仔细评估报表部件是否适合用户。在我的解决方案中通常不使用该功能。

4. 使用报表部件

在 Report Builder 中,用户可以选择插入报表部件,然后在部件库中进行搜索。如果这些报表部件无须修改即可使用,那么用户可以简单地将其添加到一个报表中,然后就可以运行报表。为了完成这项任务,用户只需要具备基本的报表设计技巧。

> **警告:**
> 仅可在通过 Report Builder 制作的报表中使用报表部件。这是 SSDT 报表设计器中少量不具备的 Report Builder 功能之一。

如果开发人员升级了一个已有的报表部件,并且重新发布这个报表部件,那么用户可以选择升级报表。此时,在 Report Builder 中打开的报表将显示一条报表部件升级通知。如果用户选择允许升级,那么所有受到影响的报表部件都将被服务器中的新组件替代。

在一个 SharePoint 集成解决方案中,服务器地址被设置为 SharePoint 根网站地址。与所有目标部署文件夹属性(数据源、数据集和报表)类似,报表部件文件夹被设置为报表部件库的完整路径,如图 13-8 所示。

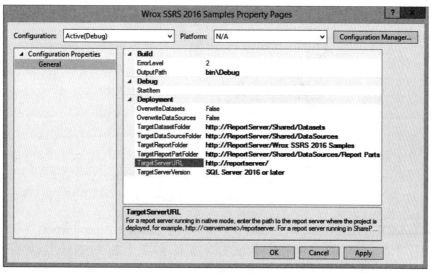

图 13-8 报表部件文件夹

图 13-9 显示了 Report Builder Options 对话框。在一个 SharePoint 集成解决方案中，服务器地址被设置为 SharePoint 根网站地址，报表部件文件夹则被设置为一条相对于报表部件库的路径。请注意这一点，因为这两种工具的地址格式是不同的。

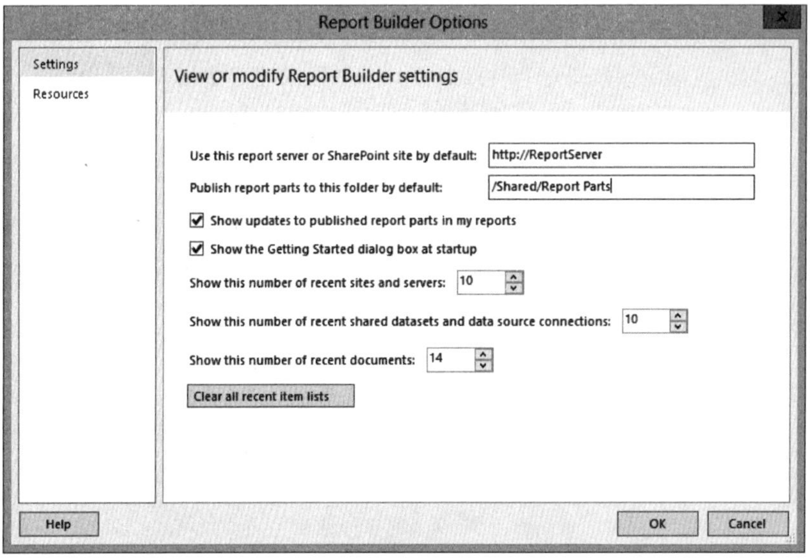

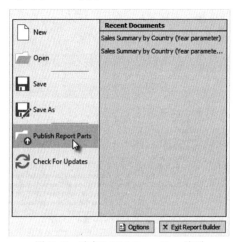

图 13-9　Report Builder Options 对话框

报表部件既可以用 SSDT 发布，也可以用 Report Builder 发布。将报表部件发布到一个指定的库，并且可以为每一个报表部件指派一个适当的名称，这个名称可以用于搜索。

在 SSDT 中，报表部件名称是在 Publish Report Parts 对话框中指定的，可以在报表中进行访问。在部署报表时，选中的报表部件也被发布到服务器。在 Report Builder 中，从 Report Builder 按钮菜单中选中 Publish Report Parts，如图 13-10 所示。

图 13-10　选中 Publish Report Parts 选项

无论是在 SSDT 中还是在 Report Builder 中，都可以使用 Publish Report Parts 对话框选择需要部署的报表设计对象，还可以将这些对象作为报表部件重新命名。当把一个数据区添加到一个报表中时，我们一般不需要特意为它赋予一个易于识别的名称。但是如果打算将一个表格或图表作为一个报表部件进行发布，就必须为其指派一个易于识别的名称，而不要使用诸如 Table3 或 Chart1 之类的名称。对报表部件进行命名时，请牢记：最终要部署多个报表部件，而用户不仅需要知道每个报表部件是什么类型，而且还要精确掌握每个报表部件的用途。名称应该是描述性的，这样用户才能够很方便地掌握报表部件如何消费数据或如何以可视化方式表达一组数据。Sales Amount by Sales Territory Country Chart 就是一个很好的名称。

所有报表部件完成正常功能所需的依赖性对象都已经包含在这个清单中。如果取消选中任何一个对象，那么这些对象仍然会被添加到报表中，但是却无法单独地添加到报表中。在部署报表部件时，一般无须选择数据集、数据源与参数。

5. 使用共享数据集

共享数据集可以提供更加高级的细粒度报表设计功能，同时无须用户编写查询，也无须直接从数据源消费数据。共享数据集是由 IT 开发人员设计的，部署在报表服务器上，部署和使用方式与数据源和报表部件的部署和使用方式一样。设计一个新的报表时，报表用户可以从服务器目录中选择一个共享数据集，然后设计标准报表数据区，就像使用自己设计的标准数据集一样。

与设计报表部件相比，这项工作的难度比较高，但是这样同时也减少了查询设计中常见的错误，同时简化了一般用户的数据访问。用户无须考虑因使用 SQL 和 MDX 导致的复杂性，可以更加灵活地使用高级报表设计技术。共享数据集可以使用关联的参数、筛选器和计算字段定义，而用户无须自己再次设计这些内容，只需要使用这些内容。每一个部署的数据集都可以配置缓存选项，从而能够加速报表执行速度，同时减少冗余的数据库查询。

在部署共享数据集之前，必须充分地测试共享数据集。一般来说，一旦开始使用共享数据集，就不应该对共享数据集再做修改。

13.8　用户报表迁移策略

对于那些充当原型的报表，以及那些处于开发初期阶段的 IT 部门支持业务报表来说，必须为这类报表建立一个规范的开发过程。这项工作既可以是计划好的用户报表评审周期的组成部分，也可以是针对特定报表并让用户在设计过程中提供协助和证明概念的过程。该过程包含如下阶段：

- 评审
- 改进
- 设计
- 测试
- 维护

13.8.1　评审

用户设计的报表可以帮助 IT 分析人员和开发人员理解用户希望如何消费数据。如果 IT 部门需要采纳用户提出的报表建议，那么就必须对报表进行评审，评审内容涉及安全性、查询设计的有效性以及正确使用的报表设计技术。如果报表满足这些标准，那么就可以对报表进行测试，并进而将报表部署到 IT 部门提供支持的报表服务或报表库中，这样就可以让业务用户使用了。必须对报表添加说明性信息，这样业务用户才能知道这个报表是可靠的业务数据来源。

13.8.2　改进

引入新的报表之后，在很多情况下，这些报表的功能与其他报表有重叠之处。因此，将新报表视为已有报表的一个变体是很常见的，新报表只是采用稍微不同的方式对已有报表做了重新排序、分组和筛选。只要使用常见的设计技术，就可以通过使用参数和表达式来修改已有报表，使之具有动态排序、分组和数据筛选的功能。在许多机构中，通过对已有的用户设计的报表进行改进，就可以大大减少 IT 支持部门必须支持的报表。例如，我们曾经看到这样一个例子：通过清理不再使用的报表，并且提高交互性以改进冗余报表，原有的 800 个报表被减少为 100 个报表。

千万不要等到失控报表数量已经高达数百之后才开始着手改进报表。应该把报表改进评审作为一项定期执行的任务来做。

13.8.3　设计

成功创建报表原型之后，可以将其视为示例，而不要将其视为生产报表的早期版本。将示例设计内容丢弃也是值得的。必须保证报表从一开始就是遵循公司 IT 项目标准进行设计的。否则就可能会花了钱却只能得到概念证明的产品，因此最后不得不重新设计。

13.8.4　测试

与自定义软件开发一样，开发的每一个报表都必须经历同样的测试和质量保证过程。一般来说，报表开发周期比较短，测试时间也不用太久，开销也不算很昂贵。然而，关键业务报表必须由中立的团队进行测试，这种中立的团队必须独立于开发人员和报表设计人员。每个报表都要由一位技术专家进行测试，确保满足安全要求，还要确保查询和报表的正确性。

13.8.5　维护

随着新的需求的不断引入，可能需要重复整个开发过程以判断是否应该将新的功能添加到已有的报表中，甚至要判断是否需要将新的报表添加到解决方案中。可以添加或移动数据库服务器，还需要更新共享数据源以便反映这种变化。在考虑增加新的功能或考虑改进报表功能的时候，应该考虑如何在报表执行、查询效率和缩减功能之间做出妥协。因此，到底是采用一个单独的报表来满足多项需求，还是以更多的费用维护多个简单的报表，必须对此进行权衡。总之，总体目标是在易于维护和减少报表数量之间进行平衡，为此需要使用更为高级的设计技术将多个功能组合起来。

13.9　小结

成功的报表解决方案需要经过规划和管理。本章讨论一些在组织报表项目时需要面临的一些决策，以及在使报表设计人员通力合作设计报表、测试报表和将报表部署到生产环境中时面临的决策。获得报表需求是一项反复执行的活动，首先是进行概念设计，并且可能包括创建模型草图。制定良好的报表设计规范非常重要，尤其是在报表设计人员没有与利益相关方协同工作时。

在团队环境中，版本控制系统帮助团队成员协同工作，彼此分享设计文件，防止工作丢失，回滚更改以及管理其设计工作。独立的报表服务器可使报表设计人员和开发人员确保他们的解决方案按照设计发挥作用并正确部署。测试人员使用 QA 服务器环境测试报表，确保得到正确的结果和行为，然后将最终解决方案部署到生产环境中。

针对如何使用 Report Builder 帮助业务用户设计报表，本章提出了一组指导原则，可以用于计划、设计和维护报表解决方案。这是定义和理解报表所有权的关键所在。如果用户需要对一个报表的需求和设计负责，那么他们就必须对报表所展示的数据和基于报表做出的业务决策负责。作为 IT 专家或业务领导人，我们必须对用户访问重要数据进行控制，并提供相关支持工具。业务需求决定了可以使用哪些数据源，并且应该训练用户仅使用那些可靠的数据源。

对于那些水平介于普通用户和 IT 专业人士的用户来说，自助报表设计是他们最好的选择。某些用户设计的报表可以用来浏览信息和观察数据。其他报表可以用来帮助 IT 专业人士更好地理解用户报表需求和数据使用模式。用户报表可以充当概念证明，基于这种概念证明，报表可能最终会演化为解决方案。也可以基于更为高效的设计模式和工业最佳实践，重新设计和开发报表解决方案。

第 14 章将介绍如何借助交互可视化组件和下钻地图建立复合仪表板报表解决方案。在第 14 章中，我们将首先讨论在 Reporting Services 架构中工作的优点和缺点所在，然后展示使用迷你图和 KPI 指示器创建高度可视化仪表板的最佳实践技术。最后，将独立生成一个完整的仪表板报表。

报表解决方案、模式和要点

本章内容

- 设计超级报表
- 报表要点
- 仪表板解决方案
- 设计 KPI 记分板
- 设计交互式迷你图报表
- 带有导航的地图

本章的 wrox.com 下载代码

本章的 wrox.com 下载代码可在此书对应网页的 Download Code 选项卡中找到。代码文件位于 Chapter 14 下载部分，并根据通篇使用的约定分别命名。

Reporting Services 可以构建高度灵活的自定义报表以满足复杂的业务需求，任何一位从事过大量高级报表设计工作的设计人员都会对这项功能心存感激。新的功能和属性不断被添加到各个版本的 Reporting Services 产品中，因此也改进了此产品的各种功能。某些对象已经拥有几十种属性，其中许多属性只是用来满足非常具体的需求，并解决特殊的问题。

报表要点的概念来自最近几年来我参加一系列 PASS Global Summit 会议时所做的演示。高级报表设计的主题引发了有关实用设计模式的讨论，还引发了是否应该创建一个全功能报表以代替多个简单报表的讨论。通过应用一些证明有效的设计技术，我们已经知道如何创建少量复杂而又具有良好适应性的报表，因此无须为每一个用户请求或单个需求创建一个报表。

我们必须面对如下问题：许多报表设计环境都没有进行认真详细的规划。在大多数机构中，不同人群创建的报表展示了来自不同数据源的数据。随着时间的推移，报表也在不断增长和演化。在某种程度上，这种情况是不可避免的，但是这并不意味着我们只能坐以待毙。

在第 13 章中，我们已经讨论过一种引导普通用户报表评审的方法，这种方法还考虑到如何强化和重新设计报表。这个概念并不排斥将用户报表迁移为 IT 部门控制下的报表。针对那些使用比较正规的流程开发的报表来说，因为这种流程可能会产生冗余或过时的内容，所以也可以使用类似的方法。过程也颇为相似，同样需要指派拥有者，同样需要计划定期评审，同样需要对相似报表进行比较，以便确定到底应该加强该报表，还是应该废弃该报表。

14.1 超级报表

在报表开发过程中，用户提出一组业务需求后，这些业务需求随即被翻译为一组报表功能和特性。如果一组需求与先前的需求存在大量的重叠，那么可能必须将这些需求合并为一组完整的功能。超级报表可以对功能进行合并，从而满足不同业务用户的功能需求和信息需求。

如何设计一个能够为不同用户展示不同信息的报表呢？我们可以为每一组用户提供不同的报表行为。为了做到这一点，可以在不同条件下启用不同元素。通过使用在先前章节中讨论过的技巧和技术，我们完全可能完成这项任务。通过合并这些功能，可以将用户对报表设计的体验提升到一个全新的层次。

图 14-1 显示了基本报表设计元素之间的相互依赖关系。该图描绘了如何结合采用不同的设计技术创建高级的报表功能。请注意，此方法的核心是表达式，其经常与其他技术结合使用。

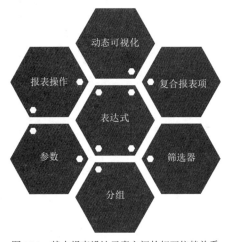

图 14-1 基本报表设计元素之间的相互依赖关系

本章将通过实例介绍如何组合这些技术和功能，创建富含更多功能、采用更多高级技术且用途更加广泛的报表。

14.1.1 扬长避短地利用 Reporting Services 架构

在继续讨论之前首先要澄清一件事：我热爱 Reporting Services 这款产品。我发现 Reporting Services 的功能极其强大，使用方式极其灵活。就我九年来使用 Reporting Services 的经验而言，Reporting Services 能够解决我遇到的大多数业务问题。一旦遇到一项挑战，一般我都能够使用 Reporting Services 解决它。一旦掌握产品团队对 Reporting Services 功能和特性的想法和长期目标，我们就能更加深入地理解产品组件的工作机制，更好地了解产品的行为。如果没有充分了解这个产品架构的设计目标，那么报表设计人员常常会提出诸如"为什么它要这样工作？""为什么它要那样执行"之类的问题。Reporting Services 存在一些不足，对于那些不是那么认真的用户来说，这些不足显得有些莫名其妙。我曾经发现，我希望包含在报表中的大多数高级功能都是可以实现的，但是如果使用了我们选择的技术，这些功能就没有必要实现。针对 Reporting Services 中存在的某些不足，我曾经与产品架构师和产品经理进行过讨论，得到的答案常常是"这项功能不是用来这样工作的，可以使用其他功能或技术完成这项任务"。在本章中，我的目标就是与你分享这些技术和功能。

对于 Reporting Services 来说，其主要目标之一就是用不同的展示格式来呈现报表，为此需要使用服务器端的组件。为了完成这项任务，呈现为某种特定格式的报表可能无法使用这种格式所提供的全部功能，可能也无法使用某种客户端或标记语言的全部功能。例如，呈现为 HTML 的报表并没有提供可以在一个自行构建网页中使用样式表和 JavaScript 脚本实现的全部高级行为。如果使用Microsoft Excel 设计一个报表，可能需要在设计工作簿的过程中使用公式，这么做便于重新计算电子表格，而不需要使用文字值来进行汇总和求和。Reporting Services 在呈现过程中采用的一般方法是考虑所有这些格式的通用性。因此，Reporting Services 可以添加更多的功能，还可以添加更为高级的功能。部分功能可能会在未来的版本中添加到 Reporting Services 中，因为这样对大众消费是有意义的。由于 Reporting Services 使用了模块化架构，因此某些功能可以通过自定义编程扩展添加到Reporting Services 中。

> **警告：**
> 为 Reporting Services 开发自定义扩展是需要相当高级技术的任务，因此请相应地调整你的期望值。具有特殊需求且拥有开发人员团队的大型公司有时会开发这种扩展，但时间和预算均有限的项目则很少设定此任务。

14.1.2　寻求最出色的 Excel 导出方案

我在业务团体中发现了一种常见的场景：有经验的 Excel 用户(一般都是金融分析人员)要求将报表呈现为一个 Excel 工作簿，这个 Excel 工作簿包含了公式、数据源和透视表，还包含了其他高级Excel 功能。当我谈到将多种格式的报表以相当高的精度导出为 Excel 工作簿时，请不要误解我的意思。然而，如果 Excel 用户需要使用 Excel 中的高级功能，那么就应该使用 Excel 作为自己的报表工具，而不应该使用 Reporting Services 作为自己的报表工具，这样在很多情况下将获得更出色的使用体验。我并不是在声明使用 Excel 代替 Reporting Services，其需要面临的支持和维护挑战完全不同，也不是对此表示欣赏；但我曾经看到许多报表设计人员和开发人员竭尽全力，花费大量时间尝试让Reporting Services 输出 Excel 用户所需的结果。

将报表导出到 Excel 并使其具备所有必需功能，这是一项复杂的工作。几乎每次我都会遇到有人想到在从 Reporting Services 导出的工作簿中启用特定的功能，他们提出的问题是"他们将何时修复此问题，即 SSRS 不支持……(某些功能)的问题？"实际情况是，每位 Excel 用户对功能重要性的理解均有所不同，最终可以看出，他们真正想要使用的是 Excel。这就是在最近的版本中，Excel 作为一种报表设计和分析工具得到极大增强的主要原因。

> **注意：**
> 关于涉及将报表呈现为 Excel 工作簿的项目，我可以轻松写出多页此方面的故事。Reporting Services 可出色地将报表格式化为包含静态数据的工作簿。然而，如果用户真正需要利用的是 Excel 的高级功能，如公式、数据连接、筛选器、切片器、图表和数据透视表，则应考虑首先使用 Excel。

对于大多数产品来说，定义其不足之处并非易事。出于某些原因，大多数产品的规范和文档并没有说明这项产品不能完成哪些任务，起码没有以醒目的格式说明这些内容。我几乎从来没有看到有哪个软件提供商能够回答"告诉我，你的产品不能做什么？"之类的问题。在汽车销售商或地产商那里如果能够看到产品的弱点介绍，是不是感觉非常棒？如果软件产品也提供这样的介绍，那么我们的工作也会容易得多。下面就从这个话题开始讨论。表 14-1 详细列出了 Reporting Services 架构中存在的一些公认的不足。当然，这个表格并不完整，也不是错误和问题清单。它只是一个简单的设计约束指南，改进报表功能时，必须对此予以高度重视。这个表格还描述了在获得所需功能的过程中可以采纳的一些常见的可替代方法。

表 14-1　常见限制和设计的替代方法

领　域	限　制	替 代 方 法
数据展示	在报表体中或分组部分，必须聚集所有的字段，即使数据集仅返回一行数据，也要聚集	即使查询仅返回一行数据，也仍然使用一个聚集函数。如果这个字段的全部行都返回同样的值，也要使用一个聚集函数。在典型情况下，应该针对字符和日期数据使用 FIRST( )函数，针对数字数据使用 SUM( )函数
格式化	条件格式化表达式可能会比较复杂，因此难以维护，特别是在存在嵌套布尔逻辑的情况下，以及同一个表达式重复出现在多个报表项和字段中的情况下	在 Report Properties Code 窗口中，编写一个 Visual Basic 函数。然后在每个报表项中将这个函数作为一个表达式进行调用，例如： `=Code.MyFunction(Fields!MyField.Value)` 在某些情况下，可能还需要利用新引入的 Report 和 Group 变量来保存某些值

格式化	针对 NULL 值的汇总，聚集函数不能返回 0。我们的用户希望看到结果为 0	遇到一个 NULL 值的时候，使用一个 Visual Basic 函数返回一个 0。例如：
		`=IIF(IsNothing(SUM(Fields!MyField.Value)), 0,`
		`SUM(Fields!MyField.Value))`
		或者向一个 Visual Basic 函数传值，并将 NULL、空字符串和无值的情况转换为一个 0 或其他值。例如：
		`=Code.NullToZero (Fields!MyField.Value)`

	某些带有丰富格式的报表无法很好地输出到 Excel 中	常常出现这种情况：只有转换为网格布局的数据区才能导出为整洁的 Excel 格式。如果需要将更多的可视化报表样式导出为 Excel，那么就必须设计两种替代性的数据区：一个针对浏览进行了优化，另一个针对 Excel 进行了优化。为此，可以在 Hidden 属性中利用一个使用了内置 Render Format Name 字段的表达式，就可以根据呈现格式，有条件地隐藏每个数据区。例如：
		`=(Global!RenderFormat.Name="Excel")`
		或
		`=NOT(Global!RenderFormat.Name="Excel")`

	无法使用表达式隐藏分组列的页眉	只能隐藏数据列，分组页眉列是无法隐藏的。因此，可以为数据列集合添加分组页眉字段(只需要将字段拖放到分组/数据列分隔符(双破折号)的右方)，而不要使用分组页眉列。然后，将单元格的 HideDuplicates 属性设置为数据集名称。为了有条件地隐藏一个列，用鼠标右击列的页眉并选中 Column Visibility，然后为 Hidden 属性设置一个表达式。例如，如果打算在数据集不返回 Tax Amount 字段内容的情况下隐藏这个字段，那么可以使用以下表达式： `=(Fields!TaxAmt.IsMissing)`

（续表）

领　域	限　制	替　代　方　法
呈现	HTML 呈现不支持某些表格设计格式。例如，用于留出间距和边框的窄列在填充的时候会产生多余的空间	这是 HTML 呈现的一个特点，而不应视为一种缺陷。随着产品不断更新，HTML 呈现功能也在持续调整和改进。请通过 Microsoft Connect 网站(connect.microsoft.com)向 SSRS 产品开发团队提供此方面的反馈 如果报表需要更为准确的容错功能，用户应该使用更为适合打印的呈现格式，例如 PDF 格式和 TIFF 格式
	在边框位置使用图像会导致多余的垂直填充和水平填充，导致无法对齐列	大多数呈现格式都没有被设计为在边框位置使用图像。表格单元格中的图像一般都会填满。报表设计与 Web 设计稍有不同，某些技术可能无法正常工作。当使用图像边框时，必须对报表使用的所有常用呈现格式进行测试
	与 Access 不同，报表不支持事件。希望能够对页面、行、分组和报表项的值进行计数	Reporting Services 支持按需处理的概念，也支持 Report 变量和 Group 变量。这些变量只需要设置一次，并且可以在其作用域内进行检索。通过将这些新的变量类型与某些自定义代码进行组合，就可以重新创建这些计数值
操作	在一个交互式报表中，如果发生多次"发送"，那么就无法跟踪代码变量。当用户与报表进行交互时，需要跟踪代码所修改的值	可以使用报表参数，并且可以设置交互项的操作，将参数"发送"给同一个报表，这样就可以传递参数集中发生了变化的值。尽管有些繁琐，但在不同报表操作之间保留非默认参数值"状态"的最佳方式，是将每个参数的目标值设为引用同一参数的表达式
Excel 呈现	导出的报表不输出公式，而是输出每个单元格的静态值，包括分组总计	根据你的需求和 Excel 受众的复杂性，在此提供了一些选项。请阅读相关建议以了解备选方法。一个简单的事实是：导出报表输出的是表达式结果值，而不是实际的表达式公式
	Excel 列和单元格没有完全对齐，且一些单元格在最终的工作簿中合并	为将整个报表输出到工作簿，Excel 呈现扩展必须创建列来包含每个报表项和数据区。彼此靠近但不在同一水平空间的多个项将产生多个小型列 在报表设计中，请确保每个报表项和 tablix 列对齐，使它们位于同一个列空间内。使用表作为容器，并避免使用子报表和未包含的文本框 没有将标题项置于报表的页眉中，而是使用表头中的单元格并设置表头行在新页面中重复出现。这些设置需要一些技巧，在如下帖子中有所介绍：http://www.sqlchick.com/entries 2011/8/20/repeating-column-headers-on-every-page-in-ssrs-doesnt-work-o.html
	我们想要通过 SSRS 使用 Excel 数据透视表的所有功能和高级格式化，并且避开 Excel 呈现扩展施加的诸多限制	使用报表工具栏上的 Atom Feed 功能。该功能根据已发布的 SSRS 报表生成实时馈送，这些馈送可通过 Power Pivot 在 Excel 工作簿中使用。借助这种方式，就可使用报表中定义的数据集和参数，将已发布的报表视为 Excel 的数据源 如下帖子演示了此功能：https://sqlserverbiblog.wordpress.com/2015/05/04/howto-get-reports-in-excel-without- exporting-fromreporting-services/
	我们想要将报表内容划分为多个独立的工作簿	在表格的开始或结束位置以及其他数据区创建分页符。使用分组或数据区的 Page Name 属性命名得到的工作簿

14.2 报表要点：基于基本技巧构建报表

2010 年，Microsoft 的 Robert Bruckner 与我一起合著了 *SQL Server Reporting Services Recipes* 一书(Wrox)。我们邀请多位专家级同事为本书添砖加瓦，并在书中展示了解决诸多常见业务问题的报表设计模式和技巧。我们演示了如何以创造性方式使用 SSRS 设计独特的报表解决方案。通过使用 Reporting Services 开发的游戏和谜题，我们重点介绍了各种设计方法。在目前的产品版本中，许多技巧仍然可发挥作用。

一个要点是一个设计模式，这个设计模式以创建一个简单报表所需的设计组件和基本技巧为基础。下面很多示例都来为客户创建的解决方案，这些示例展示了某些经验和最佳实践，而这些经验和最佳实践都来自多年的领域经验。为了实现这些解决方案，需要使用在先前章节中学到的技巧。

为了解释一个完整可用的解决方案，我将一步步完成创建一组报表的过程。每个自包容的报表都可以作为一个报表部件进行发布，可以使用这个报表部件来组装一个仪表板。每一个示例分别解释了如何使用一种不同的技术和设计模式。此练习应用了在前面章节中展示的技术和技能。

> **注意：**
> 为使本书保持简洁，我们不会介绍每个细微的步骤。因此，除非你根据本书下载文件中提供的完整练习示例，对所有相关属性进行修改，否则某些样式化详情可能与你所看到的不完全相同。

在开始讨论之前，我想要设置一些期望值。仪表板报表设计是一个非常详细且反复执行的过程，如果在第一次尝试时就可使所有功能正常运转，那么值得表扬(我就没做到)。实际上，此过程需要最富经验的报表设计人员花费相当多的时间进行试错设计和反复调试。优秀的报表设计人员总是具备耐性且坚持不懈。

在下面的说明中，需要大量的篇幅才能描述此完整报表练习中使用的每个属性，因此我们仅包括必要的步骤。在每一节的末尾，请将你的工作与 Internet Sales KPI Dashboard 报表的完整副本进行比较，然后进行调整。当然，你始终可以选择在按照说明逐步执行操作时审查完成的示例。

14.2.1 仪表板解决方案的数据源和数据集

此练习的完整仪表板报表如图 14-2 所示。该报表包含如下部分：

- 三个仪表分别显示两个 KPI 指示器的值以及作为对比的目标值。Orders 仪表根据参数化目标衡量总订购数。
- KPI 计分卡按照 Fiscal Year 和 Month 进行分组。其首先显示 Gross Profi t Margin 百分比值，然后是两个指示器，分别显示 KPI 状态和月度趋势，这种趋势是使用在 Analysis Services 多维数据集中执行的计算获得的。
- KPI 计分卡的右侧是分组表，其中显示了日历年份和产品类别。对于每个类别，通过迷你图显示月度销售趋势。每个 Category 标签都是一个下钻操作，其将在表格右侧的折线图中显示迷你图详情。当用户单击某个类别时，图表会刷新，显示对应的详情。
- 仪表板的右上角显示了美国地图。在该地图中，销售订单数排在前列的客户所在地区突出显示。

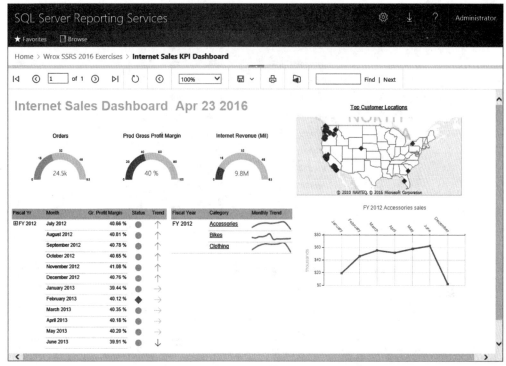

图 14-2　最终的仪表板

在本书的前一版中，当准备此解决方案的早先版本时，我广泛使用了新引入的报表部件功能。但在多个项目中使用报表部件并将其介绍给一些客户之后，我决定不再推介该功能。报表部件的本意是作为一种自助报表设计功能，让 Report Builder 用户能够根据发布到报表服务器上的完整报表的一部分来设计全新报表。这并不是说报表部件没有按设计发挥作用；实际上，它们表现良好。我在此揭示的问题是，已掌握 Report Builder 的大多数 Reporting Services 用户完全能够设计自己的报表，并且在许多情况下，节省下来的工作量并不能补偿从头生成报表所带来的灵活性。

14.2.2　KPI 记分卡

在业务团体中，记分卡是用来显示度量和关键性能指标状态的标准。典型的记分卡就是一个带有可选行组的表格报表，并且提供了下钻功能，可以帮助用户进一步发现更多的细节。

我们的记分卡报表可以显示产品的财政年度毛利润总和，还可以显示选定产品分类在财政年度中各月的毛利润总和。图 14-3 显示了最终生成的报表，在这个报表中，第一个财政年度分组是展开的，可以看到每个月份的详情。Gross Profit Margin KPI 的计算和业务逻辑都被封装在多维数据集中。这个报表的功能是简要地展示这些值。

我们首先用 Analysis Services 中的 Adventure Works Multidimensional 数据库作为共享数据源：

(1) 在 SSDT 中打开 Wrox SSRS 2016 Exercises 项目。

(2) 创建名为 Internet Sales KPI Dashboard 的新报表。

(3) 在报表中添加一个数据源，其使用 AdventureWorksSSAS 共享数据源。

(4) 基于此数据源创建名为 FiscalInternetSales 的新数据集，并使用图形化的查询生成器设计如图 14-4 所示的查询。

Fiscal Yr	Month	Gr. Profit Margin	Status	Trend
FY 2012	July 2012	19.31 %	●	⬆
	August 2012	20.58 %	●	⬆
	September 2012	19.32 %	●	⬆
	October 2012	19.04 %	●	⬆
	November 2012	20.08 %	●	⬆
	December 2012	8.24 %	◆	⬇
	January 2013	13.58 %	▲	↘
	February 2013	15.18 %	▲	↘
	March 2013	21.87 %	●	➡
	April 2013	20.40 %	▲	➡
	May 2013	21.35 %	●	➡
	June 2013	26.01 %	●	➡

图 14-3　最终计分卡报表

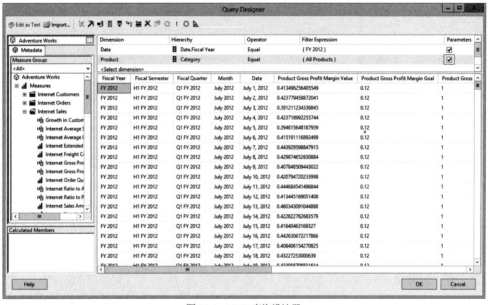

图 14-4　MDX 查询设计器

(5) 展开 Date 维度和 Fiscal 文件夹，然后将 Fiscal 层次结构拖放到数据网格中。

(6) 展开 KPI，然后将 Product Gross Profit Margin 这个 KPI 拖放到网格最右方的列中。该操作将添加 Value、Goal、Status 和 Trend 等列。

(7) 将 Internet Revenue KPI 拖动到数据网格中。

(8) 展开 Measures，然后展开 Internet Sales 量度组，接下来将 Internet Order Quantity 量度添加到数据网格的右侧。

(9) 将 Date.Fiscal Year 层次结构添加到数据网格上方的 Filter 窗格中。

(10) 向下拖动 Filter Expression 列表框，选择 FY 2012，然后单击 OK 按钮。

(11) 在 Filter 窗格中，滚动到右侧并选中 Parameters 列中的复选框。

(12) 在 Product 维度中，将 Category 属性层次结构拖动到 Filter 窗格，设置 Filter Expression 以包括所有四种叶级成员(Accessories、Bikes、Clothing 和 Components)，然后选中 Parameters 复选框。

(13) 关闭 Query Designer 和 Dataset Properties 对话框。

(14) 在报表体中添加一个新的表格数据区，以便完成以下步骤。图 14-5 显示了最终报表中的表格分组，这样可以看出我打算在哪里使用此项内容。

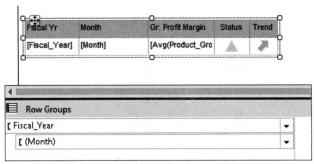

图 14-5　在报表设计器中完成的计分卡表格

(15) 针对选中的表格，将 Fiscal Year 字段从 Report Data 窗格拖放到详情分组上方的 Row Groups 窗格中。

(16) 编辑详情分组，添加一个分组表达式，然后选中 Month 字段。

(17) 将 Gross Profit Margin Value、Status 和 Trend 等字段拖放到单独的详情列中。

(18) 修改所有这些单元格的表达式，将 SUM 函数修改为 AVG 函数。图 14-6 显示了报表在这个步骤中的设计视图。

Fiscal Yr	Month	Gr. Profit Margin	Status	Trend
[Fiscal_Year]	[Month]	[Avg(Product_Gro	[Avg(Pr	[Sum(

图 14-6　采用 AVG 表达式的计分卡

(19) 在工具箱中，将一个指示器(Indicator)拖放到表格详情行中的 Status 单元格中。此时将打开 Select Indicator Type 对话框，如图 14-7 所示。

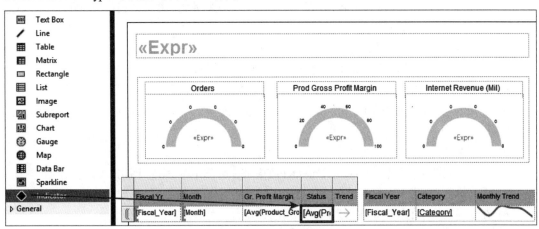

图 14-7　向表格中添加指示器

(20) 选中一个适当的 3 状态 KPI 指示器。我比较喜欢红、黄和绿状态指示器，这三种颜色分别表示为菱形、三角形和圆形。

(21) 单击 OK 按钮关闭此对话框。显示在图 14-8 中的那些图标分别对应状态字段值-1、0 和 1。

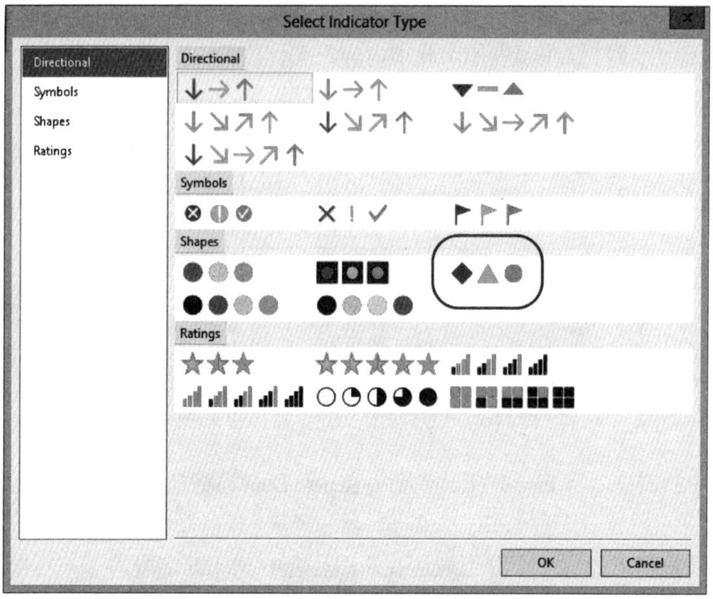

图 14-8　Select Indicator Type 对话框

(22) 将另一个指示器拖放到 Trend 详情单元格中，然后选中一个 5 状态趋势方向箭头集。显示在图 14-8 中的图标分别对应趋势状态值-2、-1、0、1 和 2。

(23) 配置 Details 分组，以便隐藏和切换可视内容。使用 Fiscal_Year 文本框作为切换项。

如果不了解如何创建一个下钻表格，请参考 6.3.3 节的内容。

14.2.3　仪表

我们将三个仪表作为计分卡表绑定到同一个数据集。仪表本身的属性非常简单，而我们将重点练习更加复杂的元素，因此将从完整的示例中复制和粘贴这些元素。在此之前，快速介绍一下 SQL Server 2016 中更新的仪表选项：

(1) 将工具箱中的仪表拖放到报表体的空白区域。这会打开 Select Gauge Type 对话框，如图 14-9 所示。如果使用过之前版本的 SSRS，你会注意到出现了一些新的现代外观仪表。这些实际上是从 SQL Server 2008 R2 以来一直存在的仪表，但是它们的默认属性设置为具有简单的扁平化外观。

(2) 选择列表中的最后一个线性仪表。这会在报表上放置一个靶心图仪表，且该仪表具有现代化的外观。

(3) 删除新增的仪表。

(4) 在设计视图中打开名为 Internet Sales KPI Dashboard (ch14)的完整示例报表。

(5) 选择标题文本框和包含三个仪表的矩形区域，然后使用 Ctrl+C 快捷键将其复制到剪切板。

(6) 在新报表体中的相同位置，为这些项留出必要的空间。

(7) 使用 Ctrl+V 快捷键粘贴复制的报表项，然后重新定位这些项，使其适合新报表。

(8) 预览报表，确保其正确执行。根据需要修正错误，并使用完整的报表进行比较。

(9) 返回设计视图。

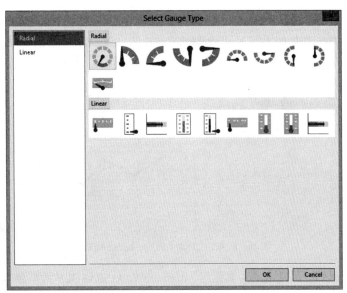

图 14-9 Select Gauge Type 对话框

(10) 单击第一个仪表以显示 Gauge Data 窗口。这些仪表包含为实现正确工作而必不可少的两个元素：Scale 和 Pointer。Scale 包含一个 MaximumValue 属性，该属性定义一个或多个指针以及可选标记的值的范围。

(11) 单击位于灰色环状区域外部的数字标尺。此时，Properties 窗口应显示 RadialScale1。

(12) 滚动到顶部并注意查看 (MaximumValue) 属性表达式。对于此仪表，使用名为 InternetOrdersGoal 的仪表设置最大标尺值。

> **注意：**
> InterntOrdersGoal 仅作为报表参数添加进来。与查询设计器中定义的查询参数不同，从 Report Data 窗格的 Parameters 节点中创建此报表参数。

(13) 单击 Gauge Data 窗口中的 RadialPointer1 项。注意 Value 表达式：

```
=Sum(Fields!Internet_Order_Quantity.Value)
```

(14) 查找并检查 FillColor 表达式。该表达式使用 SWITCH 函数更改指针填充色，借此指明相对于订单目标值的订单数量状态：

```
=SWITCH(Sum(Fields!Internet_Order_Quantity.Value, "FiscalInternetSales")
    /Parameters!InternetOrdersGoal.Value < .4, "Red",
    Sum(Fields!Internet_Order_Quantity.Value, "FiscalInternetSales")
    /Parameters!InternetOrdersGoal.Value >= .75, "Teal",
    True, "Orange")
```

探究其他两个仪表的上述属性。这两个仪表以类似的方式应用 KPI 值和目标元素，借此设置指针值和标尺最大值属性。

14.2.4 交互式迷你图和图表

这种报表包含一个分组的表格，在该表格中包含一个嵌入的迷你图。这种报表同时还包含一个单独的折线图。如果一行展示了某一年产品分类销售的汇总，那么用户就可以在图表中单击这个迷你图或行标记，以便在图表中查看同一批数据的详细视图。图 14-10 显示了最终完成的报表在设计视图中的效果。

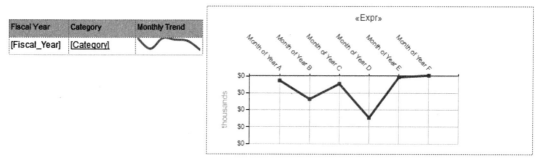

图 14-10　报表设计器中的迷你图表格和图表

(1) 向报表中添加另一个数据集，其使用 AdventureWorksSSAS 共享数据源。将此数据集命名为 FiscalYearSales。

(2) 使用查询设计器创建如图 14-11 所示的查询。

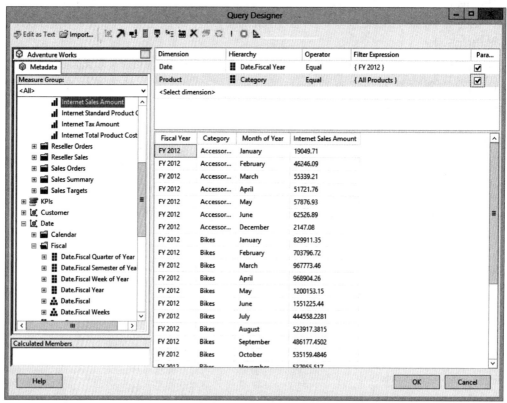

图 14-11　MDX 查询设计器

为了方便引用，生成的 MDX 查询应该与下面给出的脚本类似(为了提高可读性，在脚本中添加了分行和缩进)。如果你愿意，那么还可以将查询设计器切换到文本模式，然后输入以下脚本：

```
SELECT
NON EMPTY { [Measures].[Internet Sales Amount] } ON COLUMNS,
NON EMPTY
{
  (
    [Date].[Fiscal Year].[Fiscal Year].ALLMEMBERS
  * [Product].[Category].[Category].ALLMEMBERS
  * [Date].[Month of Year].[Month of Year].ALLMEMBERS )
} DIMENSION PROPERTIES MEMBER_CAPTION, MEMBER_UNIQUE_NAME ON ROWS
FROM
  ( SELECT
  ( STRTOSET(@ProductCategory, CONSTRAINED) ) ON COLUMNS
    FROM ( SELECT ( STRTOSET(@DateFiscalYear, CONSTRAINED) )
  ON COLUMNS
   FROM [Adventure Works]
  )
)
CELL
  PROPERTIES VALUE, BACK_COLOR, FORE_COLOR, FORMATTED_VALUE,
  FORMAT_STRING, FONT_NAME, FONT_SIZE, FONT_FLAGS
```

(3) 完成后关闭 Dataset Properties 对话框。

(4) 添加两个报表参数，这两个参数分别是 ChartCalendarYear 和 ChartCategory。可以使用参数的默认属性和设置。但是必须在 General 页面中为每一个参数选中 Allow null value 复选框，如图 14-12 所示。

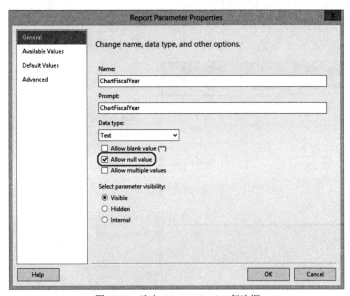

图 14-12　选中 Allow null value 复选框

(5) 在报表中计分卡表的右侧添加一个表格。

(6) 单击新表格，在报表设计器的底部显示分组窗格。

(7) 拖放数据集中的 Fiscal Year 字段以创建行组。

(8) 在 Report Data 窗格中，拖放数据集中的 Category 字段，在之前分组的后面创建一个行组。

(9) 在 Row Groups 列表中，右击(Details)组并删除该组。

(10) 根据提示选择相关选项，仅删除该组，而不删除相关的行和列。

(11) 将迷你图拖放到空白的表格详情单元格中。

(12) 根据提示，选择平滑线类型迷你图(如图 14-13 所示)，然后单击 OK 按钮。

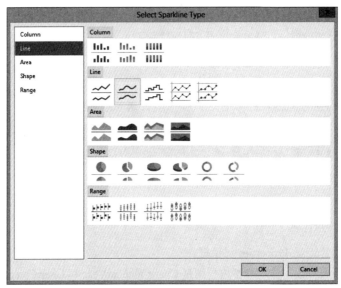

图 14-13　Select Sparkline Type 对话框

(13) 单击迷你图以显示 Chart Data 窗格。

(14) 添加 Internet_Sales_Amount，定义迷你图的序列值。

(15) 添加 Month_of_Year 字段，定义类别组，如图 14-14 所示。

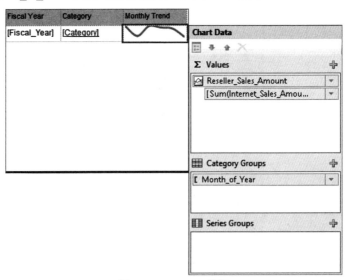

图 14-14　Chart Data 窗格

(16) 编辑类别组表达式，这样，这个表达式可以使用 Key 属性，而无须使用 Month_of_Year 字段的值。为了完成表达式修改工作，需要使用 Expression Editor。在表达式中删除 Value，然后输入 Key 或从属性列表中选择 Key。关闭 Expression Editor，保存修改结果。

Category Group Properties 对话框看起来应该与图 14-15 中所示内容类似。

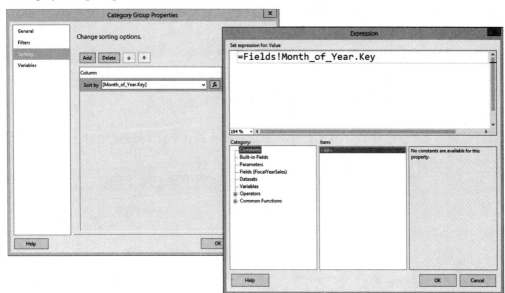

图 14-15　类别组表达式

下面需要使用一个图表来显示同一批数据值，这样在选中迷你图之后，就可以显示出数据详情。

(17) 在表格旁边添加一个折线图。

(18) 使用同一个类别组和序列值生成迷你图。

(19) 根据个人喜好对图表进行格式化。

(20) 编辑图表属性，添加两个筛选器表达式，如图 14-16 所示。对图表进行筛选后，仅显示那些匹配 ChartCalendarYear 参数和 ChartCategory 参数的记录。

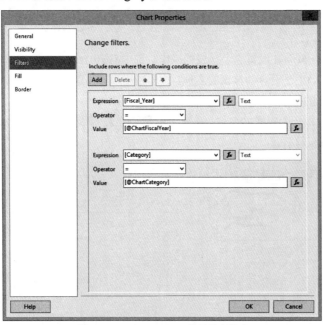

图 14-16　Chart Properties 筛选器表达式

(21) 针对每一个筛选器表达式，使用 Expression 下拉列表来选择字段。然后，使用 Value 框右方的表达式生成器按钮打开表达式编辑器，使用适当的参数生成一个表达式。关闭所有 Value 表达式的编辑器，保存表达式。

执行以下操作，创建用来传递参数和筛选图表的报表操作：

(22) 使用蓝色文本和下画线设置 Category 文本框的样式，使其类似超链接。这仅仅为了让用户知道此文本框是可单击的链接。

(23) 右击迷你图左侧的 Category 文本框。

(24) 从弹出菜单中选择 Text Box Properties…，显示 Text Box Properties 对话框，如图 14-17 所示。

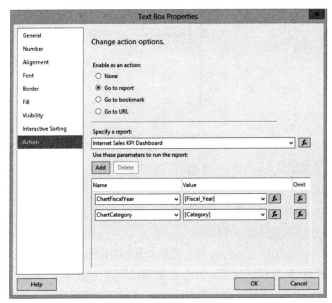

图 14-17　Text Box Properties 对话框的 Actions 页面

(25) 使用 Actions 页面来设置一个报表的操作。选中 Go to report 单选按钮。

(26) 选择(或输入)正在设计的报表的名称。这样当用户单击这个项的时候，会执行同一个报表。

(27) 为报表操作的参数列表添加两个项。

(28) 选择或输入每一个参数的名称。参数名称是区分大小写的，为每一个参数选中对应这个参数的字段，如图 14-18 所示。

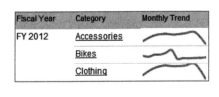

图 14-18　预览迷你图表格和图表

(29) 测试以确保钻取操作能够按照预期进行工作。将鼠标光标悬停在序列线上方，直到光标变为超链接指针。单击序列线时，报表应该重新呈现并显示一个图表，这个图表中的数据与迷你图一致。

> **提示：**
> 对同一报表使用下钻操作时，如果可以将报表名称替换为一个表达式，该表达式使用 ReportName 内置字段=Globals!ReportName，那么即使报表名称改变，该操作也仍可继续发挥作用。

(30) 单击迷你图的链接，或者单击所需查看的年份和类别文本。

> **提示：**
> 当鼠标光标悬停在迷你图或 Category 文本上方时，光标将变为超链接指针。我总是告诉学生，Web 浏览器只要能工作，就会显示手形光标。

报表应该重新呈现，并显示筛选后的图表。筛选后的图表应该显示出与迷你图一样的趋势，同时为新增加的轴提供细节信息。如果单击一个不同的行，那么应该看到不同的图表趋势线。

(31) 将你的报表与 Internet Sales KPI Dashboard 报表的完整版本进行比较。比较到目前为止添加的元素的属性和行为，并执行任何必要的调整。

14.2.5　具有导航和缩放功能的地图

Map 报表项可以显示地理和空间数据。地图可以从外部文件(如 TIGER/LINE 或 ESRI 标准格式)获取数据，也可以从保存在 SQL Server 数据库中的空间结构或点对象获取数据，还可以从用于计算或导出地理空间对象的 SQL Server 函数获取数据，甚至可以从外部源(如 Bing Maps Web 服务)获取数据。通过使用来自上述数据源的数据和元数据，可以组装地图。

> **警告：**
> Map 是 Reporting Services 指令集合中到目前为止最复杂的报表项。在设计地图时，我通常发现有必要多次遍历 Properties 窗口，才可以使整个地图正常运转。建议常备一个可正常运转的地图，将其作为未来地图报表的参考指南。

下面的示例将一个 Map 报表项添加到仪表板中，这个地图报表包含以下元素：
- 一个多边形层中内部的地理边界
- 使用分组聚集值染色的地理多边形对象
- 以 SQL Server 地理点保存的位置
- 一个显示了来自 Bing Map 图像的图块层

> **注意：**
> 为了在这个报表中使用 Bing Map 层，必须连接到互联网。如果未连接，也没有问题，但地图将在后台显示错误，直至连接上互联网。

(1) 向报表中添加一个数据源，其使用 WroxSSRS2016 共享数据源。

(2) 使用如下查询，在名为 CustomerAddresses 的报表中创建一个数据集。

> **提示:**
>
> 为节省时间，可从练习项目的完整示例报表中复制如下查询脚本:
>
> ```sql
> WITH CustOrderTotal
> AS
> (
>     SELECT CustomerID,
>     SUM(SubTotal) AS OrderTotal
>     FROM OrderDetails
>     GROUP BY CustomerID
> )
> SELECT  TOP( @TopCustomers )
>     AccountNumber,
>     CustomerName,
>     Title,
>     PersonType,
>     AddressLine1,
>     City,
>     StateProvinceCode,
>     PostalCode,
>     CountryRegionCode,
>     AddressType,
>     SpatialLocation,
>     o.OrderTotal
> FROM
>     CustomerLocations c
>     INNER JOIN CustOrderTotal o ON c.CustomerID = o.CustomerID
> WHERE       (@CountryRegionCode IS NULL) OR
>                     (CountryRegionCode IN (@CountryRegionCode))
> ORDER BY o.OrderTotal DESC
> ;
> ```

(3) 执行查询。系统会提示输入 TopCustomers 和 CountryRegionCode 参数的值。

(4) 输入 TopCustomers 参数的值为 1000、CountryRegionCode 参数的值为 US。

(5) 修改两个新报表参数。使用前一步中的值设置默认值。

(6) 在报表体的右上角区域添加一个 Map 报表项。这会打开 New Map Layer 对话框，其中提示输入初始属性。你将使用设计器和 Properties 窗口构建大多数此类报表。

地图库是一组随 Report Services 一同安装的报表文件，同时还提供了美国地图和其他地理区域文件。如果需要获取其他地理数据，那么还可以从多种不同的联机资源和免费服务那里获取其他地图形状文件。

(8) 使用 USA by State 地图库选择项，如图 14-19 所示，然后单击 Next 按钮。

(9) 在第二个页面中，选中 Crop map as shown above，重新定位并缩放地图以显示美国本土。

(10) 选中相应复选框以添加 Bing Maps 层。

(11) 单击 Next 按钮。

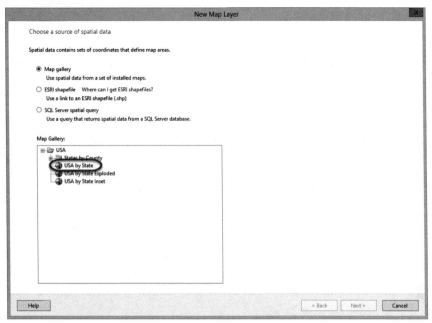

图 14-19 从地图库中选择地图

(12) 这时将在地图中添加一个图块图层，在用户或报表服务器获得必要的互联网连接后，这个图层可以从 Bing Map 服务获得最新的地图图像(当然，这也取决于是在设计器中查看报表，还是在将报表部署到报表服务器之后查看报表)。

(13) 接受默认值，即 Basic Map,，然后单击 Next 按钮。

(14) 选中 Single color map for the theme，然后单击 Finish 按钮，结束向导。

(15) 在报表设计器中，依次单击选中并删除地图上全部三种默认比例尺和图例。

(16) 单击州形状之外的地图部分。这时将选中 Properties 窗口中的 Map Viewport 对象。

(17) 再次单击地图，在视图设计器的右方显示 Map Layers 窗格，如图 14-20 所示。

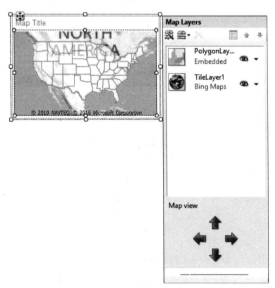

图 14-20 Map Layers 窗格

365

(13) 使用第二个工具栏下拉按钮，添加一个点图层。

这个地图现在包含三个图层：

- 多边形图层是用来显示地理轮廓的，而这些地理轮廓是地图向导从美国地图库文件中导入的。这项内容现在已经被嵌入到报表文件中。
- 报表执行时，图块层显示的位图内容来自 Bing Map Web 服务。
- 点图层是用来在地图上绘制图形的。绘制图形时，使用了保存在数据库中的空间地理坐标。

在 Map Layers 窗格中，为了便于设计，上述每一个图形既可以显示，也可以隐藏。工作时，为了关注一个图层，可以隐藏其他图层，这样就可以很方便地看到工作结果。所有图层设计结束后，可以在部署报表之前打开所有图层。

1. 地理图形着色

一般情况下，多边形图形用于显示地理边界。例如，在我们的示例中，多边形用于显示美国的州界。每个多边形使用的数据都是以键-值对方式出现的。可以使用多种属性对数据绑定值进行可视化显示，多边形的中心点标记可以缩放、着色和加标记以显示相对值或比例值。还可以为每个州添加背景色来显示这个州的客户相对数量。

(1) 在 Map Layers 窗格中选中多边形图层。确保选中了多边形图层，为此可以查看 Properties 窗口中的标题。

(2) 在 Properties 窗口中，在 DatasetName 属性的下拉列表中选中之前创建的数据集。

(3) 选中 Group 属性，然后单击省略号(...)按钮，打开 Group Properties 对话框。

(4) 添加一个组表达式，然后选中 StateProvinceCode 字段。关闭 Group Properties 对话框，接受所做的修改。

(5) 选中 BindingFieldPairs 属性，单击省略号(...)按钮打开 MapBindingFieldPair 集合编辑器，如图 14-21 所示。

图 14-21　MapBindingFieldPair 集合编辑器

(6) 添加一个绑定字段集合成员。

(7) 针对 FieldName 属性，选中 STATENAME 多边形标识符。

(8) 针对 BindingExpression 属性，选中 StateProvinceCode 数据集字段。

(9) 将选择结果与图 14-21 中显示的结果进行比较，然后关闭对话框，接受修改。

2. 添加空间点标记

使用点标记时，可以采用许多非常富有创意的功能，将多种属性组织为不同的分组。然而，合理选择属性可能并不是非常直观，可能要在有机会使用这些功能一段时间后，才能知道应该如何选择适当的属性。否则将很容易迷失在不同的功能中，导致花费大量时间不断尝试设计，然后还要摒弃错误的设计，为了找到合适的设置而花费很多时间。

> **注意：**
> 示例数据库中的 CustomerLocation 表将客户位置存储为 SQL Server 空间点数据类型。地图将使用此值，在点图层中为每个客户位置绘制一个标记。

如果希望将所有的点标记设置为拥有一致的形状、大小和颜色，那么就需要使用 PointTemplate 分组中的属性。如果需要根据其他的值来修改形状、大小和颜色，那么就可以使用 PointRules 分组中每个子分组中的对应属性。其中，使用 ColorRule 可以应用颜色范围，保存或定制颜色调色板；使用 MarkerRule 可以修改点标记的形状(包括使用自定义的图形和图标)，使用 SizeRule 可以根据数据值改变点的大小。默认情况下，这些属性都是禁用的，在本练习中，可以不管这些属性。

(1) 返回到设计视图，选中一个地图，按照以前的做法，查看 Map Data 窗口。

(2) 选中点图层，查看 Properties 窗口。

(3) 使用下拉列表，将 DataSetName 属性设置为先前创建的数据集名称。

(4) 展开 SpatialData 分组，将(Type)设置为 Dataset，然后选中先前从 DataSetName 属性下拉列表中创建的 CustomerAddresses 数据集。

(5) 针对 SpatialField 属性，选中 SpatialLocation 字段。在数据库中，这个字段包含一个地理空间点要素值，地图视图窗口可以用这个字段保存的值在地图上绘制一个点。

(6) 选中 FieldBindingPairs 属性，单击省略号，打开 MapBindingFieldPair 集合编辑器。

(7) 如果在 Members 列表中存在一个绑定的键-值对成员，那么就编辑这个成员，否则单击 Add 按钮。

(8) 将 FieldName 属性设置为 AccountNumber。

(9) 针对 BindingExpression 属性，使用下拉列表，选中= Fields!AccuntNumber.Value。

(10) 关闭编辑器对话框。

(11) 展开 PointRules 属性分组。

(12) 展开 ColorRule 分组。

(13) 将(Enabled)设置为 True。

(14) 将(Type)设置为 Custom。

(15) 使用(CustomColors)集合，添加一种颜色。单击省略号，将 Lime 颜色添加到 MapColor 集合中。

(14) 展开 MarkerRule 分组，选中 Markers 集合属性。

(17) 启用 MarkerRule。

(18) 单击省略号，打开 Marker Collection 对话框。

(19) 删除所有的默认点形状，但是在集合中留下菱形。然后关闭对话框，接受修改。

(20) 使用 PointTemplate 属性分组，将点标记的 Size 设置为 8pt。

(21) 选中 ToolTip 属性，然后使用 Expression Builder，对一组字段进行联结(concatenate)，联结结果显示在每个点标记的工具提示信息中，这样就可以显示客户所在的位置。例如，可以添加以下表达式：

```
=Fields!CustomerName.Value & vbCrLf
& vbCrLf & Fields!AddressLine1.Value
& vbCrLf & Fields!City.Value & ", " & Fields!StateProvinceCode.Value
```

还可以使用多个属性来调整视觉显示效果，这个过程需要花费大量时间。一旦获得一个能够工作的基本地图报表，就可以返回设计器，并使用上述属性进行试验。

(22) 预览报表。可以看到一个能够执行的地图报表，在这个版本中，每个州都用不同的颜色进行标记，其中灰绿色的菱形标记显示了前 1000 名客户所在的位置。

> **注意：**
> 映射许多数据点可能非常耗时，因此请尽可能保守映射。在我的系统上，要花费大约 7 秒时间来绘制前 1000 名客户的位置，而要用超过 1 分钟的时间来绘制所有 18000 名客户的位置。

输入较大的 TopCustomers 参数值将在地图上显示更多的客户位置，但这将花费更多时间进行呈现。

> **注意：**
> 前面提及，由于 Map 报表项错综复杂，在第一轮设计中经常会缺失某个步骤或属性设置。如果你遇到任何问题，可使用完成的示例报表进行比较。
> 我在名为 Customer US Map 的独立报表中提供了此地图的较大规模版本。在完成的 Internet Sales KPI Dashboard 报表中，单击缩略报表的标题会调用一个报表操作，即导航到较大的地图报表。

14.3　小结

恭喜，我们刚刚已完成对高级报表设计解决方案模式的扩展学习。为了满足业务上的直接需求，可能并不需要在专业报表中使用所有这些设计方法。然而，你会发现某些应用程序使用了相同或类似的技术。

我们首先在一个较高层次上讨论报表解决方案的需求收集，通过讨论，我们知道只有当能够清楚地定义一个需求的作用域和目的时，报表设计解决方案才算是一个成功的解决方案。只有根据业务用户给出的详细书面规范，才能设计出最好的报表。我们设计了一个分阶段的报表解决方案，这个解决方案包含计划、设计、实现、测试和验证等阶段。对于高级报表来说，在将其迁移到生产服务器上以支持全部业务之前，应该部署到一台测试服务器上进行检查和测试。

本章提供了一些有价值的工具，利用这些工具，可以为业务和用户创建合理的解决方案。可以下载并使用本书给出的示例，练习使用这些技术。然后利用这些技术，结合高级报表设计技术，解决某些具有一定难度的数据问题。

第 V 部分

Reporting Services 自定义编程

本部分涵盖的两章面向应用程序和解决方案开发人员。这两章将展示如何使用编程代码、Web 服务和 API 将 Reporting Services 整合到自定义应用程序中。第 16 章介绍如何使用自定义数据访问、安全、交付和呈现扩展增强 Reporting Services。

第 15 章：将报表集成到自定义应用程序中

第 16 章：扩展 Reporting Services

将报表集成到自定义应用程序中

本章内容

- 利用 URL 访问和 Web 服务呈现报表
- 构建一个自定义 Windows Forms 应用程序，用于输入参数和呈现报表
- 在 Windows Form 应用程序和 Web Form 应用程序中集成 Report Viewer 控件
- 在自定义 Web 应用程序中将报表呈现为 HTML 格式或其他可下载格式，如 PDF 格式
- 为 Reporting Services 创建自定义参数输入界面

本章相对于此书前一版来说改动不大，这是因为在 SQL Server 2016 中，Reporting Services 的应用程序集成功能没有重大变化。

Reporting Services 被设计为一种灵活的报表工具，可以很方便地集成到多种环境中。尽管对于许多报表来说，使用 Reporting Services 提供的现成功能已经足够，但是当 Reporting Services 无法满足编写报表的需求时，Reporting Services 还提供了将自定义的应用程序集成到自身内部的能力。这个特点与 SharePoint 是一样的。

在一个 SharePoint 门户中，Reporting Services 可以利用框架，通过 Report Libraries 来传递报表。然而，许多机构都维护着一个自定义的公司报表门户，而没有使用 SharePoint。在这些场合下，开发人员可能需要找到一种方法，在一个 Web 环境中显示大量的报表。Reporting Services 可以嵌入到业务(line-of-business)应用程序中。开发人员可能希望使用 Reporting Services 直接在自己的应用程序中创建票据或采购订单。某些机构可能会认为：默认的 Web 门户不够可靠，无法满足需要。在这种情况下，就必须构建一个自定义的报表管理应用程序，以便替代和扩展自带的 Web 门户的相关功能。

所有这些问题都可以使用 Reporting Services 提供的功能解决。本章研究以下三种使用 Reporting Services 呈现报表的方法：

- 使用 URL，通过 HTTP 访问报表
- 使用 Reporting Services Web 服务，以编程方式呈现报表
- 使用 ReportViewer 控件来嵌入报表

URL 访问可以帮助你迅速将 Reporting Services 报表集成到 Web 网站或门户等自定义应用程序

中，甚至可以集成到 Windows 应用程序中。以编程方式呈现报表可以帮助你创建自定义的界面。开发人员不仅可以以 Reporting Services 为基础，创建自己的参数输入界面，而且可以实现自己的安全架构。本章的代码示例和练习是专门为中等水平或熟练的开发人员设计的，因此不会详细讲解如何在 Visual Studio 中创建和设置项目。

> **注意：**
> 本章包括的编程示例面向具备中等水平.NET 编程技能的开发人员，他们可借助提供的示例报表和数据库重新创建可行的解决方案。与前面章节中的练习不同的是，没有为每个所需完成的任务提供详细的按步骤说明。如果你陷入困惑或需要帮助，请查看完整的示例项目。

本章将学习以下内容：
- 通过 URL 访问 Reporting Services 的语法和结构
- 可以通过 URL 访问的报表项
- 可以传递给 URL 来控制报表输出的参数选项
- 创建一个将报表呈现到文件系统的 Windows 应用程序
- 创建一个 Web 应用程序，这个 Web 应用程序可以向浏览器返回已呈现的报表
- 利用控件，可以很方便地在一个 Windows 应用程序中嵌入报表

15.1　URL 访问

Reporting Services 访问报表的主要手段是通过 HTTP 请求。这些请求可以通过 Web 浏览器或自定义应用程序中的 URL 发出。通过在 URL 中传递参数，不仅可以指定报表项、设置输出格式，还可以执行其他多种任务。下面几节将学习一些可以通过 URL 请求完成的功能、URL 语法、传递参数以及如何设置输出格式。

15.1.1　URL 语法

基本 URL 语法如下：

```
protocol://server/virtualroot?[/pathinfo]&prefix:param=value
[&prefix:param=value]...n]
```

语法中的参数内容解释如下：
- protocol 用于指定 URL 协议，如 HTTP 协议或 HTTPS 协议(如果报表服务器使用了一个 SSL 证书的话)。
- server 用于指定打算访问的 Report Server 的名称。这个参数还可以包含一个完整的域名。要想访问本地计算机，既可以输入计算机名称，也可以使用 localhost 别名。
- virtualroot 指定在安装过程中由你指定的 IIS 虚拟目录。在安装 Reporting Services 的过程中，必须输入两个虚拟目录：一个用于 Web 门户；另一个是 Report Server 的虚拟目录(针对 URL 和 Web 服务)。默认情况下，需要访问的虚拟目录是 reportserver。
- pathinfo 指定打算在 Report Server 数据库中访问的项的完整路径。要想访问 Report Server 的根，只需要在路径前添加一个 "/" 符号即可。

列出路径后，可以传递不同参数。这些参数取决于所引用的对象类型。报表可以使用许多参数来指定诸如呈现格式等多种不同的属性。每个参数都要用一个连字符(&)进行分割，而且针对每个参数都包含一个 name=value 对。

可以使用以下 URL 从 Professional SQL Reporting Services 文件夹检索各个项的列表：

```
http://localhost/reportserver?/Wrox SSRS 2016 Samples&rs:Command=ListChildren
```

> **注意:**
> 本章给出的某些示例需要用两行代码来显示，因为这些示例内容比较长，无法在一行代码中显示。

熟悉了基本的 URL 语法后，我们再来看看在每一个 Reporting Services 对象中，URL 语法是如何实现的。

15.1.2　访问 Reporting Services 对象

URL 请求不仅限于报表，还可以用来访问不同的 Reporting Services 项，包括：

● 文件夹
● 数据源
● 资源(如图像)
● 报表

下面介绍如何访问这些项。你可以研究示例 URL，并仔细观察本书提供的示例数据库和报表中介绍的项。

1. 文件夹

访问文件夹是学习 URL 请求的起点。下面给出了一个最简单的 URL 请求：

```
http://localhost/reports
```

该 URL 会被重定向到 Web 门户中的收藏夹页面。使用这个请求，可以看到报表服务器中的全部报表、数据源、资源以及报表服务器根目录下文件夹的清单，如图 15-1 所示。要想访问另一台服务器，只需要将 localhost 替换为该服务器的名称即可。

为了观察文件夹 URL 请求是如何工作的，只需要输入报表服务器的 URL 即可：

```
http://localhost/reportserver
```

此时将显示驻留在报表服务器上的目录清单。单击 Sample Reports 链接，可以得到以下 URL，如图 15-2 所示：

```
http://localhost/ReportServer?/Wrox SSRS 2016 Samples&rs:Command=ListChildren
```

这个 URL 包含以下项：

● **报表路径**——/Wrox SSRS 2016 Samples(浏览器相应地对 URL 进行了转义处理)
● **列出目录内容的命令**——rs:Command=ListChildren

后面的 15.1.3 节"Reporting Services URL 参数"将详细介绍 URL 参数。

图 15-1　Web 门户的收藏夹页面

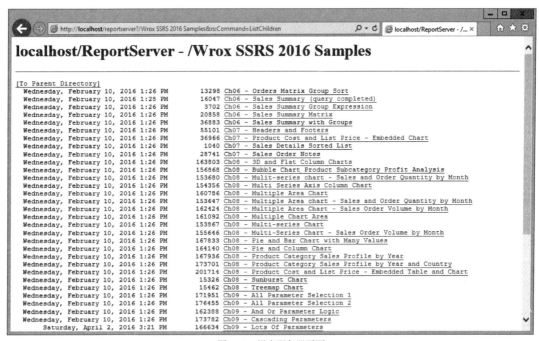

图 15-2　报表服务器页面

2. 数据源

通过 URL 请求还可以查看数据源的内容。我们来看看 Sample Reports 文件夹中的 Data Sources 文件夹。为此，既可以在父文件夹中单击 Data Sources 文件夹，也可以直接输入以下 URL：

```
http://localhost/reportserver?/Data Sources&rs:Command=ListChildren
```

此时可以看到如图 15-3 所示的列表项。

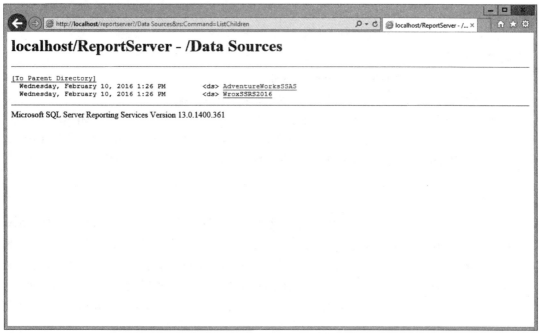

图 15-3　Data Source 文件夹

如果已经部署了示例报表，那么将可以看到列出的内容包括了 WroxSSRS2016 数据源。根据这个项的名称旁边的<ds>标记，可以知道，这是一个数据源。单击 WroxSSRS2016 链接还可以查看该数据源的内容，如图 15-4 所示。

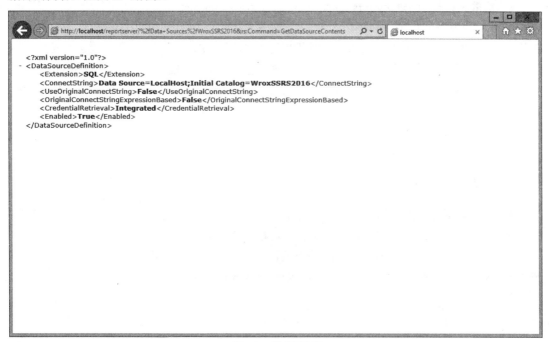

图 15-4　数据源内容

使用下面给出的 URL，可以查看 WroxSSRS2016 数据源：

```
http://localhost/reportserver?/Data Sources/
WroxSSRS2016&rs:Command=GetDataSourceContents
```

这个 URL 包含以下项：

- **数据源路径**——Data Sources/ WroxSSRS2016
- **查看数据源内容的命令**——rs:Command=GetDataSourceContents

通过查看数据源，可以迅速理解数据源是如何配置的。注意，这项信息是以 XML 格式返回的，因此很容易使用。如果你自己开发的报表应用程序共享了一个连接，那么就可以使用这个 URL 动态加载这项数据源信息。之后这项信息就可以用于在应用程序中制作其他数据库连接。

3. 资源

资源(Resources)是报表中使用的项，例如被添加到报表服务器文件夹中的图像以及其他附加资源，如 Word 和 Excel 文档。可以使用 URL 来访问存储在报表服务器上的资源。使用资源时，根据所引用的资源类型的不同，既可能会看到打开或保存 Word 或 Excel 文档的提示，也可能会看到直接呈现在浏览器中的资源。可以在 URL 中使用 GetResourceContents 命令来引用资源。例如，如果将一幅图像存储在名为 Images 的目录中，那么就可以使用这个目录的 URL 和 GetResourceContents 命令来引用这个资源：

```
http://localhost/Reportserver?/Images/MyImage.jpg&rs:Command=GetResourceContents
```

该 URL 包含以下内容：

- **资源路径**——/Images/MyImage.jpg
- **检索资源内容的命令**——rs:Command=GetResourceContents

在其他应用程序中同样可以使用这项信息。如果希望从一个网页中引用这幅图像，那么可以通过简单地设置一个图像标记(<img>)的 src 属性来引用先前的 URL。

保存文档时，资源是一种非常方便的手段。在报表解决方案中可能需要为报表提供 readme 文件。为此，可以将这些文档保存为报表服务器上的资源，然后为它们设置不同的属性，如安全性。应用程序随后可以通过指向资源的 URL 来下载文档。然而请牢记，这些资源都会随报表定义一同被存储在报表服务器数据库中。因此，如果打算保存多个大型文件，那么就必须对存储空间进行认真的计划，也可以使用一台外部服务器来保存这些资源。

4. 报表

报表是可以通过 URL 访问的最重要对象。本节将介绍访问报表的语法。下一节将讨论各种可以传递的参数，这些参数可以修改报表参数、输出格式以及其他的项。

访问报表的基本语法与访问其他所有资源的语法非常相似。首先要指定报表路径，然后提供输出报表的命令。下面给出了访问 Internet Sales KPI Dashboard 报表的基本 URL：

```
http://localhost/ReportServer?/Wrox SSRS 2016 Samples/
Internet Sales KPI Dashboard&rs:Command=Render
```

图 15-5 给出了 Internet Sales Dashboard 报表。

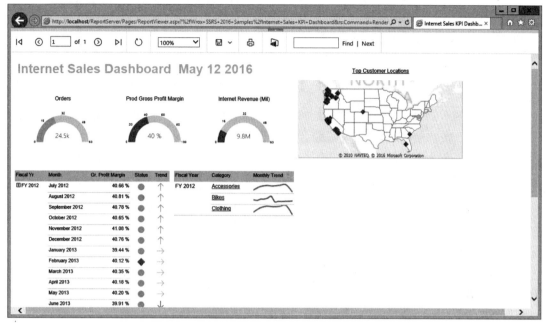

图 15-5　Internet Sales Dashboard 报表

该 URL 包含以下内容：

- **资源路径**——/Wrox SSRS 2016 Samples/Internet Sales KPI Dashboard
- **检索资源内容的命令**——rs:Command=Render

注意，当请求一个报表时，经过重定向，URL 链接会变更为 ReportViewer.aspx 页面。这一点只需要观察图 15-5 中的浏览器地址栏就可以看出。报表服务器将用户带到了一个页面，这个页面包含一个报表查看器，而这个报表查看器是专门为请求的报表而配置的。

为了将 Reporting Services 报表嵌入到自定义应用程序中，使用 URL 是最简单和最方便的方法。要使一个自定义应用程序指向一个所需的报表，既可以创建一个简单的超链接，也可以使用一个 HTML 呈现对象，如 WebBrowser 控件，在一个 Windows 客户端应用程序中呈现报表。在 15.2 节"通过编程进行呈现"中，将专门介绍一个用于查看报表的 Windows Forms 控件。

下面一节将介绍可以通过 URL 传递的参数，包括设置报表参数和输出格式的参数。

15.1.3　Reporting Services URL 参数

现在，我们已经学习了如何通过使用 URL 从报表服务器获取报表项的基本知识。下面几节将介绍如何将参数传递给 Reporting Services，还将介绍这些参数的可用值。参数功能的主要内容是呈现报表，但是某些项也涉及数据源、资源和文件夹。

1. 参数前缀

对于参数而言，必须考虑的首要问题是 Reporting Services 中的不同参数前缀。Reporting Services 具有 5 种主要的参数前缀：rs、rc、rv、dsp、dsu。以下各小节将详细介绍这五种前缀。

1) rs 前缀

在前面的示例中已经提到了参数 rs:Command，该参数就包含了前缀 rs。rs 前缀用于将命令发送给报表服务器。下面的 URL 显示了一个 rs 前缀示例，这个示例使用 rs 前缀调用参数 Command，并将 ListChildren 参数传递给 Command 参数：

```
http://localhost/reportserver?/Wrox SSRS 2016 Samples&rs:Command=ListChildren
```

2) rc 前缀

Reporting Services 的第二个主要参数前缀是 rc。这个前缀可以基于报表的输出格式提供设备信息设置。例如，假如需要以 HTML 格式输出报表，那么就可以控制 HTML 查看器。可以使用 rc 前缀来传递能够用来隐藏工具栏或控制切换项初始状态的参数。下面的 URL 调用了 Employee Sales Summary 报表，并且关闭了参数输入：

```
http://localhost/ReportServer?/Wrox SSRS 2016 Samples/
Internet Sales KPI Dashboard&rs:Command=Render&rc:Parameters=False
```

3) rv 前缀

rv 前缀最早是由 SQL Server 2008 引入的。rv 前缀可以用来向存储在 SharePoint 文档库中的报表传递参数。在这样的文档库中，SharePoint 的 Report Viewer Web 部件可以用来显示一个报表，因此 rv 前缀可以用于这些报表。

4) dsu 前缀和 dsp 前缀

参数前缀还可以用来发送数据库凭据。使用 dsu 前缀可以传递数据源的用户名，使用 dsp 前缀可以传递数据源的密码。在任何一个 Reporting Services 报表中都可以使用多个数据源。因此需要采用一种方法来确定将一个数据源凭据传递给哪一个数据源，这就是这两个前缀的用途。使用这两个前缀的完整语法为：

```
[dsu | dsp]:datasourcename=value
```

例如，为了向数据源 WroxSSRS2016 传递用户名 guest 和密码 guestPass，可以使用以下 URL 参数：

```
&dsu:WroxSSRS2016=guest&dsp:WroxSSRS2016=guestPass
```

必须小心的是，这些凭据都是以明文形式通过 HTTP 提交的。因此可以在 Web 服务器上使用一个安全套接字层(Secure Sockets Layer，SSL)证书对 HTTP 请求(请求中包含了 URL 参数)进行加密，然后通过 HTTPS 传递 URL 请求。这样就可以避免以非加密形式传递凭据，但是这样仍然无法避免终端用户查看传递的凭据。在报表解决方案架构中，必须考虑这些因素。

现在我们已经学习了 Reporting Services 中的不同参数前缀，接下来将继续学习可以与 rv、rs、rc 前缀一起使用的参数。

2. 参数

首先，针对一些在配置为 SharePoint 集成模式的报表服务器上运行的报表，我们看一看对这些报表可以使用哪些 SharePoint 端点参数。本章不打算深入研究 SharePoint 集成，但是需要了解可以与 rv 前缀一同使用的参数。表 15-1 介绍了四种可以使用的参数。

表 15-1　SharePoint 中的 rv URL 参数

表 15-1　SharePoint 中的 rv URL 参数

参　　数	说　　明
Toolbar	修改 SharePoint Report Viewer Web 部件的工具栏显示。默认值 Full 表明要显示整个工具栏。Navigation 值表示仅在工具栏中显示页面导航。None 值则会删除工具栏
HeaderArea	修改 SharePoint Report Viewer Web 部件的头区域。默认值 Full 表明要显示整个头区域。BreadCrumbsOnly 值表示仅在头区域显示线索信息。None 值则会从视图中删除头区域
DocMapAreaWidth	显示 SharePoint Report Viewer Web 部件的参数区域宽度。这个参数值应该是一个非负数，单位定义为像素
AsyncRender	这个参数通知 SharePoint Report Viewer Web 部件是否需要异步呈现报表。这个值是一个 Boolean 类型的标志，其值或者为 True，或者为 False。如果这个值为 True，那么这意味着报表可以异步呈现。如果没有指定这个参数，那么就使用默认值 True

现在已经学习了各种 rv 参数，下面继续学习 rs 参数。表 15-2 介绍了四种可用的 rs 参数。

表 15-2　Web Service 中的 rs URL 参数

参　　数	说　　明
Command	向报表服务器发送指令，确定需要检索的项。参数值可以返回报表项和设置会话超时值
Format	在呈现报表时，指定目标输出格式。报表服务器支持的任何一种呈现格式都可以使用这个参数进行传递
ParameterLanguage	在 URL 中传递一种语言，这种语言与浏览器中指定的语言是不同的。如果未指定这个参数，那么就使用浏览器指定的地区语言
Snapshot	检索历史报表快照。当某个报表被保存到快照历史中时，这个报表将被指定一个时间/日期时标，这个时标唯一标识了这个报表。通过传递这个时间/日期时标，可以返回对应的报表快照

现在已经学习了不同的 rs 参数，下面继续学习它们的某些可用的参数值。

1) Command 参数

Command 参数是用于设置报表项输出的主要参数。Command 参数还可以用来重置用户的会话信息，这样可以确保不会从会话缓存中呈现报表。表 15-3 描述了 Command 参数的可能取值，这些取值可以传递给 Command 参数。

表 15-3　Command 参数值

值	说　　明
GetComponentDefinition	返回一个已发布报表项的 XML 定义。为了使用这个参数值，必须拥有报表项的 Read Contents 权限
GetDataSourceContents	以 XML 格式返回数据源信息。可以针对共享数据源使用这个参数
GetResourceContents	通过 URL 返回二进制格式的 Reporting Services 资源，如图像
GetSharedDatasetDefinition	以 XML 格式返回共享数据集信息。为了使用这个值，必须拥有共享数据集的 Read Report Definition 权限
ListChildren	与 Reporting Services 文件夹组合使用，可以查看给定文件夹中所有的项
Render	允许使用 URL 来呈现报表，可能是最为常用的命令

(续表)

值	说　明
ResetSessionTimeout	可以用来刷新用户的会话缓存。因为 Reporting Services 一般是通过 HTTP 完成工作的，所以对于服务器来说，维护用户的状态信息是非常关键的。然而，如果希望用户在查看报表的时候一定执行这个报表，那么就必须刷新这个状态信息。使用这个值可以重置用户的会话并删除所有的会话缓存信息

2) Format 参数

Format 参数是控制报表输出的主要参数。这个参数的可取值是由安装在报表服务器上的不同呈现扩展决定的。表 15-4 显示了 Reporting Services 默认安装提供的可用输出格式。

表 15-4　用于呈现的 Format 参数值

值	输　出
Web 格式	
HTML4.0	HTML version 4.0。比较新的浏览器都支持这种格式，比如 Internet Explorer 4.0 以及更高版本的浏览器
HTML5	HTML Version 5。比较新的"现代"浏览器都支持这种格式，如 Internet Explorer 10 和更高版本、Windows Edge、Google Chrome 以及 Apple Safari
MHTML	MHTML 标准输出。这种输出格式用于在电子邮件中发送 HTML 文档。使用这种格式可以将任何一种资源(如图像)嵌入到 MHTML 文档中，而无须引用外部 URL
打印格式	
IMAGE	IMAGE 格式能够以几种不同的图形设备接口(Graphical Device Interface，GDI)呈现报表，如 BMP、PNG、GIF、TIFF
PDF	PDF(Portable Document Format，可移植文档格式)格式可以用来查看和打印文档
数据格式	
WORD	Word 输出。用户可以使用这种格式将报表输出为标准的 Microsoft Word 文档格式
EXCEL	Excel 输出。用户可以使用这种格式将报表输出为标准的 Microsoft Excel 文档格式(Excel 2003 和之前的版本)
EXCELOPENXML	这是新的 Open XML Excel 输出。用户可以使用这种格式将报表输出为标准的 Microsoft Excel 文档格式(Excel 2007 及之后的按本)
PPTX	这是 PowerPoint 输出。用户可以使用这种格式将报表输出为标准的 Microsoft PowerPoint 文档格式
CSV	逗号分隔值(Comma-Separated Value，CSV)格式。CSV 是一种标准数据格式，可以由多种应用程序读取
XML	可扩展标记语言(Extensible Markup Language，XML)格式。XML 已经成为一种标准的数据格式，许多不同的应用程序都可以使用这种格式的数据
控制格式	
NULL	NULL 提供程序可以在无须呈现的情况下执行报表。如果使用的报表拥有缓存的实例，那么这种格式将非常有用。可以使用 NULL 格式来执行首次执行的报表，然后保存缓存的实例

通过 URL 设置呈现格式时，报表或者直接呈现在浏览器中，或者提示保存输出文件。我们看看如何以 PDF 格式呈现 Internet Sales KPI Dashboard 报表。使用 rs:Format=PDF 参数输入以下 URL：

```
http://localhost/ReportServer?/Wrox SSRS 2016 Samples/
Internet Sales KPI Dashboard&rs:Command=Render&rs:Format=PDF
```

图 15-6 显示了输出结果。

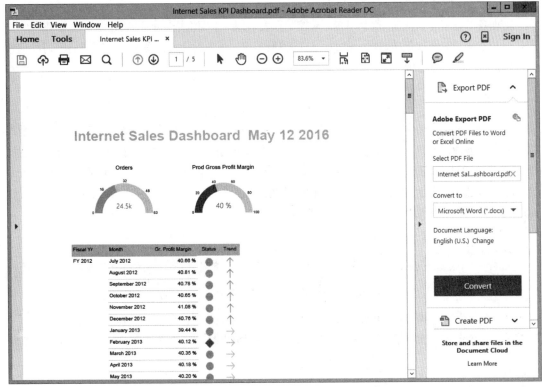

图 15-6　Internet Sales KPI Dashboard

注意浏览器提示保存/打开已呈现的报表 PDF。可以很方便地将这项功能集成到自行开发的应用
程序或门户中。只需要为用户提供一个包含了 rs:Format 参数的链接，就可以自动输出正确的格式。

3) 设置设备信息

现在已经学习了在 Reporting Services 中可以使用的多种输出格式，下面还需要学习不同格式使
用的不同设备信息设置。Format 参数可以指定所需的格式类型，但是每一种类型都有具体的设置，
这些设置非常有用。例如，如果指定了 IMAGE 格式，那么就可以得到 TIFF 格式的输出。如果需要
位图格式或 JPEG 格式的图像，那么应该怎么做呢？为了输出一种不同的图像格式，只需要在传递
URL 的时候指定设备信息即可。可以使用以下 URL 将 Internet Sales KPI Dashboard 报表输出为 JPEG
格式：

```
http://localhost/ReportServer?/ Wrox SSRS 2016 Samples/
Internet Sales KPI Dashboard&rs:Command=Render&
rs:Format=IMAGE&rc:OutputFormat=JPEG
```

注意返回的文件类型是一幅 JPEG 图像。针对每一种呈现扩展，可以使用多种设备信息设置。
每一种设备信息设置都使用了一个 rc 前缀。下面的语法可以用来传递设备信息：

```
http://server/virtualroot?/pathinfo&rs:Format=format&rc:param=value
[&rc:param=value...n]
```

你现在已经学习了不同的输出格式和命令，这些输出格式和命令都可以传递给 Reporting Services。下面将讨论如何将信息传递给报表。

15.1.4　通过 URL 传递报表信息

前面各节解释了如何使用一个 URL 来控制报表呈现。下面将描述如何使用一个 URL 来控制报表执行。首先将介绍如何传递报表参数，这些参数是编写报表时定义的参数。然后还将学习如何使用 URL 来呈现报表的历史快照。

1. 报表参数

许多报表都会使用参数来控制各种各样的行为。既可以使用参数修改查询，还可以使用参数对数据集和表进行筛选和分组，甚至可以使用参数改变报表的外观。在某些情况下(尽管并不推荐这样做)，还可以通过执行查询用参数将数据插入 SQL 表。Reporting Services 可以直接通过 URL 请求来传递这个信息。前面各节已经介绍了如何使用参数前缀和各种可以发送给 Reporting Services 的参数值。利用报表参数，可以删除前缀并直接调用参数名。

> **提示：**
> Internet Sales KPI Dashboard 报表有 8 个参数，因此没有显式传递给该报表的参数都将采用默认值。

在这个示例中，我们向 Internet Sales KPI Dashboard 报表传递两个参数。在自定义解决方案中，可以通过一个自定义接口帮助用户更新这些参数。调用报表时，需要在 URL 中提供参数值，方法如下：

```
http://localhost/ReportServer?/Wrox SSRS 2016 Samples/
Internet Sales KPI Dashboard
  &rs:Command=Render
  &InternetOrdersGoal=60000
  &RevenueGoal=59000000
```

> **提示：**
> 确保删除示例中的空格，提供这些空格是为了实现多行易读性。URL 不应包含任何回车或空格。

注意，当在 URL 中传递参数时，HTML 查看器更新并反映了这些值，如图 15-7 所示。在 URL 中使用的参数名是在报表定义中定义的，具体定义为参数值而非标签。

尽管可以使用 URL 访问的方式向报表提交多值参数，但是当处理 HTTP GET 请求时，对于浏览器、IIS，甚至 ASP.NET 来说，URL 的允许长度存在硬性的限制。当处理 HTTP GET 请求时，URL 的长度最好限制在 2000 个字符以内。当使用 HTTP POST 时，这个限制并不存在，可以为每个参数生成一个键-值对。

值得一提的是，如果将一个参数配置为允许 null 值，那么可以使用以下语法在 URL 中传递 null 值：

```
parameterName:isnull=true
```

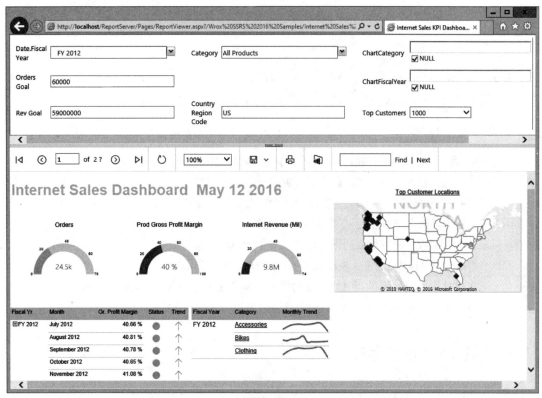

图 15-7　带参数的 Dashboard 报表

现在已经学习了如何为通过 URL 访问 Reporting Services 传递参数，下面将学习如何通过传递快照 ID 来呈现报表的历史执行快照。

2. 呈现快照历史

Reporting Services 的主要功能之一是创建报表的执行快照。假如某个报表中的数据是按月定期更新的，那么当数据更新完成后，直到下一个月，数据都不会再次更新。月度财务报表就是一个最好的例子。如果每个月才更新一次数据，那么使用报表时并不需要每次都查询数据库。因此，查询执行之后可以通过执行快照来存储这些信息。与月报表类似，如果一月份数据被更新为二月份数据，那么会发生什么情况呢？得到二月份数据后，如果不希望丢失一月份的快照，那么这就是历史快照发挥作用的时候了。创建二月份快照时，可以将一月份快照添加到快照历史中，然后对每个月的快照都可以进行如此操作。

如果已经得到了存储在历史中的执行快照，那么还需要采取某种手段来访问这些快照。Reporting Services 为此提供了方便。可以看到，每个报表都具有一条报表路径，这条报表路径可以用来呈现报表。为了呈现历史快照，只需要随 rs 前缀为历史快照 ID 添加一个参数即可。

传递快照 ID 的语法为：

```
http://server/virtualroot?[/pathinfo]&rs:Snapshot=snapshotid
```

历史快照的快照 ID 是将此报表添加到快照历史时的日期和时间标志，其格式遵循 ISO 8601 标准规定的 YYYY-MM-DDTHH:MM:SS 格式。例如：

```
http://localhost/ReportServer?/Wrox SSRS 2016 Samples/Internet Sales KPI
Dashboard&rs:Snapshot=2016-05-31T23:59:21
```

> **提示:**
> 若要查找报表的快照历史信息，可使用 Web Portal 管理报表。在管理报表时打开的窗口中，可在左侧的菜单栏中访问 Snapshot History 页面。

3. URL 呈现总结

通过 URL 呈现，可以看到多种可以利用 rs 前缀传递给 Reporting Services 的命令，这些命令可以用来控制报表项的显示，还可以控制报表项的格式，甚至可以控制快照信息。一旦为报表服务器创建命令之后，就可以传递对应于特定输出格式的参数。使用 rc 前缀和设备信息参数，不仅可以指定编码方案，还可以指定在 HTML 查看器中显示的项。指定了报表项之后，还必须知道如何输出报表项。只要传递了参数名和参数值的组合，就完成了向报表传递参数的任务。

下一节将讨论与呈现 Reporting Service 报表有关的第二部分内容。针对简单的 Web 应用程序和 Web 门户，可以使用 URL，但是有时候需要对报表访问和报表呈现进行更为精细的控制。为了做到这一点，需要使用 Reporting Service Web 服务，通过编程方式呈现报表。

15.2　通过编程进行呈现

可以采用多种方法将报表集成到自定义的 Windows Forms 应用程序和 Web 应用程序中:
- 在一个 Web 浏览器窗口中，使用一个 URL 呈现请求链接到一个报表。
- 通过在报表服务器 URL 中使用 GET 或 POST 生成一个 HTTP 表单。
- 通过使用 SOAP Web 服务呈现，将二进制内容写入 Web HttpResponse 对象，从而将网页内容替换为一个报表。
- 使用 SOAP Web 服务呈现，将报表内容写入一个文件。
- 通过设置一个 HTML 框架或 IFrame 标记的源，在网页的某个区域中嵌入一个报表。
- 在 Windows Forms 或 Web Forms .NET 应用程序中使用 Microsoft ReportViewer 控件。
- 在 WPF 应用程序中使用 Microsoft ReportViewer 控件，为此只需要将此控件包装到一个 WindowsFormsHost 中即可。

> **警告:**
> 在考虑使用编程方式呈现的解决方案时，通常需要注意如下方面: 在 ReportViewer Web 控件中将报表呈现在报表服务器上时，Reporting Services 专门对此进行了优化。全局浏览原生的报表服务器呈现库会对性能产生负面影响，特别是对于大型的多页面报表。此外，不同的呈现格式不支持某些交互式报表功能。因此，在掌控报表呈现时，请务必考虑这些不足之处。

在许多场合下，使用 URL 完成呈现工作不仅方便，而且易于实现。但是这种方法仍然存在一定的限制。如果通过 URL 呈现报表，那么必须确保使用了 Reporting Services 提供的安全基础设施。对于某些应用程序来说，例如公开的网站，可能需要实现自己的安全层。在这种情况下，通过 URL 呈现的方法并没有提供需要的功能。本节将介绍如何使用 Reporting Services Web 服务来呈现报表。

本节将介绍如何连接到 Reporting Services Web 服务并返回一个可用报表清单，还将介绍如何检索报表参数，然后呈现报表。针对通过编程进行呈现，我们将学习三种实现方法。第一种方法使用一个 Windows Forms 应用程序，将报表呈现为一个文件。这种方法可以帮助你在无须完成大量接口工作的情况下掌握基本概念。第二种实现方法则通过一个 APS.NET 页面显示呈现结果，学习使用通过 Web 应用程序进行呈现时必须考虑的某些报表项。在第三种实现方法中，将学习如何使用 ReportViewer 控件将报表嵌入到 Windows 应用程序和 Web Forms 应用程序中以便查看报表。

15.2.1　一般场景

在学习用于呈现报表的实际编程代码之前，必须理解一些场景，在这些场景中，编写自己的呈现代码是一种理智的选择。这些场景一般都会在与客户一起工作以及使用低到中等查询结果的过程中出现。虽然这些场景没有完全涵盖自行编写呈现代码的全部场合，但是这些场景能够解释如何及何时使用自定义代码。下面将考查每一个这样的场景。

1. 自定义安全性

对于 Reporting Services 来说，最大的问题之一就是如何在使用 Reporting Services 的同时，不要使用 Reporting Services 提供的标准安全基础设施。为了连接报表，Reporting Services 要求使用一个 Windows 标识，这种连接方式也称为 Windows 集成的身份验证(Windows Integrated Authentication)。在许多机构中，这种方式是不可行的(对于公共的互联网报表解决方案来说，这种方式同样不可行)。许多机构存在着很多混合环境或非信任域，因此不允许对报表服务器进行身份验证。某些客户端还实现了大规模身份验证和授权基础设施。

在这些场合下，仍然可以使用 Reporting Services。为了使用自己的安全基础设施，需要在自己的环境中创建用于身份验证和授权的代码。一旦判定某个用户有权访问一个报表，就可以使用自己定义的 Windows 标识来连接报表。为了隐藏这种安全实现，可以使用 Reporting Services Web 服务，而报表服务器可以抽象并隐藏在防火墙的后面。可以直接将报表呈现在一个浏览器或文件中，而无须向报表服务器传递原始的用户标识。

执行报表时，如果经由 Web 服务代理传递一个默认的凭据集合，那么当前运行的就是所谓的"信任子系统"。针对用于访问报表服务器中报表的 Windows 标识，应用程序的配置为这个 Windows 标识维护了身份凭据。

2. 服务器端参数

对于将 Reporting Services 集成到自己的应用程序中，URL 呈现是最容易的方法。尽管如此，这种方法仍然存在一些限制。通过一个 URL 发送信息时，用户很容易修改这个 URL，同时也可以看到发送的内容。如果你足够精明，那么可能不会使用 GET，而是试图使用 HTTP POST 来混淆 URL 参数。然而，利用浏览器开发工具(比如 Firebug、Internet Explorer Developer Tools)或 HTTP 代理(例如 Fiddler)，用户仍然能够解决这个问题。

通过使用 Reporting Services Web 服务，可以很轻松地将代码中检索报表信息的方法隐藏起来。参数是通过代码传递的，而不是通过 URL 传递的。这样就可以完全控制信息检索方式，从而不会将信息暴露给用户。下一节将介绍第一个呈现应用程序。

15.2.2 通过 Windows 呈现

本节将讨论使用 Reporting Services Web 服务实现呈现的机制。本节将构建一个简单的 Windows 应用程序，这个 Windows 应用程序可以从报表服务器返回一个报表清单。获得这个报表清单后，可以使用 Web 服务返回一个关于报表参数的列表。输入报表参数后，即可将报表呈现到一个文件。这些步骤解释了通过程序代码呈现报表的主要过程。

1. 构建应用程序界面

首先需要构建应用程序界面。我们首先构建一个简单的 Windows 表单。在这个示例中，添加了一些标签、文本框以及一些可以完成应用程序基本功能的按钮。图 15-8 显示了这个表单的设计视图。

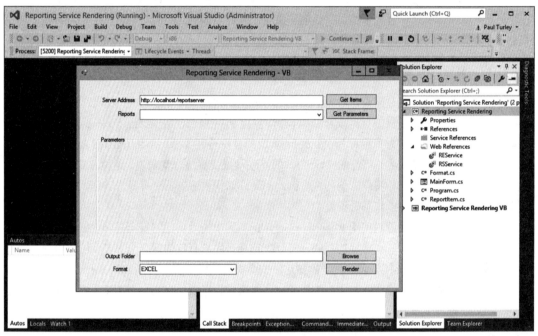

图 15-8　自定义呈现应用程序界面

这个表单可以查询一台指定的报表服务器，返回一个报表清单。当报表清单返回后，可以使用报表清单来访问报表的参数列表。最后需要将报表呈现到一个指定的文件夹位置。

2. 设置 Web 服务

在开始呈现报表之前，首先需要设置一个针对 Reporting Services 和 Report Execution Web 服务的引用。创建了 Web 引用之后，就可以开始着手开发应用程序了。下面几张图说明了如何创建 Web 服务引用。首先要在项目中添加 Web 引用。

打开解决方案资源管理器。用鼠标右击 References 文件夹，选择 Add Service Reference，如图 15-9 所示。单击左下角的 Advanced 按钮，打开 Service Reference Settings 对话框，如图 15-10 所示。确保选中 Generate asynchronous operations 复选框。我们将利用异步 Web 服务功能实现响应速度更快的 UI。单击左下角的 Add Web Reference 按钮，打开 Add Web Reference 对话框。

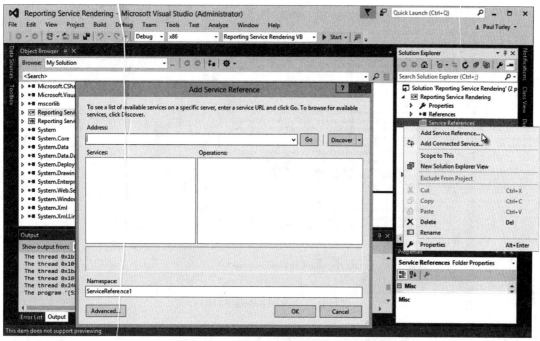

图 15-9　Add Service Reference 对话框

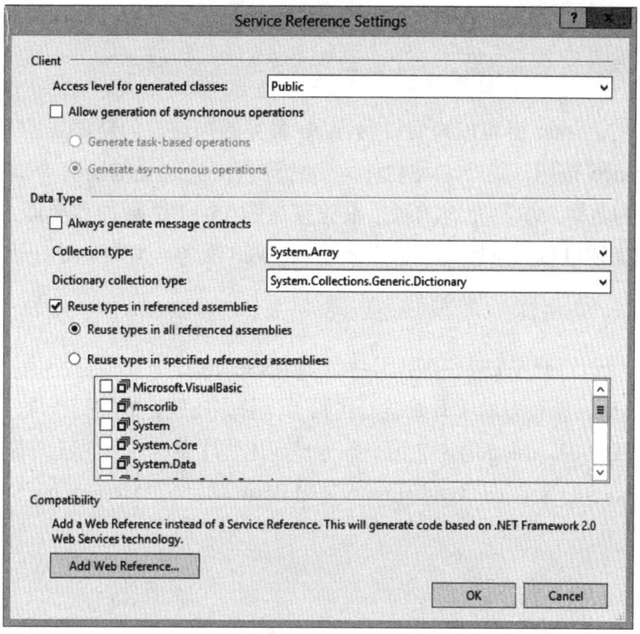

图 15-10　Service Reference Settings 对话框

在图 15-11 所示的 Add Web Reference 对话框中，在 URL 地址栏中输入 Web 服务的位置。这个 URL 取决于报表服务器名称和报表服务器虚拟目录的安装位置。默认情况下，报表服务器虚拟目录位于/ReportServer。针对本地计算机的默认虚拟目录可以输入以下 URL：

```
http://localhost/ReportServer/ReportService2010.asmx
```

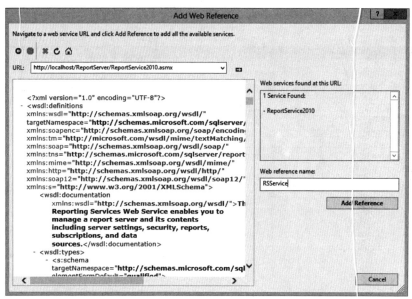

图 15-11   Add Web Reference 对话框

> **注意:**
> 在 2008 R2 版本中,原有的端点,也就是 ReportService2005.asmx(Native 模式)和 ReportService 2006.asmx(SharePoint 模式),都已经过时了。2008 R2 版本已经引入了新的端点 ReportService2010,这个端点不仅包含原有端点的全部功能,而且还提供额外的管理功能。

输入 URL 之后,按 Enter 键可以查看针对 Web 服务的描述。为新添加的 Web 引用输入一个名称,单击 Add Reference 按钮。这个名称将作为由代理程序集定义的所有类型的名称空间。这个示例使用 RSService 作为名称。填写完成的对话框应该与图 15-11 所示内容类似。

现在,重复执行上述过程,添加 Report Execution Web 服务,不同之处在于需要使用以下 URL:

```
http://localhost/ReportServer/ReportExecution2005.asmx
```

在这个示例中,我们将此 Web 服务引用命名为 RSService。

引用 Web 服务之后,就可以着手开始编写代码了。首先需要完成的第一项任务就是在代码中添加 using(C#)或 Imports(VB)语句。using 语句的第一部分是应用程序名称,后面紧跟着 Web 引用名称。在示例中,C#项目名为 Reporting_Service_Rendering,Visual Basic 项目名为 Reporting_Service_Rendering_VB。

C#

```
using System;
using System.Collections.Generic;
using System.IO;
using System.Linq;
using System.Windows.Forms;
using Reporting_Service_Rendering.RSService;
using Reporting_Service_Rendering.REService;
```

VB

```
Imports Reporting_Service_Rendering_VB.RSService
Imports Reporting_Service_Rendering_VB.REService
```

添加 using 或 Imports 语句之后，接下来需要创建 ReportingService2010 对象和 ReportExecutionService 对象的一个实例。这些对象是用来检索报表清单及相关参数并呈现报表的主要对象。MainForm 是 Windows Forms 类，在 MainForm 的代码顶部创建以下各节的声明。之所以在此给出类的声明，主要是为了使代码清晰易懂。

C#

```
public partial class MainForm : Form
{
        ReportingService2010 _rs = new ReportingService2010();
        ReportExecutionService _rsExec = new ReportExecutionService();
        bool _reportHasParameters = false;
        const string _REPORT_SERVICE_ENDPOINT = "ReportService2010.asmx";
        const string _REPORT_EXECUTION_ENDPOINT = "ReportExecution2005.asmx";
```

VB

```
Public Class MainForm
    Private _rs As New ReportingService2010
    Private _rsExec As New ReportExecutionService
    Private _reportHasParameters As Boolean = False
    Private Const _REPORT_SERVICE_ENDPOINT As String = "ReportService2010.asmx"
    Private Const _REPORT_EXECUTION_ENDPOINT As String = "ReportExecution2005.asmx"
```

下面需要设置这些对象将要使用的安全凭据。代码中需要传递当前登录用户的凭据。如果已经实现了自定义身份验证和授权方式，那么也可以不使用当前用户，而是传递一个自己定义的系统标识。

在 Windows Form 中打开 Form Load 事件。可以在 Form Load 事件处理代码中设置凭据。在 Form Load 事件中将 ReportingService2010 对象和 ReportExecutionService 对象的 Credentials 属性设置为 System.Net.CredentialCache.DefaultCredentials，这样就可以(在 Windows 集成的身份验证中)将当前登录用户的凭据传递给 Web 服务。

C#

```
_rs.Credentials = System.Net.CredentialCache.DefaultCredentials;
_rsExec.Credentials = System.Net.CredentialCache.DefaultCredentials;
```

VB

```
_rs.Credentials = System.Net.CredentialCache.DefaultCredentials
_rsExec.Credentials = System.Net.CredentialCache.DefaultCredentials
```

最后一项需要添加到 Form Load 事件中的内容就是用来填充下拉列表的代码。这段代码在下拉列表中添加了所有的格式名称，还为每一种格式添加了适当的扩展。首先在项目中添加一个新的类文件，从而创建一个很小的类，用于填充下拉列表。为了添加一个新的类，请依次单击 Project | Add class，或者直接使用组合键 Shift+Alt+C：

C#

```csharp
internal class Format
{
    public Format(string name, string extension)
    {
        Name = name;
        Extension = extension;
    }

    public string Name { get; private set; }
    public string Extension { get; private set; }

    public static IList<Format> GetFormatsList()
    {
        List<Format> formats = new List<Format>{
        new Format("EXCEL", ".xlsx"),
        new Format("WORD", ".docx"),
        new Format("PPTX", ".pptx"),
        new Format("HTML4.0", ".html"),
        new Format("HTML5", ".html"),
        new Format("XML", ".xml"),
        new Format("CSV", ".csv"),
        new Format("PDF", ".pdf"),
        new Format("IMAGE", ".tif")
        };

        return formats;
    }
}
```

VB

```vb
Friend Class Format

    Public Sub New(ByVal name As String, ByVal extension As String)
        Me.Name = name
        Me.Extension = extension
    End Sub

    Public Property Name As String
    Public Property Extension As String

    Public Shared Function GetFormatsList() As IList(Of Format)

        Dim formats As New List(Of Format) From {
            New Format("EXCEL", ".xlsx"),
            New Format("WORD", ".docx"),
            New Format("PPTX", ".pptx"),
            New Format("HTML4.0", ".html"),
            New Format("HTML5", ".html"),
            New Format("XML", ".xml"),
            New Format("CSV", ".csv"),
            New Format("PDF", ".pdf"),
            New Format("IMAGE", ".tif")
```

```
        }

        Return formats

    End Function

End Class
```

使用这个类就可以完成 Form Load 事件代码。添加以下几行代码，这几行代码用于填充报表格式组合框。

C#

```csharp
private void MainForm_Load(object sender, EventArgs e)
{
    _rs.Credentials = System.Net.CredentialCache.DefaultCredentials;
    _rsExec.Credentials = System.Net.CredentialCache.DefaultCredentials;

    reportFormatComboBox.DataSource = Format.GetFormatsList();
    reportFormatComboBox.DisplayMember = "Name";
    reportFormatComboBox.ValueMember = "Name";
}
```

VB

```vb
Private Sub MainForm_Load(sender As System.Object, _
e As System.EventArgs) Handles MyBase.Load
    _rs.Credentials = System.Net.CredentialCache.DefaultCredentials
    _rsExec.Credentials = System.Net.CredentialCache.DefaultCredentials

    reportFormatComboBox.DataSource = Format.GetFormatsList()
    reportFormatComboBox.DisplayMember = "Name"
    reportFormatComboBox.ValueMember = "Name"
End Sub
```

现在已经创建了一个 ReportingService2010 对象实例，并向这个对象实例传递了登录用户的凭据，同时填充了报表格式下拉列表内容。下一节将讨论如何连接报表服务器和检索一组可用报表。

3. 检索报表信息

现在已经设置了 Reporting Services Web 服务，下面需要检索报表清单了。为了完成这项任务，需要指定打算查询的报表服务器，然后调用 ReportingService2010 对象的 ListChildren 方法。ListChildren 方法可以返回一个包含了全部项的清单，包括数据源、资源和报表。在检索操作返回这个清单后，我们只需要返回报表项。最后需要在下拉列表中添加报表项。

前面已经指出，必须确保在创建 Web 引用代理时提供异步操作。在使用 Visual Studio IDE 创建 Web 引用时，Web 引用会同时生成同步操作和异步操作。由于这个应用程序本身的特性，也就是说，这个应用程序是一个 Windows 表单 UI 程序，因此最好能够保证针对 Report Services 的调用是在另一个线程中执行的，而不要在 UI 线程中执行。这样就可以在 Web 服务操作完成时，避免将 UI 线程锁定，从而可以提供更优秀的用户体验。

异步模式可能一开始看起来会有点复杂或吓人。但是在本质上，异步模式的所有工作就是注册一个事件处理程序，当异步操作结束时，这个事件处理程序将调用一个委派函数(也就是"回调")。换言之，调用一个操作时，随即从调用方法中返回。一个在后台执行的线程等待操作结束的事件通知，然后调用这个回调函数。

除了异步操作之外，始终可以直接调用同步方法，此时不必考虑委派和事件。这种方法非常适合服务器端代码，因为在服务器端不需要考虑用户界面。

我们首先将 URL 设置为报表服务器的地址。打开 Get Item 按钮的单击事件，开始编写代码。必须保持 UI 事件处理程序高度整洁，需要执行大量操作的代码应该移到一个单独的方法中。请牢记，_rs 就是用来引用 Web 服务的私有对象，类定义一开始就表明了这一点。而且这个事件处理程序需要调用一个函数，这个函数用来加载报表列表框，后面将实现这个函数。到现在为止，只要用一个 "TODO:" 注释作为占位符作为提醒就可以了。

C#

```csharp
private void btnGetItems_Click(object sender, EventArgs e)
{
    GetItems();
}
private void GetItems()
{
    if (!String.IsNullOrEmpty(txtServer.Text))
    {
        _rs.Url = String.Format("{0}/{1}", txtServer.Text.TrimEnd('/'),
        _REPORT_SERVICE_ENDPOINT);

        _rs.ListChildrenCompleted += new
        ListChildrenCompletedEventHandler((sender, e) =>
        {
            if (e.Error == null && e.Result != null)
                // TODO: Load the list box with e.Result
            else
                MessageBox.Show(e.Error.ToString());
        });

        _rs.ListChildrenAsync("/", true, Guid.NewGuid ());
    }
    else
    {
        MessageBox.Show("Enter a server string first.. " +
            "Example: http://localhost/reportserver");
    }
}
```

VB

```vb
Private Sub btnGetItems_Click(sender As System.Object, e As System.EventArgs)_
  Handles btnGetItems.Click
    GetItems()
End Sub

Private Sub GetItems()
    If (Not String.IsNullOrEmpty(Me.txtServer.Text)) Then
```

```
        _rs.Url = String.Format("{0}/{1}", txtServer.Text.TrimEnd("/"),
        _REPORT_SERVICE_ENDPOINT)

        AddHandler _rs.ListChildrenCompleted, Sub(sender As Object, args As
        RSService.ListChildrenCompletedEventArgs)
          If (IsNothing(args.Error) AndAlso Not IsNothing(args.Result)) Then
            'TODO: Load the list box with args.Result
          Else
            MessageBox.Show(args.Error.ToString())
          End If
        End Sub

        _rs.ListChildrenAsync("/", True, Guid.NewGuid())

      Else
        MessageBox.Show("Enter a server string first... Example:
        http://localhost/reportserver")
      End If

    End Sub
```

上述代码使用了在服务器地址文本框(txtServer)中指定的服务器地址，并将此地址与 Reporting Services Web 服务 URL 端点的引用进行了联结。

一旦设置 Web 服务的 URL 之后，就可以获取报表清单。创建一个 CatalogItem 对象数组，然后调用 ListChildren 或 ListChildrenAsync 方法。其中，同步方法 ListChildren 使用了两个参数，一个参数是报表服务器上的文件夹路径，另一个参数是一个 Boolean 值，这个 Boolean 值指出是否递归访问此目录。异步方法 ListChildrenAsync 又增加了一个参数，这个参数提供了唯一的状态对象。在多个异步操作发生竞争的情况下，这个状态对象可以防止出现错误。为了确保唯一性，需要创建一个 System.Guid 类型的实例。上面已经实现了异步版本的代码。为了完整起见，下面分别给出了调用 ListChildren Web 服务方法时同步代码和异步代码的调用方式：

同步 C#

```
CatalogItem[] items;
items = _rs.ListChildren("/", true);
```

同步 VB

```
Dim items() As CatalogItem
items = _rs.ListChildren("/", True)
```

异步 C#

```
_rs.ListChildrenCompleted +=
  new ListChildrenCompletedEventHandler((sender, e) =>
  {
    if (e.Error == null && e.Result != null)
      // TODO: Load the list box using e.Result
    else
      MessageBox.Show(e.Error.ToString());
  });
```

```
_rs.ListChildrenAsync("/", true, Guid.NewGuid());
```

异步 VB

```vb
AddHandler _rs.ListChildrenCompleted, Sub(sender As Object, args As _
RSService.ListChildrenCompletedEventArgs)
    If (IsNothing(args.Error) AndAlso Not IsNothing(args.Result)) Then
        ' TODO: Load the list box using args.Result
    Else
        MessageBox.Show(args.Error.ToString())
    End If
End Sub

_rs.ListChildrenAsync("/", True, Guid.NewGuid ())
```

一旦操作返回一个 ReportItem 的数组之后，最后一步就是循环访问生成的数组，并将每一项都添加到下拉列表(ComboBox)中。与加载的报表格式类似，在此可以创建一个类，并利用这个类将报表项和数据绑定。下面就来看看这个类的代码。

C#

```csharp
internal class ReportItem
{
    public ReportItem(string name, string path)
    {
        Name = name;
        Path = path;
    }

    public string Name { get; private set; }
    public string Path { get; private set; }
}
```

VB

```vb
Friend Class ReportItem
    Private _name As String
    Private _path As String

    Public Sub New(ByVal name As String, ByVal path As String)
        _name = name
        _path = path
    End Sub

    Public ReadOnly Property Name() As String
        Get
            Return _name
        End Get
    End Property

    Public ReadOnly Property Path() As String
        Get
            Return _path
```

```
        End Get
    End Property
End Class
```

使用刚刚创建的 ReportItem 类，可以在组合框中添加报表目录项。在 MainForm 类中，可以实现一个新的方法，这个方法也可以完成同样的工作。下面给出了 LoadReportsBox 方法的代码，这个方法是由异步委派回调 ListItemsAsync 操作的方法调用的(这个操作中，只是添加一个 "TODO:" 注释行来加载这个列表框)：

C#

```csharp
private void LoadReportsBox(CatalogItem[] items)
{
    reportsComboBox.Items.Clear();

    foreach (var item in items)
    {
        if (item.TypeName == "Report")
        {
            reportsComboBox.Items.Add(new ReportItem(item.Name, item.Path));
        }
    }

    reportsComboBox.DisplayMember = "Name";
    reportsComboBox.ValueMember = "Path";
    reportsComboBox.DroppedDown = true;
}
```

VB

```vb
Private Sub LoadReportsBox(ByVal items As RSService.CatalogItem())
    'populate report combo box
    reportsComboBox.Items.Clear()
    For Each item As RSService.CatalogItem In items
        If (item.TypeName = "Report") Then
            reportsComboBox.Items.Add(New ReportItem(item.Name, item.Path))
        End If
    Next

    reportsComboBox.DisplayMember = "Name"
    reportsComboBox.ValueMember = "Path"
    reportsComboBox.DroppedDown = True
End Sub
```

不要忘记将 GetItems 内部的 TODO 注释行替换为针对 LoadReportsBox 的调用。回调参数对象的 Result 属性应该包含 CatalogItem 数组，而 CatalogItem 数组是由 LoadReportsBox 使用的。

C#

```csharp
rs.ListChildrenCompleted +=
    new ListChildrenCompletedEventHandler((sender, e) =>
    {
        if (e.Error == null && e.Result != null)
```

```
        LoadReportsBox(e.Result);
    else
        MessageBox.Show(e.Error.ToString());
});
```

VB

```
AddHandler _rs.ListChildrenCompleted, Sub(sender As Object, args As
RSService.ListChildrenCompletedEventArgs)
    If (IsNothing(args.Error) AndAlso Not IsNothing(args.Result)) Then
        LoadReportsBox(args.Result)
    Else
        MessageBox.Show(args.Error.ToString())
    End If
End Sub
```

现在就可以打开表单并返回一个报表项的清单了。下面一节将介绍如何从一个报表中检索参数。

4. 检索报表参数

通过编程进行呈现的下一项工作需要为报表检索一组参数。这段代码可以用于多种场合。Reporting Services 提供的参数接口能够很好地支持简单参数，却仍然无法解决许多问题，例如，基于业务规则的高级验证，也无法处理比较时髦的输入界面，如拨号盘和滑动块。为了返回一个参数列表，需要自己动手创建动态用户界面。

下面的示例将创建一个简单的参数列表。对于每一个参数来说，需要动态地在表单中添加一个标记控件，然后要么添加一个文本框控件和一个复选框，要么添加一个日期/时间选择器控件。具体创建哪一种控件，取决于参数类型。首先要在 GetParameters 方法中添加以下代码行，GetParameters 方法是在相应的按钮单击事件处理程序中调用的。下面的代码行标识了在报表下拉列表中选中的报表。

C#

```
ReportItem reportItem = (ReportItem)reportsComboBox.SelectedItem;
```

VB

```
Dim reportItem As ReportItem = DirectCast(reportsComboBox.SelectedItem, ReportItem)
```

上述代码使用在组合框中选中的项创建一个新的 ReportItem 变量。上面一节创建的 ReportItem 类包含一个 Name 属性和一个 Path 属性。可以使用 Path 属性来检索参数列表。

为了返回参数列表，需要调用 ReportingService2010 对象的 GetItemParameters 方法。GetItemParameters 方法将完成两项任务：首先返回一个参数列表，其次还可以根据创建报表时定义的参数可用值对参数进行验证。下面是 GetItemParameters 方法的参数：

- ItemPath 是需要检索参数的报表所在的路径。
- HistoryID 是用来标识报表历史快照的 ID。
- ForRendering 是一个 Boolean 类型的参数，可以用来检索报表执行时设置的参数。例如，假如需要创建报表的快照，或者需要在一个电子邮件订阅中接收报表快照，那么就必须在用户查看快照之前执行报表。通过将 ForRendering 属性设置为 true，就可以检索报表执行时设置的参数值并在自定义接口中使用这些参数值。

- Values 是一个 ParameterValue 对象数组，可以用来对参数值进行验证。为了确保传递给报表的参数值与报表定义能够接受的参数值保持一致，这个参数非常有用。
- Credentials 是数据库凭据，如果必须通过一个查询的返回值来填充数据库数据，那么在验证基于查询的参数时就需要使用这个凭据。
- userState 是一个可选参数，仅在异步版本的操作中可用。这个参数提供了一个唯一的状态对象，可以避免多个异步操作执行时出现错误。典型情况下，这个参数使用一个新的 GUID。

因为这个练习并没有使用历史报表，而且也不需要验证参数值，所以无须设置上面的多个属性。下面的代码可以用来异步地调用 GetItemParameters 方法：

C#

```
ItemParameter[] parameters;
parameters = _rs.GetItemParameters(reportItem.Path, null, false, null, null);
```

VB

```
Dim parameters() As ItemParameter
parameters = _rs.GetItemParameters(reportItem.Path, Nothing, False, _
                    Nothing, Nothing)
```

因为这个示例练习使用了异步模式，所以此处将介绍如何使用异步版本来调用 GetItemParameterAsync 方法。下面的代码是在一个名为 GetParameters 的私有方法中实现的，这个方法又是在"Get Parameters"按钮单击事件处理程序中调用的。

异步 C#

```
_rs.GetItemParametersCompleted +=
new GetItemParametersCompletedEventHandler((sender, args) =>
{
    if (args.Error == null && args.Result != null)
        LoadParametersGroupBox(args.Result);
    else
        MessageBox.Show(args.Error.ToString());
});
_rs.GetItemParametersAsync(reportItem.Path,
null, false, null, null, Guid.NewGuid());
```

异步 VB

```
AddHandler _rs.GetItemParametersCompleted, _
    Sub(sender As Object, args As RSService.GetItemParametersCompletedEventArgs)
        If (args.Error Is Nothing AndAlso Not args.Result Is Nothing) Then
                LoadParametersGroupBox(args.Result)
        Else
                MessageBox.Show(args.Error.ToString())
        End If
    End Sub

_rs.GetItemParametersAsync(reportItem.Path, Nothing, False, Nothing, _
Nothing, Guid.NewGuid())
```

最后一项任务是为参数创建用户界面。Reporting Services 返回的 ReportParameter 对象包含了创建自定义界面的有用信息。关键属性包括参数事件类型、提示以及有效值。所有这些内容都可以用来定义用户界面。为了完成代码，只需要在表单中为每一个 ReportParameter 添加一个标签，然后要么添加一个文本框和一个复选框，要么添加一个日期/时间选取器。

下面给出了 LoadParametersGroupBox 方法的代码，这段代码是在成功执行 Web 操作后在回调委派内部调用的。另外，用来根据参数类型构建适当控件类型的代码逻辑被移入一个单独的方法，即 GetParameterControl 方法：

C#

```csharp
private void LoadParametersGroupBox(ItemParameter[] parameters)
{
    // Let everyone know this report has parameters.
    _reportHasParameters = (parameters.Length > 0);

    //add the parameters to the parameter list UI
    int left = 10;
    int top = 20;
    paramInfoGroupBox.Controls.Clear();

    foreach (var parameter in parameters)
    {
        Label label = new Label
        {
            Text = parameter.Prompt,
            Left = left,
            Top = top
        };

        paramInfoGroupBox.Controls.Add(label);
        paramInfoGroupBox.Controls.Add(
            GetParameterControl(parameter, left, top));
        top += 25;
    }
}

private Control GetParameterControl(ItemParameter parameter, int left, int top)
{
    Control parameterControl;
    switch (parameter.ParameterTypeName)
    {
    case "Boolean":
        parameterControl = new CheckBox
        {
            Checked = parameter.DefaultValues != null ?
            Boolean.Parse(parameter.DefaultValues[0]) : false
        };
        break;
    case "DateTime":
        parameterControl = new DateTimePicker
        {
            Text = parameter.DefaultValues != null ?
```

```
                parameter.DefaultValues[0] : String.Empty
            };
            break;
        default:
            //there are other types, such as float and int,
            //and you can also retrieve default values and
            //populate as dropdown, but
            //it's beyond scope of this exercise
            parameterControl = new TextBox
            {
                Text = parameter.DefaultValues != null ?
                parameter.DefaultValues[0] : string.Empty
            };
            break;
    }
    parameterControl.Name = parameter.Name;
    parameterControl.Left = left + 150;
    parameterControl.Top = top;

    return parameterControl;
}
```

VB

```
Private Sub LoadParametersGroupBox(ByVal parameters As ItemParameter())
    'let everyone know this report has parameters
    _reportHasParameters = (parameters.Length > 0)

    'add the parameters to the parameter list UI
    Dim left As Integer = 10
    Dim top As Integer = 20

    paramInfoGroupBox.Controls.Clear()

    For Each parameter As ItemParameter In parameters
        Dim label As New Label With
        {
            .Text = parameter.Prompt,
            .Left = left,
            .Top = top
        }
        paramInfoGroupBox.Controls.Add(label)
        paramInfoGroupBox.Controls.Add( _
            GetParameterControl(parameter, left, top))
        top += 25
    Next
End Sub

Private Function GetParameterControl(ByVal parameter As ItemParameter, _
                          ByVal left As Integer, _
                          ByVal top As Integer) As Control
    Dim parameterControl As Control

    Select Case parameter.ParameterTypeName
        Case "Boolean"
```

```
             parameterControl = New CheckBox With {
                 .Checked = If(parameter.DefaultValues IsNot Nothing, _
                            Boolean.Parse(parameter.DefaultValues(0)), False)
             }
        Case "DateTime"
             parameterControl = New DateTimePicker With {
                 .Text = If(parameter.DefaultValues IsNot Nothing, _
                            parameter.DefaultValues(0), String.Empty)
             }
        Case Else
             'there are other types, like float and int,
             'and you can also retrieve default values and populate as a drop-down
             'but it's beyond the scope of this exercise
             parameterControl = New TextBox With {
                 .Text = If(parameter.DefaultValues IsNot Nothing, _
                            parameter.DefaultValues(0), String.Empty)
             }
    End Select

    parameterControl.Name = parameter.Name
    parameterControl.Left = left + 150
    parameterControl.Top = top

    Return parameterControl
End Function
```

现在已经可以检索报表清单，并且生成一个参数列表了。下面将讨论如何呈现报表并将报表输出到一个文件中。

5. 在文件系统的一个文件中呈现报表

本节将介绍如何在文件系统的一个文件中呈现报表。利用 ReportExecution2005 Web 服务，可以得到一个包含最终报表的字节数组。可以用多种方式使用这个字节数组。下面的示例使用 filesystem 对象将字节数组写入一个文件。后面一节给出的另一个示例则将字节数组写入 HTTP Response 对象。

先前我们已经设置了 ReportExecution2005 Web 服务，所以现在可以使用这个服务将一个报表呈现到文件系统的一个文件中。在 btnRender_Click 中调用一个名为 RenderReport 的新方法，这个方法将用户输入的服务器文本与 ReportExecution2005.asmx 字符串进行联接，从而设置 URL：

C#

```
_rsExec.Url = String.Format("{0}/{1}",
    txtServer.Text.TrimEnd('/'), "ReportExecution2005.asmx");
```

VB

```
_rsExec.Url = String.Format("{0}/{1}", _
    txtServer.Text.TrimEnd("/"), "ReportExecution2005.asmx")
```

下面需要设置一个字符串参数，这个字符串参数可以充当报表路径。

在深入研究呈现代码之前，首先让我们看看 ReportExecution2005 Web 服务中 ReportExecution-Service 对象内部的 Render 方法。表 15-5 给出了这个方法的各个参数。

表 15-5　Render 方法的参数

参　　数	数 据 类 型	说　　　明
Format	String	报表的输出格式
DeviceInfo	String	一种呈现所使用的信息，例如，为 IMAGE 格式指定图像类型(GIF、JPEG)
Extension(out)	String	被呈现报表的文件扩展名
MimeType(out)	String	由 Reporting Services 返回并且包含了报表的 MIME 类型的输出。如果需要将一个报表呈现到 Web，那么这个参数就非常有用。可以将 MIME 类型传递给 Response 对象，以确保浏览器能够正确处理返回的文档
Encoding(out)	String	用于呈现报表的编码方式
Warnings(out)	Warning Array	在报表处理过程中，Reporting Services 返回的所有报警输出
StreamIDs(out)	String Array	流 ID 的输出，RenderStream 方法可以使用这个参数

　　Render 方法返回一个字节数组，这个字节数组代表被呈现的报表。这个数组可以当作字节数组使用。例如，可以将这个数组写入文件系统的一个文件，或者通过一个 TCP 连接发送这个数组。

　　Render 方法的参数与使用 URL 呈现所传递的值类似。

　　现在已经看到了 Render 方法的基本内容，下面就来研究为 Render 按钮单击事件编写的代码。代码必须完成的第一项任务就是获取选中的报表和输出格式。使用先前创建的 Format 和 ReportItem 类就可以获得下拉列表中选中的项：

C#

```csharp
Format selectedFormat = (Format)reportFormatComboBox.SelectedItem;
ReportItem reportItem = (ReportItem)reportsComboBox.SelectedItem;
```

VB

```vb
Dim selectedFormat As Format = _
    DirectCast(reportFormatComboBox.SelectedItem, Format)
Dim reportItem As ReportItem = _
    DirectCast(reportsComboBox.SelectedItem, ReportItem)
```

　　首先要获取用户指定的输入参数。然后还必须创建一个新的函数，这个函数通过遍历先前创建的控件，获取控件值并且返回一个 ParameterValue 对象数组：

C#

```csharp
private REService.ParameterValue[] GetReportExecutionParameters()
{
    var controlList = new List<Control>();

    //get the values from the parameter controls that are not labels
    controlList.AddRange(paramInfoGroupBox.Controls
        .OfType<Control>()
        .Where(c => c.GetType() != typeof(Label)));

    //add the control information to parameter info objects
    var parameterValues = new List<REService.ParameterValue>();
    foreach (var control in controlList)
```

```
    {
        parameterValues.Add(new REService.ParameterValue
        {
            Name = control.Name,
            Value = (control is CheckBox) ?
            ((CheckBox)control).Checked.ToString() : control.Text
        });
    }

    return parameterValues.ToArray();
}
```

VB

```
Private Function GetReportExecutionParameters() As REService.ParameterValue()
    Dim controlList = New List(Of Control)()

    'get the values from the parameter controls that are not labels
    controlList.AddRange(paramInfoGroupBox.Controls.OfType(Of Control)() _
                    .Where(Function(c) c.[GetType]() <> GetType(Label)))

    'add the control information to parameter info objects
    Dim parameterValues = New List(Of REService.ParameterValue)()
    For Each ctrl As Control In controlList
        parameterValues.Add(New REService.ParameterValue() With {
          .Name = ctrl.Name,
          .Value = If((TypeOf ctrl Is CheckBox), _
                    DirectCast(ctrl, CheckBox).Checked.ToString(), ctrl.Text)
        })
    Next

    Return parameterValues.ToArray()
End Function
```

现在可以使用 GetReportExecutionParameters 函数构建一个输入参数数组。为了获得输入参数数组，可以在 RenderReport 方法中添加以下代码：

C#

```
REService.ParameterValue[] parameters = GetReportExecutionParameters();
```

VB

```
Dim parameters As REService.ParameterValue() = GetReportExecutionParameters()
```

现在已经得到了输入参数列表，接下来马上就可以调用 Render 方法了。为此还需要声明几个用作输出参数的变量，包括 HistoryID、DeviceInfo、Encoding、MimeType、Extension、Warnings 以及 StreamIDs。虽然这些变量并没有全部使用，因为这些变量的值都被设置为 null，但是此处仍然声明了这些变量，这样做的目的在于更好地说明 Render 方法的语法。Render 方法最终所用的变量是一个字节数组。这个字节数组将被写入文件系统：

C#

```
byte[] result = null;
string historyID = null;
string devInfo = null;
string encoding;
string mimeType;
string extension;
REService.Warning[] warnings = null;
string[] streamIDs = null;

// Load the report, set the parameters and then render.
_rsExec.LoadReport(reportItem.Path, historyID);
_rsExec.SetExecutionParameters(parameters, "en-us");
result = _rsExec.Render(selectedFormat.Name, devInfo,
    out extension,
    out encoding,
    out mimeType,
    out warnings,
    out streamIDs);
```

VB

```
Dim result As Byte() = Nothing
Dim historyID As String = Nothing
Dim devInfo As String = Nothing
Dim encoding As String
Dim mimeType As String
Dim extension As String
Dim warnings As REService.Warning() = Nothing
Dim streamIDs As String() = Nothing

' Load the report, set the parameters and then render.
_rsExec.LoadReport(reportItem.Path, historyID)
_rsExec.SetExecutionParameters(parameters, "en-us")
result = _rsExec.Render(selectedFormat.Name, devInfo, extension, _
                    encoding, mimeType, warnings, streamIDs)
```

最后还需要将 Render 方法返回的字节数组写入文件系统。使用输出文本框中指定的输出路径以及报表名称和文件格式扩展名打开一个文件流。下面给出了 RenderReport 方法的完整代码, 还给出了将文件写入文件系统的最终代码段:

C#

```
private void RenderReport()
{
    _rsExec.Url = String.Format("{0}/{1}",
        txtServer.Text.TrimEnd('/'),
        "ReportExecution2005.asmx");

    Format selectedFormat = (Format)reportFormatComboBox.SelectedItem;
    ReportItem reportItem = (ReportItem)reportsComboBox.SelectedItem;
```

```
    REService.ParameterValue[] parameters = GetReportExecutionParameters();

    byte[] result = null;
    string historyID = null;
    string devInfo = null;
    string encoding;
    string mimeType;
    string extension;
    REService.Warning[] warnings = null;
    string[] streamIDs = null;

    // Make sure the report either has parameters
    // that are set or has no parameters.
    if ((_reportHasParameters && parameters.Length != 0) || !_reportHasParameters)
    {
        _rsExec.LoadReport(reportItem.Path, historyID);
        _rsExec.SetExecutionParameters(parameters, "en-us");
        result = _rsExec.Render(selectedFormat.Name,
            devInfo,
            out extension,
            out encoding,
            out mimeType,
            out warnings,
            out streamIDs);

        // Make sure there is an output path then
        // output the file to the file system.
        if (txtOutputFolder.Text != "")
        {
            string fullOutputPath = txtOutputFolder.Text + "\\" +
            reportItem.Name + selectedFormat.Extension;
            FileStream stream = File.Create(fullOutputPath, result.Length);
            stream.Write(result, 0, result.Length);
            stream.Close();
            MessageBox.Show("Report Rendered to: " + fullOutputPath);
        }
        else
        {
            MessageBox.Show("Choose a folder first");
        }
    }
    else
    {
        MessageBox.Show("Click Get Parameters button and then set values.");
    }
}
```

VB

```
Private Sub RenderReport()
    _rsExec.Url = String.Format("{0}/{1}", txtServer.Text.TrimEnd("/"),
    "ReportExecution2005.asmx")

    Dim selectedFormat As Format =
    DirectCast(Me.reportFormatComboBox.SelectedItem, Format)
```

```vb
Dim reportItem As ReportItem =
DirectCast(Me.reportsComboBox.SelectedItem, ReportItem)

Dim parameters As REService.ParameterValue() = GetReportExecutionParameters()

Dim result As Byte() = Nothing
Dim historyID As String = Nothing
Dim devInfo As String = Nothing
Dim encoding As String
Dim mimeType As String
Dim extension As String
Dim warnings As REService.Warning() = Nothing
Dim streamIDs As String() = Nothing

' Make sure the report either has parameters that are set or has no parameters.
If ((_reportHasParameters AndAlso Not parameters.Length = 0) OrElse Not
_reportHasParameters) Then

    _rsExec.LoadReport(reportItem.Path, historyID)
    _rsExec.SetExecutionParameters(parameters, "en-us")
    result = _rsExec.Render(selectedFormat.Name, devInfo, extension, _
                    encoding, mimeType, warnings, streamIDs)

    ' Make sure there is an output path then output the file to the file
    system.
    If (Not txtOutputFolder.Text = "") Then
        Dim fullOutputPath As String = txtOutputFolder.Text & "\" & _
                            reportItem.Name &
                            selectedFormat.Extension
        Dim stream As System.IO.FileStream = _
          System.IO.File.Create(fullOutputPath, result.Length)
        stream.Write(result, 0, result.Length)
        stream.Close()
        MessageBox.Show("Report Rendered to: " & fullOutputPath)
    Else
        MessageBox.Show("Choose a folder first")
    End If
Else
    MessageBox.Show("Click Get Parameters button and then set values.")
End If
End Sub
```

现在已经完成了用于呈现应用程序的全部代码。接下来试试运行效果，为此可以生成并运行项目。当表单打开时，在 Server Address 文本框中输入服务器信息，然后单击 Get Items 按钮，如图 15-12 所示。

选中一个使用了参数的报表(示例中使用了来自第 8 章练习 1 的 Sales Order Volume by Month 报表)，单击 Get Parameters 按钮，然后填充参数，如图 15-13 所示。

最后，选择一个输出文件夹，然后选中 EXCEL 呈现格式。指定这些内容之后，即可单击 Render 按钮来呈现报表。呈现结束后，可以看到一个消息框，通知已经将文件写入某个特定位置，如图 15-14 所示。然后就可以使用 Microsoft Excel 打开保存的文件了。

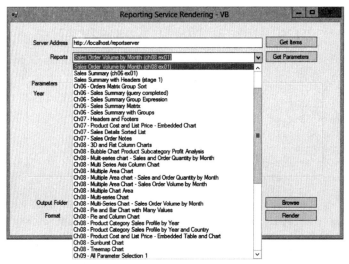

图 15-12 Reporting Service Rendering 应用程序报表清单

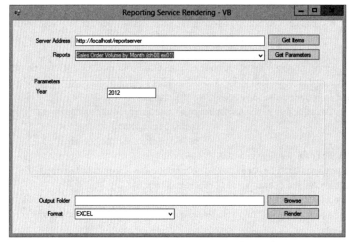

图 15-13 Reporting Service Rendering 应用程序

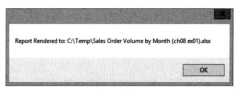

图 15-14 确认消息框

6. 对将报表呈现到文件系统的总结

本节学习了将一个报表呈现到文件系统的基本步骤：

- 使用 ReportingService2010 对象的 ListChildren 方法，返回一个报表清单
- 使用 ReportingService2010 对象的 GetItemParameters 方法，返回一个报表参数列表
- 使用 ReportExecutionService 对象的 Render 方法，使用一种指定的格式输出报表

上述用来呈现报表的基本步骤可以在多种应用程序中使用。通过使用这些方法，用户可以创建自己的自定义报表清单、客户报表参数页面，还可以使用返回的字节数组输出报表。下一节还将使

用部分步骤将一个报表呈现到 Web，为此将需要使用 Response 对象。

15.2.3　将报表呈现到 Web

前面一节学习了如何在文件系统中呈现报表。然而，现如今的大多数应用程序都是为 Web 编写的。利用 URL 请求，可以使用 Reporting Services Web 服务，通过编程的方式向 Web 呈现报表。

与在文件系统中呈现报表相比，将报表呈现到 Web 所要完成的工作步骤大多相同，只需要修改界面即可。通过使用 ListChildren 方法，开发人员可以很方便地将一组报表与一个 ASP.NET GridView 控件进行绑定。另外，开发人员也可以创建一个用于显示当前可用报表的树型视图。与此类似，开发人员还可以使用 GetItemParameters 方法创建基于 Web 的参数界面。

因为已经学习了 ListChildren 和 GetItemParameters 方法，所以本节将集中关注如何深入开发 ASP.NET 应用程序。本节将介绍如何通过修改 web.config 文件，向 Reporting Services 传递凭据信息。然后将学习使用 ASP.NET HttpResponse 对象进行呈现的机制。

1. 使用集成的 Windows 身份验证

每一种安全模型都拥有两种主要的功能：身份验证和授权。在 Reporting Services 中，为了在 ASP.NET 应用程序中对用户进行身份验证，可以使用 Windows 集成身份验证。在开始学习这个示例之前，必须将应用程序配置为使用集成的 Windows 身份验证。

在部署使用 Windows 身份验证的 ASP.NET Web 应用程序时，必须打开 IIS 并修改网站的某些虚拟目录设置。确保关闭了匿名访问，同时在 IIS 中开启了集成的 Windows 身份验证。同时，如果在 Web 应用程序中没有使用模拟用户，那么还需要为网站配置应用程序池身份，这个身份使用服务账户和密码，并且可以访问 Reporting Services 目录。

在 ASP.NET Web 应用程序中使用集成的 Windows 身份验证可以最方便地利用 Reporting Services 提供的安全功能。使用这种方法可以帮助开发人员在无须自行创建身份验证机制的情况下使用其他领域的应用程序。这种方法还可以充分利用 Reporting Services 提供的基于角色的安全模型。

除了需要更新目标 IIS Web 服务器设置，以使网站使用集成的 Windows 身份验证之外，还必须对 ASP.NET Web 应用程序进行一些修改。

在开发 ASP.NET 应用程序时，可以利用 Visual Studio Development Server 快速调试应用程序。唯一的问题在于 Web 应用程序需要使用启动 Visual Studio 的 devenv.exe 进程的那个用户账户的身份凭据来执行。在大多数情况下，也就是用自己的用户账户执行 Web 应用程序，因此必须确保在 Reporting Services 目录中为自己授予适当的权限。

为了完成这个示例，需要使用一种所选的.NET 语言(如 C#或 VB)创建一个 ASP.NET Web 应用程序。

2. 修改 web.config 文件

在为了演示而创建的 Web 应用程序中，需要将用户的安全凭据传递给 Reporting Services Web 服务。为了完成这项任务，必须允许 ASP.NET 应用程序模拟当前登录的用户。为了设置模拟，需要在 web.config 文件中的身份验证元素之后，添加以下代码行：

```
<identity impersonate="true" />
```

如果 web.config 文件尚未包含任何一项身份验证元素，那么必须首先添加这项元素，添加的元素必须为 Windows 身份验证提供适当的模式属性，并且需要在其内部提供标识元素：

```
<authentication mode="Windows" />
<identity impersonate="true" />
```

3. 设置 Report Execution Web 服务

因为示例只需要呈现功能，所以只会使用到 Report Execution Web 服务。然而，一般来说，还要与 ReportingService2010.asmx Web 服务打交道，这一点在前面一节中已经讨论过。

这个示例已经添加了一个针对 http://localhost/reportserver/reportexecution2005.asmx 的 Web 引用，并将其命名为 REService。

4. 呈现到 Response 对象

现在已经设置好了 Windows 集成的身份验证，修改了 web.config 文件，下面就开始编写代码。这个简单的应用程序需要包含一个页面，这个页面可以从 URL 接收报表路径和报表格式。这些信息将用来调用 Report Execution Web 服务对象的 Render 方法，并且要将此信息写回响应流。

这个示例使用一个名为 Render.aspx 的 ASP.NET 页面。将代码示例保存到页面的 Page_Load 事件中。在围绕 Reporting Services 开发应用程序时，这种做法是比较合乎逻辑的，因为这样可以在报表服务器上实现一个入口点。然后可以在应用程序中的其他位置引用这个页面。入口页面可以是一个简单的 Default.aspx 页面，这个页面以文本框和下拉框的方式提供了报表路径及格式。Default.aspx 页面可以使用一个按钮事件向 Render.aspx 页面传递 Format 和 Path 参数。尽管这个示例的输入非常简单，但是在前面一节中已经指出：可以使用同样的技术构建一个更为可靠而复杂的示例。

下面为页面的 Page_Load 事件添加一些代码，这些代码用于从 HTTP 的 Request 对象中获取报表路径及报表格式：

C#

```
string path = Request.Params["Path"];
string format = Request.Params["Format"];
```

VB

```
Dim path As String = Request.Params("Path")
Dim format As String = Request.Params("Format")
```

现在得到了报表路径和报表格式，下面就可以开始设置 ReportExecutionService 对象。这个对象是一个 Web 服务引用的实例，类似于前面的 Windows Forms 应用程序。为此需要创建一个 Report-ExecutionService 对象实例，然后将凭据设置为当前登录用户的凭据：

C#

```csharp
//create the ReportExecutionService object
ReportExecutionService _rsExec = new ReportExecutionService();

//set the credentials to be passed to reporting services
_rsExec.Credentials = System.Net.CredentialCache.DefaultCredentials;
```

VB

```vb
'create the ReportingService object
Dim _rsExec As New ReportExecutionService

'set the credentials to be passed to Reporting Services
_rsExec.Credentials = System.Net.CredentialCache.DefaultCredentials
```

在创建 ReportingService 对象并设置了凭据之后，就可以呈现报表。可以通过创建变量来传递报表参数(在这个示例中没有使用报表参数)并获取报表的编码方式、MIME 类型、使用的参数、警告以及流 ID。用来呈现报表的关键输出参数是 MIME 类型，这个参数可以通知 HTTP 的 Response 对象应该传回哪一类文档。下面的代码可以为 Web 应用程序呈现报表。注意，这段代码与在 Windows Forms 应用程序中使用的代码是一样的：

C#

```csharp
ParameterValue[] parameters = new ParameterValue[0];

byte[] result = null;
string historyID = null;
string devInfo = null;
string encoding;
string mimeType;
string extension;
REService.Warning[] warnings = null;
string[] streamIDs = null;

_rsExec.LoadReport(path, historyID);
_rsExec.SetExecutionParameters(parameters, "en-us");
result = _rsExec.Render(format, devInfo, out extension,
        out encoding, out mimeType, out warnings, out streamIDs);
```

VB

```vb
Dim parameters As ParameterValue()
Dim result() As Byte
Dim historyID As String
Dim devInfo As String
Dim encoding As String
Dim mimeType As String
```

```
Dim extension As String
Dim warnings() As Warning
Dim streamIDs() As String

_rsExec.LoadReport(path, historyID)
_rsExec.SetExecutionParameters(parameters, "en-us")
result = _rsExec.Render(format, devInfo, extension, encoding, _
        mimeType, warnings, streamIDs)
```

ReportExecutionService 对象的 Render 方法返回了一个字节数组，这个字节数组将会在多处用到。对于 Web 应用程序来说，可以将这项信息直接写回 HTTP 的 Response 对象。然而，在写回数据之前，首先必须设置一些有关报表的信息，也就是文件名。为此，可以使用一个带有扩展名的报表名称，扩展名是由扩展名变量返回的值决定的。

使用下面的代码生成文件名，此代码使用了 Render 方法返回的信息：

C#

```
string reportName = path.Substring(path.LastIndexOf("/") + 1);
string fileName = reportName + "." + extension;
```

VB

```
Dim reportName As String = path.Substring(path.LastIndexOf("/") + 1)
Dim fileName As String = reportName & "." & extension
```

最后，为了将所有功能组织在一起，需要将数据和文件信息写回 HttpResponse 对象。为此，代码需要执行以下操作：

(1) 清除响应缓存中保存的所有信息。

(2) 将响应的内容类型设置为待呈现报表的 MIME 类型。

(3) 如果报表使用了非 HTML 格式，那么就将文件名信息附加到响应中。

(4) 使用 BinaryWrite 方法将呈现后的报表字节数组直接写入 Response 对象。

下面是 Page_Load 事件的完整代码：

C#

```
protected void Page_Load(object sender, EventArgs e)
{
    if (!Request.Params.HasKeys())
        Response.Redirect("</Default.aspx");

    //get the path and output format from the query string
    string path = Request.Params["Path"];
    string format = Request.Params["Format"];

    var _rsExec = new ReportExecutionService();
    _rsExec.Credentials = System.Net.CredentialCache.DefaultCredentials;

    // Prepare report parameter.
    // The GetParameters method could be implemented as was shown in
    // the previous section on rendering to the file system.
    ParameterValue[] parameters = new ParameterValue[0];
```

```
// Variables used to render the report.
byte[] result = null;
string historyID = null;
string devInfo = null;
string encoding;
string mimeType;
string extension;
REService.Warning[] warnings = null;
string[] streamIDs = null;

// Load the report, set the parameters and then render.
_rsExec.LoadReport(path, historyID);
_rsExec.SetExecutionParameters(parameters, "en-us");
result = _rsExec.Render(format, devInfo, out extension, out encoding,
        out mimeType, out warnings, out streamIDs);

string reportName = path.Substring(path.LastIndexOf("/") + 1);
string fileName = reportName + "." + extension;

//Write the report back to the Response object.
Response.Clear();
Response.ContentType = mimeType;

//Add the file name to the response if it is not a web browser format.
if (mimeType != "text/html")
    Response.AddHeader("Content-Disposition", "attachment; filename=" +
                    fileName);

Response.BinaryWrite(result);
}
```

VB

```
Protected Sub Page_Load(ByVal sender As Object, ByVal e As System.EventArgs)
 Handles Me.Load

    Dim path As String = Request.Params("Path")
    Dim format As String = Request.Params("Format")

    'create the ReportingService object
    Dim _rsExec As New ReportExecutionService

    'set the credentials to be passed to Reporting Services
    _rsExec.Credentials = System.Net.CredentialCache.DefaultCredentials

    'prepare report parameters
    Dim parameters(0) As ParameterValue

    'variables used to render the report
    Dim result() As Byte
    Dim historyID As String
    Dim devInfo As String
    Dim encoding As String
    Dim mimeType As String
    Dim extension As String
```

```
Dim warnings() As Warning
Dim streamIDs() As String

_rsExec.LoadReport(path, historyID)
_rsExec.SetExecutionParameters(parameters, "en-us")
result = _rsExec.Render(format, devInfo, extension, encoding, _
        mimeType, warnings, streamIDs)

Dim reportName As String = path.Substring(path.LastIndexOf("/") + 1)
Dim fileName As String = reportName & "." & extension

'write the report back to the Response object
Response.Clear()
Response.ContentType = mimeType
'add the file name to the response if it is not a web browser format
If mimeType <> "text/html" Then
   Response.AddHeader("Content-Disposition", "attachment; " _
                    & "filename=" & fileName)
End If
Response.BinaryWrite(result)

End Sub
```

这个示例展示了一些关键的代码片段，这些代码片段可以用来将报表呈现到 Web。首先需要通过配置 Windows 集成身份验证来设置应用程序的安全上下文，为此还需要开启来自应用程序的身份模拟(或者为能够访问报表服务器的应用程序池提供凭据)。下一步需要通过指定报表路径和报表格式，从 Reporting Services 获取一个报表。最后，通过使用呈现的报表数据及其关联的 MIME 类型，使用 HTTP Response 对象呈现报表。

现在已经实现了 Web 应用程序，下面就来看看如何使用 Render.aspx 页面。可以使用一个简单的查询字符串来呈现报表。下面给出了一个示例查询字符串，这个字符串可以用 HTML 5 格式从示例报表中呈现 Internet Sales KPI Dashboard 报表：

```
http://localhost/Render.aspx?Path=/Wrox SSRS 2016 Samples/Internet Sales KPI
Dashboard&Format=HTML5
```

这个 URL 完成了以下工作：

- 调用 C#项目中的 Render.aspx 页面

传递了必要的参数，即路径(/Wrox SSRS 2016 Samples/Internet Sales KPI Dashboard)和格式(HTML5)

注意，如果输入 HTML 4.0 作为输出格式，那么报表数据将直接呈现在浏览器中。在代码中，此时 HTTP Response 对象的 MIME 类型是 text/html。浏览器收到响应时，可以识别出报表的 MIME 类型，并且将其直接呈现到浏览器中。

> **注意：**
> 根据安全设置，IE 会询问是保存 HTML 页面还是打开 HTML 页面。可以单击打开，直接在浏览器中查看报表。

下面我们快速了解如何将报表呈现为不直接在浏览器中显示的格式。使用下面的 URL 呈现同一个 Employee List 报表，但是这次使用了 EXCELOPENXML 格式：

```
http://localhost/Render.aspx?Path=/Wrox SSRS 2016 Samples/Internet Sales KPI
Dashboard&Format=EXCELOPENXML
```

注意：

在呈现为 Excel 时，最好使用 EXCELOPENXML 格式，这是 Excel 2007 及更高版本的标准格式。此时，系统使用扩展名.xlsx 保存文件。EXCEL 格式则呈现为早期的二进制格式，文件扩展名为.xls。

注意，如果将报表格式设置为文档格式，则可以看到一个提示，要求将报表保存到文件系统中。此时必须将 MIME 类型设置为 application/vnd.ms-excel。另外还需要为包含了文件名 Internet Sales KPI Dashboard.xlsx 的 HttpResponse 对象添加头信息。此时，MIME 类型可以通知 Internet Explorer 正在发送给 Internet Explorer 的是一个文件，并且在添加的头中包含了文件名。

本节讨论了使用 ASP.NET 应用程序呈现报表的基本机制。首先需要传递当前登录用户的凭据(或是应用程序池的凭据)。为此，需要设置应用程序的虚拟目录以使用 Windows 集成的身份验证，然后还要修改应用程序的 web.config 文件，以便让应用程序使用模拟。在代码中，需要调用 Report Execution Web 服务来检索报表和 MIME 类型等内容信息。一旦获得二进制的报表数据之后，就可以将这些信息直接写回 HttpResponse 对象。

15.3　使用 ReportViewer 控件

ReportViewer 控件支持借助少量程序代码将报表集成到自定义应用程序中，也可通过该控件，使用程序代码详细管理许多属性和报表行为。

ReportViewer 控件由来已久。自从该控件发布以来，在面向 SSRS 2008 的 Visual Studio 2010 中对其进行了诸多改进；但在 Visual Studio 2015 和 SQL Server 2016 的初始版本中，仅对其进行了少量改动。该控件未来的版本可独立于 Visual Studio 单独下载，在本书出版之后就可能发布新版本。由于 Microsoft 团队必须调整各种产品的版本，因此 ReportViewer 过往支持的 Reporting Services 功能在当前版本中未必得以实现(对于本地模式 RDLC 报表，情况尤为如此)。.

本节中的示例使用版本 11(称为 Report Viewer 2012 Runtime)，该版本更新于 2014 年，可从如下网址下载：https://www.microsoft.com/en-us/download/details.aspx?id=35747。

注意：

使用此版本 ReportViewer 控件生成的 RDLC 报表支持 RDL 版本 2008，这是目前除 2016 版本之外的另一个版本。

对于初学者来说，在 New Project 列表中提供了一个自带的 Reports Application 项目，如图 15-15 所示。

如果选中 Reports Application 项目模板，那么系统将创建一个新的 Windows Forms 应用程序项目，这个项目中包含一个使用了 Report Viewer 控件的表单，还包含一个 Report RDLC 文件。同时还会自动启动报表向导，如图 15-16 所示。

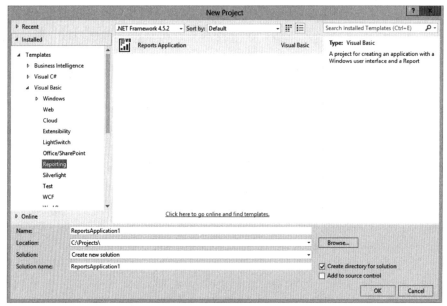

图 15-15　New Project 对话框

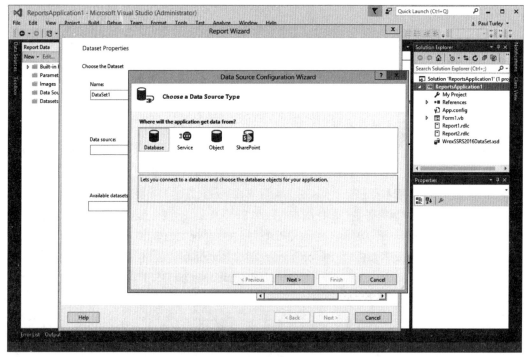

图 15-16　数据源配置向导

　　报表向导可以一步步指导你如何创建一个数据源，如何选中一个已有的数据源，如何将连接信息保存到配置文件中，如何选中生成报表的数据库对象，以及如何基于这些对象创建一个报表。

　　Reports Application 项目是一个极好的起点，但 ReportViewer 控件也可以添加到任何一个自定义应用程序中。在 Visual Studio 中，这个控件位于 Reporting 工具箱中，如图 15-17 所示。

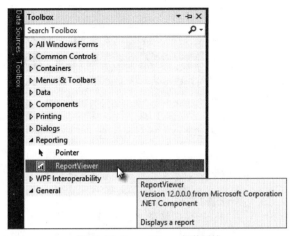

图 15-17　ReportViewer 控件属性

为了将一个报表添加到.NET 应用程序中，ReportViewer 控件可以为我们提供最为灵活的手段，在大多数情况下该控件也是最简单易用的技术。存在两种独立但相似的 ReportViewer 控件可供使用，一种用于.NET Windows Forms 应用程序，另一种用于 ASP.NET Web Forms 应用程序。在 Web Portal and Designer Preview 选项卡中看到的所有用户界面属性都可以使用控件属性进行管理，也可以在设计过程中使用 Properties 窗口进行设置，还可以使用程序代码在运行时进行设置。甚至可以动态创建这个控件的一个实例，以编程方式设置其属性，这样无须将一个报表添加到设计器的表单中也可呈现此报表。

ReportViewer 控件是客户端控件，不需要使用 SQL Server 实例。ReportViewer 控件只依赖.NET Framework 3.51 或更高版本。

控件使用的源数据可以来自任何数据源，而不仅仅是 SQL Server。ReportViewer 控件本身并不知道数据来自何方。应用程序可以使用任何数据源，但是需要将数据以 IEnumerable 集合的形式提供给 ReportViewer 控件，比如 ADO.NET DataTables 或 IQueryable 对象，甚至可以是自定义数据集合。ReportViewer 控件并不知道如何连接数据库，也不知道如何执行查询。在使用 ReportViewer 控件时，通过请求主机应用程序提供数据，可以使用任何数据源，包括关系型数据库、非关系型数据库，甚至可以是非数据库数据源。

这两种类型的 ReportViewer 控件都支持两种不同的报表执行场景：

● 远程模式
● 本地模式

在远程模式下，标准的 RDL 报表是在报表服务器上部署和运行的，并且用户能够通过控件来查看期望的报表。这一点类似于在通过 URL 访问 HTML 格式的报表时，报表服务器的 ReportViewer.aspx 页面所使用的方法。

在本地模式下，ReportViewer 控件可以充当一个小型报表宿主引擎，此时报表不必连接到报表服务器即可执行。实际上，这个控件可以作为一个完整的 SSRS 处理和呈现引擎的宿主，所以才有可能完成上述功能。然而，这需要一个不同版本的报表定义文件，这个新版本的报表定义文件已经针对客户端执行进行了改造。这个文件是一个 RDLC 文件，其中"C"代表客户端处理。

> **注意:**
>
> 在本地处理模式下, ReportViewer 控件版本 11 可以支持 RDL 2008 架构。然而, 如果在远程模式下执行服务器报表, 这个 ReportViewer 控件版本将无法支持 SSRS 2005 版的报表服务器。此外, 对于使用 RDL 2010 或 2016 架构创建的报表来说, 报表处理和呈现都是在服务器端完成的。因此, 可以在报表查看器中使用那些最新的功能, 如地图、迷你图、KPI 指标、报表部件(在 2008 R2 中引入)。

RDL 和 RDLC 格式都具有相同的基础 XML 架构, 但是后者允许某些 XML 元素包含空值。RDLC 同样不对 RDL 架构中的<Query>元素进行处理。实际上, 只有当文件一开始是以 RDL 格式创建, 而后以手工方式修改为 RDLC 格式的情况下, <Query>元素才会出现在 XML 文件中。当使用 Visual Studio 向导创建客户端处理文件时, 生成的文件已经省略了不必要的元素。RDLC 文件可能也会包含 ReportViewer 控件, 用来生成数据绑定代码的设计时信息。

利用报表创建向导, 可以手工将一个 RDL 报表转换为 RDLC 报表, 从而创建一个 RDLC 报表。为此需要使用 Visual Studio 的 Add New Item 对话框, 或者通过编程生成 RDLC。

通过编程生成 RDLC 有利于开发自定义应用程序。如果需要通过自定义编程生成 RDLC, 那么可以创建一个自定义用户接口, 帮助用户动态生成新的报表, 这些报表可以与业务/领域数据模型进行交互。这个用户接口还可以基于 RDL 架构将内存报表串行化为 XML 文件。一旦生成 XML 文件, 就可以将这个 XML 文件提交给 ReportViewer 控件, 同时提供的还有执行过程中所需的数据。实际上, 这个过程类似于 Report Designer 在 Visual Studio 内部工作的过程, 不同之处在于增加了与数据查询相关的 XML 元素, 这些 XML 元素原本并不存在。另外还增加了将串行化的 XML 保存到文件或磁盘的功能。

在 Windows 应用程序中嵌入服务器端报表

下面的练习将使用运行在远程模式下的 ReportViewer 控件, 在 Windows Forms 应用程序中查看服务器端的报表。这个控件的 Web Forms 版本提供的属性和方法几乎是完全相同的。因此, 代码可以在 Windows 应用程序项目和 Web 应用程序项目之间进行迁移。接下来将首先在自定义应用程序中查看报表, 然后需要在代码中处理报表的参数。

在呈现服务器报表时, 报表呈现接口可以生成多个工具栏选项和参数提示。我们既可以直接使用这些默认的 UI 元素, 也可以将其替换为自己的 UI 元素。如果使用了报表参数, 那么可以隐藏默认提示并强制用户在自定义应用程序中输入参数。这样就可以对用户与报表的交互进行控制, 并且可以根据业务需求, 引入比较可靠的参数验证方法。

首先,打开 Visual Studio,依次选中 File | New | Project。然后选中 C#或 VB 语言的 Windows Forms Application 项目模板。此时将创建一个包含一个空白 Windows Forms 的新项目, 同时这个项目还包含必要的引用。

示例使用的是本节自始至终都在使用的 Sales_By_Region 报表。首先, 需要为这个Visual Studio Windows Application 项目添加一个窗口。将 ReportViewer 控件拖放到窗体上, 根据需要, 修改控件大小, 并放置在适当的位置。

针对 ReportViewer 控件, 需要关注的第一件事就是用于配置控件关键属性的下拉上下文菜单。控件的上下文菜单可以帮助你选择一个特定的报表, 也可以帮助你从一台报表服务器上选择一个报表。可以设置报表服务器的 URL 和报表路径, 还可以启动报表向导来设计一个新的报表, 并且在当前的容器中放置报表。

　　将 Report Server 属性设置为本地报表服务器，然后将报表路径设置为 Sales_By_Region 报表。通过单击 ReportViewer 控件右方的智能标记按钮(小箭头)，可以打开常用任务对话框，如图 15-18 所示。在这个对话框中，可以快速完成上述任务。

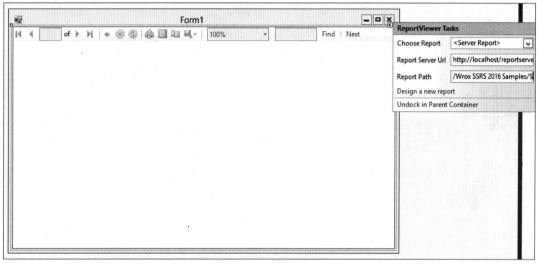

图 15-18　ReportViewerTasks 智能标记面板

　　ReportPath 属性是报表在报表服务器目录中的保存位置。在这个示例中，我们选中了本地服务器上的一个报表，并将其显示在 ReportViewer 控件中。报表服务器的位置是用 ReportServerUrl 属性进行设置的。当 ReportViewer 控件在设计器中获得焦点时，ReportPath 和 ReportServerUrl 属性都可以在 Visual Studio IDE 的 Properties 面板中的 ServerReport 分组内找到。

　　因为需要使用报表服务器进行报表处理，所以需要将 ProcessingMode 属性设置为 Remote。这样将会使报表服务器查询并检索报表使用的源数据。在远程模式下，ReportViewer 控件可以显示保存在 SQL Server Reporting Services 服务器上的报表。这些报表的源数据可以来自任意一个合适的数据源，而不仅仅是 SQL Server。这项行为是正常的处理行为，因为这样就可以让报表不必只能依附于 ReportViewer 控件，而是可以在任何 SQL Server Reporting Services 平台上运行。

　　现在就可以运行自定义应用程序，并在一个 Windows Form 中查看报表，如图 15-19 所示。

　　现在，已经实现的一个简单示例说明了如何在自定义应用程序中运行报表；然而，你可能还希望添加新的功能，以便控制用户能够看到和选择的参数。例如，我们引入一个滑动块(TrackBar)来控制报表中 Bing Maps 层的透明度参数，从而代替标准的下拉列表值。

　　因为透明度参数值列表中的值是 6 个非线性递增的值(0、10、25、35、50、75)，所以必须创建一个数组并将这些值映射到一个索引器，这样才能对应针对滑块的单击操作。我们将这个数组添加到窗体中，作为窗体的一个私有成员。然后可以在窗体构造函数中加载这些值。下面的代码来自 From1 类，这是一个部分类：

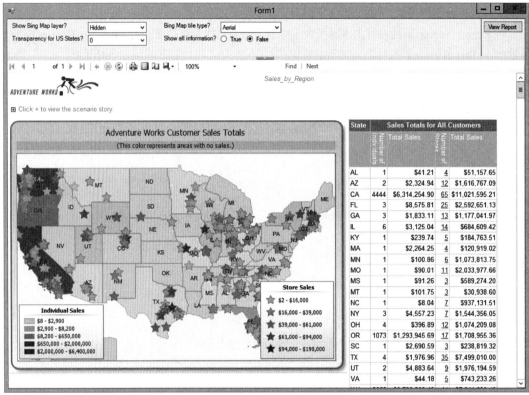

图 15-19　带地图和表格的示例报表

C#

```csharp
private int[] _trackBarValues = new int[6];
public Form1()
{
    InitializeComponent();
    _trackBarValues[0] = 0;
    _trackBarValues[1] = 10;
    _trackBarValues[2] = 25;
    _trackBarValues[3] = 35;
    _trackBarValues[4] = 50;
    _trackBarValues[5] = 75;
}
```

VB

```vb
Private _trackBarValues As Integer() = New Integer(5) {}
Public Sub New()
    ' This call is required by the designer.
    InitializeComponent()

    _trackBarValues(0) = 0
    _trackBarValues(1) = 10
    _trackBarValues(2) = 25
    _trackBarValues(3) = 35
    _trackBarValues(4) = 50
```

```
    _trackBarValues(5) = 75
End Sub
```

然后我们要在窗体中添加新的控件。将这些新的控件添加到 ReportViewer 控件的上方，用于收集用户输入的参数。我们还将添加一个标签控件和一个名为 ShowMapLayerComboBox 的组合框控件，这个组合框控件对应 ShowBingMaps 参数，用于显示或隐藏图层。可以在组合框的 Items 属性中输入 Hidden 和 Visible 作为组合框的可选值。

现在，在窗体中添加另外一个标签控件和一个 TrackBar 控件，其中，TrackBar 控件位于 All Windows Forms 工具箱组。这两个控件对应于 USStatesTransparency 参数，用于在 Bing Maps 图层可见的情况下，控制图层的透明度。将 TrackBar 控件的 TickFrequency 属性值设置为 1，将 Minimum 属性值设置为 0，将 Maximum 属性值设置为 5。这样就能够保证滑块总共可以响应 6 次单击，从而映射这个报表参数的 6 个可用值。此外，我们还要将 Enabled 属性设置为 false，这样滑块将仅在用户选择设置 Bing Maps 图层参数的情况下才可见。

最后需要在窗体中添加一个按钮，并且为这个按钮设置标记文本 "View Report"，然后双击这个按钮，创建一个内容为空的单击事件处理方法。我们将在后面向其中添加代码。

现在，窗体外观应该与图 15-20 类似。

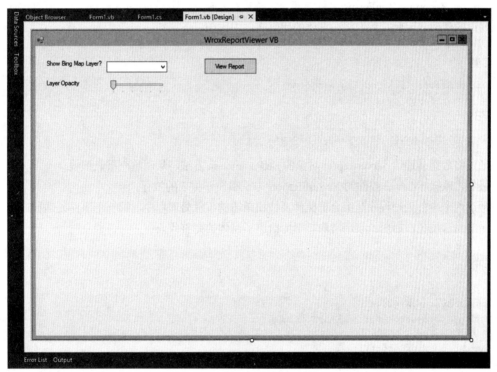

图 15-20　带地图和表格的示例报表

现在我们需要编辑 Form Load 事件，删除自动刷新 ReportViewer 控件的代码行。因为我们需要为用户首先提供选择参数的机会，所以我们不希望一打开窗体报表就开始运行。此外，为了预选组合框中的第一项，我们还要添加以下代码行：

C#

```
private void Form1_Load(object sender, EventArgs e)
{
    this.ShowMapLayerComboBox.SelectedIndex = 0;
}
```

VB

```
Private Sub Form1_Load(sender As Object, e As EventArgs) Handles MyBase.Load
    Me.ShowMapLayerComboBox.SelectedIndex = 0
End Sub
```

可以使用 Properties 窗口来完成设置 ReportViewer 控件属性的任务，我们只需要实现用于设置上述两个参数对应属性的代码和用于执行报表的代码即可。

参数是作为一个 ReportParameter 对象数组进行管理的。因为我们重写了两个必要的参数，所以需要为这两个元素创建一个包含了两个元素的数组。通过向每个 ReportParameter 构造函数传递参数名称和参数值，可以填充各个元素的值。

为了使用 ReportParameter 对象，既可以在代码中添加以下 using/Imports 语句，也可以使用完整的 Microsoft.Reporting.WinForms 名称空间对对象进行实例化。添加 using/Imports 语句可以实现更为清晰易读的代码，因此，我们将在窗体的代码文件中添加以下语句：

C#

```
using Microsoft.Reporting.WinForms;
```

VB

```
Imports Microsoft.Reporting.WinForms
```

通过将数组传递给 ServerReport 对象的 SetParameters 方法，从而填充报表参数。

最后，ReportViewer 控件的 RefreshReport 方法引发了报表的执行。

最后两个事件处理程序是组合框控件及按钮单击的事件处理程序。第一个事件处理程序可以根据选中的组合框值，启用或禁用滑块。下面给出了窗体的完整代码：

C#

```
using System;
using System.Windows.Forms;
using Microsoft.Reporting.WinForms;

namespace WroxReportViewer
{
    public partial class Form1 : Form
    {
        private int[] _trackBarValues = new int[6];
        public Form1()
        {
            InitializeComponent();
            _trackBarValues[0] = 0;
            _trackBarValues[1] = 10;
            _trackBarValues[2] = 25;
```

```csharp
            _trackBarValues[3] = 35;
            _trackBarValues[4] = 50;
            _trackBarValues[5] = 75;
        }

        private void Form1_Load(object sender, EventArgs e)
        {
            this.ShowMapLayerComboBox.SelectedIndex = 0;
        }

        private void ShowMapLayerComboBox_SelectedIndexChanged(object sender,
        EventArgs e)
        {
            this.trackBar1.Enabled =
                (sender as ComboBox).SelectedItem.ToString()
                    .Equals("visible", StringComparison.OrdinalIgnoreCase);
        }

        private void button1_Click(object sender, EventArgs e)
        {
            ReportParameter[] parameters = new ReportParameter[2];

            parameters[0] = new  ReportParameter("ShowBingMaps",
            this.ShowMapLayerComboBox.SelectedItem.ToString());

            parameters[1] = new ReportParameter("USStatesTransparency",
            _trackBarValues[this.trackBar1.Value].ToString());

            reportViewer1.ServerReport.SetParameters(parameters);
            reportViewer1.ShowParameterPrompts = false;
            reportViewer1.ShowPromptAreaButton = false;
            reportViewer1.RefreshReport();
        }
    }
}
```

VB

```vbnet
Imports System
Imports Microsoft.Reporting.WinForms

Public Class Form1
    Private _trackBarValues As Integer() = New Integer(5) {}
    Public Sub New()
        ' This call is required by the designer.
        InitializeComponent()

        _trackBarValues(0) = 0
        _trackBarValues(1) = 10
        _trackBarValues(2) = 25
        _trackBarValues(3) = 35
        _trackBarValues(4) = 50
        _trackBarValues(5) = 75
    End Sub
    Private Sub Form1_Load(sender As Object, e As EventArgs) Handles MyBase.Load
```

```
        Me.ShowMapLayerComboBox.SelectedIndex = 0
    End Sub

    Private Sub ShowMapLayerComboBox_SelectedIndexChanged(sender As Object, e
    As EventArgs) Handles ShowMapLayerComboBox.SelectedIndexChanged
        Me.trackBar1.Enabled = DirectCast(sender,
        ComboBox).SelectedItem.ToString().Equals("visible",
        StringComparison.OrdinalIgnoreCase)
    End Sub

    Private Sub button1_Click(sender As Object, e As EventArgs) _
      Handles button1.Click
        Dim parameters As ReportParameter() = New ReportParameter(1) {}
        parameters(0) = New ReportParameter("ShowBingMaps",
        Me.ShowMapLayerComboBox.SelectedItem.ToString())
        parameters(1) = New ReportParameter("USStatesTransparency",
        _trackBarValues(Me.trackBar1.Value).ToString())

        ReportViewer1.ServerReport.SetParameters(parameters)
        ReportViewer1.ShowParameterPrompts = False
        ReportViewer1.ShowPromptAreaButton = False
        ReportViewer1.RefreshReport()
    End Sub
End Class
```

图 15-21 显示了最终的结果。报表是在嵌入到窗体内部的 ReportViewer 控件中进行显示的。在 ReportViewer 控件顶部，标准报表参数栏和提示并未显示出来，这是因为已经使用相关的 ReportViewer 属性将其隐藏起来了。

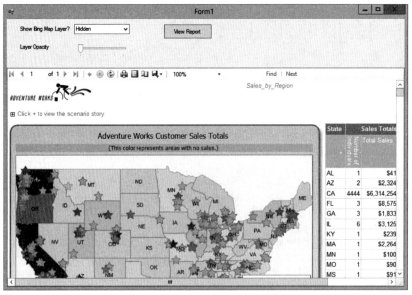

图 15-21   查看器应用程序中的报表

ReportViewer 控件提供了一种可以将报表嵌入到自行编写的 Web 应用程序和 Windows 应用程序中的方法，这种方法非常易于实现。同时，ReportViewer 控件还可以帮助我们使用代码来完全控制应用程序的其余部分内容，从而为用户提供完整的解决方案。

15.4 小结

本章给出了三种在 Reporting Services 中呈现报表的方法。本章第一部分关注如何通过 URL 请求呈现报表。第二部分解释如何通过 Reporting Services Web 服务以编程方式呈现报表。最后一部分内容则使用 ReportViewer 控件将报表嵌入到一个 Windows Forms 应用程序中。

为了将 Reporting Services 报表添加到应用程序中，URL 呈现提供了一种方便的方法。可以将 Reporting Services 报表添加到自定义的门户网站，也可以在其他应用程序中自行创建报表链接。

直接通过 ASP.NET 应用程序呈现报表是一种很有意义的方法。利用这种方法，开发人员可以为参数等内容创建自己的界面，为此需要使用 HTML 提供的某些众所周知的 UI 构件。必须牢记：Web 门户使用与本章示例中相同的 Reporting Services 服务。因此，可以使用 Web 门户完成的任务，利用自己开发的代码也同样可以完成，这样就为自定义应用程序开发人员提供了难以置信的灵活性。

本章说明了如何完成以下任务：

- 使用简单的 URL 查询字符串访问报表
- 使用 Reporting Services 和 Report Execution Service API 进行编程
- 将报表嵌入自定义的 Windows 应用程序和 Web 应用程序
- 在 Visual Studio 中使用 ReportViewer 控件

因为 Reporting Services API 是以 Web 服务的形式实现的，所以可以在多种类型的应用程序中调用这些 API。这些应用程序包括.NET Windows 应用程序、ASP.NET Web 应用程序以及.NET 控制台应用程序。这些 API 甚至可以用于 Visual Basic 6.0，还可以用于那些使用了微软 SOAP 库的 VBA 应用程序，甚至可以用于任何一种能够向报表服务器发送适当格式化 SOAP 请求的应用程序。这种灵活性可以帮助你创建大量应用程序，包括那些使用了自定义安全性的应用程序，以及需要传递保存在其他应用程序数据库中的参数信息的应用程序。

第 16 章将讨论扩展 Reporting Services 的核心功能。你将学习对 Reporting Services 进行扩展的各种扩展选项和原因，扩展 Reporting Services 即可访问各类数据、对用户进行身份验证、呈现报表和交付内容。

扩展 Reporting Services

本章内容

- 利用扩展选项
- 扩展 SQL Server Reporting Services 的原因
- 创建自定义扩展
- 安装自定义扩展

在教导学生了解 Reporting Services 以及与团队合作构建报表解决方案期间，我发现采用某些类比有助于深入了解相关主题。普通人购买汽车时，只有少数人会考虑置换引擎或加入不同的排气系统。这样的工作需要耗费大量时间，并且要求一定的耐心。我不是一名机械维修工，但我曾经拆卸并安装过不少汽车部件，对于其中涉及的操作有着深入了解。同样，学习报表扩展的内部工作机制可帮助你更好地理解核心 SSRS 产品。就 Reporting Services 而言，如果你需要改进自己的报表解决方案，那么本章值得一读。

> **注意：**
> 在深入探讨本主题之前，我将提供一些背景信息。即使是在最严谨的大规模报表解决方案中，开发 Reporting Services 的自定义扩展也是很少见的情况。因此，需要提醒你的是，只在绝对必要时才开发自定义扩展，并且前提是你已牢固掌握 SSRS 平台中的原生功能。

正如在先前章节中学到的那样，Reporting Services 是一个可靠且规模可扩展的企业报表处理产品。此外，微软公司在开发 Reporting Services 时使用了一种模块化可扩展架构，这种架构允许用户对产品进行自定义、扩展和扩充，以便支持用户企业编写商业智能(BI)报表的需要。本章将介绍 Reporting Services 中允许自定义的主要领域，并解释为什么需要对产品进行扩展。自 2008 R2 版本以来，Reporting Services 扩展库和应用编程接口并没有发生真正的变化。因此，与本书前一版相比，本章改动较少。我们更新并测试示例，在其中使用 SSRS 2016 和 Visual Studio 2015。

我们首先讨论实现每一种扩展类型的基本要求，然后用一个详细的示例解释创建和部署数据扩展的过程。

目前，Reporting Services 支持在以下领域对自身行为进行扩展：

- **数据处理扩展(Data Processing Extensions，DPE)**——利用自定义的 DPE，可以使用一致的编程模型访问任何类型的数据。如果无法使用已经实现的提供程序(Analysis Services、Hyperion Essbase、ODBC、OLE DB、Oracle、Report Model、SAP BI NetWeaver Business Intelligence、SQL Server、Teradata、SQL Azure、Parallel Data Warehouse、SharePoint List、XML)访问自己的数据，那么就可以使用 DPE 选项。除了已经集成到产品中的各种提供程序之外，微软公司还发布了 Feature Pack for SQL Server，它提供了自定义的扩展，例如 SAP Relational DB 和 DB2 的扩展。

- **传递扩展**——如果需要将报表以 PDF 格式发送给自己的手机，或者需要将报表发送到文件共享以备将来细读，那么对 SSRS 的传递进行扩展就可以满足这种愿望，其可以管理发送报表内容以供使用的传递模式和机制。

  传递扩展可以帮助你按照时间日程将报表发送给用户或用户组。当前，产品已经内置的传送机制可以发送电子邮件、网络文件共享以及 SharePoint 内容。产品还提供了一个可以在缓存中预先加载预呈现参数化报表的传送扩展。这个扩展也称为"空传递"扩展，但是并未向用户开放，而由数据驱动订阅的管理员使用。创建传递扩展包括两个步骤，首先必须创建扩展本身，如果打算在 SSRS Report Manager 中使用这个扩展，那么还要创建一个 UI 工具来管理这个扩展。创建传递扩展时，主要的难点在于传递机制的功能。

- **呈现扩展**——这种扩展控制创建报表过程中所创建文档/媒体的类型。理论上可以使用 Reporting Services 创建任意类型的媒体，前提是在这个领域为 Reporting Services 提供了相应的支持。微软公司已经提供了以下扩展：

  - **HTML**——HTML 扩展可以生成 HTML5 文档。HTML 4.0 仍然得到支持，但当前版本的 Reporting Services 已经不再支持 HTML 3.2。

  - **Excel**——新的 Excel 呈现扩展使用 Open XML Office 格式(XLSX)创建 Excel 2007-2016 兼容文件。原有的 Excel 呈现扩展只能使用二进制交换文件格式(Binary Interchange File Format，BIFF)生成 XLS 文件，与 Excel 97 和更高版本兼容。尽管仍然可以使用，但是默认情况下是隐藏的，不过可以通过 RSReportServer.config 文件进行配置。通过在报表中定义分页符，即可使产生的工作簿文件呈现单独的工作表。

  - **Word**——新的 Word 呈现扩展使用 Open XML Office 格式(DOCX)创建 Word 2007-2016 兼容文件。原有的 Word 呈现扩展只能生成 DOC 文件，与 Word 97 和更高版本兼容。尽管仍然可以使用，但是默认情况下是隐藏的，不过可以通过 RSReportServer.config 文件进行配置。

  - **PowerPoint**——新的 PPTX 呈现扩展使用 Open XML Office 格式(PPTX)创建 PowerPoint 2007-2016 兼容文件。如果要打印报表并使其每页呈现一张幻灯片，可使用分页符。

  - **Image**——Image 扩展可以将报表导出为 BMP、EMF、GIF、JPEG、PNG、TIFF 和 WMF 等图像格式，其中 TIFF 格式为默认格式。

  - **PDF**——PDF 扩展可以生 Adobe PDF 格式的报表。

  - **CSV**——CSV 即逗号分隔值，CSV 扩展可以生成普通文本格式的文件。在这种文件中，数据字段之间用逗号进行分隔。CSV 结果的第一行包含数据的字段名称。

- XML——XML 扩展可以使用 XML 格式呈现报表，并且可以有选择性地进行转换，因此能够控制输出中呈现的标记。

● **安全扩展**——安全扩展可以帮助你在一台报表服务器中针对用户和用户组进行身份验证和授权。在其第一版中，Reporting Services 仅支持以 Windows 集成的安全方式访问报表。对于某些企业人员来说，这种做法存在严重问题。大多数公司都使用了异构网络，运行了多种操作系统和软件产品。在完美世界中，所有的网络、应用程序、资源都能够支持某种形式的"单一登录"，或者至少允许用户自行开发实现这种概念。如果微软公司希望 SQL Server 在企业商业智能平台上发挥重要作用，那么就必须让 SQL Server 能够与其他产品有效地协同工作。微软公司在 SQL Server 2000 的 Service Pack 1 中解决了这个问题，并使此项功能成为 SQL Server 2005 的组成部分。当前版本的 SQL Server 实现了完整的文档安全扩展接口，并提供一个使用 ASP.NET 基于表单进行授权的示例。也可以在 SSRS 中实现自定义的安全模型，但是对于每一个实例而言，只能使用一种安全扩展。

● **报表处理扩展(自定义报表项)**——这种扩展类型是随 2005 版的 Reporting Services 一同发布的。这种扩展可以创建由报表处理引擎进行处理的自定义报表项。因此我们可以对 RDL 标准进行扩展，使之具有 RDL 原本并不支持的功能，如自定义地图和水平列表。开发人员还可以扩展现有的报表项，从而可以提供新的报表项版本，使之能够更好地满足他们的需求。

● **报表定义的自定义扩展**——这种扩展类型是随 2008 版的 Reporting Services 一同发布的，为报表定义预处理提供了一个挂钩(hook)。可以将此扩展插入自定义代码，从而使代码能够在处理报表之前即对报表定义流进行修改。这项功能非常有用，例如，假如需要根据报表请求指定的区域性信息、区域设置、用户身份等修改报表布局，那么就可以使用这项功能。注意，虽然我们无法保证自定义代码在请求管道中的执行位置和执行时间，但是我们可以保证这种扩展能够在报表定义处理发生之前得以执行。这种扩展提供了一个名为 IreportDefinition-CustomizationExtension 的新接口，并且必须实现此接口。

16.1 通过接口进行扩展

为了扩展产品，Reporting Services 可以按照标准方式使用常用接口或"扩展点"。Reporting Services 扩展对象必须实现某些特定的接口，这样，在其他对象类型无须了解 Reporting Services 扩展对象内部实现的情况下，Reporting Services 才能与不同对象类型进行交换。这是一种常见的面向对象编程技术，可以用来将设计从实现中抽象出来。

注意：

如果需要深入学习这个主题，请阅读 Erich Gamma、Richard Helm、Ralph Johnson、John M. Vlissides 的著作 *Design Patterns: Elements of Reusable Object-Oriented Software* 中第 3 章 "Creational Patterns" 的内容。该书于 1994 年由 Addison-Wesley 出版社出版。

16.1.1 什么是接口

大多数 C/C++开发人员对接口都非常谙熟。熟练的.NET 开发人员也了解接口，因为需要使用接口与 FCL(Framework Class Libraries，框架类库)进行交互，而且还需要通过编程设计松散耦合代码契约。实际上，Reporting Services 本身就是通过一个 Web 服务接口暴露给开发人员的。为了完整讨论如何对 Reporting Services 进行扩展，必须对接口进行定义和解释。

那么什么是接口呢？接口是一个预定义的代码架构，它构成了软件组件之间的契约，还定义了软件组件之间如何通信。接口提供了其所代表的实体与外界之间的抽象层。

这听起来很不错，不过这样做有什么好处？这样做只是满足了一个接口定义的契约，所有扩展组件都必须包含某些特定的方法、属性等。

在 Reporting Services 中，这意味着每一个扩展组件都必须包含特定的方法，这些方法是由 IExtension 接口定义的。根据创建的扩展类型的不同，有可能需要实现其他的接口。

16.1.2　接口语言之间的区别

VB.NET 和 C#声明接口的方法存在区别。C#支持"隐式"接口定义。如果一个类中的方法名和签名能够与这个类实现的接口定义匹配，那么类中的方法将自动映射到其关联的接口定义。我们选择 System.IDisposable 作为示例，因为后面创建的很多类都需要实现这个接口：

C#

```
public class TestClass : System.IDisposable
{
  //this method is automatically mapped to IDisposable.Dispose
  public void Dispose()
  {
      //write some code to dispose of non-memory resources
  }
}
```

VB.NET 需要显式接口实现。为了正确地映射，VB.NET 需要指定一个特定接口是由哪个方法实现的。这项工作是由 Implements 关键字完成的：

VB.NET

```
Public Class TestClass
    Implements IDisposable

    Public Sub Dispose() Implements IDisposable.Dispose
        'write some code to dispose of non-memory resources
    End Sub
End Class
```

Visual Studio 提供了代码重构功能，有助于接口的实现——具体而言，就是一项名为 Interface AutoComplete 的功能。当指明某个类需要实现一个接口时，Visual Studio 可以为所有的属性、方法乃至实现该接口所需的所有内容生成封装的方法，在 Visual Studio Object Explorer 中查看类时，这一点尤为明显，如图 16-1 所示。因此，创建设计用来"插入"到已有框架中的对象时，这个特性可以免除大量深入复杂的工作，因此大大提高了开发速度。

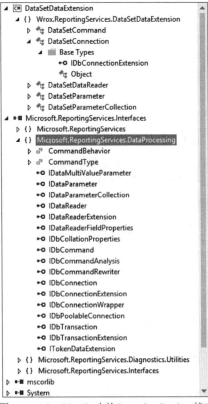

图 16-1　Visual Studio 中的 Reporting Services 接口

微软公司还试图将"最佳实践"纳入 Visual Studio。尽管刚才给出的两个示例在实现 IDisposable 的技术上是正确的，但是这两个示例并没有实现在.NET Framework SDK 中给出的 IDisposable 设计模式。让 Visual Studio 承担繁重的工作，有利于我们创建一个功能更为完整的实现，这个实现包含如何分层排列对象链和如何显式地释放内存及非内存资源。Visual Studio 可以为 IDisposable 创建类似于下面的代码，为了便于理解和阅读，在代码中添加了注释：

C#

```csharp
public class TestDispose : System.IDisposable
{
    private bool disposed = false;

    //IDisposable
    private void Dispose(bool disposing)
    {
        if (! this.disposed)
        {
            if (disposing)
            {
                // TODO: put code to dispose of managed resources here
            }
            // TODO: put code to free unmanaged resources here
        }
        this.disposed = true;
```

```
    }

    //IDisposable Support
    //Don't change
    public void IDisposable.Dispose()
    {
       // Don't change. Put cleanup code
       // in Dispose(bool) above.
       Dispose(true);
       GC.SuppressFinalize(this);
    }

  // Don't change
  protected void Finalize()
  {
       Dispose(false);
       base.Finalize();
  }

}
```

VB.NET

```
Public Class TestDispose
    Implements System.IDisposable

    Private disposed As Boolean = False

    'IDisposable
    Private Overloads Sub Dispose(ByVal disposing As Boolean)
       If Not Me.disposed Then
          If disposing Then
             ' TODO: put code to dispose of managed resources here
          End If
           ' TODO: put code to free unmanaged resources here
       End If
       Me.disposed = True
    End Sub

    'IDisposable Support
    'Don't change
    Public Overloads Sub Dispose() Implements IDisposable.Dispose
      ' Don't change. Put cleanup code
      ' in Dispose(ByVal disposing As Boolean) above.
      Dispose(True)
      GC.SuppressFinalize(Me)
    End Sub

    ' Don't change
    Protected Overrides Sub Finalize()
       Dispose(False)
       MyBase.Finalize()
    End Sub

End Class
```

本章其余部分将继续使用这种接口自动实现功能。对 Reporting Services 的扩展必须用.NET Framework 3.5 或更高版本进行编译。为 IDisposable 接口生成的代码仅用于展示目的，因此我们不打算为每一个对象重复编写这段代码；我们只是说明需要这段代码。

16.1.3　对数据处理扩展的详细研究

Reporting Services 可以访问来自传统数据源的数据，例如，可以使用已有的.NET 数据提供程序访问关系型数据库。下面的数据访问提供程序是微软公司.NET Framework 的组成部分，因此 Reporting Services 可以利用这些提供程序访问数据库：

- ODBC
- OLE DB
- SqlClient

DPE 是可以在 Reporting Services 中访问数据的组件。对于我们来说，DPE 就表示".NET 数据提供程序"。这两类数据访问对象非常类似，都是基于一种常用接口定义集实现的。如果已经生成了一个自定义的.NET 数据提供程序，那么可以不加修改地在 Reporting Services 中使用这个提供程序。然而，如果需要提供附加的功能，那么就需要对已有的提供程序进行扩展。

首先讨论标准.NET 数据提供程序和 Reporting Services DPE 之间的相似性和区别。我们首先查看数据提供程序的一般架构信息，然后深入了解创建自定义 DPE 的详情。.NET Framework 提供了一种数据访问模型，名为 ADO.NET，如图 16-2 所示。

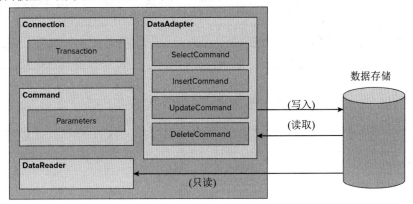

图 16-2　ADO.NET 对象模型

从 SQL Server 2000 提供的 SSRS Service Pack 1 开始，人们就可以对 Reporting Services 的安全模型进行定制和扩展。为此，需要在对象模型中添加一些内容。

以下为使用数据源的基本步骤：

(1) 连接到一个数据源。

(2) 执行一条命令来操作数据。

(3) 检索查询结果。

这些操作直接映射到刚才描述过的对象，当然，没有必要实现 DataAdapter，因为 Reporting Services 只需要读取数据。

表 16-1 列出了通常在 DPE 中创建的对象，并且描述了这些对象的责任。

表 16-1　数据处理扩展对象

对　　象	说　　明
Connection	与某个特定的数据源建立连接
Command	针对数据源执行一条命令。暴露一个 ParametersCollection，可以在一个事务的作用域内执行
DataReader	提供数据访问，使用一个前向、只读的流
DataAdapter	针对数据源，检索数据和解析更新。DPE 不需要使用这个对象，因为 SSRS 只需要通过读取数据来创建报表

上面描述的每个对象都包含与特定实现有关的代码，这些代码可以创建连接、执行命令、读取或更新数据。微软公司已经颁布了一种一致的数据访问机制，其基础就是基于一组标准接口来实现上述对象。可以使用 Object Explorer 探索在创建 DPE 时可实现的接口，但并不需要实现所有这些接口。通过实现表 16-2 中列出的必须实现的接口，然后实现表 16-3 中列出的可选接口的行为，就可以构建最简单的 DataExtension。

表 16-2　数据处理扩展必须实现的接口

必须实现的接口	说　　明
IDataParameter	支持向 Command 对象传递参数的方法
IDataParameterCollection	一组参数
IDataReader	用于读取前向、只读数据流的方法
IDbCommand	表示针对某个数据源执行数据查询的命令的方法
IDbConnection	数据源的唯一会话
IExtension	特定于 Reporting Services 的一个接口，支持本地化，并且所有 SSRS 扩展都实现了这个接口

表 16-3　数据处理扩展的可选接口

可选的接口	说　　明
IDataReaderExtension	提供特定于结果集的聚合信息
IDbCommandAnalysis	特定于 Analysis Services 的扩展
IDbConnectionExtension	与数据源相关的唯一会话
IDbTransaction	本地事务(非分布式)
IDbTransactionExtension	特定于 Reporting Services 的一个接口，支持本地化，并且所有的 SSRS 扩展都实现了这个接口

16.2　创建自定义数据处理扩展

创建一个完整的数据提供程序不是一项简单的任务，本节会一步步地介绍这个过程。本节的目的在于帮助你熟悉.NET 数据访问机制，还要帮助你创建并安装一个自定义 Reporting Services DPE。我们给出的扩展实现已经经过了简化，它并不支持事务，不使用参数，而且如非必要，很多方法都是空方法。除非具有其他的理由，否则本章均同时提供 C#代码和 VB 代码。

16.2.1　场景

随 SQL Server 2000 一同发布的第一个版本的 Reporting Services 并没有为已有的 ADO.NET DataSet 对象提供支持。Service Pack 1 发布后，联机文档给出了一个示例扩展，这个示例扩展使用了数据集的某些内部属性，可以帮助你查询 DataSet 对象，它还根据某些标准，对返回的行进行了限制。唯一的问题就在于不能执行复杂的筛选，同时也限制了一个查询能够返回的列。

在 SQL Server 2005 中，Reporting Services 实现了一个新的 DPE，即 XML 数据扩展。这样，报表就可以从 XML 内容中检索数据，而 XML 内容既可以保存在文件中，也可以保存在 Web 服务器或文件服务器上，更棒的是，XML 数据扩展甚至可以从 Web 服务中检索数据。这个新的扩展为命令行文本提供了一种类似于 XPATH 的语法，因此为在 XML 中进行数据搜索提供了很大的灵活性，同时还支持架构(schemata)和名称空间。在当前的 SQL Server 2016 版本中，这个 DPE 基本上没有发生变化。

有趣的是，许多公司都存在这样的情况：公司拥有的数据彼此隔离，相互之间从来不会直接交流。这些公司一般都需要查询这些数据源，并且需要创建连接所有数据的报表。除了 SQL Server 的连接服务器功能之外，SSRS 并没有明确提供一种能够将分布在多台服务器上的数据组织在一起的机制。如果不打算使用连接服务器，那么就必须找到一种创造性的解决方案。

针对这种需求，XML 数据扩展就有了用武之地。可以设置一个 Web 服务，这个 Web 服务可以使用 ADO.NET 在内存中完成对来自多个表中的数据进行连接的麻烦工作。随后，SSRS 需要完成的工作就是为 Web 方法提供一组待执行的命令文本，如 SQL 语句或存储过程名称，以及关联详情，比如键列和连接类型。一旦 Web 服务成功执行了命令，并且在内存中连接了数据表，那么 Web 服务就可以返回 XML 数据集以便让 SSRS 消费。

我们的示例提供了一种相似的扩展，但是这种扩展又做了进一步的简化，它不仅可以显示实现 Reporting Services 接口所需的基本代码片段，而且还显示从一个 XML 数据集文件使用数据的基本代码片段。ADO.NET 中的 DataSet 类型包含一个能够从 XML 中读取数据的方法，这个方法还可以生成 Reporting Services 可以消费的内部数据表。

16.2.2　创建和设置项目

我们首先创建一个项目。启动 Visual Studio，依次选中 File | New Project，即可创建一个项目。将项目命名为 DataSetDataExtension。基于当前选中的开发语言，使用 Class Library 模板。

> **注意：**
> 默认情况下，你的项目将以最新版本的.NET Framework 为目标平台。随着 Reporting Services 当前构建版本的发布，系统要求采用.NET Framework 3.5，而我的 Visual Studio 2015 默认使用 4.5.2 版本。可在项目属性窗口的 Application 页面中更改目标.NET Framework 版本。

成功创建项目后，还需要设置工作环境。Visual Basic IDE 常常会隐藏某些内容，所以必须对环境设置进行一些更改以便让使用 C#语言的用户能够跟得上讲解。为此，要完成的第一项任务就是显示所有的引用。在VB.NET 中，默认情况下，所有的引用都是隐藏的。为此，需要依次选中 Project |Show All Files。这样，在 Explorer 选项卡中就应该能够显示所有的项目引用了。

下一步需要将引用添加到必须使用的 Reporting Services DLL 文件中。为了实现 DPE 接口，必须使用 Microsoft.ReportingServices.DataProcessing 名称空间；为了实现 IExtension 接口，还需要使用 Microsoft.ReportingServices.Interfaces 名称空间。这两个名称空间都是在同一个程序集文件中定义的，这个程序集文件就是 Microsoft.ReportingServices.Interfaces.dll。

可以在 SQL Server 安装目录下的某个子目录中找到扩展及其依赖文件。我们将 SQL Server 安装路径记为<InstallPath>。在下面的目录中，可以找到 SSRS 扩展 DLL：

```
<InstallPath>\MSRS13.MSSQLSERVER\Reporting Services\ReportServer\bin
```

> **注意：**
> 在本书作者的计算机上，这个目录是 C:\Program Files\Microsoft SQL Server\MSRS13.MSSQLSERVER1400\Reporting Services\ReportServer\bin。

依次选中 Project | Add Reference。然后选中 Browse 标签，找到合适的目录，然后添加引用。现在，Solution Explorer 窗口应该与图 16-3 类似。

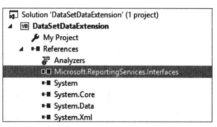

图 16-3　添加到 ReportingServices.Interfaces 的引用

修改项目程序集名称，以便能够反映项目的自定义名称空间。依次选中 Project | Properties。此时既可以为组件填写根名称空间，也可以在代码中定义名称空间。示例代码直接包含了名称空间。这是另一种避免出现 IDE 问题的方法，如图 16-4 所示。

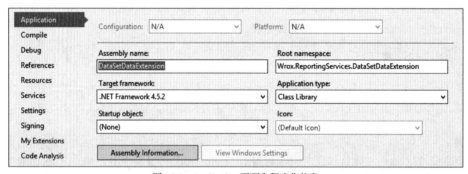

图 16-4　Application 页面和程序集信息

在这个项目中创建的大多数类都具有共同的需求。某些类具有内容为空的默认构造函数，而且所有这些类都需要使用某些共同的名称空间。接下来将要显示的代码显示了本章项目中所有的类都具有的一般框架。将这个类的 ClassName 替换为当前使用的类名，这样就可以仅关注在数据扩展项目中创建的对象之间的不同之处。

这个示例需要使用 System.Data 名称空间中定义的 DataSet 对象。为了支持 SSRS 接口需求，必须在各个类的定义之前包含 Microsoft.ReportingServices.DataProcessing 名称空间。在这个名称空间中定义了 IExtension 接口。因为在 ADO.NET 和 SSRS 名称空间中都定义了常用的数据接口，所以必须使用完整的名称空间，以避免产生命名冲突和不明确的引用错误。为了减少键盘输入工作量，我们还将使用完整的 System.Data 对象名称，不再使用 SSRS 中的对象名称。然而，在 DataSetParameter 和 DataSetParameterCollection 类中，这个名称空间是不需要的。

C#

```
using System;
using Microsoft.ReportingServices.DataProcessing;
using System.Data;

namespace Wrox.ReportingServices.DataSetDataExtension
{
    public class DataSetClassName
    {
    }
}
```

VB.NET

```
Imports System
Imports Microsoft.ReportingServices.DataProcessing
Imports System.Data

Namespace Wrox.ReportingServices.DataSetDataExtension
    Public Class DataSetClassName

    End Class
End Namespace
```

> **注意：**
> 为了避免 ADO.NET 名称空间中的类型和 SSRS 名称空间中的类型产生命名冲突，还可以使用名称空间别名。下面的代码片段说明了如何为 Microsoft.ReportingServices.DataProcessing 名称空间定义一个比较短的别名：
>
> **C#**
>
> ```
> using RSDataProc =
>     Microsoft.ReportingServices.DataProcessing;
> ```
>
> **VB.NET**
>
> ```
> Imports RSDataProc =
>     Microsoft.ReportingServices.DataProcessing;
> ```

16.2.3 创建 DataSetConnection 对象

DataSetConnection对象负责连接数据源并提供了一种访问特定于DPE的Transaction和Command对象的机制。这些职责是通过IDbConnection接口完成的。DataSetConnection对象是扩展的入口点，并且是扩展中第一个与Reporting Services打交道的对象。因此必须实现IExtension接口，这一点前面已经讨论过。

因为 DataSetConnection 对象一般负责连接非托管的资源，所以必须实现 IDisposable 接口。所有这些其他聚集接口都是在 IDbConnectionExtension 接口中定义的，我们必须实现这个接口。图 16-5 显示了用 Visual Studio 类设计器创建的类图。在 Visual Studio 中使用类设计器有利于更好地理解和实现复杂系统中各个对象之间的关系。

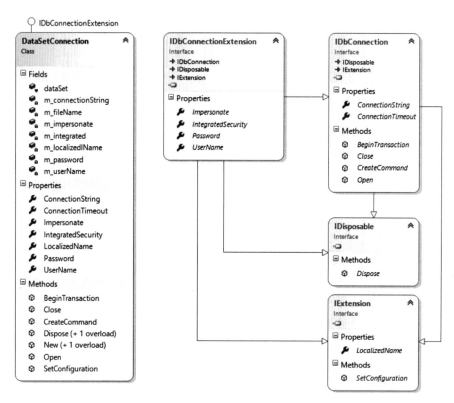

图 16-5　Visual Studio 类设计器中的接口

为了在项目中添加 DataSetConnection 类，可以依次单击 Project | Add Class。将类名修改为 DataSetConnection。在这个类文件中，指明类应实现 IDbConnectionExtension 接口，这一点在前面已经提到过。Visual Studio 创建了所有的包装器方法。由于接下来将要执行文件 I/O 操作并使用正则表达式来解析 ConnectionString 属性，因此需要将以下名称空间添加到 DataSetConnection 类中：

C#

```
using System;
using System.IO;
using System.Text.RegularExpressions;
using Microsoft.ReportingServices.DataProcessing;
```

VB.NET

```
Imports System
Imports System.IO
Imports System.Text.RegularExpressions
Imports Microsoft.ReportingServices.DataProcessing
```

1. 变量声明

为了维护连接对象的状态，需要声明一些成员变量。m_connectionString 变量可以保存用于连接数据源的连接字符串。m_localizedName 变量用于保存当前扩展的一个本地化名称，这个名称将出现在 Visual Studio 报表设计器或 SQL Management Studio 等工具的用户界面中。在这里，这个扩展将被显示为一个数据源选项。m_fileName 变量可以保存持久化(串行化)为 XML 文件的数据集的文件路径。

C#

```csharp
private string m_userName;
private string m_password;
private bool m_integrated;
private string m_impersonate;
private string m_connectionString = String.Empty;
private string m_localizedName = "DataSet Data Source";
private string m_fileName;

internal System.Data.DataSet dataSet;
```

VB.NET

```vbnet
Private m_impersonate As String
Private m_integrated As Boolean
Private m_password As String
Private m_userName As String
Private m_connectionString As String = String.Empty
Private m_localizedName As String = "DataSet Data Source"
Private m_fileName As String

Friend dataSet As System.Data.DataSet = Nothing
```

2. 构造函数

DataSetConnection 对象提供了一个内容为空的默认构造函数，还提供了一个重载的构造函数，允许开发人员用一行代码创建对象并初始化连接字符串。

C#

```csharp
public DataSetConnection(string connectionString)
{
     this.m_connectionString = connectionString;
}
```

VB.NET

```vbnet
Public Sub New(ByVal connectionString As String)
     Me.m_connectionString = connectionString
End Sub
```

3. 实现 IDbConnectionExtension

IDbConnectionExtension 为扩展 SSRS 安全模型提供了支持，该安全模型用于为数据源连接提供身份验证和授权。后面给出了这个接口的定义。请注意，这里 WriteOnly 属性的用法不同寻常。

C#

```csharp
public interface IDbConnectionExtension : IDbConnection, IDisposable, IExtension
{
    // Properties
    string Impersonate { set; }
    bool IntegratedSecurity {get; set; }

    string Password { set; }
    string UserName { set; }
}
```

VB.NET

```vbnet
Public Interface IDbConnectionExtension
    Implements IDbConnection, IDisposable, IExtension

    ' Properties
    WriteOnly Property Impersonate As String
    Property IntegratedSecurity As Boolean
    WriteOnly Property Password As String
    WriteOnly Property UserName As String
End Interface
```

4. Impersonate 属性

Windows 支持模拟的概念，此时，执行中的进程可以"假设"与一组指定的安全凭据对应的身份。Impersonate 属性可以指定一个字符串，进程在该字符串所代表用户账户的安全上下文中运行。

C#

```csharp
public string Impersonate
{
    set { m_impersonate = value; }
}
```

VB.NET

```vbnet
Public WriteOnly Property Impersonate() As String
   Implements IDbConnectionExtension.Impersonate
     Set(ByVal value As String)
         m_impersonate = value
     End Set
End Property
```

5. IntegratedSecurity 属性

IntegratedSecurity 属性用于指定是否让扩展在运行时使用 Windows 安全进行身份验证(对用户进

行识别)和授权(取消/授予用户执行某些操作的权限)。

C#

```csharp
public bool IntegratedSecurity
  {
      get{ return m_integrated;}
      set {m_integrated = value;}
  }
```

VB.NET

```vbnet
Public Property IntegratedSecurity() As Boolean
    Implements IDbConnectionExtension.IntegratedSecurity
      Get
          Return m_integrated
      End Get
      Set(ByVal value As Boolean)
          m_integrated = value
      End Set
End Property
```

6. UserName 和 Password 属性

UserName 和 Password 属性在 Reporting Services 身份验证过程中使用。UserName 和 Password 属性对既可以根据 Windows 凭据存储进行身份验证,也可以使用用户提供的某些自定义存储进行身份验证。随后将创建一个实现了 IPrincipal 的主体对象,这个主体对象被指派给当前执行线程,它包含用户的身份和角色成员信息,用来对用户访问系统资源(数据源)进行授权。良好的安全实践可以保证这项信息仅在最短的时间内是可以使用的,因此使用了 Write Only 属性。

C#

```csharp
public string Password
{
    set { m_password = value; }
}

public string UserName
{
    set { m_userName = value; }
}
```

VB.NET

```vbnet
Public WriteOnly Property Password() As String
 Implements IDbConnectionExtension.Password
      Set(ByVal value As String)
          m_password = value
      End Set
End Property

Public WriteOnly Property UserName() As String
```

```
Implements IDbConnectionExtension.UserName
        Set(ByVal value As String)
            m_userName = value
        End Set
End Property
```

7. 实现 IDbConnection

IDbConnection 接口是数据提供程序用来控制 DataSetConnection 对象使用方式的标准机制。这些属性和方法可以用来修改连接设置、打开和关闭连接，以及将连接与一个有效的事务进行关联。示例中使用的连接对象并不支持事务，因为这个连接对象天然具有 Read Only 属性，还有就是这个 DPE 示例使用的是一个文件系统，而文件系统并不是资源管理器。下面给出了 IDbConnection 接口的定义：

C#

```csharp
public interface IDbConnection : IDisposable, IExtension
{
    IDbTransaction BeginTransaction();
    IDbCommand CreateCommand();
    void Open();
    void Close();
    string ConnectionString { get; set; }
    int ConnectionTimeout { get; }
}
```

VB.NET

```vbnet
Public Interface IDbConnection
  Inherits IDisposable, IExtension
    Function BeginTransaction() As IDbTransaction
    Function CreateCommand() As IDbCommand
    Sub Open()
    Sub Close()
    Property ConnectionString() As String
    Property ConnectionTimeout() As Integer
End Interface
```

将 DataSetConnection 类添加到项目中之后，需要实现下面的 IExtension 接口：

C#

```csharp
public string LocalizedName
{
    get
    {
        return m_localizedName;
    }
}
public void SetConfiguration(string configuration) {}
```

VB.NET

```
Public ReadOnly Property LocalizedName() As String Implements
IDbConnection.LocalizedName
    Get
        Return m_localizedlName
    End Get
End Property

Public Sub SetConfiguration(ByVal configuration As String) Implements
IDbConnection.SetConfiguration
End Sub
```

因为 **IDbConnection** 接口实现了 **IDisposable**，所以我们必须提供其 Dispose 方法的实现：

C#

```
public void Dispose()
{
    Dispose(true);
    GC.SuppressFinalize(this);
}

protected virtual void Dispose(bool disposing)
{
    if (disposing)
    {
        this.Close();
    }
}
```

VB.NET

```
Public Sub Dispose() Implements IDisposable.Dispose
    Dispose(True)
    GC.SuppressFinalize(Me)
End Sub

Protected Overridable Sub Dispose(ByVal disposing As Boolean)
    If disposing Then
        Me.Close()
    End If
End Sub
```

8. BeginTransaction 方法

BeginTransaction 方法主要负责初始化一个新的事务并返回一个特定于实现的有效 Transaction 对象引用。我们在此使用的文件系统并不支持事务，但是接口要求使用该方法。因此必须确保那些在代码中使用了这些对象的开发人员都知道这一点，为此可以抛出一个NotSupportedException异常。

C#

```
public IDbTransaction BeginTransaction()
```

```
{
    // this example does not support transactions
    throw new NotSupportedException("Transactions not supported");
}
```

VB.NET

```
Public Function BeginTransaction() As IDbTransaction _
    Implements IDbConnection.BeginTransaction
        ' example does not support transactions
        Throw New NotSupportedException("Transactions not supported")
End Function
```

9. CreateCommand 方法

CreateCommand 方法负责创建并返回一个特定于实现的有效 Command 对象引用。这个方法使用了自定义 Command 对象的一个重载构造函数，并利用这个构造函数将这个对象的一个引用传递给当前连接。此外，请注意这个方法将创建并返回一个新的 DataSetCommand 类型的实例，后面我们将创建这个类型。

C#

```
public IDbCommand CreateCommand()
{
    // Return a new instance of the implementation-specific command object
    return new DataSetCommand(this);
}
```

VB.NET

```
Public Function CreateCommand() As IDbCommand _
    Implements IDbConnection.CreateCommand
        ' Return a new instance of the implementation-specific command object
        Return New DataSetCommand(Me)
End Function
```

10. Open 方法

在一个完整的数据提供程序实现中，Open 方法可以用来执行与特定数据源的连接。这个示例实现使用 Open 方法从 ADO.NET 创建了一个通用数据集对象实例，并且根据 ConnectionString 属性提供的 XML 文件填充了这个数据集对象。

C#

```
public void Open()
{
    this.dataSet = new System.Data.DataSet();
    this.dataSet.ReadXml(this.m_fileName);
}
```

VB.NET

```
Public Sub Open() Implements IDbConnection.Open
```

```
    Me.dataSet = New System.Data.DataSet
    Me.dataSet.ReadXml(Me.m_fileName)
End Sub
```

11. Close 方法

Close 方法用于关闭关联了特定数据源的连接。可以使用 Close 方法释放内存中的 DataSet 对象。

C#

```
public void Close()
{
    this.dataSet = null;
}
```

VB.NET

```
Public Sub Close() Implements IDbConnection.Close
    Me.dataSet = Nothing
End Sub
```

12. ConnectionString 属性

ConnectionString 属性可以帮助你使用代码来设置连接字符串。这个属性使用一个私有变量来存储当前的连接字符串，这个连接字符串提供了连接数据源所需的信息。大多数开发人员对这个属性都很熟悉，因为在传统的 ADO 和 ADO.NET 中，这个属性经常要用到。在这个 DPE 示例中，ConnectionString 属性用于给出解析数据的 XML 数据集文件。在 Report Designer 的 Dataset 对话框或共享数据源的 Properties 页面中，DPE 用户需要输入待解析文件的保存路径。连接字符串的值将被存储到私有成员变量 m_connectionString 中。

C#

```
public string ConnectionString
{
    get {return m_connectionString;}
    set {m_connectionString = value;}
}
```

VB.NET

```
Public Property ConnectionString() As String _
   Implements IDbConnection.ConnectionString
    Get
        Return m_connectionString
    End Get
    Set(ByVal Value As String)
        m_connectionString = Value
    End Set
End Property
```

为了获得用于连接数据源的信息，必须强制要求传入 ConnectionString 属性的值满足一定的标准。例如，传入的字符串必须为以下格式：

```
FileName=c:\FileName.xml
```

验证字符串格式最简单的方法就是使用正则表达式。需要对 ConnectionString 属性中的 Set 访问器进行修改以反映这种变化。首先，需要执行 Regex 类的静态(共享)方法 Match。

剩下的工作就是对其进行测试，检查文件名是否有效，如果文件名有效，那么就用这个文件名为私有的文件名变量赋值。代码内容类似于：

C#

```csharp
set
{
        this.m_connectionString = value;

        Match m = Regex.Match(value, "FileName=([∃;]+)",RegexOptions.IgnoreCase);
        if (!m.Success)
        {
            string msg = "\"FileName=<filename>\" must be present in the connection"+
                    "string and point to a valid DataSet xml file";
            throw (new ArgumentException(msg, "ConnectionString"));
        }

        string filename = m.Groups[1].Captures[0].ToString();
        if (!File.Exists(filename))
        {
            string msg = "Incorrect file name, or file does not exist";
            throw (new ArgumentException(msg, "ConnectionString"));
        }

        this.m_fileName = filename;
}
```

VB.NET

```vbnet
Set(ByVal Value As String)
   Me.m_connectionString = Value

    Dim m As Match = Regex.Match(Value, "FileName=([∃;]+)",
            RegexOptions.IgnoreCase)
    If Not m.Success Then
        Dim msg As String = "'FileName=<filename>' must be present string " &
                    "and point to a valid DataSet xml file"
        Throw (New ArgumentException(msg, "ConnectionString"))
    End If
    If Not File.Exists(m.Groups(1).Captures(0).ToString) Then
```

```
        Throw (New ArgumentException("Incorrect FileName", "ConnectionString"))
    End If
    Me.m_fileName = m.Groups(1).Captures(0).ToString
End Set
```

13. ConnectionTimeout 属性

ConnectionTimeout 属性可以用来设置连接的超时属性。这个属性用于控制数据源连接过程中需要等待多久才会抛出错误。示例类并没有实际使用这个值，但是为了保证一致性并满足接口需求，此处还是实现了这个属性。返回 0 值代表永不超时。

C#

```csharp
public int ConnectionTimeout
{
    get
    {
        // Returns the connection time-out value.
        // Zero indicates an indefinite time-out period.
        return 0;
    }
}
```

VB.NET

```vbnet
Public ReadOnly Property ConnectionTimeout() As Integer _
    Implements IDbConnection.ConnectionTimeout
    Get
        ' Returns the connection time-out value.
        ' Zero indicates an indefinite time-out period.
        Return 0
    End Get
End Property
```

16.2.4　创建 DataSetParameter 类

只有在创建了 Command 类之后，DataSetParameter 类才能够发挥作用。但是因为存在依赖关系，所以必须创建 DataSetParameter 类。parameter 对象可以用来将参数发送到需要使用数据源执行命令的 command 对象。尽管这个类不需要执行任何任务，但是 command 类的接口要求必须创建这个类。这个类同样具有接口需求，它必须支持 Reporting Services DPE 程序集中定义的 IDataParameter 接口。

为了在项目中添加 DataSetParameter 类，请依次选中 Project | Add Class，然后将类名设置为 DataSetParameter。

声明

下面的声明用于在类的内部保存参数值和参数名。参数名存储在一个名为 m_parameterName 的字符串变量中。因为保存参数值的 m_parameterValue 变量可能需要保存任何类型的值，所以将 m_parameterName 变量声明为 Object 类型。

C#

```
String m_parameterName = string.Empty;
Object m_parameterValue;
```

VB.NET

```
Dim m_parameterName As String
Dim m_parameterValue As Object
```

16.2.5　实现 IDataParameter

IDataParameter 接口要求自定义参数类允许程序员针对当前参数和值执行 get 和 set 操作。

C#

```
public interface IDataParameter
    {
        string ParameterName { get; set; }
        object Value { get; set; }
    }
```

VB.NET

```
Public Interface IDataParameter
    Property ParameterName() As String
    Property Value() As Object
End Interface
```

首先，在 DataSetParameter 类文件中使用 using(C#)语句或 Imports(VB)语句添加名称空间 Microsoft.
ReportingServices.DataProcessing。修改类代码，使用本章开头介绍的 Interface Auto Complete 技术，
为 DataSetParameter 类强制实现 IDataParameter 接口。代码内容应该与下面给出的代码类似。所有接
口方法的封装器都应该是自动创建的，并且使用 "region" 标记进行了封装。参数类定义的代码应
该为：

C#

```
namespace Wrox.ReportingServices.DataSetDataExtension
{
    public class DataSetParameter : IDataParameter
    {
        string m_parameterName = string.Empty;
        object m_parameterValue;
```

VB.NET

```
Namespace Wrox.ReportingServices.DataSetDataExtension
    Public Class DataSetParameter
        Implements IDataParameter

        Private m_parameterName As String = String.Empty
        Private m_parameterValue As Object = Nothing
```

1. ParameterName 属性

ParameterName 属性可以用来在一个名为 m_parameterName 的字符串变量中存储参数的名称。这个字段一般用来映射为存储过程中的参数，但是在当前实现中并未使用。

C#

```
public string ParameterName
{
   get { return m_parameterName; }
   set { m_parameterName = value; }
}
```

VB.NET

```
Public Property ParameterName() As String Implements IDataParameter.ParameterName
    Get
        Return m_parameterName
    End Get
    Set(ByVal Value As String)
        m_parameterName = value
    End Set
End Property
```

2. Value 属性

Value 属性类似于 ParameterName 属性，虽然在这个示例中创建了 Value 属性，但是该属性并没有实际使用。Value 属性的值存储在一个名为 m_value 的变量中。为了使用这个属性，必须在类文件开始位置的代码中使用 using(C#)语句或 Imports(VB)语句添加 System.Diagnostics 名称空间，否则无法使用 Debug.WriteLine( )方法。

C#

```
public object Value
{

   get
   {
     Debug.WriteLine(string.Format("Getting parameter [{0}] value: [{1}]",
     this.m_parameterName, this.m_parameterValue.ToString()));
     return (this.m_parameterValue);
   }
   set
   {
     Debug.WriteLine(string.Format("Setting parameter [{0}] value: [{1}]",
     this.m_parameterName, this.m_parameterValue.ToString()));
     this.m_parameterValue = value;
   }}
```

VB.NET

```
Public Property Value() As Object _
   Implements IDataParameter.Value
```

```
Get
    Debug.WriteLine(String.Format("Getting parameter [{0}] value: [{1}]", _
    Me.m_parameterName, _
    Me.m_parameterValue.ToString))
    Return (Me.m_parameterValue)
End Get
Set(ByVal Value As Object)
    Debug.WriteLine(String.Format("Setting parameter [{0}] value: [{1}]", _
    Me.m_parameterName, _
    Me.m_parameterValue.ToString))
    Me.m_parameterValue = Value
End SetEnd Property
```

16.2.6　创建 DataSetParameterCollection 类

DataSetParameterCollection只是一个由参数对象组成的集合。尽管可以创建一个自定义的集合类来实现所有必须使用的方法，但是还有另一种比较简单的方法。IDataParameterCollection接口基本上是IList<T>接口的一个子集，而IList<T>是.NET Framework中用来定义其他泛型集合的接口。通过使用一个已有的对象，可以大大减轻编码负担。在我们的示例中，T就是IDataParameter类型，而IDataParameter类型是由自定义的DataSetParameter类实现的。

为了在项目中添加 DataSetParameterCollection 类，请依次选中 Project | Add Class，然后将类名修改为 DataSetParameterCollection。

不需要在集合类中创建自定义的构造函数或成员变量，这是因为我们能够使用集合类的 List<T>基类中的内部变量和构造函数。创建的属性将被直接映射到 List<T>类中的属性和方法。

1. 名称空间

DataSetParameterCollection 使用了刚刚讨论的标准名称空间，另外还需要使用名称空间 System.Collections.Generic，因为它使用了 List<T>。另外还需要在内部集合中使用一个私有变量。

C#

```
using System;
using Microsoft.ReportingServices.DataProcessing;
using System.Collections.Generic;
```

VB.NET

```
Imports System
Imports Microsoft.ReportingServices.DataProcessing

Imports System.Collections.Generic
```

2. 实现 IDataParameterCollection

之前已经通过使用一个对象包装器封装 IList<T>泛型集合，创建了 DataSetParameterCollection 类。从.NET 2.0 开始，.NET Framework 开始提供针对泛型功能的支持。因此我们给出的示例在早期版本的.NET Framework 运行库中是无法编译或运行的。IDataParameterCollection 接口定义了一个自定义的 Add 方法，并提供了通过 IEnumerable 接口来访问这个集合的成员的方法。IList<T>基类实现了这个接口，所以基于 IList<T>基类实现的 DataSetParameterCollection 类可以使用内部的 List<IDataParameter> 类属性和方法来满足其需求。为了使用 IEnumerable 接口，必须在类文件的开头使用 using(C#)或 Imports(VB)关键字添加名称空间 System.Collections。

C#

```
public interface IDataParameterCollection : IEnumerable
{
    int Add(IDataParameter parameter);
}
```

VB.NET

```
Public Interface IDataParameterCollection
    Inherits IEnumerable
    Function Add(ByVal parameter As IDataParameter) As Integer
End Interface
```

下面是修改后的 C#代码：

```
namespace Wrox.ReportingServices.DataSetDataExtension
{

    public class DataSetParameterCollection : IDataParameterCollection
    {
        List<IDataParameter> paramList;
        public DataSetParameterCollection()
        {
            paramList = new List<IDataParameter>();
        }

        public IEnumerator GetEnumerator()
        {
            return paramList.GetEnumerator();
        }
```

下面是修改后的 VB.NET 代码：

```
Namespace Wrox.ReportingServices.DataSetDataExtension

    Public Class DataSetParameterCollection

    Implements IDataParameterCollection
    Private paramList As List(Of IDataParameter)

    Public Sub New()
        paramList = New List(Of IDataParameter)
    End Sub

    Public Function GetEnumerator() As IEnumerator _
        Implements IEnumerable.GetEnumerator
        Return (paramList.GetEnumerator)
    End Function
```

因为 DataSetParameterCollection 类的大多数功能都是通过 paramList 引用向外界提供的，所以必须创建 IDataParameter 接口要求的封装器 Add 方法。内部集合需要使用这个方法向一个集合对象实例添加参数。

C#

```
public int Add(IDataParameter parameter)
{
    paramList.Add(parameter);
    return paramList.IndexOf(parameter);
}
```

VB.NET

```
Public Overloads Function Add(ByVal parameter As IDataParameter) As Integer _
    Implements IDataParameterCollection.Add

    paramList.Add(parameter)
    Return paramList.IndexOf(parameter)

End Function
```

16.2.7　创建 DataSetCommand 类

command 对象负责向数据源发送命令。这项功能是通过在对象中实现 IDbCommand 接口完成的，这个接口为使用数据源执行命令提供了一种标准机制。command 对象还提供了用于处理命令执行所需的参数。最后，command 对象定义了一个能够帮助开发人员将命令与一个 Transaction 对象关联起来的属性。本章给出了一个简化的实现，没有为事务或参数提供支持。

在本章给出的实现中，DataSetCommand 类负责完成主体工作。这个类需要处理命令文本，指定用户所需的数据，还必须验证文本满足事先规定的要求。最后，还要创建为数据读取对象提供数据以便进行处理的内部数据引用。为此，需要使用 System.Data.DataSet 类提供的某些内置行为。

为了在项目中添加 DataSetCommand 类，请依次选中 Project | Add Class，然后将类名修改为 DataSetCommand。利用 Interface AutoComplete 功能，在 Visual Studio 中为待实现的方法创建封装器。在这个扩展中使用的大多数功能都是在 DataSetCommand 类中实现的。为了使用 Debug.WriteLine( ) 方法，必须在类文件的开头使用 using(C#)或 Imports(VB)关键字添加名称空间 Microsoft.Reporting-Services.DataProcessing。

1. 变量声明

因为 DataSetCommand 类需要完成扩展提供的大多数工作，所以大多数代码都是在这个类中实现的。首先，需要创建用于保存属性数据的变量。这个类实际上是一个封装了某些内置 DataSet 功能的封装器，所以必须为数据集对象引用某些变量，还需要为文本解析等功能引用其他变量。为了避免重复，我们将在实际用到这些变量的时候再对这些变量进行深入解释。为了使用与正则表达式有关的类型，必须在类文件的开头使用 using(C#)或 Imports(VB)关键字添加名称空间 System.Text.RegularExpressions。

C#

```
//member variables
int m_commandTimeOut = 0;
string m_commandText = string.Empty;
DataSetConnection m_connection;
DataSetParameterCollection m_parameters;

//dataset variables
string tableName = string.Empty;
System.Data.DataSet dataSet = null;
internal System.Data.DataView dataView = null;

//regex variables
MatchCollection keywordMatches = null;
Match fieldMatch = null;

//regex used for getting keywords
Regex keywordSplit = new Regex(@"(Select|From|Where| Order[ \s] +By)",
    RegexOptions.IgnoreCase | RegexOptions.Multiline
    | RegexOptions.IgnorePatternWhitespace | RegexOptions.Compiled);

// regex used for splitting out fields
Regex fieldSplit = new Regex(@"([iÄ ,\s]+)",
    RegexOptions.IgnoreCase | RegexOptions.Multiline
    | RegexOptions.Compiled | RegexOptions.IgnorePatternWhitespace);

//internal constants
const int SELECT_POSITION = 0;
const int FROM_POSITION = 1;
const string TEMPTable_NAME = "TempTable";

//these variables can change
int keyWordCount = 0;
int wherePosition = 2;
int orderPosition = 3;

bool filtering = false;
bool sorting = false;
bool useDefaultTable = false;
```

VB.NET

```
'property variables
 Private m_cmdTimeOut As Integer = 0
 Private m_commandText As String = String.Empty
 Private m_connection As DataSetConnection
 Private m_parameters As DataSetParameterCollection = Nothing

'dataset variables
 Private tableName As String = String.Empty
 Private dataSet As FCLData.DataSet
 Friend dataView As FCLData.DataView

'regex variables
```

```
Private keywordMatches As MatchCollection
Private fieldMatch As Match
Private tableMatch As Match
Private keywordSplit As Regex = New Regex("(Select|From|Where| Order[ \s] +By)",_
        RegexOptions.IgnoreCase Or RegexOptions.Multiline Or _
        RegexOptions.IgnorePatternWhitespace Or RegexOptions.Compiled)
Private fieldSplit As Regex = New Regex("([iÄ ,\s]+)", RegexOptions.IgnoreCase Or _
        RegexOptions.Multiline Or RegexOptions.Compiled Or _
        RegexOptions.IgnorePatternWhitespace)

'constants
Private tempTableName As String = "TempTable"
Private selectPosition As Integer = 0
Private fromPosition As Integer = 1
Private wherePosition As Integer = 2
Private orderPosition As Integer = 3

'internal variables

Private keyWordCount As Integer = 0
Private filtering As Boolean = False
Private sorting As Boolean = False
Private useDefaultTable As Boolean = False
```

2. 构造函数

为了让用户在使用处理扩展的过程中创建 Command 对象，既可以使用 IDbConnection 接口提供的 CreateCommand 方法来完成创建 Command 对象的任务，也可以通过传入一个有效的 DataSetConnection 对象参数来完成创建任务。其目的在于能够确保访问底层的 DataSet 对象，这个 DataSet 对象是在连接过程中创建并解析的。为此，需要删除内容为空的默认构造函数。这样就可以避免开发人员在没有正确初始化的情况下创建 DataSetCommand 对象。在构造函数中，需要获取一个针对 DataSet 对象的引用，这个 DataSet 对象是在一个基于文件系统的连接对象中打开的。

C#

```csharp
internal DataSetCommand(DataSetConnection conn)
{
    this.m_connection = conn;
    this.dataSet = this.m_connection.dataSet;
    this.m_parameters = new DataSetParameterCollection();
}
```

VB.NET

```vbnet
Friend Sub New(ByVal conn As DataSetConnection)

    Me.m_connection = conn
    Me.dataSet = Me.m_connection.dataSet
    Me.m_parameters = New DataSetParameterCollection
End Sub
```

3. 实现 IDbCommand

IDbCommand 接口是所有 Command 对象都必须使用的接口。这个接口包含了开发人员用于向 Command 对象传递命令和参数的方法。在我们给出的实现中，最为有趣的方法是 CommandText 方法，在这个方法中，可以对用户提供的命令字符串进行解析，并返回适当的数据。

C#

```csharp
public interface IDbCommand : IDisposable
{
    void Cancel();
    IDataReader ExecuteReader(CommandBehavior behavior);
    string CommandText { get; set; }
    int CommandTimeout { get; set; }
    CommandType CommandType { get; set; }
    IDataParameter CreateParameter();
    IDataParameterCollection Parameters { get; }
    IDbTransaction Transaction { get; set; }
}
```

VB.NET

```vbnet
Public Interface IDbCommand
    Inherits IDisposable
    Sub Cancel()
    Function ExecuteReader(ByVal behavior As CommandBehavior) As IDataReader
    Property CommandText() As String
    Property CommandTimeout() As Integer
    Property CommandType() As CommandType
    Function CreateParameter() As IDataParameter
    Property Parameters() As IDataParameterCollection
    Property Transaction() As IDbTransaction
End Interface
```

现在已经创建了方法封装器和所有必要的变量，下面将开始实现 IDbCommand 方法。

4. Cancel 方法

典型情况下，Cancel 方法用于取消一个已经开始排队的方法。大多数数据提供程序在实现时都使用了多线程技术，支持多个命令同时访问数据存储。创建这个方法的目的是支持 IDbCommand 接口。但是这个方法应该通过抛出 NotSupported 异常，通知开发人员其并没有实现功能。为了使用 Debug. WriteLine( )方法，必须在类文件的开头使用 using(C#)或 Imports(VB)关键字添加名称空间 System. Diagnostics。

C#

```csharp
public void Cancel()
{
    Debug.WriteLine("IDBCommand.Cancel");
    throw (new NotSupportedException("IDBCommand.Cancel currently not supported"));}
```

VB.NET

```
Public Sub Cancel() _
     Implements IDbCommand.Cancel

  Debug.WriteLine("IDBCommand.Cancel")
  Throw New NotSupportedException("IDBCommand.Cancel currently not supported")
End Sub
```

5. ExecuteReader 方法

ExecuteReader 方法可以向调用者返回一个特定于扩展的读取对象，这样调用者就可以循环读取数据。通过调用这个方法，DataSetCommand 对象可以创建一个自定义读取对象实例，随后返回这个自定义读取对象的引用。这个方法在实现时实际上生成了一个临时表，这个临时表的架构是基于用户执行的查询生成的。由于在用户实际请求数据之前，不需要填充这个临时表的内容，因此需要检查这个方法是不是只需要返回临时表的架构。

另外还需要检查用户是否需要从数据源获取所有可用的字段。如果用户要求获取所有字段，那么就应该使用默认 DataTable 的一个视图，因为这个视图中已经包含所有的数据。注意，还需要返回一个新的 DataSetDataReader，本章后面将介绍如何创建 DataSetDataReader。

C#

```csharp
public IDataReader ExecuteReader (CommandBehavior behavior)
{
    if(!(behavior == CommandBehavior.SchemaOnly) && !useDefaultTable)
    {
        FillView();
    }
    return (IDataReader) new DataSetDataReader(this);
}

private void FillView()
{
    System.Data.DataRow tempRow = null;
    string[] tempArray = null;
    int count;

    count = this.dataSet.Tables[TEMPTable_NAME].Columns.Count;
    tempArray = new string[count];

    foreach (System.Data.DataRow row in this.dataSet.Tables[this.tableName].Rows)
    {
        tempRow = this.dataSet.Tables[TEMPTable_NAME].NewRow();

        foreach (System.Data.DataColumn col in this.dataSet.Tables[TEMPTable_NAME]
         .Columns)
        {
            tempArray[col.Ordinal] = row[col.ColumnName].ToString();
        }

        tempRow.ItemArray = tempArray;
```

```
        this.dataSet.Tables[TEMPTable_NAME].Rows.Add(tempRow);
    }

    // go ahead and clean up the array instead of waiting for the GC
    tempArray = null;
}
```

VB.NET

```
Public Function ExecuteReader(ByVal behavior As CommandBehavior) As IDataReader _
  Implements IDbCommand.ExecuteReader
    If Not (behavior = CommandBehavior.SchemaOnly) AndAlso Not useDefaultTable Then
        FillView()
    End If
    Return CType(New DataSetDataReader(Me), IDataReader)
End Function

Private Sub FillView()
    Dim tempRow As System.Data.DataRow = Nothing
    Dim tempArray As String() = Nothing
    Dim count As Integer
    count = Me.dataSet.Tables(tempTableName).Columns.Count
    tempArray = New String(count - 1) {}
    For Each row As System.Data.DataRow In Me.dataSet.Tables(Me.tableName).Rows
        tempRow = Me.dataSet.Tables(tempTableName).NewRow
        For Each col As System.Data.DataColumn In _
Me.dataSet.Tables(tempTableName).Columns
            tempArray(col.Ordinal) = row(col.ColumnName).ToString
        Next
        tempRow.ItemArray = tempArray
        Me.dataSet.Tables(tempTableName).Rows.Add(tempRow)
    Next
End Sub
```

6. CommandText 属性

Reporting Services 无法手工创建一个单独的 Command 对象，而是使用基于 IDbConnection 接口的 CreateCommand 方法返回一个特定于具体实现的 Command 对象。我们将使用 CommandText 属性来生成返回的数据架构，还要使用 CommandText 来填充 Reporting Services 使用的数据源。这个方法被拆分为多个方法，这样不仅有利于讨论，也有利于反映这个方法实际完成的工作。请注意 ValidateCommandText 方法。这个方法是本章后面介绍的文本解析和表生成功能的代码入口。为了使用 Debug.WriteLine( )方法，必须在类文件的开头使用 using(C#)或 Imports(VB)关键字添加名称空间 System.Diagnostics。

C#

```
public string CommandText
{
    get
    {
        Debug.WriteLine("IDBCommand.CommandText: Get Value =" +
        this.m_commandText);
```

```
        return this.m_commandText;
    }
    set
    {
        Debug.WriteLine("IDBCommand.CommandText: Set Value =" + value);
        ValidateCommandText(value);
        this.m_commandText = value;
    }
}
```

VB.NET

```
Public Property CommandText() As String Implements IDbCommand.CommandText
    Get
        Debug.WriteLine("IDBCommand.CommandText: Get Value =" &
        Me.m_commandText)
Return (Me.m_commandText)
    End Get
    Set(ByVal value As String)
        Debug.WriteLine("IDBCommand.CommandText: Get Value =" &
        Me.m_commandText)
        ValidateCommandText(value)
        Me.m_commandText = value
    End Set
End Property
```

　　ValidateCommandText方法用于解析命令文本，确保命令文本满足扩展的需求。第一步需要应用在成员变量部分定义的 keywordSplit 正则表达式。keywordSplit 正则表达式为"(Select | From | Where | Order[\s] + By)"，含义是：依次匹配关键字 Select、From、Where、Order，然后匹配英文单词 By，在上述关键字和英文单词 By 之间，允许存在空格和不可见字符。解析语句后，即可根据匹配数量进行基本假设，要求用户至少要说明打算从哪个表和字段获取信息。这就意味着必须给出一个 Select 关键字，然后是一个字段列表，然后是 From 关键字，最后是表的名称。因此，语句中最少会出现两个关键字。如果关键字数量大于 2，那么就可以知道用户或是给出了一个筛选标准，如"Where userID = 3"，或是给出了一个排序标准，如"Order by lastname ASC"。通过检查第三个位置的值，就可以知道具体情况。如果这个值是一条 Where 子句，那么可以假定用户打算进行筛选，否则可知用户打算按照日期进行排序。如果关键字数量为 4，那么可以知道同时需要筛选和排序。ValidateCommandText 方法还将调用其他 Validate 方法，后面将讨论如何实现这些 Validate 方法。

C#

```
private void ValidateCommandText(string cmdText)
{
    keywordMatches = keywordSplit.Matches(cmdText);
    keyWordCount = keywordMatches.Count;
    switch (keyWordCount)
    {
        case 4:
            sorting = true;
            filtering = true;
            break;
        case 3:
```

```
                if (keywordMatches [keyWordCount - 1]
                    .ToString()
                    .ToUpper() == "WHERE")
                    filtering = true;
                else
                {
                    sorting = true;
                    orderPosition = 2;
                }
                break;
            case 2:
                break;
            default:
                string msg = "Command Text should start with 'select <fields> " +
                            "from <tablename>'";
                throw new ArgumentException(msg);
        }

    ValidateTableName(cmdText);
    ValidateFieldNames(cmdText);

    if (filtering)
    {
        ValidateFiltering(cmdText);
    }

    if (sorting)
    {
        ValidateSorting(cmdText);
    }
}
```

VB.NET

```
Private Sub ValidateCommandText(ByVal cmdText As String)
    keywordMatches = keywordSplit.Matches(cmdText)
    keyWordCount = keywordMatches.Count
    Select Case keyWordCount
        Case 4
            sorting = True
            filtering = True
            ' break
        Case 3
            If keywordMatches (keyWordCount - 1).ToString.ToUpper = _
                "WHERE" Then
                filtering = True
            Else
                sorting = True
            End If
        Case Else
            Dim msg As String = "Command Text should start with 'select " & _
                        "<fields> from <tablename>'"
            Throw (New ArgumentException(msg))
    End Select
    ValidateTableName(cmdText)
```

```
        ValidateFieldNames(cmdText)

        If filtering Then
                ValidateFiltering(cmdText)
        End If

        If sorting Then
                ValidateSorting(cmdText)
        End If
End Sub
```

　　下一步需要验证用户提供的表名和字段名的有效性。为此专门创建一个名为 ValidateTableName 的方法。代码在 ValidateTableName 的成员声明部分创建了一个常数值，这个常数值指定了命令文本中关键字的位置。表名必须紧跟着 From 关键字，因此需要利用 From 关键字的位置来找到表名。然后检查内部的 DataSet 是否包含了这个表，如果 DataSet 已经包含这个表，那么表名就是有效的，否则表名无效。

C#

```csharp
private void ValidateTableName(string cmdText)
{
    //Get tablename
    //get 1st match starting at end of from
    fieldMatch = fieldSplit.Match(cmdText,
                    (keywordMatches [FROM_POSITION].Index)
            + keywordMatches [FROM_POSITION].Length + 1);
    if(fieldMatch.Success)
    {
        if(this.dataSet.Tables.Contains(fieldMatch.Value))
        {
            this.tableName = fieldMatch.Value;
        }
        else
        {
            throw new ArgumentException("Invalid Table Name");
        }
    }
}
```

VB.NET

```vbnet
Private Sub ValidateTableName(ByVal cmdText As String)
    fieldMatch = fieldSplit.Match(cmdText, _
    (keywordMatches (FROM_POSITION).Index) + _
        keywordMatches (FROM_POSITION).Length + 1)
    If fieldMatch.Success Then
        If Me.dataSet.Tables.Contains(fieldMatch.Value) Then
            Me.tableName = fieldMatch.Value
        Else
            Throw New ArgumentException("Invalid Table Name")
        End If
    End If
End Sub
```

下一步需要验证字段名。我们希望用户在检索全部字段时使用 "*" 而不是列出全部字段，而这样做也符合标准的 SQL 语法。因此需要对 Select 语句和 From 语句之间的所有文本进行解析。为此可以使用先前创建的常数值指定字符位置和一个正则表达式，从而能够准确地获取所有感兴趣的内容。

fieldSplit 正则表达式的内容为 "([^ ,\s]+)"。这个正则表达式的含义是：匹配所有不包含空格、逗号、不可见空白字符的字符分组，并且在结尾处存在空白字符。如果第一个字段是 "*"，那么可以知道用户希望检索全部字段。此时无须构建一个用于反映表架构的临时表，而是可以直接使用文本中 From 之后所请求的表。如果第一个字段不是 "*"，那么就必须构建一个临时表，用于表示返回数据的架构。在临时表存在的情况下，为了避免用户修改字段带来的问题，必须每次都对临时表进行测试，必要的时候还需要删除临时表。

接下来需要检查主表中是否存在字段列表中给出的字段名，因此需要测试列名是否存在。如果这些列名存在于主表中，那么这些列就是有效的，因此可以将这些列添加到新建的临时表中。针对所有的字段名执行上述操作。如果提交了一个无效的字段，那么就抛出一个异常，提醒用户发生了错误。

C#

```csharp
public void ValidateFieldNames(string cmdText)
{
    //get fieldnames
    //get first match starting at the last character of the Select
    // with a length from that position to the from
    fieldMatch = fieldSplit.Match(cmdText,
    (keywordMatches [SELECT_POSITION].Index +
        keywordMatches [SELECT_POSITION].Length + 1),
    (keywordMatches [FROM_POSITION].Index -
        (keywordMatches [SELECT_POSITION].Index +
            keywordMatches [SELECT_POSITION].Length + 1)));

    if (fieldMatch.Value == "*")  // all fields, use default view
    {
        this.dataView = this.dataSet.Tables[this.tableName].DefaultView;
        this.useDefaultTable = true;
    }
    else   //custom fields : must build table/view
    {
        //don't use default table
        this.useDefaultTable = false;

        //remove table if exists - add new
        if (this.dataSet.Tables.Contains(TEMPTable_NAME))
        {
            this.dataSet.Tables.Remove(TEMPTable_NAME);
        }

        System.Data.DataTable table = new System.Data.DataTable(TEMPTable_NAME);

        //loop through column matches
        while (fieldMatch.Success)
        {
```

```
        if (this.dataSet.Tables[this.tableName]
                .Columns.Contains(fieldMatch.Value))
        {
            System.Data.DataColumn col = this.dataSet.Tables[this.tableName]
                .Columns[fieldMatch.Value];
            table.Columns.Add(
                new System.Data.DataColumn(col.ColumnName, col.DataType));
            fieldMatch = fieldMatch.NextMatch();
        }
        else
        {
            throw new ArgumentException("Invalid column name");
        }
    }

    //add temptable to internal dataset and set view to tempView;
    this.dataSet.Tables.Add(table);
    this.dataView = new System.Data.DataView(table);
    }
}
```

VB.NET

```
Private Sub ValidateFieldNames(ByVal cmdText As String)
    fieldMatch = fieldSplit.Match(cmdText, _
(keywordMatches (selectPosition).Index + _
keywordMatches (selectPosition).Length + 1), _
(keywordMatches (fromPosition).Index - keywordMatches (selectPosition).Index _
 + keywordMatches (selectPosition)
.Length + 1)))

    If fieldMatch.Value = "*" Then
        Me.dataView = Me.dataSet.Tables(Me.tableName).DefaultView
        Me.useDefaultTable = True
    Else
        Me.useDefaultTable = False
        If Me.dataSet.Tables.Contains(Me.tempTableName) Then
            Me.dataSet.Tables.Remove(Me.tempTableName)
        End If
        Dim table As DataTable = New DataTable(Me.tempTableName)
        While fieldMatch.Success
            If Me.dataSet.Tables(Me.tableName).Columns _
                                    .Contains(fieldMatch.Value) Then
                Dim col As DataColumn = dataSet.Tables(tableName) _
                                    .Columns(fieldMatch.Value)
                table.Columns.Add(New DataColumn(col.ColumnName, col.DataType))
                fieldMatch = fieldMatch.NextMatch
            Else
                Throw New ArgumentException("Invalid column name")
            End If
        End While
        Me.dataSet.Tables.Add(table)
        Me.dataView = New System.Data.DataView(table)
    End If
End Sub
```

假定表名有效，且全部请求字段均有效，下面就可以使用生成的临时表来满足数据访问请求。此时只需要将这个新的临时表添加到已有的数据集中即可。

现在已经验证了查询中除筛选和排序之外的全部组成部分。在 CommandText 方法中，需要根据关键字的数目来测试是否启用了筛选和排序。如果查询启用了筛选和排序，那么就要执行一个方法，这个方法使用 DataSet 类的内部行为完成相应的任务。在 ValidateFiltering 方法中，需要基于关键字的数目对文本进行解析。为了解析文本，就需要取得 Where 子句后面的全部文本，或者取得 Where 子句之后和 Order 子句之前的全部文本(如果存在 Order 子句的话)。

C#

```csharp
public void ValidateFiltering(string cmdText)
 {
    if(filtering)
    {
        int startPos =0;
        int length =0;

        startPos = keywordMatches [wherePosition].Index +
            keywordMatches [wherePosition].Length + 1;
        if(keyWordCount == 3)  //no "order by" - Search from Where till  end
        {
            length = cmdText.Length-startPos;
        }
        else // "order by" exists -  search from where  position to "order by"
        {
            length = keywordMatches [orderPosition].Index - startPos;
        }

        this.dataView.RowFilter = cmdText.Substring(startPos,length);
    }
 }
```

VB.NET

```vbnet
Private Sub ValidateFiltering(ByVal cmdText As String)
   If filtering Then
       Dim startPos As Integer = 0
       Dim length As Integer = 0
       startPos = (keywordMatches (wherePosition).Index + _
         keywordMatches (wherePosition).Length + 1)
       If keyWordCount = 3 Then
           length = cmdText.Length - startPos
       Else
           length = keywordMatches (orderPosition).Index - startPos
       End If

       Me.dataView.RowFilter = cmdText.Substring(startPos, length)
   End If
End Sub
```

解析文本后，需要使用DataView.RowFilter属性对结果进行筛选。为此只需要使用提取到RowFilter中的字符串即可，然后可以由DataView类来解决剩下的问题。同样的技术也适用于排序。

461

C#

```
public void ValidateSorting(string cmdText)
{
    if(sorting)
    {
        int startPos =0;
        int length =0;

        //start from end of 'Order by' clause
        startPos = keywordMatches [orderPosition].Index +
            keywordMatches [orderPosition].Length + 1;
        length =  cmdText.Length - startPos;

        this.dataView.Sort = cmdText.Substring(startPos,length);
    }
}
```

VB.NET

```
Private Sub ValidateSorting(ByVal cmdText As String)
    If sorting Then
        Dim startPos As Integer = 0
        Dim length As Integer = 0
        startPos = (keywordMatches (orderPosition).Index + _
            keywordMatches (orderPosition).Length + 1)
        length = cmdText.Length - startPos

        Me.dataView.Sort = cmdText.Substring(startPos, length)
    End If
End Sub
```

7. CommandTimeout 属性

CommandTimeout 属性指定 Command 对象等待一个命令返回执行结果的最长时间。如果超时，则抛出一个异常。实际上我们并不需要使用这个值，但是必须实现这个属性，因为接口要求实现这个属性。为了表示不支持超时，只需要返回 0 值即可。

C#

```
public int CommandTimeout
    {
        get
        {
            Debug.WriteLine("IDBCommand.CommandTimeout: Get");
            return this.m_commandTimeOut;
        }
        set
        {
            Debug.WriteLine("IDBCommand.CommandTimeout: Set");
            //throw new NotImplementedException("Timeouts not supported");
        }
    }
```

VB.NET

```
Public Property CommandTimeout() As Integer Implements IDbCommand.CommandTimeout
        Get
            Debug.WriteLine("IDBCommand.CommandTimeout: Get")
            Return Me.m_cmdTimeOut
        End Get
        Set(ByVal value As Integer)
            Debug.WriteLine("IDBCommand.CommandTimeout: Set")
        End Set
    End Property
```

8. CommandType 属性

大多数 DPE 都允许开发人员以文本格式返回一个命令，也可以为 Execute 读取方法传入一个完全初始化的 Command 对象，以便检查和使用。DataSetCommand 类只能接受文本，其他任何类型的输入都会导致组件抛出一个 NotSupported 异常。

C#

```
public CommandType CommandType
{
    // supports only a text commandType
    get { return CommandType.Text; }
    set { if (value != CommandType.Text) throw new NotSupportedException(); }
}
```

VB.NET

```
Public Property CommandType() As CommandType _
        Implements IDbCommand.CommandType
        Get
            Return CommandType.Text
        End Get
        Set(ByVal Value As CommandType)
            If Value <> CommandType.Text Then
                Throw New NotSupportedException
            End If
        End Set
    End Property
```

9. CreateParameter 方法

CreateParameter 方法可以为 Command 对象返回一个与特定扩展相关的参数。虽然实际上并没有使用 CreateParameter 方法，但是必须实现 CreateParameter 方法，因为接口要求实现这个方法。DataSetParameter 对象是一个简单类，它实现了一个名为 IDataParameter 的接口，因此可以将这个对象当作一个接口类型的对象返回。

C#

```
public IDataParameter CreateParameter()
{
```

```
    //return DataSetParameter
    return new DataSetParameter();
}
```

VB.NET

```
Public Function CreateParameter() As IDataParameter _
        Implements IDbCommand.CreateParameter
            Return New DataSetParameter
End Function
```

10. Parameters 属性

Parameters 属性返回一个实现了 IDataParameterCollection 接口的集合。前面实现的自定义集合类 DataSetParameterCollection 能够满足这些需求。Parameters 属性可以帮助开发人员通过索引方式设置和访问 Parameters 集合中的参数值。

C#

```
public IDataParameterCollection Parameters
{
    get
    {
        return this.m_parameters;
    }
}
```

VB.NET

```
Public ReadOnly Property Parameters() As IDataParameterCollection _
    Implements IDbCommand.Parameters
        Get
            Return Me.m_parameters
        End Get
End Property
```

16.2.8　创建 DataSetDataReader 对象

代码实现中的数据读取器除了读取内部 DataView 的属性之外，其他什么工作都不做。数据读取器的行为是由 IDataReader 接口实施的，IDataReader 接口提供了可以指定待读取字段的数量、名称、类型的数据读取方法，还允许对象实际访问数据。

为了将 DataSetDataReader 类添加到项目中，请依次选中 Project | Add Class，将类名修改为 DataSetDataReader。然后，添加自定义名称空间，编辑类的定义。

1. 声明

DataSetDataReader 类的成员保存了所有用于生成 DataSetDataReader 类属性的信息。当从数据文件中读取数据时，currentRow 变量可以用来存储当前行的值。dataView 变量可以保存当前数据视图的一个引用，这个视图反映来自 DataSetCommand 的数据。DataSetCommand 是通过构造函数传入的。最后，dataSetCommand 变量保存对命令的一个引用，这个命令也是通过构造函数传入的。

C#

```
System.Data.DataView dataView;
DataSetCommand dataSetCommand = null;
int currentRow = -1;
```

VB.NET

```
Private dataView As System.Data.DataView = Nothing
Private dataSetCommand As dataSetCommand = Nothing
Private currentRow As Integer = -1
```

2. 实现 IDataReader

Reporting Services 暴露的 **IDataReader** 接口保证了所处理数据的一致性。这个接口提供的属性和方法可以检查数据及数据类型，同时这个接口提供的 Read 方法可以完成实际的数据读取工作。下面给出了这个接口的定义，该定义给出了所有必须实现的方法和属性：

C#

```
public interface IDataReader : IDisposable
{
    Type GetFieldType(int fieldIndex);
    string GetName(int fieldIndex);
    int GetOrdinal(string fieldName);
    object GetValue(int fieldIndex);
    bool Read();
    int FieldCount { get; }
}
```

VB.NET

```
Public Interface IDataReader
    Inherits IDisposable
    Function GetFieldType(ByVal fieldIndex As Integer) As Type
    Function GetName(ByVal fieldIndex As Integer) As String
    Function GetOrdinal(ByVal fieldName As String) As Integer
    Function GetValue(ByVal fieldIndex As Integer) As Object
    Function Read() As Boolean
    Property FieldCount() As Integer
End Interface
```

为了保证自定义的 **DataSetDataReader** 类能够支持(实现)接口需求，必须修改自定义类的定义：

C#

```
namespace Wrox.ReportingServices.DataSetDataExtension
{

    public class DataSetDataReader : IDataReader
    {
        internal DataSetDataReader(DataSetCommand command)
        {
            //set member variables based upon command object
```

```
            this.dataSetCommand = command;
            this.dataView = command.dataView;
        }

        public void Dispose() {}
```

VB.NET

```
Namespace Wrox.ReportingServices.DataSetDataExtension
    Public Class DataSetDataReader
        Implements IDataReader

        Friend Sub New(ByVal command As dataSetCommand)
            Me.dataSetCommand = command
            Me.dataView = command.dataView
        End Sub

        Public Sub Dispose() Implements IDisposable.Dispose
        End Sub
```

3. GetFieldType 方法

GetFieldType 方法可以返回数据读取流中某个特定位置数据的数据类型。此数据可以允许开发人员以正确的数据类型来存储从数据读取器中检索到的数据。

C#

```
public Type GetFieldType (int fieldIndex)
{
    return this.dataView.Table.Columns[fieldIndex].DataType;
}
```

VB.NET

```
Public Function GetFieldType(ByVal fieldIndex As Integer) As Type _
    Implements IDataReader.GetFieldType
        Return Me.dataView.Table.Columns(fieldIndex).DataType
End Function
```

4. GetName 方法

GetName 方法可以帮助开发人员从 DataReader 对象中检索一个数据字段，为此，需要传入待读取字段的名称。

C#

```
public string GetName(int fieldIndex)
{
    return this.dataView.Table.Columns[fieldIndex].ColumnName;
}
```

VB.NET

```
Public Function GetName(ByVal fieldIndex As Integer) As String _
```

```
Implements IDataReader.GetName
    Return Me.dataView.Table.Columns(fieldIndex).ColumnName
End Function
```

5. GetOrdinal 方法

GetOrdinal 方法可以帮助开发人员根据数据在 DataReader 流中的位置获得数据索引。

C#

```csharp
public int GetOrdinal(string fieldName)
{
    return this.dataView.Table.Columns[fieldName].Ordinal;
}
```

VB.NET

```vbnet
Public Function GetOrdinal(ByVal fieldName As String) As Integer _
    Implements IDataReader.GetOrdinal
        Return Me.dataView.Table.Columns(fieldName).Ordinal
End Function
```

6. GetValue 方法

GetValue 方法可以从数据流中检索实际的数据值。典型情况下，所有这些方法都是一同使用的。开发人员首先从数据流中获取类型信息，创建正确类型的变量来保存数据，最后使用 GetValue 方法获得数据的值。

C#

```csharp
public object GetValue(int fieldIndex)
{
    return this.dataView[this.currentRow][fieldIndex];
}
```

VB.NET

```vbnet
Public Function GetValue(ByVal fieldIndex As Integer) As Object _
    Implements IDataReader.GetValue
        Return Me.dataView(Me.currentRow)(fieldIndex)
End Function
```

7. Read 方法

在 DataSetDataReader 类中，Read 方法是完成实际工作的方法。这个方法循环访问当前的 DataView 视图。如果成功读取了一行，那么就通过将行计数变量 currentRow 的值增 1，并且返回一个 Boolean 值来告诉使用扩展的用户。如果返回值为 true，那么表示读取数据成功；如果返回值为 false，那么表示内部视图循环访问已经到达结果集的末尾。注意，我们使用了 .NET Framework 提供的一个线程安全的增量函数，目的是确保在执行增量操作的过程中，能够安全锁定当前行变量，不会产生竞争条件。

C#

```
public bool Read()
{
    System.Threading.Interlocked.Increment(ref this.currentRow);
    if (this.currentRow >= this.dataView.Count)
    {
        return false;
    }
    return true;
}
```

VB.NET

```
Public Function Read() As Boolean Implements IDataReader.Read
    System.Threading.Interlocked.Increment(Me.currentRow)
    If Me.currentRow >= Me.dataView.Count Then
        Return False
    End If
    Return True
End Function
```

8. FieldCount 属性

FieldCount 属性返回 Read 方法返回的每一行数据中字段或列的数量。

C#

```
public int FieldCount
{
    // Return the count of the number of columns,
    get { return this.dataView.Table.Columns.Count; }
}
```

VB.NET

```
Public ReadOnly Property FieldCount() As Integer Implements IDataReader.FieldCount
    Get
        Return Me.dataView.Table.Columns.Count
    End Get
End Property
```

16.2.9　安装 DataSetDataProcessing 扩展

创建自定义 DPE 之后，必须安装这个 DPE 并允许访问。安装过程包括两个步骤：

(1) 安装和配置扩展。

(2) 配置扩展的安全性。

Report Server 和 Report Designer 都要使用安装且配置好的这个扩展，因此我们需要在两个位置安装。这个扩展必须安装在报表服务器上，还必须安装在用于设计报表的工作站上(使用 SSDT/Visual Studio)。

1. 服务器安装

Reporting Services 为扩展提供了一个标准的安装位置。这个位置也是 SQL Server 安装目录下的一个子目录。我们用 InstallPath 代表 SQL Server 的安装路径，在本书作者的计算机上，这个目录是 C:\Program Files\Microsoft SQL Server\。

根据计算机上安装的 SQL Server 产品的不同，InstallPath 目录中的扩展安装目录也会有所不同。Reporting Services 子目录的命名约定为 MSRS13.MSSQLSERVER，其中 MSRS13 表示产品和版本名 (Microsoft Reporting Services 版本 13)。

扩展安装目录是报表服务器的 bin 子目录，即 InstallPath\MSRS13.MSSQLSERVER\Reporting Services\ReportServer\bin。将自行开发的 DPE 程序集复制到这个目录中之后，还要将其通知报表服务器。为此，可以编辑用来设置 Reporting Services 的配置文件 RSReportServer.config，这个文件位于父目录下。打开这个文件，找到<Data>部分，可以看到类似于以下代码的内容：

```
<Data>
    <Permissions>
        <PermissionSet class="System.Security.NamedPermissionSet" version="1"
                    Unrestricted="true" Name="FullTrust"
                    Description="Allows full access to all resources"/>
    </Permissions>
    <Extension Name="SQL"
        Type="Microsoft.ReportingServices.DataExtensions.SqlConnectionWrapper,
            Microsoft.ReportingServices.DataExtensions"/>
    <Extension Name="OLEDB"
      Type="Microsoft.ReportingServices.DataExtensions.OleDbConnectionWrapper,
            Microsoft.ReportingServices.DataExtensions"/>
    <Extension Name="ORACLE"
        Type="Microsoft.ReportingServices.DataExtensions.OracleClient
        ConnectionWrapper,Microsoft.ReportingServices.DataExtensions"/>
    <Extension Name="ODBC"
        Type="Microsoft.ReportingServices.DataExtensions.OdbcConnection
            Wrapper,Microsoft.ReportingServices.DataExtensions"/>
    <Extension Name="DATASET"
        Type="Wrox.ReportingServices.DataSetDataExtension.DataSetConnection,
            Wrox.ReportingServices.DataSetDataExtension"/>
</Data>
```

将上述代码中加粗显示的 DataSet 部分添加到配置文件中。Name 标记是用户选择扩展时可能看到的唯一扩展名。Type 元素包含扩展的入口点类(也就是创建的第一个对象，这个类也是实现 IExtension 接口时必须实现的类)，后面紧跟着扩展的完全限定名称。

保存文件。现在 Reporting Services 就可以识别这个扩展了。但是还必须修改代码访问安全性 (Code Access Security，CAS)策略，为扩展提供完成任务所需的必要权限。CAS 是.NET Framework 使用的一种约束安全模型，可以限制代码能够执行和访问的系统资源和操作，而且不考虑调用者身份。

2. 服务器安全配置

安全策略文件与服务器配置文件保存在同一个目录下。找到名为 rssrvpolicy.config 的文件，这个文件为 SSRS 保存了安全策略信息。将文件中的<INSTALLPATH>部分内容替换为服务器上 SQL

Server Reporting Services 实例的安装路径:

```
</CodeGroup>
<CodeGroup  class="UnionCodeGroup"
 version="1"
 PermissionSetName="FullTrust"
 Name="WroxSRS"
 Description="Code group for Wrox DataSet data processing extension">
  <IMembershipCondition class="UrlMembershipCondition"
    version="1"

Url="<INSTALLPATH>\Reporting Services\ReportServer\bin\
DataSetDataExtension.dll" />
</CodeGroup>
```

注意:

在我的机器上, Url 属性为 C:\Program Files\Microsoft SQL Server\MSRS13.MSSQLSERVER -1601\Reporting Services\ReportServer\bin\DataSetDataExtension.dll。

警告:

请留意所安装 SQL Server Reporting Services 的构建号, 因为这将影响到文件夹名称。本书的示例是使用构建号 1601 创建的, 而此构建号将随着未来的更新而改变。

上述 CodeGroup 策略要求我们为程序集授予 FullTrust 权限以便执行其代码。但是, 作为最佳实践, 应该只授予代码完成任务所需的最低权限, 这样就减少了可能出现的攻击面。

3. 工作站安装

下一项任务是在开发计算机上安装扩展, 这样才能在 SSDT/Visual Studio 的 Report Designer 中使用这个扩展。将扩展安装到 Report Designer 中的过程与将扩展安装到服务器上的过程非常相似, 只是文件名和安装位置有所不同。在工作站上安装扩展同样需要将文件复制到开发计算机中某个特定的目录下, 然后在配置文件中设置一项内容, 以便设计人员知道扩展的存在。

将扩展复制到 C:\Program Files(x86)\Microsoft Visual Studio 14.0\Common7\IDE\PrivateAssemblies 目录中。与工作站配置有关的所有文件都保存在这个目录中。设计人员的配置文件名为 RSReport-Designer.config。在配置文件中插入的信息与在服务器端扩展配置文件中插入的信息是一样的, 都需要在文件的<Data>配置部分的末尾添加信息。

```
<Data>
    <Extension Name="ODBC"
        Type="Microsoft.ReportingServices.DataExtensions.OdbcConnection
        Wrapper, Microsoft.ReportingServices.DataExtensions"/>
    <Extension Name="DATASET"
        Type="Wrox.ReportingServices.DataSetDataExtension.DataSetConnection,
        Wrox.ReportingServices.DataSetDataExtension"/>
</Data>
```

工作站的扩展配置文件还需要添加额外的内容。我们必须告知 Visual Studio 哪个设计器可以使用这个扩展。我们不打算实现一个自定义设计器类，而是选择使用微软公司提供的 Generic Query Designer。查询是基于 SQL 的，所以这样做没有问题。在<Designer>部分，紧随<Data>部分之后添加以下内容：

```
<Extension Name="DATASET"
  Type="Microsoft.ReportingServices.QueryDesigners.GenericQueryDesigner,
        Microsoft.ReportingServices.QueryDesigners"/>
```

4. 工作站安全配置

下一步需要设置安全策略，这样扩展才能在设计器中正确地运行。在名为 rspreviewpolicy.config 的所需配置文件中，在最后一个</CodeGroup>标记的后面添加类似于下面的条目，并将<InstallPath> 替换为 Visual Studio 的实际安装路径：

```
<CodeGroup class="UnionCodeGroup" version="1"
    PermissionSetName="FullTrust"
    Name="WroxSRS"
    Description="Code group for my DataSet data processing extension">
      <IMembershipCondition class="UrlMembershipCondition"
        version="1"
    Url="<InstallPath>\Common7\IDE\PrivateAssemblies\DataSetDataExtension.dll" />
</CodeGroup>
```

注意：

在我的机器上，Url 属性为 C:\Program Files (x86)\Microsoft Visual Studio 14.0\Common7\IDE\ PrivateAssemblies\DataSetDataExtension.dll。

16.2.10 测试 DataSetDataExtension

为了测试 DataSetDataExtension 扩展，必须创建一个使用自定义扩展的报表，还需要创建一个 DataSet 文件来包含报表所用的数据，当然，也可以使用示例代码中提供的数据。代码具有很好的通用性，可以用于任何串行化的数据集。包含在示例中的文件是从示例数据库中提取的，但其实际上可以包含任何数据集。

为了在已有的解决方案中添加一个新的项目，请依次选中 File | Add Project | New Project。选中 Report Server Project 模板。将项目名称修改为 TestReport，单击 OK。这时将启动 Report Designer，并打开一个空报表。单击设计器的设计区内部的链接，为报表添加一个新的数据源和数据集。此时将打开如图 16-6 所示的 Data Source Properties 页面。使用默认数据源名称，单击 Type 下拉列表。现在可以通过 DATASET 使用新增的 DataSetDataExtension 扩展。利用 FileName 属性，在 Connection String 文本框中输入串行化数据集的物理路径。完成上述任务后，出现的结果界面应该类似于图16-6。

下一步需要指定要使用的凭据。单击 Data Source Properties 页面左方的 Credentials 标签，此时将出现 Credentials 页面，如图 16-7 所示。通过选中 Use Windows Authentication (integrated security) 单选按钮，即可使用 Windows 集成身份验证。

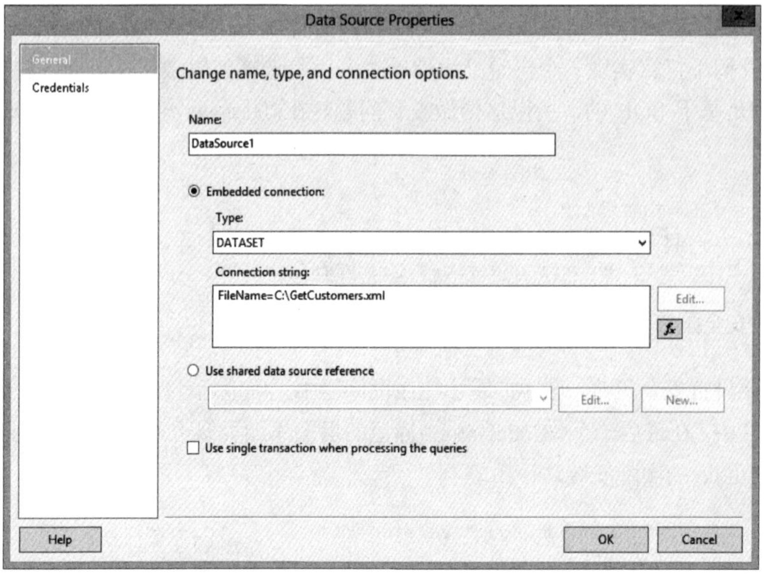

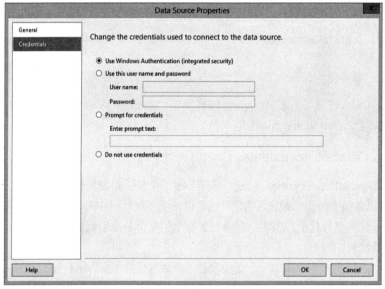

图 16-6　选中 DATASET 类型的 Data Source Properties 页面

图 16-7　Credentials 页面

　　设置好数据源类型及连接字符串之后，下面开始设计基本的数据查询。我们使用的数据集包含一个名为 DimCustomer 的表，我们需要查询这个表。如果正在使用本书提供的示例，那么可以在Query 窗口中输入"SELECT * FROM DimCustomer"。如果使用的是自己的数据，那么可以输入其他查询语句。查询内容应该与图 16-8 中给出的文本类似。

　　这样就完成了数据源和数据集的设置。单击 OK 按钮以关闭 Dataset Properties 对话框，并将字段添加到新的数据集中。其他报表设计工作与任何库存数据源的操作完全相同。现在我们已经掌握了扩展的工作过程。下面还可以尝试使用针对特定字段和使用筛选及字段排序的功能。为此，需要在 Report Data 窗口中用鼠标右击 Dataset 名称，选中 Edit Query。这时将启动 Query Designer，如图16-9 所示，在其中可以输入更为复杂的查询，然后测试运行结果。

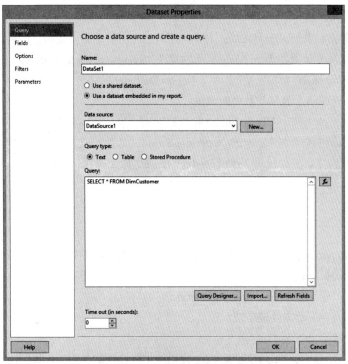

图 16-8　Dataset Properties 对话框中的查询命令

CustomerKey	GeographyKey	CustomerAlter...	Title	FirstName	MiddleName	LastName	NameStyle	BirthDate
11000	26	AW00011000		Jon	V	Yang	false	1966-04-08T0
11001	37	AW00011001		Eugene	L	Huang	false	1965-05-14T0
11002	31	AW00011002		Ruben		Torres	false	1965-08-12T0
11003	11	AW00011003		Christy		Zhu	false	1968-02-15T0
11004	19	AW00011004		Elizabeth		Johnson	false	1968-08-08T0
11005	22	AW00011005		Julio		Ruiz	false	1965-08-05T0
11006	8	AW00011006		Janet	G	Alvarez	false	1965-12-06T0
11007	40	AW00011007		Marco		Mehta	false	1964-05-09T0
11008	32	AW00011008		Rob		Verhoff	false	1964-07-07T0
11009	25	AW00011009		Shannon	C	Carlson	false	1964-04-01T0
11010	22	AW00011010		Jacquelyn	C	Suarez	false	1964-02-06T0
11011	22	AW00011011		Curtis		Lu	false	1963-11-04T0
11012	611	AW00011012		Lauren	M	Walker	false	1968-01-18T0
11013	543	AW00011013		Ian	M	Jenkins	false	1968-08-06T0
11014	634	AW00011014		Sydney		Bennett	false	1968-05-09T0
11015	301	AW00011015		Chloe		Young	false	1979-02-27T0
11016	329	AW00011016		Wyatt	L	Hill	false	1979-04-28T0
11017	39	AW00011017		Shannon		Wang	false	1944-06-26T0
11018	32	AW00011018		Clarence	D	Rai	false	1944-10-09T0

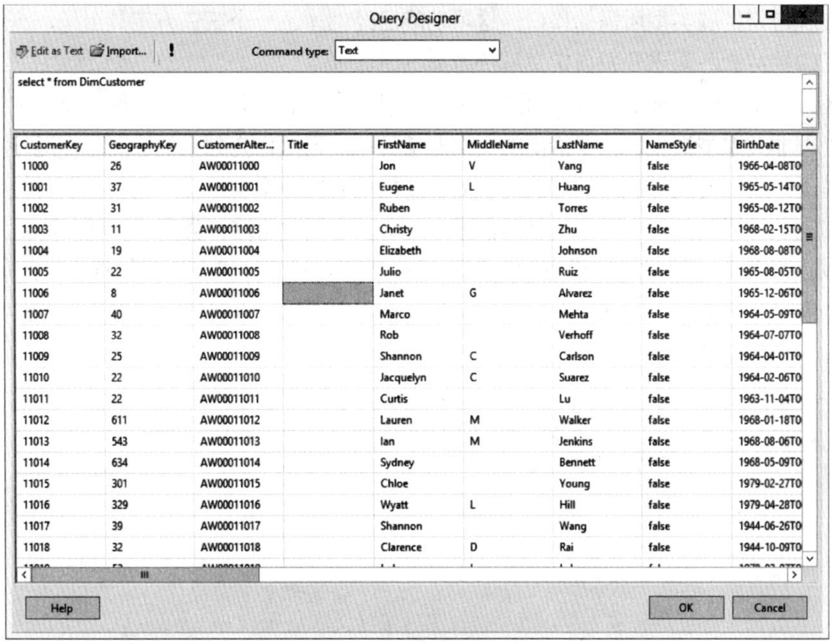

图 16-9　数据集结果

通过在 Report Designer 中预览报表，即可有效地演示工作站组件的安装和配置工作。将报表部署到报表服务器并运行，确保服务器配置正确无误。

> **注意:**
>
> 测试自定义数据扩展的另一种方法: 打开一个新的 Visual Studio 实例, 然后加载扩展项目。然后在打算跟踪的代码行位置添加一个断点, 依次选中 Debug | Attach to process。
>
> 在 Attach to Process 窗口中, 选中打开了 Report Designer 的那个 Visual Studio 实例对应的进程。Report Designer 打开了消费数据扩展的测试报表。
>
> 最后, 单击 Attach 按钮。Visual Studio 将项目代码附加到 Report Designer。为了跟踪断点, 可以在 Report Designer 中查看报表。一旦 Reporting Services 执行到断点所在的代码行, 就会切换到代码视图。在代码视图中, 可以使用 Visual Studio IDE 提供的全部调试功能。

16.3　小结

本章介绍了 Reporting Services 的可扩展性, 还学习了目前可以使用的扩展方法, 相关主题包括:

● 可以使用的扩展选项

● 为什么要扩展 SQL Server Reporting Services

● 如何创建自定义数据处理扩展

● 如何安装自定义扩展

在学习使用 SQL Server Reporting Services 提供的扩展选项的过程中, 我们还学习了扩展选项提供的一些业务机会。微软公司创建了一种强大灵活的报表解决方案, 可以帮助我们修改报表行为, 为此需要实现特定扩展类型所需的接口。这项功能已经创建了一个第三方工具市场, 企业开发人员可以为自己的独特业务需求开发自定义解决方案。

本章还讨论了.NET Framework 使用的数据访问方法, 具体来说, 就是如何创建自定义的数据处理扩展来处理非关系型数据。本章给出的示例非常简单, 无法作为独立的应用程序运行, 但是这个示例非常易于扩展以便提供额外的功能, 例如对参数的支持。本章给出该例的主要目的是帮助你熟悉在创建和安装扩展的过程中必须满足的需求。之所以选择讨论这种类型的扩展, 是因为这种类型的扩展可以在服务器上用于进行报表的处理, 而在开发人员计算机上用于进行报表的创建。

本章结束了关于 Reporting Services 自定义编程的第 V 部分。本书的下一部分将介绍并探索 SQL Server 2016 引入的全新移动报表功能。

第VI部分

移动报表解决方案

在接下来的 4 章中,你将逐渐掌握 SQL Server 2016 引入的全新移动报表和仪表板功能。我们首先会介绍移动报表的特色和功能,同时讨论移动报表的最佳用例。通过提供一系列练习,你将逐步了解移动报表的更多高级应用。

此外,你将学习使用各种可视化控件,应用已掌握的知识并设计符合特定业务需求的简单报表。从独有的 "设计优先开发" 模式开始,首先规划报表设计及其功能,然后添加数据集以支持这些报表的行为。接下来,我们会探讨一系列复杂的功能,借助这些功能将报表整合到完整的商业智能和企业报表设计解决方案中。在此期间,你也将了解如何使用参数和表达式将选择项和上下文传递给另一个移动报表、分页报表或网站。

在此部分,你将学习:

- 基本的移动报表设计方法和应用
- 导航器、选择器、仪表、图表、地图和数据网格的适当使用方式
- 采用复杂可视化控件的高级报表设计技术
- 筛选和互动
- 报表导航
- 使用参数筛选仪表板的方式
- 用于执行穿透钻取导航的用户参数
- 使用 URL 路径和参数穿透钻取到其他报表设计工具的方式

第 17 章:Reporting Service 移动报表简介
第 18 章:使用设计优先开发模式实现移动报表
第 19 章:移动报表设计模式
第 20 章:高级移动报表解决方案

Reporting Service 移动报表简介

本章内容

- 使用移动报表发布器
- 设计用于移动报表的数据集
- 掌握使用移动报表的时机
- 理解可视化控件的各种类别

　　本章主要介绍移动报表以及不同类型可视化控件的最佳使用方式。我们首先会比较移动报表和分页报表的功能，然后探索移动报表设计的基本构件。本章会介绍每种可视化控件类别，并且解释每种控件在移动报表解决方案中的最佳使用方式。

　　Reporting Services 带来的诸多选择和选项可让你根据不同的目的，自由使用各种工具创建报表和营造数据展示体验。这种自由和灵活性也要求你做出更多决策，有时选择正确的工具需要在如下两方面做出权衡：一种工具的优势所在以及用于达成不同目标的另一种工具的限制所在。我过去一直使用 SQL Server Reporting Services，亲眼见证了过去 14 年左右该平台的不断成熟发展，期间明确了如下观点：Reporting Services 主要用于桌面计算机的 Web 浏览器，并专门对此进行了优化。我使用之前版本的 SSRS 为较小的屏幕和移动设备创建报表。这些版本可满足基本需求，在简单布局中使用深色图形和粗体文本显示信息，并提供充分的渲染保真度和导航，但这并不是真正现代的移动体验。

　　随着越来越多的商务人士使用移动设备消费数据和制定决策，Microsoft 为移动开发专业人员打造了多种工具。Microsoft 开发社群中的合作公司精心打造了移动商业智能报表和仪表板交付产品 Datazen，Microsoft 于 2015 年从 ComponentArt 收购了该产品。Datazen 非常类似于 Reporting Services，其以 Windows 服务、ASP.NET Web 服务为基础构建而成，并且具有非常类似于 SSRS 的服务器架构，显著区别是客户端使用已安装的移动应用程序交付报表，这些应用程序在所有移动设备应用商店中免费分发。Datazen 产品将发展成为 Reporting Services 的移动报表功能，并完全通过随 SQL Server 2016 一起安装的报表服务器和 Web 门户进行管理。

17.1 移动报表体验和业务案例

就移动报表而言，需要重点理解的是它不同于传统的 SSRS 分页报表，并且也不是要取代后者。首先，移动报表样式简单且风格鲜明，针对移动设备上的触摸操作进行了优化。其次，移动报表可在 Web 浏览器中使用，并在桌面计算机中查看。

> **注意：**
>
> Microsoft 于 2015 年收购 Datazen 之后不久，我与诸多咨询客户进行了广泛交谈，他们都相信可将 Datazen 用作现有报表平台的替代品。在 SQL Server 2016 集成 Reporting Services 之前，Microsoft 将 Reporting Services 免费提供给 SQL Server 企业版的客户使用。这些用户曾经认为 Datazen 会取代 SSRS 和其他操作型报表工具，但他们很快认识到，Datazen 以及现在的 SSRS 移动报表有着特定的用途，它们并不用来取代分页报表。

在 iPad 上使用 Power BI Mobile 应用，可以打开驻留在 SSRS 报表服务器上的移动报表。图 17-1 显示了在 iPad 上运行的简单全屏布局移动报表。

图 17-1　在 iPad 上以全屏模式运行的移动报表

移动报表的触摸响应非常灵敏。可以触摸并按住某个数据点，借此查看包含更多信息的大型标注。借助 Time 导航控件，可以滑动并拖选某个范围的数据值，或者点选以下钻到下一层级。点击选择选择器中的某个国家可立即筛选该图表和汇总值。在 iPad 或其他平板设备上，如果采用竖直方向，可看到报表的简化视图。但如果想要看到更多详情，可以水平旋转如图 17-1 所示的设备，即可看到完整的桌面布局。我们将在后面章节中探讨此功能。

可以在移动设备或桌面计算机的 Web 浏览器中打开此报表。图 17-2 显示了浏览器中的简单移动报表，这里是从服务器的 Web 门户打开此报表。

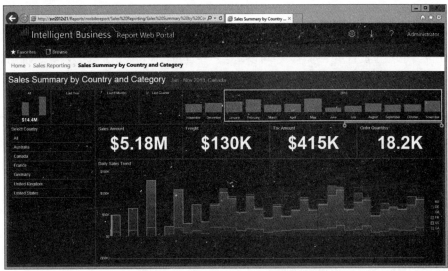

图 17-2　在 Web 浏览器中显示的简单移动报表

在下面的章节中可以看到，可使用多种可视化控件模仿更加错综复杂的移动报表设计。然而，高效移动报表设计的本质在于简单性和易用性。

移动报表的用户体验类似于平板电脑上的报表，但是稍有延迟，这是因为通过 Web 服务器的 HTML 提供筛选项和数据。两种报表的具体操作基本相同，但在普通报表的即时反应和移动应用的触觉反应方面存在一些显著的区别，并且在 Web 中呈现移动报表会有一定的等待时间。

在手机上，这些差异相对明显，因为手机屏幕较小且可用空间不足。在如图 17-3 所示的报表中，最重要的信息显示在若干可视化控件中，却要通过点选和滑动手指来导航这些控件。

可以看到，控件的排列方式有所不同，并且针对小屏幕进行了简化。点选、滑动和按住屏幕上某个点的操作体验稍有不同，这是为了适应小屏幕分辨率和手持式导航。在每台设备上，每个控件的行为都会稍有不同，这是因为

图 17-3　在手机应用中查看报表

用户习惯于使用作为设备操作系统固有部分的原生控件。例如，在 iPhone 手机上，点选下拉列表会显示移动 iOS 用户所熟悉的"自动售货机"式垂直滚动选择器。

17.2　报表穿透钻取导航

在前面的分页式报表设计中你已经看到，我非常支持使用报表导航。为使报表用户访问更多内容，可以在一个报表上放置更多内容，也可以让用户导航到其他报表，逐步显示更多细节或更特定的上下文。因此，穿透钻取导航是移动报表设计中非常重要的主题。

移动设备上的屏幕空间非常有限，并且移动报表设计中的功能也不错综复杂，因此我们可将多个报表链接在一起，为用户提供丰富的导航体验。根据筛选器和报表中所选的条目，一个移动报表可以导航到另一个移动报表。类似于分页报表，每个可视化控件可以有单独的穿透钻取导航目标。例如，点选图表上的某一条形可将用户送往根据该条形所代表的条目执行筛选的报表。此外，移动报表可以导航到分页报表，对于显示细节和事务性来源记录来说，这可能是更好的选择，因为这可以让用户看到图表背后的数字以及聚集总计。

17.3　使用移动报表的时机

在探讨移动报表的功能以及这些功能的具体作用之前，让我们了解一下不能使用移动报表的场合。我发现，与咨询客户和学生进行这样的讨论有助于定义使用边界，以及更方便地选择适合的工具。

坦白说，在某些方面，移动报表的工具集并不像传统的分页报表那样成熟或功能丰富，但其确实是报表设计组合中的重要部分。Datazen 最初是由不同公司设计的完全独立的工具，因此很容易接受其使用与 Microsoft 不同的设计理念。现在，Datazen 已成为 SQL Server Reporting Services 的一部分，这种差异就显得更加显著；同时，不能忽视的事实是，该工具为 Microsoft BI 和报表平台带来了独有的价值和功能。请勿执着于这种差异；应学会如何结合使用这两种产品。从某种程度上来说，需要忘却从分页报表中获得的某些技巧，以便更好地包容移动报表中不同的设计模式。这就是移动报表的学习方式。

在 Datazen 被 Microsoft 收购之前，我使用该软件有好几年时间，因此对成功使用此工具有着自己的想法。具体来说，应该在适合该产品的环境中使用移动报表。在此上下文中，可以加入前所未有的功能，带来更多的业务价值。在针对现代移动设备优化的布局和屏幕分辨率中，移动报表的特色主要体现在为企业用户提供移动报表设计功能，这一点并不令人感到惊讶。简单来说，请勿在移动报表中放入大量详细信息，尽可能使其保持简单。

为充分体现移动报表的价值，需要在移动设备上使用它们。因为是在桌面计算机上设计移动报表，所以在预览和测试报表时，它们看起来会非常大，并且过于简化。移动报表专门针对小屏幕和触摸互动进行了优化。

作为长期的 SSRS 从业者，我习惯于使用自动处理大量数据分组和聚集工作的报表设计工具。此外，我也习惯于广泛使用表达式，而这些并不是此工具的功能。在移动报表设计中，不再全力操作设计工具，而是使用查询来塑造数据。

17.3.1　移动报表不是自助式 BI

虽然基础的报表设计体验并不是难点，但还是有必要准备数据。大多数报表都要求编写查询，为不同的可视化控件塑造数据。查询的设计和准备要求设计人员具备一定的技术经验。尽管实际的报表设计工作相对简单，但此任务通常仍然由报表设计专家执行。然而，用户导航和报表交互并没有采用特定的方式设计，因为它们都是通过 Power BI 或 Excel 设计的。

特别是，某些可视化控件并不会分组和聚集数据集中的行，因此必须创建专门适用于该控件的数据集。仍然可以采用正确的形式和格式灵活呈现数据，但可能需要创建多个数据集，而不是像在分页报表数据设计、数据透视表或 Power BI 图形部分中那样依赖分组和表达式。

17.3.2　移动报表并非分页报表

移动报表的图形部分预先封装了根据其在页面中的大小和位置调整的属性和布局选项。因此，如果采用与分页报表相同的方式设计移动报表，则没有可调整和修改的属性。作为长期的 SSRS 从业者，我习惯于调整属性来使报表的外观符合我的需求。这始终是一个耗时且烦琐的过程，但这就是该工具的工作方式。相反，移动报表的图形部分基本没有样式化属性，因此它们设计起来很快速，但无法细微控制每个控件的样式和布局。

移动报表并不计划用来打印或导出为文件以供使用。因此，对于操作型报表，如事务列表、资产平衡表或合约，最好使用分页报表进行设计。

17.3.3　缓存和按需结果

移动报表的主要设计理念是：数据集产生静态的结果集，对结果集先进行缓存，然后在客户端进行筛选。缓存的数据集结果可以按计划定期进行刷新，也可以手动按需刷新。这样就可更快速地执行报表，并且支持在有限的缓存数据集内进行交互体验。与几乎所有计划查询执行一样，这些查询并没有运行在用户的安全环境中，因此缓存数据集并不总是执行用户特定筛选操作和实现安全性的理想之选。

此外，可以参数化数据集以运行实时查询，但某些交互功能(如导航器和选择器)不受支持。将交互移动报表和按需功能结合起来的最佳方式通常是构建至少两个不同的报表，并且两个报表之间彼此实现导航。第一个报表结合使用缓存数据集以及交互式选择器和导航器来查询聚集数据，而第二个报表使用查询参数返回实时结果。

17.4　连接和数据集设计基础

Mobile Report Publisher 是一款移动报表设计工具，其不包含查询设计工具。使用 SSDT 报表项目或 Report Builder 设计查询来向报表服务器发布共享数据集。这就要求实施某些规划和迭代式设计。在此将演示一种有效的设计模式，可以使用此设计模式来构建支持移动报表功能的数据集。

共享数据集有着可用来筛选数据的参数，并且可用于对数据源运行实时查询，以及缓存数据以实现更具响应能力的报表性能。移动设备上的移动报表使用安装的移动报表查看器应用程序运行客户端，因此也可以在设备上安全地缓存数据，借此提升性能和支持离线报表设计。当用户在线时，就可以使用新的查询结果刷新缓存的数据集。

17.5   Mobile Report Publisher 简介

在初次使用 Mobile Report Publisher 时，你的第一印象很可能是它具有与 SSDT 或 Report Builder 不同的外观。这主要是因为该产品在设计时采用了"移动优先"的理念。原始的 Datazen Dashboard Publisher 在开发时正值 Microsoft 发布 Windows 8，因此完全包容"城域网"或"现代化"用户体验。如同 Windows 10 将用户带回更加熟悉的桌面 Windows 行为一样，Mobile Report Publisher 也通过同样的方式带来更加传统的桌面感，同时又提供有现代的 Windows 样式。

> **注意：**
> 我们经常自由地使用"现代化"这一术语来描述新的工具和用户体验。现代化是非常相对的术语，对于按照目前的标准视为"现代化"的事物，其可能在短时间内有着与众不同的感知，但可能很快就被视为"落后"。移动报表产品无疑会快速改变，以适应不断变化的用户群体、更新的设备和行业潮流。它也将通过这些适应性改动来维持其现代化报表设计的头衔。简而言之：请准备好应对变化。

Mobile Report Publisher 由四个页面组成，可使用报表设计窗口左上角的大型选项卡进行访问，如图 17-4 所示。

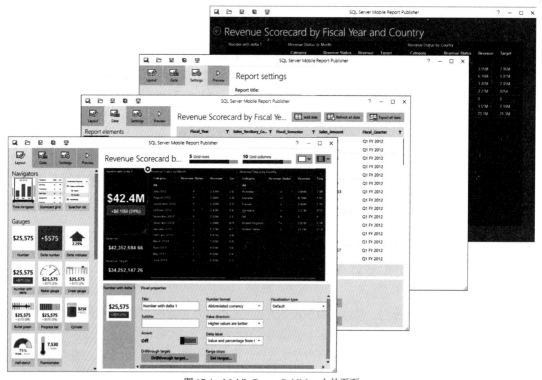

图 17-4   Mobile Report Publisher 上的页面

17.5.1   Layout 页面

在 Layout 页面中，可以排列控件以及设置控件的可视化属性。将工具箱中的控件拖放到报表主体中设计网格的左侧。使用位于设计器顶部和报表标题右侧的两个滑块定义此网格的尺寸。

在最初添加控件时，会自动生成一个模拟数据表，以便预览带数据值的控件。这一"设计优先"模式是报表设计领域的根本性变革，从测试原型和快速获得用户反馈方面来说，这是一种非凡的报表设计工具。在第 18 章中，我们将使用这种方式构建完整的移动报表。

17.5.2　Data 页面

在 Data 页面中，可将控件与数据集关联起来，以及设置与数据使用和字段映射相关的属性。每个控件都有一组独特的数据属性，借助这些属性可分组、聚集和筛选数据。首先，导入数据集，以便将其提供给控件。在 Layout 页面中将控件添加到网格之后，可在此页面上选择每个控件，以便相应地设置数据属性。

17.5.3　Dashboard Settings 页面

使用 Dashboard Settings 页面可设置与报表名称、部署目的地、日期和区域格式有关的属性。在此页面上设置的元数据保存在文件系统的部署报表或文件中，文件系统影响某些控件的行为。Currency 属性可对报表应用区域格式。Fiscal year start、First day of the week 和 Effective date 属性用于修改 Time 导航器和时间图表的行为。在美国，对于不需要处理财政日期的报表设计，可以保留这些属性为默认设置，但应根据自己的需求设置它们。

17.5.4　Preview 页面

Preview页面用于在设计环境中测试报表。在此页面中显示的是报表保存且从服务器运行的近似外观。

使用窗口左上角工具栏中的图标，可在本地保存报表，也可将其发布到服务器。图 17-5 显示了带设计控件和报表设计功能的 Layout 页面。

> **提示：**
> 保存报表的副本相当简单，但如果要在本地和服务器上保存不同的版本，则需要保持谨慎。建议在本地保存主副本作为备份。在进一步设计报表的过程中不断保存改动，然后向服务器保存相同的版本。通过使这些副本保持同步，将始终拥有备份，并且在不同位置的报表新旧版本之间不会产生混乱。

使用左上角工具栏中的小图标可创建新的报表，打开、保存报表以及连接到报表服务器。如同处理文档文件一样，可将报表保存到文件系统中的某个文件夹，也可保存到报表服务器。

使用布局选择下拉列表，可在主布局中设计报表之后为平板电脑和手机设备创建备选布局，其中主布局专门针对桌面或平板电脑的横向显示进行了优化。如果没有设备专用布局，移动应用将尽可能按照它们的排列顺序将主布局控件适配到设备上。

可以调整任何布局中的网格大小。每种布局的默认网格大小是：

- Master 针对水平布局进行了优化，其网格最大尺寸为 6×12
- Tablet 旨在进行旋转，其网格最大尺寸为 8×8
- Phone 旨在用于垂直布局，其网格尺寸为 6×4

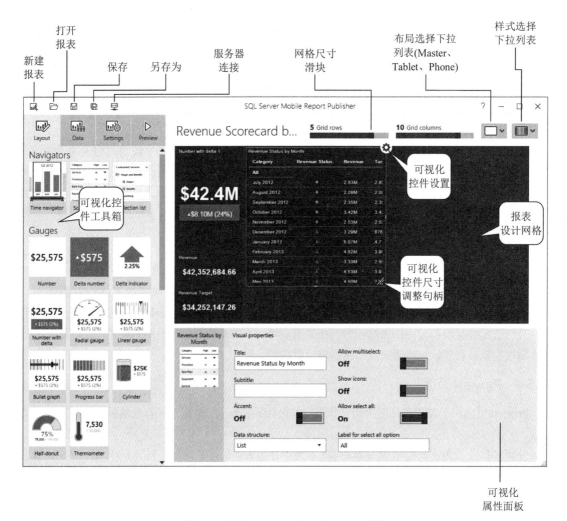

图 17-5 Mobile Report Publisher 的 Layout 页面

Tablet 布局适用于旋转为纵向的平板设备。通常来说，最好使网格尺寸接近于默认值，然后进行适当调整，使其适合所选的可视化控件。

样式选择下拉列表包括在站点品牌主题中定义的每种样式的缩略图。如果站点品牌主题得到更新，那么样式颜色和其他属性会动态应用于报表。

17.6 可视化控件的类别

在页面的左侧，控件组织为如下类别，下面将分别解释这些类别：

- 导航器
- 计量表
- 图表
- 地图
- 数据网格

17.6.1　导航器

Time navigator 在本质上是按所选日期或时间层次结构分组的动态柱状图、面积图或线形图，它还指定了一组用于筛选其他数据集的时间成员。可指定有效的日期部分，日期部分将包含在下钻树状结构中。例如，选择一个年份可展示该年份的所有月周期；图表然后会在下一个层次显示具体天数。除了选择单个值以将分层树移至下一层级之外，还可滑动或按住 Shift 键以指定某个范围，并选择多个天数(或其他任何日期部分)。图 17-6 显示了 Navigator 类别中的控件。

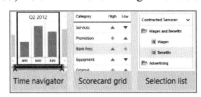

图 17-6　Navigator 控件

这些控件用于筛选显示在其他控件中的数据：

- **Time navigator**：显示一定范围内的时间/日期值。该控件支持年份、季度、月份、天数和小时数，其要求输入一列日期和/或时间类型值。使用数据集中的第一个日期/时间列，该控件自动生成范围内的每个日期/时间层级，而不需要采用数据查找表或"维度"参考表来填入任何缺失的值。

  Time navigator 支持多个度量字段，通过柱状图、阶梯式面积图或线形图将这些字段显示为时间序列图。在下一章开头可看到 Time navigator 的示例。

- **Scorecard grid**：该控件将选择列表与多字段值 KPI 积分卡结合起来。这一多用途控件可分组和聚集数据集中的列值。作为选择，可通过成对的键值连接第二个表，以实现聚集和比较。这一选择器的功能类似于 Selection list 控件。

- **Selection list**：该控件基于单个列分组数据集中具有类似值的行，并通过选择列表显示它们。该选择器支持单选、多选，并且在列表顶部提供名为 All 的附加项。选择 All 附加项时，该选择列表就不会用于筛选数据。

根据所使用的移动设备和可用的屏幕空间，选择器显示为可滚动的列表框或简洁的下拉列表控件。

对于如下示例，使用如图 17-7 所示的数据集作为大量控件的源表。

	OrderYear	Category	CountryRegionCode	SalesTarget	SalesAmount
1	2013	Accessories	AU	5598000	23,947.53
2	2013	Bikes	AU	6551000	1,283,918.23
3	2013	Clothing	AU	1445000	42,592.78
4	2013	Accessories	CA	1350000	75,888.88
5	2013	Bikes	CA	936000	4,046,454.65
6	2013	Clothing	CA	359000	174,780.30
7	2013	Accessories	DE	1835000	32,504.00
8	2013	Bikes	DE	1300000	1,418,700.92
9	2013	Clothing	DE	898000	64,829.43
10	2013	Accessories	FR	2415000	37,875.79
11	2013	Bikes	FR	1691000	2,426,590.64

TestSalesAndTargets2013 ⚙

图 17-7　Data 页面中显示的数据集

图 17-8 显示了使用同一组数据的 Scorecard grid 和 Selection list 控件示例。请注意，两个控件均显示合并的 Category 值，而非在源数据中看到的重复行。

Scorecard grid 1					Selection list 1
Category	**Sales Target**	**Sales Amount**	**Sales/Target**		All
All					Accessories
Accessories	18.5M	379K	▼		Bikes
Bikes	15.6M	26.9M	▲		Clothing
Clothing	6.97M	879K	▼		

图 17-8　Scorecard grid 和 Selection list 控件

17.6.2　计量表

该组控件显示单个数值字段值，而非显示多个值。图 17-9 所示的计量表将数字列聚集为单个值，并且可使用单行或多行。

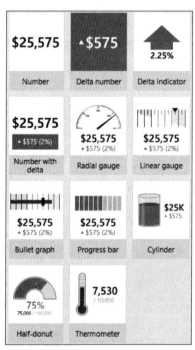

图 17-9　计量表类型控件

- **Number 控件**：显示没有目标的单个值。这是唯一只接受一个字段的计量表控件。与其他控件类似，可使用多个命名的格式显示数字值。

  所有其他的计量表控件均显示与目标值相比的主值，这两个字段值可能来自一个或两个不同的数据集。这些控件在本质上执行相同的操作，即使用不同的视觉隐喻显示主值、目标值和比较值。对于每个控件，可以借助 Delta 标签属性，通过以下三种不同的方式之一表达主值与目标值的比较：
  - 相距目标的百分比
  - 目标的百分比
  - 目标的值和百分比

17.6.3　图表

图 17-10 中所示的项包括 10 个图表控件，它们用于以不同方式分析数据。

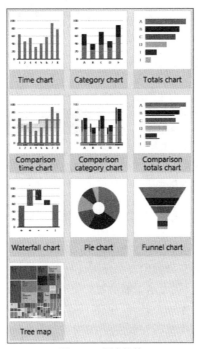

图 17-10　图表控件

Time chart 和 Comparison time chart 与 Time navigator 类似，但并不用于选择和筛选操作。此外，它们支持更多的时间单位，包括自动和十年层级，这些单位均派生于数据集中的日期或日期/时间类型列。

下面这些图表类型用于按类别字段划分数值字段：

- Category chart
- Comparison category chart
- Waterfall chart
- Funnel chart
- Tree map

下面这些图表具备灵活性，可用于按类别划分或分组度量值，或者用于比较多个字段值：

- Totals chart
- Comparison totals chart
- Pie chart
- Funnel chart

图 17-11 显示了四个示例图表，这些图表均基于用于本节中其他图表的示例数据集。从左到右，Category chart 和 Totals chart 均对 Category 字段值进行分组，并显示聚集的 Sales Amount 总计值。这两个控件之间的主要区别是：Totals chart 也可用于逐个显示不同的度量字段值，而非对 Category 字段进行分组。在底部行上，Comparison category chart 和 Comparison totals chart 本质上是前两个图表的变体，它们均显示和比较主值与目标值。

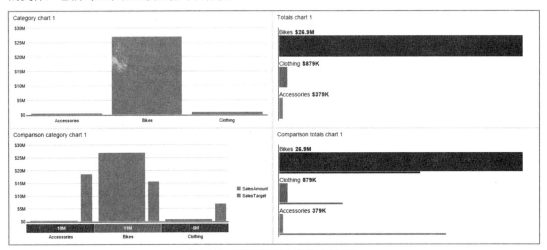

图 17-11　使用不同图表类型的相同数据

Category chart 与 Totals chart 的区别在于它们将值分隔为多个列或条形的方式。在移动报表中，条形图和柱状图之间的差异与分页报表中并不相同。两个 Category 图表在此都显示为垂直/柱状图，它们既可垂直展示为"柱状图"，也可水平展示为"条形图"。Totals chart 的作用体现在两个方面：根据从数据集中选择的数字值显示一个条形，或者用作类别类型的图表，方法是分组非数字值，然后聚集数值字段中的值，这一点类似于分页报表中的传统图表。这一行为受到 Data structure 属性的控制。选择"By columns"可显示多个字段(或数据集列)，而选择"By rows"可使用在 Series name field 属性中选择的字段分类值。

Tree map 控件不会分组细节数据。如果要让细节数据出现在 Tree map 图表中，则需要处理数据集中的分组。Group by 属性有可能引发误解，这是因为它只是收集所有的详情并存入容器。为证明这一点，在此使用示例数据集创建 Tree map 图表，并设置 Group by 属性以使用 Category 字段。图 17-12 所示的报表预览结果显示 Bikes 类别中的矩形包括 Category 和 CountryRegionCode 值的组合。

通过结合使用 Tree map 与 Selection list 控件，如果选择了单个国家代码，则会筛选数据集，将矩形减少为每个类别组一个不同的值。

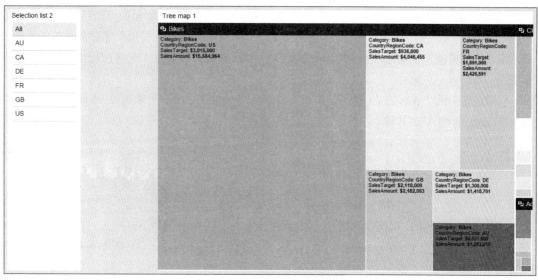

图 17-12　带 Tree map 控件的报表

17.6.4　地图

移动报表中的地图可视化非常简单。地图由多个命名的形状定义组成。在内部，每个形状实际上是一系列点，这些点彼此连接，形成边界。类似于拼图，多个形状拼接在一起形成地图。地图基于美国环境系统研究所(Environmental Systems Research Institute，ESRI)制定的事实上的行业标准，ESRI 是一家知名的地理信息系统和地图软件生产商。

与分页报表的地图功能不同，移动报表的地图不支持多个层、位置数据(例如经度和纬度)，并且不能使用 SQL Server 空间类型。地图报表不需要互联网连接，这一点不同于 Power BI 地图，后者要使用实时的 Bing Map 服务。

有三种地图控件：

- **Gradient heat map**：基于聚集度量字段的相对值，使用渐变颜色阴影填充地图形状。如果需要显示与不同区域相关的值以进行比较，则这类地图控件可发挥作用；并且如果有若干相邻的区域，如多个州或国家/地区，该控件也表现良好。
- **Range stop map**：对每个形状的聚集值范围使用类似于 KPI 的数字阈值。得到的值显示为实心的红色、黄色和绿色形状填充，借此指明地理区域或形状的值是否满足预先定义的阈值标准。
- **Bubble map**：在每个形状的中心显示圆形气泡。气泡的大小代表形状的相对值，作为选择，充填颜色显示与目标字段值相比的主字段值。

图 17-13 显示了这些地图可视化控件。

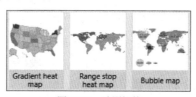

图 17-13　地图控件

Mobile Report Publisher 提供了小型地图集合，并且可获得其他许多地图。我收集了若干有用的地图，随本书下载文件一起提供给读者。出于法律原因，Microsoft 没有提供全球许多国家/地区的地图。由于边界可能发生变化，因此随本书下载提供(或从其他来源获得)的地图应根据需要进行验证和更新。

标准地图由两个成对的文件组成。形状文件(.shp)包含地图中所有形状的边界定义，而 dBase 数据文件(.dbf)包含形状名和键。

> **注意：**
> 通用地图形状标准确实使用旧的 dBase 数据文件格式存储地图名的键/值信息。你是否知道这一标准还能延续多久？

若要添加新的地图，可向报表加入一个地图控件，并使用 Map 属性下拉列表。在列表的底部(如图 17-14 所示)，单击 Custom map…按钮，然后定位两个地图文件之一。地图形状文件的大小目前限制为 500KB。

图 17-14　地图选择列表

报表数据集中的地理区域值必须匹配地图中存储的形状键标识符。如果不熟悉从地图形状文件中获得的所有形状键值，此任务可能极具挑战性。因此，我在随本书下载提供的数据集中包括了一个参考表。可使用此参考表来执行数据和形状信息之间的映射，其中形状信息存储在随产品安装的两个地图中，也存储在随本书下载文件提供的其他地图中。

> **提示：**
> 地图形状名称的参考表包括在随本书下载文件提供的数据库中。该参考表有助于将形状名称映射到数据中的地理区域。在此包括已安装的地图和随本书下载文件提供的地图的形状名称。

17.6.5　数据网格

以下三个数据控件用于显示网格布局中的详细信息以及若干增强之处：

- Simple Data grid：在以直观而简单的柱状形式显示多行和多列时，该控件就可发挥作用。数据基于一个表，并且显示选择的字段。这最接近于移动报表中的事务报表设计。
- Indicator Data grid：基于一个表，但是将显示的字段显示为柱体或指示器/计量表。指示器需要两个字段，分别用于显示度量值和目标值/比较值。

- **Chart Data grid**：支持 Indicator Data grid 的功能，并且基于带有匹配键字段的两个表。第二个表用于形成类别图表。

在图 17-15 中，可以看到指示器网格的 Value 列中包含红色和绿色填充单元格。这种填充取决于两个列：主值和目标值，这样就可以计算相对状态。

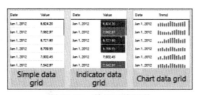

图 17-15　数据网格控件

最后一个控件 Chart Data grid 需要两个表，这两个表通过匹配的键值关联起来。第一个表推动形成柱状表布局，而第二个表产生聚集图表列，这些列按照指定的类别分组。在第 20 章中将给出具体的示例，并介绍如何使用此控件。

17.7　小结

接下来的 3 章展示如何使用上述大多数控件，掌握建立可工作移动报表解决方案所需的设计技巧。

移动报表和分页报表在工具集和功能方面有一些共同的元素，但由于各自的发展历史和计划用途不同，因此设计体验有着很大的区别。

移动报表上的控件用于导航、选择和筛选数据，以及与其他控件交互。穿透钻取操作让用户得以导航到另一个报表，同时传递在原始报表中选择的筛选条件和选项。

我们简要描述并探讨了报表设计中每个可视化控件的不同作用。此外，我们研究了相关功能、数据和设计需求，以及用来创建整个报表解决方案的控件的重要特色。

第 **18** 章

使用设计优先开发模式实现移动报表

本章内容

- 使用设计优先报表开发模式
- 创建和使用共享数据集
- 使用 Time 导航器(navigator)
- 使用选择器
- 使用数字仪表和图表
- 应用移动布局和颜色样式
- 部署并测试完整的移动报表

本章中所给出练习的目的在于完整地介绍移动报表的设计流程。使用非常简单的移动报表场景和示例销售数据，我们将逐步完成一个简化的示例，从中练习设计优先的报表开发模式。

18.1 设计优先的移动报表开发练习

为完成本练习中的所有步骤，需要具备如下数据和软硬件：

- SQL Server 2016
- 原生模式报表服务器
- 之前章节中使用的示例和练习项目
- Mobile Report Publisher
- 安装有 Power BI 移动应用的移动设备(平板电脑或手机)，此为可选项

通过遵循如下步骤，即可从 Web Portal(门户)新建移动报表：

(1) 导航到 Reporting Services Web Portal。

如果你的报表服务器采用默认设置进行安装，那么网址是http://myreportserver/Reports(其中myreportserver是报表服务器的名称)。

(2) 单击工具栏中的 Browse 图标，显示 Home 文件夹的内容而非你的收藏夹。

(3) 使用 "+New"(或 "+")菜单添加名为 Sales Reports 的文件夹。

(4) 导航到 Sales Reports 文件夹。

(5) 使用 "+New" 菜单选择 Mobile Report(参见图 18-1)。

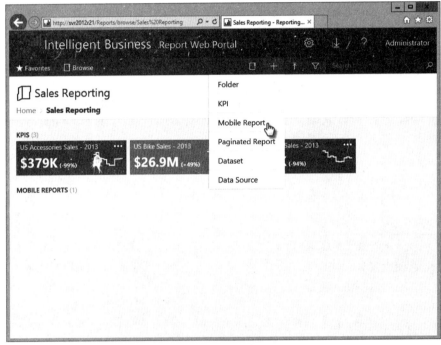

图 18-1   带有简洁菜单项的 Web Portal

注意:
如果 Web Portal 的浏览器窗口的宽度足以显示整个工具栏,则菜单项会显示图标以及简短说明(例如 "+New");但如果窗口较小,菜单项就采用简洁模式,仅显示如图 18-1 所示的图标。在该图中, "+New" 菜单仅显示为 "+"。

此时会打开 Mobile Report Publisher,或者提示你下载并安装该工具。如果之前未安装 Mobile Report Publisher,可使用如图 18-2 所示的链接安装该应用程序。如果 Mobile Report Publisher 在安装后几秒钟内未打开,可再次选择 Mobile Report 菜单选项。

如图 18-3 所示,Mobile Report Publisher 包括工具栏图标和有着较大图标的选项卡,后者用于在不同页面之间导航。

工具栏上列出的常见文件管理选项包括:

- 新建移动报表
- 打开现有的移动报表
- 保存移动报表
- 将移动报表另存为
- 连接和管理服务器连接

图 18-2　选择 Mobile Report 菜单选项之后的 Web Portal

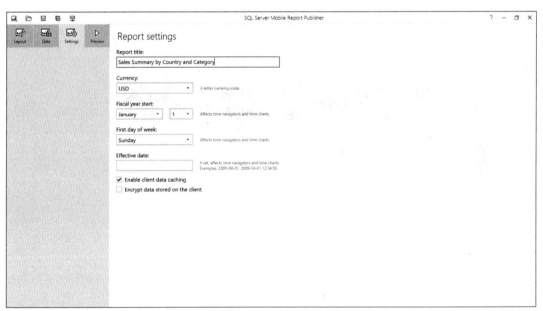

图 18-3　Mobile Report Publisher – Settings 页面

Mobile Report Publisher 设计窗口左侧显示的选项卡中的较大图标包括：

- Layout
- Data
- Settings
- Preview

(6) 单击 Settings 图标，打开新移动报表的 Settings 页面。

(7) 输入 Sales Summary by Country and Category 文本作为报表标题，如图 18-3 所示。

(8) 单击工具栏上的"Save mobile report as . . ."图标，显示如图 18-4 所示的选项。

图 18-4　"Save mobile report as..."命令的目标选项

提示：

初次保存报表之前，"Save mobile report"和"Save mobile report as..."图标执行相同的操作，提示你选择保存报表的位置。在初次保存之后，只有"Save mobile report as..."图标提示你选择新位置。

(9) 单击"Save to server"(如图 18-5 所示)，导航到报表服务器上的 Sales Reporting 文件夹，然后保存报表。

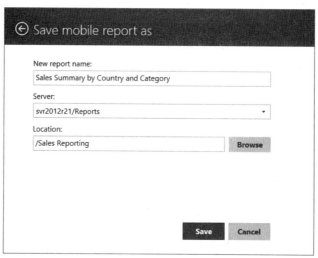

图 18-5　报表服务器和位置属性

(10) 使用设计器左上角的最左侧选项卡切换到 Layout 页面。

在图 18-6 中可以看到，在报表设计界面上会显示一个网格。可以从左侧面板中拖动可视化控件并放入网格中的任意单元格。拖放控件之后，使用控件右下角显示的句柄调整尺寸，将其向右下方拉伸，根据需要填充尽可能多的单元格。

可以使用设计器右上角的滑块改变网格的行列数。行列滑块旁边的下拉列表用于选择不同的移动设备布局和调色板。本练习后面将使用这些控件。

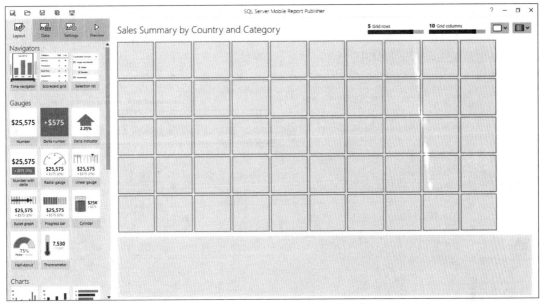

图 18-6　Report Mobile Publisher – Layout 页面

在开始向移动报表添加控件之前，让我们了解一下高级报表需求：

- 移动用户应能够选择某个日期段(年、月或日)或任意范围的日期段，以查看聚集销售指标。
- 用户应能够选择某个国家/地区或国家/地区的任意组合，以查看所选日期段范围内这些国家/地区的聚集销售量。
- 总销售金额、货运成本、税款和单位订购数量应显示为缩写的正确格式化值。
- 销售金额也应显示出来，以比较每个产品类别的总计值(按照所选的日期段和国家/地区筛选)。

18.1.1　添加可视化控件

现在你已基本理解了这些需求指导原则，接下来可以向报表添加导航器、选择器、仪表和其他控件：

(1) 在控件面板顶部的 Navigators 组中，将 Time 导航器拖放到移动报表设计网格的第一个单元格(左上角)中。

(2) 使用 Time 导航器右下角的尺寸调整句柄，调整控件尺寸以填充网格第一行中的所有列。

(3) 在选中 Time 导航器的情况下，使用移动报表设计器下方显示的 Visual 属性面板，通过执行如下任务更新属性，期间可参照图 18-7。

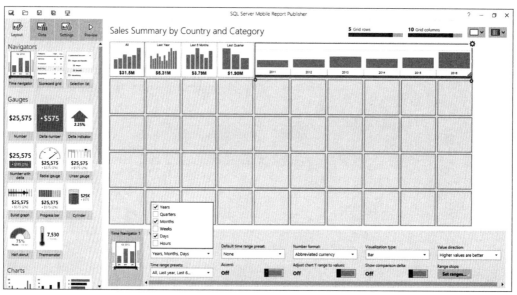

图 18-7　Time 导航器的时间级预设

- 在 Time levels 下拉列表中选择 Years、Months 或 Days。
- 在 Time range presets 下拉列表中取消选择除 All 和 Last Year 之外的所有项。

(4) 所有其他属性仍然设置为默认选择项。

(5) 将 Selection 列表拖动到 Time 导航器下最左侧的单元格中，然后按照图 18-8 调整尺寸。

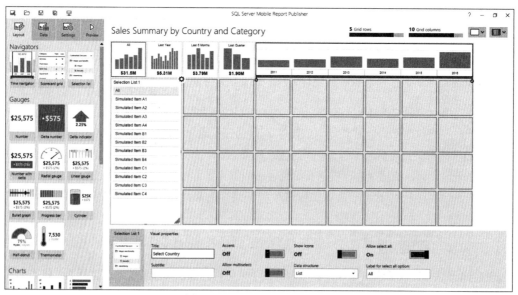

图 18-8　设置 Time 导航器的属性

(6) 在 Visual 属性面板中，将标题改为 Select Country。

(7) 从 Gauges 控件组中，按照图 18-9 所示添加 4 个数字仪表。

图 18-9　添加的 Category Sales 图表

(8) 将每个仪表的宽度调整为两个单元格。

(9) 将每个仪表的标题分别改为：

- Sales Amount
- Freight
- Tax Amount
- Order Quantity

(10) 将前三个仪表的 Number format 选项设置为 Abbreviated currency。

(11) 将 Order Quantity 仪表的 Number format 选项设置为 Abbreviated。

(12) 从 Charts 控件组中，拖放类别图表并调整其尺寸，填满网格上的剩余空间。使用图 18-9 确认图表属性。

(13) 将标题改为 Category Sales。

18.1.2　预览移动报表

查看报表在部署到服务器上之后的显示外观，然后测试控件交互。

(1) 单击最右侧选项卡中的 Preview 图标，以模拟数据运行报表。

可以看到，生成的模拟数据包含适合每个可视化控件的值。此外，还生成了一定范围的日期段，其中包含直至当前日期的多年有用日期段。

请记住，这是对移动触摸屏互动的模拟。在平板电脑上，此移动报表的大型控件更适合进行触摸导航，并且显示效果稍有不同，因此习惯于使用不同设备的用户会熟悉这些情况。如果正在使用触摸屏计算机，可使用屏幕导航。否则，请使用鼠标。

(2) 触摸或点选 Time 导航器上的年份，下钻到所选年份的月份。请注意，数字仪表和图标筛选器会应用针对所选项筛选的值。

(3) 单击并按住(或者滑动并拖动)一定范围的月份，以选择给定范围的销售量。

(4) 单击或触摸 Select Country 列表中的某一项以进一步筛选值，参见图 18-10。

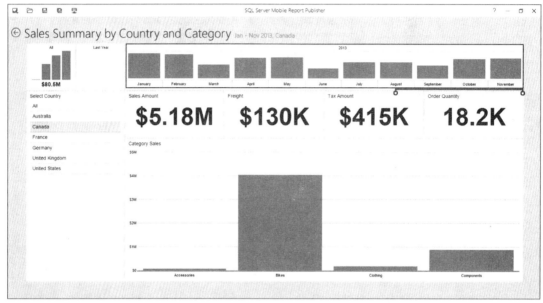

图 18-10　按国家/地区的销售汇总以及带所选国家/地区的类别报表

此练习给出的用户体验是：通过向报表添加可视化控件，即可生成用于与所有控件互动的模拟数据。

注意：
请勿低估这一简单而强大功能的影响。使用设计优先移动报表开发模式，可通过模拟数据轻松演示功能、报表控件和布局理念。请使用此方法演示设计概念和获得用户反馈。

这一报表是非常简单的示例，其演示了设计优先移动报表开发模式的强大之处。

18.1.3　向报表添加数据

在使用自动生成模拟数据的工作报表中，现在可使用真实数据替换模拟数据集。

(1) 切换到 Data 页面，注意名为 SimulatedTable 和 SimulatedFilterTable 的两个数据集。这两个数据集的存在表明，此报表的最佳数据集设计方案可能是创建两个不同的数据集。

提示：
判定使用单个数据集或多个数据集的标准主要基于每个控件的需求以及控件之间的互动。如果选择器或导航器应筛选数据集，就使用不同的数据集。

在此例中，可将单个数据集用于 Time 导航器和报表上的所有可视化控件，但 Country 选择器不在此列。我们不希望 Country 选择器由 Time 导航器进行筛选，因此其应由独立的数据集驱动。

注意:

为支持可视化,一些控件要求数据集带有在适当详细级别分组的记录。其他控件也需要匹配键列关联的两个数据集,后面将探讨这些控件。

我们稍后将检查所有可视化控件的数据需求。此移动报表上的控件可使用具有各种详细级别的数据集。通过理解这些控件的工作方式以及它们所需的数据结构,就可创建必要的数据集查询。

(2) 检查这两个模拟数据集,如图 18-11 所示。SimulatedTable 带有日期、时间或日期/时间类型值的列。

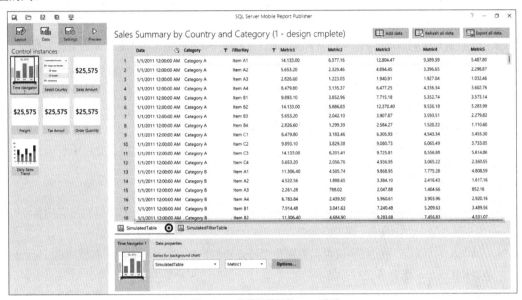

图 18-11　带模拟数据的 Data 页面

(3) 检查移动报表中的控件,如图 18-12 所示。

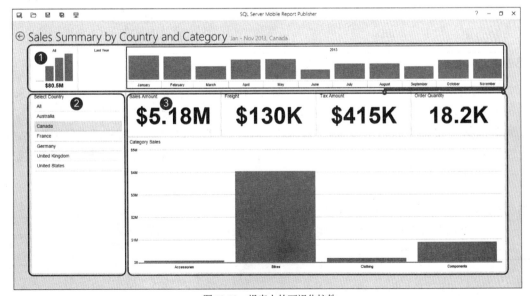

图 18-12　报表上的可视化控件

参阅图 18-12 中的插图编号区域：

- **插图编号区域 1：Time 导航器**——Time 导航器是日期或时间段选择器和分类图表的组合。它将生成(取决于 Time levels 属性选择项)连续范围的日期或时间段，这些时间段位于数据集中现存的最早和最晚日期/时间值之间。与数据维度表不同的是，查询结果中不要求有连续范围的日期。Time 导航器将实际填充数据中剩余的空白处，并且创建该范围的所有日期或时间段。

- **插图编号区域 2：Country Selection 列表**——Selection 列表控件简单地为每一行显示一项，并且不会分组或聚集值。通常使用单独的数据集驱动此控件，以避免列表中的项由报表中的其他选择器或导航器控件筛选。

- **插图编号区域 3：数字仪表控件和类别图表控件**——仪表控件简单地聚集某个数字列的所有行值，而不执行任何分组。由于具备通用性，仪表通常可以分享可以针对更高要求控件优化的数据集。如果数据集返回一行，它就显示该列的值。如果数据集有任意数量的多行，就使用指定的聚集函数累积列中的值。

并非所有的移动报表控件都按照相同的规则发挥作用以及具有相同的行为。此报表中使用的类别图表类似于分页报表中的图表，它使用带多行的数据集，按照指定的字段值分组所有记录，然后聚集分组内详细行的数字列。

那么，此移动报表需要多少数据集？

- Time 导航器可使用任意详细级别的详情数据集，前提是它包括一定范围的日期/时间列值。

- Select Country Selection 列表控件应有专用的数据集，对每个国家/地区返回一行。

- 插图编号区域 3 中的数字仪表和类别图表可分享数据集。此区域中的所有值应由 Time 导航器和 Country 选择器进行筛选。

- 如果 Time 导航器保持独立于插图编号区域 3 中的其他控件，并且或许不应由 Country Selection 进行筛选，隔离插图编号区域 1 和区域 3 的数据集就有意义。出于简化原因，将对这两个控件使用一个数据集。对两个控件使用筛选表的唯一可能结果是：如果某个国家/地区没有数据，或者给定国家/地区仅有范围受限的记录，Time 导航器将只会显示对应的日期。

18.1.4　添加共享数据集和报表中的表

向移动报表添加共享数据集非常简单。图 18-13 显示了完成下一节所述步骤之后的 Sales Summary by Country and Category 移动报表，其中的表通过添加两个新数据集和删除模拟表获得。模拟数据并没有给报表带来很大的处理和存储开销，从这一角度来说，删除模拟数据并不重要。然而，通常删除模拟数据可确保所有控件均已绑定到在导入更换数据集之后添加的实际表。如果尝试删除绑定有控件的表，设计器会显示警告，并且不允许删除该表。

> **注意：**
> 可使用 SSDT for Visual Studio 或 Report Builder 创建共享数据集。指示同时使用两者的唯一原因是提供两种工具的使用经验。

图 18-13　在 Data 页面中添加的数据集

18.1.5　使用 Report Builder 创建共享数据集

可使用两种不同的工具设计共享数据集。如果是使用 Visual Studio 和 SSDT 的报表项目设计人员，可使用 SSDT 项目中的共享数据源，添加数据集，然后从 SSDT 中部署它们。还可直接从 Report Builder 中设计和部署共享数据集。无论采用何种方式，过程均相对简单。在接下来的步骤和如下练习给出的步骤中，将提供使用这两种工具的经验。首先使用 Report Builder：

(1) 在 Web Portal 中，导航到 Home 文件夹，然后导航到 Datasets 子文件夹。

> **注意：**
>
> 默认情况下，SSDT 创建 Datasets 文件夹，因此如果之前已部署报表项目，Datasets 文件夹就会存在。如果未部署报表项目，可使用 Web Portal 在 Home 文件夹中创建名为 Datasets 的子文件夹。将共享数据集放在哪个文件夹中并没有关系，只要知道在何处找到这些数据集即可。

(2) 在工具栏上单击“+New”菜单项，然后选择创建共享数据集的选项。Report Builder 会打开，同时显示 New Report or Dataset 对话框，如图 18-14 所示。

(3) 单击 WroxSSRS2016 共享数据源，然后单击 Create 按钮。

(4) 在 Query 框中直接输入如下查询(或使用查询设计器中的“Edit as Text”工具栏选项)并执行测试，然后将其保存到报表服务器上的 Datasets 文件夹中。将数据集命名为 Country Code List。

```
SELECT DISTINCT
    Country,
    CountryRegionCode
FROM  SalesTerritory
WHERE  Country <> 'NA'
```

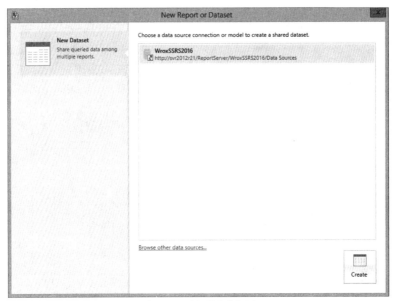

图 18-14　选择共享数据源

18.1.6　使用 SSDT 创建共享数据集

从 SSDT 项目 Wrox SSRS 2016 Exercises 开始，向该项目添加新的共享数据集，该共享数据集引用名为 WroxSSRS2016 的共享数据源：

(1) 将数据集命名为 SalesSummaryByDateCategoryCountry。

(2) 在查询设计器中输入并测试如下查询。在此，倾向于使用 Edit as Text 选项：

```
SELECT
      [OrderDate],
      [ProductCategory],
      CountryRegionCode,
      [Country],
      SUM([OrderQuantity]) AS [OrderQuantity],
      SUM([SalesAmount]) AS [SalesAmount],
      SUM([TaxAmt]) AS [TaxAmt],
      SUM([Freight]) AS [Freight]
FROM [vSalesDetails]
GROUP BY
      [OrderDate],
      [ProductCategory],
      CountryRegionCode,
      [Country]
ORDER BY
      [OrderDate],
      [ProductCategory],
      CountryRegionCode,
      [Country]
;
```

(3) 写入、测试查询并在如图 18-15 所示的 Shared Dataset Properties 对话框中正确名称之后，关闭并保存此查询。

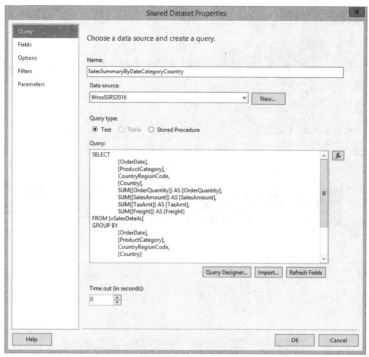

图 18-15　创建共享数据集

(4) 右击数据集，将其部署到报表服务器上的 Datasets 文件夹中。

(5) 使用 Web Portal 检验 Datasets 文件夹。根据需要刷新浏览器窗口，确保其中已包含两个新的共享数据集，如图 18-16 所示。

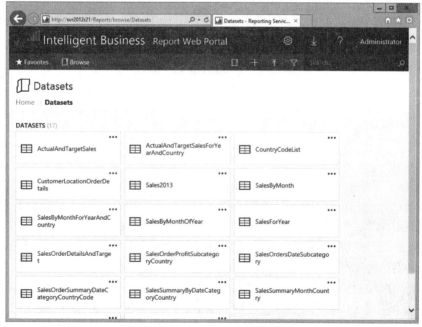

图 18-16　在 Web Portal 中查看共享数据集

18.1.7 向移动报表添加数据表

移动报表仅使用共享数据集的原因在于：与 SSRS 分页报表不同的是，查询定义未存储在报表定义文件中。Mobile Report Publisher 将基于查询结果的数据结构对象称为"表"。由此，设计工具中没有查询设计器。

使用如下步骤从共享数据集添加表：

(1) 返回到 Mobile Report Publisher。

(2) 在 Data 页面上，单击窗口右上角的 Add Data 按钮。此时显示 Add data 选项，如图 18-17 所示。

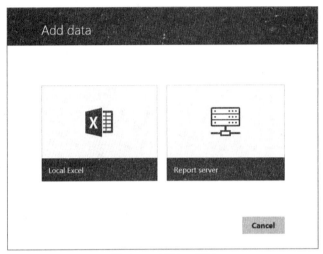

图 18-17 Add data 选项

(3) 选择右侧的 Report server 选项以选择服务器。图 18-18 显示了我的开发服务器。

图 18-18 选择报表服务器

初次从 Web Portal 打开 Mobile Report Publisher 时，会添加指向报表服务器的连接。你应在此处看到你的报表服务器以及在之前会话中添加的其他报表服务器。

(4) 从列表中选择报表服务器，然后浏览到 Datasets 文件夹中的 CountryCodeList 数据集。选择该数据集，将其添加到移动报表中。

(5) 再次单击 Add Data 按钮，将 SalesSummaryByDateCategoryCountry 数据集添加到报表中。

在 Mobile Report Publisher 的 Data 页面中(如图 18-19 所示)，你应看到从所选数据集导入的两个新表。

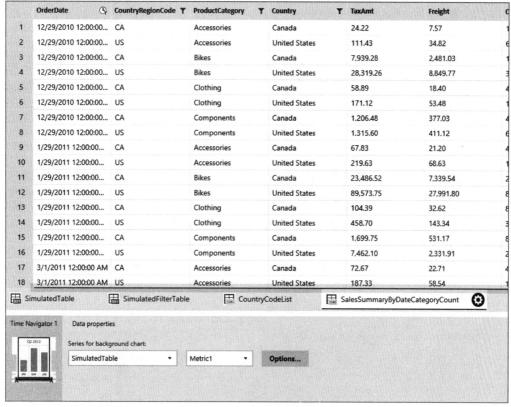

图 18-19　添加到报表数据集的新表

(6) 确认正在设置 Time 导航器的数据属性。

你应看到，名为 Time Navigator 1 的控件实例显示在数据网格下的属性面板左侧。若要切换控件，可使用 Layout 页面，选择可视化控件，然后切换到 Data 页面。

18.1.8　设置 Time 导航器的数据属性

在本节的步骤中，仔细检查相关的图，以确保已选择正确的控件。若要选择不同的控件，可使用移动报表设计器网格左侧的选项卡返回 Layout 页面。在 Data 页面中，控件显示在 Data 属性面板的左侧。

Time 导航器控件自动检测日期和时间值，并生成位于对应数据表中最早和最晚日期/时间值之间日期的时间段。

(1) 确保已选择 Time Navigator 1 控件。如果选择了不同的控件，则返回 Layout 页面并选择 Time 导航器。

(2) 在如图 18-20 所示的 Data 属性面板中，下拉 "Series for background chart" 列表并选择 SalesSummaryByDateCategoryCountry 数据集。

(3) 使用右侧的下拉列表并选中 SalesAmount 字段，如图 18-20 所示。

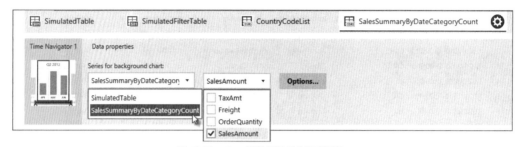

图 18-20　Time 导航器的后台图表属性

18.1.9　设置 Selection 列表的数据属性

Selection 列表控件用于筛选移动报表上的其他数据集。需要一个数据集来填充选择列表，而使用从此列表中选择的项填充另一个数据集。使用一组匹配的键列执行匹配，并在两个数据集之间执行筛选。

(1) 返回 Layout 页面，单击报表设计网格上的 Select Country 选择列表。

(2) 选择 Data 页面，参照图 18-21 设置数据属性。

图 18-21　Select Country 控件属性中的筛选器选项

(3) 在 Keys 下拉列表中，选择 CountryCodeList 表。

(4) 在右侧的字段下拉列表中，选择 CountryRegionCode 字段。

可以忽略两个 Options 按钮。此控件的数据将不会由其他选择项筛选，也不存在可聚集的数字字段。

图 18-21 的右侧有一个名为 Tables Filtered by Select Country 的面板。

(5) 在表筛选面板中，仅选中 SalesSummaryByDateCategoryCountry 数据集并下拉相邻的列表。

(6) 选择 CountryRegionCode 字段，这是目标表中的键列，使用选择列表中的键值对其进行筛选。

18.1.10　设置数字仪表的数据属性

作为所有可视化控件中最基础的控件，数字仪表仅仅聚集指定列中的所有值。所有其他的仪表控件都需要另一个列，该列用于执行比较，或者作为 KPI 或进度指示器使用。无论是货币、百分比还是小数或整数值，都应该对其进行适当的格式化。

(1) 返回 Layout 页面，选择报表设计网格上的 Sales Amount 数字仪表。

(2) 选择 Data 页面。

(3) 从 Main Value 下拉列表中选择 SalesSummaryByDateCategoryCountry 表。

(4) 从相邻的字段下拉列表中选择 SalesAmount 字段。

(5) 单击 Options 按钮以显示 Filter 和 Aggregation 选项，如图 18-22 所示。

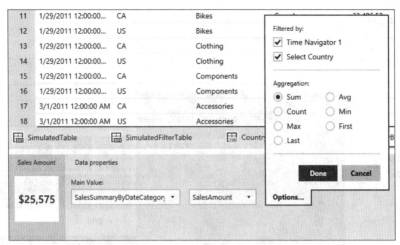

图 18-22　数字仪表数据筛选器属性和聚集函数选项

(6) 同时选中 Time Navigator 1 和 Select Country 控件。这些导航器和选择控件用于筛选数字仪表的数据。

(7) 确认已选择 Sum 聚集函数。●

(8) 对其他三个数字仪表控件重复相同的步骤。针对 Freight、Tax Amount 和 Order Quantity 数字仪表控件选择对应的字段。

18.1.11　设置类别图表的数据属性

类别图表类似于分页报表中使用的图表和其他数据区域。Category Coordinate 属性定义了一组聚集，其类似于分页报表中的组表达式。

(1) 返回 Layout 页面，然后选择 Category Sales 类别图表。

(2) 选择 Data 页面，根据图 18-23 完成属性的分配。

图 18-23　Category Sales 图表的数据属性

(3) 下拉 Category Coordinate 列表，选择 SalesSummaryByDateCategoryCountry 表。

(4) 下拉对应的字段列表，选择 ProductCategory 字段。

(5) 使用 Main Series 右侧的字段列表，选择 SalesAmount 字段。

(6) 使用每个 Options 按钮同时选中 Time Navigator 1 和 Select Country 以执行筛选，并确认使用了 Sum 聚集函数。

18.1.12　应用移动布局和颜色样式

调色板选项在应用于报表服务器的品牌程序包中有所定义。要样式化报表，可选择用于移动设备的调色板和布局。

(1) 返回 Layout 页面。

(2) 使用右上角的调色板选择移动报表的主题样式。图 18-24 给出了一些示例。

图 18-24　调色板选择

(3) 使用 Preview 选项卡查看带有数据的移动报表。

这一次，你会看到来自 SQL Server 数据库的真实销售数据。

(4) 通过与 Time 导航器和 Select Country 选择列表交互来测试报表。

单击或点选并按住图表上的某一列，查看关于数据点的更多信息。

(5) 切换到 Layout 页面，然后使用调色板选择器左侧的下拉控件(参见图 18-25)显示 Master、Tablet 和 Phone 布局。

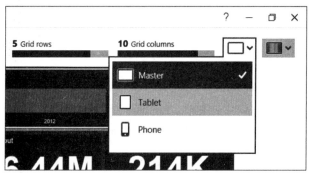

图 18-25　选择报表布局

创建备选的移动设备布局非常简单。添加到原始 Master 布局的控件实例显示在移动报表设计网格左侧的面板中。默认的纵向 Tablet 布局是 5 个单元格宽×10 个单元格高。

(6) 单击布局下拉列表，选择 Tablet 布局。

(7) 将相应控件拖放到网格中，调整其尺寸并进行排列，如图 18-26 中的示例所示。

(8) 预览此布局中的移动报表，查看其在纵向平板电脑上的显示外观和行为方式。

(9) 切换回 Layout 页面。

图 18-26 在 Tablet 布局中显示的报表

(10) 选择 Phone 布局，然后排列控件实例，如图 18-27 所示。

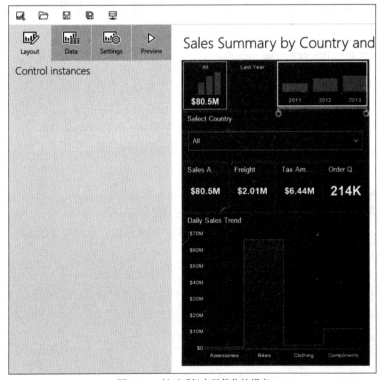

图 18-27 针对手机布局优化的报表

(11) 预览此布局中的移动报表，查看其在智能手机上使用时的显示效果。图 18-28 显示了预览效果。

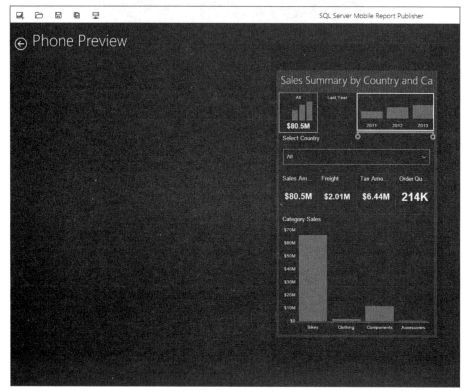

图 18-28　手机布局预览

18.1.13　从服务器测试完整的移动报表

尽管在 Mobile Report Publisher 中预览移动报表可得到接近于已发布报表的用户体验，但最好是在类生产环境中测试实际的报表。

(1) 将移动报表保存到报表服务器，然后关闭 Mobile Report Publisher。

如果之前已将报表保存到服务器，单击工具栏中的软盘图标即可。

(2) 导航到 Web Portal 中已发布的移动报表，单击以在浏览器中打开此报表。

(3) 使用 Time 导航器和 Selection 列表控件探究报表数据并与之互动。

(4) 如果有触摸屏，可使用触摸界面导航报表，如图 18-29 所示。

如果从移动设备(如平板电脑或智能手机)通过 Wi-Fi 网络访问报表服务器，请遵循下面这些步骤来连接到移动报表。

如果报表服务器受防火墙保护，或者报表服务器上运行着 Windows 防火墙，则可能需要遵循如下文章中给出的步骤来打开端口 80，并允许报表连接到互联网或无线网络，详见 https://msdn.microsoft.com/en-us/library/bb934283.aspx。

> **提示：**
> 如果正在使用通过互联网传入流量的开发报表服务器，可通过临时关闭防火墙来快速测试报表连接。只需要记住在完成测试之后重新开启防火墙即可。

图 18-29　Web Portal 中的 Sales Summary by Country and Category 报表

(5) 在你的平板电脑或手机设备上，使用移动供应商的应用商店查找并安装 Power BI Mobile 应用。可从 Apple、Google 或 Microsoft 的应用商店免费下载此移动应用程序。

(6) 运行应用程序，选择连接到服务器的选项。图 18-30 显示了运行在 iPad 上的 Power BI Mobile。若要添加服务器连接，可展开菜单栏并点选 Connect Server。

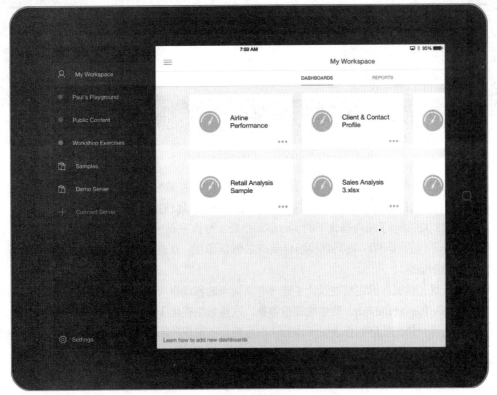

图 18-30　平板电脑上的 Power BI Mobile

(7) 添加报表服务器的网络地址。

(8) 可在 Web 浏览器中使用此地址访问报表的 Web Portal，但不使用 http://前缀。默认地址是 servername/Reports。还可使用服务器的 IP 地址来代替服务器名称。

(9) 输入用户名和密码以连接服务器。根据网络环境，可能需要在用户名前加上域名和反斜杠(如 domain\username)。图 18-31 显示了 iPad 上的服务器连接配置。

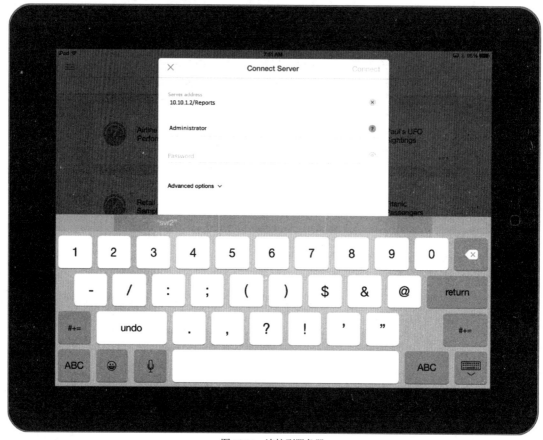

图 18-31 连接到服务器

(10) 在你的移动设备上，使用新的服务器连接导航到报表服务器，定位移动报表，然后打开。

(11) 如果正在使用平板电脑，可旋转屏幕，从 Master 布局转换到 Tablet 布局。

(12) 图 18-32 显示了纵向模式下的实时移动报表。与该报表进行互动，具体是使用 Time 导航器下钻并选择不同的时间段，然后选择组合或国家/地区范围。点选并按住图表列以查看关于所选数据点的更多详细信息。

借助设计优先模式，已完整地设计了这一非常简单的移动报表。通过将可视化控件组合添加到此报表，Mobile Report Publisher 即生成模拟数据，这些数据提供了在创建查询和共享数据集时所遵循的示例，为用户带来实际的报表设计体验。在后面章节给出的示例中可以看到，当设计具有重要业务价值的更复杂报表解决方案时，此模式可发挥重大作用。

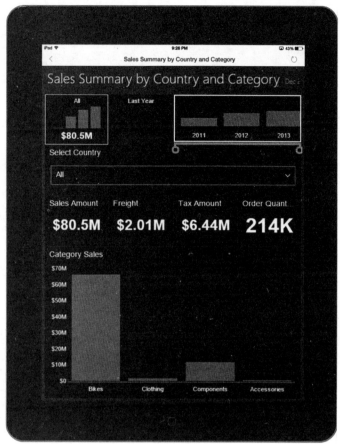

图 18-32　在移动应用中查看报表

18.2　小结

　　设计优先开发可帮助解决报表解决方案设计过程中一个最令人头疼的问题：其可使报表设计人员快速绕过获得正确数据结构这一常见障碍，直接向报表添加控件。我们介绍了如下方面的基础知识：采用真实的数据和一些最基本的控件执行设计驱动的移动报表开发，帮助你获得设计和可用性体验。使用此设计模式可快速构建简单的报表原型并获得用户反馈。在你的原型设计方案中，应计划使用迭代循环，不断推翻不符合需求的设计，并且反复尝试，直至获得可为用户提供适当服务的设计。在呈现并演示移动报表解决方案时，可使用实际的移动设备以及屏幕共享或手持式演示器，以便用户直观地了解移动报表设计的价值所在。

　　以这些基本知识为基础，第 19 章将探究应用于移动报表的设计模式。你将创建数据集查询以支持 KPI 和趋势，然后使用更加复杂的可视化控件设计带有更多趋势和地图的报表，以便按区域分析销售数据。

移动报表设计模式

本章内容

- KPI 简介
- 设置 KPI 目标、状态及趋势
- 创建时序移动报表
- 使用 Time 导航器、数字仪表和时间图表
- 实施设计优先的报表开发
- 配置服务器访问
- 在移动设备上使用报表

现在你已了解如何使用设计优先开发模式设计简单的移动报表，接下来将注意力转移到现实中的业务报表设计。本章首先探讨 KPI，然后使用 Time 导航器、Selection 列表、数字仪表、时间图表和梯度热图(借助自定义的地图形状文件)创建移动报表。类似于第 18 章中的示例，你将应用移动设备布局，然后在手机设备上测试此报表。在第 20 章中，你将创建一系列穿透钻取报表，这些报表提供从 KPI 到新销售趋势报表的导航，以及最终到达交易详细信息的导航。

19.1 关键性能指标

关键性能指标(Key Performance Indicator，KPI)，用于衡量组织在某个领域的成功与否。KPI 通常指明具体业务指标的履行情况，而这些业务指标可组织为可视化计分卡或仪表板。

每个 KPI 都显示为 Web Portal 文件夹中的一个图块。与分页报表和移动报表类似，KPI 显示在每个用户的 Favorites 页面上。图 19-1 包含了相关标注，用于描述 "US Bike Sales - 2013" KPI 的各个元素。

图 19-1　KPI 的元素

可将 KPI 视为独立的报表，其带有非常简单的元素值，可通过查询获得这些值，或在创建或修改 KPI 时手动输入这些值。KPI 由如下元素组成：

- 值
- 目标
- 状态
- 趋势集

值、目标和状态元素都是标量值，表示为单个数据点。专门为填充这些元素而编写的查询通常只会返回一行；然而，可使用常见的聚集函数(如 SUM 或 Average)，从多行结果集中聚集值和目标元素。状态元素预期接受三个整数值之一，对这些整数值的解释为：

```
 1 = 好
 0 = 中等
-1 = 差
```

状态值用于根据应用于报表服务器的品牌程序包中的预设值，设置 KPI 图块的背景色。在默认品牌程序包中，1(好)为绿色，0(中等)为琥珀色，而-1(差)为红色。通常最好不要通过多行查询聚集状态值，因为得到的值必须是表示这三种状态之一的整数。

接下来尝试创建 KPI：

(1) 确保将 Wrox SSRS 2016 Samples 项目中名为“Actual And Target Sales”和“Sales By Month For Year And Country”的数据集部署到 Datasets 文件夹。

> **注意：**
> 我们在此处提供该数据集的 T-SQL 脚本以供参考。共享数据集包含在示例项目中，因此无须输入类似于此处的长查询。

除了 SalesAmount 和 SalesTarget 列，该查询还包含业务逻辑，用于将这两个列值之间的比较缩减为表示状态值的三状态整数：

```sql
-- Actual And Target Sales
With ActualSales as
(
    select
        p.ProductCategory,
        YEAR(s.OrderDate) as OrderYear,
        SUM(s.SalesAmount) SalesAmount
    from
        [dbo].[Sales] s
        inner join Product p on s.ProductKey = p.ProductKey
        inner join SalesTerritory st on s.SalesTerritoryKey = st.TerritoryKey
    group by
        p.ProductCategory,
        st.CountryRegionCode,
        YEAR(s.OrderDate)
)
select
    t.Category,
    SUM(a.SalesAmount) as SalesAmount,
    SUM(t.SalesTarget) as SalesTarget,
```

```
        (SUM(a.SalesAmount)-SUM(t.SalesTarget))/SUM(t.SalesTarget) as ActualOverTarget,
    CASE
            WHEN (SUM(a.SalesAmount)-SUM(t.SalesTarget))/SUM(t.SalesTarget) < -.25 THEN -1
            WHEN (SUM(a.SalesAmount)-SUM(t.SalesTarget))/SUM(t.SalesTarget) > 0 THEN 1
            ELSE 0
        END as Status
from [dbo].[SalesTarget] t
        inner join ActualSales a on t.Category = a.ProductCategory
        and t.OrderYear = a.OrderYear
where
        t.OrderYear = @Year
        and t.Category IN(@Category)
        and t.CountryRegionCode IN(@CountryCode)
group by
        t.Category
    ;
```

(2) 为创建 KPI，可导航到 Web Portal 中的 Sales Reporting 文件夹，然后单击"+New"按钮以下拉菜单，从中选择 KPI。

图 19-2(在步骤(7)后给出)显示了完成如下步骤之后的 KPI 页面。使用该页面验证 KPI 设计。

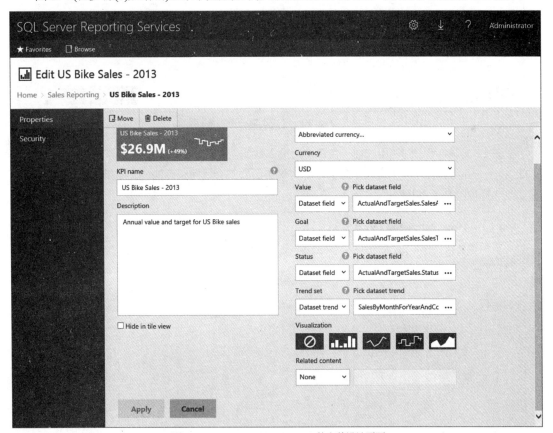

图 19-2　US Bike Sales - 2013 KPI 的完整设计页面

(3) 输入 KPI 名称，如 US Bike Sales - 2013。

(4) 添加说明，当用户在 Web Portal 或其移动设备上选择此 KPI 时就会显示这些说明。

(5) 在值格式下拉列表中选择 Abbreviated currency...。

(6) 确认在 Currency 下拉列表中选择 USD。

(7) 在 Value 下拉列表中选择 Dataset 字段，然后单击数据集字段框旁边的省略号(三个点)按钮。

(8) 导航到 Datasets 文件夹，选择 Actual And Target Sales 数据集。

(9) Parameters 窗口如图 19-3 所示。输入图 19-3 中所示的参数值，然后单击 Next 按钮。

图 19-3　Actual And Target Sales 数据集的参数

在图 19-4 中，可看到使用在前一窗口中所输入参数值执行的查询的结果。该查询仅返回一行，因此 Aggregation 选择项并不会产生影响，任何聚集函数都会返回正确的值。如果该查询返回多行，那么此选择项就有了重要性。

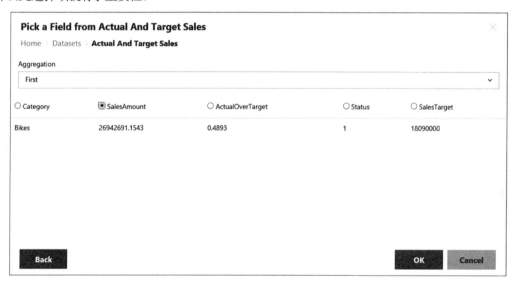

图 19-4　Actual And Target Sales 数据集的字段选择

(10) 选择对应 SalesAmount 列的单选按钮，然后单击 OK 按钮。

(11) 使用同一数据集，对目标和状态元素重复上述步骤。对于目标元素，选择 SalesTarget 列，并使用 Status 列作为目标元素。

(12) 趋势集元素需要采用单独的查询来返回针对同一年份、国家/地区和产品类别组合的多行。

(13) 单击此元素的数据集框旁边的省略号，导航到 Datasets 文件夹，然后选择 Sales By Month For Year And Country。

此数据集的查询按照月份以及聚集的 SalesAmount 正确排序记录：

```
-- Sales By Month For Year And Country
select
      MONTH(s.OrderDate) as OrderMonth,
      SUM(s.SalesAmount) SalesAmount
from
      [dbo].[Sales] s
      inner join Product p on s.ProductKey = p.ProductKey
      inner join SalesTerritory st on s.SalesTerritoryKey = st.TerritoryKey
where
      YEAR(s.OrderDate) = @Year
      and st.CountryRegionCode IN(@CountryCode)
      and p.ProductCategory IN(@Category)
group by
      MONTH(s.OrderDate)
order by
      MONTH(s.OrderDate)
;
```

(14) 如图 19-5 所示，输入与前面相同的参数值，然后单击 Next 按钮。

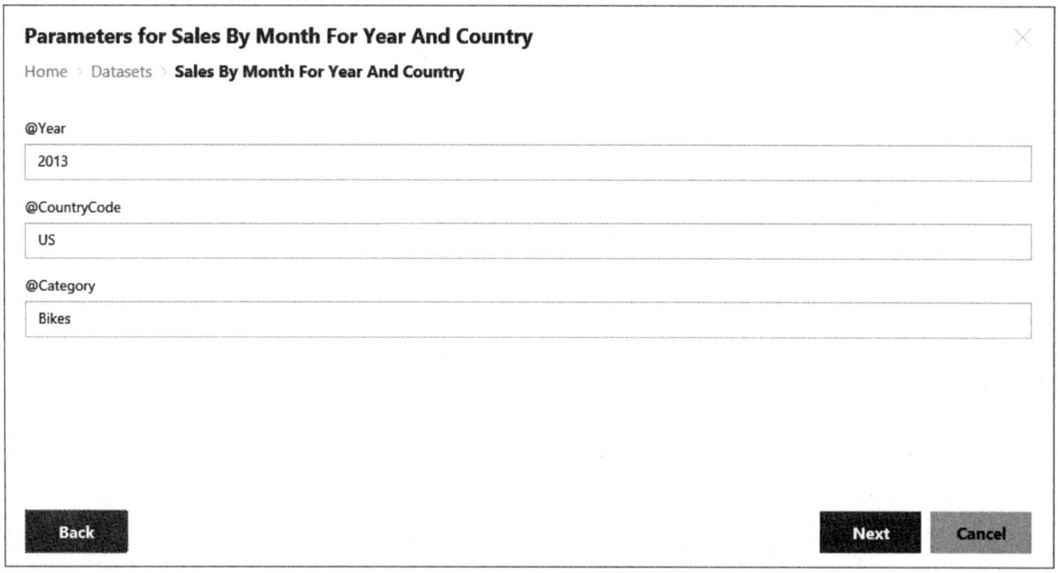

Parameters for Sales By Month For Year And Country

Home › Datasets › **Sales By Month For Year And Country**

@Year

2013

@CountryCode

US

@Category

Bikes

Back   Next   Cancel

图 19-5　Sales By Month For Year And Country 数据集的参数值

(15) 选中如图 19-6 所示的 SalesAmount 单选按钮，然后单击 OK 按钮。

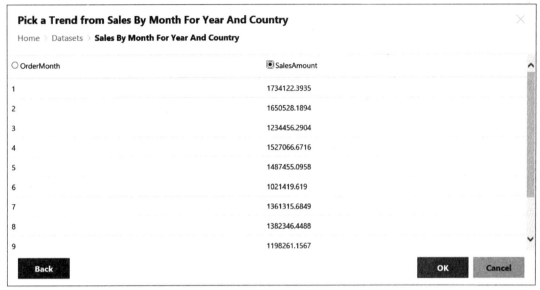

图 19-6　Sales By Month For Year And Country 数据集的字段选择

(16) 选择 Stepped Visualization。

注意:

Related 内容属性用于为 KPI 创建穿透钻取操作。这样就可导航至移动报表、网页或任何 URL 可寻址资源。你将在创建下一个报表后设置此属性。

(17) 根据图 19-2，复查在 US Bike Sales - 2013 KPI 设计页面中设置的属性。

(18) 完成后单击 Create 按钮。

图 19-7 显示了三个示例 KPI，它们使用相同的两个数据集，并传递不同的参数值。除类别之外，还可传递年份和国家/地区。

图 19-7　Web Portal 中的 KPI

19.2　KPI 简述

KPI 实际上是真实商业智能解决方案的核心所在，用于管理指标驱动的业务。通常简单的概念在实际实施时却会面临重重挑战，而 KPI 为企业领导提供了推动业务决策的可操作性关键指标。

基于软件的决策通常并不像看起来那么简单，很容易出现错误和误导的计算。业务流程和企业文化可能在本质上并不支持 KPI 范例，下面就给出这些情况的两个示例。

华盛顿州惩教署面向州内的所有监狱和监牢实施了一个数据驱动系统，该系统计算 2002 年内囚犯的释放日期。一些监狱已满员，因此需要加快释放符合条件的囚犯。

该系统跟踪囚犯的原始判决结果，同时考量犯罪的严重程度以及良好表现、接受教育和参加社区服务的评分。该系统计算关键指标,借此告知惩教署官员囚犯何时可以提前释放。在该系统投入使用后的第 12 年,一位受害者的家人对囚犯的释放日期提出了质疑。接下来进行的调查发现,该系统在计算良好行为评分方面存在一个总体逻辑错误,不同监狱设施在此方面存在很大的区别:最多可达 600 天。在此错误得到修正之前,有 3200 名囚犯被过早释放。

请不要误解分享此例的意图。在有效使用的前提下,企业计分卡、仪表板和 KPI 都具有强大功能和重要性。你可能发现某些(可能是大多数)KPI 并不复杂。请充分理解将大量数据和潜在的复杂业务规则归结为简单指标,并使用这些指标制定重要决策可能带来的影响力。确保这些值的准确性和可靠性怎么强调都不为过。

19.3 你需要目标

下面给出另一个示例。我的一位咨询客户是一家全球 500 强的制造公司,该客户与我们签订合同,协助其架构一个大型 BI 解决方案。该公司的高管需要"带 KPI 的仪表板",因此我们开始深入挖掘业务需求并针对数据源进行了长期讨论,最终制定出解决方案架构。在一次面向公司高层股东召开的调查会议上,我负责引导讨论,定义第一轮 KPI。我们制定了用于订单履行和制造流程中的关键指标列表。我询问:"贵方对这些指标的目标是什么?"高层回答:"我们希望这些指标得到改善。""非常好,"我表示。"那么,具体的改善目标是什么?"高层回答:"这一指标应比去年更好。"显而易见的是,高层衡量成功与否的流程并不是以目标为驱动力。诸多领导者在数十年来均以此方式运营企业。他们知道企业盈利与否,但相比于根据资产负债表衡量利润率,他们并没有真正衡量企业成功与否。对于此类企业来说,应用 KPI 参数需要有一个长期适应的过程。

在与销售总监进行会议时,我预料到答案会有所不同。任何称职的销售领导都会设定目标并根据良好定义的目标和配额衡量销售业绩。我提出与上面相同的问题,而当销售总监告诉我每一位客户经理所在地区和所分配产品线的一组季度销售目标时,我如释重负。当我询问在何处存储这些销售目标时,我了解到每一位销售经理均将其存储在个人电子数据表中,而不是存放在中心数据库中。我们也了解到,个人电子数据表采用不同的变量来计算和维护销售目标。这就需要花费大量努力并进行深入的数据清理,方可将这些电子数据表存入统一的数据库中,以便构建组织 KPI。

根据这些以及其他诸多示例,我们了解到 KPI 虽然是简单的概念,但将其付诸实施却可能面临诸多挑战。采用 SQL Server Reporting Services 中简单的 KPI 设计工具,可以灵活地架构正确的解决方案以满足组织的业务需求。在开始时可以使用能够简单设置 KPI 目标的诸多功能,然后反复作业,最终构建出理想的解决方案。

19.4 时序计算和时间段

根据技术定义,KPI 是与另一个指标相比较的指标值,用于确定某些企业目标的状态或成功与否。这应该是非常简单的概念。但在基于时间的衡量方面,最常见的难题之一是指标通常与不同的时间或频率级别相关。例如,如果我们每天跟踪装饰物的销售量,但是在一个月内仅重新补货两次,那么库存就会产生波动,并且销售量与库存量对比计算将在整月期间出现较大变化。

如果销售总监为每个区域和每位客户经理设定季度销售量目标,并按照每日或每周进度对客户经理进行评估，那么我们如何根据季度目标衡量他们的每日活动？如果按每日、每周、每月以及最终每季度执行计算，那么这些 KPI 计算将产生显著不同的结果。某些指标仅在日期/时间层次结构的特定层级中彼此相关，而其他指标则有着不同的规则。在此例中，简单的答案可能是：可以在任意层级(每日、每周、每月)对销售交易量求和，但只有将所有销售交易聚集到季度层级，才可将此和值与季度目标进行比较。有人可能认为，在一个月之后，累积的销售交易量应与季度销售目标的 1/3相当。这一推论可能并不是衡量企业成功与否的有效方式，对此存在诸多原因。

在简单的环境下，我们在日期层次结构的相同层级内记录并报告数据指标。目标值和实际值均包含在其中，并且在很少的例外情况下，会采用简单的数学规则来对同一时间段内的每个业务指标进行求和，然后直接比较它们。在此环境中，衡量成功的规则也非常清晰，即 KPI 通过显示绿色旗帜、竖起的大拇指或笑脸来报告毋庸置疑的成功。在同一场景中，如果实际的聚集值比聚集的目标值低 25%，则无可争议的事实是：这一情况意味着坏消息或失败，采用红色旗帜、向下竖的大拇指或面带愁容的脸部来表示。如何界定"刚好足够"和"比所需目标低 25%"？是否存在作为中间标准的 B 级，即有人因为努力尝试且最终未彻底失败而获得好评？这些都是必须由企业股东回答的重要问题，然后必须仔细记录下答案，并由受信任的技术架构师和测试人员予以实施，以确保所有业务逻辑中的重要部分不会以失败告终。

> **提示：**
> SQL Server Analysis Services、Power Pivot 和 Power BI 都专门设计用来解决如下难题：匹配不同日期和时间段内的 KPI 实际值与目标值。在这些工具中可以找到 DAX 和 MDX 函数以及诸多管理独有 KPI 业务规则的语义建模功能，它们比关系查询更加高效，也更加简单。在第 20 章中将介绍这些函数和功能的实际使用方式。

创建实际指标值和目标指标值，它们可在日期和时间层次结构内正确的、相容的层级进行比较和关联。完成定义之后，将这些预先定义的计算存储为指标值，即可隐藏相关复杂性并简化报表设计。SQL Server Analysis Services 就专门设计为匹配不同时间段内的实际值与目标值。无论是使用SSAS 多维数据集或表格，还是使用 Power Pivot 或 Power BI，这些语义建模和公式语言工具均专门适合于解决这一在关系数据库和 SQL 中并不存在的难题。针对通过比较这些指标值推导出的运营状态，从企业那里获得良好定义的规则，就可以制定出优秀的企业 KPI 解决方案。

19.5　创建时序移动报表

首先，将使用 Mobile Report Publisher 新建一个报表：

(1) 在 Web Portal 中，导航到在前一个练习中创建的 Mobile Reports 文件夹。

(2) 在 Sales Reporting 文件夹中，单击菜单栏中标题为"+New"的菜单，然后从下拉菜单中单击 Mobile Report，如图 19-8 所示。

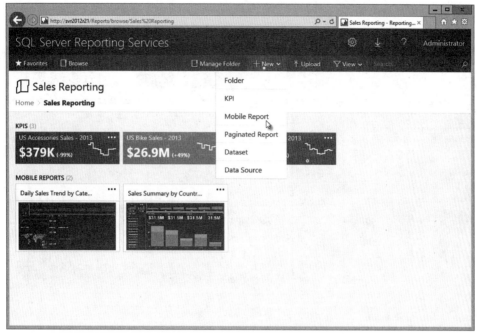

图 19-8　从 Web Portal 中新建移动报表

此时会打开 Mobile Report Publisher。回顾一下第 18 章，当看到包含消息 "We're opening Mobile Report Publisher …" 的对话框(如图 19-9 所示)时，只需要等待应用程序加载完毕。唯一必须做的工作是在此对话框初次打开且之前未安装 Mobile Report Publisher 时使用 Get Mobile Report Publisher 按钮。

图 19-9　Mobile Report Publisher 消息

19.5.1　使用设计优先报表开发方法布局报表

接下来，将使用设计以及必要的可视化控件创建基本报表。

(1) 新报表打开之后，在 Layout 页面上将如下可视化控件拖放到网格上：

- Navigators 组中的 Time 导航器
- Navigators 组中的 Selection 列表
- Gauges 组中的三个数字仪表
- Charts 组中的三个时间图表
- Maps 组中的梯度热图

(2) 定位并调整这些控件的尺寸，使布局类似于图 19-10。

导航器

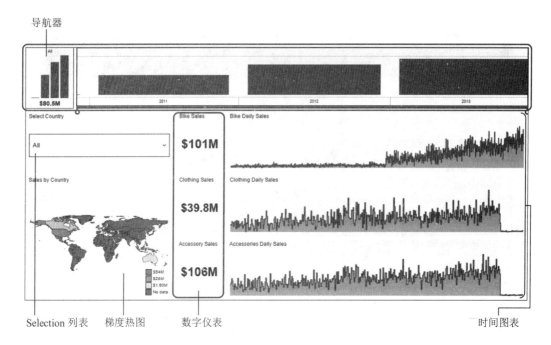

Selection 列表　梯度热图　数字仪表　　　　时间图表

图 19-10　用于定位控件的报表布局示例

1. Time 导航器的属性

选择 Time 导航器并设置如下非默认属性，如图 19-11 所示。

- Time levels：Year, Months, Days
- Time range presets：All
- Number format：Abbreviated currency
- Visualization type：Bar

图 19-11　Layout 页面中 Time 导航器的可视化属性

2. Selection 列表的属性

通过遵循如下步骤，设置 Selection 列表的标题：

(1) 选择 Selection 列表。

(2) 在 Visual properties 面板中，将 Title 改为 Select Country。

3. 数字仪表的属性

设置数字仪表控件的属性：

(1) 对于每个数字仪表控件，将 Title 属性改为：

- Bike Sales

- Clothing Sales
- Accessory Sales

(2) 对于每个数字仪表控件，将 Number format 属性设为 Abbreviated currency。

4. 时间图表的属性

设置时间图表控件的属性：

(1) 对于每个时间图表控件，将 Title 属性改为：

- Bike Daily Sales
- Clothing Daily Sales
- Accessory Daily Sales

(2) 对于每个时间图表，将 Time unit 设置为 Day，并将 Number format 属性设为 Abbreviated currency。

> **注意：**
> 你将在设置其他控件的 Data 属性之后设置地图的 Layout 属性。

19.5.2　添加数据并设置控件的数据属性

(1) 切换到 Data 页面，然后单击 Add Data 按钮。此时显示 Add data 页面，提示选择数据集的位置，选项包括 Excel 文档和报表服务器(参见图 19-12)。

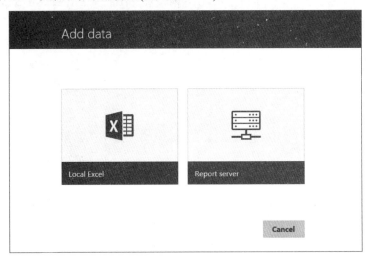

图 19-12　Add data 页面

(2) 单击 Report server 图块。

向报表中添加如下 4 个数据集：

- Sales By Date Category Country
- Sales And Target By Country For Bikes
- Sales And Target By Country For Clothing
- Sales And Target By Country For Accessories

(3) 对于每个数据集，导航到 Datasets 文件夹(参见图 19-13)，从文件夹中选择对应的项。

选择数据集时，会将一个表添加到报表定义。结果表的名称中删除了空格，可能进行了截断，并根据需要添加数字，以确保该名称的唯一性。

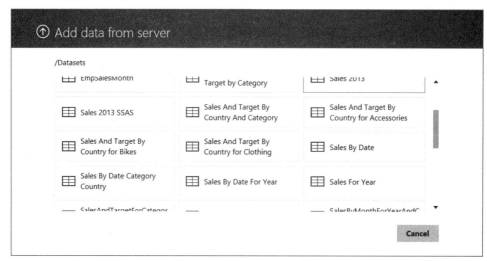

图 19-13　Add data from server 页面

(4) 对其他数据集重复步骤(1)~(3)。

(5) 切换到 Settings 页面，如图 19-14 所示，在其中输入报表标题 Daily Sales Trend by Category and Country。

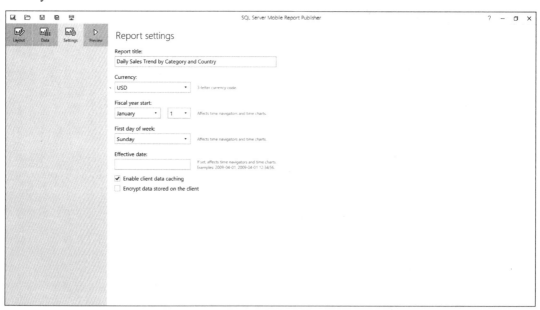

图 19-14　Report settings 页面

(6) 单击工具栏左侧的 Save 图标(它是一个软盘状图标)，显示位置选项页面，从中选择"Save to Server"。

(7) 下一个页面显示如图 19-15 所示的信息，标题为"Save mobile report as"。

图 19-15　Save mobile report as 页面

(8) 确认新报表的名称正确无误。

(9) 使用 Browse 按钮导航到 Sales Reporting 文件夹。

(10) 单击 Save 按钮，将移动报表保存到服务器。

(11) 返回 Data 页面。

(12) 从 Control instances 面板中选择 Time 导航器。

(13) 在设计器窗口底部的 Data properties 面板中，下拉对应 Series for background 图表的列表，从中选择 SalesByDateCategoryCountry，参见图 19-16。

图 19-16　Time 导航器的 Data properties 面板

(14) 下拉第二个列表，仅选中 SalesAmount 字段。

(15) 在 Report elements 面板中，单击 Select Country 选择列表。

(16) 对于 Data properties 面板，从 Keys 下拉列表中选择 SalesByDateCategoryCountry 表。

Keys 属性定义用于键值的字段，而这些键值用来筛选报表中的其他表。

(17) 在 Keys 行上，从第二个下拉列表中选择 CountryRegionCode。

Labels 属性定义用于在选择列表控件中显示值的字段。

(18) 在 Labels 行上，下拉第二个列表并选择 Country。检查图 19-17，确认所做的控件属性选择。属性面板右侧的面板用于将选择器的键字段值与报表中的其他表进行匹配。

(19) 选中如下三个表。对于每个表，从相邻的下拉列表中选择 CountryRegionCode 字段。根据图 19-17 确认所做的选择。

- SalesAndTargetByCountryforBikes

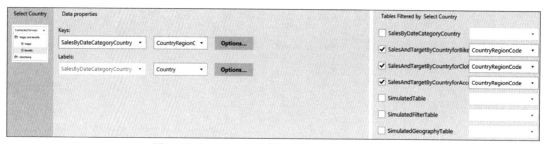

图 19-17　Select Country 选择列表的 Data properties 面板

- SalesAndTargetByCountryforClothing
- SalesAndTargetByCountryforAccessories

(20) 从 Report elements 面板中选择 Bike Sales 控件。

(21) 在 Data properties 面板中使用下拉列表选择 SalesAndTargetByCountryforBikes 表作为 Main Value。

(22) 在第二个下拉列表中，选择 SubTotal 字段。

(23) 单击 Options 按钮，显示如图 19-18 所示的 Filtered by 和 Aggregation 选项。

图 19-18　Bike Sales 数字仪表的 Data properties 面板

(24) 选中 Time Navigator 1 导航器和 Select Country 选择列表的复选框。

(25) 单击 Done 关闭 Options 窗口。

(26) 对 Clothing Sales 和 Accessory Sales 数字仪表控件重复步骤(20)~(25)，期间选择适当的表。

(27) 从 Report elements 面板中选择 Bike Daily Sales 时间图表。

(28) 使用 Data properties 面板中的下拉列表，选择 SalesAndTargetByCountryforBikes 表作为 MainSeries 列。

(29) 在第二个下拉列表中，仅选择 SubTotal 字段。

(30) 单击 Options 按钮，显示 Filtered by 和 Aggregation 选项，如图 19-19 所示。

(31) 选中 Time Navigator 1 导航器和 Select Country 选择列表的复选框。

(32) 单击 Done 关闭 Options 窗口。

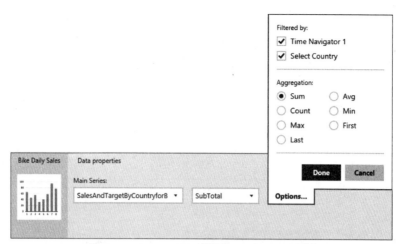

图 19-19　Bike Daily Sales 图表的 Data properties 面板

(33) 切换到 Layout 页面以查看 Bike Daily Sales 控件的 Visual properties 面板，如图 19-20 所示。

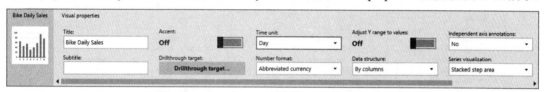

图 19-20　Bike Daily Sales 图表的 Visual properties 面板

(34) 检查每个属性并予以调整，使其符合图 19-20 中的 Title、Time unit、Number format、Data structure 和 Series 可视化属性。

19.5.3　地图属性

我们的数据集包括客户在那里购买产品的国家/地区名称。你将使用世界范围的梯度热图显示按国家/地区的销售量，在此地图中，每个国家/地区的颜色代表所选日期范围内的销售总计。

> **注意：**
> 出于法律原因，Microsoft 没有分发全球所有地区的地图。这是因为政治和地理边界会随时间而变化，并且某些边界可能存在争议。本书示例文件提供了额外的地图，但需要了解的是，地图信息可能发生改变，并不能保证其准确性。

Reporting Services 并没有包括世界国家/地区的地图，但本书示例文件提供了此地图和其他若干有用的地图。

(1) 选择梯度热图。

(2) 在 Visual properties 面板中，下拉 Map 列表，如图 19-21 所示。

(3) 单击 Custom map...按钮。

(4) 此时会显示 Open 对话框，如图 19-22 所示。

(5) 导航到本书示例文件中的 Mobile Report Maps 文件夹。

(6) 定位两个国家/地区文件。

图 19-21　Map 选择列表

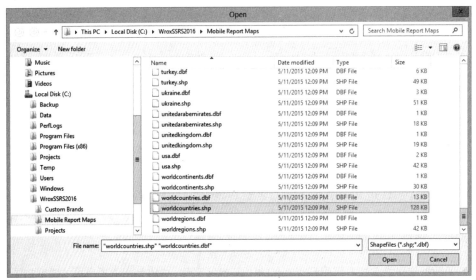

图 19-22　选择自定义地图的形状和数据文件

(7) 按住 Ctrl 键，然后单击.dbf 和.shp 文件。

(8) 单击 Open 按钮。

(9) 在 Layout 页面中选择 Sales by Country 控件，然后切换到设计器中的 Data 页面，如图 19-23 所示。

图 19-23　Sales by Country 地图的 Data properties 面板

(10) 在 Data properties 面板中，从 Keys 下拉列表中设置 SalesByDateCategoryCountry 数据集。

(11) 从相邻的下拉列表中选择 Country 字段。

(12) 单击 Options 按钮，显示 Filtered by 属性并确保选中 Time Navigator 1 导航器。

(13) 打开 Values:标签右侧的字段下拉列表，选择 SalesAmount 字段。

19.6　设置调色板和移动设备布局

在如下步骤中，将使用调色板格式化报表，并为不同的移动设备创建自定义布局。

(1) 切换到 Preview 页面，检查控件的交互。功能完备的移动报表如图 19-24 所示。

你应能从 Time 导航器和 Selection 列表中选择不同的日期范围，以便查看按照选择项筛选的控件。

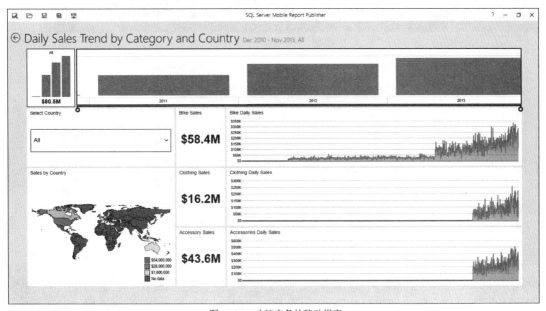

图 19-24　功能完备的移动报表

(2) 在 Layout 页面中，下拉调色板选择窗口，选择适合的调色板。图 19-25 显示了确认选择 Navy 调色板之前黑色调色板的效果。

(3) 返回 Preview 页面。

(4) 使用 Time 导航器下钻到年份，选择某个月份，然后下钻到此月份以选择一定范围的日期。确认每个可视化控件都由所选的日期进行筛选。

(5) 使用 Selection 列表选择不同的国家/地区。选择某个国家/地区之后，除地图之外的所有控件均应进行筛选。图 19-26 给出了在 Select Country 列表中选择国家/地区的示例。

图 19-27 和图 19-28 显示了在单击并按住、滚动、点选并按住或移动各个数据点时地图和图表控件的交互行为。

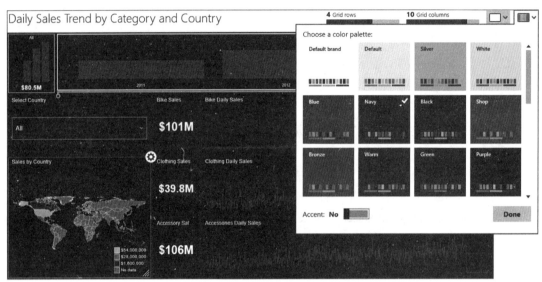

图 19-25 选择调色板之前的报表

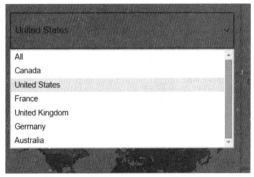

图 19-26 使用 Select Country 选择列表

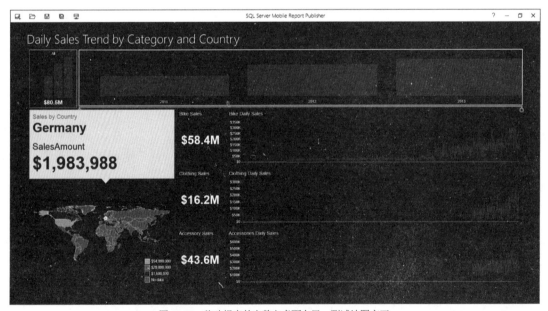

图 19-27 移动报表的完整主桌面布局，测试地图交互

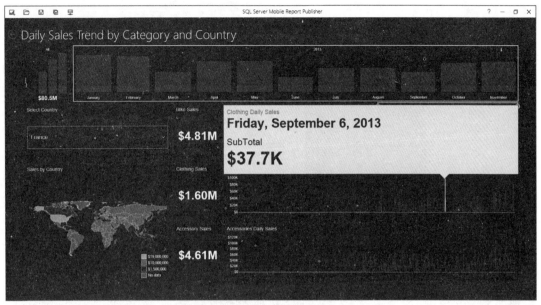

图 19-28　测试图表交互

(6) 如果对默认的移动报表布局满意，可单击工具栏上的 Save 图标。

(7) 使用布局图标，下拉 Layout 窗口并选择 Phone 布局。

Portrait Phone 布局的默认大小为 6 个图块高、4 个图块宽，如图 19-29 所示。

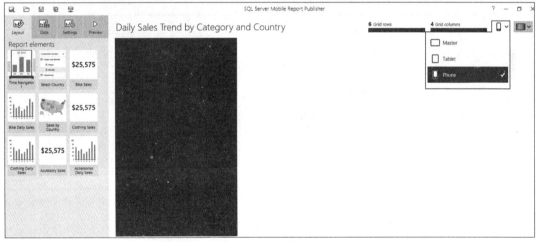

图 19-29　空白手机布局

左侧的 Report elements 面板提供了用于主布局设计的控件。这些控件实例已设置好属性，并可不做修改直接添加到移动布局。每个控件都将自适应大小。

(8) 在手机布局报表上拖放控件实例。所有控件都可放入此布局，但可能需要优先将最重要的控件放入较小的屏幕空间。可按照图 19-30 所示安排控件。在任何情况下，导航器和选择器将继续用于筛选其他控件的数据，如图 19-31 所示。

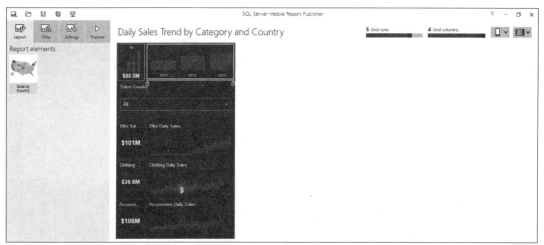

图 19-30　完整的手机布局

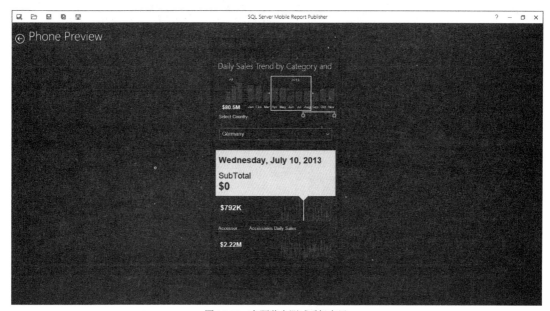

图 19-31　在预览中测试手机布局

19.7　服务器访问和活跃的移动连接

类似于第 18 章中通过本地 Wi-Fi 网络将 iPad 连接到演示服务器的方式，我们可以对 iPhone 执行相同的操作。如果没有网络或防火墙限制，则应能够从手机进行连接。确保运行 Reporting Services 的计算机和手机设备处于同一无线网络内。出于测试目的，可能需要获得报表服务器的 IP 地址。

首先尝试连接，如果无法连上，可遵循如下文章中的步骤，检查服务器防火墙并使用必要的规则和设备端口例外进行配置，以便与报表服务器正确通信，详见 https://msdn.microsoft.com/en-us/library/bb934283.aspx。

提示：

如果正在使用开发报表服务器且入站流量暴露给了互联网，可通过临时关闭防火墙来快速测试报表连接性。只需要记住在测试完毕后重新开启防火墙即可。

(1) 如果设备尚未安装 Power BI Mobile 应用，请转到供应商的应用商店，下载该工具。

我已在 Windows 平板电脑、iPad、Windows Phone 和 iPhone 手机上安装此工具。后面的图 19-33 显示了安装有 Power BI Mobile 应用的 iPhone 手机。对于 Android 设备，可从 Google 商店下载此应用的 Android 版本。

如果有简单的独立服务器且未连接到企业域，只需要使用服务器的 IP 地址进行连接即可。图 19-32 显示了在报表服务器上运行的 Command 窗口。

图 19-32　显示了 IPCONFIG 结果的 Command 提示窗口

(2) 在 Windows "开始" 按钮旁边的搜索框中输入 CMD，即可在报表服务器上打开 Command 窗口。

(3) 输入 IPCONFIG，然后按 Enter 键。

(4) 定位无线网络适配器和 IPv4 部分，如图 19-32 所示。

(5) 记下此数字。

因为使用私有网络连接服务器，所以服务器的 IP 地址仅可从同一网络访问。我连接的是与服务器相同的 Wi-Fi 网络，这样就可以在测试环境中进行连接。如果处于广域网，且服务器已分配公共 IP 地址，则不存在此限制。

图 19-33 显示了安装在 iPhone 上的 Power BI Mobile 应用，用于访问驻留在 Power BI 服务上的内容以及一台或多台本地报表服务器上的移动报表内容。

接下来使用 Power BI Mobile 应用打开此报表并探究数据。我们需要创建指向报表服务器的连接，执行连接并导航服务器上的文件夹，打开并运行报表。

(6) 通过点选应用图块，打开 Power BI Mobile 应用。

图 19-34 中的四个屏幕用于演示 iPhone 上的屏幕导航。

图 19-33　iPhone 上的 Power BI Mobile 应用

图 19-34　在手机应用上导航到报表服务器内容的步骤

当应用打开时，点选左上角的图标以显示菜单面板。

(7) 点选标记为 Connect Server 的项，以提供服务器地址和用户账户信息。

(8) 在 Connect Server 页面上，使用 IP 地址(在第(5)步中记下的数字)或形式为 http://serveraddress/Reports 的服务器名称，输入报表服务器的 Web Portal 地址。

(9) 输入用户名和密码，然后点选屏幕右上角的 Connect 按钮。

用户可添加任意数量的服务器连接。默认情况下，通过用户名识别连接，可在 Advanced options 页面中更新此名称和说明。

(10) 点选新的服务器连接(在此例中为 administrator)。

(11) Power BI Mobile 应用连接到报表服务器并显示文件夹列表。

(12) 点选 Sales Reporting 文件夹以设置内容，具体步骤如图 19-35 所示。

图 19-35　在手机应用上导航移动报表的步骤

现在你已导航到手机上的报表，接下来以移动应用中的相同方式实际使用此报表。

(13) 点选 Daily Sales Trend by Category and Country 报表的缩略图。在报表打开过程中会显示一个动画进度指示器。

(14) 使用 Time 导航器按年份筛选销售量。点选 2013 列以应用筛选器，显示所选年份中的月份。

(15) 点选 Select Country 选择列表。在 iOS 设备上，会显示你所熟悉的滚动列表。

(16) 使用拇指滚动浏览列表并选择某个国家/地区。点选 Done 以应用筛选器。请注意，数字仪表和图表得到更新。

(17) 在某个时间图表上点选并按住手指，即可在弹出的窗口中显示详细信息。按住时，左右滑动可查看图表中不同点的日期详细信息。

Power BI Mobile 应用的每个版本均使用平台特有的控件呈现可视化效果。这意味着在各个操作系统和平台上，用户体验会稍有不同，且相关设备的用户会对其感到熟悉，无论是 iOS、Android、Windows 应用还是 Web 浏览器。例如，Windows Phone 上的 Country 选择器显示为下拉组合框，而其在 iPhone 或 iPad 上则显示为自动售货机风格的垂直滚动列表。

19.8　小结

你已了解到，移动报表设计从根本上有别于分页报表设计。最重要的是，尽管 Mobile Report Publisher 用于全屏 PC，但报表是针对小屏幕移动设备优化的。移动报表有着三种不同的布局，包括大屏幕横向模式的主布局、纵向模式的平板电脑布局以及手机布局。

移动报表设计起来非常简单，通过一组独有的设计规则进行管理。报表和可视化控件均被设计为具有响应性，可针对环境调整大小和尺寸。这一行为和设计方法与分页报表组件形成强烈对比，后者接受并需要进行许多属性设置。筛选器和交互式选择器旨在操作缓存的数据，这意味着通常无法传递数据集参数，且不能在同一报表中同时使用选择器和导航器。

通过介绍更多高级特性，第 20 章继续探讨移动报表的功能。你将学习使用报表和 URL 穿透钻取操作在不同报表之间传递参数。我们将使用自定义地图和形状文件，然后使用导航路径创建多报表解决方案以探讨细节。

第**20**章

高级移动报表解决方案

本章内容

- 介绍 Chart 数据网格可视化控件
- 在控件中关联两个数据集
- 在共享数据集中使用参数
- 使用数据集参数钻取移动报表
- 使用数据集参数钻取分页报表
- 添加自定义地图，管理形状

本章讨论两个主题。首先学习使用一些最先进的移动报表功能，包括 Chart 数据网格、钻取导航和地图。其次，由于现在即使没有详细的指令，读者也能创建移动报表，因此可以独立完成一些简单的工作。

20.1　设计 Chart 数据网格移动报表

第 17 章提到，一些案例需要设计特别适合某些控件的数据集，这就是其中一个案例。Chart 数据网格控件需要两个数据集：一个用于填充网格中的行；另一个用于填充图表。这是一种经典的主/明细关系，其中一对键值用于将两个数据集联系起来。

20.1.1　练习：Chart 数据网格

第 18 章和第 19 章中的练习提供了创建移动报表的所有基本技能。为了更快地完成这个练习，本节没有为你已经学会的技能提供所有的细节步骤。可以使用 Samples 项目中已完成的数据集和报表。

1. 创建数据集

本节将创建四个共享数据集，其中包括两个用于选举列表的查询和两个用于 Chart 数据网格的查询(一个查询用于网格，另一个查询用于图表)。可以在 SSDT 或 Report Builder 中创建共享数据集。

这个练习将使用 SSDT。

(1) 在 SSDT 中打开 Wrox SSRS 2016 Exercises 项目。

(2) 在以下脚本中为每个查询创建这四个共享数据集。每个查询都以分号结束。在每个查询脚本块的前面使用注释的名称，对查询命名：

- YearList
- CategoryList
- SalesBySubcategory
- SalesBySubcategoryAndMonth

(3) 将所有四个数据集部署到报表服务器的 Datasets 文件夹中：

```
-- YearList
select distinct cast(Year as smallint)
From Date
;


-- CategoryList
select distinct
      [ProductCategory],
      [ProductCategoryKey]
from [dbo].[Product]
order by [ProductCategory]
;


-- SalesBySubcategory
select
      [Year],
      [ProductCategory],
      [ProductCategoryKey],
      [ProductSubcategory],
      [ProductSubcategoryKey],
      sum([SalesAmount]) as SalesAmount,
      sum([OrderQuantity]) as OrderQuantity
from [dbo].[vSalesDetails]
group by
      [Year],
      [ProductCategory],
      [ProductCategoryKey],
      [ProductSubcategory],
      [ProductSubcategoryKey]
order by
      [Year],
      [ProductCategory],
      [ProductSubcategory]
;


-- SalesBySubcategoryAndMonth
select
      [Year],
      [ProductCategory],
      [ProductCategoryKey],
      [ProductSubcategory],
```

```
        [ProductSubcategoryKey],
        [MonthNumber],
        [MonthName],
        sum([SalesAmount]) as SalesAmount
from [dbo].[vSalesDetails]
group by
        [Year],
        [ProductCategory],
        [ProductCategoryKey],
        [ProductSubcategory],
        [ProductSubcategoryKey],
        [MonthNumber],
        [MonthName]
order by
        [Year],
        [ProductCategory],
        [ProductSubcategory],
        [MonthNumber]
;
```

2. 创建报表，导入数据集

使用两个选择器和一个 Chart 数据网格创建基本报表结构。

(1) 在 Mobile Report Publisher 中创建一个新的报表。

(2) 在报表设计网格的左侧添加两个 Selection 列表控件："Years"和"Categories"。

(3) 添加一个名为"Subcategory Sales Monthly Trend"的 Chart 数据网格，以填充报表设计网格中剩余的空间。

控件位置应如图 20-1 所示。

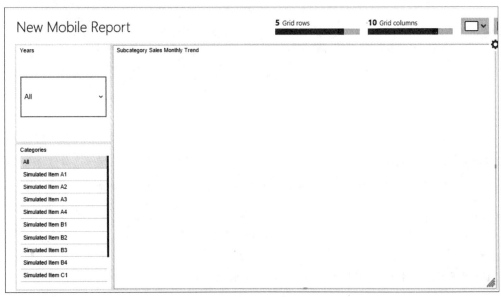

图 20-1 显示了控件位置的报表

(4) 使用 Add data 按钮将所有四个数据集添加到报表中，从之前部署的共享数据集中导入每个数据集，如图 20-2 所示。

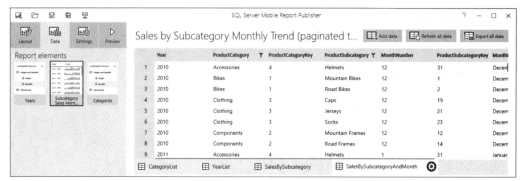

图 20-2 报表数据集

3. 设置 Selection 列表控件的属性

使用下拉列表选择数据集和字段的 Keys 和 Labels 属性，然后按照以下步骤，为报表中的其他数据集设置筛选器选项。

(1) 在 Data 页面中选择 Years 选择器。

(2) 选择 YearsList 数据集，验证 Keys 和 Labels 属性是否设置为使用 Year 字段。

(3) 在页面的右侧，在标题为 "Filter these datasets when a selection is made" 的区域，选中 SalesBySubcategory 和 SalesBySubcategoryAndMonth 数据集。

(4) 对于每个选中的数据集，选择 Year 字段。

(5) 确保设置如图 20-3 所示。

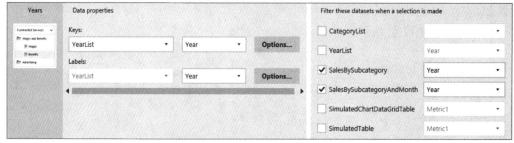

图 20-3 Years 选择列表的数据属性

> **注意：**
> 对于数据属性，Keys 和 Labels 属性都有两个选择列表。左侧的下拉列表用于选择数据集，右侧的下拉列表用于从指定的数据集中选择包含键或标签值的字段。

(6) 选择 CategoryList 选择器。

(7) 从左侧的 Keys 下拉列表中选择 CategoryList 数据集。

(8) 为 Keys 键(右侧的列表)选择 ProductCategoryKey 字段。

(9) 为 Labels 属性(右侧的列表)选择 ProductCategory 字段。

> **提示：**
> 图 20-4 所示的字段选择下拉列表不够宽，无法区分 ProductCategoryKey 和 ProductCategory 字段。需要下拉每个字段列表，以验证选择。

（10）在页面右侧的 Filter these datasets when a selection is made 区域，选中 SalesBySubcategory 数据集复选框。

（11）选择 ProductCategoryKey 字段。

（12）确保设置如图 20-4 所示。

图 20-4　选择"Categories"数据属性列表

（13）切换到 Layout 页面，对于每个 Years 和 Categories 选择列表控件，确保 Allow 多选选项设置为 On。

4. 设置 Chart 数据网格控件的字段属性

使用以下步骤设置字段属性：

(1) 在 Data 页面中选择 Subcategory Sales Monthly Trend 控件。

(2) 从 Data for the grid view 下拉列表中选择 SalesBySubcategory 数据集。

(3) 从 Reference data for the chart visualizations 下拉列表中选择 SalesBySubcategoryAndMonth 数据集。

(4) 在页面右侧标题为"Data grid columns"的部分，选中以下字段旁的复选框：

- ProductSubcategory
- SalesAmount
- OrderQuantity

(5) 这一步是可选的，在对应于选中字段的每个文本框中添加空格或缩写字段名。

5. 为 Chart 数据网格控件设置图表属性

使用以下步骤设置图表属性：

(1) 在"Data grid columns"的底部，单击"Add chart column"按钮。

(2) 使用文本框将新列重命名为 Monthly Sales。

(3) 单击新列旁边的 Options 按钮。

(4) 如图 20-5 所示，在弹出的对话框中设置属性。表 20-1 提供了各个属性值。

表 20-1　数据网格的图表属性

属性	值
Chart type	Area
Chart data	SalesAmount
Source lookup	ProductSubcategoryKey
Destination lookup	ProductSubcategoryKey

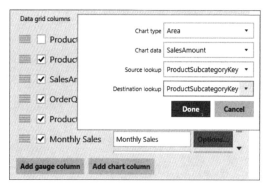

图 20-5　数据网格列和图表属性

(5) 使用图 20-6 检查该页面上的属性和设置，进行必要的调整。

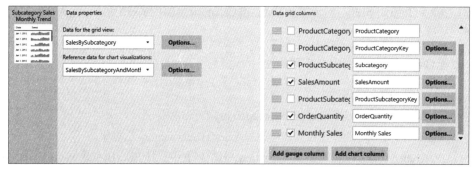

图 20-6　为 Subcategory Sales Monthly Trend 图表数据网格控件完成数据属性

(6) 单击 Data for the grid view 标题旁边的 Option...按钮。

(7) 选中 Years 和 Categories 复选框，然后单击 Done 按钮。

(8) 单击 Reference data for chart visualizations 标题旁边的 Option...按钮。

(9) 选中 Years 复选框，然后单击 Done 按钮。

(10) 切换到 Layout 页面(如图 20-7 所示)，并为报表选择调色板。

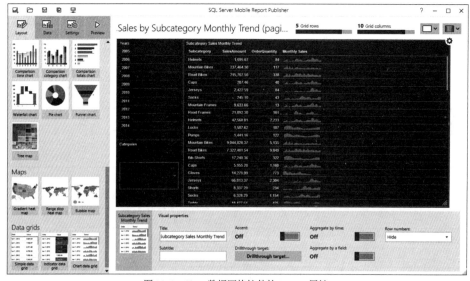

图 20-7　Chart 数据网格控件的 Layout 属性

(11) 使用 Preview 页面测试报表(见图 20-8)。

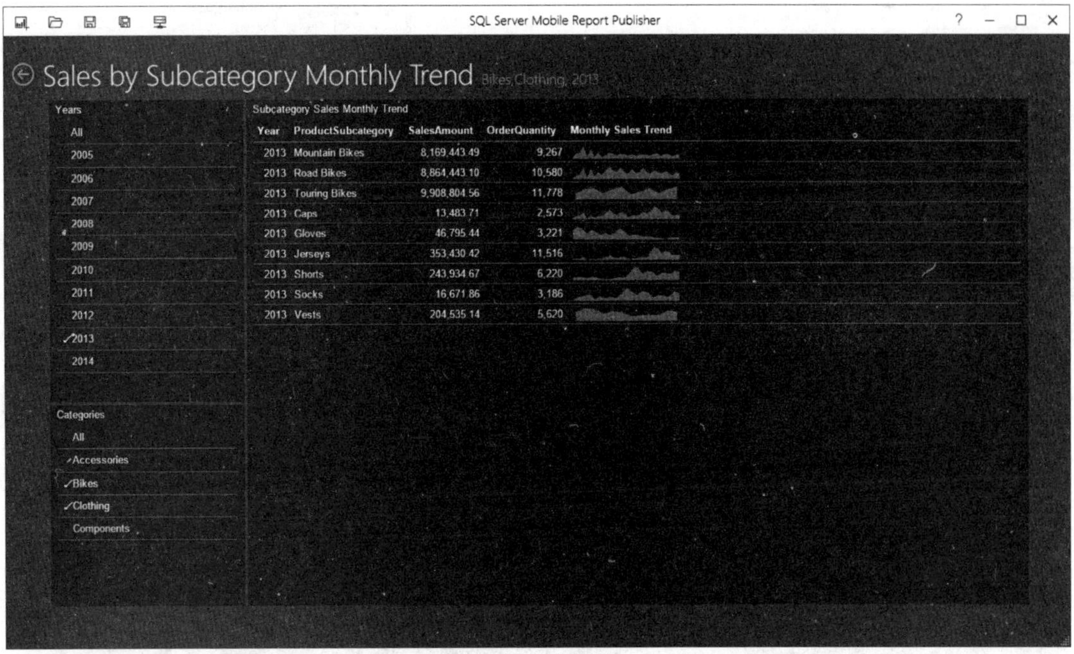

图 20-8 预览报表

(12) 选择 Years 和 Categories 的组合,以确保正确地过滤数据网格。
数据应该随着每一个选择而改变。

6. 使网格适合手机布局

主要的报表布局为桌面浏览器窗口进行了优化,所以必须简化,以适应较小的手机屏幕。我们以前就这样做过,但这次有一个变化。

(1) 切换到 Layout 页面。

(2) 使用 Layout 下拉列表选择 Phone 布局,安排控件,使它们适合 Phone 布局。

(3) 再次预览报表。

虽然屏幕大小和控件位置适合手机布局,但 Chart 数据网格太宽,如果不能水平滚动网格,就不适合手机屏幕。设计要在多台设备上工作的报表时,这是一种妥协。简单的补救办法是按从左到右的顺序安排网格列,让最重要的信息先显示出来,其他信息则需要向右滚动网格才可见。

(4) 切换到 Data 页面,选择 Chart 数据网格。

(5) 在 Data Properties 面板的右侧,使用 Data 网格列中的项,重新排列网格列,如图 20-9 所示。

(6) 再次预览 Phone 布局中的报表,将之和图 20-10 比较。

(7) 使用工具栏左上角的 Save mobile report as...按钮(双软盘图标),将报表保存到报表服务器的 Sales Reporting 文件夹。保存报表的两个副本,接下来的练习将给它们使用以下名称:

- Sales Subcat Trend (移动目标)
- Sales Subcat Trend (分页目标)

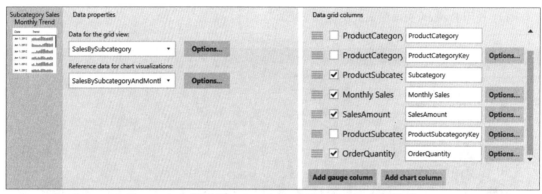

图 20-9　Chart 数据网格 Subcategory Sales Monthly Trend 的数据属性

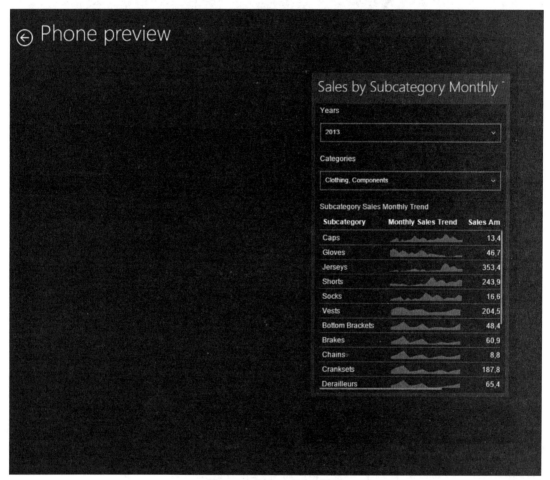

图 20-10　Phone 布局中的预览

20.1.2　练习：添加一个钻取移动报表

我们要创建另一个报表，用作刚刚创建的报表的钻取目标。这个报表不是显示在高级别上分组并用图表显示的销售订单数据，而是显示上卷到订单日期的细节。

(1) 使用 SSDT，通过以下查询脚本创建另一个名为 SalesOrderDetailsForYearAndSubcategory 的

共享数据集：

```
-- SalesOrderDetailsForYearAndSubcategory
select
      [OrderDate],
      [ProductSubcategory],

      sum([SalesAmount]) as SalesAmount,
      sum([TaxAmt]) as TaxAmt,
      sum([Freight]) as Freight,
      sum([OrderQuantity]) as OrderQuantity
from [dbo].[vSalesDetails]
where
      YEAR([OrderDate]) = @Year
      and
      [ProductSubcategory] = @Subcategory
group by
      [OrderDate],
      [ProductSubcategory],
order by
      [OrderDate],
      [ProductSubcategory]
;
```

在保存新数据集之前，需要为参数指定默认值。

(2) 在 Shared Dataset Properties 对话框的 Parameters 页面上，给这两个参数指定默认值，如图 20-11 所示。

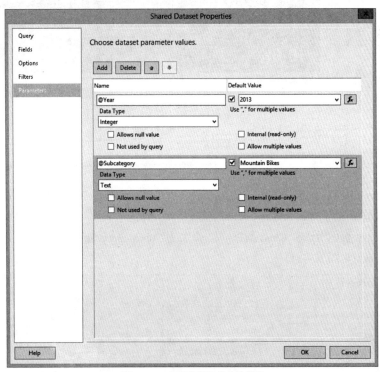

图 20-11　共享数据集的参数属性

(3) 将两个参数的数据类型设置为 Integer，然后单击 OK 按钮保存数据集。

> **注意：**
> 这里给参数使用的是 ProductSubcategory 而不是 ProductSubcategoryKey 字段值。原因是只能将移动报表中的可见字段值作为参数传递。由于 Subcategory 是 Chart 数据网格中的一列，因此选择使用该列值作为参数。

(4) 部署数据集。项目属性已经设置为将其保存到报表服务器上的 Datasets 文件夹中。

(5) 使用 Mobile Report Publisher 创建一个新的报表，名为 Sales Order Details by Subcategory and Year。也可以使用本书示例提供的完整报表。

(6) 将新数据集添加到报表中。

(7) 使用图 20-12 作为向导，添加控件以可视化数据集。这个报表的具体设计元素对这个练习并不重要。它只需要接受两个参数并可视化结果。

图 20-12 准备部署的已完成报表

(8) 将 Sales Order Details by Subcategory and Year 报表部署到 Sales Reports 文件夹(或其他文件夹)。

(9) 打开之前命名为 Sales Subcat Trend 的报表(移动目标)。

(10) 在 Layout 页面上选择 Chart 数据网格(命名为 Subcategory Sales Monthly Trend)，然后单击 Drillthrough target...(见图 20-13)。

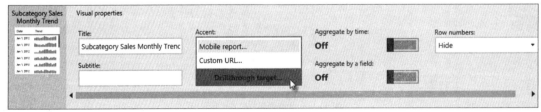

图 20-13 Chart 数据网格的可视化属性

(11) 选择 Mobile report...。

(12) 导航到 Sales Reporting 文件夹，并选择 Sales Order Details by Subcategory and Year 报表。这回显示 Configure target report 页面，如图 20-14 所示。

(13) 滚动到报表参数列表的底部，以查看 SalesOrderDetailsForYearAndSubcategory 数据集的参数。

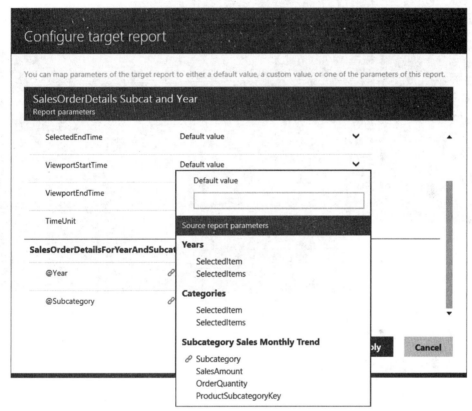

图 20-14　报表参数页面

(14) 对于@ Year 参数，使用下拉列表来选择 Years Selection 列表控件的 SelectedItem 属性。

(15) 对于@Subcategory 参数，使用下拉列表选择 Subcategory Sales Monthly Trend 控件的 ProductSubcategory 字段。这两个选项如图 20-14 所示(尽管对于第二个选项来说，整个控件和字段名不可见)。

(16) 使用左上工具栏的 Save as…图标，用另一个名称保存一份报表副本，指示它使用移动报表作为钻取目标。这里将报表命名为 Sales Subcat Trend(移动目标)。

> **提示:**
> Web 门户在标准的平铺视图中只显示移动报表名称的前 20 至 30 个字符，对于日志名比较类似的报表而言是有困难的。所以应考虑缩写报表名称，以提高可读性。

(17) 将报表保存到同一个报表服务器文件夹中，并关闭 Mobile Report Publisher。

(18) 可以在 Web 浏览器中测试钻取操作。在 Web 门户中，定位并打开 Sales by Subcategory Monthly Trend 报表。选择一年，比如 2013 年，再选择一个或多个类别(在图 20-15 中选择了 Bikes

和 Components)。也可以在移动设备上打开这个报表。

(19) 单击或轻点一个子类。这里单击了 Derailleurs 行。这应该导航到目标报表，只显示所选年份和子类的销售订单详细信息，如图 20-15 所示。

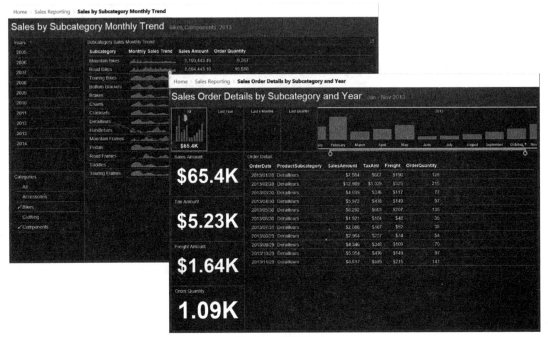

图 20-15　钻取报表

(20) 在 Web 浏览器和移动设备上测试报表导航，以确保按预期那样工作。

20.1.3　练习：添加一个钻取分页报表

现在设计一个钻取导航，完成与之前相同的工作，但这份报表使用自定义 URL 钻取一个分页报表。

(1) 在 SSDT 的 Wrox SSRS 2016 Exercises 项目中，创建一个新的空白分页报表，命名为 Sales Order Detail。

(2) 根据项目中的 SalesOrderDetails 共享数据集，创建报表中的数据集。

与前一节的移动报表一样，该报表的设计细节也不太重要。重要的是接受 Year 和 Subcategory 参数，显示 SalesOrderDetails 的筛选结果。

(3) 设计一个简单的表格报表，如图 20-16 所示，或添加 Wrox SSRS 2016 Ch 20 项目中完成的 Sales Order Details 报表。

(4) 将 Sales Order Details 报表部署到报表服务器的 Sale Reporting 文件夹中。

使用自定义的钻取操作打开并更新钻取源报表

下面从前面保存的移动报表开始，并添加钻取导航。

(1) 返回 Mobile Report Publisher。

(2) 打开报表 Sales Subcat Trend (分页目标)。

图 20-16　Simple Order Details 报表

(3) 选择 Chart 数据网格，并单击 Drillthrough target...。

(4) 选择 Custom URL...(见图 20-17)。

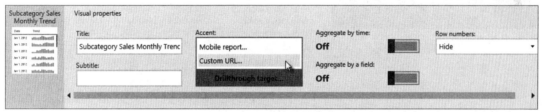

图 20-17　Chart 数据网格钻取属性

这会打开 Set drillthrough URL 对话框，在这里输入目标报表的路径。下面的 Web 地址是本人服务器上的目标报表路径。如有任何差异，就需要替换服务器的名称、文件夹和报表名称。如果运行的是本地的默认 SSRS 实例，就可以使用 localhost 作为服务器名称。

http://svr2012r21/Reports/report/Sales Reporting/Sales Order Details?rs:Embed=true&Year=2013&Subcategory=Mountain Bikes

> **提示：**
> 使用文本编辑器来管理 Web 地址，就不需要处理 Web 浏览器添加到地址文本的字符编码。我喜欢使用 NotePad++，它可以从 https://notepad-plus-plus.org 下载。

(3) 打开 NotePad 或你自己喜欢的文本编辑器，使用这个地址作为示例，输入要在服务器上部署报表的路径。对服务器、文件夹或目标报表的名称做任何必要的更改。

(4) 把地址复制并粘贴到浏览器的地址栏中。按 Enter 键，验证报表显示出来了。在文本编辑器中进行必要的更正，并捕获正确的地址。

(5) 将有效地址复制并粘贴到标题为 Enter a URL to go to when this visualization is clicked 的框中。

现在处理棘手的部分。在 Set drillthrough URL 对话框右侧的 Available parameters 列表中，可以看到选择器和导航器控件的列表，如图 20-18 所示。使用内部控件名称，而不是为标题使用的友好名称。按照添加控件的顺序生成名称和编号。除了这些证据之外，还可能需要一些试错过程，以验证是否使用了正确的控件引用。

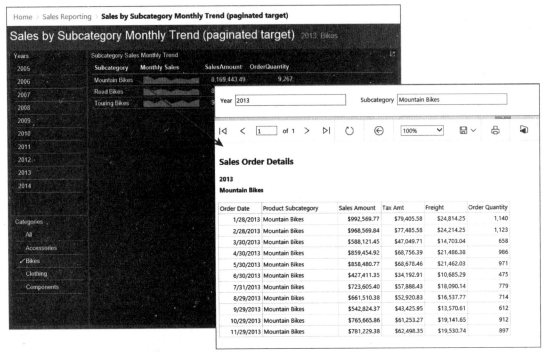

图 20-18　Drillthrough URL 选项

> **警告：**
> 因为 Mobile Report Publisher 使用内部控件名称而不是友好的名称，所以报表中的控件名称可能不同于这个例子中的名称。

(6) 高亮显示 Year 参数值(2013)，给 Year 选择器的 SelectedItem 属性单击项。在这里的报表中，命名为 SelectionList2。

(7) 突出显示 Subcategory 参数值(Mountain Bikes)，并为 Chart 数据网格的 Subcategory 字段单击项。在这里的报表中，命名为 DataGrid5.Subcategory。

> **提示：**
> 在部署这个报表之后，应该在 Web 浏览器中测试它，验证是否传递了正确的参数值。

(8) 应用更改。

(9) 保存报表。

(10) 在 Web 浏览器中打开更新的移动报表。

(11) 使用选择器选择年份和类别，查看经过筛选的汇总行和每个子类别的月销售趋势。

(12) 单击网格中的子类别行，导航到详细的分页报表。

(13) 检查传递给目标报表的参数，以确保它们在 URL 中得到正确映射。

> **提示：**
> 除了观察数据作为参数值传递给报表的证据之外，还可以检查浏览器地址栏中的参数值。

(14) 如果需要修改，请在钻取 URL 中更改 SelectionList 和 ChartDataGrid 引用，应用更改，并重新保存报表。

图 20-19 显示了目标移动报表和描述钻取操作的分页详细报表。一旦部署，钻取操作就应该在能访问报表服务器的任何设备上工作。用户在已安装的移动设备应用程序中点选子类别行时，该操作就应该打开 Web 浏览器，显示经过过滤的分页报表。

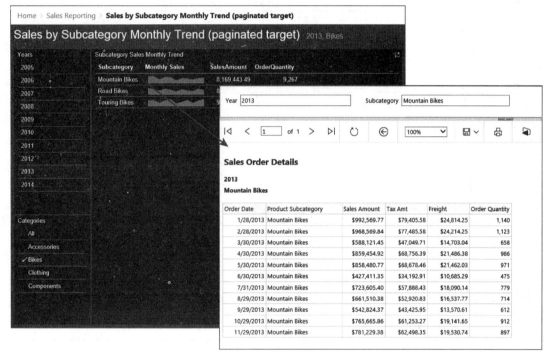

图 20-19　移动和分页的报表钻取

20.2　使用地图

在报表工具中提供全面的地图功能看起来是相当简单的，但事实并非如此。根据经验，基本的地图报表可以相当简单，但是开箱即用的功能很难满足多年来我遇到的很多地图需求，而是需要付出很多额外的努力。

本书附带的下载文件中提供了 72 个地图文件，其中包括 51 个微软没有提供的地图。因为边界会随时间而变化，所以无法保证地图定义是完全正确的，请验证区域名称和边界，并在自己的工作中使用它们。

地图解决方案面临的一个挑战是，数据中的地名必须准确匹配地图形状文件中的形状名称键。如果没有解释它们，挑战就尤为严重。我尽力从本书下载中包含的所有地图文件中提取形状名称，并提供它们作为参考。在 WroxSSRS2016 数据库的 MapShapes 表中，有 72 个地图名称，包含 1626 个形状信息。表 20-2 显示了 MapShapes 表包含的地图名称摘要和形状记录的数目。在查询中可以引用此表，并构建自己的引用表，使源数据中的区域和地名匹配地图上的形状名。为了得到正确的形状名，可以在 MapShapes 表的查询中筛选 MapName，返回 ShapeNames 列。

表 20-2　MapShapes 表的汇总

MapName	形状
Africa	55
argentina	24
Asia	50
australia	8
Austria	9
bosniaherzegovina	2
Brazil	28
bulgaria	28
canada	13
caymanislands	7
China	31
Croatia	21
Cuba	15
Cyprus	6
czechrepublic	7
denmark	15
Egypt	26
europe	46
Finland	5
France	22
germany	16
greece	14
hongkong	18
hungary	20
iceland	8
India	31
indonesia	27
Iran	30
Iraq	18
Ireland	26
Israel	7
Italy	20
jamaica	14
Japan	47
Kuwait	5
liechtenstein	11
lithuania	10
luxembourg	3
Macau	5

(续表)

MapName	形状
macedonia	8
mexico	32
micronesia	4
monaco	1
montenegro	21
netherlands	12
newzealand	14
northamerica	23
norway	19
pakistan	7
panama	10
portugal	19
romania	41
Russia	88
saudiarabia	13
Serbia	26
singapore	1
slovakia	4
slovenia	12
southamerica	14
southkorea	14
Spain	16
sweden	24
switzerland	27
thailand	72
Turkey	73
ukraine	27
unitedarabemirates	8
unitedkingdom	4
Usa	51
worldcontinents	6
worldcountries	178
worldregions	9

　　下面是一个使用 worldcountries 地图的非常简单的例子。如果要查询连接到 Sales 的
SalesTerritory 表格，就会看到我们在 6 个国家都销售产品。如果查询 MapShapes 表中 MapName 为
worldcountries 的项，就会发现，不是所有的国家名称都与地图上的形状名称匹配。这个例子创建了
一个名为 SalesTerritoryCountyMapShapes 的桥接表，它使 SalesTerritory 表中的 CountryRegionCode
值匹配 MapShapes 表中的 ShapeName 值。添加桥接表的脚本非常简单，如下所示：

```
insert into SalesTerritoryCountyMapShapes ( CountryRegionCode, ShapeName )
values
  ( 'US', 'United States' ),
  ( 'CA', 'Canada' ),
  ( 'FR', 'France' ),
  ( 'DE', 'Germany' ),
  ( 'AU', 'Austria' ),
  ( 'GB', 'United Kingdom' )
;
```

现在，可以为该报表编写一个数据集查询，该查询用新的 SalesTerritoryCountyMapShapes 桥接表连接 Sales 和 SalesTerritory 表，如下所示：

```
-- CountryMapShapeSalesOrders
select
      m.ShapeName,
      sum(s.SalesAmount) as SalesAmount
from
      Sales s
      inner join SalesTerritory t on s.SalesTerritoryKey = t.TerritoryKey
      inner join SalesTerritoryCountyMapShapes m on t.CountryRegionCode =
        m.CountryRegionCode
group by
      m.ShapeName
;
```

创建一个简单的报表，可以从下载的文件中添加 worldcountries 自定义地图，然后将地图键与 ShapeName 字段匹配。

现在，你有了为几个不同的股票地图、世界大陆、国家、地区和州，创建移动地图报表所需的一切。希望其他地图文件和 MapShapes 参考表是你的有用资源。

20.3　小结

本章介绍了 Chart 数据网格控件，将基本摘要和详细信息带到下一个层次。我们使用 Chart 数据网格控件创建区域图来显示分组的每月销售汇总，并为选中的产品子类别显示每月销售汇总。

本章完成了三个练习。首先使用 Chart 数据网格创建了一个报表，其中包含的 Selection 列表过滤了摘要网格，显示了趋势信息。接下来添加移动报表导航，这样点选网格后，就会把用户导航到详细报表，按产品子类别和年份显示销售的详细信息。最后给分页的详细报表添加钻取导航，并使用 URL 进行钻取，从移动报表中的选择器、导航器和选定的数据网格传递参数值。

本章展示了如何使用提供的地图形状和数据文件来实现自定义地图。我们使用地理形状名称的一个参考表来匹配数据库中的位置信息，并把它可视化成一张地图。

本书第Ⅵ部分的四章按类别介绍了移动报表，然后详细讨论它们。使用"设计优先开发"模式学习报表的设计，并构建概念验证报表，用模拟数据来演示功能。创建共享数据集，然后完成每个报表设计，以满足具体业务需求。

我们使用了导航器、选择器、仪表、图表，然后学习了更复杂的地图和数据网格。我们应用了过滤和交互操作，然后用钻取导航实现了报表导航，把参数从移动报表传递到在 Web 浏览器和移动设备上工作的分页报表。

在本书第Ⅶ部分，将用两章的篇幅展示如何在报表服务器上管理内容和执行管理任务，学习如何使用安全和管理工具、备份和恢复、监视和故障排除。

第Ⅶ部分

管理 Reporting Services

在前 20 章，我们的重点是设计和部署。这意味着到目前为止，大量的时间和精力都用于为企业创建和交付报表。现在需要做什么来确保它们一直在运行且运行良好，在期望它们运行时它们会很好地工作？如何限制或允许访问 Active Directory 组的用户或成员？谁能创建订阅或快照，谁不能？如果有人编写了一个非常缓慢的查询，然后安排报表每天晚上运行，该如何找到它，防止它妨碍服务器的运行？

本部分的两章将展示如何管理服务器上的报表内容，如何执行管理任务，确保报表服务器的正常运行。你将学会识别和排除问题，隔离问题，管理它们并最终解决它们。学习核心的管理技能，以配置和管理安全、用户访问，并管理报表内容。你还将学习设置、监控报表和执行日志，监视服务器资源，并优化报表服务器，以获得最佳的报表性能。

第 21 章：内容管理

第 22 章：服务器管理

第21章

内容管理

本章内容

- 使用 Web Portal
- 内容管理活动
- 项级别的安全性
- 内容管理自动化

本章将探讨 Reporting Services 内容的管理。Reporting Services 内容包括：

- 报表
- 移动报表
- KPI
- 共享数据源
- 共享数据集
- 报表资源
- 共享计划

在 Native 模式下，Reporting Services 内容管理主要通过 Web Portal(Web 门户)应用程序完成。另外，一些管理任务可能在 SSMS 中管理。通过 RS 工具执行的脚本，提供了完成这些任务的另一种替代方法。

> **注意：**
> Reporting Services 引入了一组 PowerShell 命令，它们实际上复制了 RS 工具的一些特性；在撰写本书时，它们还处在预览版本。在 CodePlex.com 上搜索 SSRS PowerShell Provider 来检查更新。应努力通过社区和产品团队扩展对 Reporting Services 的 PowerShell 支持，即便在本书出版后还没有完整的 PowerShell 命令集，也会在不久的将来推出它们。

在 SharePoint 集成模式下，内容管理活动的执行方式是类似的，但需要通过 SharePoint 网站或 ReportServer Web 服务端点来完成。在这种模式下，Web Portal 和 RS 工具是无法使用的。

21.1　使用 Web Portal

对于运行在 Native 模式下的 Reporting Services 来说，Web Portal 是主要的内容管理工具。该应用程序提供了便于使用、快速响应的图形界面，支持在 Reporting Services 对象和文件夹结构中导航。通过报表管理器，只要拥有适当权限，就可以通过 Web 门户访问各种报表项，甚至可以修改报表项。

对于默认安装来说，可以通过以下 URL 访问 Web 门户：

```
http://<servername>/reports
```

如果将 Reporting Services 安装成命名实例，URL 的形式就变成：

```
http://<servername>/reports_<instancename>
```

如果无法连接到 Web 门户，请咨询管理员是否将 Web 门户预留的 URL 另作他用了。确保启动了 Reporting Services Windows 服务。重新启动该服务的一种便利方式是打开 Reporting Services Configuration Manager，连接到服务器，然后从 Report Server Status 页面停止并重新启动服务。之后，刷新 Web 浏览器以查看 Web 门户。

> **注意：**
> 在 SQL Server 2016 的预览和发布版本中，报表服务器服务在机器启动时没有正确启动。补救是很容易的：使用 Reporting Services Configuration Manager 报表服务，停止并重新启动服务。

第一次打开 Web 门户时，你会看到两个视图中的一个，这取决于以前是否在个人 Favorites(收藏夹)中添加了对象。Favorites 视图如图 21-1 所示。

图 21-1　Web 门户的 Favorites 视图

提示：

Web 门户中引入了熟悉的 Favorites 概念，简化了报表导航。为了避免浏览冗长的报表和文件夹，鼓励用户"收藏"常用的报表和其他项。

注意，服务器将浏览器重定向到 Favorites 页面，并在 Web 地址中显示"favorites"这个单词。可以使用此 URL 显式地设置到 Favorites 页的链接。如果先前没有在 Favorites 中添加任何对象，或者单击页面标题中的 Browse 链接，就会显示 Browse 页面，如图 21-2 所示。

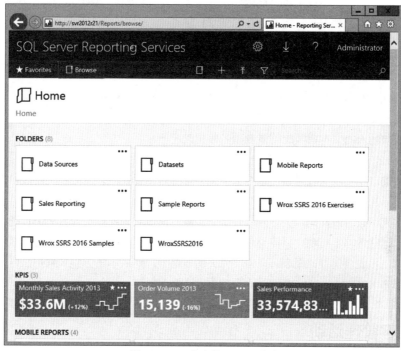

图 21-2　Web 门户的 Browse 页面

在页面顶端的页眉区域，图标和菜单选项提供了导航帮助，并可以用来访问网站级功能。在 Home 页面中，可以看到一个由报表、文件夹以及包含在当前 Web 门户环境中的数据源组成的列表。

单击页面中的某项即可导航到该项。例如，如果单击一个报表，就会加载这个报表以便查看。如果单击一个文件夹，就会进入该文件夹。单击 Home 链接总是会返回 Home 页面，从头开始。

使用齿轮图标会显示一个下拉菜单，其中包含设置选项的链接。可用的选项取决于当前用户访问系统的权限。表 21-1 列出了对报表服务器具有管理权限的用户可用的默认选项。

表 21-1　Home 文件夹设置选项

链　　接	说　　明
My settings	可以引导访问 Home 文件夹的 Settings 页面。Power BI 订阅集成在这个页面中管理
My subscriptions	可以引导访问 My subscriptions 网站级页面。这个页面显示了当前用户在这个网站中拥有的全部订阅
Site settings	可以引导访问 Site settings 页面。在这个页面中，可修改通用的网站级设置、网站级安全性以及共享计划

在齿轮图标的右侧是下载图标，可以用来下载和安装应用程序。表 21-2 展示了这些选项。

表 21-2　应用程序下载

链接	说明
Report Builder	安装 Report Builder 应用程序的最新版本，用于设计和发布分页报表、共享数据集和其他共享数据对象
Mobile Report Publisher	安装 Mobile Report Publisher 的最新版本，用于设计和发布针对移动设备进行优化的可视化报表
Power BI Desktop	安装 Power BI Desktop 的最新版本，Power BI 分析数据工具集用于导入和转换数据，创建数据模型，定义计算，并创建拖放式可视化报表
Power BI Mobile	为 iOS、Android 和 Windows 移动设备提供下载移动应用的链接。移动应用程序可以用来探索移动报表和 Power BI 内容

Help 图标用于打开一个浏览器窗口，显示 Web Portal Help and Support 页面。在这些链接的下方是一个搜索框。在这个搜索框中输入文本，并单击右侧的按钮后，Web 门户将执行一次区分大小写的搜索，查找与输入的文本相匹配的报表项名称和描述。

在 Web 门户中显示的每一项都有一个位于右上角的省略号(3 个点)。单击省略号会显示一个弹出窗口，其中的选项可以管理对象、查看上下文特定的信息和其他菜单选项。通过单击省略号还可以在收藏夹中添加或删除报表和 KPI。

单击文件夹、报表或其他项会打开或导航到该项。单击对象或单击 MANAGE 选项的行为因对象类型而异。这些选项很直观，只需要稍做努力就能找到。例如，单击文件夹会导航到该文件夹并显示内容；单击报表会运行该报表；单击文件夹的省略号，然后单击 MANAGE，可以设置属性和安全性；而单击 KPI 的 MANAGE，会显示 KPI 设计页面。

21.2　内容管理活动

你现在已经熟悉了 Web 门户的基础内容，下面看看如何通过这个应用程序来管理不同的 Reporting Services 项。以下各节探讨如何管理以下内容：

- 文件夹
- 共享数据源
- 报表
- 报表资源
- 共享计划

Web 门户菜单栏的几个特性实现了内容的发现和管理。单击菜单栏中的过滤器图标，可以控制设置为隐藏的文件夹中项的可见性。Web 门户的菜单栏如图 21-3 所示。

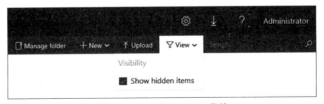

图 21-3　View 和 Visibility 菜单

在此列表中显示的所有内容类型都由 Reporting Services 识别，并具有特殊的管理特性。这意味着会为各个项显示一个独特的图标，在单击省略号并选择 MANAGE 后，会有与上下文相关的功能。资源内容类型是所有杂项文件类型的统称。可以存储任何类型的文件，通过 Web 门户访问它们，但这些项没有内容特定的管理特性。

> **注意：**
> 通过 Web 门户可以管理 Power BI Desktop Reports 和 Excel Workbook 文件。微软声明，在以后的产品版本中，这些项将使用服务器端呈现和管理功能来支持。然而，在最初的产品版本(RTM 版本)中，这两种文件类型将简单地用 Power BI Desktop 或 Microsoft Excel 打开用户桌面上的文件。如果运行的是更新的 Reporting Services，这个行为就可能有所不同。

21.2.1　文件夹

所有的 Reporting Services 项都存储在一个文件夹层次结构中，这为内容的组织提供了一种简单、熟悉的结构。文件夹层次结构是虚拟结构，换言之，在服务器的文件系统上找不到这些文件夹。这个层次结构在 ReportServer 数据库中作为一组自引用的记录而存在。

在 Home 页面中，文件夹中的各个项(包括子文件夹)都展示为一个文件夹列表。Home 页面中的项不仅展示项的名称，还展示可选的描述信息和项的类型图标，项的类型包括：Folder、Report、Mobile Report、KPI、Linked Report、Shared Data Source、Dataset、Resource、Standard Subscriptions 和 Data-Driven Subscriptions。

文件夹页面列表顶端的工具栏提供了用于创建新文件夹、创建共享数据源、向文件夹上传项的按钮。本章后面将探讨如何创建新的共享数据源和上传项。使用 "+New" 图标把新对象添加到文件夹。单击 "+New" 按钮，然后选择 Folder，会进入 New Folder 页面。在这个页面上，为新文件夹输入名称。

> **注意：**
> 根据可用的屏幕分辨率或 Web 浏览器窗口的大小，一些菜单项会发生改变。例如，如果屏幕空间有限，"+New" 菜单就会变为 "+"。

在 "MANAGE" 选项下，还有其他属性。可以对文件夹删除、移动和设置基于角色的安全权限。Delete 选项确认并随后删除选中的项。Move 选项进入 Move Items 页面，它需要指定项移动到网站文件夹结构的什么地方。如果删除或移动一个文件夹，那么只有在对其中包含的每个项拥有所需权限时，操作才会成功。

前面学习了如何创建、修改、删除文件夹。那么应该为自己的网站构建哪类文件夹结构呢？这有不同的方式，包括按组织单元、功能区和用户角色组织内容。

> **注意：**
> 如果文件夹之间的报表重复是有意义的，就使用链接报表在多个文件夹中引用相同的报表，这不会实际重复报表。

关于对象和文件夹命名约定、标准文件夹位置和文件夹层次结构的复杂性，有不同的观点。我不能确切地指出如何命名文件夹和其他对象，但应总是 "保持简单"。

无论怎样组织网站，我们建议：在构建网站之前，应该根据一组推荐的指导方针来确定网站的组织。在制定这些指导方针的过程中，建议将最终用户的体验放在第一位，并事先考虑架构的维护和安全性的实现。本章后面将讨论安全性。应该与管理员、报表开发人员、最终用户代表一同评审指导方针，以得到使用这些指导方针的人的支持，并向他们传授这些指导方针。

21.2.2 共享数据源

共享数据源以安全的方式保持信息的连接，确保以集中方式管理连接信息，并在整个网站的报表和报表模型中共享连接信息。

报表作者常常将共享数据源的创建作为报表开发过程的一部分。在 SQL Server Data Tools (SSDT)中，要将共享数据源添加到 Report Server 项目中，可以在 Solution Explore 的 Shared Data Sources 文件夹上右击，选中 Add New Data Source，然后在 Shared Data Source 对话框中输入必要的信息。项目的 TargetDataSourceFolder 属性标识了部署到网站文件夹的共享数据源项。为了访问这个属性，只需要右击 Solution Explorer 中的项目，并选中 Properties。

为了在不使用报表创作工具的情况下创建共享数据源项，请打开 Web 门户，找到保存共享数据源项的文件夹，然后使用+New 菜单，单击 Data Source 按钮。在随后出现的 New Data Source 页面中，为新建项输入名称和描述信息，如图 21-4 所示。然后，指定该项是否在父文件夹的 Contents 页面列表视图中显示，并设置该项是否可在网站中使用。最后，选中需要使用的注册数据扩展，并输入一个合适的连接字符串。此时选择的数据扩展决定了连接字符串的语法。

必须指出，Web 门户不会自动验证连接。为了测试连接，需要单击创建页面中的 Test Connection 按钮。此外，为了使用这个选项，Reporting Services 必须支持集成安全性。

在连接字符串的下方可以设置建立连接时要使用的安全上下文。有 4 个基本选项，某些选项支持一种或多种变体：

(1) By prompting the user viewing the report for credentials 选项可以配置用户可见的提示。这个选项告诉 Reporting Services 是否将输入的内容当作 Windows 用户凭据。

(2) Using the following credentials 选项允许输入一个用户名/密码的组合，这个组合可以加密并保存在主 Reporting Services 应用程序数据库中。还可以让 Reporting Services 将这个组合当作 Windows 凭据或特定于数据源的凭据。关联的 Impersonate the authenticated user after a connection has been made to the data source 选项可以在建立连接之后使用数据库用户模拟。这个选项为使用 SQL Server 的 SETUSER 命令提供支持。

(3) As the user viewing the report 选项可以在连接到外部数据源之后模拟用户。为了使用这个功能，外部数据源必须是 Reporting Services 服务器的本地数据源，否则必须在域中启用 Kerberos。

> **注意：**
> 此外，为了使用这个选项，Reporting Services 必须支持集成安全性。

(4) 最后一个选项是 Without any credentials，在建立连接之后，这个选项可以令 Reporting Services 使用 Unattended Execution Account。默认情况下，这个账户是禁用的，对于大多数数据源来说，建议不要启用这个账户。无论是否启用 Unattended Execution Account，都会提供 Credentials are not required 选项。如果打算针对一个数据源使用这个选项，又没有启用 Unattended Execution Account，就会出现一条错误信息，指出存在无效的数据源凭据设置。Unattended Execution Account 使用 Reporting Services Configuration Manager 配置。

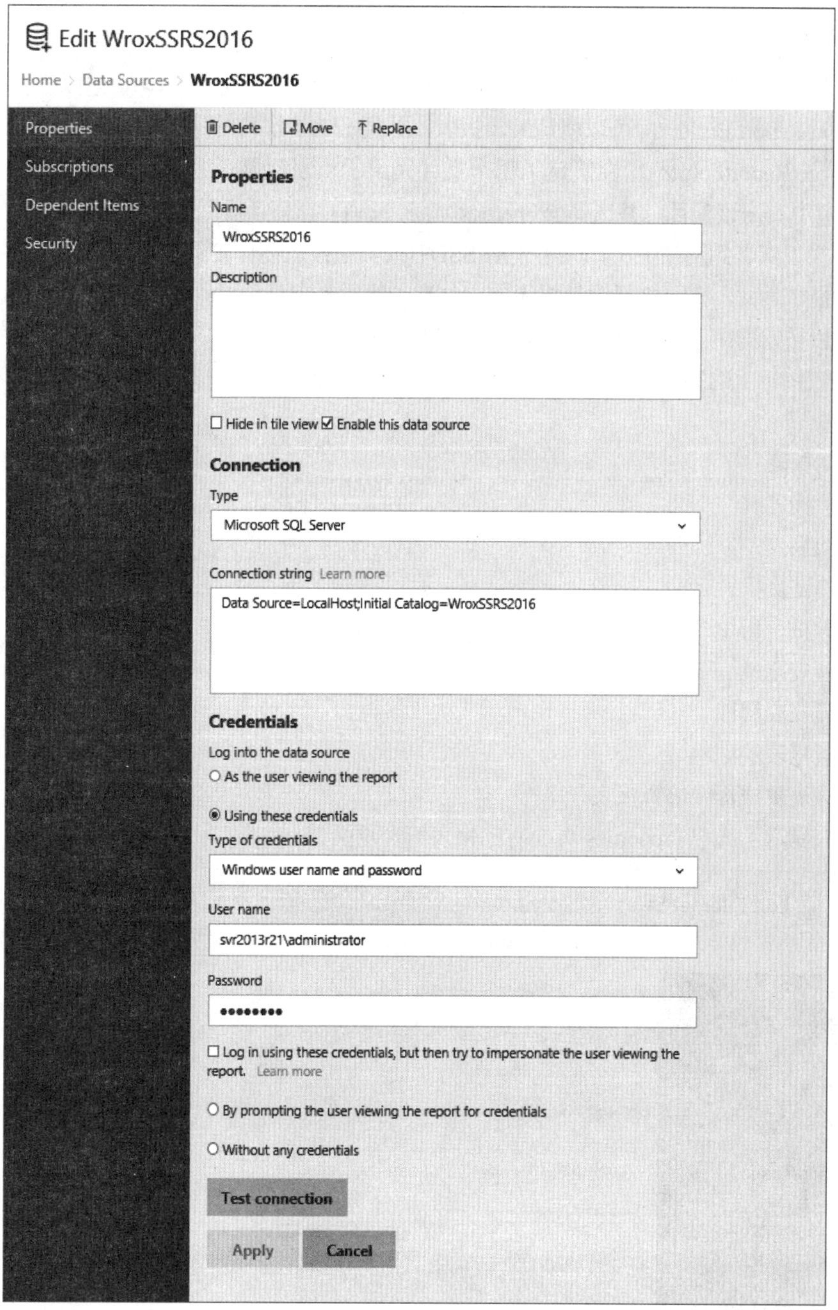

图 21-4　数据源的 Properties 页面

单击 OK 按钮将创建数据源项。单击新创建的共享数据源项，将打开其 Properties 页面。

在 Properties 页面中，可以移动、重命名、删除数据源。移动或重命名共享数据源，不会对引用这个数据源的 Reporting Services 项造成影响。删除共享数据源，则会影响到依赖它的报表以及订阅。在删除共享数据源之前，为了查看引用它的报表项，可以选择左侧共享数据源的 Dependent Items 和 Subscriptions 页面导航链接。如果删除了共享数据源，列出的报表项就会断开数据源，直到重新指向一个新的数据源。

21.2.3　报表

分页报表可以使用 SSDT 或 Report Builder 来编写和部署。在报表的 MANAGE 页面中选择菜单栏中的 Edit in Report Builder，可以就地编辑报表。使用 SSDT 撰写的报表根据 SSDT 中的项目属性来部署。TargetReportFolder 属性决定了哪个文件夹用于报表部署。为了访问该属性，在 Solution Explorer 窗口中右击该项目，并选择 Properties。

为了将报表部署到网站上，如果不使用 SSDT(或其他报表创作工具)，就可以使用 Web 门户的文件上传功能。为此，需要打开保存报表的文件夹，然后单击菜单栏中的 Upload File 按钮。选择文件，单击 OK 按钮即可上传文件。随后，文件在文件夹中显示为一项。

单击报表图标上的省略号按钮，然后"MANAGE"显示一个上下文菜单，允许在报表中执行其他操作，包括：

- 移动报表
- 删除报表
- 订阅报表
- 创建链接报表
- 查看报表历史
- 管理安全性
- 管理报表属性
- 下载报表的副本
- 在报表生成器中编辑报表

图 21-5 显示了选中 Properties 页面时的报表管理页面。

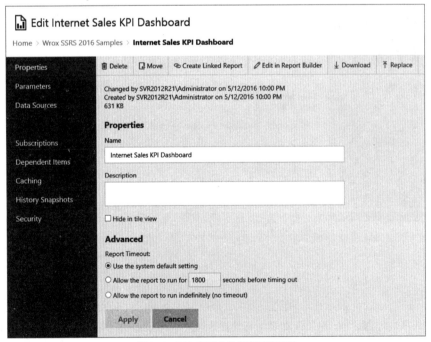

图 21-5　Web 门户中的报表属性页面

Delete 和 Move 按钮分别实现了删除和移动功能。删除报表意味着删除报表的全部订阅和历史。

> **提示：**
> 在删除报表之前，要删除任何依赖所部署报表的链接报表。

在 Reporting Services Configuration Manager 中把报表服务器配置为传递电子邮件后，就可以订阅该报表，这样就可以通过电子邮件或共享文件位置获得更新。利用这项功能，可以在某个特定时刻运行报表，也可以选用已经设置好的共享计划。

单击 Subscriptions 页面可打开报表的 Subscriptions 页面。在这个页面中，与报表关联的已有订阅会展示在一个有序的表格中。

单击 New Subscription 按钮，可以设置新的标准订阅。在 New Subscription 页面中，可以指定报表的订阅传送机制，订阅传送机制随后会确定需要哪些附件信息。表 21-3 列出了与电子邮件和文件共享订阅传送有关的设置。

表 21-3 电子邮件订阅传送选项

传递方法	设　置	说　　明
电子邮件	To	一个用分号分隔的邮件地址列表，报表将被发送给这个列表中的地址。这些地址将在电子邮件的 To 行中列出
	Cc	一个用分号分隔的邮件地址列表，报表将被发送给这个列表中的地址。这些地址将在电子邮件信息的 Cc 行中列出
	Bcc	一个用分号分隔的邮件地址列表，报表将被发送给这个列表中的地址。这些地址不会在电子邮件信息中列出
	Reply-To	回复时使用的电子邮件地址
	Subject	电子邮件信息的主题。默认的主题行包含两个变量，在执行时，这两个变量将被替换为适当的值
	Include Report	指出是否需要呈现报表，以及是否在电子邮件信息中包含报表
	Render Format	如果在电子邮件信息中包含了报表，这个设置就可以指定报表呈现的格式。如果指定了 Web Archive，报表就嵌在消息体中。如果指定了其他格式，就把报表当作附件
	Include Link	指定是否需要将一个到 Reporting Services 网站中报表的链接包含在电子邮件信息中
	Priority	指定消息重要性的标志
	Comment	包含在电子邮件消息内部的消息
Windows 文件共享	File Name	待传递文件的名称。可以提供扩展名，也可以选中 Add a file extension when a file is created 选项，根据选中的呈现格式添加扩展名
	Path	待传递文件所在文件夹的 UNC 路径
	Render Format	一种从下拉列表中选中的呈现格式，下拉列表中列出了网站中所有可用的呈现格式
	Credentials Used to Access the File Share	充当凭据的用户名/密码组合，访问 Path 设置中指定的文件共享时，需要使用这个凭据
	Overwrite Options	这个选项有三个可用值。在 File Name 中分配了文件名的文件如果存在，这个选项可以指定响应方式。可以使用的选项包括：1) 改写；2) 如果文件存在，订阅失败；3) 将文件写入共享，但是为文件名要追加一个顺序递增的数字

订阅过程选项确定了订阅是基于特定的订阅进行传送的，还是基于共享计划进行传送的。如果报表包含参数，还需要在 New Subscription 页面底部的 Report Parameter Values 位置输入这些参数值。

单击 OK 按钮，创建新的订阅。

从报表的 Subscriptions 页面中选择 Data-driven subscription 选项将提示有一些额外的选项，使报表能够交付给广大的听众。数据驱动的订阅的关键是用于提供与用户和目的地相关的属性值的查询。通常，我们在任何选中的数据库中创建自己的表，用选择提供的任何属性订阅值来填充。表中没有从字段中设置的任何属性都可以用静态值设置。

为订阅提供名称，并确定其传递类型。这个数据驱动订阅的所有订阅者都将使用此传递方法。

指定要检索订阅数据的数据源。可以使用共享数据源或选择创建一个与订阅相关的数据源。这些数据源和支持任何其他未参与特性的数据源，都必须使用存储的凭据。

输入一个查询，检索订阅所需的信息。从该查询返回的列取决于如何将字段映射到各种选项、属性和参数。

将传递方法设置映射为查询返回的字段。也可以把这些设置映射为常量，在某些情况下，也可以选择不提供任何值。

如果报表包含参数，请将报表中的参数映射到查询中的字段。同样，也可以将参数映射为常量，在适当时，也可以选择不提供任何值。

指定与订阅相关的计划或共享计划是否用于控制订阅传递的执行周期。还可以选择与报表关联的快照数据发生了更新时就开始传递订阅。如果选择使用特定于订阅的计划，就要控制订阅的交付时间。

单击 Create Linked Report 上下文菜单项，可以进入 New Linked Report 页面，如图 21-6 所示。可以将链接报表看作标准报表的快捷方式，只是配置链接报表属性的方式与配置其所引用报表的属性的方式有所不同。配置内容包括设置替代性的处理选项、缓存刷新选项、快照选项、安全选项。另外，如果报表有参数或使用了共享数据源，还可以看到配置它们的页面。

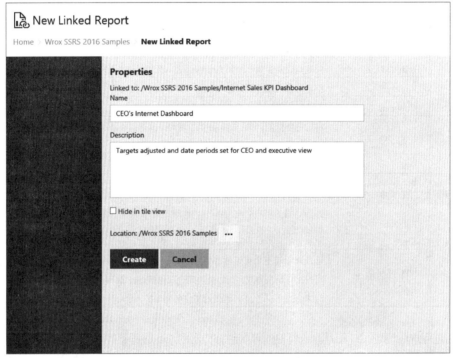

图 21-6　New Linked Report 页面

View Report History 上下文菜单项会打开显示报表历史的页面，报表历史包括最近的快照和订阅。此外，也可以使用这个页面创建新的报表快照。

Security 选项卡中的功能可以管理报表的安全性，包括为用户或用户组分配角色。默认情况下，报表的安全性继承自报表的父容器。可以取消这种继承关系，创建项级的安全性，也可以为某个具有独有安全性设置的报表项恢复这种继承关系。

如果报表(无论是不是链接报表)具有参数，那么在报表管理页面的左侧将会出现 Parameters Properties 页面。在这个页面中，可以设置默认值、非空性、可见性，还可以为每个报表参数设置提示信息。这些设置可以不同于在报表创作阶段指定的设置。

如果报表使用了数据源，那么在报表管理页面的左侧将会出现 Data Sources Properties 页面。在这个页面中，可以配置特定于报表的数据源和报表使用的共享数据源。可以切换报表使用的数据源，使该报表既可以使用特定于报表的数据源，也可以使用共享数据源。

Caching 页面用于配置报表使用 Reporting Services 缓存功能。默认情况下，Always run this report with the most recent data 选项处于选中状态，这意味着既不使用报表执行缓存，也不使用快照(第 3 章讨论了会话缓存，会话缓存是在网站一级配置的，仍然有效)。

选中 Cache copies of this report and use them when available 或 Always run this report against pregenerated snapshots 将启用报表执行缓存。如果设置其中一个选项，那么当报表运行时，将缓存报表的副本，除非已经存在有效的缓存副本。缓存的这个副本保存在 ReportServerTempDB 数据库中，以便响应随后发生的请求，直到缓存过期为止。第二个选项 Cache copies of this report and use them when available 告诉 Reporting Services 在固定时间段(以分钟计)之后，使缓存的副本过期。第三个选项 Always run this report against pregenerated snapshots 告诉 Reporting Services 在某个固定的时间点使缓存的副本过期。这样就可以设置特定于报表的计划或使用共享的计划。

订阅组让 Reporting Services 从快照中创建和呈现报表。快照是报表定期执行的历史副本。如果使用快照，就可以避免缓存副本超期后，第一个执行报表的用户可能需要较长时间来执行报表的情况出现。为了生成快照，可以指定特定于报表的计划或共享计划，并且可以选择在配置完成后马上运行快照。直到下一次快照执行为止，这个快照都是有效的。

两个缓存选项下面的设置用于管理缓存超时、刷新计划、快照时间表和手工缓存选项。

Site Settings 下的报表超时选项提供了一个安全网，用于运行定期缓存和执行报表。如果超过 1800 秒的默认值，最好小心地监视报表服务器的超时和长时间运行的报表。

Cache Refresh Options 页面可以创建缓存计划，前提是缓存计划尚不存在。在创建新的缓存计划时，如果存在参数，就需要设置默认参数，指定时间或计划用于刷新缓存的报表。因为报表参数需要默认值来缓存，所以这对使用快照作为执行选项产生了限制。然而，在许多情况下，使用数据集筛选器可以更为广泛地使用报表快照。

History snapshots 页面可以管理特定报表的快照。每个快照都在数据库中存储报表的中间呈现(数据和布局)。存储报表历史会使用 ReportServer 数据库中相当大的空间。可以对报表所维护的历史快照的数量进行限制。Use the system default setting 选项可以令 Reporting Services 根据网站级历史设置为这个报表保存历史。这个设置的默认值为 10 天。其他两个选项可以使用特定于报表的值覆盖网站级设置，这样既可以无限制地保存报表历史，也可以仅在一定日期内保存报表历史。

为了实际查看报表的历史快照，可以单击报表的 History snapshots 页面，找到 History 页面，这个页面以表格视图详细地展示了报表的快照历史记录。

单击某个项的 Created value，会打开一个新的窗口，使用来自快照的数据呈现报表。使用这个页面可以从历史中删除快照。启用快照，且报表有数据源和存储凭证时，New history snapshot 按钮就是可用的。这个按钮会按需生成一个报表快照，并把这个快照添加到报表历史中。

21.2.4　报表资源

资源是报表引用的文件。图像文件是最常用的报表资源，HTML、XML、XSLT、文本、PDF、Microsoft Office 文件也常用作资源。Reporting Services 并没有限制报表可以使用的资源，因此资源种类似乎是无穷无尽的。但是，实际上对于哪些内容可以充当报表资源还是有限制的。

Reporting Services 只是保存并返回资源文件的二进制图像。使用资源的应用程序，无论是 Reporting Services 报表处理程序还是自定义报表处理扩展，都必须理解如何使用资源项，将之嵌入报表，否则就只能提供资源链接，然后依靠报表查看工具(一般是 Web 浏览器)来处理二进制图像。

此外，资源文件的二进制图像保存在 ReportServer 数据库的 Image 数据类型字段中。文件大小限制是 2GB。如果超出了这个限制，在试图将资源文件上传到网站时，会返回错误。

为了将资源上传到 Reporting Services，可以打开父文件夹的 Contents 页面，单击 Upload File。找到待上传的文件，然后单击 OK 按钮。资源上传完毕后，可以看到文件夹中显示了这个资源项。

单击资源项会打开资源的 View 页面。如果 Web 浏览器能够呈现资源，例如 JPEG 或 GIF 文件，该资源项就会在 Web 门户页面中显示出来。如果 Web 浏览器无法呈现资源，例如 TIFF 文件，浏览器就会提示将这个文件保存到本地系统中。资源项的 General Properties 页面可以对该项进行基本的维护工作。

21.2.5　共享计划

共享计划可以用集中的方式为整个网站定义和管理计划。

共享计划是在网站一级管理的，不涉及文件夹结构。为了访问共享计划，请单击 Web 门户页眉右上方的 Site Settings 链接，进入 Schedules 页面，就可以查看显示了系统中共享计划的表格。

Schedules 页面中的表格显示了 Name、Schedule(description)、Creator、Last Run、Next Run 和 Status 等字段，所有这些字段都可以用来对表格内容进行排序。选中表格中的一项或多项，就会启用菜单栏中的 Delete、Pause 和 Resume 按钮。

单击这个页面的菜单栏中的 New Schedule 按钮，会打开 New/Edit Schedule 页面。在这个页面中可以为计划输入名称，设置计划的执行频率。还可以为计划设置执行日期的范围，如图 21-7 所示。

单击 OK 按钮提交请求，即可创建一个计划。Reporting Services 将在幕后利用 SQL Agent 创建一个带有时间计划的作业。如果 SQL Agent Windows 服务没有启动，就显示一条错误消息。

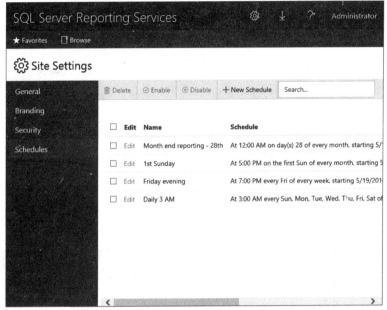

图 21-7　Site Settings 中的 Schedules 页面

　　回到 Schedules 页面，单击一个计划项的名称或值，会进入 New/Edit Schedule 页面。在这个页面中可以编辑计划项的配置。在修改之前，最好查看一下计划的 Reports 页面，了解有哪些报表依赖这个计划。

　　利用 SQL Server Management Studio 可以创建和管理共享计划。打开 SQL Server Management Studio，连接到 Reporting Services 实例，找到实例图标下方的 Shared Schedules 文件夹。可以右击 Shared Schedules 文件夹来创建或删除共享计划，还可以右击一个计划来删除它或访问它的属性页面。图 21-8 所示的属性页面可以访问显示在 Web 门户中的属性。

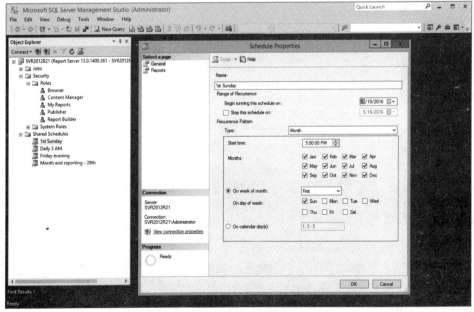

图 21-8　SSMS 中的 Schedule Properties 页面

21.3 站点和内容安全

Reporting Services 中的所有内容安全功能都是基于角色的，其概念其实很简单。Users 或 Windows 组(用户所属的组)给不同的对象分配安全角色，角色拥有执行不同动作的权限集。管理员的默认角色分配在站点级别定义，用户的默认角色分配在 Home 文件夹级别定义。很简单，对吧？通常是这样。

21.3.1 站点安全

默认情况下，内置 Windows 管理员组的成员可以通过 Web 门户管理报表服务器的内容和设置，如图 21-9 所示。在 Security 页面的 Site Settings 区域，添加新的角色分配，就可以给服务器添加更多的 Windows 组或用户管理权限。

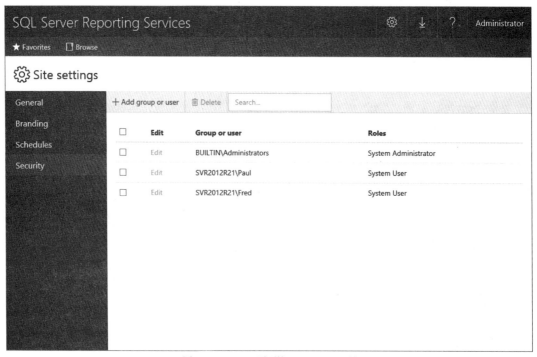

图 21-9　Security 页面的 Site Settings 区域

单击+Add group or user，会显示如图 21-10 所示的页面。在 Windows 组或用户名的前面添加域名和反斜杠。如果报表服务器没有连接到域，就可以使用机器名称而不是域。选中 System Administrator 复选框，将此主管理权限分配给报表服务器，然后单击 OK 按钮。

21.3.2 项级安全性

为了对 Reporting Services 项执行操作，用户必须获得完成此操作的权限。使用 SSMS 连接到报表服务器，就可以查看服务器的预定义内容角色，如图 21-11 所示。没有必要修改这些角色或分配新的角色，但是可以这样做。创建新角色将允许分配用户权限集，其粒度级别比 Reporting Services 预装的预定义角色更细。

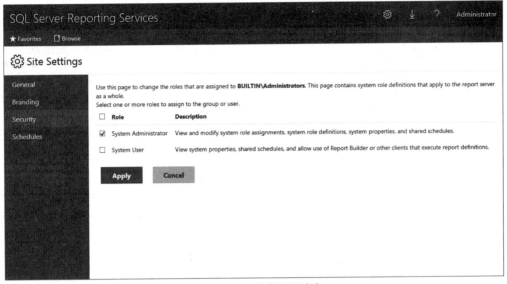

图 21-10　给用户或组分配角色

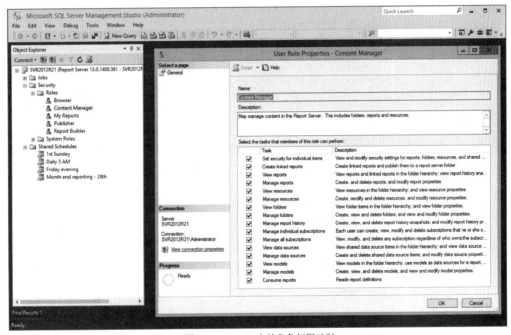

图 21-11　SSMS 中的角色权限映射

注意：
我很少使用自定义角色，而是通常使用这些预定义角色，不做任何修改。

Reporting Services 支持为每一类报表项关联一组固定的权限集，如表 21-4 所示。

表 21-4 固定的权限集

项	权　　限
报表	Create Any Subscription
	Create Link
	Create Report History
	Create Subscription
	Delete Any Subscription
	Delete Report History
	Delete Subscription
	Delete Update Properties
	Execute Read Policy
	List Report History
	Read Any Subscription
	Read Content
	Read Data Sources
	Read Properties
	Read Report Definition
	Read Report Definitions
	Read Security Policies
	Read Subscription
	Update Any Subscription
	Update Data Sources
	Update Parameters
	Update Policy
	Update Report Definition
	Update Security Policies
	Update Subscription
共享数据源	Delete Update Content
	Read Properties
	Read Security Policies
	Update Properties
	Update Security Policies
报表资源	Delete Update Content
	Read Content
	Read Properties
	Read Security Policies
	Update Properties
	Update Security Policies
文件夹	Create Data Source
	Create Folder
	Create Model

(续表)

项	权　　　限
文件夹	Create Report
	Create Resource
	Delete Update Properties
	Execute and View
	List Report History
	Read Properties
	Read Security Policies
	Update Security Policies

　　为了在网站中执行某个操作，显式地分配合适的权限组合是一项极具挑战性的工作。为了简化这项工作，Reporting Services 将这些权限组织为一些更紧凑的项级任务的集合。这些任务更自然地匹配用户需要执行的活动类型。表21-5列出了任务-权限映射关系。尽管把这些权限理解为项级安全性的运作机制是非常重要的，但是 Reporting Services 并没有公开这些权限，也不允许创建或修改任务。

表 21-5　项级权限

项	任　　务	权　　　限
文件夹	管理数据源	Create Data Source
	管理文件夹	Create Folder
		Delete Update Properties
		Read Properties
	管理模型	Create Model
	管理报表	Create Report
	管理资源	Create Resource
	为单个项设置安全性	Read Security Policies
		Update Security Policies
	查看文件夹	Read Properties
		Execute and View
		List Report History
报表	使用报表	Read Content
		Read Report Definitions
		Read Properties
	创建链接报表	Create Link
		Read Properties
	管理全部订阅	Read Properties
		Read Any Subscription
		Create Any Subscription
		Delete Any Subscription
		Update Any Subscription
	管理单个订阅	Read Properties
		Create Subscription
		Delete Subscription
		Read Subscription
		Update Subscription

(续表)

项	任　务	权　限
报表	管理报表历史	Read Properties Create Report History Delete Report History Execute Read Policy Update Policy List Report History
	管理报表	Read Properties Delete Update Properties Update Parameters Read Data Sources Update Data Sources Read Report Definition Update Report Definition Execute Read Policy Update Policy
	查看报表	Read Content Read Properties
	为单个项设置安全性	Read Security Policies Update Security Policies
数据源	管理数据源	Update Properties Delete Update Content Read Properties
	查看数据源	Read Content Read Properties
	为单个项设置安全性	Read Security Policies Update Security Policies
资源	为单个项设置安全性	Read Security Policies Update Security Policies
	管理资源	Update Properties Delete Update Content Read Properties
	查看资源	Read Content Read Properties

现在，针对 Reporting Services 网站中的某个特定部分，比如文件夹，花些时间考虑一下其用户。某些用户只需要浏览文件夹内容，而其他用户不仅需要浏览文件夹内容，还需要将一些内容发布到这个文件夹中。某些用户甚至需要拥有管理这个文件夹的安全性的权限。在网站的这部分内容中，可以将这些用户描述为具有一个或多个角色。每个角色都需要拥有一组权限，这样属于这个角色的用户才能执行期望的任务。这就是在 Reporting Services 中应用项级安全性的基本模型。

前面已经说过，在 Reporting Services 中，角色是在网站一级定义的，它们被赋予不同的任务。Reporting Services 提供了五种预先配置的项级角色。表 21-6 描述了这些角色。

表 21-5　用户项级角色

角　　色	说　　明	任　　务
浏览者	运行报表和文件夹结构中的导航	查看报表 查看资源 查看文件夹 查看模型 管理单个订阅
内容管理员	定义一个文件夹结构,用来保存报表和其他项;在项级设置安全性;查看和管理服务器中存储的项	使用报表 创建链接报表 管理全部订阅 管理数据源 管理文件夹 管理模型 管理单个订阅 管理报表历史 管理报表 管理资源 为项设置安全策略 查看数据源 查看报表 查看模型 查看资源 查看文件夹
我的报表	如果在服务器上启用了 My Reports 功能,就可以在用户的虚拟 My Reports 文件夹中使用和管理报表项	(与内容管理员相同)
发布者	将内容发布到报表服务器上	创建链接报表 管理数据源 管理文件夹 管理报表 管理模型 管理资源
报表生成器	在报表生成器中生成和编辑报表	使用报表 查看报表 查看资源 查看文件夹 查看模型 管理单个订阅

　　为了修改分配给这些角色的任务,需要打开 SQL Server Management Studio,连接到 Reporting Services 实例。在 Object Explorer 面板中,展开 Security 文件夹及其 Roles 子文件夹。

　　右击一个角色,选中 Properties,打开 User Role Properties 对话框。在这个对话框中,可以修改角色的描述信息和赋予角色的任务。单击 OK,保存修改。

　　为了创建新的角色,需要在 SQL Server Management Studio 的 Object Explorer 面板中右击 Roles 子文件夹,然后选中 New Role。在弹出的 New User Role 对话框中,输入这个角色的名称、描述信息以及分配这个角色的任务。单击 OK,创建角色。

为了删除一个角色，右击它，选中 Delete。在删除这个角色之前，需要确认删除操作。既可以删除自定义角色，也可以删除预定义的 Reporting Services 角色。

因为角色就是命名的任务集合(就其自身而言，无非就是命名的权限集)，所以对于 Reporting Services 项来说，项级安全性是通过将用户与一个或多个角色链接在一起来实现的。

把用户分配给角色

在 Web 门户中，为对象(通常是文件夹)创建新的角色分配后，就将用户或 Windows 组分配给该对象了。向用户提供报表服务器上所有内容的最简单方法是将角色分配添加到 Home 文件夹。如果用户只能访问特定的文件夹或报表，就将角色分配添加到该对象而不是父文件夹。

在 Home 文件夹中，角色分配是在菜单栏上使用 Manage Folder 项管理的。可以使用相同的方式管理其他文件夹分配，或者使用项图标上的 MANAGE 选项。

在更细粒度的级别管理用户对单个文件夹或内容项的访问，是在 Home 文件夹下进行的，但需要多做一点工作。在 Home 文件夹中给项添加角色分配时，会显示如图 21-12 所示的消息框。单击 OK，就不再应用父文件夹的角色分配，但必须给项或文件夹分配新的基于角色的安全性。

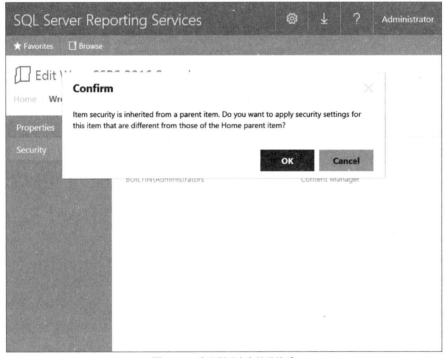

图 21-12　确认断开安全继承关系

单击 New Role Assignment 按钮，会进入 New Role Assignment 页面，如图 21-13 所示。Group or user 框接受任何有效的 Windows 凭证。假设报表服务器连接到一个域，就输入组或用户作为域\名。如果服务器没有连接到域，就可以简单地输入组或用户名，或者输入机器名而不是域\名。选中这个页面上的一个或多个复选框，就可以给任何组或用户分配任意角色组合的权限。

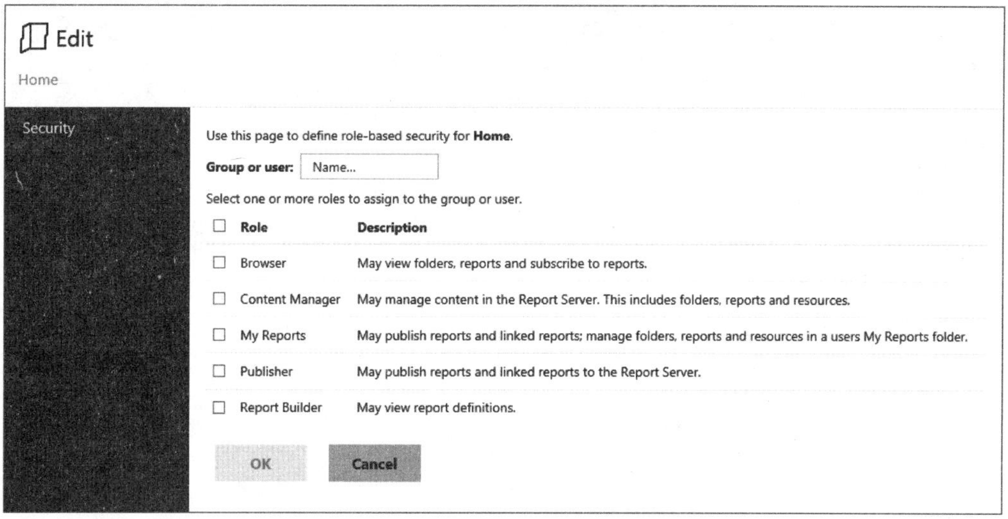

图 21-13 Edit Security 页面

此时需要输入要赋予访问权限的用户或组的账户名称，然后根据需要选中一个或多个角色。单击 OK，向 Reporting Services 提交分配的角色。

为网站中的每一项创建项-用户-角色之间的关联颇为费时。因此，Reporting Services 针对项级安全性使用了继承方式。如果用户被赋予某个文件夹的一个或多个角色，那么这个角色分配将由该文件夹的子项继承。如果这些子项包含了文件夹，那么将继承在文件夹层次结构中向下级联。

继承大大简化了安全性管理，但是有时可能需要断开继承关系，为一个项分配适当的权限。为此，需要在 web 门户中找到这个项的 Security 页面。如果这个项存在继承，就可以看到 Edit Item Security 按钮。单击这个按钮，会出现一条提示继承断开的警告信息。

继承断开后，New Role Assignment 按钮就处于可用状态，这样就可以为这个项创建用户-角色分配了。

还要注意，从这个项的父文件夹继承而来的用户-角色分配是预先分配给这个项的。选中所有不必要分配的复选框，然后单击菜单栏上的 Delete 按钮，即可删除这些角色分配。

最后，如果希望重置某个项的安全性，使之重新使用继承，请单击菜单栏中的 Use same security as parent folder 按钮，这个项就重新继承了安全性，同时删除了非继承的分配。

21.4 站点品牌

新的站点品牌功能使用一种非常简单的方法，允许 Web 门户、移动报表和 KPI 用带有品牌色彩的主题来定制。可以自定义颜色，并添加徽标图形，设置报表服务器的样式以匹配公司品牌。品牌包包括一个压缩的归档文件，其中有三个文件，如图 21-14 所示。

在本书的下载文件中提供了示例品牌包文件，它们在 Custom Brands 文件夹中。可以使用其中的文件，也可以在 Site Settings Branding 页面上使用 Download 选项，下载品牌包文件的当前主题。为了定制品牌包，可以给要使用的文件制作副本，作为品牌包的起点。将文件解压缩到一个文件夹中，用自己的主题颜色修改 colors.json 文件，用自己的公司徽标代替 logo.png 文件，然后将更新的文件压缩到一个新的归档文件中。所有已修改文件都必须使用原来的文件名。

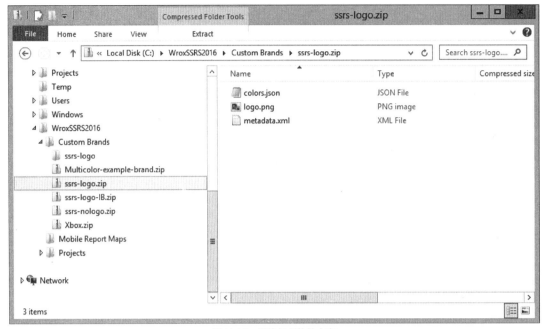

图 21-14 品牌包文件的内容

应用全新的品牌包是非常简单的。图 21-15 显示了Site Settings下的Branding页面。单击Upload brand package按钮，找到品牌包.zip文件并上传。新品牌会被立即应用于Web门户、移动报表和KPI。

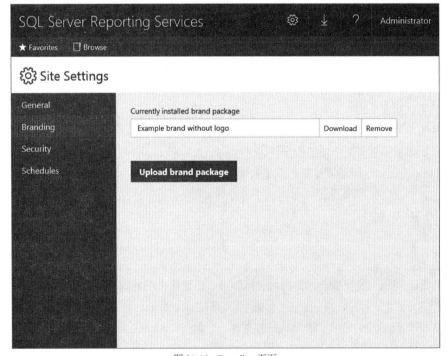

图 21-15 Branding 页面

> **注意:**
> 站点品牌是 Reporting Services 从 Microsoft 收购 ComponentArt 的 Datazen 产品中继承而来的一个特性。所以它适用于 KPI 和移动报表,这也是 Datazen 改造的一部分。品牌在当前的 SSRS 2016 版本中不适用于分页报表。

为了帮助识别要在自定义品牌包中更新的颜色,这里创建了一个报表,其中包含默认包中的所有元素和颜色,如图 21-16 所示。这个报表在 Wrox SSRS 2016 Samples 项目中名为 Default Branding Colors。

Default Brand Package Colors

Interface Colors

Element Name	Hex Color	Sample Color
danger	#bb2124	
dangerContrast	#fff	
info	#5bc0de	
infoContrast	#fff	
kpiBad	#de061a	
kpiBadContrast	#fff	
kpiGood	#4fb443	
kpiGoodContrast	#fff	
kpiNeutral	#d9b42c	
kpiNeutralContrast	#fff	
kpiNone	#333	
kpiNoneContrast	#fff	
neutralPrimary	#fff	
neutralPrimaryAlt	#f4f4f4	
neutralPrimaryAlt2	#e3e3e3	
neutralPrimaryAlt3	#c8c8c8	
neutralPrimaryContrast	#000	
neutralSecondary	#fff	
neutralSecondaryAlt	#eaeaea	
neutralSecondaryAlt2	#b7b7b7	
neutralSecondaryAlt3	#acacac	
neutralSecondaryContrast	#000	
neutralTertiary	#b7b7b7	
neutralTertiaryAlt	#c8c8c8	
neutralTertiaryAlt2	#eaeaea	
neutralTertiaryAlt3	#fff	
neutralTertiaryContrast	#222	
primary	#bb2124	
primaryAlt	#d31115	
primaryAlt2	#671215	
primaryAlt3	#bb2124	
primaryAlt4	#00abee	
primaryContrast	#fff	
secondary	#000	
secondaryAlt	#444	
secondaryAlt2	#555	
secondaryAlt3	#777	
secondaryContrast	#fff	
success	#2b3	
successContrast	#fff	
warning	#f0ad4e	
warningContrast	#fff	

Theme Colors

Element Name	Hex Color	Sample Color
altBackground	#f6f6f6	
altForeground	#000	
altMapBase	#f68c1f	
altPanelAccent	#fdc336	
altPanelBackground	#235378	
altPanelForeground	#fff	
altTableAccent	#fdc336	
background	#fff	
bad	#e90000	
foreground	#222	
good	#85ba00	
mapBase	#00aeef	
neutral	#edb327	
none	#333	
panelAccent	#00aeef	
panelBackground	#f6f6f6	
panelForeground	#222	
tableAccent	#00aeef	

Data Point Colors

Element Name	Hex Color	Sample Color
Datapoint 01	#0072c6	
Datapoint 02	#f68c1f	
Datapoint 03	#269657	
Datapoint 04	#dd5900	
Datapoint 05	#5b3573	
Datapoint 06	#22bdef	
Datapoint 07	#b4009e	
Datapoint 08	#008274	
Datapoint 09	#fdc336	
Datapoint 10	#ea3c00	
Datapoint 11	#00188f	
Datapoint 12	#9f9f9f	

图 21-16　品牌包颜色示例报表

使用本报表作为指南，修改 color.json 文件中的十六进制颜色值。可以下载品牌包的备份副本，也可以使用 Remove 按钮把站点品牌恢复为默认的品牌包。如果目标是建立 Web 门户的外观，就可能只需要更新几个主要的颜色元素。然而，更新 73 个颜色属性，使它们匹配所有的背景填充、对象边框、悬停颜色和其他属性，可能是很耗时的。为了便于引用，图 21-17 显示了一些元素名称，它们被映射到Web门户的 Site Settings 页面上的对象。在默认品牌包的这次简单修改中，用黄色(# ffff00)替换 PrimaryContrast 元素，用微软徽标替换 logo.png 文件。

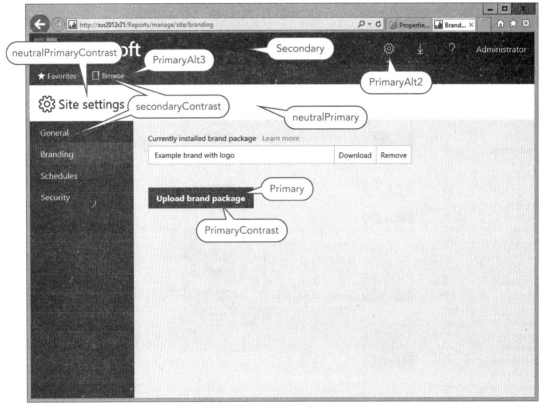

图 21-17　一些示例品牌因素

21.5　内容管理自动化

内容管理包含很多重复性的操作。手工执行这些操作非常耗时，而且容易产生错误。利用脚本可以使这些频繁执行的操作自动化。如果正确实现了脚本，就可以节省大量的时间，最大程度地降低修改环境所带来的风险。为了支持基于脚本的自动化，Reporting Services 提供了 rs.exe 命令行应用程序，也称为 RS 工具。

21.5.1　RS 工具

RS工具rs.exe可以让脚本在本地和远程Reporting Services实例中运行。这个应用程序一般保存在*drive*:\Program Files (x86)\Microsoft SQL Server\130\Tools\Binn文件夹中，负责创建Reporting Services脚本的执行环境。

作为职责的组成部分，RS 工具可以处理与 Reporting Services Web 服务实例的通信问题，还可以处理命令行调用产生的变量声明和变量实例化问题。这些功能有利于相对轻松地开发灵活的脚本。

下面是对 RS 工具的一次简单调用。注意，下面的调用使用了-i 参数，表明这是 Reporting Services 脚本。脚本是普通的文本文件，扩展名是 RSS。文本文件的内容是 Visual Basic .NET 代码。

> **注意：**
> 包含 Visual Basic .NET 代码的 RSS 脚本文件是根据基于 Web Service Description Language(WSDL)的代理编写的。WSDL 定义了 Reporting Services SOAP API。下一节介绍 RSS 脚本。然而，如果需要进一步学习如何为 rs.exe 编写脚本，请学习 http://msdn.microsoft.com/en-us/library/ms154561(v=SQL.110).aspx 上提供的知识，也可以使用搜索引擎搜索 Reporting Services Script File。学习 MSDN 文章时，务必确保选中的是 SQL Server 2016，因为早先版本给出的端点示例已经过时。

还要注意带有-s 参数的 Web 服务 URL。在这个示例中，脚本指向本地 Reporting Services 默认实例给出的 Web 服务：

```
rs.exe -i "c:\my scripts\my script.rss" -s http://localhost/reportserver
```

连接Web服务时使用了当前用户的凭据。为了指定另一个凭据，需要使用-u和-p参数来提供一个用户名/密码组合。在下一个示例中，连接是通过一个虚构的MyDomain\SomeUser账户进行的，密码为pass@word：

```
rs.exe -i "c:\my scripts\my script.rss" -s http://localhost/reportserver
-u MyDomain\SomeUser -p pass@word
```

在 Native 模式下，Reporting Services Web 服务提供另一个名为 ReportService2010 的端点。

> **注意：**
> 在早先版本的 SQL Server 中，根据安装类型不同，Web 服务的端点被分解为不同的端点。在 Native 模式下安装的 Reporting Services 中，这些端点称为 ReportService2005；在 SharePoint 集成模式下安装的 Reporting Services 中，这些端点称为 ReportService2006。在 SQL Server 2012 中，这些内容都已经过时，上述端点都组合为名为 ReportService2010 的新端点。在 SQL Server 2016 中，上述端点虽然已经过时，但是为了保证向后兼容，仍然可以使用。然而，必须指出的是：如果使用 rs.exe 工具时并未使用-e 标志，那么实际上使用的是 ReportService2005 端点。这看起来有些矛盾，但我认为这样做是为了保证向后兼容。
> 如果需要访问先前版本 Reporting Services 中的 ReportService 端点，那么可以使用-e 标志，但是 Reporting Services 2000 端点已经过时，不再使用。

本节一开始就提到，RS 工具可以为脚本声明和实例化变量。变量是用-v 参数指定的，后跟一个或多个变量/值组合。变量和值之间用等号连接。如果值包含空格，就必须将值放在双引号中。这些双引号不属于变量值的组成部分。下面给出一个示例来解释这个概念，这个示例包含三个变量，说明了如何调用这个工具：

```
rs.exe -i "c:\my scripts\my script.rss" -s http://localhost/reportserver
-v VarA=1 VarB=apple VarC="keeps the doctor away"
```

针对 rs.exe 命令行工具支持的参数，表 21-7 给出了完整的参数列表。

表 21-7 RS 工具的参数选项

参　数	说　明
-i	指定要执行的脚本文件
-s	指定 Reporting Services Web 服务的 URL
-u	提供用于登录到 Reporting Services 网站的用户名
-p	提供与用于登录到 Reporting Services 网站的用户名关联的密码
-e	用于指定使用的 Reporting Services Web 服务端点： ● Mgmt2010：SQL Server 2012 使用这个端点来定制报表处理和报表呈现。这个端点可用于 Native 和 SharePoint 集成模式下安装的 Reporting Services ● Mgmt2006：用于早先版本的 SQL Server，可以在 Native 模式下安装的 Reporting Services 中管理对象 ● Mgmt2005：用于早先版本的 SQL Server，可以在 SharePoint 集成模式下安装的 Reporting Services 中管理对象 ● Exec2005：用于早先版本的 SQL Server，可以对报表处理和报表呈现进行定制。这个端点可用于 Native 和 SharePoint 集成模式下安装的 Reporting Services
-l	指定连接 Reporting Services 超时之前经过的时间，单位为秒。默认值为 60 秒。如果这个值为 0，那么表明永不超时
-b	指定脚本以批处理方式执行
-v	提供传递给脚本的变量和值
-t	要求 RS 工具在错误消息中包含跟踪信息

21.5.2　Reporting Services 脚本

Reporting Services 脚本是用 VB.NET 实现的，仅支持少数名称空间，因此脚本的应用范围有限，但是脚本的功能足够强大，足以处理大多数内容管理任务。Reporting Services 脚本支持的名称空间包括：System、System.Diagnostics、System.IO、System.Web.Services 以及 System.Xml。

每个脚本都必须包含一个 Sub Main 代码块，充当脚本的执行入口。Sub Main 代码块不一定是脚本中的第一个代码块，也不是唯一的代码块。因此可以将代码移动到自己在脚本中声明的其他子程序和函数中。

在脚本中，Reporting Services Web 服务是通过 rs 对象发挥作用的，但是并不需要声明这个对象。RS 工具可以处理将 Web 引用与 Reporting Services Web 服务特定实例提供的特定端点进行关联的任务。具体细节在前面一节中已经进行了讲解。

脚本开发人员的任务是通过 rs 对象调用端点中适当的类和方法。为了理解每个端点支持的类和方法，请参考联机丛书提供的文档。

命令行中指定的变量在脚本中是自动声明并初始化的。使用不区分大小写的名称匹配，对脚本中的变量与命令行中的变量进行了配准。如果变量并未在脚本中声明，或者无法与命令行提供的变量进行匹配，就会出现变量未声明错误。命令行传递的所有变量都是以字符串形式传递的。

下面的代码示例简单地展示了这些概念。该脚本包含一个 Sub Main 代码块。ReportService2010端点是通过 rs 对象访问的，可以从变量 MyFolder 所标识的文件夹开始，递归读取网站内容。MyFolder 变量是从命令行传递而来的。

```
Sub Main

    'Write the starting folder to the screen
    Console.WriteLine("The starting folder is " + MyFolder)

    'Open the Output File
    Dim OutputFile As New IO.StreamWriter( _
                       "c:\my scripts\contents.txt", False)

    'Obtain an array of Catalog Items
    Dim Contents As CatalogItem() = rs.ListChildren(MyFolder, True)

    'Loop through Array of CatalogItems
    For i As Int32 = 0 To Contents.GetUpperBound(0)

        'Write CatalogItem Type & Path to Output File w/ Pipe Delimiter
        OutputFile.Write(Contents(i).Type.ToString)
        OutputFile.Write("|")
        OutputFile.WriteLine(Contents(i).Path)
    Next

    'Close Output File
    OutputFile.Close()

End Sub
```

将这个脚本保存到 C:\my scripts 文件夹的 List Contents.RSS 文件中，通过以下命令行调用在基于本地的 Reporting Services 实例上执行：

```
rs.exe -i "c:\my scripts\list contents.rss" -s http://localhost/reportserver
-v MyFolder="/"
```

"/" 表示 Reporting Services 文件夹层次结构中的 Home 文件夹。

上面给出了一段简单的脚本，主要目的在于展示 Reporting Services 脚本开发的基础内容。如果需要学习更多如何使用 Web 服务为 Reporting Services 构建应用程序的信息，请参考以下 URL 的内容，也可以通过搜索文本 "Building Applications Using the Web Service and the .NET Framework" 得到更多信息：

```
http://msdn.microsoft.com/en-us/library/ms154699(v=SQL.110).aspx
```

> **注意：**
> 以下网址的内容详细解释了报表服务器的 Web 服务端点架构，还包括如何使用脚本编写的组件：
>
> ```
> http://msdn.microsoft.com/en-us/library/ms152787(v=SQL.130).aspx
> ```

21.6 小结

本章研究了 Web 门户各个方面的内容。通过本章的学习，可以了解 Web 门户是如何工作的，如何用它管理 Reporting Services 内容。只有将 Reporting Services 安装在 Native 模式下，才能使用 Web 门户。本章介绍了安全性是如何在 Web 门户中工作的，包括项级安全性。本章还介绍了编写脚本和自动化任务时可以使用的一些端点。

本章讨论了以下主题：

- 使用 Web 门户管理报表
- 在 Web 门户中查看报表、模型及其他内容
- 配置 Web 门户环境
- 使用 RS 工具来自动化 Reporting Services
- 配置 Web 门户，包括缓存、计划和订阅

最后一章讨论服务器管理，介绍与管理报表服务器相关的要点和细节。第 22 章涉及安全性和账户管理、备份和灾难恢复、管理应用数据库、配置信息以及监控和日志记录。我们将探索服务器资源的管理、故障排除和性能调优、扩展管理和电子邮件交付。

第22章

服务器管理

本章内容

- 加强安全性
- 账户管理和系统级角色
- 实现表面区域管理
- 规划备份和恢复
- 管理应用程序数据库
- 管理加密密钥
- 使用配置文件
- 监视和日志
- 使用性能计数器和服务器管理报表
- 理解内存管理
- 配置 URL 保留项
- 管理电子邮件发送
- 管理呈现扩展

对于关键任务服务来说，合理配置和管理报表服务器是很重要的。如果将 Reporting Services 配置为 Native 模式而没有集成到 SharePoint 中，就必须使用特定于 Reporting Services 的工具。

> **注意：**
> 在本书的前几版中，为 SharePoint 集成提供了一些指导和高级配置信息。既然 SSRS 与 SharePoint 的集成完全在 SharePoint 中管理，这个主题就应在 SharePoint 站点计划和管理中论述。对于 Reporting Services 管理员，这意味着在将 Reporting Services 安装在 SharePoint 集成模式下之后，服务管理、内容管理和安全性都在 SharePoint 中进行。

本章讨论配置为 Native 模式的报表服务器的管理任务。本章内容不适用于 SharePoint 集成模式的报表服务器。集成报表服务器全都在 SharePoint 管理中心和其他 SharePoint 用户界面中管理。在这种环境中，不再使用 Reporting Services 配置管理器和配置文件。在 SharePoint 集成模式下，Reporting

Services 也不再运行为 Windows 服务。该版本的核心报表服务器管理为 SharePoint 服务应用程序，完全在 SharePoint 中管理。作为对比，尽管 SSRS 添加了新的功能，得到了增强，但是自 SQL Server 2008 以来，Native 模式下的配置并没有什么变化。

管理计划一般要关注以下内容：

- 安全性
- 备份和恢复
- 监视
- 配置

本章针对配置为 Native 模式的 Reporting Services 探讨上述主题。读者在根据机构的特定需求开发计划的过程中，基本掌握如何处理与用户、开发人员、IT 管理人员的有关事项。

22.1　安全性

为了适当地保证 Reporting Services 环境的安全，需要在风险、可用性、可支持性之间找到合理的平衡点。遵循良好的网络、系统、人员管理实践，还不足以保证系统的安全性。就 Reporting Services 来讲，还必须考虑如何在以下方面做好工作：

- 账户管理
- 系统级角色
- 表面区域管理

22.1.1　账户管理

Reporting Services 必须与不同的资源交互。为了访问这些资源，Reporting Services 必须作为一个具体、有效的用户，提出自己的请求。Reporting Services 对以下三类账户保存凭据(一般是用户名和密码的组合)，每类账户都是用来与特定资源进行交互的：

- 服务账户
- 应用程序数据库账户
- 无人参与的执行账户

建议尽可能使用 Windows 域用户账户作为上述三种应用程序账户的凭据来源，以利用 Windows 安全基础设施进行凭据管理。

此外，建议把账户设置为专属于这些角色的账户。凭据重用可能需要长期大量的账户管理工作，因此使账户管理更加困难，还会发生本来不应出现的资源访问。这样做还会导致账户的权限发生积累。如果一个账户专属于这些角色，这个账户就不会获得比完成操作所需权限更多的权限。

最后，应该限制有能力使用这些凭据的可信任用户的数量。当一个用户不再是角色的成员时，这个用户就不应该继续掌握与这些凭据有关的信息(或完全离开机构)，应该更新这些账户，以维护安全的环境。如果使用了 Windows 账户(推荐使用)，通过禁止用户交互式地登录 Windows 系统，就可以避免发生误用。

1. 服务账户

在安装过程中需要指定运行 Reporting Services Windows 服务的账户，这称为服务账户。通过这个账户，Reporting Services 可以访问不同的系统资源。如果 Reporting Services 运行在 SharePoint 集成模式下，那么 Reporting Services 也用这个账户来访问 SharePoint 数据库。

Reporting Services 服务账户可以是三种内置账户之一，也可以是自定义的 Windows 账户。表 22-1 描述了这些账户。

表 22-1 服务和账户类型

账 户	详 情
Local System	属于本地 Administrators 组成员的内置账户。这个账户访问网络资源时使用了计算机的凭据。建议不要使用这个账户作为服务账户
Local Service	内置账户，其行为与本地 Users 组成员的行为一样。无须提供凭据即可访问网络资源
Network Service	内置账户，行为等同于本地 Users 组成员。访问网络资源时，这个账户使用计算机的凭据。不建议使用这个账户作为服务账户
User Account	允许输入本地 Windows 用户账户或域 Windows 用户账户的凭据。如果使用了本地账户，访问网络资源就不需要使用凭据。如果使用了域账户，访问网络资源就需要通过域账户才能完成。这个账户是服务账户的推荐账户类型

在运行 Reporting Services Windows 服务的系统上，服务账户需要拥有访问系统中特定资源的权限。这些权限不是直接授予服务账户的，服务账户是通过一个本地组的成员获得这些权限的，这个本地组由 SQL Server 安装程序在安装 SQL Server 的过程中创建。

修改服务账户时，不需要直接修改账户与这个用户组的成员关系，建议使用 Reporting Services Configuration Manager 的 Service Account 页面对服务账户进行修改，如图 22-1 所示。这个工具可以处理这个用户组成员的管理细节，更新 Windows 服务，调整密钥，修改 URL 保留项，授予访问 Reporting Services 应用程序数据库的权限(假设服务账户用作应用程序数据库账户)。修改服务账户时，必须执行所有这些任务。

最后，如果在 SharePoint 集成模式下运行 Reporting Services，又切换了服务账户，就必须确保账户拥有访问 SharePoint 数据库的适当权限。为此，需要打开 SharePoint Central Administration，在 Reporting Services 部分单击 Grant database access，在弹出的对话框中输入 Reporting Services 服务账户信息。保存修改后，建议重新启动 SharePoint Services 服务，以确保使用适当的凭据。

2. 应用程序数据库账户

SharePoint Services 依赖保存在其应用程序数据库中的内容。这些数据库运行在本地或远程的 SQL Server 实例中。为了连接到其数据库，Reporting Services 必须维护连接字符串数据和有效的凭据，才能建立连接。凭据也称为应用程序数据库账户。

应用程序数据库账户有三种选项。首先可以指定由 SQL Server 进行身份验证的用户名和密码；其次可以为有效的 Windows 用户账户提供身份凭据；最后可以让 Reporting Services 在建立连接时使用自己的服务账户。

SQL Server Authenticated User 选项要求运行应用程序数据库的 SQL Server 实例必须同时支持 SQL Server 和 Windows 身份验证。默认情况下，SQL Server 配置为仅支持 Windows 集成的身份验证，因为 SQL Server 身份验证的安全性略弱。建议仅在特定环境下使用 SQL Server Authenticated User 选项，比如无法对 Windows 用户账户进行身份验证的情况。

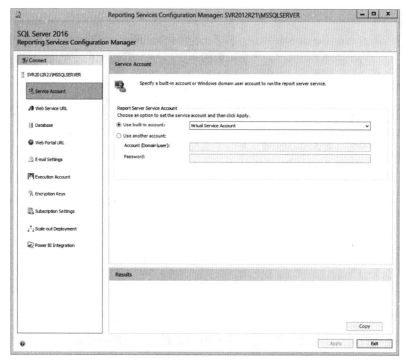

图 22-1　Configuration Manager Service Account 页面

　　应用程序数据库账户是在安装过程中设置的，将来可以使用 Reporting Services Configuration Manager 修改，如图 22-2 所示。如果在安装过程中使用了默认配置，应用程序数据库账户就自动设置为使用服务账户。

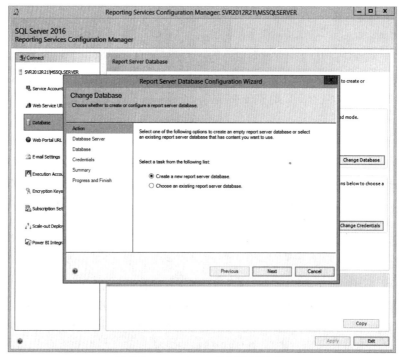

图 22-2　Report Server 数据库配置向导

如果使用了服务账户或 Windows 用户选项，就在 SQL Server 中创建一个登录，映射为这个 Windows 账户(如果使用了 SQL Server Authenticated User 选项，就必须事先创建一个登录)。然后登录被授权访问两个 Reporting Services 应用程序数据库以及 master 和 msdb 系统数据库。在每个数据库中，账户映射为一组角色，为账户提供处理 Reporting Services 数据库操作所需的权限，包括通过 SQL Agent 创建和管理作业的权限。表 22-2 列出了应用程序数据库账户映射的数据库角色。

表 22-2　数据库和角色

数　据　库	角　　色
master	public
	RSExecRole
msdb	public
	RSExecRole
	SQLAgentOperatorRole
	SQLAgentReaderRole
	SQLAgentUserRole
ReportServer	db_owner
	public
	RSExecRole
ReportServerTempDB	db_owner
	public
	RSExecRole

必须指出：如果修改 Reporting Services 用来链接其应用程序数据库的应用程序数据库账户，Reporting Services Configuration Manager 就不会从 SQL Server 实例中删除原先的应用程序数据库账户，而是会在 SQL Server 数据库引擎中留下一个有效的登录，保留这个有效登录在表 22-2 中所列数据库角色中的成员资格。如果修改了应用程序数据库账户，就必须从这些角色或 SQL Server 实例中删除先前的登录。

3. 无人参与的账户

报表可能需要在无需身份验证的情况下访问远程服务器上的文件和远程数据源。为了访问这些资源，可以指定数据源不使用身份凭据。这样做就是要求 Reporting Services 在访问资源时，使用为无人参与的执行账户而缓存的凭据。无人参与的执行账户也称为无人参与的报表处理账户，或者简称为执行账户。

默认情况下，无人参与的执行账户处于禁用状态，除非为了满足特定的需求，而且没有其他可行的解决方法。为了启用该账户并配置其凭据，需要访问 Reporting Services Configuration Manager 中的 Execution Account 页面，提供必要的凭据，如图 22-3 所示。

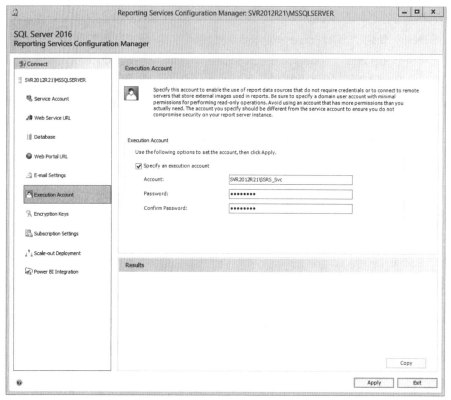

图 22-3　配置 Execution Account 页面

22.1.2　系统级角色

系统级角色为角色成员提供了在整个 Reporting Services 网站中执行任务的权限。Reporting Services 提供了两种预先配置好的系统级角色：System User 和 System Administrator。System User 角色可以让用户检索网站信息，在 Report Builder 中执行尚未发布到网站中的报表。System Administrator 角色为管理员提供了管理网站的权限，包括创建其他角色的权限。表 22-3 描述了指派给这些角色的系统级任务。

表 22-3　系统级角色和任务权限

任　　务	说　　明	System Administrator	System User
执行报表定义	从报表定义开始执行，无须将报表定义发布到 Report Server	是	是
生成事件	让应用程序在 Report Server 名称空间中生成事件	否	否
管理作业	查看和取消运行中的作业	是	否
管理 Report Server 属性	查看和修改 Report Server 属性以及由 Report Server 管理的项	是	否
管理角色	创建、查看、修改和删除角色定义	是	否
管理共享计划	创建、查看、修改和删除用于运行报表或刷新报表的共享计划	是	否
管理 Report Server 安全	查看和修改系统级角色指派	是	否
查看 Report Server 属性	查看 Report Server 属性	否	是
查看共享计划	查看一个预定义的计划，这个计划可以在多处应用	否	是

可以使用 SQL Server Management Studio 创建更多的网站级角色。这样做可以让其他人执行网站级任务，而无须为其他人授予 System Administrator 权限。创建角色、指派任务、授予成员资格的过程与创建项级角色的过程几乎完全一样。唯一的区别在于系统级角色是通过 System Roles 文件夹创建的，而不是通过 SQL Server Management Studio 中的 Roles 文件夹创建的，如图 22-4 所示。

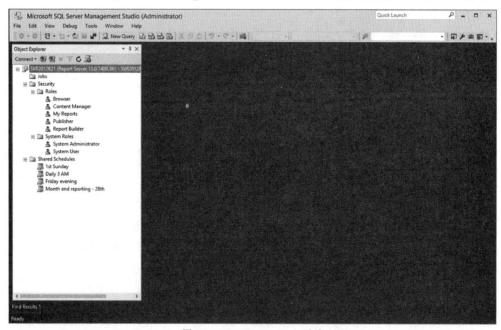

图 22-4　SSMS Report Server 角色

默认情况下，在 Home 文件夹中，为 BUILTIN\Administrators 组指派 System Administrator 系统级角色和 Content Manager 项级角色。建议修改这种指派方式，为更合适的用户账户或组指派这些权限。如果仍然决定让 BUILTIN\Administrators 组拥有上述角色，就必须认真考虑哪些人可以拥有服务器的管理权限。

22.1.3　表面区域管理

没有启用的功能是无法使用的，这就是表面区域管理的一般原则。

Reporting Services 的某些功能处于禁用状态，包括执行账户、电子邮件发送以及"我的报表"功能。默认情况下，Reporting Services 环境可能并不需要使用其他某些已启用的功能，包括报表生成器、Web 门户、访问报表数据源的 Windows 集成安全性，还有计划和传送功能。必须认真考虑哪些才是真正需要的 Reporting Services 功能，禁用所有不需要的功能。联机丛书提供了如何禁用这些功能的文档。

22.2　备份和恢复

尽管冗余硬件解决方案能够为多种类型的失效提供很好的保护措施，但这并不能最终解决所有的问题。为了保证 Reporting Services 环境中关键元素的可恢复性，必须定期备份这些元素。

当然，简单地执行备份是不够的。必须合理地管理备份，才能在失效事件发生后确保备份的可用性。为此需要使用安全的脱机存储，开发保留计划，才能及时恢复不同时间点的备份。

此外，负责恢复备份的人员应该掌握恢复技术。他们还应该熟悉访问备份介质的过程。如果在尝试恢复的过程中，不知道如何找到并使用恢复介质，那才真是出了大麻烦。

最后，针对恢复过程中如何进行交流和决策，必须建立适当的策略。应该保证所有相关人员理解这些策略，这样有助于在本来已经很紧张的形势下，将混乱减小到最低程度。本节将讨论 Reporting Services 环境中以下关键组件的备份和恢复：

- 应用程序数据库
- 加密密钥
- 配置文件
- 其他项

22.2.1　应用程序数据库

Reporting Services 使用两个应用程序数据库：主数据库 ReportServer 保存内容，而辅助数据库 ReportServerTempDB 保存缓存数据。这些默认名称是由 Configuration Manager 指定的，但是可以修改。

> **注意：**
> 尽管可以改变应用程序数据库的名称，但是辅助应用程序数据库必须与主应用程序数据库同名，只是要在后面追加 TempDB 后缀。例如，如果将主应用程序数据库命名为 MyRS，辅助应用程序数据库就应该命名为 MyRSTempDB。一旦创建这两个数据库，就不要再修改其名称，而且这两个数据库应该在同一个 SQL Server 实例中。

应该定期备份主应用程序数据库 ReportServer，如果发生比较大的内容变更，也应该备份它。这个数据库是在 Full 恢复模型下操作的，所以需要同时备份数据和日志。如果管理得当，通过组合使用数据和日志备份，可以实现 ReportServer 数据库的时间点恢复。

辅助应用程序数据库 ReportServerTempDB 实际上并不需要备份。如果需要恢复它，可以在 ReportServer 数据库所在的 SQL Server 实例中创建一个新的数据库并对其命名。在这个新的数据库中，执行保存在文件夹 *drive:*\Program Files\Microsoft SQL Server\MSRS13.instancename\Reporting Services\ReportServer 中的 CatalogTempDB.sql 脚本。这个脚本可以重建 Reporting Services 所需的数据库对象。注意一定要在刚刚创建的数据库 ReportServerTempDB 中执行这个脚本。

如果决定备份 ReportServerTempDB，就必须牢记：它在 Simple 恢复模型下操作。该模型允许备份数据，但不能备份日志。理想情况下，这两个数据库应该作为一个集合进行备份和恢复，以保证服务器的一致性。然而，备份 ReportServerTempDB 数据库并不重要，因为它只管理临时缓存的报表执行信息。

> **注意：**
> 联机丛书提供了将 ReportServer 和 ReportServerTempDB 数据库备份和恢复到另一台服务器上所用的脚本。这个脚本使用 COPY_ONLY 备份选项，并修改了 ReportServerTempDB 使用的恢复模型。必须指出的是这个脚本是在执行数据库迁移的过程中使用的，并不是标准的备份-恢复操作。一定要与数据库管理员制定一个适用于特定环境的数据库备份-恢复计划，并在将环境部署为生产状态之前对其进行测试。

如果恢复了 ReportServerTempDB 的备份，就一定要在恢复之后删除其内容。下面的语句可以用来执行这项任务。删除数据库内容之后，建议重新启动 Reporting Services 服务。

```
exec ReportServerTempDB.sys.sp_MSforeachtable
    @command1='truncate table #',
    @replacechar='#'
```

如果需要将应用程序数据库恢复到另一个 SQL Server 实例中，就一定要保证仍然使用数据库原来的名称。如果 Reporting Services 使用 SQL Server 身份验证账户来连接自己的应用程序数据库，就必须在新的 SQL Server 实例中重建这个登录。数据库恢复后，需要在应用程序数据库中将用户账户与这个重建的登录进行关联。下面的脚本演示了一种完成上述任务的技术：

```
exec ReportServer.dbo.sp_change_users_login
    @Action = ' Update_One',
    @UserNamePattern = 'MyDbAccount',
    @LoginName = 'MyDbAccount'

exec ReportServerTempDB.dbo.sp_change_users_login
    @Action = 'Update_One',
    @UserNamePattern = 'MyDbAccount',
    @LoginName = 'MyDbAccount'
```

注意:

尽管本书没有深入讨论 SQL Server 用户和登录管理，但一定要理解，不能移动数据库。默认情况下，并不保存用户/登录映射，这可能导致所谓的"孤立用户"。这是因为用户在内部使用唯一的系统 ID 来标识，而不是用户名。本节中描述的 sp_change_users_login 命令可用于解决这个普遍问题。

一旦将数据库用户与登录进行适当的关联，即可为 Reporting Services 实例启动 Reporting Services Configuration Manager，然后找到 Database 页面，如图 22-5 所示。

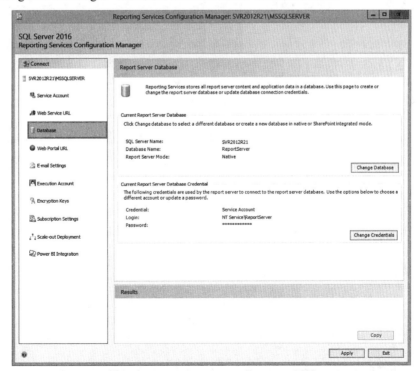

图 22-5　Configuration Manager 的 Database 页面

在这个页面中，单击 Change Database 按钮。在弹出的对话框中，输入连接保存在新位置的主应用程序数据库所需的信息。在 Reporting Services Configuration Manager 中重新启动 Reporting Services，即可完成此过程。

22.2.2 加密密钥

利用初始化过程中生成的对称密钥，Reporting Services 可以通过加密保护其中存储的敏感信息。根据定义，对称密钥同时用于加密操作和解密操作。为了防止在未授权情况下对敏感信息进行解密，必须保护对称密钥本身。为此，需要使用由操作系统生成的非对称密钥，对对称密钥进行加密。

尽管这样做可以保护对称密钥(也称为加密密钥)，但是增加了系统管理的复杂性。某些操作会导致非对称密钥对无效。如果处置不当，这些操作有可能导致 Reporting Services 无法解密对称密钥，因此导致无法访问敏感数据。这些操作包括：

- 重置服务账户的密码
- 修改 Reporting Services Windows 服务账户
- 修改服务器名称
- 修改 Reporting Services 实例名称

如果需要执行上述操作，就必须遵循本章和联机丛书中给出的步骤。如果在执行上述操作时未能严格遵循这些步骤，就无法解密对称密钥，那样就只能从备份中恢复这个密钥，或干脆删除这个密钥。后面将会指出：删除密钥对网站极具破坏性。

为了备份加密密钥，既可以使用 Reporting Services Configuration Manager 中的 Encryption Key 页面，如图 22-6 所示；也可以使用带有-e 参数的 rskeymgmt 命令行工具：

```
rskeymgmt.exe -e -i MSSQLSERVER -f c:\backups\rs_2012_11_04.snk -p p@ssw0rd
```

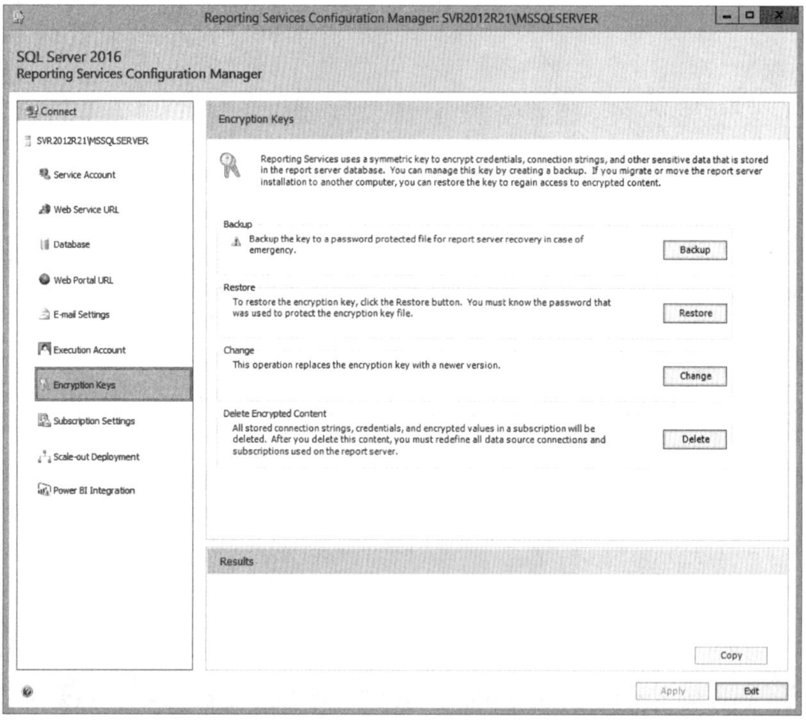

图 22-6　Configuration Manager 中的 Encryption Key 页面

无论使用哪种方法，都要提供备份文件的名字和用于保护文件内容的密码。

> **注意：**
> -i 参数可以用来指定本地系统中的 Reporting Services 实例名称。默认实例由 MSSQLSERVER 关键字标识。

建议在第一次初始化数据库时、在修改服务账户时，以及在删除或重新创建密钥时备份加密密钥。尽管备份文件是用密码进行保护的，但应该保证备份文件的安全，避免敏感信息的非授权访问。

如果怀疑加密密钥已经泄露，就要使用 Reporting Services Configuration Manager 重建它，或者用带有-s 参数的 rskeymgmt 命令行工具重建它：

```
rskeymgmt.exe -s -i MSSQLSERVER
```

上述操作比较耗时，因此必须限制用户对 Reporting Services 实例的访问，直到操作执行结束为止。

> **注意：**
> 如果 Reporting Services 实例是扩展部署(scale-out deployment)的组成部分，就需要使用新建的密钥重新初始化环境中的其他实例，具体方法请参考联机丛书。

为了恢复加密密钥，可以使用 Reporting Services Configuration Manager 或带有-a 参数的 rskeymgmt 命令行工具。这两种方法都要求给出备份文件并提供其密码：

```
rskeymgmt.exe -a -i MSSQLSERVER -f c:\backups\rs_2012_11_04.snk -p p@ssw0rd
```

删除加密密钥是最后一种可用手段。删除加密密钥后，需要重建所有包含它的共享连接字符串和特定于报表的连接字符串，还要激活全部订阅。同样，为此可以使用 Reporting Services Configuration Manager 或带有-d 参数的 rskeymgmt 命令行工具：

```
rskeymgmt.exe -d -i MSSQLSERVER
```

> **注意：**
> 如果 Reporting Services 实例是扩展部署的组成部分，就需要在环境中的每个实例中删除这个密钥。完成这项任务的命令，请参考联机丛书。

22.2.3　配置文件

Reporting Services 会受到几个配置文件的影响。为了完整地恢复安装，必须备份这几个文件。Reporting Services 本身并不提供备份机制，但是可以使用其他文件备份技术来保证这些文件的安全。表 22-4 描述了需要备份的文件及其默认保存位置。

表 22-4　配置文件

配　置　文　件	默认保存位置
ReportingServicesService.exe.config	*drive*:\Program Files\Microsoft SQL Server\MSRS13.instancename\ Reporting Services\ReportServer\Bin
RSReportServer.config	*drive*:\Program Files\Microsoft SQL Server\MSRS13.instancename\ Reporting Services\ReportServer

(续表)

配 置 文 件	默认保存位置
RSSrvPolicy.config	*drive*:\Program Files\Microsoft SQL Server\MSRS13.instancename\ Reporting Services\ReportServer
RSMgrPolicy.config	*drive*:\Program Files\Microsoft SQL Server\MSRS13.instancename\ Reporting Services\ReportManager
Web.config	*drive*:\Program Files\Microsoft SQL Server\MSRS13.instancename\ Reporting Services\ReportServer
Microsoft.ReportingServices .Portal.WebHost.exe.config	*drive*:\Program Files\Microsoft SQL Server\MSRS13.instancename\ Reporting Services\ReportManager
Machine.config	*drive*:\Windows\Microsoft.NET\Framework\version\CONFIG

22.2.4 其他项

制定备份和恢复计划还必须考虑当前安装所用的其他自定义脚本或组件,此外还需要确保外购组件、安装介质、服务包、修补程序(hotfix)在恢复过程中都处于可用状态。如果曾经创建过保存执行日志数据(后面将讨论日志)的数据库,就要备份这个数据库。

22.3 监视

在工作环境中有效地监视可以迅速找到问题,甚至可以预见可能出现的问题。为此,Reporting Services 提供了多种功能。Reporting Services 也可以作为工具,以易于使用的方式向管理员展示问题数据。

本节探讨使用以下内容:

- 安装日志
- Windows 应用程序事件日志
- 跟踪日志
- 执行日志
- 性能计数器
- 服务器管理报表

22.3.1 安装日志

在安装过程中,安装程序创建了一组基于文本的日志文件,以记录安装过程生成的消息和统计信息。默认情况下,这些日志保存在*drive*:\ Program Files\Microsoft SQL Server\130\Setup Bootstrap\LOG 文件夹下的各个子文件夹中,这些子文件夹按照 YYYYMMDD_nnnn 的格式命名,其中 YYYY、MM、DD 分别代表安装的年份、月份、日期。名称中的nnnn 部分则代表四位数字的增量值,具有最大值的文件名代表最近的一次安装。

这些文件夹的内容都有点吓人,但是假如在安装过程中遇到了错误,这些内容就值得研究一番。为了查看最新安装的汇总状态,只需要查看 *drive*:\Program Files\Microsoft SQL Server\130\Setup Bootstrap\LOG 文件夹中的 Summary.txt 文件即可。

22.3.2　Windows 应用程序事件日志

Reporting Services 可以在 Windows 应用程序事件日志中写入致命错误消息、报警消息和信息性消息。这些消息来自报表服务器、Web 门户、计划和传递处理器等事件源。

联机丛书给出了 Reporting Services 事件日志消息的完整列表。管理员应该熟悉列表的内容，并定期查看 Windows 应用程序事件日志中的信息和其他关键信息。可以使用操作系统的事件查看器程序来查看 Windows 事件日志。

22.3.3　跟踪日志

针对 Reporting Services Windows 服务内部发生的活动，跟踪日志是极好的信息来源。这些文件在 *drive*:\Program Files\Microsoft SQL Server\MSRS13.instancename\Reporting Services\ LogFiles 文件夹中。创建日志文件的默认命名格式为 ReportServerService__ MM_DD_YYYY_hh_mm_ss，其中，MM、DD、YYYY、hh、mm、ss 分别代表月份、日期、年份、小时、分钟、秒。为了查看这些文件，只需要使用简单的文本编辑器。

默认情况下，Reporting Services 配置为向跟踪日志文件写入异常信息、报警信息、重启信息以及状态信息。日志文件可以保留可配置的天数。每天启动 Reporting Services Windows 服务时，或者文件规模达到可配置的最大值时，就会创建新的日志文件。在 ReportingServicesService.exe.config 文件中，RStrace 节中的配置设置影响了跟踪日志。ReportingServicesService.exe.config 文件一般位于 *drive*:\Program Files\Microsoft SQL Server\ MSRS13.instancename\Reporting Services\ReportServer\Bin 文件夹中。表 22-5 描述了 RStrace 设置，给出了各项设置的默认值。

表 22-5　日志配置设置

设　　置	默　认　值	说　　明
FileName	ReportServerService_	文件名的第一部分。在这个文件名之后附加一个代表文件创建日期和时间的字符串及.log 扩展名，就得到了完整的文件名
FileSizeLimitMb	32	跟踪文件的最大长度(MB)。如果这个值小于或等于 0，那么这个值将被视为 1
KeepFilesForDays	14	跟踪文件的保留天数。小于或等于 0 的值被视为 1
Prefix	tid、time	这个自动生成的值用所应用的时间戳值来区分日志实例。不要修改它
TraceListeners	debugwindow、file	用逗号分隔的跟踪日志输出目标列表。可以出现在列表中的有效值包括 debugwindow、file、stdout
TraceFileMode	Unique(default)	这个值可以指定每个跟踪文件是否包含某一天的特定数据。不要修改这个设置
DefaultTraceSwitch	3	针对 Components 设置中的每个组件，定义默认的跟踪级别，但是不包括未开启跟踪开关的组件。这个设置的可能取值为： 0：禁用跟踪 1：异常和重新启动 2：异常、重新启动、警告 3：异常、重新启动、警告、状态消息(默认值) 4：详细信息模式

(续表)

设　置	默　认　值	说　明
Components	All:3	用逗号分隔的列表，包含组件及其关联的跟踪级别，这个配置决定跟踪包含的信息 　这些组件代表可以产生跟踪消息的操作。有效组件包括： RunningJobs——用于跟踪正在运行的报表或订阅操作 SemanticQueryEngine——用于跟踪报表模型使用情况 SemanticModelGenerator——用于跟踪报表模型生成情况 All——除 http 之外的所有组件，但是不包括特别指定的组件 http——Reporting Services 收到的 HTTP 请求 为每一个指定组件写入的消息类型是由跟踪级别控制的。跟踪级别包括： 　0：禁用跟踪 　1：异常和重新启动 　2：异常、重新启动、警告 　3：异常、重新启动、警告、状态消息(默认值) 　4：详细信息模式

上面表格中的http组件是在 SQL Server 2008 Reporting Services 中引入的。在当前的 Reporting Services 版本中，这个组件没有变化。这个配置要求 Reporting Services 将 HTTP 请求记录到一个单独的跟踪日志文件中，并以传统的 W3C 扩展日志格式保存。

All 组件中并不包含 http 组件。因此，作为默认的 Components 设置，All:3 仍然禁用了 HTTP 日志。为了启用 HTTP 日志记录，可以将 http 组件附加到 Components 列表之后，设置其跟踪级别为 4。如果使用其他跟踪级别，那么 http 组件将被禁用。

HTTP 跟踪日志文件与传统跟踪文件都保存在同一个文件夹下。FileSizeLimitMb 和 KeepFilesForDays 之类的跟踪配置设置需要完成两项任务，这会影响传统跟踪日志文件和 HTTP 跟踪日志文件的管理。

HttpTraceFileName 和 HttpTraceSwitches 是专门用于 HTTP 跟踪日志的设置，这两个设置需要手工添加到 ReportingServicesService.exe.config 文件中，分别覆盖默认的 HTTP 跟踪日志文件名和数据格式。如果没有指定 HttpTraceSwitches 设置，那么表 22-6 中给出的默认字段都将记录到 HTTP 跟踪日志中。

表 22-6　跟踪日志字段

字　段	说　明	默　认
HttpTraceFileName	可选，默认为 ReportServerServiceHTTP，用于定制跟踪文件名	是
HttpTraceSwitches	可选，用逗号分隔的、在日志文件中使用的字段列表	否
Date	事件发生日期	否
Time	事件发生时间	否
ClientIp	访问报表服务器的客户端的 IP 地址	是
UserName	访问报表服务器的用户名	否
ServerPort	连接使用的端口号	否
Host	主机头的内容	否
Method	客户端调用的操作或 SOAP 方法	是

（续表）

字　段	说　明	默　认
UriStem	访问的资源	是
UriQuery	用于访问资源的查询	否
ProtocolStatus	HTTP 状态码	是
BytesSent	服务器发送的字节数	否
BytesReceived	服务器接收的字节数	否
TimeTaken	从 HTTP.SYS 返回请求那一刻开始，直到服务器完成最后一次数据传送为止的时间(以毫秒为单位)，不包括网络传输时间	否
ProtocolVersion	客户端使用的协议版本	否
UserAgent	客户端使用的浏览器类型	否
CookieReceived	服务器收到的 cookie 内容	否
CookieSent	服务器发送的 cookie 内容	否
Referrer	客户端访问的前一个网站	否

在传统日志记录和 HTTP 日志记录同时启用、显式配置 HttpTraceFileName 和 HttpTraceSwitches 的条件下，下面的示例描述了 ReportingServicesService.exe.config 文件中 RSTrace 节的内容。注意，在 Components 设置中包含了 http 组件，并且 http 组件的跟踪级别为 4:

```
<RStrace>
    <add name="FileName" value="ReportServerService_" />
    <add name="FileSizeLimitMb" value="32" />
    <add name="KeepFilesForDays" value="14" />
    <add name="Prefix" value="tid, time" />
    <add name="TraceListeners" value="debugwindow, file" />
    <add name="TraceFileMode" value="unique" />
    <add name="HttpTraceFileName" value="RS_HTTP_" />
    <add name="HttpTraceSwitches" value="Date,Time,ActivityID,
        SourceActivityID,ClientIp,UserName,Method,
        UriStem,UriQuery,ProtocolStatus,BytesSent,
        BytesReceived,TimeTaken" />
    <add name="Components" value="runningjobs:3,all:2,http:4" />
</RStrace>
```

> **注意:**
> 如果需要修改配置文件，就必须对其进行备份，以防修改过程中出现问题。另外要注意，设置的名称是区分大小写的，但设置的值似乎并不区分大小写。

22.3.4　执行日志

Reporting Services 保存了大量报表执行数据，这些数据都保存在 ReportServer 数据库的一组表中。日志信息存储在 ExecutionLogStorage 表中，可以使用 ExecutionLog、ExecutionLog2 和 ExecutionLog3 视图进行查询。

与执行日志关联的数据量可能会非常庞大。Reporting Services 默认配置为保存 60 天内的执行日志。可以通过 SQL Server Management Studio 修改这项配置，为此需要连接到 Reporting Services 实例，右击实例对象，然后从上下文菜单中选中 Properties。在如图 22-7 所示的 Server Properties 对话框中，找到 Logging 页面。在这里可以修改日志数据保存的天数，也可以禁用执行日志记录。

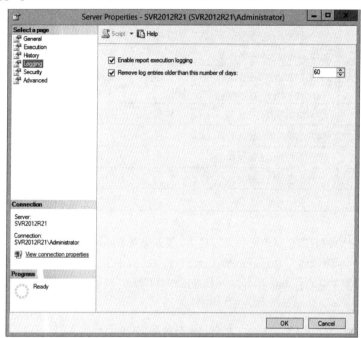

图 22-7　Server Properties 的 Logging 页面

22.3.5　性能计数器

Windows 性能计数器可以帮助我们深入了解系统的使用情况和稳定性。管理员一直使用这些信息来监视系统的整体健康状况，找出可能会导致出现问题的趋势，验证修改各种系统组件可能产生的影响。为了支持这些特性，Reporting Services 提供了三个性能对象，分别是 SQL Server 2016 Web Service、SQL Server 2016 Windows Service 以及 ReportServer Service。对于运行在 SharePoint 集成模式下的 Reporting Services 来说，可以使用不同版本的 Web 服务和 Windows 服务计数器。

SQL Server 2016 Web Service 对象提供了与报表处理有关的计数器。SQL Server 2016 Windows Service 对象提供了与计划操作有关的计数器，例如订阅执行、传递以及快照执行。ReportServer Service 对象提供了与 HTTP 及内存有关的事件计数器。尽管这些计数器关注不同的主题，但是这些对象提供的很多计数器都使用相同的名称和定义。表 22-7 列出了这些计数器及其关联的对象。

> **注意：**
> 与 Reporting Services 相关的性能计数器非常多。根据经验，在简单地观察几个关键的计数器，检查几个计数器的行为后，通常就可以找到需要的计数器。保持简单，不要过度。稍加观察就可以根据情况和要解决的问题，找出最有用的计数器。

表 22-7 Reporting Services 性能计数器

计 数 器	描 述	SQL Server 2016 Web Service	SQL Server 2016 Windows Service	Report Server Service
Active Connections	连接到服务器的活动连接数目	否	是	是
Active Sessions	活动会话数目	是	是	否
Bytes Received/Sec	每秒钟接收到的字节数	否	是	是
Bytes Received Total	接收到的字节数	否	是	是
Bytes Sent/Sec	每秒钟发送的字节数	否	否	是
Bytes Sent Total	发送的字节数	否	否	是
Cache Hits/Sec	报表服务器缓存每秒命中的次数	是	是	否
Cache Hits/Sec (语义模型)	每秒钟可以从缓存中获取模型的次数	是	是	否
Cache Misses/Sec	每秒钟无法从缓存中获取报表的次数	是	是	否
Cache Misses/Sec (语义模型)	每秒钟无法从缓存中获取模型的次数	是	是	否
Errors/Sec	在执行 HTTP 请求的过程中，每秒钟内发生的错误数(错误代码 400s 和 500s)	否	否	是
Errors Total	在执行 HTTP 请求的过程中发生的错误总数(错误代码 400s 和 500s)	否	否	是
First Session Requests/Sec	每秒钟启动的新的用户会话个数	是	是	否
Logon Attempts/Sec	每秒钟尝试登录的次数	否	否	是
Logon Attempts Total	RSWindows 身份验证类型的尝试登录次数	否	否	是
Logon Successes/Sec	每秒钟成功登录的次数	否	否	是
Logon Successes Total	在 RSWindows 身份验证类型的登录中，成功通过了身份验证的登录次数	否	否	是
Memory Cache Hits/Sec	每秒钟从内存缓存中获取报表的次数	是	是	否
Memory Cache Miss/Sec	每秒钟无法从内存缓存中获取报表的次数	是	是	否
Memory Pressure State	一个从 1 到 5 的整数，用于表示服务器当前内存状态: 1— 无压力 2— 较低压力 3— 中等压力 4— 较高压力 5— 过高压力	否	否	是
Memory Shrink Amount	服务器要求缩减的字节数	否	否	是
Memory Shrink Notifications/Sec	服务器在上一秒发出的缩减通知次数	否	否	是

（续表）

计 数 器	描　　述	SQL Server 2016 Web Service	SQL Server 2016 Windows Service	Report Server Service
Next Session Requests/Sec	在现有的会话中，每秒钟发出的报表请求数	是	是	否
Report Requests	活动报表请求数	是	是	否
Reports Executed/Sec	每秒钟执行的报表个数	是	是	否
Requests Disconnected	因为通信故障导致失去连接的请求数	否	是	是
Requests Executing	当前执行的请求数	否	否	是
Requests Not Authorized	因为HTTP 401 错误编码而导致执行失败的请求数	否	是	是
Requests Rejected	因为服务器资源不足而无法执行的请求总数	否	是	是
Requests/Sec	每秒执行的请求数	是	是	是
Requests Total	报表服务器在报表服务启动后，收到的请求总数	否	否	是
Tasks Queued	代表等待一个线程变为可用的任务总数	否	是	是
Total Cache Hits	报表服务器缓存命中总数	是	是	否
Total Cache Hits (语义模型)	模型缓存中缓存命中的总次数	是	是	否
Total Cache Misses	未命中缓存的总数	是	是	否
Total Cache Misses (语义模型)	模型缓存中未命中缓存的总数	是	是	否
Total Memory Cache Hits	内存缓存中缓存命中的总数	是	是	否
Total Memory Cache Misses	内存缓存中未命中缓存的总数	是	是	否
Total Processing Failures	处理失败的总数	是	是	否
Total Rejected Threads	因为线程压力而导致线程被拒绝的总数	是	是	否
Total Reports Executed	执行的报表总数	是	是	否
Total Requests	处理的请求总数	是	是	否

　　这三个对象总共提供了 72 个可以用来监视安装的计数器。但是建议不要使用所有的计数器，在日常监视中，最好使用高级统计计数器，比如 Active Sessions、Requests/Sec、Reports Executed/Sec、First Session Requests/Sec 等计数器。随着需求的不断提出，可以将其他的计数器添加到监视内容中。

　　除了 Reporting Services 性能计数器，还可以考虑在操作系统中监视 Reporting Services Windows 服务。Windows 提供了一个 Process 性能对象，这个对象提供了一组性能计数器。针对这个对象，表 22-8 描述了几种常用的计数器。

表 22-8　Reporting Services Windows 服务计数器

计 数 器	说　　明
% Processor Time	全部进程线程使用处理器执行指令所占时间的百分比
Page Faults/sec	当前进程执行线程的页面失效速度
Virtual Bytes	进程正在使用的虚拟地址空间的大小，单位为字节

最后还需要跟踪几个计数器，以记录运行 Reporting Services 的系统的整体健康度。针对这类任务，表 22-9 列出了一般情况下需要使用的性能计数器。

表 22-9　推荐使用的 Windows 系统计数器

对　　象	计 数 器	说　　明
处理器	% Processor Time	处理器活动的主要指标。显示了在采样周期内观察到的处理器处于忙状态的平均百分比
系统	Processor Queue Length	处理器队列中的线程数
内存	Pages/sec	为了解决页面硬失效，每秒钟从磁盘读写的页面数。这个计数器主要用于描述导致系统级延迟的指标
逻辑磁盘	% Free Space	在选中的逻辑磁盘驱动器上，未使用空间占空间总数的百分比
物理磁盘	Avg. Disk Queue Length	在采样周期内，选中的磁盘上处于读写排队状态请求的平均数目
网络接口	Current Bandwidth	以比特每秒(BPS)为单位，网络接口的当前估计带宽。对于带宽不变的接口或无法获取准确估计值的接口来说，这个值就是正常的带宽
网络接口	Bytes Total/sec	字节通过每个网络适配器收发的速度，包括帧字符。对于网络接口来说，这个计数器是 Bytes Received/sec 和 Bytes Sent/sec 的总和

22.3.6　服务器管理报表

前面已经提到，Reporting Services 示例提供了三个报表，可以查看提取的执行日志数据。Reporting Services 提供的其他两个示例报表可以帮助管理员深入研究数据库结构。这些报表称为服务器管理报表。

服务器管理报表并不能解决全部的管理问题。这些报表只是用来解释 Reporting Services 如何当作支持工具来完成自身的管理任务。不难想象，一组管理报表能够帮助我们更深刻地认识执行日志数据。只要花费一些功夫，性能计数器、跟踪日志、Windows 应用程序日志都可以集成起来，由报表使用。

服务器管理报表的用处几乎是无穷无尽的。如果能够投入一些资源将数据源组织起来，就可以利用 Reporting Services 的功能来减少工作环境中的总体管理开销。

22.4　配置

Reporting Services 可以通过几种可配置功能和选项来满足机构的需要。联机丛书对这些功能和选项进行了归档，但是其他的功能和选项仍然值得进一步探索。下面各节探讨了几种需要经常配置的 Reporting Services 元素：

- 内存管理
- URL 保留项
- 电子邮件发送
- 呈现扩展
- "我的报表"

22.4.1　内存管理

下面给出了 RSReportServer.config 配置文件中的四项设置。该配置文件保存在 *drive*:\Program Files\Microsoft SQL Server\MSRS13.*instancename*\Reporting Services\ReportServer 文件夹下，定义了 Reporting Services 的内存管理方式：

- WorkingSetMinimum
- WorkingSetMaximum
- MemorySafetyMargin
- MemoryThreshold

WorkingSetMinimum 和 WorkingSetMaximum 设置决定了 Reporting Services 可以使用的内存。默认情况下，这两项设置并不记录在配置文件中。Reporting Services 默认使用的内存容量最小为系统物理的 60%，最大为 100%。

为了重写这两个默认值，可以将上面两项的设置添加到 MemorySafetyMargin 和 MemoryThreshold 的父设置之下。与 WorkingSetMinimum 和 WorkingSetMaximum 设置关联的值代表了内存的绝对容量，单位为 KB。如果需要在 Reporting Services 服务器上运行多个需要消耗大量内存的应用程序，就应该考虑实现这两个设置，避免内存争用。

在内存可用范围之内，Reporting Services 实现了一个基于状态的内存管理模型。MemorySafetyMargin 定义了中、低内存压力状态的边界，其默认值为 WorkingSetMaximum 值的 80%。MemoryThreshold 定义了中、高内存压力状态的边界，其默认值为 WorkingSetMaximum 值的 90%。

对于每一种内存压力状态来说，Reporting Services 对请求分配和回收内存的方式有所不同。为了使系统在稳定的负载下工作，在低或中内存压力状态下操作是最为理想的。MemorySafetyMargin 和 MemoryThreshold 的默认设置优先考虑低或中内存压力状态。

对于那些需要应付存在峰值内存利用情况的系统来说，例如，需要同时处理多个大型报表的情况，中内存压力状态，甚至高内存压力状态，可以提供更好的并发性。当然，报表的呈现速度可能会比较慢。如果这种做法能够更好地满足系统的使用模式，就可以降低 MemorySafetyMargin 和 MemoryThreshold 的设置值，以便系统迅速转移到这些内存压力状态下工作。

22.4.2　URL 保留项

安装 Reporting Services 时，如果执行了"仅文件"安装，就必须为 Reporting Services Web 服务和 Web 门户配置 URL 保留项。URL 保留项可以告诉操作系统的 HTTP.SYS 驱动程序将访问 Reporting Services 的请求重定向到何处。URL 保留项最起码要包含虚拟目录、IP 地址以及 TCP 端口。

注意：
高级配置选项可以用来对 SSL 证书与 URL 保留项进行关联，参见联机丛书。

找到标识了应用程序的虚拟目录，就需要与这个应用程序通信。Web 门户一般使用 reports 虚拟目录，Web 服务则一般使用 reportserver 虚拟目录。

注意：
命名实例一般为Web门户和Web服务使用的是reports_instancename和reportserver_instancename虚拟目录。

URL 保留项的 IP 地址标识了与 Reporting Services 应用程序关联的服务器所使用的 IP 地址。典型情况下，URL 保留项配置为与服务器所有当前使用的 IP 地址进行关联。也可以将其配置为与特定 IP 地址关联，包括环回地址，还可以与任何未被其他应用程序显式保留的 IP 地址一同工作。在大多数情况下，建议不要使用后面一种选项。

最后，URL保留项与TCP端口是绑定的。典型情况下，HTTP通信是通过TCP端口80通信的。如果需要在给定的服务器上运行多个应用程序，而这些应用程序需要侦听同一个TCP端口，那么在服务器上只要URL保留项在总体上是唯一的即可。如果指定的TCP端口不是80端口(如果使用HTTPS通信，就使用433端口)，就需要将这个端口号包含在与Web门户和Web服务通信的URL中。

注意：
如果在 32 位的 Windows XP (SP2)平台上运行 Reporting Services，那么 TCP 端口是无法在 URL 保留项之间进行共享的。因此，建议在这个系统中使用 TCP 端口 8080 与 Reporting Services 进行 HTTP 通信。更多与此主题有关的内容请参考联机丛书。

为了给 Reporting Services Web 服务配置一个 URL 保留项，需要访问 Reporting Services Configuration Manager 的 Web Service URL 页面，如图 22-8 所示。在这个页面中，输入虚拟目录名、IP 地址、Web 服务的 URL 保留项的 TCP 端口。应用修改后，就可以看到 Web 服务 URL，单击这个 URL 进行测试。

为了给 Web 门户应用程序配置 URL 保留项，需要访问 Reporting Services Configuration Manager 的 Web Service URL 页面，如图 22-9 所示。Web 门户 URL 保留项可以利用在这个页面中设置的 Web 服务保留项的 IP 地址和 TCP 端口。输入 Web 门户的虚拟目录，应用修改，单击 URL 对修改进行测试。

注意：
Web 门户通常使用报表服务器上的 Reports 虚拟文件夹来访问，以取代 Reporting Services 以前版本的 Report Manager。

本节对 URL 保留项进行了高层次的讨论。使用其他高级选项需要掌握更深入的网络概念知识。如果对这些内容很熟悉，就很容易理解界面中的内容，也便于正确地配置 Reporting Services。如果需要使用不同于此处讨论的方法来配置 Reporting Services URL 保留项，建议向网络支持人员求助，以使用不同的选项。

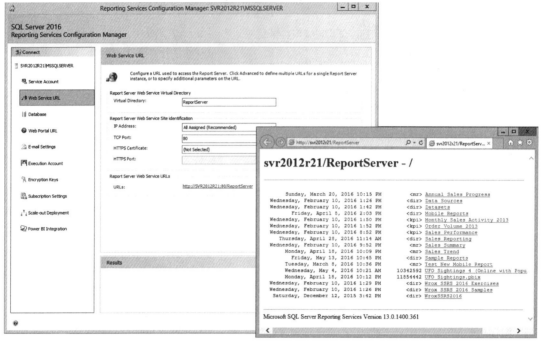

图 22-8　Web Service URL 和 ReportServer Web 页面

图 22-9　Web Portal URL 页面和 Web 门户

22.4.3　电子邮件传递

Reporting Services 的电子邮件订阅和数据驱动功能依赖报表服务器的电子邮件传递配置。

> **注意：**
>
> 在 Reporting Services 中发送电子邮件的推荐方法是通过 SMTP 使用现有的 Exchange Server 或公司的电子邮件服务。以前版本的 Reporting Services 只使用 SMTP 服务而没有认证，就像安装了互联网信息服务(IIS)的旧服务一样。在 Windows Server 中，IIS 邮件服务不再是受支持的选项，Reporting Services 现在将使用需要身份验证的标准邮件服务器。
>
> 可以在如下地址找到配置 SSRS2016 以发邮件的详细说明：
>
> https://msdn.microsoft.com/en-us/library/ms189342.aspx。

为了启用电子邮件传递，只需要配置电子邮件传递扩展，提供服务器和消息传递信息。联机丛书为电子邮件配置提供了不同的建议，但是大多数系统都使用所谓的"最小配置"。

最小配置需要提供远程 SMTP 服务器(或网关)的名称或 IP 地址，以及远程 SMTP 服务器上的一个有效电子邮件账户。这项信息在 Reporting Services Configuration Manager 的 E-mail Settings 页面中输入。

与 SMTP 服务器通信是通过 Reporting Services 服务账户完成的。服务账户需要使用 SMTP 服务器的 SendAs 权限，通过配置好的电子邮件账户发送电子邮件。

邮件传递错误可以在 Windows 应用程序事件日志中访问，也可以在状态消息中访问，这些状态消息在 Web 门户中与基于电子邮件的订阅相关联。然而，在 Reporting Services 中，与 SMTP 服务器使用电子邮件下载流(downstream)有关的问题并未反映出来。因此，建议测试使用的电子邮件配置。为此，为受监视的电子邮件账户设置测试订阅，然后验证端到端的订阅消息传递。

配置结束后，被指派了"管理单个订阅"或"管理全部订阅"任务的用户可以在建立订阅时使用电子邮件传递选项(也可以使用其他已启用的传递选项)。在 Reporting Services 提供的传递机制中，没有单独提供保证电子邮件传递安全的选项。

启用电子邮件后，只要删除在 Reporting Services Configuration Manager 中记录的设置，即可禁用电子邮件传递。当心，尽管这样做可以禁用电子邮件传递，但是已经使用这项传递机制配置好的订阅仍然能够正常继续运行，直到订阅被禁用或使用另一种传递机制为止。考虑到这个原因，建议分阶段禁用电子邮件传递。

在第一个阶段，通过将 RSReportServer.config 文件中 DeliveryUI 配置节中的适当 Extension 入口注释掉，禁止创建新的基于电子邮件的订阅。这样就从 Web 门户中删除了电子邮件传递选项。下面给出的代码示例解释了修改方法：

```
<DeliveryUI>
  <!-- Extension Name="Report Server Email"
    Type="Microsoft.ReportingServices.EmailDeliveryProvider
    .EmailDeliveryProviderControl,
    ReportingServicesEmailDeliveryProvider">
    <Configuration>
      <RSEmailDPConfiguration>
        <DefaultRenderingExtension>MHTML</DefaultRenderingExtension>
      </RSEmailDPConfiguration>
    </Configuration>
  </Extension -->
  <Extension Name="Report Server FileShare"
  Type="Microsoft.ReportingServices.FileShareDeliveryProvider.FileShareUIControl,
  ReportingServicesFileShareDeliveryProvider">
```

```
            <DefaultDeliveryExtension>True</DefaultDeliveryExtension>
      </Extension>
   </DeliveryUI>
```

必须指出，尽管这样做可以在 Web 门户中删除电子邮件传递选项，但是不能防止应用程序通过 Web 服务接口创建新的基于电子邮件的订阅。如果应用程序使用这个接口创建订阅，就必须要求应用程序拥有者禁用此项功能。

禁用电子邮件传递的第二个阶段需要对所有使用了电子邮件传递的订阅进行重新配置。为此需要与内容拥有者确定适当的替代方式。迁移结束后，就可以安全禁用电子邮件了。

22.4.4　呈现扩展

Reporting Services 可以将报表呈现为一些事先配置好的格式。报表的呈现格式是由安装在服务器上并在 RSReportServer.config 文件的 Render 一节中配置的呈现格式决定的。下面给出了 Image 呈现扩展项的示例：

```
<Extension Name="IMAGE"
Type="Microsoft.ReportingServices.Rendering.ImageRenderer.ImageRenderer,
   Microsoft.ReportingServices.ImageRendering"/>
```

每个呈现扩展项最少要包含名称和类型属性。这些内容标识了配置文件中的扩展。与 Name 属性关联的值可以为配置文件中的扩展充当唯一的标识符。Type 属性将呈现扩展项与特定的呈现扩展关联起来。

除非在配置文件中输入 OverrideNames 设置，否则向最终用户显示的扩展名称就是呈现扩展的默认显示名称。OverrideNames 设置记录了扩展：

```
<Extension Name="IMAGE"
Type="Microsoft.ReportingServices.Rendering.ImageRenderer.ImageRenderer,
   Microsoft.ReportingServices.ImageRendering">
   <OverrideNames>
      <Name Language="en-US">TIFF</Name>
   </OverrideNames>
</Extension>
```

在这个示例中，Image 呈现扩展的默认名称 TIFF File 被重写为简写名称 TIFF。

必须指出，与 OverrideNames 设置关联的 Language 属性必须和 Reporting Services 服务器的语言设置相匹配。如果二者不匹配，或者没有指定语言，那么 OverrideNames 项将不起作用，并继续使用呈现扩展的默认名称。

如前所述，呈现扩展可以支持多种格式。此外，如何将每一种扩展呈现为一种特定的格式也是可以配置的。为了重写特定呈现扩展的默认呈现设置，可以在配置文件中为扩展项添加 DeviceInfo 设置。此外，通过配置不同的 DeviceInfo 设置，呈现扩展可以在配置文件中记录多个项，前提是每一项都要用唯一的名称属性进行标识。

下面的示例使用 Image 呈现扩展对此进行了解释。在这个示例中，Image 呈现扩展被注册了两次。在第一项中，Image 呈现扩展配置为使用默认设置，允许生成 TIFF 图像。在第二项中，Image 呈现扩展配置为生成 BMP 图像。

```
<Extension Name="IMAGE"
Type="Microsoft.ReportingServices.Rendering.ImageRenderer.ImageRenderer,
   Microsoft.ReportingServices.ImageRendering"/>
```

```
<Extension Name="BMP"
Type="Microsoft.ReportingServices.Rendering.ImageRenderer.ImageRenderer,
    Microsoft.ReportingServices.ImageRendering">
    <OverrideNames>
        <Name Language="en-US">BMP</Name>
    </OverrideNames>
    <Configuration>
        <DeviceInfo>
            <OutputFormat>BMP</OutputFormat>
            <PageHeight>11in</PageHeight>
            <PageWidth>8.5in</PageWidth>
        </DeviceInfo>
    </Configuration>
</Extension>
```

DeviceInfo 设置是与特定呈现扩展相关的。联机丛书记录了每一种呈现扩展的默认设置。必须指出，如果没有在 RSReportServer.config 文件中配置 DeviceInfo 设置，那么当通过 URL 访问报表时，或者当针对一个请求通过 Web 服务调用来控制报表呈现时，仍然可以使用设备信息设置。此外，URL 访问是唯一允许为 CSV 呈现扩展设置 DeviceInfo 的机制，CSV 呈现扩展可以生成使用制表符分隔的文件。

最后，需要禁用所有不打算使用的呈现扩展。为此，需要在 RSReportServer.config 文件中将这些呈现扩展注释掉。然而，如果只是希望在一种特定的订阅传递选项中避免使用某种文件格式，那么只需要将此呈现扩展名添加到 RSReportServer.config 文件适当的传递扩展中的 ExcludedRenderFormats 配置节。在下面的示例中，Name 属性设置为 HTMLOWC、NULL、RGDI、IMAGE 的扩展都不能在文件共享传递中使用：

```
<Extensions>
    <Delivery>
        <Extension Name="Report Server FileShare"
        Type="Microsoft.ReportingServices.FileShareDeliveryProvider.FileShareProvider,
        ReportingServicesFileShareDeliveryProvider">
            <MaxRetries>3</MaxRetries>
            <SecondsBeforeRetry>900</SecondsBeforeRetry>
            <Configuration>
                <FileShareConfiguration>
                    <ExcludedRenderFormats>
                        <RenderingExtension>HTMLOWC</RenderingExtension>
                        <RenderingExtension>NULL</RenderingExtension>
                        <RenderingExtension>RGDI</RenderingExtension>
                        <RenderingExtension>IMAGE</RenderingExtension>
                    </ExcludedRenderFormats>
                </FileShareConfiguration>
            </Configuration>
        </Extension>
    ...
    </Delivery>

    ...
</Extensions>
```

默认情况下，每个扩展都是可见的，这意味着它显示为用户界面中的一个选项。通过添加 Visible="false"属性，可以将每个适用的扩展隐藏在视图中。在旧呈现格式的文件中会看到这种设置的示例，如"WORD"和"EXCEL"已经被更新的呈现扩展取代。任何隐藏的扩展都可以通过 Web 服务或 URL 参数使用。

22.4.5　"我的报表"

> **注意：**
> SQL Server 2016 Reporting Services 引入了收藏的概念，这与"我的报表"功能有一些重复。提供"我的报表"功能，仍然是为了向后兼容，但它可能会让用户以为，可以同时启用这两种功能。就我个人而言，我不喜欢"我的报表"功能，但它可能在非常特殊的报表管理场景中有实用价值。

"我的报表"功能可以在 Reporting Services 中为用户提供个人文件夹，用户可以在其中管理和查看自己的内容。对于用户来说，这是一种很强大的功能，但这项功能很容易失控。问题的关键在于：默认情况下用户必须在其 My Reports 文件夹中被赋予提升权限。这些权限可以让用户在网站中保存内容，而且不会限制内容的类型和大小。

默认情况下，"我的报表"功能处于禁用状态。如果启用了"我的报表"功能，那么每个用户都会在其主目录下看到My Reports文件夹。这个文件夹实际上是一个链接到特定用户的文件夹，由 Reporting Services在Users Folders文件夹中创建。只有系统管理员才能直接访问Users Folders文件夹。

用户在其 My Reports 文件夹中是一个预设角色的成员。这个预设角色默认为 My Reports，指派了以下任务：

- 创建链接报表
- 查看报表
- 管理报表
- 查看资源
- 查看文件夹
- 管理文件夹
- 管理报表历史
- 管理单个订阅
- 查看数据源
- 管理数据源

前面已经讨论过这些任务，在这个空间中，这些任务提供了提升的权限。你可能会考虑将某些任务从 My Reports 角色中删除，或者打算创建一个权限较低的替代角色。然后可以用它作为默认角色来使用"我的报表"功能。

为了启用"我的报表"功能，需要打开 SQL Server Management Studio，然后连接到 Reporting Services 实例。右击 Reporting Services 实例对象，选中 Properties 来启动 Server Properties 对话框。在图 22-10 显示对话框的 General 页面中，可以使用 Enable a My Reports folder for each user 选项旁边的复选框来启用或禁用这项功能。如果启用这项功能，就可以使用复选框下方的下拉列表，为每个用户在其 My Reports 文件夹中指派一个角色。

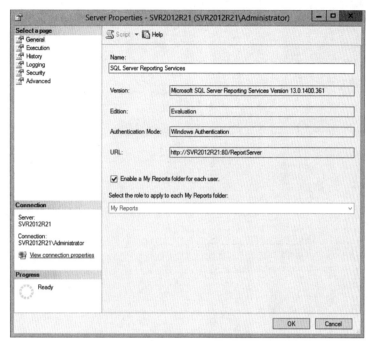

图 22-10 Server Properties 对话框的 General 页面

如果决定启用这项功能，就可以严密监视用户空间的使用情况，还可以与用户一起学习如何正确使用这项功能。如果打算在启用这项功能之后再禁用，用户将再也无法访问自己的 My Reports 文件夹。然而，这些文件夹的内容仍然保存在系统中。与这个文件夹中的报表相关联的所有订阅和快照仍然可以继续运行。为了合理地清理 My Reports 文件夹，需要与用户共同迁移或删除其中的内容。

22.5 小结

基于开发一个综合管理程序的目的，本章探索了 Reporting Services 中与此有关的元素。尽管存在最佳实践，但并不存在绝对正确的方法。必须理解各个选项的意义，与用户、开发人员、管理人员共同工作，才能开发出最适合具体需求的程序。程序开发完毕后，必须遵循本章给出的步骤完成设置工作，还要关注安全和需求的变化，随时调整程序和实践应用。